★ 执业兽医资格考试推荐用书 ★

2022年
执业兽医资格考试
复习与备考指南（附习题）

下册 临床兽医学部分

邓俊良　主编

化学工业出版社

·北京·

图书在版编目（CIP）数据

2022年执业兽医资格考试复习与备考指南：附习题. 下册/邓俊良主编. —北京：化学工业出版社，2022.4
（执业兽医资格考试丛书）
ISBN 978-7-122-40655-2

Ⅰ.①2… Ⅱ.①邓… Ⅲ.①兽医学-资格考试-自学参考资料 Ⅳ.①S85

中国版本图书馆CIP数据核字（2022）第016972号

责任编辑：邵桂林　　　　　　　　　文字编辑：曹家鸿
责任校对：杜杏然　　　　　　　　　装帧设计：韩　飞

出版发行：化学工业出版社（北京市东城区青年湖南街13号　邮政编码100011）
印　　装：三河市延风印装有限公司
787mm×1092mm　1/16　印张25½　字数744千字　2022年5月北京第1版第1次印刷

购书咨询：010-64518888　　　　　　　售后服务：010-64518899
网　　址：http://www.cip.com.cn
凡购买本书，如有缺损质量问题，本社销售中心负责调换。

定　　价：78.00元　　　　　　　　　　　　　　　　　　　版权所有　违者必究

编写人员名单

主　　编　邓俊良
副 主 编　邓惠丹　杨　斌　王　成
编写人员（按姓氏笔画排序）
　　　　　　马晓平（四川农业大学动物医学院）
　　　　　　王　成（南京农业大学畜牧兽医史研究中心）
　　　　　　王　娅（四川农业大学动物医学院）
　　　　　　邓俊良（四川农业大学动物医学院）
　　　　　　邓惠丹（四川农业大学动物医学院）
　　　　　　左之才（四川农业大学动物医学院）
　　　　　　任志华（四川农业大学动物医学院）
　　　　　　余树民（四川农业大学动物医学院）
　　　　　　沈留红（四川农业大学动物医学院）
　　　　　　苟丽萍（四川农业大学动物医学院）
　　　　　　杨　斌（四川省成都市大邑县农业农村局）
　　　　　　周金伟（四川省成都市蒲江县农村农业局）
　　　　　　胡延春（四川农业大学动物医学院）
　　　　　　钟志军（四川农业大学动物医学院）
　　　　　　曹随忠（四川农业大学动物医学院）
　　　　　　董世起（西南大学动物科技学院）
　　　　　　董海龙（西藏农牧学院动物科学学院）
　　　　　　樊　平（南充职业技术学院农业科学技术系）

前 言

《中华人民共和国动物防疫法》规定，国家实行执业兽医资格考试制度，考试合格者，由国务院兽医主管部门颁发执业兽医资格证书；从事动物疾病诊疗的，应凭执业兽医资格证书向当地县级人民政府兽医主管部门申请注册，经注册的执业兽医，方可从事动物疾病诊疗、开具兽药处方等活动。

全国执业兽医资格考试属标准参照性考试，考试科目涉及兽医领域15门课程。为了更好地帮助广大应试人员正确理解考试大纲的精神，掌握考试的基本内容和要求，四川农业大学等高校从事临床兽医学教学科研的专家教授根据2021年《全国执业兽医资格考试大纲》编写了本书，供广大应试人员和有关人员复习参考。

本书的特色如下。

1. 包括兽医临床诊断学、兽医内科学、兽医外科与外科手术学、兽医产科学、中兽医学等内容。

2. 编写人员均是长期从事临床兽医学教学和动物医院门诊、生产技术服务的具有硕士或博士学位的专家教授，对每门课程的重点、难点、知识应用点等有很好的把握，且具有丰富的兽医临床实践经验。

3. 编写内容重点突出、简明扼要，许多内容采用表格式归纳总结，直接回答问题，便于复习掌握。

4. 每门课程（每篇）后附100～400余道模拟试题，供应试者练习。

第一篇第一章～第四章由王娅编写，第五章～第八章由邓惠丹编写，第九章～第十一章由苟丽萍编写，第十二章、第十三章由左之才编写，本篇模拟试题及参考答案由王娅、苟丽萍、邓惠丹编写。第二篇第一章由邓俊良编写，第二章～第五章由杨斌编写，第六章由任志华编写，第七章由胡延春编写，第八章由任志华编写，本篇模拟试题及参考答案由任志华编写。第三篇第一章～第十四章由马晓平编写，第十五章～第十八章由钟志军编写，本篇模拟试题及参考答案由马晓平、钟志军编写。第四篇第一章～第三章由余树民编写，第四章、第五章由曹随忠编写，第六章、第七章由周金伟编写，第八章～第十一章由沈留红编写，本篇模拟试题及参考答案由沈留红、余树民、周金伟、曹随忠编写。第五篇第一章、第十九章由王成编写，第二章、第六章、第九章、第十四章、第十八章由樊平编写，第三章、第五章、第十一章～第十三章、第十五章～第十七章、第二十章由董世起编写，第四章、第七章、第八章、第十章由董海龙编写，本篇模拟试题及参考答案由樊平编写。由于时间仓促，书中难免有疏漏之处，恳请广大读者批评指正！

编者

2022年4月

目　录

第一篇　兽医临床诊断学

第一章　绪论 ... 1
第一节　症状相关概念 ... 1
第二节　兽医临床检查法及诊断方法论 ... 1

第二章　临床检查基本方法与程序 ... 2
第一节　临床检查基本方法 ... 2
　一、问诊 ... 2
　二、视诊 ... 2
　三、触诊 ... 3
　四、叩诊 ... 3
　五、听诊 ... 3
　六、嗅诊 ... 3
第二节　临床检查程序 ... 3
　一、个体动物临床检查程序 ... 4
　二、群体动物临床检查程序 ... 4

第三章　一般临床检查 ... 5
第一节　整体状态观察 ... 5
　一、精神状况 ... 5
　二、体格发育 ... 5
　三、营养状况 ... 5
　四、姿势与体态 ... 6
　五、运动与行为 ... 6
第二节　表被状态检查 ... 7
　一、被毛检查 ... 7
　二、皮肤检查 ... 7
　三、皮下组织肿胀检查 ... 8
第三节　可视黏膜检查（眼检查） ... 9
　一、眼结膜色泽检查 ... 9
　二、眼睛检查 ... 9
第四节　体表淋巴结及淋巴管检查 ... 10
　一、体表淋巴结检查 ... 10
　二、淋巴管检查 ... 10
第五节　体温、呼吸数、脉搏数测定 ... 10

  一、健康动物体温、呼吸数、脉搏数参考值 ·· 10
  二、体温测定 ·· 10
  三、呼吸数测定 ··· 11
  四、脉搏数测定 ··· 12

第四章　循环系统检查 ··· 13
第一节　心脏临床检查 ··· 13
  一、心脏视诊和触诊——心搏动检查 ·· 13
  二、心脏听诊检查 ·· 13
  三、心脏叩诊检查 ·· 16
第二节　心电图检查 ··· 16
  一、心电图的导联 ·· 16
  二、心电图各组成部分的名称 ··· 16
  三、心电图检查法的临床应用 ··· 17
第三节　血管检查 ··· 18
  一、静脉检查 ·· 18
  二、毛细血管再充盈时间测定 ··· 18
  三、动脉检查 ·· 18
  四、血压测定 ·· 19
第四节　循环系统疾病诊断要点（心功能判断） ····················· 19

第五章　呼吸系统检查 ··· 20
第一节　胸部视诊及触诊检查 ··· 20
  一、胸廓视诊 ·· 20
  二、胸廓触诊 ·· 20
第二节　呼吸运动检查 ··· 20
  一、呼吸类型（呼吸式） ··· 20
  二、呼吸节律 ·· 20
  三、呼吸困难（气喘） ·· 21
第三节　上呼吸道检查 ··· 21
  一、呼出气检查 ··· 21
  二、鼻液检查 ·· 21
  三、鼻部检查 ·· 22
  四、喉和气管检查 ·· 22
  五、副鼻窦检查 ··· 22
  六、咳嗽检查 ·· 22
第四节　肺部检查 ··· 22
  一、肺部听诊方法 ·· 22
  二、肺部听诊音 ··· 23
  三、肺部叩诊音 ··· 24

第六章　消化系统检查 ··· 25
第一节　饮食状态观察 ··· 25
  一、食欲与饮欲 ··· 25
  二、采食、咀嚼和吞咽障碍 ·· 25
  三、反刍、嗳气检查 ··· 25
  四、呕吐检查 ·· 26
第二节　上部消化道检查 ·· 26
  一、口腔检查 ·· 26

二、食道及嗉囊 ………………………………………………………… 27
　第三节　腹部及胃肠检查 ………………………………………………… 27
　　一、腹围变化 …………………………………………………………… 27
　　二、反刍动物前胃、皱胃及肠道检查 ………………………………… 27
　　三、大动物直肠检查 …………………………………………………… 28
　　四、犬、猫腹部器官检查 ……………………………………………… 29
　　五、猪胃肠检查 ………………………………………………………… 29
　　六、脾脏检查 …………………………………………………………… 29
　第四节　排粪动作及粪便检查 …………………………………………… 30
　　一、排粪动作检查 ……………………………………………………… 30
　　二、粪便感官检查 ……………………………………………………… 30

第七章　泌尿系统检查

　第一节　排尿动作检查 …………………………………………………… 32
　第二节　尿液检查 ………………………………………………………… 32
　　一、尿量 ………………………………………………………………… 32
　　二、尿色及透明度 ……………………………………………………… 33
　　三、尿液实验室检验 …………………………………………………… 33
　　四、肾功能的判定 ……………………………………………………… 34
　第三节　泌尿器官检查 …………………………………………………… 34
　　一、肾脏 ………………………………………………………………… 34
　　二、输尿管 ……………………………………………………………… 34
　　三、膀胱 ………………………………………………………………… 34
　　四、尿道 ………………………………………………………………… 34
　　五、导尿术 ……………………………………………………………… 35

第八章　常用实验室检验

　第一节　血液检验 ………………………………………………………… 36
　　一、动物采血部位 ……………………………………………………… 36
　　二、常用的抗凝剂及特点 ……………………………………………… 36
　　三、血红蛋白（Hb）和红细胞（RBC）……………………………… 36
　　四、白细胞计数和白细胞分类计数 …………………………………… 37
　　五、血小板计数（PLT）………………………………………………… 37
　　六、红细胞沉降率 ……………………………………………………… 38
　　七、交叉配血实验 ……………………………………………………… 38
　　八、血细胞体积分布直方图 …………………………………………… 38
　第二节　血液生化检验 …………………………………………………… 38
　　一、糖及脂肪代谢指标 ………………………………………………… 38
　　二、肝脏功能检查 ……………………………………………………… 38
　　三、肾功能检查 ………………………………………………………… 39
　　四、血清电解质（钠、钾、氯、钙、无机磷）……………………… 39
　第三节　动物浆膜腔积液的检验 ………………………………………… 40
　　一、样本采集和保存 …………………………………………………… 40
　　二、浆膜腔积液检查 …………………………………………………… 40

第九章　X线检查

　第一节　X线基础知识 …………………………………………………… 41
　　一、X线成像的原理及基本规律 ……………………………………… 41
　　二、X线图像的特点 …………………………………………………… 41

三、人员的防护措施 …………………………………………………… 41
第二节　X线检查技术 ……………………………………………………… 42
一、常用X线摄影位置的名词术语 …………………………………… 42
二、摄影条件的选择 …………………………………………………… 42
三、胶片冲洗技术 ……………………………………………………… 42
第三节　X线图像分析与诊断 ……………………………………………… 42
一、X线图像分析的原则及程序 ……………………………………… 42
二、呼吸系统X图像 …………………………………………………… 43
三、循环系统X线图像 ………………………………………………… 44
四、消化系统X线图像 ………………………………………………… 44
五、泌尿生殖系统X线检查 …………………………………………… 45
六、骨骼与骨关节X线检查 …………………………………………… 45

第十章　超声检查 …………………………………………………………… 47
第一节　B超基本知识 ……………………………………………………… 47
一、超声波及其物理学特性 …………………………………………… 47
二、动物组织结构的回声性质与超声图像诊断 ……………………… 47
第二节　常见疾病B超图像 ………………………………………………… 48
一、肝脏疾病B超 ……………………………………………………… 48
二、脾脏疾病B超 ……………………………………………………… 48
三、肾脏疾病B超 ……………………………………………………… 49
四、膀胱疾病B超 ……………………………………………………… 49
五、前列腺疾病B超 …………………………………………………… 49
六、生殖器官及妊娠诊断 ……………………………………………… 49
七、腹腔积液B超 ……………………………………………………… 50

第十一章　兽医内镜诊断技术 ……………………………………………… 51
第一节　内镜的基本知识 …………………………………………………… 51
一、内镜的种类 ………………………………………………………… 51
二、内镜的用途 ………………………………………………………… 51
第二节　常见疾病的内镜检查 ……………………………………………… 51
一、消化道内镜检查 …………………………………………………… 51
二、纤维支气管镜检查 ………………………………………………… 52

第十二章　处方及病历 ……………………………………………………… 53
一、处方基本内容及格式 ……………………………………………… 53
二、病历记录 …………………………………………………………… 53

第十三章　动物诊疗基本操作 ……………………………………………… 54
第一节　主要保定技术 ……………………………………………………… 54
一、牛保定方法 ………………………………………………………… 54
二、马保定方法 ………………………………………………………… 54
三、猪保定方法 ………………………………………………………… 54
四、羊保定方法 ………………………………………………………… 54
五、犬保定方法 ………………………………………………………… 54
六、猫保定方法 ………………………………………………………… 55
第二节　常用穿刺术 ………………………………………………………… 55
一、静脉穿刺及注射 …………………………………………………… 55
二、胸腔穿刺及注射 …………………………………………………… 55
三、腹腔穿刺及注射 …………………………………………………… 56

四、瘤胃穿刺及注射 ·· 56
　　五、瓣胃穿刺及注射 ·· 56
　　六、膀胱穿刺及注射 ·· 56
　　七、关节穿刺及注射 ·· 57
　　八、心包穿刺及注射 ·· 57
　　九、盲肠穿刺 ·· 57
　　十、肝脏穿刺 ·· 57
　第三节　常用治疗技术 ··· 57
　　一、经口投药法 ··· 57
　　二、特殊给药法 ··· 58
　　三、封闭疗法 ·· 59
　　四、脱水及液体疗法 ·· 59
　　五、输氧疗法 ·· 62
　　六、输血疗法 ·· 62
《兽医临床诊断学》模拟试题及参考答案 ································· 63

第二篇　兽医内科学

第一章　消化系统疾病 ·· 85
　第一节　上部消化道疾病 ··· 85
　　一、口炎 ·· 85
　　二、唾液腺炎 ·· 85
　　三、咽炎（咽峡炎或扁桃体炎） ··· 86
　　四、食道阻塞（食道梗阻） ·· 86
　第二节　反刍动物前胃和皱胃疾病 ·· 87
　　一、前胃弛缓 ·· 87
　　二、瘤胃积食 ·· 88
　　三、瘤胃臌气 ·· 88
　　四、创伤性网胃腹膜炎（创伤性心包炎） ································ 89
　　五、瓣胃阻塞 ·· 90
　　六、皱胃变位或扭转 ·· 90
　　七、皱胃阻塞 ·· 91
　　八、皱胃炎（皱胃溃疡） ··· 91
　第三节　其他胃肠疾病 ··· 92
　　一、幼畜消化不良（幼畜腹泻） ··· 92
　　二、胃炎及胃溃疡 ·· 93
　　三、犬胃扩张-扭转综合征 ·· 93
　　四、犬猫胃内异物 ·· 94
　　五、肠炎 ·· 94
　　六、肠变位（肠套叠、肠扭转） ··· 95
　　七、肠便秘 ··· 95
　第四节　马属动物腹痛病 ··· 95
　　一、急性胃扩张（大肚结） ·· 96
　　二、肠痉挛 ··· 96
　　三、肠臌气 ··· 96
　　四、肠变位 ··· 97

五、肠便秘 ... 97
　　六、其他腹痛病 ... 98
　第五节　肝脏、胰腺和腹膜疾病 ... 99
　　一、肝炎 ... 99
　　二、胰腺炎 ... 99
　　三、腹膜炎 ... 100

第二章　呼吸系统疾病 ... 101
　第一节　呼吸系统疾病概论 ... 101
　第二节　上呼吸道疾病 ... 102
　　一、鼻炎 ... 102
　　二、喉炎 ... 102
　　三、支气管炎 ... 103
　第三节　肺部及胸膜疾病 ... 103
　　一、肺充血和肺水肿 ... 103
　　二、肺气肿 ... 104
　　三、支气管肺炎 ... 104
　　四、大叶性肺炎 ... 105
　　五、其他肺炎 ... 105
　　六、胸膜炎 ... 106

第三章　血液循环系统疾病 ... 107
　　一、心力衰竭 ... 107
　　二、外周循环衰竭 ... 108
　　三、心肌炎 ... 108
　　四、心脏肥大与心脏扩张 ... 109
　　五、心脏瓣膜病 ... 109
　　六、贫血 ... 110
　　七、白血病 ... 111
　　八、出血性疾病（出血性素质） ... 111

第四章　泌尿系统疾病 ... 112
　　一、泌尿器官疾病的基本症状及治疗要点 ... 112
　　二、肾炎 ... 112
　　三、膀胱炎和尿道炎 ... 113
　　四、膀胱麻痹 ... 114
　　五、尿石症 ... 114
　　六、急性肾功能衰竭 ... 115
　　七、慢性肾功能衰竭 ... 116
　　八、肾性骨病（肾性骨营养不良） ... 117

第五章　神经系统疾病 ... 118
　　一、脑膜脑炎 ... 118
　　二、脑震荡及脑挫伤 ... 118
　　三、脊髓炎、脊髓膜炎及脊髓损伤 ... 119
　　四、癫痫 ... 119
　　五、日射病和热射病（中暑） ... 119

第六章　营养代谢性疾病 ... 120
　第一节　营养代谢病概述 ... 120

第二节　糖、脂肪、蛋白质代谢障碍疾病 120
　一、奶牛酮病 120
　二、奶牛肥胖综合征 121
　三、羊妊娠毒血症 121
　四、犬、猫肥胖综合征 122
　五、家禽脂肪肝综合征（家禽脂肪肝出血综合征） 122
　六、禽痛风（尿酸盐沉积症） 122
　七、低血糖症 123
　八、马麻痹性肌红蛋白尿症 123

第三节　矿物质代谢障碍病 124
　一、佝偻病、骨软病、纤维性骨营养不良 124
　二、笼养蛋鸡疲劳症（笼养蛋鸡骨质疏松症） 125
　三、牛血红蛋白尿病 125
　四、青草搐搦（青草蹒跚，低镁血症） 125
　五、母牛卧地不起综合征（爬行母牛综合征） 125
　六、异食癖 126

第四节　维生素缺乏症 126
　一、维生素 A 缺乏症 126
　二、维生素 K 缺乏症 126
　三、B 族维生素缺乏症 126

第五节　微量元素缺乏症 127
　一、硒和维生素 E 缺乏症 127
　二、铁缺乏症 127
　三、铜缺乏症 128
　四、锰缺乏症 128
　五、锌缺乏症 128
　六、钴缺乏症（维生素 B_{12} 缺乏） 128
　七、碘缺乏症（甲状腺肿） 128

第七章　中毒性疾病 129

第一节　中毒病概论 129

第二节　饲料毒物中毒 129
　一、瘤胃酸中毒 129
　二、瘤胃碱中毒（尿素中毒） 130
　三、硝酸盐与亚硝酸盐中毒 131
　四、氢氰酸中毒 131
　五、菜籽饼粕中毒 131
　六、棉籽饼中毒 131
　七、犬洋葱或大葱中毒 132

第三节　有毒植物中毒 132
　一、栎树叶中毒 132
　二、疯草中毒 132
　三、蕨中毒 132

第四节　霉菌毒素中毒 132
　一、黄曲霉毒素中毒 133
　二、单端孢霉毒素中毒 133
　三、玉米赤霉烯酮中毒 133
　四、霉稻草中毒 133

五、甘薯黑斑病毒素中毒 ……………………………………………………………………… 133
　　六、其他霉菌毒素中毒 …………………………………………………………………………… 134
　第五节　矿物类及微量元素中毒 ………………………………………………………………… 134
　　一、无机氟化物中毒 ……………………………………………………………………………… 134
　　二、食盐中毒 ……………………………………………………………………………………… 134
　　三、铅中毒 ………………………………………………………………………………………… 135
　　四、铜中毒 ………………………………………………………………………………………… 135
　　五、镉中毒 ………………………………………………………………………………………… 135
　　六、其他中毒 ……………………………………………………………………………………… 135
　第六节　农药及鼠药中毒 ………………………………………………………………………… 135
　　一、有机磷杀虫剂中毒 …………………………………………………………………………… 135
　　二、有机氟化物中毒 ……………………………………………………………………………… 136
　　三、灭鼠药中毒 …………………………………………………………………………………… 136

第八章　其他内科疾病
　　一、肉鸡腹水综合征 ……………………………………………………………………………… 137
　　二、应激综合征 …………………………………………………………………………………… 137
　　三、过敏性休克 …………………………………………………………………………………… 138
　　四、犬、猫糖尿病 ………………………………………………………………………………… 138
　　五、甲状腺功能亢进（甲亢） …………………………………………………………………… 138
　　六、甲状腺功能减退（甲减） …………………………………………………………………… 139
　　七、甲状旁腺功能亢进 …………………………………………………………………………… 139
　　八、甲状旁腺功能减退 …………………………………………………………………………… 139
　　九、肾上腺皮质功能亢进（柯兴氏综合征，Cushing's disease） ……………………………… 139
　　十、肾上腺皮质功能减退（阿狄森氏病，Addison's disease） ………………………………… 139
　　十一、尿崩（多尿症） …………………………………………………………………………… 140

《兽医内科学》模拟试题及参考答案 ……………………………………………………………… 141

第三篇　兽医外科与外科手术学

第一章　外科感染
　第一节　外科感染概述 …………………………………………………………………………… 166
　第二节　局部外科感染 …………………………………………………………………………… 166
　　一、脓肿 …………………………………………………………………………………………… 167
　　二、蜂窝织炎 ……………………………………………………………………………………… 167
　　三、厌气性感染和腐败性感染 …………………………………………………………………… 167
　第三节　全身化脓性感染 ………………………………………………………………………… 168

第二章　损伤
　第一节　软组织开放性损伤（创伤） …………………………………………………………… 169
　第二节　软组织非开放性损伤（血肿、挫伤及淋巴外渗） …………………………………… 170
　第三节　烧伤与冻伤 ……………………………………………………………………………… 171
　第四节　损伤并发症 ……………………………………………………………………………… 173
　　一、溃疡 …………………………………………………………………………………………… 173
　　二、窦道和瘘管 …………………………………………………………………………………… 173
　　三、坏疽 …………………………………………………………………………………………… 173
　　四、外科休克 ……………………………………………………………………………………… 174

第三章　肿瘤 ……………………………………………………………………………………… 175

第一节 肿瘤概论 …… 175
第二节 常见肿瘤 …… 176
一、鳞状细胞癌 …… 176
二、纤维肉瘤 …… 176
三、肥大细胞瘤 …… 176
四、犬、猫淋巴肉瘤 …… 176
五、乳头状瘤 …… 177
六、犬乳腺肿瘤 …… 177

第四章 风湿病 …… 178

第五章 眼病 …… 180

第一节 眼病检查方法及治疗技术 …… 180
第二节 常见眼部疾病 …… 180
一、角膜炎（角膜溃疡和穿孔） …… 181
二、结膜炎 …… 181
三、青光眼 …… 182
四、白内障 …… 182
五、牛传染性角膜结膜炎 …… 183
六、虹膜炎 …… 183
七、视网膜炎 …… 183

第六章 头颈部疾病 …… 184

第一节 耳病 …… 184
一、外耳炎 …… 184
二、中耳炎和内耳炎 …… 184
第二节 颌面部疾病 …… 184
一、面神经麻痹 …… 184
二、马、牛副鼻窦炎（蓄脓） …… 185
第三节 齿病及舌下腺囊肿 …… 185
一、牙周炎及牙结石（犬、猫） …… 185
二、齿槽骨膜炎 …… 185
三、龋齿 …… 185
四、犬舌下腺囊肿 …… 186
五、牙齿不正 …… 186
第四节 颈静脉炎 …… 186

第七章 胸腹壁创伤 …… 187

一、胸壁透创 …… 187
二、腹壁透创 …… 187

第八章 疝 …… 188

第一节 概述 …… 188
第二节 常见疝 …… 188
一、脐疝 …… 188
二、腹壁疝 …… 188
三、犬会阴疝 …… 189
四、腹股沟阴囊疝 …… 189
五、膈疝 …… 189

第九章 直肠与肛门疾病 …… 190

一、犬巨结肠 190
　　二、直肠脱（脱肛） 190
　　三、犬肛门囊炎 190
　　四、锁肛 191

第十章　泌尿生殖系统疾病 192
　　一、犬前列腺炎及前列腺增生 192
　　二、隐睾 192
　　三、膀胱破裂 192

第十一章　跛行诊断 193

第十二章　四肢及脊髓疾病 195
　第一节　骨骼疾病 195
　　一、骨膜炎 195
　　二、骨髓炎 195
　　三、骨折 195
　第二节　关节疾病 197
　　一、关节透创 197
　　二、关节炎（关节滑膜炎） 197
　　三、关节脱位 197
　　四、犬髋关节发育异常 199
　第三节　脊柱疾病 199
　　一、脊髓损伤（截瘫） 199
　　二、椎间盘突出（犬、猫） 199
　第四节　肌肉、肌腱、黏液囊疾病 200
　　一、肌炎与肌肉断裂 200
　　二、腱炎、腱鞘炎、腱断裂 200
　　三、黏液囊炎 201
　第五节　神经疾病 201
　　一、马桡神经麻痹 201
　　二、牛闭孔神经麻痹 202
　　三、神经麻痹的治疗 202

第十三章　皮肤病 203
　第一节　皮肤病概述 203
　第二节　常见皮肤病 203
　　一、犬脓皮症 203
　　二、犬、猫真菌性皮肤病（犬、猫皮肤癣病） 204
　　三、瘙痒症 204
　　四、湿疹 204
　　五、犬过敏性皮炎 205
　　六、犬、猫甲状腺机能减退性皮肤病 205
　　七、马拉色菌病 205

第十四章　蹄病 206
　第一节　马属动物蹄病 206
　　一、蹄钉伤 206
　　二、蹄冠蜂窝织炎 206
　　三、白线裂 206

四、蹄骨骨折 ... 206
　　五、远籽骨滑膜囊炎 ... 207
　　六、蹄叉腐烂 ... 207
　　七、蹄叶炎 ... 207
　　八、蹄裂 ... 207
　第二节　牛的蹄病 ... 208
　　一、指（趾）间皮炎 ... 208
　　二、指（趾）间皮肤增生 ... 208
　　三、局限性蹄皮炎（蹄底溃疡） ... 208
　　四、蹄叶炎 ... 208
　　五、腐蹄病（传染性蹄皮炎） ... 209

第十五章　术前准备
　　一、手术器械准备 ... 210
　　二、手术人员准备 ... 211
　　三、手术动物准备 ... 212
　　四、手术室准备 ... 212

第十六章　麻醉技术
　　一、麻醉概述 ... 214
　　二、局部麻醉技术 ... 215
　　三、全身麻醉技术 ... 216

第十七章　手术基本操作
　　一、组织切开 ... 219
　　二、止血 ... 220
　　三、缝合 ... 221
　　四、打结方法 ... 223
　　五、拆线方法 ... 223
　　六、引流与包扎 ... 223

第十八章　外科手术技术
　第一节　头部手术 ... 226
　　一、头骨手术 ... 226
　　二、眼部手术 ... 227
　　三、犬耳部手术 ... 228
　　四、牙齿手术 ... 229
　　五、唾液腺囊肿摘除术 ... 229
　第二节　颈部手术 ... 230
　　一、甲状腺摘除术 ... 230
　　二、气管切开术 ... 230
　　三、食道切开术 ... 230
　第三节　胸部手术 ... 231
　　一、犬开胸术 ... 231
　　二、气胸闭合术 ... 231
　　三、肋骨切除术 ... 232
　　四、牛心包切开术 ... 232
　第四节　胃肠道手术 ... 233
　　一、反刍兽胃手术 ... 233
　　二、犬常见腹部手术 ... 234

三、其他肠道手术 ··· 236
　　四、腹部其他手术 ··· 237
　第五节　泌尿生殖器官手术 ······································· 239
　　一、泌尿器官手术 ··· 239
　　二、生殖器官手术 ··· 240
　第六节　四肢手术 ··· 241
　　一、膝内直韧带切断术 ·· 242
　　二、髋关节开放整复和关节囊缝合固定术 ············ 242
　　三、指浅屈肌腱切断术 ·· 242
　　四、股骨头切除关节造形术 ·································· 243
　　五、犬股骨干骨折内固定术 ·································· 243
　　六、四肢黏液囊手术 ··· 244
《兽医外科与外科手术学》模拟试题及参考答案 ············ 245

第四篇　兽医产科学

第一章　动物生殖激素 ·· 270
　第一节　激素与生殖激素的概念 ································ 270
　　一、概念 ··· 270
　　二、作用特点 ·· 270
　第二节　生殖激素 ··· 270
　　一、松果体激素 ·· 270
　　二、丘脑下部激素 ·· 270
　　三、垂体激素 ·· 271
　　四、性腺激素 ·· 271
　　五、胎盘促性腺激素 ··· 271
　　六、前列腺素 ·· 272

第二章　发情配种 ··· 273
　第一节　发情 ·· 273
　　一、有关母畜生殖功能发展阶段的概念 ·················· 273
　　二、发情周期 ··· 273
　第二节　配种与受精 ··· 276
　　一、配种 ··· 276
　　二、受精 ··· 276
　　三、胚胎移植技术 ·· 278

第三章　妊娠 ·· 279
　　一、胚胎早期发育与胚胎附植 ······························· 279
　　二、妊娠识别 ·· 279
　　三、胎盘及胎膜 ·· 280
　　四、妊娠期母体的变化 ··· 281
　　五、妊娠诊断 ·· 281
　　六、妊娠终止和诱导分娩技术 ······························· 282

第四章　分娩 ·· 283
　　一、分娩预兆 ·· 283
　　二、分娩启动 ·· 283

三、分娩的决定因素 ……………………………………………………………… 284
　　四、分娩过程 ………………………………………………………………………… 285
　　五、接产 ……………………………………………………………………………… 286
　　六、产后期 …………………………………………………………………………… 286
第五章　妊娠期疾病 ……………………………………………………………………… 287
　　一、流产 ……………………………………………………………………………… 287
　　二、孕畜浮肿 ………………………………………………………………………… 288
　　三、阴道脱出 ………………………………………………………………………… 288
　　四、绵羊妊娠毒血症 ………………………………………………………………… 288
　　五、马属动物妊娠毒血症 …………………………………………………………… 288
第六章　分娩期疾病 ……………………………………………………………………… 289
　　一、难产的分类及原因 ……………………………………………………………… 289
　　二、助产手术（用于胎儿的手术） ………………………………………………… 289
　　三、产力性难产（子宫弛缓） ……………………………………………………… 290
　　四、产道性难产 ……………………………………………………………………… 290
　　五、胎儿性难产 ……………………………………………………………………… 291
　　六、剖宫产术 ………………………………………………………………………… 292
　　七、难产的预防 ……………………………………………………………………… 292
第七章　产后期疾病 ……………………………………………………………………… 293
　　一、子宫破裂 ………………………………………………………………………… 293
　　二、胎衣不下 ………………………………………………………………………… 293
　　三、产后感染 ………………………………………………………………………… 294
　　四、奶牛生产瘫痪 …………………………………………………………………… 294
　　五、犬产后低血钙症 ………………………………………………………………… 295
　　六、产道损伤 ………………………………………………………………………… 296
　　七、产后截瘫（牛） ………………………………………………………………… 296
　　八、子宫脱（牛、猪） ……………………………………………………………… 296
　　九、犬子宫蓄脓 ……………………………………………………………………… 297
　　十、子宫复旧延迟 …………………………………………………………………… 297
第八章　母畜不育 ………………………………………………………………………… 298
　　一、母畜不育概述 …………………………………………………………………… 298
　　二、排卵延迟及不排卵 ……………………………………………………………… 298
　　三、慢性子宫内膜炎 ………………………………………………………………… 299
　　四、卵巢功能不全 …………………………………………………………………… 299
　　五、卵巢囊肿 ………………………………………………………………………… 299
　　六、持久黄体 ………………………………………………………………………… 299
　　七、防治不孕的综合措施 …………………………………………………………… 300
第九章　新生仔畜疾病 …………………………………………………………………… 301
　　一、窒息 ……………………………………………………………………………… 301
　　二、新生仔畜溶血病 ………………………………………………………………… 301
　　三、脐尿管瘘 ………………………………………………………………………… 301
第十章　乳房疾病 ………………………………………………………………………… 302
　　一、乳腺炎 …………………………………………………………………………… 302
　　二、其他乳房疾病 …………………………………………………………………… 304
　　三、酒精阳性乳 ……………………………………………………………………… 305

第十一章 公畜的不育 ... 306
　　一、公畜不育的原因及分类 ... 306
　　二、先天性不育 ... 306
　　三、病症性不育 ... 307
《兽医产科学》模拟试题及参考答案 ... 309

第五篇　中兽医学

第一章 基础理论 ... 323
　　一、阴阳五行学说 ... 323
　　二、脏腑学说与气血 ... 323
　　三、经络 ... 324
　　四、病因 ... 325
第二章 辨证施治 ... 326
　　一、诊法 ... 326
　　二、辨证 ... 327
　　三、防治法则 ... 332
第三章 中药性能及方剂组成 ... 334
　　一、中药采集、产地与炮制 ... 334
　　二、中药性能 ... 334
　　三、配伍禁忌 ... 335
　　四、方剂 ... 335
第四章 解表药方 ... 336
第五章 清热药方 ... 338
第六章 泻下药方 ... 340
第七章 消导药方 ... 341
第八章 止咳化痰平喘药方 ... 342
第九章 温里药方 ... 344
第十章 祛湿药方 ... 345
第十一章 理气药方 ... 347
第十二章 理血药方 ... 348
第十三章 收涩药方 ... 350
第十四章 补虚药方 ... 351
第十五章 平肝祛风药方 ... 353
第十六章 安神开窍药方 ... 354
第十七章 驱虫药方 ... 355
第十八章 外用药方 ... 356
第十九章 针灸 ... 357
　　一、针灸基础知识 ... 357

二、动物常用穴位 ··· 358
　　三、常见疾病针灸处方 ·· 369
第二十章　病证防治 ··· 374
　　一、发热 ··· 374
　　二、咳嗽 ··· 375
　　三、喘证 ··· 375
　　四、腹痛 ··· 375
　　五、泄泻 ··· 376
　　六、黄疸 ··· 377
　　七、淋证 ··· 377
　　八、血虚 ··· 377
　　九、不孕 ··· 377
　　十、疮黄疔毒 ·· 378
《中兽医学》模拟试题及参考答案 ··· 379

第一篇　兽医临床诊断学

第一章　绪　论

考纲考点：(1) 各种症状的概念；(2) 检查法及诊断方法论所包括的内容。

第一节　症状相关概念

名词	概念	举例	
典型症状	反应疾病临床特征的症状	大叶性肺炎——稽留热、铁锈色鼻液、大片浊音区和病理性支气管呼吸音等	
		出血性肠炎——腹泻、便血、粪便恶臭（含炎性产物）	
示病症状（特有症状）	只在某种疾病时才出现而其他疾病不能出现的症状	破伤风的木马样姿势，心包积液的心包拍水音，心包炎的心包摩擦音，纤维素性胸膜炎的胸膜摩擦音，猪丹毒的丹毒疹（俗称打火印），三尖瓣闭锁不全的颈静脉阳性波动，缺锰的滑腱症等	
主要症状	疾病过程中出现频率较高且对该病诊断具有决定意义的症状	腹泻、粪便带炎性产物、恶臭是肠炎的主要症状，精神沉郁是脑水肿的主要症状	
综合征（综合症候群）	在许多疾病中，某些症状相互联系，按一定规律同时或相继出现，把这些症状称为综合征或综合征候群	发热综合征	体温升高，精神沉郁，呼吸、心跳、脉搏加快，食欲减少
		疝痛（腹痛）综合征	马属动物回视腹部，前肢刨地、后肢踢腹，弓腰努责，盲目运动，起卧不安，卧地打滚等
	综合征在提示某一器官系统疾病，或明确疾病的性质方面均具有重要意义	肾病综合征	肾区敏感，肾性高血压（主动脉口第二心音增强，硬而小的金线脉），尿液异常甚至尿毒症等
		呼吸道病综合征	咳嗽，流鼻液，呼吸困难等

第二节　兽医临床检查法及诊断方法论

临床检查法	①临床检查技术：问诊及物理检查法（视、触、叩、听、嗅诊）； ②实验室检查技术：血液、尿液、粪便、胃液及胃内容物、脑脊髓液、渗出液与漏出液、肝功能、DNA分析、核型分析、血清学检查等； ③特殊检查技术：X线检查法、心电描记法、超声探查法、内窥镜检查、放射性同位素应用等
疾病诊断方法	①论证诊断法；②鉴别诊断法；③药物诊断法

（王娅）

第二章 临床检查基本方法与程序

考纲考点：(1) 问诊的重要性及概念；(2) 基本检查法的主要内容、方法、技巧和注意事项；(3) 常见临床症状的认识及提示的诊断意义；(4) 群体动物及门诊个体病例的检查程序。

第一节 临床检查基本方法

一、问诊

（一）问诊的概念及重要性

概念	又称病史调查或主诉，听取或询问动物疾病有关人员对疾病情况的介绍
意义	①弥补客观检查的不足；②为下一步临床检查的重点指示方向或线索；③初步诊断（如破伤风、佝偻病、食盐中毒、生产瘫痪等）

（二）问诊的主要内容

现症史	①动物来源及饲养期限；②发病时间和地点；③群体发病情况；④本次疾病的表现；⑤发病经过及治疗情况；⑥估计的原因
既往史	①过去患病情况；②当地或本场疫情
饲养管理	①饲料（种类、质量）、饲养制度（喂量、生熟、放牧或圈养、饲料突变等）；②自然环境（地质、植被、污染、气候）；③管理（繁殖方式、圈舍卫生）；④生产性能及使役状况；⑤生物安全措施（免疫、驱虫、药物保健、病死动物处理、消毒制度等）

（三）问诊的技巧与注意事项

①内容——突出重点	②顺序——先问后检查，或边问边检查，或检查后补充问
③语言——通俗易懂	④态度——亲切有耐心，取得动物疾病有关人员的密切配合
⑤方式——具体，有启发性	⑥客观判断问诊材料真实性，忌主观武断

二、视诊

概念		对动物整体、局部、生活环境的眼观检查
内容	直接视诊（大体视诊）	①整体状态；②被毛与皮肤（皮毛）；③生理活动状态；④天然孔及可视黏膜；⑤排泄物（粪尿）性状；⑥生活环境状态
	间接视诊（器械视诊）	开口器、额反射镜、鼻镜、检眼镜、内窥镜等
	畜群巡视	①畜群面貌；②异常表现；③畜舍卫生；④饲料检查；⑤生产及繁殖记录
方法		一般先在离患病动物1.5～2.0m处观察其全貌，然后围绕其行走一圈，从前到后，从上到下，从左到右，边走边看，必要时再逆行一圈。发现异常，再接近动物进行仔细观察
程序		五先五后——先群体后个体，先整体后局部再腔体；先静态后动态，先远近后近，先直接后间接

三、触诊

内容	①体表状态(皮毛及皮下组织);②各种冲动(心搏动、脉搏、胃肠蠕动等);③胸腹壁紧张度及波动感、胸腹壁敏感性;④腹腔及盆腔脏器状况(内容物、敏感性)			
方法	浅触诊	触压(按压)		①体表状态;②各种冲动(心搏动、脉搏、瘤胃蠕动等);③关节、肌肉、腱;④浅部血管、神经、骨骼
		滑动式		浅表淋巴结
	深触诊	按压(或捏压)式		①胸腹壁敏感性;②中小动物腹部器官
		冲击式		①大动物腹部器官内容物及敏感性;②腹腔积液(波动感、晃水音)
		切入式		肝脏、脾脏、胃、肾
		特殊触诊	探诊	食道、尿道、气管
			直肠触诊	腹腔、盆腔器官
程序	先健部后患部;由前往后,由上往下;先周围后中央;先轻后重;左右对比及病健部对比			

四、叩诊

叩诊音影响因素	①音色(音性/音品)——组织器官密度及含气量;②音响(音强弱)——组织器官弹性;③音时——震动期长则音时长;④介质——密度大、弹性好则传播快而好;⑤音调——物体震动的频率		
应用范围	①胸部(肺、心脏、胸腔);②胃肠内容物及含气量;③鼻窦、副鼻窦、额窦;④肢蹄反射机能		
方法	直接叩诊法	手指(拳头)或叩诊锤直接叩击动物体	轻叩诊——位置浅、范围小
	间接叩诊法	指指叩诊法(叩击第二指节前端)——小动物;锤板叩诊法——大动物	重叩诊——位置深、范围大
注意事项	①用腕力垂直叩击;②间歇性富有弹性叩击(每次连续叩 2~3 下停顿一会,不宜不间断连续叩击);③叩击力均等;④按照自上而下,由前往后顺序叩,并进行两侧对比		

临床常见叩诊音

音种类	产生条件	音调	音响	音时	代表区
清音	组织弹性好、含气量较多	高	强	最长	肺区中部
鼓音	含大量气体的空腔器官	最弱	最强	较长	瘤胃上 1/3 部(左肷部);马盲肠基部(右肷部)
浊音	组织致密不含气且弹性不良	最高	最弱	最短	肌肉肥厚(臀部);实质脏器(心、肝)
过清音	含气多但弹性较弱(清音与鼓音之间)	弱	次强	次长	额窦、上颌窦
半浊音	含气少,有一定弹性(清音与浊音之间)	次高	弱	短	肺区边缘、心脏相对浊音区

五、听诊

内容	①心音;②呼吸音;③胃肠蠕动音;④喷嚏、咳嗽、咀嚼、吞咽、磨牙等;⑤骨摩擦音
方法	直接听诊法和间接听诊法,间接听诊采用听诊器。听诊器的组成包括耳件、体件(胸件/集音头)、软管
注意事项	①环境安静;②正确佩戴听诊器;③体件密贴动物体壁(不可来回滑动或用力紧压);④软管避免接触检查者及动物(避免杂音);⑤按顺序听(从上往下,从左往右);⑥听视诊结合

六、嗅诊

内容	①呼出气和口腔气味;②体表气味;③分泌物气味;④饲料气味;⑤排泄物及周围环境气味
常见异常气味	①皮肤、汗液氨味→尿潴留,膀胱破裂。②呼出气、乳汁及尿液丙酮味(烂苹果味)→牛羊酮病。③呼出和胃内容物大蒜味→有机磷农药中毒。④呼出气和鼻腔腐败臭味→支气管坏疽和肺坏疽;粪便恶臭味(腥臭味)→胃肠炎;阴道分泌物恶臭味→子宫蓄脓或胎衣滞留。⑤粪便酸臭味→肠卡他和消化不良;饲料酸臭味→饲料酸败。⑥霉臭味→饲料或垫草等霉败

第二节 临床检查程序

应用临床检查基本方法检查动物的基本程序:按照"先群体再个体,先远后近,先静态后动态,先整体后局部,先健部后患部"进行检查,最后进行病历记录。

一、个体动物临床检查程序

病例登记		动物种类、品种、性别、年龄、毛色、畜名及编号、体重、用途、过敏药物
问诊		病史调查(见问诊)
现症检查 (临床体格检查)	一般临床检查	①整体状况(精神、营养、发育、姿势及行为);②表被状况(被毛、皮肤、皮下组织);③可视黏膜;④体表淋巴结;⑤三大生理指标(T、R、P)
	器官系统检查	消化、呼吸、循环、泌尿、生殖、神经及运动系统检查
其他检查		补充性实验室检查和特殊检查

临床体格检查(现症检查)的顺序:大体视诊(整体、表被、腹围等)→测呼吸、体温、脉搏→头颈部检查→胸腹部检查→会阴部检查→四肢检查。

二、群体动物临床检查程序

养殖场基本情况调查	①基本情况(建场史、养殖环境、规模等);②疫情及既往病史;③饲养(饲料、饲喂制度);④管理(繁殖引种;生物安全措施——疫苗接种、驱虫、消毒、药物保健等)
流行病学调查	确定发病率、死亡率;发病动物年龄;发病季节、地域;动物生产及繁殖性能;应激反应等
群体视诊	养殖场环境(圈舍卫生、通风);群体面貌(整体状况、表被状况、饮食欲及粪便状况、有无咳喘现象等);发现异常个体及现象
个体检查	对发病严重的个体进行全面的体格检查,确定疾病的主要症状和主要侵害器官
病理学检查	对发病严重的个体或死亡动物进行尸体剖解和组织学检查,根据特征性的病变,结合流行病学特点和临床症状,一般能做出初步诊断
实验室及特殊检查	营养指标测定(营养缺乏性疾病)、毒物分析(中毒性疾病)、微生物学、血清学和变态反应(传染病)、虫卵和虫体检查(寄生虫病)等

(王娅)

第三章 一般临床检查

考纲考点：（1）各种一般临床检查的内容、判定方法与提示的临床意义；（2）体温、呼吸、脉搏的参考值、测定方法、病理变化及临床意义。

第一节 整体状态观察

一、精神状况

判断标准	动物对外界刺激的反应能力。根据动物神情(眼神)和行为(耳和尾的运动、举止动作)判断	
神经兴奋	惊恐不安、挣扎脱缰、狂奔、打滚、抽搐、攻击	中枢机能亢进：①脑部疾患(脑炎、中暑)；②感染性脑炎(如狂犬病、犬瘟热、猪链球菌病、伪狂犬病、乙脑、牛羊脑囊尾蚴等)；③中毒性脑病(士的宁、有机磷、食盐、植物、毒素中毒等)；④营养代谢病(低血糖、犬产后低血钙症、低镁血症等)
精神抑制	沉郁→嗜睡→昏迷	①重度脑病(马慢性脑水肿；前肢交叉不知复，口衔饲草不咀嚼)；②多数热性病；③消耗性及衰竭性疾病；④中毒病后期；⑤营养代谢病(奶牛酮病、生产瘫痪等)。一时性昏迷是由于大失血、贫血、急性心衰等致脑缺血所致,称休克或虚脱

二、体格发育

判断标准	生长期动物骨骼与肌肉的发育程度(体高、体长、体重；骨关节粗细,骨骼发育及比例)		
分类	发育良好、不良、中等。临床多采用与同种同龄动物比较来判断		注意：躯体各部比例不匀称(如瘤胃臌气、马肠臌气等),不属于发育不良
发育不良原因	先天性	①近亲繁殖；②先天性营养不良(母畜因素)	
	后天性	①过早配种；②营养不良(母乳、饲料等)；③传染病后遗症及慢性传染病(结核、猪瘟、喘气病等)；④寄生虫感染；⑤长期消化紊乱。佝偻病(脊柱弯曲、O型腿、X型腿、串珠肿)属于典型的发育不良	

三、营养状况

判断标准	①被毛平顺度和光泽度；②皮肤光亮度；③肌肉丰满度(骨骼显露情况,皮下脂肪蓄积量)。骆驼观驼峰、禽摸胸肌和腿肌	
分级	营养良好、不良、中等、肥胖	
营养不良原因	急性消瘦	①急性高热性传染病(饮食欲废绝和脱水)；②急性胃肠炎(重剧呕吐、腹泻→大量失水)；③不能摄食(严重口腔疾患、破伤风等)；④急性食欲废绝的疾病
	慢性消瘦	①慢性传染病：牛羊结核、猪喘气病、圆环病毒病、鸡马立克氏病、马鼻疽等；②严重寄生虫感染；③营养摄入不足(饥饿、强弱同圈、口腔疾病等)；④营养代谢病(草料或母乳营养不全、酮病、佝偻病、维生素及微量元素缺乏症)；⑤长期消化紊乱(慢性胃肠炎、消化不良)；⑥内分泌疾病；犬猫肾上腺皮质功能减退(阿狄森氏病)、甲状腺功能亢进、糖尿病等；⑦慢性中毒病；⑧重要器官(肝胆、心、肾)疾病；⑨肿瘤、白血病、脓毒败血症(如乳腺炎)等
营养过剩(肥胖)		①食物性肥胖(饲养水平过高、运动不足)；肥胖母牛综合征,犬猫单纯性(食物性)肥胖等
		②内分泌性肥胖(伴皮肤黑色素沉着和对称性脱毛)；肾上腺皮质功能亢进(柯兴氏病)、甲状腺功能减退及性腺功能障碍等

四、姿势与体态

（一）动物健康姿势

项目	马、骡	反刍兽	猪	犬、猫
站立	终日站立，轮换休息后肢	四肢均匀负重		
卧地	仅于夜间取卧下姿势，呈"背腹立卧"姿势（前肢跪地，四肢屈集于腹下）	两前肢先跪地，倾斜后躯卧下。呈"前躯俯卧，后躯半侧卧"姿势，轮换休息腹下后肢	猪喜躺卧 ①大猪：多侧卧 ①小猪：多俯卧	①犬坐姿势（前肢直立，臀部着地）；②俯卧（前肢跪地）或前肢前趴卧；③头后弯圈成团
起立	先起前驱呈（犬坐式）→左右摇摆后躯而起立	前低后高（前肢跪地→先抬举后躯→再提前肢缓慢起立）	类似马属动物	

（二）典型异常姿势

站立姿势异常	①木马姿势：破伤风、士的宁中毒；②鸡观星姿势：维生素 B_1 缺乏、鸡新城疫、呋喃类药物中毒；③前肢长时间交叉站立姿势：马骡慢性脑水肿；④牛骡前驱高位、后躯低位姿势：创伤性网胃心包炎；⑤头颈歪斜姿势：仔猪伪犬病、牛羊脑包虫病、鸭慢性浆膜炎；⑥鸡两腿前后叉开的劈叉姿态：马立克氏病；⑦久站不卧（正常偶蹄兽超过24h不卧下）或前肢开张、肘头外展站立姿势：胸部疼痛（创伤性网胃心包炎）、严重呼吸困难（肺气肿）；⑧四肢频频交替负重：骨关节或肌肉疼痛（如骨软症、风湿症等）及泌尿系统疼痛病（排尿障碍）
卧地不起（强迫躺卧）	①四肢骨、关节、肌肉疼痛；②营养代谢病（酮病、生产瘫痪、骨软症、爬卧母牛综合征）；③猪侧卧且四肢在空中划动（四肢划水样、游泳样运动）；食盐中毒等；④重病动物

瘫痪或麻痹（骨骼肌随意运动减弱或丧失）	中枢性瘫痪	脑脊髓损伤、感染（犬瘟热、狂犬病等）、外伤、中毒（铅中毒）；脑占位病变；脊髓压迫（维生素A缺乏、骨软病等）	肌肉痉挛、萎缩不明显、腱反射亢进	皮肤反射减弱或消失
	外周性瘫痪	①肌源性麻痹（生产瘫痪、孕畜截瘫、缺硒、马肌红蛋白尿病等）；②外周神经受损（产后截瘫、马立克氏病-外周神经非对称性肿大、维生素 B_2 缺乏-对称性肿大）	肌肉弛缓、萎缩迅速、腱反射减弱或消失	

五、运动与行为

动物运动的方向性和协调性发生改变。

（一）共济失调

静止性失调（体位平衡失调）		不能保持体位平衡（摇晃、侧偏），似"醉酒状"，易跌倒	小脑、小脑脚、前庭或迷走神经受损	动物随意运动及躯体平衡的协调神经组织的病损。①脑脊髓损伤（病毒、细菌的感染）；脑脊髓炎症、外伤、肿瘤；②中毒（霉菌毒素、食盐、马蕨类等）；③营养代谢病（维生素 B_1、Se-维生素 E 缺乏）
运动性失调		躯体摇晃，步态踉跄或"涉水样"步态	大脑皮层、小脑、前庭或脊髓受损	
运动性共济失调病灶分类	感觉性（脊髓性）共济失调	①四肢共济失调（运步左右摇晃），无头部歪斜、无眼球震颤；②本体反应（肌肉、腱、关节的感觉）缺失；③遮眼时加重		
	外周前庭性共济失调	①非对称性共济失调，伴明显平衡障碍；②头斜向病侧，行走时偏向病侧、转圈或跌倒；③眼球水平和旋转震颤（遮眼加重，震颤与人为转动头无关）；④本体反应正常；⑤有中耳和内耳病变		
	中枢前庭性共济失调	与外周前庭性共济失调的不同点：①平衡障碍轻；②垂直性眼球震颤，随头位置的改变而频频变换方向；③可发生意识障碍和轻瘫		
	小脑性共济失调	①对称性共济失调，伴静止性平衡失调；②可因转圈或转头加重；③不伴感觉障碍，不因遮眼加重，不伴轻瘫；④本体反应正常；⑤与前庭性共济失调的区别：无头倾斜和转圈，无眼震颤；⑥在一侧性小脑受损时，患侧前后肢失调明显		
	大脑性共济失调	能直线行进，躯体偏向健侧、转弯时易跌倒，见于大脑颞叶或额叶受损		

（二）强迫运动

不受意识支配和外界环境因素影响的不随意运动	回转运动（圆圈运动、马场运动、时针运动）	①脑占位病变（脑包虫病、肿瘤、脓肿等）；②一侧颈神经受损（观星姿势）；③颅内压升高（脑炎、李氏杆菌病、伪狂犬病、食盐及马霉玉米中毒等）
	盲目运动（无目的徘徊）	脑部炎症，大脑皮层额叶或小脑等局部病变或机能障碍所引起（朝一个方向盲目运动——脑囊尾蚴）
	暴进暴退	暴进，纹状体或视丘受损伤或视神经中枢被侵害
		暴退：摘除小脑的动物；颈肌痉挛而后弓反张时（如流行性脑脊髓炎等）
	滚转运动	沿身体长轴向一侧打滚（区别腹痛打滚）：迷走神经、听神经、小脑脚周围的病变→一侧前庭神经受损从而迷走神经紧张性消失→身体一侧肌肉松弛所致

（三）痉挛（抽搐）

肌肉不随意收缩。多由于大脑皮层受刺激，或大脑皮质抑制，脑干或基底神经受损——脑部疾患	阵发性痉挛（惊厥/搐搦、震颤）	①感染性脑炎；②中毒性脑病；③代谢性脑病；④脑肿瘤、脑外伤等（参见精神兴奋部分）	马钱子碱中毒，尿毒症，脑缺血
	强直性痉挛（挛缩或强直）		破伤风

（四）其他

马骡疝痛	便秘（结症）、肠痉挛（冷痛）、肠臌气、胃扩张等多种疾病（见内科学部分）
跛行	见外科学部分

第二节 表被状态检查

一、被毛检查

重点检查被毛的光泽度、平顺度、清洁度、完整性及牢固性。动物春秋换毛，家禽秋末换羽。

蓬乱无光	营养不良（慢性消瘦）		
被毛污染	后躯被毛污染：严重腹泻、尿失禁及子宫疾病等；其他被毛污染：分泌物（如脓汁）污染		
毛色异常	老年动物毛色变白属生理现象。反刍动物毛色变浅，特别是动物眼睛周围的红色和黑色被毛变成白色和棕色毛，似戴白框眼镜，称"铜眼镜"——铜缺乏症（钼中毒可引起铜缺乏）		
脱毛	先天性	母猪缺碘致仔猪先天性甲状腺肿和秃毛；先天性稀毛症（遗传性毛囊发育不全）	
	原发性	内分泌性	甲状腺功能减退、肾上腺皮质功能亢进、垂体功能不全、性腺功能失调
		营养性	含硫氨基酸（S元素）缺乏，微量元素（Fe、Co、Zn、Cu、I等）缺乏，维生素缺乏（维生素A、维生素B_{12}），脂肪酸缺乏
		中毒性	汞、钼、硒、铊、铋中毒；甲醛、肝素、双香豆素中毒；抗肿瘤药（环磷酰胺、氨甲蝶呤）中毒；放射线损伤
	继发性	①外寄生虫感染（螨病、蜱虫等）；②皮肤真菌感染（小孢子菌、毛癣菌）；③创伤及皮损（湿疹、渗出性皮炎、脓皮病、啄肛癖）	

原发性脱毛与继发性脱毛的鉴别

种类	脱毛	皮损	痒感	分类	其他特征	
原发性	泛发性	—	—	内分泌性	两侧对称性脱毛；皮肤黑色素沉着	
				营养性或中毒性	泛发性稀毛→脱毛或折断（锌缺乏）	
继发性	局限性	++	++	皮肤真菌	规则脱毛，伍氏灯照射呈蓝绿色荧光	检出病原体
				外寄生虫	脱毛部位形状不定	

二、皮肤检查

颜色	①家畜（口唇、白皮动物）：粉红色；②家禽（冠、髯）：鲜红色	见可视黏膜色泽检查
温度	角根耳根温热、角尖耳尖发凉。①体温变化；②局部炎症（升高）；③局部水肿（降低）	
弹性	部位：颈侧、胸部、背部等皮肤（犬多在背部）	弹性降低：①严重失血、脱水（重要指标）；②营养障碍；③慢性皮肤病（如癣病、湿疹等）；④老龄动物

续表

湿度	鼻部(湿润、有光泽);犬脚垫(湿润);牛鼻镜—珍珠汗 汗腺发达程度:马属动物>羊、牛、猪、犬、猫>禽类(无汗腺)	多汗	①高热病(中暑);②剧痛病(骨折)、马疝痛、内脏破裂及虚脱等出冷汗);③有机磷、拟胆碱药等中毒	
		少汗	①脱水(发热病中后期;剧烈呕吐、腹泻;大汗之后);②牛鼻镜干燥龟裂是瓣胃阻塞(百叶干)示病症状;③抗胆碱药应用(阿托品、654-2等)	
皮疹	斑疹	不隆起不凹陷,仅有颜色变化	①指压褪色称红斑(皮肤充血):猪丹毒、感光过敏(苜蓿、荞麦或马铃薯所致的饲料疹或玫瑰疹)、药物过敏等	
			②指压不褪色称紫疹(皮肤出血):→猪瘟、非洲猪瘟、昆虫刺咬;瘀斑→猪瘟、非洲猪瘟、蓝耳病、圆环病毒病、链球菌病、猪肺疫、副猪嗜血杆菌病、弓形虫病、附红细胞体病;禽流感等	
	丘疹	小米粒至豌豆大的局限性隆起;瘙痒。见于湿疹、痘病、皮炎(圆环病毒病)、药物过敏及螨病等		
	结节	比丘疹大。见于淋巴结肿大、皮肤肿瘤结节(牛白血病、犬淋巴瘤)、牛疙瘩皮肤病(牛结节性皮炎)、皮蝇蛆、马鼻疽结节等		
	疱疹	内含液状物的小突起	①水疱(内含浆液):口蹄疫、痘病、猪水疱病、传染性水疱性口炎、羊口疮、小反刍兽疫等。②脓疱(内含脓汁):脓疱性皮炎(犬瘟热)、蠕形螨病	
	痘疹	"丘疹→水疱→脓疱→溃疡→结痂"定型经过——动物痘病毒感染		
	荨麻疹	"风疹";稍隆起扁平的局限性水肿;突然发生,迅速消失;剧烈瘙痒——各种过敏反应		
鳞屑	维生素A缺乏、锌缺乏、脂溢性皮炎、真菌性皮肤病、螨病等			

三、皮下组织肿胀检查

皮下组织肿胀检查注意肿胀好发部位;大小、形态;温度、敏感性(是否炎性);内容物、硬度、移动性等。

常见肿胀的鉴别

肿胀名称		特点	好发部位	临床意义
蜂窝织炎		大面积弥散性、较柔软的炎性肿胀;后期化脓坏死	四肢等创伤部位	创伤感染
			注射部位等	刺激性药物(氯化钙、浓盐水)进入皮下
皮下水肿(浮肿)		大面积弥散性、柔软(生面团样,指压留痕)的非炎性肿胀	皮下组织疏松部	参见"皮下水肿的鉴别"(下表)
			可扩展到全身	
皮下气肿	外源性(串入性)	弥散性、柔软、有弹性的非炎性肿胀;有气体窜动感和捻发音	颈侧、胸前、肘后	肺间质气肿(黑斑病甘薯中毒,胸腔或胸内注射不当致肺间质气肿);食管破裂
			左肷窝部	瘤胃穿刺不当
	内源性(腐败性)	弥散性炎性肿胀;切开后流出暗红色、混气泡带恶臭液体;伴皮肤坏死	肌肉较厚的臀部、股部;颈部	厌氧性细菌感染(恶性水肿病、气肿疽)
局限性肿胀	脓肿	局限性(圆形)隆突肿胀;明显波动感(脓肿液化期才有);初期炎症明显;局部穿刺可鉴别	躯干(颈侧、胸腹侧)、四肢上部;犬耳血肿	注射部位感染;猪链球菌病(淋巴结)
	血肿			外伤
	淋巴外渗			
	疝(疝气、赫尔尼亚)	局限性有波动感的肿物;有疝孔,可还纳(可复性疝);或有肠蠕动音	腹壁、脐部、阴囊、腹股沟部	内脏(主要是肠道)进入皮下:腹壁疝、脐疝、阴囊疝、腹股沟疝
	关节肿大	关节炎:猪链球菌病、副猪嗜血杆菌病、慢性丹毒、慢性肺疫、慢性传染性胸膜肺炎、支原体关节炎、风湿关节炎、葡萄球菌病、布氏杆菌病、牛黏液囊炎等		
	肿瘤	犬皮肤肿瘤(见外科学部分);鸡马立克氏病		

皮下水肿的鉴别

种类	好发部位	特点	临床意义
心源性	胸前垂皮、躯干下部	对称性水肿;伴有心脏病症状	心脏衰弱(静脉淤血)
肾源性	眼睑、垂ениями;会阴	伴蛋白尿、尿圆柱;肾病体征	肾炎或肾病(中毒)
肝源性	全身性轻度水肿(四肢明显)	腹水;伴贫血、黄疸、肝功异常	肝炎及中毒性肝病 肝片吸虫(下颌水肿)

续表

种类	好发部位	特点	临床意义
营养不良性	下颌、四肢→胸前和腹下→全身	伴有贫血、消瘦和虚弱	重度慢性贫血(寄生虫性) 高度衰竭(低蛋白血症)
血管神经性	眼睑、头面部→颈、胸、腹部	突发突散,水肿部皮肤苍白或有蜡样光泽,边缘无明显界限	血斑病(河马头、大象腿) 过敏性水肿
妊娠性	胸、腹下(乳房)	运动后减轻或消失,腹围增大	妊娠后期母畜

雏鸡皮下水肿(胸腹皮下积聚淡蓝色水肿液)——鸡渗出性素质(硒或维生素 E 缺乏)。

第三节 可视黏膜检查(眼检查)

可视黏膜包括眼结膜、鼻腔、口腔、直肠、阴道等部位的黏膜,常以眼结膜为代表。

一、眼结膜色泽检查

方法	马	左眼:左手固定马头,右手检查。右眼:右手固定马头,左手检查
	牛	①同马检查法。②双手握住牛角,并将牛头扭向一侧,此时眼球下转,巩膜即露出
	中小动物	两手的拇指和食指配合,分别打开上下眼睑进行检查
内容	眼结膜色泽(取决于血液成分、性质及胆色素含量)	
正常眼结膜	湿润,有光泽;淡红色或粉红色	由浅到深的顺序:牛、羊、犬→马→猪→水牛(近鲜红色)

眼结膜色泽异常变化	潮红(充血)	单侧性潮红	单侧结膜炎(有害气体、粉尘)		
		双侧性潮红	弥漫性潮红	①热性病;②器官广泛性炎症;③双侧性结膜炎	
			树枝状充血	静脉回心受阻:①血液循环障碍;②心机能障碍(犬瘟热等)	
	苍白	各种原因引起的贫血性疾病(见血液检验部分)			
	发绀(蓝紫色)	还原Hb增多	血氧不足(呼吸障碍)	呼吸器官疾病(各种肺部感染)	重度贫血(血氧饱和度明显降低)会出现呼吸困难,但不发绀(因还原Hb绝对量达不到发绀程度)
			循环机能不全(淤血)	重度心衰:心包炎、严重感染、休克	
		变性血红蛋白增加		亚硝酸盐中毒(高铁血红蛋白血症)	
	黄染	黄疸——胆色素代谢障碍,见下页表(病因见血液检验部分)			

三种黄疸的实验室检查区别表

项 目	溶血性黄疸	肝细胞性黄疸	胆汁瘀积性黄疸
总胆红素(T·BIL)	增加	增加	增加
直接(结合)胆红素(D·BIL)	正常	增加	明显增加
间接(游离)胆红素(I·BIL)	增加	增加	正常
尿胆红素	减少	增加	明显增加
尿胆原	增加	轻度增加	减少或消失
ALT(谷丙转氨酶)、AST(天门冬氨酸转氨酶)	正常	明显增高	可增高
ALP(碱性磷酸酶)	正常	增高	明显增高
γ-GT(γ-谷氨酰转移酶)	正常	增高	明显增高
总胆固醇(TC)	正常	轻度增加或降低	明显增加
血清白蛋白(A)	正常	降低	正常
血清球蛋白(G)	正常	升高	正常

二、眼睛检查

眼分泌物	数量、性质	分泌物增多:感冒、流感、猪瘟、犬瘟等,多数发热病
眼睑肿胀	猪水肿病;副猪嗜血杆菌病;过敏;肾脏疾病等	
角膜混浊	角膜炎(犬瘟热、肝炎性蓝眼);维生素 A 缺乏(干眼病)等	
第三眼睑增生	瞬膜腺肥大(樱桃眼)	
眼球	凹陷:脱水、衰竭	突出:甲亢、高度呼吸困难
瞳孔	散大:阿托品、病危	缩小:有机磷中毒、颅压高

第四节 体表淋巴结及淋巴管检查

一、体表淋巴结检查

主要淋巴结	下颌、肩前、膝上(膝襞)或股前(犬无该淋巴结)、腹股沟、乳房上淋巴结
检查方法	视诊、触诊(重点)、穿刺检查
检查内容	大小、形状、硬度、表面状态、敏感性、移动性、对称性

淋巴结常见病理变化及临床诊断意义

变化	特 点		临床意义(原因)
急性肿胀	肿大明显,表面光滑,活动性受限,且伴有明显的热、痛反应	①周围组织器官急性感染	①乳腺炎:乳房淋巴结肿大;②咽喉炎、口腔疾患:下颌淋巴结明显肿大
		②全身急性感染	①马腺疫:下颌淋巴结急性肿胀(鸡蛋样);②圆环病毒病、蓝耳病等:腹股沟淋巴结肿大
慢性肿胀	轻度肿胀,质地变硬,表面不平,无热、无痛,难于活动(粘连)	淋巴结周围器官的慢性感染及炎症(下颌淋巴结为主)	①马鼻疽性睾丸炎:腹股沟淋巴结肿胀;②结核病:乳房结核的乳房淋巴结肿胀;③淋巴细胞性白血病;④泰氏焦虫病
淋巴结化脓	肿胀、热感、疼痛,触诊有明显波动;穿刺:脓性内容物		马腺疫、伪结核棒状杆菌(骆驼脓肿病)、链球菌病、化脓棒状杆菌感染

二、淋巴管检查

正常情况下不易检查淋巴管。仅在某些病变时,才可见淋巴管肿胀、变粗甚至呈绳索状。

马、骡浅在淋巴管肿胀(面部、颈侧、胸壁或四肢的淋巴管肿胀);沿肿胀淋巴管形成多数结节而呈串珠状肿,结节破溃而形成特有的溃疡,见于鼻疽和流行性淋巴管炎。

第五节 体温、呼吸数、脉搏数测定

一、健康动物体温、呼吸数、脉搏数参考值

健康动物的正常体温、脉搏数、呼吸数大致参考值

动 物	体温/℃	脉搏数/(次/min)	呼吸数/(次/min)
马、骡、水牛、骆驼	37.0～38.0	30～60	10～15(水牛10～50)
黄牛、乳牛、羊、鹿、猪	38.5～39.5	60～80	15～30
犬、猫、兔	38.5～39.5	80～130	15～30(兔50～60)
禽类	40.0～42.0	120～200	15～30

二、体温测定

(一) 方法

将体温表水银柱甩至35℃以下→消毒→头端涂布润滑剂(石蜡油)→徐徐插入肛门→用体温表固定于尾根部→测温3～5min后取出→用酒精棉球拭净粪便或黏液后读数。

(二) 影响因素

①幼龄阶段>成年动物(0.5～1.0℃)	②雌性动物>雄性动物(0.5℃);妊娠后期及分娩前>空怀
③营养良好>营养不良	④兴奋、运动、采食、咀嚼→暂时性升高(0.1～0.3℃)
⑤夏季>冬季;午后>早晚(<1.0℃)	⑥动物日温差一般<1℃,但骆驼冬季日温差<2℃

（三）发热的分类及临床意义

1. 体温升高程度分类

升高幅度/℃		临床意义
最高热	≥3.0	①严重急性传染病：急性马传贫、传染性胸膜肺炎、猪丹毒、炭疽；②脓毒败血症、中暑（日射病与热射病）
高热	2.0～3.0	①急性传染病：流感、猪瘟、肺疫、副猪嗜血杆菌病；牛肺疫、牛出败；马腺疫；②血原虫病：弓形体、附红细胞体；③广泛炎症：大（小）叶性肺炎、急性弥漫性胸膜炎与腹膜炎等
中等热	1.0～2.0	①慢性传染病：牛结核、布氏杆菌病；慢性马鼻疽等；②一般炎症：胃肠炎、支气管炎
微热	<1.0	局限性炎症：感冒（鼻卡他）、口腔炎、胃卡他、消化不良等

2. 体温曲线（热型）分类

稽留热	日温差<1.0℃的持续发热	流感、炭疽、典型猪瘟、猪丹毒；牛肺疫、羊传胸、马胸疫、急性马传贫；大叶性肺炎等
弛张热	日温差1.0～2.0℃内，但不恢复常温的发热	许多化脓性疾病及败血症；小叶性肺炎；非典型传染病（腺疫、亚急性细菌性心内膜炎、风湿热）；犬瘟热的二次发热
双相热	体温升高2～3天后恢复正常，隔3～5天后再次升高且持续较长时间→犬瘟热	
间歇热	无热期和高热期在短时间内反复交替	①血原虫病（焦虫病、附红体）；②马传染性贫血
	无热期较长的间歇热——回归热	
不规则热（不定型热）	非典型经过疾病	布氏杆菌病、渗出性胸膜肺炎、慢性结核病、马鼻疽、慢性猪瘟、慢性猪肺疫、慢性副伤寒等
温差倒转	上午体温高，下午体温低→慢性马传染性贫血	

3. 发热病程分类

急性发热	发热持续1周至半月	许多急性（亚急性）传染病
亚急性发热	发热持续1月余	
慢性发热	发热持续数月至1年多	慢性传染病（结核、慢性猪肺疫、慢性马传贫及鼻疽等）
一过性热（暂时性热）	发热只持续1～2天	①血清或疫苗反应；②暂时性消化紊乱；③猪传染性胃肠炎、伪狂犬病、水肿病等（前驱期发热，不易被发现）

（四）体温降低

体温降低	体温<38℃（多数动物）	休克（如大出血）、严重营养不良、中毒、麻醉期、镇静剂、退热药
体温低下	体温长期低于36℃	长期腹泻、濒死期动物

三、呼吸数测定

测定方法		①观胸廓和腹壁的起伏动作；②观鼻翼开张动作；③观呼出气雾（冬季）；④听呼吸音；⑤感知鼻孔呼出气流	家禽——肛门部羽毛抽动
病理变化	增多	①呼吸器官疾病：上呼吸道炎症（轻度狭窄），各型肺炎、胸膜炎（含传染及寄生虫病）；②多数发热病（包括感染或非感染性）；③心衰及贫血（血液循环障碍）；④呼吸运动受阻：膈运动受阻，腹压升高，胸壁疼痛；⑤剧痛性疾病：疝痛、骨折等；⑥中枢神经系统疾病（脑膜炎初期）；⑦某些中毒病：亚硝酸盐中毒、氢氰酸中毒、瘤胃酸中毒等	
	减少	①呼吸中枢高度抑制：脑部疾病（颅内压增高）、中毒病后期（濒死期）、深麻醉；②上呼吸道高度狭窄、细支气管狭窄（呼气缓慢）	

四、脉搏数测定

测定部位		马——颌外动脉；牛——尾中动脉；猪、羊——股内侧动脉；小动物——股动脉或肱动脉	
病理变化	增多↓心动过速	感染或非感染性发热病（一般温度升高1℃脉搏增加4~8次）；疼痛性疾病；中毒性疾病；营养代谢病；各种呼吸器官病；心脏疾病（除N传导阻滞外）；严重贫血和脱水；药物影响（毒芹中毒、阿托品；交感N兴奋剂）	窦性心律：兴奋起源（窦房结）发生紊乱，心率均匀的增加或减少
			窦性心动过速（心率均匀而快速）：马＞60次/min，成年牛＞90次/min，犊牛＞120次/min
	减少↓心动徐缓	①颅内压增高（脑病）；②胆血症（肝实质性黄疸或胆道阻塞）；③中毒及药物（洋地黄或迷走神经兴奋剂）；④老龄动物、高度衰竭、马盲肠便秘	窦性心动过缓（心率均匀而缓慢）：马＜25次/min，成年乳牛＜60次/min

（王娅）

第四章　循环系统检查

考纲考点：(1) 心脏的检查方法；(2) 心音的产生机理、心音的病理改变及临床意义；(3) 心功能好坏的判定标准；(4) 心电图的导联方法、心电图各组成部分的名称及各波变化提示的临床意义；(5) 静脉检查、毛细血管再充盈检查、动脉的检查、血压测定。

第一节　心脏临床检查

一、心脏视诊和触诊——心搏动检查

（一）检查部位

一般在左侧进行，必要时可在右侧。

动物	区域	最明显部位	检查方法
马	第3~6肋间	第5肋间胸廓下1/3部的中间位置	肘头后上方2~3cm处
牛、羊	第3~5肋间	第4肋间胸廓下1/3部（肩端线下1/2部位置）	左手插于肘头内侧
犬、猫	第4~6肋间	第5肋间最明显廓下1/3线的位置	两手掌抱住左右两胸侧

（二）心搏动的病理变化

心搏动增强（心悸亢进）	①生理性：气温高；兴奋与恐惧；运动后。②病理性：发热病初期；剧疼性疾病；轻度贫血；心脏病代偿期（心肌炎、心包炎及心内膜炎初期）；心室肥大等
心搏动减弱	①心脏衰弱后期（心脏病代偿障碍期：如心扩张、严重贫血）；②胸壁与心脏间介质状态改变：胸腔积液（渗出性胸膜炎、胸腔积水）；肺泡气肿、肺实变；渗出性心包炎（牛创伤性心包炎）及心包积水
心搏动移位	①前移：急性胃扩张、瘤胃臌气、腹水、膈疝等。②右移：左侧胸腔积液等
心区敏感	心包炎或心区部胸膜炎
心区震颤	心内膜炎（瓣膜震动）；心包炎

二、心脏听诊检查

（一）心音的产生

心音产生	产生时间	音的组成	特点
第一心音	心室收缩（收缩音）	①房室瓣突然关闭的振动音（主要因素）；②血液冲击心室壁、血管壁产生的振动音；③心室肌强力收缩和心房肌收缩的终末部分产生的声音；④动脉瓣开放，血流快速通过而产生的微弱声音	第一心音持续时间较长且尾音拖长
第二心音	心室舒张初期（舒张音）	①动脉瓣关闭的振动音（主要因素）；②血液在大血管中急流，血管弹性运动而产生的震动音；③心室舒张，心肌弛缓产生的震动音；④房室瓣开放产生的声音。后三种声音微弱不清	第二心音响亮、短促、清脆（无尾音）

(二)健康动物心音的特点

健康动物除犬、猫外,第一心音较低,第二心音较高。

马属动物	心音清晰	第一心音强,第二心音较强	1~2音间及2~1音间的间隔时间均长
反刍动物	较为清晰	第一心音强,第二心音较弱(尤其山羊)	间隔时间较马短,水牛心音甚为微弱
猪	较钝浊	第一心音强,第二心音较弱	两个心音的间隔时间大致相等
犬、猫	清晰	两心音的音调、强度基本一致;间隔及持续时间均大致相等;心音间隔时间短		

(三)心音最佳听取点

动物	第一心音		第二心音	
	二尖瓣口(左侧)	三尖瓣口(右侧)	主动脉瓣口(左侧)	肺动脉瓣口(左侧)
马	第5肋间,胸廓下1/3中央水平线处	第4肋骨,胸廓下1/3中央水平线上	第4肋间,肩端线下1~2指	第3肋间,胸廓下1/3中央线下方
犬、猫	第5肋间,胸廓下1/3中央水平线上	第4肋间,肋骨和肋软骨结合部一横指上方	第4肋间,肋骨肋软骨结合部2~3横指处	第3肋间,胸壁下1/3,接近胸骨处
猪	同马	第4肋间,肋骨和肋软骨结合部下方一横指上方	第4肋间,肱骨结节水平线上	第3肋间,接近胸骨处
牛、羊	第4肋间,主动脉瓣口的远下方	第3肋间,胸廓下1/3中央水平线上	同马	同马

(四)心音的病理性改变

1. 心音强度的病理性变化

(1)影响心音强度的因素

决定因素	心室收缩力量决定两心音强度	动脉根部血压决定第二心音强度
心音产生的强度	①心肌收缩力强→两心音均强;②心瓣膜弹性好→两心音均强;③心瓣膜位置低(心舒末期心室相对充盈不足)→第一心音强,但第二心音弱;④循环血液稀薄(轻度贫血)→两心音均强(血流速度快)	
心音传导介质状态	①两心音均弱:胸壁肥厚、胸腔或心包积液(纤维素沉积)、肺脏气肿(肺扩张);②三尖瓣第一心音减弱而肺动脉口第二心音增强:肺脏水肿或实变或炎性渗出(肺循环障碍,肺动脉高压)	
第一心音以心尖部较强,第二心音以心基部(第4肋间肩关节水平线稍下方)较强		

(2)心音强度的病理性改变

两心音同时增强	①热性病初期(加快加强);②剧痛性疾病(加快加强);③应用强心剂(加强减慢);④轻度贫血(加快加强);⑤心脏肥大及心肌炎初期(加快加强)
第一心音增强	由于心舒末期心室血量少致第一心音增强,加上第二心音减弱或消失,见于:①心率过速(心室舒张不充分);②房室口狭窄(进入心室血量少);③急性轻度失血(心率快、血容量减少)
第二心音增强	主动脉压升高(主动脉第二心音增强);①急性肾炎(肾素-血管紧张素分泌→肾性高血压);②左心室肥大(射血量多)
	肺动脉压升高(肺动脉口第二心音增强);①肺水肿、肺脏实变、胸膜肺炎;②二尖瓣闭锁不全(左心房内压升高,肺静脉血回流受阻)
两心音同时减弱	①心缩力减弱:心衰后期,严重贫血,严重发热病,疾病濒死期
	②心音传导不良:胸腔或心包积液(介质改变),慢性肺泡气肿(肺体积增大)
第一心音减弱	①心肌变性梗死或心肌末期;②房室瓣钙化(失去弹性);③心脏扩张(房室瓣关闭不全)
第二心音减弱	血容量减少(射入动脉血少);大失血;严重脱水;休克(重度创伤、胃肠破裂、过敏等)
	动脉根部血压降低(射入动脉血少或动脉压速降);动脉瓣口狭窄,动脉瓣闭锁不全(血液逆流),高度心衰(收缩力弱),心动过速(心室充盈不足)

2. 心音性质的病理性改变

心音混浊	心音混浊:第一心音显著减弱,心音含混不清,两心音缺乏明显界限	①心肌营养不良及心肌变性:高热性疾病(如心肌炎)、严重贫血、高度衰竭症、幼畜白肌病(缺Se)。②心脏瓣膜病变:传染性疾病(如马鼻疽、马传染性贫血、牛肺疫、口蹄疫、牛结核、猪瘟、猪肺疫、猪丹毒、副猪嗜血杆菌病、乳猪链球菌病);某些中毒及内毒素中毒
	钟摆律或"胎心律":心搏加快(100~120次/min),分不清第一和第二心音,心音类似钟摆样声音	
金属样心音	肺空洞,创伤性心包炎(腐败性)——心区叩诊鼓音;胸腔积气	

3. 心音节律改变——心律不齐

类　　型	特　　点	
窦性(呼吸性)心律不齐	①周期性快慢不均(吸气加快呼气转慢)；②运动或应用阿托品→心律不齐消失	
期前收缩(过早搏动)	①异位兴奋灶发出的过早兴奋→心跳提早出现；②提早出现的第一心音明显增强，第二心音明显减弱，早搏心音后有较长的代偿间歇；③每次心跳后出现一个期前收缩——二联律，2次心跳后出现1个期前收缩或每次心跳后出现2个期前收缩——三联律	提示心肌损害(见心音混浊)
阵发性心动过速	连续出现3次以上期前收缩的快速心律(心率增快—阵阵地发生，突发突止)	
传导阻滞(心动间歇)	心音、脉搏均消失。有心房音——房室阻滞；无心房音——窦房传导阻滞	
心房颤动	心音强弱不一，心率快于脉搏(脉搏短绌)	

4. 心音分裂或重复

两房室瓣或半月瓣关闭不同时。一个心音没有完全分开——心音分裂，一个心音完全分开——心音重复。

第一心音分裂	左、右心室收缩不同时(心尖部较清楚)	一侧房室束传导阻滞或一侧心室肌严重变性：如心肌炎	牛或马兴奋或一时血压升高暂时可见
		某一房室口(二尖瓣或三尖瓣)狭窄，同侧关闭晚	
第二心音分裂	两动脉瓣关闭不同时(肺A瓣区较清楚)；一侧心室排血量过多或排血时间延长	动脉瓣口狭窄——同侧关闭晚	肾炎：主动脉瓣关闭晚
		房室口狭窄——对侧关闭晚	肺病：肺动脉瓣关闭晚

5. 心脏杂音

心脏杂音对心脏瓣膜及心包疾病的诊断具有重要意义。

（1）心脏杂音及其产生

心杂音指伴随心脏活动出现的正常心音以外的持续时间较长的附加声音，其音性柔和似吹风样或尖锐似哨音或粗糙似锯木样、皮革摩擦音。心杂音是血液由正常的层流（轴流）变为漩涡运动（涡流）而产生的；贫血性杂音是由于血流速度加快、血液黏滞系数降低，雷诺尔氏系数增大（超过1000），血液变涡流所致。

（2）心杂音的分类及临床意义

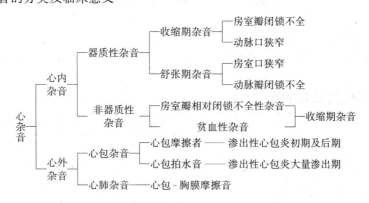

（3）器质性杂音与非器质性杂音的区别

鉴别要点	器质性杂音	非器质性(机能性)杂音
出现时间	心室收缩或心室舒张期	心室收缩期(心缩期)
性质	多粗糙(锯木或搔抓声)、尖锐(箭鸣音)	柔和(吹风音或喷射音)
持续时间	短促	较长(全收缩期)

续表

强度	响亮(≥3级)	易听到,不太响亮(<2级)
稳定性	持久性杂音	暂时性杂音
最佳听取点	固定	不固定
运动或应用强心剂	增强	减弱或消失→相对闭锁不全性杂音 增强→贫血性杂音

注:1.瓣膜病变与心内杂音的关系(非一定有联系)为瓣膜有病变可无心内杂音,有心内杂音可无瓣膜病变。

2.杂音强度并不能完全直接反映病变的程度(适度的瓣口狭窄或瓣膜闭锁不全,杂音越强;狭窄口两侧压力差越大,杂音越强;血流速度越快,杂音越强)。

三、心脏叩诊检查

(一)动物正常心浊音区

动物	特点	绝对浊音区	相对浊音区
牛	只有相对浊音区	出现绝对浊音区→为病理状态	第3～4肋间,胸廓下1/3的中间部
马	不等边三角形;顶点在第3肋间,肩线下约4～6cm处	后界:由顶点斜向第6肋间下端引一弧线;整个面积约有手掌大	绝对浊音区后上方,呈弧形带状,宽约3～4cm
犬、猫	绝对浊音区比其他动物明显	第4～6肋间,前缘达第4肋骨,上缘达肋骨和肋软骨结合部	第3～4肋间或第3～5肋间

(二)心脏叩诊的病理变化

心浊音区扩大	相对浊音区扩大(心脏容积增大)	①心肥大和扩张(心瓣膜病、心肌炎、心肌变性);②心包积液(创伤性心包炎)
	绝对浊音区扩大	肺脏覆盖心脏的面积缩小→肺萎缩等
心浊音区缩小	肺泡气肿、肺水肿、胸腔积气等	
心脏叩诊呈鼓音	腐败性心包炎(腐败菌侵入→产气;有心包炎症状)	

第二节 心电图检查

一、心电图的导联

常用的导联有标准导联(亦称双极肢体导联)、加压单极肢体导联、A-B 导联、双极胸导联、单极胸导联等。

二、心电图各组成部分的名称

P波:代表左右心房激动时的电位变化	P-Q间期:相当于P波时限和P-R段时限之和
QRS波:由向下的Q波、陡峭向上的R波、向下的S波组成。代表心室肌除极化过程中产生的电位变化。QRS波的宽度表示激动在左右心室肌内传导所花的时间	S-T段:相当于QRS波终点到T波起点的一段等电位线,相当于心肌细胞动作电位的2为相期
	Q-T间期:指从QRS波起点到T波终点的距离,时限代表心室肌除极化到复极化的过程
T波:心室肌复极化波。代表心肌左右心室复极化过程中的电位变化	T-P段:T波终点到下一个心动周期P波起点之间的一段等电位线
U波:T波后出现的一个波	R-R段:前一心动周期R波的顶点到下一心动周期的P波的起点或到R波顶点的距离,相当于一个心动周期的时间
P-R段:代表激动从心房传到心室的时间	

三、心电图检查法的临床应用

电极安放顺序：
红——右前肢，
黄——左前肢，
绿——左后肢，
黑——右后肢，
白——胸前。

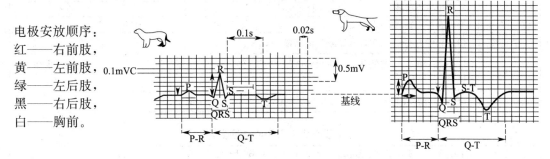

常见心电图各波及间期变化的诊断意义

波的变化		特点及诊断意义	
P波	二尖瓣型P波	P波切迹明显或双峰间距较大，且P波增宽（时限延长，犬＞0.05s，猫＞0.04s）	左心房肥大（二尖瓣狭窄所致）
	肺型P波	P波高耸，波峰尖锐	右心房肥大；亦见于肺部感染、缺氧及交感神经兴奋性增高
	锯齿状P波（P波消失）	出现频数而不规则的细小"F"波	心房纤颤 P波消失——心律不齐
		出现形态相同、间距均齐的锯齿样"F"波	心房扑动
	P波减小	P波时限缩短——心包炎，心包积水，甲状腺功能减退	
QRS综合波	电压增高	左（右）心室肥大；预激综合征；房室束支阻滞	
	低电压	心包炎，心包积水，甲状腺功能减退	
	时限延长	心室壁增厚或心脏传导障碍所致——心室肥大；心肌变性；预激综合征；洋地黄中毒；房室束支阻滞；室性期前收缩	
	畸形	"M"形或"W"形	心肌严重变性
		房室束支阻滞；室性期前收缩；室性阵发性心动过速	
T波	冠状T波（T波高尖）	①波谷尖锐的负向T波；②波峰尖锐的正向T波	
		冠状动脉供血不足；急性心肌炎（中后期）；高钾血症；甲状腺功能亢进；房室束支阻滞；应用某些麻醉剂	
	电压降低	心肌疾患的主要特征——严重感染、贫血、中毒、维生素缺乏等	
	倒置	心肌缺血、心肌炎、心室肥大、电解质紊乱、严重感染、中毒等	
S-T段	时限	缩短——高钙血症；延长——低钙血症	
	移位	上移——急性心梗、心包炎、高钾血症、胸腔肿瘤、肺栓塞	移位幅度＞0.1mV才有病理意义
		下移——急性心肌缺血（冠状动脉功能不全）	
P-Q间期	时限缩短	预激综合征；交感神经兴奋性增高	
	时限延长	房室束支阻滞；心肌缺血；心肌炎；应用洋地黄及某些麻醉剂	
Q-T间期	Q-Tc	时限缩短——高钙血症；高钾血症；应用洋地黄、迷走神经兴奋剂等	
		时限延长——心肌炎；心包炎；心肌缺血；低钙血症；低钾血症	
	Q-r	增大——心肌缺血；心肌损伤；心脏扩张；心力衰竭	
		减小——高钙血症；应用洋地黄及其制剂	
R-R(P-P)	时限缩短	窦性心动过速、房性心动过速、一切心率加快的疾病	
	时限延长	窦性心动过缓	

常见疾病心电图变化

心房肥大	①左心房肥大——二尖瓣型P波；②右心房肥大——肺型P波；③双侧心房肥大——高而宽的P波
心室肥大	左心室肥大：R波电压大于3.0mV；S波加深；QRS波呈RS型，QRS时限大于0.06s；心电轴左偏或是不偏；S-T段下移或是模糊不清；T波电压升高
	右心室肥大：心电轴向右偏移，常大于120°；Q波电压大于0.5mV；QRS波呈现RS型；S波或Q波加深；T波倒置
	双侧心室肥大：一侧的电动势大于另一侧，此时呈现某一侧心室肥大时心电图改变

续表

心肌缺血	QRS,S-T 波段没有变化;心电图的变化是可重复性的
	心内膜下心肌缺血:巨大高耸的冠状 T 波
	心外膜下心肌缺血:T 波倒置
心肌梗死	出现异常的 Q 波;S-T 段升高或 T 波倒置
心包炎	QRS 综合波及 T 波低电压;S-T 段移位(上移或下移——T 波低平或倒置);T 波低平或倒置;窦性心动过速
心肌变性	QRS 综合波增宽、畸形;T 波电压降低;S-T 段模糊不清,上移或下移

主要心律失常的心电图变化

窦性心律	窦性心律	窦性 P 波连续出现 3 次以上(P 波有规律出现,频率正常),每个 P 波后都出现 QRS 综合波	
	窦性心动过速	T-P 段缩短甚至消失,心率特快时,P 波与前 T 波融合,T 波降支出现切迹或双峰 T 波	波形及波向正常
	窦性心动徐缓	P-Q 间期、Q-T 间期延长,但延长最明显的是 T-P 段;常伴窦性心律不齐	
	窦性心律不齐	P 波现状相同,P-Q 间期时限相等,R-R 间期时限长短不一(R-R 间期时限之差大于 0.12s)	
期前收缩		QRS 综合波提前出现,形状宽大、粗钝或有切迹,时限延长;提前出现的 QRS 综合波前没有 P 波,有时逆行 P 波融合在 T 波中;T 波波向改变;有完全的代偿间歇	

第三节 血管检查

一、静脉检查

(一)静脉充盈度

静脉怒张	局部性	局部炎症或血管受压	乳房静脉怒张——乳腺炎
	全身性	血液回心障碍	心力衰竭;胸内压升高(渗出性胸膜炎、肺气肿、胃内容物过度充满等);牛颈静脉高度怒张呈绳索状——创伤性心包炎
静脉萎陷		血管衰竭	休克(失血、脱水等)、严重毒血症等

(二)颈静脉波动

生理性波动	右心房收缩→腔静脉血流入右心房受阻→部分静脉血液逆流波传至前腔静脉→在颈静脉形成逆行波动			胸腔入口处(不超过颈部的下 1/3 处)
病理性波动	类型	原因	出现时机	指压颈静脉中部
	伪性搏动	颈动脉搏动过强	心室性	两端波动均无变化
	阳性波动	三尖瓣闭锁不全	心室性	远心端消失及近心端仍存在
	阴性波动	心脏衰弱(右心淤滞)	心房性	两端均减弱或消失

二、毛细血管再充盈时间测定

检查方法	检查者左手持秒表,右手拇指按压被检动物的上切齿外侧的齿龈黏膜 2~3s,去除拇指的按压,观察去压后齿龈黏膜恢复原来颜色的时间
再充盈时间延长	高度全身淤血和脱水(心力衰竭、中毒性休克和内毒素休克等)

三、动脉检查

脉搏次数、节律及性质。

脉搏性质	大小:脉搏振幅(抬检指高度),取决于心输出量、脉管迟缓度	大脉:兴奋运动;发热初;左心室肥大;主动脉瓣闭锁不全
		小脉:心衰;主动脉口狭窄;大失血;急性肾炎(心血管紧张)
	软硬:脉管紧张度(脉管对检指抵抗力),取决于收缩压	软脉:心衰;失血;严重贫血
		硬脉(钢脉):急性肾炎;剧烈疼痛;破伤风(金线脉:小而硬)
	虚实:血管充盈度(内径变化)。检指加压-放开-加压感觉	虚脉(轻压可得):大失血、严重脱水
		实脉:兴奋运动、发热初、左心室肥大
	迟速:脉压上升下降速度(非脉搏的快慢)	迟脉(徐来缓去):主动脉口狭窄
		速脉(水冲脉、鸡啄脉——骤来急去):主动脉瓣闭锁不全、甲亢、严重发热

四、血压测定

血压	动脉管内的压力	收缩压	心脏收缩,血液急速流入动脉,动脉管达最高紧张度时的血压	
		舒张压	心脏舒张,血液血压逐渐降低,动脉管达最低紧张度时的血压	
测定方法	①血压仪(视诊结合听诊);②心电监护仪			
影响因素	收缩压	决定于心肌收缩的力度及心脏搏出量的多少		正常情况下的血压因动物的种属、年龄、性别等情况而不同
	舒张压	决定于外周的阻力及脉管的弹性		

健康动物血压正常参考值

动物种类	测定部位	收缩压/mmHg	舒张压/mmHg	脉压/mmHg
马	尾根	100~120	35~50	65~70
牛	尾根	110~130	30~50	80
骆驼	尾根	130~155	50~75	80
羊	股部	100~120	50~65	50~55
犬	股部	120~140	30~40	90~100

第四节 循环系统疾病诊断要点(心功能判断)

动物心功能判定指标

一般性综合征候群	沉郁、乏力、多汗、气喘、发绀、静脉怒张、心性浮肿等→提示循环系统疾病的共同性启示
心血管体征	心率增数;第一心音高朗,第二心音减弱或消失(后期均减弱);心音混浊;心律不齐;心脏杂音;心浊音区扩大。脉搏细弱,不感于手→循环系统疾病诊断(判定疾病部位、性质)的主要依据
附属症状	内脏器官淤血水肿的表现(胃肠、肺、肝、肾等,尤其胃肠道)→循环系统疾病诊断的参考
详细询问病史	有感染、中毒、过劳等病史→查明可能引起循环系统疾病的原因
特殊检查	心电图、超声波、X射线等→提供确诊依据

(王娅)

第五章 呼吸系统检查

考纲考点：(1) 胸部视诊及触诊检查的临床意义；(2) 呼吸类型的分类及其改变的临床意义；(3) 呼吸节律改变的临床意义；(4) 呼吸困难分类及临床意义；(5) 各种性质咳嗽的特点及诊断意义；(6) 鼻液的类型及诊断意义；(7) 肺部检查部位及方法，正常呼吸音及叩音的特点，听叩诊音变化所提示的临床意义，肺部听诊音与叩诊音的关系。

第一节 胸部视诊及触诊检查

一、胸廓视诊

内容		胸廓的形状和对称性、胸壁有无损伤、变形、肋骨及肋间隙有无异常、胸前、胸下有无浮肿等
异常变化	桶状胸	严重肺气肿
	扁平胸	骨软病、营养不良和慢性消耗性疾病
	鸡胸	佝偻病
	两侧不对称	单侧性肋骨骨折、胸膜炎、胸膜粘连等（患侧胸壁平坦而下陷，对侧代偿性扩大）
	肿胀	胸前、胸下水肿——牛创伤性网胃心包炎、心力衰竭，营养不良（贫血）

二、胸廓触诊

胸壁温度	①局部温度增高——局部炎症；②胸侧壁温度增高——胸膜炎
胸壁敏感	胸膜炎、肋骨骨折等
胸膜震颤感	急性胸膜炎（两层胸膜表面沉积大量纤维蛋白而粗糙，随呼吸相互摩擦）
	大支气管内有粗大啰音时，胸壁有轻微震颤感——支气管震颤

第二节 呼吸运动检查

一、呼吸类型（呼吸式）

正常呼吸类型	除犬为胸式呼吸占优势外，均为胸腹式呼吸（混合型呼吸）
胸式呼吸	胸壁起伏动作明显大于腹壁→病变在腹壁、腹腔器官、膈肌运动障碍
腹式呼吸	腹壁起伏动作特别明显→病变在胸部（胸壁运动障碍、肺泡弹性降低——肺部疾病）

二、呼吸节律

健康动物呼气时间一般比吸气时间略长（吸气主动、呼气被动）。

异常现象	特 征	临床意义
吸气延长	吸气时间显著延长（空气进入肺受阻）	上呼吸道狭窄（炎症/阻塞）
呼气延长	呼气时间显著延长（肺气体排出受阻）	细支气管炎和慢性肺泡气肿

续表

异常现象	特征	临床意义
断续呼吸	吸(呼)气中有短促停顿(呼吸疼痛、肺泡弹性高度减退)	胸膜炎;细支气管炎,肺气肿等
潮式呼吸	呼吸由浅小→急促深大→浅小,暂停15～30s后又反复	呼吸中枢衰竭早期(陈-施二氏呼吸)
间歇呼吸	深度正常或稍加强的几次呼吸与呼吸暂停交替出现	呼吸中枢衰竭,预后不良(毕欧特氏呼吸)
深长呼吸	呼吸深长(3～4次/min),有吸气性杂音、鼾声、喘息声等	呼吸中枢衰竭后期,病危征象(库斯茂尔氏呼吸)

三、呼吸困难（气喘）

吸气性呼吸困难		吸气延长、吸气用力;头颈伸直,鼻孔开张,鼻翼上翘,肘突外展,肋骨上举,肛门内陷,张口吸气,犬坐式呼吸,有呼吸狭窄音	上呼吸道(鼻、喉、气管、支气管)狭窄
呼气性呼吸困难		呼气延长、呼气用力;腹肌收缩使腹部变小,肷窝变平,背拱起,肛门突出,腹部明显起伏,出现"两段呼气""息痨沟"或"喘沟"或"喘线"	肺泡弹性减弱(肺泡气肿)、细支气管狭窄、急性胸膜肺炎(胸部疼痛)
混合性呼吸困难	肺源性	各型肺炎、胸膜肺炎(含传染病);急性肺水肿,肺气肿;渗出性胸膜炎	
	心源性	心内膜炎、心肌炎、创伤性心包炎和心力衰竭等	
	血源性	各种严重贫血	
	中毒源性	①内源性中毒:代谢酸中毒、尿毒症、酮血症、严重胃肠炎和高热病等	
		②外源性中毒:抑制呼吸中枢,使呼吸变慢	
	中枢性	脑膜炎、脑肿瘤;疼痛性疾病	
	腹压增高性	胃扩张、瘤胃臌气或积食、肠臌气、肠变位和腹腔积液等	
	大气乏氧性	高原地区	

第三节　上呼吸道检查

一、呼出气检查

呼出气强度	气流强度不一或变弱:鼻腔肿瘤;鼻黏膜、副鼻窦、喉囊的炎性肿胀或大量积脓
呼出气温度	①明显增高:发热性疾病;②显著降低:虚脱、重症脑病及严重的中毒等
呼出气气味	见嗅诊检查

二、鼻液检查

健康动物有少量鼻液保持鼻腔湿润,但不见鼻孔流鼻液。

鼻液量	①量多:呼吸道急性炎症和某些急性传染病(马腺疫、流行性感冒、犬瘟热等)
	②量少:慢性鼻炎(支气管炎);慢性感染(喘气病、鼻疽、肺结核、肺寄生虫)
	③量不定(低头多抬头少):副鼻窦炎和喉囊炎;肺脓肿、肺坏疽和肺结核
鼻液性状	①浆液性鼻液:呼吸道急性卡他性炎症——呼吸道疾病早期(如感冒、流感初期)
	②黏液性鼻液:急性上呼吸道感染;支气管炎中后期
	③脓性鼻液:呼吸道化脓性疾病(化脓性炎症,副鼻窦炎、肺脓肿破裂)
	④腐败性鼻液:坏疽性肺炎(鼻液有弹力纤维)和腐败性支气管炎(鼻液无弹力纤维)
	⑤铁锈色鼻液:纤维素性肺炎(又称大叶肺炎,此外见于传染性胸膜肺炎)的示病症状
	⑥红色鼻液:呼吸道黏膜和肺出血
混杂物	①细小泡沫(见红色鼻液);②饲料、唾液样鼻液:咽和食管疾病(吞咽障碍);③呕吐物样鼻液(混酸臭呕吐物):动物呕吐(见呕吐检查);④寄生虫(肺线虫、水蛭等);⑤弹力纤维

```
                    ┌─无气泡,滴流状→鼻出血
            ┌─鲜红色─┤
红色        │        └─大量气泡(细小泡沫),急流状→肺出血
鼻液  ──────┤
            ├─无色或粉红─大量细小泡沫→肺充血水肿
            │
            └─脓血性鼻液──无气泡→坏疽性肺炎、肺脓肿或结核、马鼻疽,羊鼻蝇蛆病
```

三、鼻部检查

形态	①鼻部肿胀;②鼻部水泡、脓疱及溃疡;③鼻部结节;④鼻骨塌陷——猪传染性萎缩性鼻炎	
鼻汗	见皮肤湿度检查(注意鼻部干燥)	
鼻黏膜	颜色	淡粉红色(牛——紫褐色;马——淡蓝色);湿润、光滑(见可视黏膜检查)
	肿胀、水泡和脓疱	弥漫性肿胀:口蹄疫、猪传染性水泡病、马腺疫、马鼻疽、血斑病;牛恶性卡他热、犬瘟热等
	结节、溃疡和瘢痕	马鼻疽(鼻中隔上有粟粒状大至高粱大结节,中心黄白色,周围有一圈红晕的鼻疽结节→火山口样溃疡→冰花状瘢痕)
	肿瘤	鼻息肉、乳突瘤、纤维瘤、血管瘤和脂肪瘤

四、喉和气管检查

视诊	①喉部严重炎性肿胀(咽峡炎、腮腺炎、喉囊炎):炭疽、牛肺疫、恶性水肿病、猪肺疫、猪水肿病、马腺疫、流感、犬瘟热和某些中毒病等;②气管区及垂皮部水胀:寄生虫病、心脏瓣膜病或牛创伤性心包炎
触诊	①有热、痛感,易诱发咳嗽:急性喉炎、气管炎;②颤动感:喉黏膜有黏稠分泌物、水肿、狭窄和声带麻痹时,喉水肿时喉壁的颤动最明显,同时可闻呼吸杂音
听诊	喉呼吸音:健康动物喉部可听到类似"赫""赫"的喉呼吸音 | 异常呼吸音:喉狭窄音、喘鸣音、啰音、鼾声等
喉气管镜	可视诊喉和气管的内部变化。鸡传染性喉气管炎时,喉黏膜明显肿胀,并有黄白色伪膜

五、副鼻窦检查

视诊	①副鼻窦炎:从单侧或两侧鼻孔排出多量鼻液;②额窦和上颌窦区膨隆、变形:窦腔蓄脓、佝偻病、骨软症、骨瘤、牛恶性卡他热、外伤和局限性骨膜炎;③牛上颌窦区出现骨质增生性肿胀:牛放线菌病
叩诊	健康动物窦区叩诊呈空盒音,声音清晰而高朗。当窦内积液(积脓)或有肿瘤时,叩诊呈浊音

六、咳嗽检查

(一) 人工诱咳方法

用手按压气管第一软骨环,使气管狭窄后放开。正常情况下,牛不易出现咳嗽,其他动物多发1~2声短的干咳。诱咳阳性(呼吸道敏感性增高),多提示呼吸道炎症。

(二) 各种咳嗽的特点及临床意义

频率	单咳(稀咳、周期性咳嗽)	1~2声咳嗽,反复发作	健康羊人工诱咳;肺结核、感冒等初期
	阵咳(痉挛性咳嗽)	数声至数十声	肺结核、肺丝虫、急慢性支气管炎、喉炎、各种肺炎
性质	干咳	咳嗽无痰或无鼻液	喉气管异物、上呼吸道炎症初期、肺结核、胸膜炎
	湿咳	咳嗽有痰或有鼻液	肺炎渗出期、肺水肿、肺脓肿、坏疽、结核液化期
强度	强咳	咳声响亮	上呼吸道炎症初期;异物进入呼吸道
	弱咳(痛咳)	咳声低沉嘶哑	细支气管炎、肺炎、肺气肿、胸膜炎
时机	呛咳	突发强烈痛苦咳嗽	异物进入呼吸道
	晨咳	凌晨咳嗽频繁	猪喘气病、慢性支气管炎
	夜咳	夜间咳嗽频繁	肺结核病

第四节 肺部检查

一、肺部听诊方法

(一) 肺部听诊方法

先从肺叩诊区的中部或中前部(肺区中1/3)开始,然后按前上方→上方→后方→后下方→下方→前下方进行。每个听诊点相距3~4cm,每个听诊点听2~3次呼吸音,两侧胸部对比听诊。

(二) 正常肺界

上界：肩胛后角水平线，距背正中线 10～15cm（大动物）、4～5 指（中等动物）、2～3 指（小动物）；前界：肩胛后角沿肘肌向下止于终点；后界见下表。

各种动物肺听诊区的后界

动物	肋骨数	上界与脊柱平行线	髋结节线	坐骨结节线	肩关节线	终点
牛、羊	13	12	11	—	8	4
双峰驼	12	11	10	—	8	6
马	18	17	16	14	10	5
犬	13	12	11	10	8	6
猪	14～15	—	11～12	8～9	7	4

二、肺部听诊音

(一) 生理性呼吸音类型及特点

呼吸音类别	产生	音性	明显时间	正常动物
支气管呼吸音	喉呼吸音传到支气管	赫-赫音；粗糙而高	呼气时最明显（吸气时弱而短）	健康马属动物（出现支气管呼吸音必是病理现象），水牛、黄牛听不到该者
肺泡呼吸音	空气进出细支气管和肺泡	柔和吹风样；"夫-夫"音	吸气时强而长（呼气时弱而短）	马属动物、水牛、黄牛弱；其他动物整个肺区均可闻该者
混合性呼吸音	两种呼吸音同时存在	"夫-赫"音	吸气时肺泡音为主，呼气时支气管音为主	肉食兽、羊、奶牛、猪在肺门区（3～4 肋间肩关节水平线附近）可闻该者

健康动物肺部听诊音的特点：肺泡呼吸音是犬和猫等肉食动物＞羊＞奶牛＞猪＞黄牛、水牛（弱）＞马属动物（极弱）；支气管呼吸音是犬＞羊＞奶牛，肺门区才可闻。

(二) 病理性呼吸音

1. 肺泡呼吸音增强或减弱

音性	特点		形成条件	临床意义
增强	普遍增强	两侧肺区	呼吸中枢兴奋呼吸运动增强	多不标志肺实质病变；发热病、贫血、代谢性酸中毒；呼吸道疾病早期（但临床不易见到）
	局部增强	健康肺区	代偿性增强	各种肺炎及渗出性胸膜炎等的健康肺区
减弱或消失	局部性或单侧性或双肺性		入肺空气减少	上呼吸道狭窄；呼吸肌麻痹（衰弱）；胸部疼痛
			肺组织病变	各型肺炎、肺结核；肺水肿；肺气肿
			传导障碍	渗出性胸膜炎、胸腔积液、胸壁肿胀

2. 病理性支气管呼吸音

形成条件（肺密度增大对喉呼吸音传导增强）		临床意义
非支气管呼吸音区出现支气管呼吸音	肺部较大实变区	肺炎实变期；大面积肺脓肿、结核等
	肺大空洞与支气管相通，且其周围肺组织实变	肺空洞周围的肺组织
	压迫性肺不张	胸腔积液上方的肺组织等

3. 病理性混合性呼吸音

吸气时肺泡呼吸音粗糙，呼气时支气管呼吸音粗糙，近似重读的"夫-赫"声音	病变肺与健康肺相间而存；小叶性肺炎；大叶性肺炎的充血水肿期和溶解消散期；散在性肺结核

4. 啰音及捻发音

病理音		音性(特点)	形成条件	临床意义
啰音	干啰音	①口哨声、飞箭音,猫鸣音、鼻鼾声;②呼气时最明显;③不稳定,咳嗽后可移位或消失	呼吸道狭窄或有黏稠分泌物	支气管疾病(慢性支气管炎)
	湿啰音	①水泡音、沸水声或含漱音;②吸气末最明显;③较稳定,咳嗽后可改变,很快重现	大量稀薄分泌物或液体	支气管和肺部疾病(渗出期、液化期)
捻发音		①细碎均匀一致的捻发声;②仅吸气时可闻,吸气末最清楚;③很稳定	少量黏液使肺泡壁或毛细支气管黏合,吸气时突然冲开	肺部实质病变(各种肺炎早期及消散期)及毛细支气管炎

5. 其他肺呼吸音

空瓮性呼吸音	类似吹狭口空瓶或空保温瓶所发出的声音(吸气时明显),声音柔和而深长,带金属调	肺脓肿、肺坏疽、肺结核等形成的肺空洞
断续性呼吸音	吸气时肺泡呼吸音不连续	肺炎;肺结核;胸膜炎;寒冷、紧张或疼痛

6. 胸膜摩擦音与胸腔拍水音

伴随呼吸运动出现的摩擦音或拍水音,或左右晃动动物体可闻拍水音,是胸膜炎和胸腔积液的重要特征。

音性	特点	形成条件	临床意义
胸膜摩擦音	①手背摩擦音,或捏雪声、揉革声、细砂纸摩擦声,声音干而粗糙,断续;②不稳定;③吸气和呼气均可闻,吸气末或呼气初较明显;较远传来;④深呼吸或强压听诊声音增强;⑤以肺脏活动大的部位比较明显	纤维蛋白沉着,使胸膜面变得粗糙不平,呼吸时两层粗糙的胸膜面互相摩擦	纤维素性胸膜炎(初期和后期)的示病症状→马、牛羊、猪传染性胸膜肺炎、创伤性胸膜炎等
胸腔拍水音	半瓶水振荡的声音(振荡音或击水音);吸气和呼气时均可闻;随呼吸运动或体位突然改变或心搏动产生	胸腔内多量液体和气体同时存在	渗出性胸膜炎、血胸、脓胸;胸腔积水

三、肺部叩诊音

(一) 肺叩诊区

肺叩诊区参见肺部听诊区。健康动物肺叩诊区比肺本身约小1/3。瘦牛有肩前叩诊区。一般认为叩诊区变化与正常叩诊区相差2~3cm,才认为是病理现象。

(1) 肺叩诊区扩大:肺泡气肿(尤其是慢性肺泡气肿);胸腔积气。

(2) 肺叩诊区缩小:腹内压增大的疾病压迫膈肌;肺叩诊区下界上移(心脏肥大或扩张、心包积液)。

(二) 健康动物肺部叩诊音

肺中部——清音,肺边缘——半浊音。小动物略带鼓音性质。一般距离胸部表面7cm以上和病灶直径小于2cm或少量胸腔积液时,肺叩诊音常没有明显变化。

(三) 病理性叩诊音

音性	特点及形成条件	临床意义
浊音或半浊音	肺密度增大;肺含气量减少或无气肺(炎性渗出物、实变等)	各种肺炎(炎性渗出及实变期);肺结核、脓肿、坏疽、肺肿瘤;肺棘球蚴
	肺叩诊音传导障碍	胸壁增厚、胸腔积液
水平浊音	浊音区上界呈水平线,与地平面平行,但不一定与脊柱平行(动物姿势)	胸腔积液(渗出液、漏出液、血液等)达一定量的积液部位上界
鼓音	浸润肺组织周围的健康肺组织	肺充血;肺炎初期及吸收期
	肺空洞且与支气管微通或不通	肺脓肿和肺坏疽破溃期、肺结核空洞期
	支气管扩张	慢性支气管炎
	胸腔积气	气胸
	肺膨胀不全(水平浊音区上方肺组织)	胸腔积液上方肺组织;膈疝(充气肠管)
过清音	清音和鼓音之间,类似敲打空盒	肺气肿(肺弹性显著降低,气体过度充盈)
金属音	敲打空的金属容器	较大肺空洞;高度气胸;心包积液与积气同时存在
破壶音	较大肺空洞经支气管与外界相通	肺脓肿、肺坏疽和肺结核等形成的大空洞

(邓惠丹)

第六章 消化系统检查

考纲考点：(1) 饮食状态异常表现及提示的临床意义（反刍动物及单胃动物）；(2) 反刍、嗳气、呕吐检查；(3) 反刍动物各个胃检查的方法及临床意义；(4) 动物腹围增大的临床意义；(5) 单胃动物腹部触诊检查的内容及意义；(6) 动物排粪动作、粪便检查内容及临床意义；(7) 大动物直肠检查的内容。

第一节 饮食状态观察

一、食欲与饮欲

食欲	减退(废绝)	消化器官病；中毒病、发热病、疼痛病、营养代谢障碍病、神经系统病等；注意"不想吃"与"吃不下"的区别
	食欲亢进	①暂时性食欲亢进：饥饿后、疾病恢复期
		②长期食欲亢进：内分泌疾病(甲亢、糖尿病等)；肠道寄生虫或慢性消耗性疾病早期
	异嗜	见内科部分(异食癖)
饮欲	增加	机体脱水：发热、腹泻、呕吐、大汗(中暑)；多尿(慢性肾炎、犬糖尿病等)；食盐中毒；体腔积液(胸腔、腹腔、心包积液)及器官积液(如瘤胃积液、牛真胃阻塞等)
	减退	伴意识昏迷的脑病(恐水→狂犬病)；某些胃肠病(马骡疝痛)；泌尿道阻塞

二、采食、咀嚼和吞咽障碍

采食咀嚼障碍	口腔疾病重要特征	①各种口炎（包括伴发口炎的多种传染病，见兽医内科学——口炎部分)；②牙齿疾病(牙龈炎、牙结石、缺钙、氟中毒等)；③下颌疾病(骨折、放线菌肿等)；④舌病(放线菌病所致的木舌症)；⑤唾液腺疾病 ⑥破伤风(牙关紧闭、咬肌痉挛)；⑦脑病(马慢性脑室积水)；⑧面神经麻痹
空嚼磨牙	磨牙声	慢性胃肠道病(前胃及皱胃疾病)、寄生虫病、骨质代谢病
咬牙扎齿	咬牙声	脑部疾患(传染病)、中毒(食盐或鼠药)、犬产后仔痫、剧烈疼痛病
吞咽障碍(咽下障碍)	咽部及食道疾病的重要特征(吞咽障碍——咽部疾病，咽下障碍——食道疾病)	吞咽困难：咽及食道的炎症或狭窄(猪肺疫、伪狂犬病、咽型炭疽、牛黏膜病等)、阻塞(异物、寄生虫、肿瘤)；食道憩室(局部扩张)
		吞咽麻痹：脑炎(抑制期)，咽及食道麻痹(狂犬病后期、神经型犬瘟热、麻醉、肉毒中毒、抗胆碱药)
		食道痉挛：破伤风、冰冷饮食

三、反刍、嗳气检查

（一）反刍检查

正常反刍活动	食后出现反刍时间：30min～1h		每次反刍持续时间：30min～1h(平均 40～50min)
	每个食团再咀嚼次数：40～60次(平均：水牛35次、黄牛40次、奶牛50次、羊60次，干草更多)		
	昼夜反刍次数：6～8次左右(犊羔8～10次)		
	再咀嚼连续有力(绵羊、山羊、鹿的反刍动作比牛轻快而灵活，牛每天反刍累计时间6～8h)		
反刍障碍	表现	①反刍弛缓(出现反刍时间过迟) ②反刍稀疏(昼夜反刍次数稀少) ③反刍短促(每次反刍时间过短) ④反刍无力(再咀嚼动作迟缓无力)	严重时反刍停止
	诊断意义	①反刍功能减弱或停止→前胃机能障碍(原发性和继发性)。②顽固性反刍功能障碍→创伤性网胃炎综合征，消化道半梗阻(胃内异物、真胃变位)，严重全身性疾病(恶病质)	

（二）嗳气检查

正常嗳气		奶牛 20~30 次/h，牛 17~20 次/h，羊 10 次/h。采食幼嫩青草和豆科植物 60~90 次/h
嗳气异常	非反刍兽嗳气	过食、幽门痉挛、胃酸过少→气体增多；马急性胃扩张（胃破裂先兆）
	反刍动物	①嗳气频繁→瘤胃臌气初期（采食易发酵饲料）；②嗳气减少→瘤胃机能障碍（原发性和继发性）；③嗳气停止→食道完全阻塞和瘤胃臌气发生后

四、呕吐检查

（一）呕吐的原因分类

外周性呕吐	胃性	①胃炎、胃扩张、胃异物和肿瘤；②某些药物和毒物刺激胃黏膜	神态清醒，呕吐动作多在采食后不久发生或与采食等关系密切，若胃内容物排空，呕吐动作停止
	反射性	①普通病：咽及食管病；肠道病、肝病、胰腺病、腹膜病；子宫疾病；肾脏疾病；咳嗽等；②感染：细菌、病毒、寄生虫	
中枢性呕吐	中枢疾病	脑炎、脑膜炎、脑肿瘤、癫痫病、颅脑外伤等	多有意识障碍，全部胃内容物虽已排空，呕吐动作仍不停止（空呕），或仅呕出部分清水或黏液
	毒物或药物（侵害中枢）	鼠药、肉毒、食盐、氯氮、槟榔碱、藜芦中毒；应用洋地黄、阿扑吗啡、$CuSO_4$、抗癌药、846 合剂	
	代谢紊乱	尿毒症、糖尿病、低血糖、低血钠、低血钾等	
	感染（毒素）	李氏杆菌病、弓形体病；传染性胃肠炎、犬瘟热等	
动物呕吐容易程度：犬猫等肉食动物＞猪和禽＞反刍兽＞马（极难发生呕吐）			

（二）呕吐检查的内容

发生时机及呕吐物性状	①采食后不久，一次呕出大量内容物，动物呕吐后立即安静，短时间不再出现	过食性胃扩张；饱食后剧烈运动（犬猫、猪）猪胃溃疡或毛球（采食几口饲料后呕吐，吐后又吃）
	②采食后立即发生呕吐，呕吐动作持续频繁，呕吐物常混黏液（胃黏膜长期遭受刺激）	胃、十二指肠、胰腺严重疾病
	③顽固性呕吐（空呕、呕吐物为胃酸及黏液）	异物梗阻和肿瘤；幽门痉挛；中枢性呕吐
	④血性呕吐物	出血性胃肠炎；传染性胃肠炎，胃溃疡（猪瘟、圆环病毒病），犬瘟热，猫泛白细胞减少症
	⑤胆汁性呕吐物（黄绿色，碱性）	十二指肠炎症或小肠阻塞
	⑥粪性呕吐物	猪肠嵌闭和犬大肠阻塞
	⑦异物性呕吐物	含寄生虫（消化道寄生虫感染）或毛球、塑料等异物（异嗜所致）

第二节　上部消化道检查

一、口腔检查

（一）流涎

唾液分泌增多（刺激因素）或唾液吞咽障碍（阻碍因素）所致。

口腔疾病、咽及食道疾病、虚嚼磨牙及咬牙扎齿的疾病	见采食咀嚼吞咽障碍
中毒病	有机磷中毒、拟胆碱药中毒、猪食盐中毒、重金属中毒等
脑病疾病	狂犬病、犬瘟热、中暑

(二) 口腔内部及外部检查

红肿、结节、水疱、脓疱、溃烂、假膜	口炎：见兽医内科学部分——口炎病因。其中，①附有伪膜：鸡和犊牛白喉(痘疹)、牛坏死杆菌病及犬白色念珠菌病；②雏禽口腔黏膜有炎症或白色针尖大小的结节：维生素A缺乏症和烟酸缺乏症；③鹅口腔黏膜形成黄白色、干酪样假膜或溃疡：霉菌性口炎(鹅口疮)

二、食道及嗉囊

食道检查		见兽医内科部分——上部消化道疾病
嗉囊检查	①软嗉	鸡新城疫，嗉囊卡他，摄入发霉、变质和易发酵饲料(尤其雏鸡)
	②硬嗉	又叫嗉囊秘结或嗉囊食滞：雏鸡采食多量粗纤维饲料(过食)；消化不良

第三节 腹部及胃肠检查

一、腹围变化

反刍动物	生理性增大	①右侧后腹部增大下坠→妊娠后期；②左侧腹部增大显著→吊肚(长期营养不良)
	病理性增大	①左侧腹部尤其上方膨大显著，肷窝突出→瘤胃臌气；②左侧腹部膨大显著，下坠明显→瘤胃积食或积液；③右侧前腹部膨大显著→瓣胃阻塞、肝肿大；④右侧肋骨弓附近膨大显著→真胃积食或扭转；⑤右侧后腹部膨大显著→子宫蓄脓、膀胱积尿、腹腔肿瘤等；⑥左右对称性膨大下坠，冲击有波动感→腹腔积液
单胃动物	腹围增大 左侧增大	饱食；胃扩张或扭转(左前部扩张明显——积食、积液、积气)
	对称性增大	妊娠；腹腔积液(腹水、腹膜炎等)；腹腔器官肿瘤；肠便秘、阻塞、积气；膀胱积尿及肿瘤；卵巢囊肿、子宫蓄脓等
	局部膨大	各种疝(如脐疝、腹股沟疝等)
腹围减小		①迅速减少→剧烈腹泻，食物废绝；②逐步缩减→饲喂不足、慢性消耗性疾病；③症候性缩减→腹肌痉挛，破伤风，腹膜炎，腹腔疼痛

二、反刍动物前胃、皱胃及肠道检查

(一) 瘤胃检查

瘤胃体积庞大(成年牛占胃的80%)，1岁牛达68L、成年牛达100～200L，占据左侧腹腔大部分，密贴左侧腹壁。瘤胃检查方法包括视诊、触诊、叩诊、听诊，还可用瘤胃描记、瘤胃手术探查及瘤胃液的实验室检查等辅助手段，其中临床以触诊和听诊为主。

1. 瘤胃内容物的数量和性状

内容	视诊	触诊	叩诊	上部穿刺
正常	肷窝微陷，饱食后平坦	肷窝柔软有弹性；中上部生面团样，拳压痕5～10s消失；中下部逐渐坚实	上部为鼓音，中部为半浊音至浊音，下部为浊音	排气少而快
弛缓	肷窝凹陷	压痕超过10s才消失；中下部较柔软，或有晃水音	不定	排气少而慢
积食	肷窝平坦；左腹膨大下坠	中上部较坚实，甚至坚硬	浊音范围扩大，甚至肷窝处亦为浊音	排气少而慢
臌气	左腹膨大，肷窝上突甚至超过脊柱	中上部紧张有弹性，强压不能感觉到瘤胃食物	高朗鼓音(带金属音)；甚至中部呈鼓音	排气多而快(非泡沫性)

2. 瘤胃运动检查

听诊是最主要的瘤胃检查方法，其次触诊。

正常瘤胃运动	次数	力量	持续时间	节律性
	牛1～2次/min 羊2～3次/min	"远方雷鸣声"，由弱变强(达高峰)→逐渐减弱至消失。左肷窝随蠕动逐渐隆起、变硬，又逐渐平复、下陷	15～20秒/次	有节律性，有蠕动峰值
	强度和次数以食后2h为最旺盛，食后4～6h后逐渐减弱；饥饿时收缩次数减少			

续表

病理状态	蠕动减弱	蠕动次数少,力量弱,持续时间短	前胃病、皱胃病;严重全身性疾病(发热病等)
		瘤胃蠕动音完全消失(病情严重)	
	蠕动加强	内容物异常发酵,伴嗳气频繁	瘤胃臌气初期;瘤胃兴奋药物

3. 瘤胃液检查

健康瘤胃液	pH值为6.8~7.4(奶牛、肥育期肉牛或肉羊偏低6.0~6.8),有大量活的纤毛虫
pH值小于6.0	瘤胃酸中毒(过食玉米、小麦面等碳水化合物),瘤胃液pH值每天小于5.6累计持续时间超过3~5h为亚急性瘤胃酸中毒的标准
pH值大于8.0	瘤胃碱中毒(过食豆类及豆科类植物)
纤毛虫数量减少及活力降低	前胃弛缓、瘤胃积液、瘤胃酸(碱)中毒及口服抗生素等

(二) 网胃及瓣胃的检查

参见内科学部分相关疾病。

项目	网胃	瓣胃
位置	腹腔左侧前下方,胸骨后缘、剑状软骨突起的后上方,第6~8肋间,前缘紧接膈肌而靠近心脏	腹腔右侧,体表投影在第7~9肋间,肩端线附近(上下约3cm)
疾病	创伤性网胃(心包)炎	瓣胃阻塞(百叶干)
方法	视诊、触诊、叩诊、X射线、超声波、金属异物探测仪。网胃敏感性:冲击法或强力叩诊、抬杠法、肩峰加压法	瓣胃区视诊、触诊、叩诊等;薄层状粪及瓣胃穿刺是最有效诊断依据

(三) 皱胃(真胃)检查

部位	右下腹部第9~11肋间(肋弓附近),沿肋骨弓直接与腹底壁接触,呈长圆形面袋状			
方法	视诊、触诊、叩诊和听诊;触诊和听诊最为重要			
内容	胃内容物、敏感性、位置			
正常状态	触诊	听诊	叩诊	真胃液
	柔软面团状	小溪流水声(似小肠音)	浊音	褐色、pH≤4、无纤毛虫

常见疾病的异常表现

视诊触诊	正常皱胃区向外突出,左右腹不对称→真胃严重阻塞、扩张	①坚实伴疼痛→真胃阻塞;②波动感,闻击水音→真胃积液(真胃扭转,幽门或十二指肠阻塞);③触诊有弹性,叩诊呈鼓音→真胃气性扩张;④正常皱胃区敏感→真胃炎、真胃溃疡(反跳痛——压住后疼痛减轻或不痛)和真胃扭转			
听诊叩诊结合	真胃变化	位置	单独听诊	听叩诊结合	钢管音直下方穿刺
	真胃扭转(右方变位)	右侧9~12肋肩关节水平线上下	高朗小溪流水声	高朗带回音的钢管音	取得血色真胃液
	真胃变位(左方变位)	左侧9~12肋肩-膝水平线上下			取得真胃液

(四) 反刍兽肠道检查

位置	腹腔右侧的后半部,紧靠瘤胃壁右侧。小肠音——右腹下部,大肠音——右腹上部(右肷窝部)
方法	听诊(为主)、触诊(直肠)、叩诊
听诊	小肠音——如小沟流水音;大肠音——低沉雷鸣音。右侧肷窝部或腹部听诊——混合性肠音
	①肠音增强、频繁→肠炎及腹泻;②肠音减弱甚至消失→消化机能障碍及热性病(肠便秘)

三、大动物直肠检查

应用	①消化器官疾病(如肠阻塞、肠套叠、真胃扭转等)的诊疗;②妊娠及产科疾病诊断(卵巢囊肿、永久黄体等);③泌尿器官疾病(肾炎、膀胱肿瘤或麻痹等)诊断;④骨盆骨折及髋关节脱位等的诊断

续表

操作要领	①指甲剪短磨光、洗手、涂润滑剂。②动物保定确实及对症处理（腹痛——镇静；臌气——放气；心衰——强心）。③防止损伤肠黏膜（努则退，缩则停，缓则进）。④手形——始终呈锥形	检手谨慎而确切地套入直肠狭窄部，是马直肠检查时安全的关键
检查顺序	肛门→直肠→耻骨前缘→膀胱、子宫体及子宫角→卵巢。左侧为瘤胃，右侧骨盆处为盲肠，往前结肠绊，再往前有左肾，上有腹主动脉，子宫中动脉和骨盆部尿道	

四、犬、猫腹部器官检查

（一）胃

位置	左腹前部（与采食有关）	①空虚时隔肝及肠管，胃大弯在左侧向后伸展到11～12胸椎肋骨下方，贲门在11～12胸椎下方，幽门在9～10肋椎下方；②饱食时可向后伸展达到1～3腰椎处，与腹底壁接触
检查内容	胃内容物（数量、形状），敏感性，有无异物、肿瘤等	
异常现象	①触诊敏感→胃炎或溃疡、异物及肿瘤。②胃内容物坚实→积食、异物（有移动性）或肿瘤（与胃固定）。③胃紧张而有弹性→积气。④胃软而波动→积液	

（二）肝脏

位置	右侧剑状软骨后方肋骨弓处向前上方切入式触摸	犬猫肝脏在腹前部贴膈肌，下部贴剑状软骨后方腹底，左侧达10～11肋，右侧伸展与肋弓相一致
触诊内容	大小、质地、表面状态及肝区敏感性	
变化	肝脏肿大明显（肝脏浊音区扩大），质地正常或稍硬	①疼痛明显→急性实质性肝炎（病毒、细菌、寄生虫感染性肝炎），肝硬变初期；②不敏感→脂肪肝
	肝脏萎缩、质地变硬或有包块	①敏感→中毒性肝病（药物）、肝炎后期、肝癌；②不敏感→肝硬化、肝寄生虫性包块（如华枝睾吸虫病）

（三）腹部及肠道触诊检查

常见触诊检查变化

异常表现	临床诊断意义
触诊腹壁敏感（紧张，有压痛，回视尖叫）	腹膜炎，腹腔脏器炎症
腹部波动感（晃水音）	腹腔积液或器官积液（如膀胱、子宫）
有增粗空虚而富有弹性、比较敏感的肠段	肠道积气
肠道内有坚实的异物（团块或条索，肠道内异物两端有断端）	肠道异物阻塞
坚实或坚硬的腊肠状粪条或串珠状粪块（两端有断端）	肠秘结（便秘）
有鲜香肠样质地，圆柱状增粗，有压痛的肠段，增粗肠内后段有断端，前段肠道有折叠	肠套叠（有时套叠肠段脱出肛门外似直肠脱）
有一段增粗、疼痛、螺旋状的肠段	肠扭转

五、猪胃肠检查

异常表现	临床诊断意义
触诊胃区疼痛（伴呕吐）	胃炎或溃疡、胃食滞、胃扩张
左肋弓下部膨大紧张	胃臌气或过食
肠道触诊变化	类似犬猫

六、脾脏检查

触叩诊	位置	异常现象	临床意义	
牛	瘤胃背囊的左前方	脾脏肿大（肺后界与瘤胃之间叩诊出现狭长的浊音区、疼痛）	脾炎；炭疽；弓形体病、血孢子虫病	牛恶性卡他热
犬	左季肋部（外部触诊）	脾脏肿大		白血病，脾脏肿瘤

第四节　排粪动作及粪便检查

一、排粪动作检查

犬、猫半蹲姿势排粪、马属动物和羊可行进中排粪。其他动物背腰拱起，两后肢稍叉开，举尾即排粪。注意排粪姿势、排粪次数、排粪量及持续时间。

（一）便秘（排粪迟滞）

动物排粪次数减少、排粪费力、排粪量少，粪便质地干硬而色暗，常被覆黏液。主要有饲料性便秘、发热性便秘、环境性便秘、胃肠迟缓性便秘、肠道阻塞性便秘、排粪疼痛性便秘、中毒性便秘、药物性便秘、神经损伤性便秘（注意每种类型便秘的原因，见兽医内科学——肠便秘）。肠管完全阻塞时，排粪停止。当牛只排少量白色或黄白色的黏液，伴有腹痛不安，为肠绞窄的特征。

（二）腹泻

动物排粪次数增多，排粪量增加，同时粪便不成形，不断排出粥样、液状或水样稀粪，可带炎性产物（黏液、黏膜、脓液、伪膜、血液等）或未消化饲料残渣。

类　型	原　因	分类
食物性腹泻	①冰冷或不洁饲料饮水；②幼畜过食乳制品；过食精料；③饲料突变；④食物过敏源	消化不良性腹泻
营养性腹泻	①铁、硒、钴、铜等缺乏；②低血糖症；③维生素A、维生素E缺乏；④蛋白过高或过低	
应激性腹泻	断奶、运输、寒冷刺激等	
药物性腹泻	泻剂、拟胆碱药、滥用抗生素等	
中毒性腹泻	①霉菌毒素；②腐败变质食物；③有机磷；④食盐、酒糟、棉饼、菜饼；⑤重金属	胃肠炎性腹泻
细菌性腹泻	大肠杆菌病、沙门氏菌病、空肠弯杆菌病、猪痢疾、增生性回肠炎、链球菌病等；牛肠结核、副结核；羔羊痢疾等	
病毒性腹泻	牛黏膜病、小反刍兽疫；非洲猪瘟、猪传染性胃肠炎、流行性腹泻、伪狂犬病、圆环病毒病；犬细小病毒病、犬传染性肝炎等；鸡新城疫、传染性法氏囊病；动物轮状病毒病	
寄生虫性腹泻	吸虫、线虫、绦虫、球虫等	

（三）其他异常排粪动作

项目	排粪失禁	排粪带痛	里急后重
表现	未取排粪姿势而不自主排出粪便	排粪疼痛不安、呻吟或鸣叫，拱腰努责	频取排粪姿势，强力努责，仅排出少量粪便或黏液→排不出粪
临床意义	①干粪失禁（排粪反射消失，在外力作用下排出干粪）；腰荐部脊髓损伤及炎症 ②失禁自痢（稀粪）；肛门括约肌松弛或麻痹；脑病（腰以上脑脊髓损伤）；持续性腹泻	①直肠损伤或炎症、肠变位、严重便秘、直肠或肛门肿瘤、肛门腺囊肿、前列腺增生 ②创伤性网胃炎、腹膜炎	以直肠和肛门疾病最明显

二、粪便感官检查

（一）粪便形状硬度

取决于饲料种类、含水量、脂肪和纤维素量。

羊、兔、梅花鹿	马属动物、骆驼、大象	大熊猫	黄牛、牦牛	水牛	奶牛	猪、犬、猫	禽
颗粒状	团块状,落地部分破碎	椭圆形	叠饼状	毡帽状（稍软）	稠粥样（不成型）	圆柱形或柱状	细弯的圆柱形,覆白色尿酸盐

（二）粪便颜色

取决于饲料和混杂物（血液及粪胆素等）。草食动物放牧或喂青草时，粪呈暗绿色；舍饲喂稻草、稿秆时，为黄褐色。猪粪黑黄色。犬猫粪灰白色、黑黄色。出血部位不同、出血量不同，粪便颜色不同。

粪便变化	临床意义
均匀一致黑色(沥青样便)	胎粪；网胃出血；内服铁剂、铋剂、木炭末
均匀一致褐色~棕褐色(松榴油样)	皱胃出血；胃及前段小肠少量出血(大量出血为棕红色)
均匀一致棕红色	后段小肠出血；前段大肠少量出血(大量出血为鲜红色)
鲜红色(粪便表面复血液)	后段大肠大量出血，直肠和肛门出血
蓝绿色	鸡瘟、禽霍乱；饲料铜过多
黄色	仔猪黄痢；反刍动物过食玉米面等
白色、灰白色(淡黏土色)	动物白痢；鸡传支等；阻塞性黄疸；内服白陶土

(三) 粪便气味、混杂物

气味	草食动物粪便无恶臭味；猪、犬和猫粪便较臭	酸臭味→酸性肠卡他、单纯性消化不良、瘤胃酸中毒
		腐败臭味(腥臭味——含黏液、黏膜、血液)→胃肠道炎症
混杂物	①黏液、黏膜、伪膜或脓汁→各种胃肠炎、肠阻塞、肠套叠、黏液膜性肠炎(灰白色或黄白色黏液膜)、伪膜性肠炎(条索状及管状膜——纤维蛋白、脱落上皮、死亡白细胞组成)					
	②血液	③寄生虫	④未消化饲料或乳凝块	⑤气泡	⑥其他杂物

(四) 粪便化学检查

pH 值	草食动物粪便——偏碱；肉食动物粪便——偏酸	酸中毒——pH 变酸；碱中毒——pH 变碱
粪潜血	联苯胺冰醋酸法：取少量粪便于玻片上烧干(破坏氧化物)，滴加联苯胺粉，再滴加冰醋酸液，最后滴加双氧水；呈现"蓝色"为阳性。越快说明潜血越多，2~3s 出现"+++"，10~15s 出现为"++"，30s 出现为"+"，30s~1min 为"±"，5min 以后为"—"	

(邓惠丹)

第七章 泌尿系统检查

考纲考点：（1）正常排尿动作；（2）排尿障碍的表现及临床意义；（3）尿液检查的内容、临床意义；（4）泌尿器官检查部位、方法、异常变化提示临床意义。

第一节 排尿动作检查

排尿动作受膀胱感受器、传入神经、排尿中枢（大脑高级中枢、腰段以上脊髓）、传出神经和效应器官的调节；注意排尿姿势、排尿次数、排尿量的检查。

项目		母畜(牛、羊、猪、犬)	雄性(牛、羊、猪)	雄犬、猫	马
正常排尿动作		类似排粪姿势；呈急流状	无排尿动作；呈股状断续排出；行进(采食)中可排尿	将一后肢翘起排尿，尿喷射到其他物体上	有排尿动作；前肢前伸，腹部和尻部下沉，呈股状射出；公马排尿时阴茎伸出阴鞘外，母马排尿后阴唇缩张
排尿动作异常 → 排尿障碍	尿频或频尿(排尿次数增多，每次排尿量不多)	①肾炎；②膀胱炎、结石、肿瘤、痉挛、膀胱受压(便秘、妊娠等)；③尿道炎、尿路狭窄；④胆怯、老弱体衰、发情期动物			
	尿淋沥(排尿不畅，尿液呈细流状或点滴状排出)	急性膀胱炎、尿道炎；尿石症；牛血尿症；犬前列腺炎；急性腹膜炎等；胆怯、老弱体衰、神经质动物			
	尿失禁(动物未取排尿动作，尿液不自主地排出)	①真性尿失禁(膀胱括约肌麻痹所致，直检膀胱空虚)	腰部以上脑脊髓损伤，某些中毒病；昏迷或长期躺卧动物(见失禁自痢)		
		②假性尿失禁(膀胱平滑肌麻痹，膀胱充盈，腹压升高或咳嗽时尿液溢出)	腰荐部脊髓损伤(见排粪失禁)，伴后驱瘫痪		
	尿闭(尿潴留)：尿液在尿路积滞充盈，排不出来	①尿路阻塞(结石、炎性渗出物或血块)；②膀胱括约肌痉挛(中枢神经系统疾病、疝痛反射性引起)			
	排尿困难和疼痛(痛尿)	膀胱炎、膀胱结石、膀胱括约肌痉挛；尿道炎、尿道阻塞；阴道炎、前列腺炎、包皮疾患等			

第二节 尿液检查

一、尿量

项目		机理	临床意义	
多尿		肾小球滤过机能增强	①慢性肾功能不全(慢性肾小球或肾盂肾炎)；②大量饮水、输液；③水肿、体腔积液的吸收期；④应用利尿剂	
		肾小管重吸收能力减弱	①犬糖尿病；②慢性肾功能不全	
少尿或无尿		肾前性(肾血流量减少)	①严重脱水或电解质紊乱(剧烈呕吐、腹泻、高热病、瘤胃酸中毒、大汗、胸腹腔积液、胃肠阻塞或变位)；②充血性心衰、外周血管衰竭、休克；③肾动脉栓塞或肿瘤压迫	尿量轻度或中度减少，比重增高，少见无尿无尿
		肾原性(肾泌尿障碍)	肾小球和肾小管严重损害：①广泛性肾小球损害(急性肾小球性肾炎)；②急性肾小管坏死(重金属、药物、生物毒素中毒)	少尿或无尿，尿比重偏低(急性肾小球性肾炎除外)，蛋白尿、血尿、白细胞、肾上皮细胞和各种管型(尿圆柱)
		肾后性(尿路梗阻性)	结石、肿瘤、狭窄；血块、脓块、乳糜块等阻塞→尿闭(尿潴留)	

二、尿色及透明度

（一）正常尿液

正常动物尿液呈深浅不一的黄色	马尿——黄白色,浑浊的"米汤尿"(含大量 $CaCO_3$,不溶性磷酸盐类及黏液)
	黄牛(羊)尿——淡黄色,澄清透明
	水牛(猪、犬猫)尿——水样外观

（二）红尿

尿变红色、红棕色甚至黑棕色。

红尿鉴别诊断要点

检验项目	血尿	血红蛋白尿	肌红蛋白尿	卟啉尿	药物红尿
尿色	碱性尿—鲜红色 酸性尿—暗红色	暗红、棕色、褐色或酱油色	暗红或棕色	琥珀色或葡萄酒色	透明红色
透明度	浑浊,震荡云雾状	澄清透明	澄清透明	澄清透明	澄清透明
血浆色	正常	红色	正常	正常	正常
潜血	+	+	+	—	—
静置	红色沉淀	—	—	—	—
镜检	大量红细胞	偶有红细胞	—	—	—
9nm 微孔超滤	不能通过	不能通过	能通过	能通过	能通过
硫酸铵盐析	—	100%浓度才沉淀	80%浓度即沉淀	—	—
荧光照射	—	—	—	+	—
伴发症状	结膜苍白	黄疸	运动障碍	光敏性皮炎	用药史
临床意义	泌尿器官出血	溶血性疾病	肌乳酸蓄积病	遗传病	用药史

血尿三杯试验：①排尿初期红（初始血尿、前程血尿、首杯红）→尿道出血；②排尿后期红（终末血尿、末杯红）→膀胱少量出血；③全程血尿（三杯均红）→肾脏（输尿管）出血、膀胱大出血。

（三）其他

颜色	原因
黄色尿	①脱水(尿少);②应用药物(呋喃类药物、核黄素)
胆红素尿 (直接胆色素)	棕黄色或黄绿色,振荡后产生黄色泡沫,或泡沫层与尿液之间呈绿褐色→肝实质性黄疸、阻塞性黄疸
蓝色尿	美蓝或台盼蓝
黑色或黑棕色	石炭酸,松馏油
尿液浑浊	尿液中有炎性产物(黏液、血液、脓汁、坏死组织碎片、管型、细菌);结石
马尿透明	喂精料过多、重役(尿变酸);纤维素性骨营养不良

三、尿液实验室检验

（一）尿液样本的保存与处理

采集的尿样应在 4h 内检查。①冰箱冷藏保存；②加入防腐剂保存（甲苯、40%甲醛溶液、麝香草酚、浓盐酸、氯仿等）。微生物检验不加防护剂。

（二）内容及变化

尿液 pH 值	猪——中性;草食动物——偏碱;肉食动物——偏酸	①pH 值下降:酸中毒(过食谷物、奶牛酮病)、发热、饥饿、肌乳酸蓄积(剧役)及药物。②pH 值升高:碱中毒(高蛋白食物)、泌尿道感染、尿潴留及药物
尿蛋白	真性蛋白尿(白蛋白尿)	肾前性(全身疾病)、肾性(肾脏疾病)、肾后性(尿路疾病)
	假性蛋白尿	Hb、肌红蛋白、球蛋白、核蛋白
尿圆柱(管型)	在肾小管内形成,其形成过程与蛋白质、上皮细胞、血细胞等有关,肾脏疾病重要特征	
尿沉渣显微镜检查	①各种上皮细胞(肾上皮、肾盂上皮、膀胱上皮、尿道上皮)的出现是泌尿器官疾病定位诊断的重要依据;②出现多量磷酸氨镁结晶——膀胱疾病、肾盂肾炎③尿酸铵结晶——膀胱炎及肾盂肾炎化脓期;④马尿酸结晶——马尿中减少该结晶,提示肾脏疾病;⑤草酸钙结晶——除草食动物外,出现多量草酸钙结晶提示糖尿病和慢性肾炎	
糖尿	①暂时性糖尿:恐惧、兴奋,饲喂大量含糖饲料;②血糖过高性糖尿:糖尿病、肝脏病、胰腺病、化学药品中毒(汞、水合醛、四环素)、甲状腺功能亢进、肾上腺皮质功能亢进	

续表

酮尿	①奶牛酮病、奶羊妊娠毒血症;仔猪低糖血症。②生产瘫痪、前胃弛缓、真胃扭转或变位、长期饥饿。③犬和猫的糖尿病	
尿胆素原	①溶血性黄疸、肝实质性疾病→显著增多。②阻塞性黄疸→消失	

四、肾功能的判定

三种肾功能不全的鉴别

类别	急性肾功能不全	慢性肾功能不全	肾功能衰竭
尿量	少或无	多尿	少或无
水代谢	肾性水肿或水中毒	肾性脱水	肾性水肿
电解质	高钾低钠,高磷低钙,高镁低氯	低氯低钾	高钾低钠
酸碱平衡	代谢酸中毒	代谢酸中毒	代谢酸中毒
氮血症	氮血症	氮血症	氮血症;尿毒症

第三节 泌尿器官检查

一、肾脏

(一) 肾脏位置

除羊外,多数动物左肾靠后、右肾靠前。

动物	特征	左肾	右肾
牛	呈椭圆形,具有分叶结构	第3~5腰椎横突下,悬垂状	第12肋及第1~3腰椎横突下
羊		第1~3腰椎横突下	第4~6腰椎横突下
马	蚕豆形,表面光滑（马右肾心形）	最后胸椎及第2~3腰椎横突下	最后1~3胸椎及第1腰椎横突下
猪		第1~4腰椎横突下面	
犬		第2~4腰椎横突下,悬垂状	第1~3腰椎横突下,悬垂状

(二) 肾脏检查

变化	表现	临床意义
肾区敏感	背腰僵硬、拱起、运步小心,后肢拖曳	急性肾炎、化脓性肾炎（肾脓肿）
肾性水肿	多发于眼睑、阴囊→腹下、四肢下部	肾功能障碍
肾脏肿胀	体积增大,敏感或波动感	肾盂肾炎、肾盂积水、化脓性肾炎等
肾脏硬变	体积增大,粗糙不平（肾间质增生）	肾硬变、肾肿瘤（菜花状）、肾结核、结石
肾萎缩	体积缩小	慢性间质性肾炎、萎缩性肾盂肾炎、先天性肾发育不全

二、输尿管

输尿管扩张	触诊有波动、疼痛感或坚硬的结石——输尿管结石或阻塞
严重输尿管炎	输尿管粗如手指,呈紧张而有压痛的索状物

三、膀胱

正常位置	大动物——盆腔底部;肉食动物——耻骨联合前方腹底部,充满时可能达脐部	
异常表现	膀胱充盈	按压排尿,停压不排——膀胱平滑肌麻痹
		按压不排尿——①尿闭（尿道阻塞、膀胱颈阻塞）;②膀胱内大的结石、肿瘤
	膀胱空虚	①肾源性无尿;②膀胱破裂;③膀胱平滑肌痉挛、膀胱括约肌麻痹
	膀胱压痛	①急性膀胱炎;②膀胱结石或肿瘤

四、尿道

尿道可通过外部触诊、直肠内触诊和导尿管探诊进行检查。

项目	常见疾病	尿道炎	尿道结石
母畜	尿道炎（尿道结石和狭窄少见）	尿频和尿痛；尿道外口肿胀；血尿和脓尿及炎性产物	牛——阴茎"S"状弯曲上部（偶尔在坐骨弓下方）；绵羊——尿道突；猪——龟头尖端；犬——阴茎骨后方、前列腺位置
公畜	尿道炎，尿道结石，尿道损伤，尿道狭窄或阻塞		

五、导尿术

应用		尿潴留排尿；采集尿液
方法	公畜	站立保定→拉出阴茎→清洗污垢→缓缓插入消毒并润滑的导尿管
	母畜	站立保定→清洗外阴→缓缓插入导尿管

（邓惠丹）

第八章 常用实验室检验

考纲考点：(1) 血液常规检验的内容和 RBC 及 Hb、WBC、各种白细胞增多或减少的原因；(2) 肝脏功能、肾功能检查的指标及临床意义；(3) 血液其他检验指标的临床意义。

第一节 血液检验

一、动物采血部位

①少量血液	动物耳静脉；牛——尾静脉；禽类——翅静脉
②多量血液	马、牛、羊、犬——颈静脉；猪——前腔静脉；禽类、兔——心脏穿刺采血

二、常用的抗凝剂及特点

常用抗凝剂的用法及特征

抗凝剂(管)	剂量/10mL 血	抗凝机理	特点及应用
双草酸盐	草酸钾 8mg，草酸铵 12mg	结合钙离子	血常规检验
EDTA 钠	10%溶液 0.1～0.2mL	结合钙离子	不用于钙、钠测定
枸橼酸钠	3.8%溶液 1mL	可逆结合钙离子	血沉、输血专用抗凝剂、凝血机制研究
肝素钠	1%溶液 0.1～0.2mL	阻止凝血酶原→凝血酶	临床生化；抗凝时间短，白细胞染色差

三、血红蛋白（Hb）和红细胞（RBC）

（一）红细胞数和血红蛋白含量增多

相对增多		各种原因所致脱水
原发红细胞增多		真性增多：骨髓增生病（马、牛、犬和猫）
继发性增多（红细胞生成素增多）	代偿性增加	高原、慢性阻塞性肺病、先天性心脏病
	病理性增多	肾脏疾病、各种肿瘤

（二）红细胞数和血红蛋白含量减少——各种类型贫血（原因）

急性出血性贫血	①血管受损伤（创伤、手术）；②内脏出血（胃肠、肺、肾）；③肝、脾破裂；④某些中毒病（草木樨中毒、牛蕨类植物慢性中毒、三氯乙烯脱脂的大豆饼中毒）等
慢性出血性贫血	胃肠道寄生虫病（钩虫病、圆线虫病、血矛线虫病、球虫病等）、胃肠溃疡、慢性血尿、血管新生物；各种遗传性出血病（血友病及血小板病）等
溶血性贫血	①血液寄生虫病：血孢子虫病、附红细胞体病等。②传染病：钩端螺旋体病、细菌性血红蛋白尿等。③矿物元素中毒：铜、汞、砷等。④有毒植物中毒：毛茛、洋葱、大葱、甘蓝等。⑤生物毒中毒：蛇咬伤等。⑥抗原抗体反应：新生畜溶血性贫血，输血反应等。⑦犊牛水中毒，牛产后血红蛋白尿症（低磷酸盐血症）、烧伤等
营养性贫血	①造血原料缺乏：铁、铜缺乏（钼过多）、维生素 B_6 缺乏、铅中毒（抑制血红色与珠蛋白结合的酶）等。②影响红细胞成熟（核酸合成障碍）：钴缺乏、维生素 B_{12} 缺乏、叶酸及烟酸缺乏
再生障碍性贫血（再障）	①放射病；②骨髓肿瘤（慢性粒、淋巴细胞性白血病）；③感染：犬欧利希体病、猫白血病病毒、猫白细胞减少症病毒（猫瘟）；④抑制造血机能药物（氯霉素、环磷酰胺、长春碱）；⑤牛急性蕨类植物中毒；⑥马穗状葡萄球菌毒素及梨孢镰刀菌毒素中毒；⑦垂体、肾上腺、甲状腺功能低下等

（三）血色指数

鉴别高色素性贫血和低色素性贫血。计算公式如下：

$$血色指数 = \frac{被检动物血红蛋白量(g/L)}{健康动物平均血红蛋白量(g/L)} : \frac{被检动物红细胞数(个/L)}{健康动物平均红细胞数(个/L)}$$

高色素性贫血	血色指数>1.2	部分溶血性疾病(红细胞破坏过多)
正色素性贫血	血色指数≈1.0	急性失血初期;溶血;再生障碍性贫血;缺钴性贫血
低色素性贫血	血色指数<0.8	失血性贫血;缺铁(铜、维生素B_6);铅中毒;钼过多

(四)红细胞压积(PCV)

过去称红细胞比容(Hct),指红细胞在血液中所占容积的比值。

| PCV 增高 | 各种原因脱水→血液浓缩 | PCV 是脱水及补液量确定最准确判定指标 |
| PCV 降低 | 各种贫血(小细胞性贫血、溶血性贫血) | PCV 降低程度与红细胞数不一定成正比 |

(五)红细胞指数

红细胞指数包括红细胞平均容积(MCV)、红细胞平均血红蛋白量(MCH)和红细胞平均血红蛋白浓度(MCHC)。

大细胞型贫血	MCH 和 MCV 增加,MCHC 正常或减少	核酸合成障碍;甲状腺机能减退
正细胞型贫血	MCH 和 MCV 正常,MCHC 正常或减少	急性失血、溶血、再生障碍性贫血
小细胞性贫血	MCH 和 MCV 减少,MCHC 正常或减少	造血原料缺乏(低色素)

四、白细胞计数和白细胞分类计数

(一)白细胞计数(WBC)

| 白细胞总数增多 | ①细菌性传染病;②炎症性疾病;③白血病;④恶性肿瘤;⑤尿毒症及酸中毒 |
| 白细胞总数减少 | ①病毒感染(猪瘟、马传染性贫血、流行性感冒、鸡新城疫、鸭瘟等);②再生障碍性贫血;③疾病濒死期;④长期用药(磺胺类,青链霉素,氨基比林,水杨酸钠等) |

(二)白细胞分类计数(WBC-DC)

包括各种白细胞绝对值和百分比。三分类为淋巴细胞(LYMPH)、嗜中性粒细胞(NEUT)、中间细胞(MID);五分类为淋巴细胞、嗜中性粒细胞、嗜酸性粒细胞(EO)、嗜碱性粒细胞(BASO)、单核细胞(MONO)。

1. 嗜中性白细胞

增多	细菌感染性疾病;一般炎症性疾病;化脓性疾病;中毒性疾病(如酸中毒、尿毒症等);注射异种蛋白(如血清、疫苗等);外科手术等
减少	骨髓抑制;病毒病;严重败血症和化脓性疾病;中毒性疾病(蕨中毒、砷中毒等),血液疾病(严重贫血及再生障碍性贫血),某些物理(放射损伤)和化学因素(如氯霉素、铅等)
核象变化	轻度核左移(幼稚及杆状核多)→感染程度轻,机体抵抗力较强
	中度核左移及中毒性核像,伴 WBC 和嗜中性白细胞增多→严重感染
	显著核左移,伴 WBC 和嗜中性白细胞增多,或白细胞总数减少→病情极为严重
	核右移(分叶核多或核分叶多)→病情危重或机体高度衰弱,预后往往不良

2. 其他白细胞的变化

嗜酸性白细胞	增多	①寄生虫病;②过敏性疾病;③湿疹及皮炎
	减少	①感染性疾病;②高热病初期;③尿毒症、毒血症、严重创伤、中毒;④病情严重
嗜碱性白细胞	增多	①慢性溶血;②慢性丝虫病;③高血脂症等
淋巴细胞	增多	嗜中性白细胞减少,淋巴细胞相对增多:①病毒感染;②慢性传染病(结核、鼻疽、布病);③血液原虫病;④急性传染病恢复期;⑤淋巴性白血病
	减少	①嗜中性白细胞增多;②淋巴组织受损(淋巴肉瘤、结核病、流行性淋巴管炎);③应用肾上腺皮质激素、免疫抑制药物,放射线治疗等
单核细胞	增多	①慢性感染(结核、布病、霉菌感染、肉芽肿性疾病);②原虫病(巴贝斯虫病、锥虫病及弓形虫等);③疾病恢复期;④促肾上腺皮质激素、糖皮质类激素等药物
	减少	①急性传染病的初期;②各种疾病的垂危期

五、血小板计数(PLT)

| 血小板增多 | 多为暂时性增多;①急性、慢性出血,骨折、创伤、手术后;②淋巴瘤及其他肿瘤;③肝炎及其他炎性疾病;④应用糖皮质激素及其他抗肿瘤药物 |

续表

血小板减少	生成异常	免疫性及传染性疾病诱发的单纯性巨核细胞再生不良
	清除加快	原虫病及自身免疫免疫性疾病

其他指标：血小板压积（PCT）、平均血小板体积（MPV）、血小板分布宽度（PDW）。

六、红细胞沉降率

红细胞沉降率（ESR）指一定条件下红细胞沉降的速度。血沉加快见于贫血性疾病、组织坏死、炎性疾病；血沉减慢见于机体严重脱水。

七、交叉配血实验

配血试验是检查受血者和配血者的血液是否相合，避免溶血性输血反应。分为主侧交叉配血和次侧交叉配血试验。主要的方法有玻片法和试管法。

八、血细胞体积分布直方图

血细胞体积分布直方图是反应血细胞体积大小的频率分布图。

红细胞体积分布直方图	正常波峰在 82~95fL 处。①主波峰左移(波峰位于 50fL 处)：小细胞性贫血；②主波峰右移(波峰位于 100fL 处)：大细胞性贫血；③主波峰在 90fL 处：正细胞性贫血
白细胞体积分布直方图	淋巴细胞在 30~100fL 处；嗜酸性、嗜碱性及单核细胞分布于 100~150fL 处；嗜中性白细胞分布于 150~300fL 处	相应的细胞波峰明显增加时提示相应的血细胞增加
血小板体积分布直方图	正常分布在 2~20fL	直方图右移：见于大的血小板出现

第二节 血液生化检验

一、糖及脂肪代谢指标

血糖	持久性高糖血症	糖尿病、肾上腺皮质功能亢进、垂体功能亢进、肢端肥大症(糖尿症)	调节糖代谢——肝脏；胰岛素(降血糖)、胰高血糖素、儿茶酚胺、肾上腺素、肾上腺皮质激素、生长激素甲状腺素等
	暂时性高糖血症	反刍兽氨中毒、剧痛、兴奋、运输(绵羊运输搐搦)、甲状腺机能亢进、胰腺炎	
	低糖血症	肾上腺皮质功能减退、胰岛素分泌过多(胰岛细胞瘤、胰岛素疗法剂量过大)、糖原贮存病、奶牛酮病、绵羊妊娠毒血症、低血糖症(饥饿和寒冷)、肝脏机能不全及马曲霉毒素中毒	
总胆固醇(TC)	增高	脂肪肝；胆汁淤积或胆管阻塞(尤其胆固醇结石)；糖尿病；肾病综合征	肝脏和肾上腺等组织合成
	降低	严重肝病(急性肝坏死或肝硬化)；严重贫血及营养不良；甲状腺功能亢进	
甘油三酯(TG)	增高	原发性高脂血症、肥胖症(高脂饮食)、脂肪肝、糖尿病、肾病综合征、犬急性胰腺炎、犬肝胆疾病、长期饥饿	肝脏、脂肪和小肠合成，存在于β脂蛋白和乳糜微粒中
	降低	甲状腺功能减退、肾上腺皮质功能减退、严重肝功能不良	

二、肝脏功能检查

（一）血清蛋白

总蛋白(TP)	增高	少见，A/G 正常	严重脱水(血液浓缩)；某些肿瘤(淋巴肉瘤和浆细胞瘤)
	减少	血浆水分增加	静注过多低渗溶液；各种原因引起的水钠潴留
		白蛋白减少	见白蛋白(A)减少
球蛋白(G)	增加	α-球蛋白	组织损伤或炎症急性期
		β-球蛋白	活动性肝脏疾病；圆线虫病
		γ-球蛋白(主要部分)	肝硬化、慢性炎症(慢性肝炎)、免疫性疾病、淋巴及骨髓瘤、免疫接种
	减少	A/G 增大	饲喂初乳不足(γ-球蛋白极低)；免疫抑制剂(肾上腺皮质激素及其他)；免疫缺陷疾病(感染难以控制)和低γ-球蛋白血症等
白蛋白(A)减少		A/G 降低是肝功能严重损害指标	①蛋白合成障碍：肝脏疾病(慢性肝炎和肝硬化)；②蛋白丢失：大出血，大量血浆渗出(腹膜炎及严重烧伤等)、肾病综合征及糖尿病；③营养不良、慢性胃肠道疾病和消耗增加(持久发热)；④妊娠后期

（二）血清酶

酶	分 布	活 性 增 高
丙氨酸氨基转移酶（ALT）	①肝脏（为主）；②骨骼肌、肾脏、心肌 犬猫肝损伤程度的重要指标	①各种肝脏疾病或胆道疾病（成年马、绵羊、牛和猪肝ALT含量少，肝损伤时，ALT升高不明显）；②严重贫血，砷中毒；③鸡脂肪肝肾综合
天冬氨酸氨基转移酶（AST）	①心肌（为主）；②肝脏、骨骼肌、肾脏 对肝损伤不具特异性	①心肌营养不良；白肌病；奶牛产后瘫痪；②肝脏疾病：除犬猫及灵长类外，肝损伤时AST活性急剧升高。见于中毒性肝病（黄曲霉素、四氯化碳），肝外胆管阻塞，肝片吸虫病，高脂血症等
碱性磷酸酶（ALP）	①肝脏；②骨骼（尤其幼龄）；③肾脏、小肠及胎盘	①肝脏疾病（肝细胞损伤、胆道阻塞等，尤其胆汁淤积ALP升高更明显）；②骨骼疾病（如佝偻病、骨软症、骨损伤及骨折愈合期等）
γ-谷氨酰转移酶（GGT）	肝脏、肾脏和胰腺的细胞膜及线粒体上（主要来自肝胆）	①胆汁淤积，肝胆寄生虫病（肝片吸虫），急性肝坏死（如CCl_4）；②原发性或继发性肝癌时，血清GGT显著升高（敏感指标）
肌酸激酶（CK）	①骨骼肌（CK_3、CK_2）和心肌（CK_2、CK_3）；②脑（CK_1）和平滑肌（肠道CK_1）	①病毒性心肌炎、急性心肌梗死（CK明显升高，较AST、LDH特异性高）；②肌营养不良（缺硒和维生素E）、母牛卧地不起综合征、马麻痹性肌红蛋白尿症等；③剧烈运动、手术、抗生素等
乳酸脱氢酶（LDH）	心肌、骨骼肌、肾脏、肝脏、红细胞	心肌损伤；骨骼肌疾病（LDH_5）；肝脏疾病；肾脏疾病；溶血性疾病（LDH_1）；恶性肿瘤。①急性心肌梗死（LDH_1与LDH_2均升高，且$LDH_1/LDH_2>1$）；②肝脏疾病LDH_5活性升高（早于黄疸）；③阻塞性黄疸LDH_4（更多见）、LDH_5活性升高
胆碱酯酶（ChE）	①红细胞及神经；②肝脏及腺体	活性降低：①有机磷农药中毒；②肝细胞损伤（肝外阻塞性黄疸ChE一般正常）
淀粉酶（AMS）	胰腺和十二指肠（猪唾液含AMS）	活性升高：①急性胰腺炎（升高3～4倍，持续3～5d恢复正常），其他胰腺疾病、胰管阻塞；②肾脏疾病（如原发性肾衰竭）、肠扭转或阻塞、腹痛等（2.5倍以下）
脂肪酶（LPS）	胰腺；胃及小肠	活性升高：胰腺疾病（>2倍）；肠阻塞和十二指肠炎症；肝脏和肾脏疾病；应用糖皮质激素（强的松或地塞米松药物）

（三）胆红素（见可视黏膜检查）

总胆红素（T-BIL）	间接胆红素（I-BIL）	直接胆红素（D-BIL）	诊断结论
升高	升高	不升高	溶血性黄疸
升高	升高	升高	肝细胞性黄疸
显著升高	不升高（后期升高）	显著升高	阻塞性黄疸（后期继发肝损伤）

三、肾功能检查

血清肌酐（Cr）	升高	①急性肾衰竭：Cr明显进行性升高（器质性损害指标，伴少尿或无尿，Cr>200μmol/L）；②慢性肾衰竭（Cr升高程度与病变严重性一致）：Cr<178μmol/L（肾衰代偿期）；Cr>178μmol/L（肾衰失偿期）；Cr>445μmol/L（肾衰竭期）；③肾前性少尿，Cr<200μmol/L	血Cr浓度可作为肾小球滤过率（GFR）受损的指标，但并非早期诊断指标
尿素氮（BUN）血清尿素（Urea）	升高	①肾前性氮血症（脱水，但肌酐升高不明显，BUN：Cr>10：1）；②肾性氮血症（不作为早期肾功能指标；但慢性肾衰竭尤其尿毒症时，尿素增高程度与病情严重性一致）；③肾后性氮血症（阻塞性或漏出性氮血症：尿结石、肿瘤、前列腺癌、膀胱破裂等）	BUN不是肾功能损伤特异指标和敏感指标；血清BUN(mg/dl)=血清尿素(mmol/L)×2.8
	降低	尿素合成减少（严重肝病；输液治疗时）	

四、血清电解质（钠、钾、氯、钙、无机磷）

血清钠	增高	①输入过量高渗盐水；②食盐中毒；③脱水；④长期使用肾上腺皮质激素；⑤发热性疾病	细胞外液最主要阳离子
	降低	①持续性腹泻；②肾脏疾病（慢肾衰）；③大出汗；④胸腹腔大量产生渗出液，反复穿刺放液；⑤使用利尿剂；⑥水中毒（犊牛）；⑦某些慢性疾病（充血性心力衰竭、肝硬化及肾病等）；⑧日粮缺钠	
血清钾	增高	①肾上腺皮质功能减退；②补钾超量；③肾脏疾病（少尿期）；④脱水；⑤酸中毒；⑥休克；⑦循环障碍；⑧大量注入高渗盐水或甘露醇；⑨组织遭受损害	
	降低	①应用利尿剂；②长期使用大剂量肾上腺皮质激素而未及时补钾；③大量反复输入生理盐水；④代谢性碱中毒；⑤严重腹泻或呕吐；⑥肾上腺皮质机能亢进；⑦脱水后大量饮水（暂时性低钾）	
血清氯化物	增高	食盐过量；心力衰竭；脱水；肾功能衰竭；尿路阻塞	细胞外液最主要阴离子
	降低	严重腹泻；大出汗；长期饥饿、拒食；胃肠道大手术后；肾上腺皮质机能减退；肝硬变；严重糖尿病；肾功能衰竭	

续表

血清钙	增高	甲状旁腺机能亢进;维生素D中毒;骨内肿瘤转移;肾源性衰竭
	降低	甲状旁腺机能降低;维生素D缺乏;生产瘫痪、乳牛酮病;运输搐搦;低镁血症;继发性甲状腺功能亢进;急性坏死性胰腺炎;低蛋白血症(恶性肿瘤、严重肝病及各种原因所致的大量蛋白尿);肾脏疾病(肾衰竭);代谢性碱中毒
血清无机磷	增高	继发性甲状旁腺功能亢进;马牛骨质疏松症(饲料矿物质高磷低钙者);纤维性骨营养不良;补维生素D过量;肾功能不全或衰竭;骨折愈合期;甲状旁腺机能减退
	降低	饲料低磷性骨软病、佝偻病;牛产后血红蛋白尿和水牛血红蛋白尿;生产瘫痪;继发性甲状旁腺机能亢进;长期腹泻与吸收不良;肾小管变性;维生素D不足

第三节 动物浆膜腔积液的检验

一、样本采集和保存

采集胸腔、腹腔、心包等浆膜腔内的液体,方法见本篇第十三章。穿刺样本采集两份,一份添加抗凝剂。

二、浆膜腔积液检查

主要包括一般性状检查、显微镜检查和化学检查。重点是区分是渗出液还是漏出液。

渗出液和漏出液的鉴别

项目	颜色	透明度	凝固性	比重	黏蛋白定性	蛋白定量	细胞数	细胞种类	细菌
漏出液	无色或淡黄色	清亮透明	不凝固	<1.018	阴性	<4%	少	淋巴细胞及间皮细胞	无
渗出液	黄、红、白、绿等色	云雾状(浑浊)	易凝固	>1.018	阳性	>4%	多	中性粒细胞及各种细胞	可有

渗出液因细胞或细菌所致不同的颜色,红色为出血性疾病或肿瘤,绿色为铜绿假单胞菌,乳酪色为大量的脓细胞。漏出液细胞较少($<500/\mu L$),渗出液细胞较多($>3000/\mu L$)。中性粒细胞较多时,见于化脓性细菌感染;淋巴细胞较多时多见于结核或肿瘤;嗜酸性粒细胞多见于过敏性或寄生虫疾病;癌细胞见于肿瘤;组织细胞常见于胸膜腔及腹膜腔发炎。当腹腔积液为尿液时,液体中肌酐、尿素氮含量极高。

(邓惠丹)

第九章　X 线检查

考纲考点：(1) X线诊断的原理、X线的特性；(2) 透视、摄影、造影技术；(3) 各部位X线检查的特点；(4) X线的图像分析与诊断。

第一节　X线基础知识

一、X线成像的原理及基本规律

（一）X线的产生

X线发现	1895年11月8日由德国物理学家伦琴在研究阴极射线时，偶然发现的一种看不见的新射线		
X线定义	由高速运行的电子群，突然被某种物质阻挡所产生的电磁辐射		
X线产生基本条件	自由运动电子群	电子群以高速度单向运行	电子群在高速运行时突然被阻

（二）X线的特性

穿透作用	X线管电压(kV,kVp)越高(波长越短)，被穿透物质密度与厚度越小(吸收的X线越少)穿透力越强。反之亦然
荧光作用	当X线照射到硫化锌镉、铂氰化钡等荧光物质时，可发出肉眼可见的荧光
感光作用	X线与可见光线一样，具有光化学作用，可使摄影胶片感光(又称摄影效应)
电离作用	X线可使空气或其他物质发生电离。空气电离程度与空气所吸收X线的量成正比
生物学作用	机体组织细胞经X线照射后可受到抑制、损害。分化程度低的细胞(生殖细胞、血细胞等)对X线极其敏感；分化程度高的细胞(骨细胞)对X线的敏感性较差

（三）X线成像的基本原理

天然对比	动物体组织器官密度不同、体积、厚度的差异→吸收X线程度不同	组织密度大	组织密度越低
		X片显影白	X片显影越黑
人工对比	将高密度或低密度造影剂灌注器官的内腔或其周围，改变密度差异		
病理对比	炎症、积液、增生或异物等→病变部位密度增加	组织破坏或积气等→病变部位的密度降低	

二、X线图像的特点

X线图像是重叠图像、放大图像。X线图像可有失真。

三、人员的防护措施

对X线敏感器官组织	造血系统、生殖腺、眼球晶状体
X线的慢性毒性反应	①精神倦怠、睡眠不佳、头痛、健忘；②食欲不振或呕吐；③白细胞与淋巴细胞减少，血小板降低甚至出血性征候群；④生殖功能障碍、不孕；⑤晶状体浑浊、白内障；⑥皮肤干硬、红斑、脱毛，甚至溃疡或癌变

续表

防护措施	①屏蔽防护(铅屏风遮挡);避免受原发射线直接照射(荧光屏上铅玻璃的铅当量≥1.7mm);②缩短照射时间;③增加与X线源的距离(远距离或控制室内曝光操作);④缩小和控制照射野范围(遮线筒);⑤X线室空间应大;⑥坚持日常防护检查,工作人员定期体检

第二节 X线检查技术

X线检查技术应用范围

透视检查	胸腹部(心搏动、膈肌运动、胃肠蠕动、肺呼吸运动)	骨折、关节脱位的辅助复位	异物定位及摘除手术	骨和关节疾病初步诊断
摄影检查	全身各系统器官的检查		骨骼和关节检查,以摄影检查为主	
造影检查	低密度造影剂(阴性造影剂——如空气、氧气、氧化亚氮和二氧化碳等):腹腔造影、膀胱充气造影、消化道双重造影等		高密度造影剂(阳性造影剂——如钡剂,医用硫酸钡最常用;碘剂——碘化钠、碘油和有机碘等):消化道造影	

一、常用X线摄影位置的名词术语

侧位	躯干部:左侧位是X线束从右侧向左侧投照,X线暗盒置于被检部左侧;右侧位则反之
	四肢:外内侧位是X线束从外侧向内侧投照,X线暗盒置于被检部内侧;内外侧位反之
背腹位	X线束从背侧向腹侧投照,X线盒置于被检部腹侧
腹背位	X线束从腹侧向背侧投照,X线盒置于被检部背侧
前后位	X线束从前方向后侧投照,X线盒置于被检部后方
后前位	X线束从后方向前侧投照,X线盒置于被检部前方
站立位	动物自然伫立姿势
卧位	动物卧倒,分侧卧、伏卧和仰卧
水平投照	X线束平行于地面
垂直投照	X线束垂直于地面

二、摄影条件的选择

千伏(kVp:X线穿透力)	被检部位厚度来定(厚者用较高千伏,薄者用较低千伏)		
焦-片距离/cm	①焦-片距离过近:影像放大、清晰度下降。②一般选择75cm,胸片100~180cm		
毫安/mA(X线输出量)	毫安大,单位时间内X线输出量大	曝光强度(毫安秒mAs:照片感光度)	①mAs过高:X片过黑
曝光时间/s	管电流通过X线管的时间		②mAs过低:X片过白

对胸部或较薄的部位,厚度每增减1cm,相应增减2kVp。中小动物胸部摄影曝光条件表,可先参考"厚度(cm)×2+25=千伏(kVp)"的公式确定千伏数,然后6毫安秒为基础进行不同的曝光试验,优选出最佳的毫安秒值。

三、胶片冲洗技术

包括显影、洗影、定影(前三步在暗室内进行)、冲影及干燥等。

①显影	显影温度20℃,显影时间4~6min	②洗影	洗去胶片上附着的残余显影液
③定影	定影温度18~20℃,定影时间15~20min	④冲影	用缓慢流动清水冲洗30~60min
⑤干燥	用晾片架晾干,或在胶片干燥箱内干燥	⑥阅片	装封登记,送交兽医师阅片诊断并保存

第三节 X线图像分析与诊断

一、X线图像分析的原则及程序

(一) X线图像分析的原则

是否需要作X线检查(应了解动物病史、临床症状以及其他临床检查结果决定)→确定

X线检查的部位和方法→细致地观察X线影像（熟悉正常X线解剖，准确地分辨正常与病理，并恰当地解释影像所反映的病理变化，综合分析、推断它的性质）→获得较正确的X线诊断。

（二）X线诊断的程序

X线诊断应遵循以下程序。

① 全面浏览、系统观察、寻找发现病变：在观察X线片时，首先应了解X线照片的质量（如摄影位置、X线照片对比度和清晰度，避免将技术质量造成的阴影误为病变阴影）。按一定顺序或解剖系统进行全面浏览观察，避免遗漏一切异常的改变。

② 深入分析病变、鉴别其病理性质：在阅片过程中，应注意区分正常与异常。因此，应熟悉正常解剖、病变情况以及它们的X线表现，这是判断病理X线表现的基础。对发现的异常病变做进一步深入分析，以了解其病理性质，注意观察病变的部位与分布、大小与范围、形状与数目、边缘轮廓、密度与均匀性、器官本身的功能变化和病变的邻近器官组织的改变。

③ 结合临床资料、作出诊断：X线诊断必须结合病史、临床症状、实验室检查、治疗经过与效果等进行综合分析。

二、呼吸系统X图像

（一）检查技术

卧位	右侧卧位、左侧卧位、腹背位或背腹位
获得高灰度差（层次）的X线胸片条件	高千伏（kVp）、低毫安秒（mAs）
获得高清晰度X线胸片条件	高毫安（mA）与短曝光时间（s）
最佳曝光时机	吸气顶点

（二）正常胸片

胸椎、肋骨和胸骨可较清楚显示。两侧的肋骨重叠，靠近胶片或荧光屏一侧肋骨影像较小而且清晰，远离胶片的对侧肋骨影像放大且较模糊。

肺野	第一对肋骨至横膈，胸椎和胸骨之间的广大透明区域（黑色）
心脏	肺野中部呈斜置的类圆锥形软组织密度的阴影（白色）
气管	心基部向前的一条带状透明阴影（黑色的长管状）
胸主动脉	由心基部上方升起、弯向背、与胸椎平行的较粗宽带状软组织阴影（白色）
后腔静脉	心基部后方有一向后的较粗短的带状软组织密度阴影
肺门和肺纹理	在主动脉与后腔静脉之间的肺野，由心基部向后上方发出的树状分枝的阴影
心膈三角区	心脏后缘与膈肌前下方构成锐角三角区

（三）肺部病变的基本X线表现

1. 肺脏疾病

	支气管肺炎（小叶性肺炎）	①肺野见散在的密度不均匀、边缘模糊不清、大小不一的点状、片状或云絮状渗出性阴影；多发于肺心叶和膈叶。②肺纹理增多、增粗和模糊
肺炎	纤维素性肺炎（大叶性肺炎）	肝变期较典型：肺野中下部呈大片均匀致密的阴影，上界呈弧形隆起，与临诊叩诊时弧（弓）形浊音区一致
	吸入性肺炎（异物性或坏疽性肺炎）	①初期：肺门区沿肺纹理分布小叶性渗出性阴影。②随病情发展：在肺野下部小片状模糊阴影发生融合，呈团块状或弥漫性阴影，密度不均匀
	肺气肿	肺透明度增高（越黑），肺容积增大

2. 胸腔积液（站立侧位水平投照）

游离性胸腔积液	量较多时，显示胸腔下部均匀致密的阴影，其上缘呈凹面弧线
包囊性胸腔积液	X线表现为圆形、半圆形、梭形、三角形，密度均匀的密影
叶间积液（肺叶之间）	X线显示梭形、卵圆形、密度均匀的密影

3. 膈疝

膈肌的部分或大部分不能显示,肺野中下部密度增加,胸、腹的界限模糊不清。如胃肠疝,在胸腔内可显示胃的气泡和液平面、软组织密度的肠曲影和其中的气影。

三、循环系统X线图像

(一) 检查方法

循环系统的X线检查主要指心脏的X线检查,包括X线普通检查和心血管造影检查。

(二) 正常心脏X线表现

1. 犬胸部侧位X线片

心脏影像的前上部为右心房,前下部为右心室。在近背侧处,有前腔静脉和主动脉弓影像。前纵膈的腹侧缘与右心边界相交形成浅的凹陷,称为心前腰。心脏影像的后上部为左心房,后下部为左心室。左心房与左心室在背侧相交形成一浅的凹陷,称为心后腰。后腔静脉的背侧缘位于心后腰处,心后腰与房室沟的位置对应。心后缘靠近背侧有肺静脉的影像。心脏的背侧由于有肺动脉、肺静脉、淋巴结和纵膈影像的重叠而模糊不清。主动脉与气管分叉清晰可见,其边缘整齐,沿胸椎下方向后行。

2. 犬腹背位X线片

心脏形如囊状。以"时钟表面"定位心脏:11~1点处为主动脉弓,1~2点处为肺动脉段,2~3点处为左心耳,3~5点处为左心室,5点处为心尖,5~9点处为右心室,9~11点处为右心房,4点和8点处是左、右肺膈叶的肺动静脉,肺静脉位于其肺动脉内侧。后腔静脉自心脏右缘尾侧近背中线处伸出,正常时左心房不参与组成心脏边界。单个心腔的边缘不能从X线平片上辨认出来。

(三) 主要病变X线图像

心脏增大(心脏扩张、心脏肥大)	①侧位X线片:心脏轮廓圆,前腰和后腰消失,心脏前后径增大,心脏占肺野1/3以上。右心边缘变圆,与胸骨的接触范围加大,左心边缘变直。气管和主支气管被抬高,气管和脊柱的夹角变小,末端气管弯曲消失,主支气管受到压迫(左心房增大)。后腔静脉朝向前背侧
	②背腹位X线片:心脏直径变大,两边的肺野变小。心尖向后移位,朝向左侧。膈可能受到压迫或重叠。心脏轮廓可能不规则
心包疝	膈肌部分或大部分不能显示,肺野中下部密度增加,胸、腹的界限模糊不清。心脏阴影普遍增大,密度均匀,边界清晰,可显示块状影像(疝入的肝脏)或气体影像(疝入肠管)

四、消化系统X线图像

(一) 检查方法

消化系统的X线检查包括普通检查(X线平片)和(硫酸钡)造影检查。

(二) 正常X线表现

食管	一般不显影		
胃	①右侧位X线片:显示存留气体的胃底和胃体轮廓	空虚:胃位于最后肋骨内;胃充满:小部分露出肋弓外。	
	②左侧位X线片:左膈脚和胃位于右膈脚之前,较规则的圆形低密度区(胃内气体停留在幽门)	胃的初始排空时间为采食后15min,完全排空时间为1~4h	
小肠	平滑、连续、弯曲盘旋的管状阴影(少量气体和液体),均匀分布于腹腔内	造影剂通过小肠时间:犬2~3h,猫1~2h	
大肠	盲肠	犬盲肠呈半圆形或"C"形,内含少量气体,位于腹中部右侧。猫盲肠X线平片难以辨认	
	结肠	升结肠和肝曲位于腹中线右侧;横结肠在肠系膜根前由腹腔右侧横向左侧;脾曲和降结肠前段位于腹中线左侧;降结肠后段位于腹中线,后行进入骨盆腔延续为直肠	

(三) 常见疾病X线诊断

胃肠道异物	X线不透性异物(如金属异物、骨头、石块等)	X线为高度致密阴影,边缘锐利清楚
	X线可透性异物(如木质物体、透明塑料、布片等)	X线平片难以检出

续表

胃扩张-扭转	胃高度扩张,充盈气体和食物;一条细长的软组织密度样的皱褶横跨胃,将胃分成两部分。脾脏增大并移至腹部右侧。小肠受推压后移。心脏影像狭长,后腔静脉很狭窄	
肠梗阻（肠阻塞）	站立侧位,水平投照	多发性半圆形或拱形透明气影,其下部有致密液平面(阻塞部上段肠管积气、积液),液平面大小、长短不一,高低不等,如阶梯样	肠套叠:钡剂灌肠可显示肠腔内套叠形成的肿块密影,套入部侧面呈杯口状的特征性影像

五、泌尿生殖系统 X 线检查

（一）检查方法

泌尿系统的 X 线检查包括普通检查（X 线平片）和造影检查。

（二）正常 X 线表现

X 线平片仅可显示肾脏和膀胱轮廓（位置见泌尿器官检查）。膀胱位于耻骨前腹侧,呈卵圆形或长椭圆形均质组织密影。前列腺位于膀胱后、直肠腹侧的骨盆腔内,不易显示。未妊娠子宫呈管状,难与小肠相区别。正常卵巢不易显影。

（三）常见疾病 X 线诊断

膀胱结石	①X 线不透性结石(多见):单个或多个圆形、椭圆形密影。阴影分层——磷酸钙结石;桑椹形——草酸钙结石	②疑似 X 线可透性结石:应作膀胱充气造影检查
尿道结石	①X 线不透性结石(磷酸盐、碳酸盐和草酸钙等):普通 X 线摄影检查可以显示其高密度阴影	
	②X 线可透性结石(尿酸盐结石):普通 X 线摄影检查不可显示(密度与软组织密度相同)	
肾结石	单个或多个大小不一、边界清楚、粒状、角形或鹿角形的不透性致密阴影	
	尿酸盐 X 线可透性结石,需在肾盂造影下才能显示,呈透明的充盈缺损	
子宫蓄脓	在脐区、后腹部以及骨盆前区	轮廓清楚、密度均匀,盘旋曲管状、团块状或袋状密影;肠管被挤向前方移位

六、骨骼与骨关节 X 线检查

（一）检查方法

骨关节 X 线摄影检查,有常规前后位（正位）和侧位。长骨 X 线摄影应包括长骨两端的关节。

（二）正常 X 线解剖

在 X 线照片上,管状长骨可显示其密质骨、松质骨、骨髓腔、骨干、干骺端、骨骺线、骨骺或骨凸。

（三）骨与关节病变基本 X 线表现

1. 骨骼异常

骨质疏松	单位体积内骨数量减少,骨钙正常。骨密度降低,骨小梁明显减少、变细（消失）,小梁间隙增宽。骨皮质变薄,骨髓腔变宽	广泛性骨质疏松:老龄动物、营养不良、代谢障碍等	
		局限性骨质疏松:外伤后固定、肢体废用、炎症、感染或肿瘤等	
骨质软化	骨钙减少。骨密度均匀降低,骨小梁模糊变细,骨皮质变薄,负重骨骼可变形弯曲	多见于佝偻病、骨软症、纤维性骨营养不良和氟中毒等	
骨质破坏	有密度降低透明区,骨皮质缺损;破坏区可见密度增高、边缘清晰、块状或条状死骨阴影	边缘模糊不规则→恶性或病变正在发展	骨髓炎、骨脓疡、骨结核、骨囊肿、骨肿瘤、放线菌病等
		边缘清楚、锐利或有强密度带包围→良性或好转	
骨质增生硬化	单位体积内骨数量增加（新骨增生或钙盐沉着过多）;骨质密度增高,骨皮质增厚,骨髓腔变窄或消失,骨小梁增生粗大甚至失去海绵状结构,变成致密骨质	局限性骨质硬化:骨慢性炎症、成骨性肉瘤、骨折愈合等	
		泛发性骨质硬化:鸡造白细胞组织增生/肉瘤群病毒引起的骨型白血病、羊骨质石化症等	

2. 关节异常

关节肿胀	关节周围软组织层阴影肿大增厚,密度稍增浓,组织层次模糊不清	急性关节炎,化脓性关节炎,软组织急性炎症早期
关节间隙改变	间隙增宽:伴密度增加、骨端密度减低和边缘模糊	关节腔炎性积液,外伤性关节腔积血,软骨增生与肥厚
	间隙变窄:软骨变性与破坏	关节炎、化脓性关节炎,微动关节的骨关节病
关节骨质破坏	①轻症:关节面骨质变薄,模糊和粗糙。②重症:关节面和附近骨质有大小不等的不规则破坏性缺损,甚至骨关节面全部消失	关节腔积脓、关节囊蜂窝织炎、化脓性全关节炎中后期
关节强直	骨性关节强直:关节间隙明显狭窄或完全消失,且骨小梁通过关节间隙将两骨端连接融合	化脓性关节炎(由于关节活动受限制,常伴发废用性骨质疏松和肌肉萎缩)
	纤维性关节强直:关节间隙狭窄,且无骨小梁贯穿,关节面完整或略不规则,但边界都较清晰	

(四)常见疾病 X 线诊断

骨折	①黑色、透明的骨折线(纹)。②骨折部两断端可发生成角、移位和重叠等
	骨折愈合:表现为骨折断端及其周围出现骨痂形成的致密阴影,骨折线模糊和消失
	骨折不愈合:原骨折线增宽,断端光滑,骨髓腔闭塞,密度增高硬化,可形成假关节
关节脱位	全脱位:关节内两骨端的关节面对应关系完全脱离
	半脱位:相对应的关节面部分脱离,失去正常相互平行的弧度和间隙
	先天性脱位(膝关节):股内踝关节面平坦,外滑车发育不良等
全骨炎	又称嗜酸性全骨炎(白细胞和嗜酸性细胞增多)	在骨干或干骺端的骨髓腔内出现斑块状致密阴影,骨小梁结构模糊不清;骨内膜增厚,骨膜有新生骨反应
髋关节发育不良	①关节间隙增宽,髋臼与股骨头的关节面不和谐;②股骨头变平、变形,髋臼变浅;③股骨头半脱位或脱位;④以股骨头圆心为起点,分别作一向对侧股骨头圆心连线和一向同侧髋臼前外侧缘连线,所形成的 Norberg 角小于 105°(正常≥105°)

(苟丽萍)

第十章 超声检查

考纲考点：(1) B超的物理学特性及诊断的原理；(2) 各部位疾病B超图像的特点。

第一节 B超基本知识

一、超声波及其物理学特性

超声是频率在20000Hz以上，超过人耳听觉上限阈值的声波。

（一）超声物理学特性

透射	透射能力主要决定因素：超声的频率和波长，其次为介质	超声频率越大（波长越短），透射能力（穿透力）越弱，探测的深度越浅；反之亦然
反射与折射	反射的强弱主要取决于形成声学界面的两种介质的声阻抗差值	声阻抗差值越大，反射强度越大，反之越小
绕射或衍射	超声遇到小于其波长一半的物体时，会绕过障碍物的边缘继续向前传播	
超声衰减	衰减原因：①超声束在不同声阻抗界面上发生的反射、折射及散射等；②传播介质的黏滞性（内摩擦力）、导热系数和温度等；③超声频率越高或传播距离越远，声能衰减（尤其吸收衰减）越大；反之，声能衰减越小；④血液对声能的吸收最小，依次为肌肉组织、纤维组织、软骨和骨骼	
多普勒效应	声源与反射物体相向（或反向）运动时频率发生改变——频移。运动速度越大，频移越大。相向运动时，频移为正，声音增强；反向运动时，频移为负，声音减弱	
方向性	超声波在传播时集中于一个方向，类似于平面波，声场分布呈狭窄的圆柱状，声场宽度与探头的压电晶片大小相接近	

（二）超声的分辨性能

超声显现力	超声检测出最小物体大小的能力：超声频率越高（波长越短），显现力越高	
超声分辨力/mm	横向分辨力：超声能分辨与声束相垂直的界面上两物体（或病灶）间的最小距离	
	纵向分辨力：超声能分辨位于超声轴线上两物体（或病灶）间的最小距离	
超声穿透力	频率越高，穿透越低；频率越低，穿透力越强（超声频率越高，其显现力和分辨力越强，显示的组织结构或病理结构越清晰；但频率越高，其衰减越显著，透入的深度越小）	

二、动物组织结构的回声性质与超声图像诊断

超声在不同器官与组织之间产生反射与衰减——构成超声图像的基础。将接收到的回声，根据其强弱，用明暗不同的光点依次显示在影屏上，可显出机体的断面超声图像。

（一）回声与图像

超声图像以不同灰度来反映回声强弱（无回声——暗区，强回声——亮区）。

无回声	超声经过的区域没有反射——图像为暗区	液性暗区、衰减暗区、实质暗区
低回声	在一些疾病情况下，组织声阻抗比正常组织小，透声增高	肝脏实质器官急性炎症、渗出
强回声	实质器官内组织致密，声阻抗差别较大，反射界面增多，使局部回声增强——图像为亮区，呈密集的光点或光团	较强回声、强回声、极强回声

（二）回声形态描述

①光点或光斑	细而圆的点状回声	②光团	回声光点以团块状出现
③光条或光带	回声呈条带状	④光环	回声呈环状，光环中间较暗或为暗区（如胎儿头部回声）
⑤光晕	光团周围形成暗区（如癌症结节周边回声）		
⑥网状回声	多个环状回声聚集在一起构成筛状网（如脑包虫、犬子宫脓肿、腹腔脓肿等的回声）		
⑦云雾状回声	多见于声学造影（简称声影）。声影指由于声能在声学界面衰减、反射、折射等而丧失，声能不能达到的区域（暗区），即特强回声下方的无回声区	脏器或肿块底边无回声——底边缺	
		脏器或肿块侧边无回声——侧边失落	
⑧声尾	强回声后方的类似彗星尾样回声（如囊肿后方的声尾）		
⑨多次回声	在特强声学界面上，超声波在肺胸壁上反复反射，声能很快衰减。反射3次以上——多次重复回声		
⑩靶环征	以强回声为中心形成圆环状低回声带（如肝脏病灶组织的回声）		

（三）超声诊断类型

分类	特点	应用
A型超声诊断	振幅调制型，以波幅变化反映回波情况。①纵坐标——波幅高度（回声强度）；②横坐标——回声往返时间（即超声探测距离或深度）	动物背膘测定、妊娠检查（A型报警型）和某些疾病诊断（如脑包虫病等）
B型超声诊断	灰度调制型，以明暗不同的光点反映回声变化。在影屏上显示9~64个等级灰度的图像	广泛用于动物各组织器官疾病诊断
M型超声诊断	活动显示型	心血管系统检查（动态了解心血管系统的形态结构和功能状况）
D型超声诊断	差频示波型，又称多普勒超声诊断。利用超声波的多普勒效应进行诊断	体内运动器官的活动（如心血管活动、胎动及胃肠蠕动，多用于妊娠诊断）

第二节 常见疾病B超图像

一、肝脏疾病B超

动物肝脏扫描部位

动物种类	牛	羊	犬	马
体位	立位	立位	仰卧、俯卧、侧卧	立位
扫描部位	右侧8~12肋间肩端线下	右侧8~10肋间肩端线下	右侧10~12肋间或剑突后方	右侧10~14肋间肩端线下

肝脏声像图

正常肝胆声像图	①肝实质为均一的低回声或中等回声，周边回声强而平滑；②胆囊为无回声液性暗区，胆囊壁薄而光滑，呈低回声；③根据扫查不同可显示门脉、胆管、大血管、膈肌和相邻器官
脂肪肝	肝脏肿大；肝实质回声增强
肝硬化	肝萎缩；广泛性肝实质回声增强，且边缘不规则；门静脉显著
肝肿瘤	肝肿瘤或转移灶在肝实质中显示为实体的或囊肿病灶，其回声从无到强，均一或不规则，或多或少有分界线

二、脾脏疾病B超

动物脾脏扫描部位及声像图

动物	牛	羊	犬	马
体位	立位	立位	仰卧、右侧卧	立位
部位	左侧11~12肋间背侧部	左侧8~12肋间背侧部	左侧11~12肋间	右侧10~14肋间肩端线下

续表

动物		牛	羊	犬	马
犬脾脏	正常	脾脏有一层薄的强回声包膜,实质呈均质回声,脾边缘锐利清晰回声强度高于肝脏和肾皮质			
	肿大	脾脏肿大可使邻近器官移位,其边缘变钝圆,且向尾侧和腹腔右侧延伸,回声强度降低			
	肿瘤	病灶为混合性或低回声区,有或无分隔。肿瘤脾脏呈现回声区多变、强弱不一、分布不等、兼有低回声区,暗区边缘轮廓不规则			

三、肾脏疾病 B 超

动物肾脏扫描的部位

动物	牛	羊	犬	马
体位	立位	立位	立位、卧位或坐位	立位
扫描部位	右侧12肋间上部或胁部上前方;左侧胁部上后方	右侧12肋间上部或胁部上前方;左侧胁部上后方	左、右肋间上部及最后肋骨上缘	左、右侧16~17肋间上部或左侧最后肋骨后缘

肾脏声像图

正常声像图	肾包膜及肾脂囊为强回声光带;肾髓质呈低回声;肾皮质回声高于肾髓质,但低于或等于肝实质回声
急性肾病	肾脏肿大和皮质增厚;伴有肾周围液体蓄积——可见环绕肾脏的均质液性无回声区
慢性肾病	肾脏体积不同程度缩小,轮廓不规则;肾脏回声增强,皮质和髓质边界模糊,甚至难于区分皮质和髓质
犬肾结石	肾盂或肾窦内有强回声光团,并伴有后方声影
犬肾盂积水	肾脏体积增大。①少量积水:肾盂光点分散,中间出现无回声暗区;②积液量增多,透声暗区增大

四、膀胱疾病 B 超

正常声像图	膀胱内充满尿液:无回声暗区,周围由膀胱壁强回声带所环绕,轮廓完整,光洁平滑,边界清晰
犬膀胱结石	表现为膀胱腔内的强回声光点或光团,并伴有后方声影
犬膀胱肿瘤	膀胱壁分层不清,膀胱腔内有不规则团块附着于膀胱壁上

五、前列腺疾病 B 超

部位	前列腺围绕着膀胱颈部尿道的近端。位于骨盆联合,在腹膜外。其位置随膀胱的扩张会发生一定程度的改变
正常声像图	前列腺包膜周边回声清晰光滑,实质呈中等强度的均质回声,间杂小回声光点。膀胱颈和前段尿道充尿时,在前列腺横切面背侧两叶间可清晰显示尿道断面
犬前列腺肿瘤	前列腺形状不规则,肿大,回声不均匀,有多个的强回声灶。出血和坏死的部分表现为局灶性低回声区,可能出现腔性暗区
犬前列腺增生	良性前列腺增生时前列腺肿大,实质回声广泛性增强
犬前列腺炎	前列腺肿大,边缘不规则,呈不均匀的低回声或混合回声

六、生殖器官及妊娠诊断

项目	卵巢	子宫
位置	肾脏后极的尾侧	正常非妊娠子宫通常位于膀胱腹侧和降结肠背侧
正常声像图	卵巢呈均质低回声;黄体在声像图中呈现外周强声边缘,中心低回声至无回声结构	发情间期呈均质低回声
早孕诊断	妊娠依据:子宫内检测到早期的胚囊(子宫内似球状暗区),胚斑——胎体反射(胚囊暗区内的弱反射光点)和胎心搏动(胎体反射内的光点闪烁)	
卵巢囊肿	呈边界清晰、壁薄的无回声结构	

续表

项目	卵巢	子宫
卵巢肿瘤	呈不同回声影像的结节或肿块	
子宫蓄脓		子宫体积增大、壁增厚，子宫腔内为无回声到强回声影像，其回声强度与腔内容物性质有关
子宫肿瘤		肿瘤声像图变化各异，因肿瘤大小不同呈现均匀或混杂回声影像

七、腹腔积液 B 超

部位	下腹壁和侧腹壁
正常声像图	液体清亮（均质），没有声学界面，因此不产生回声
腹水（漏出液）	液性暗区
腹膜炎（渗出液）	条块强回声（浆膜面有纤维蛋白条状物存在）

（苟丽萍）

第十一章 兽医内镜诊断技术

考纲考点：(1) 内镜的种类；(2) 消化道内镜的应用及注意事项。

第一节 内镜的基本知识

一、内镜的种类

质地	硬质、软质
成像构造	硬管式内镜、光学纤维(软管式)内镜、电子内镜、胶囊式内镜
功能	消化道内镜、呼吸道内镜、腹腔内镜、胆道内镜、泌尿系统内镜、生殖系统内镜、血管内镜、关节内镜等

二、内镜的用途

内窥镜是一个配备有灯光的管子，它可以经口腔进入胃内或经其他天然孔道或经手术小切口进入体内。①可以看到 X 射线不能显示的一些微细病变（如炎症、溃疡等），可最有效的监视和研究早期肿瘤；②进行微创手术（如对良、恶性肿瘤施行的闭合性或半闭合性腔内手术）；③采集组织样本；④冲洗、吸引、止血等，对疾病进行治疗的功能。

第二节 常见疾病的内镜检查

一、消化道内镜检查

(一) 消化道内镜的种类

包括一般内镜检查（如活组织检查、黏膜剥离活检、细胞学检查）、内镜色素染色技术（色素内镜）、放大内镜技术、超声内镜技术、小肠镜检查技术、十二指肠镜逆行胰胆管造影技术、胶囊内镜、超细径无痛性电子胃镜。

(二) 消化道内镜的应用

消化道内镜适应证与禁忌证

项目	前消化道内镜	后消化道内镜
适应证	①有吞咽困难，呕吐，腹胀，食欲下降等消化道症状；②前消化道出血；③X线钡餐不能确诊或不能解释的前消化道疾病；④需要跟踪观察的病变；⑤需做内镜治疗的病例(取异物、出血、息肉摘除、食管狭窄扩张治疗等)	①有腹泻、便血、便秘、腹痛、息肉、腹部包块等症状，但病因不明病例；②钡灌肠或结肠异常的病例(如狭窄、溃疡、息肉癌肿憩室等)；③肠道炎性疾病的诊断与跟踪观察；④结肠癌肿的术前诊断、术后跟踪、癌前病变的监视，息肉摘除术后的跟踪观察；⑤需作出血及结肠息肉摘除等治疗的病例
禁忌证	严重心肺疾病，休克或昏迷，神志不清，前消化道穿孔急性期，严重咽喉部疾患，急性传染性肝炎或胃肠道传染病等	肛门和直肠严重狭窄，急性重度结肠炎性病变，急性弥漫性腹膜炎，腹腔脏器穿孔，妊娠，严重心肺功能不全，神经样发作及昏迷病例

(三) 术前准备

检查当日禁食，清洁动物肠道。术前 15~30min 肌注阿托品，呼吸麻醉。电子胃镜术前，患畜禁食水 12h 以上，取下动物身上项圈、颈铃等金属物品。做好清洁卫生和消毒工作。

（四）常见疾病内镜诊断

胃癌	①早期：不论癌大小、有无淋巴结转移，癌限于黏膜内及黏膜下层；②中期：癌肿浸润固有肌层但未穿透；③晚期：癌肿浸润到浆膜层或浆膜外	肉眼内镜：观察病变表面基本形态——隆起、糜烂、凹陷或溃疡；表面色泽；黏膜面粗糙不光滑；有蒂或亚蒂；病变边界是否清楚及周围黏膜皱褶性状态 超声内镜：观察胃壁第 5 层回声结构的异常（局限凹凸于腔内外）；表面光滑和完整性破坏、回声层的厚度相对或绝对改变、回声层密度改变；层中断等；观察胃周围淋巴结，确定分期；观察邻近重要脏器的形态密度变化
消化道出血	内镜直视下，可在出血局部喷洒 5%Monsell（碱式硫酸铁）止血，也可用高频电灼血管止血或激光治疗止血	
大肠癌	纤维结肠镜检查是对大肠内病变诊断最有效、最安全、最可靠的检查方法	
食管癌	普通内镜检查对诊断消化道中晚期癌变容易；色素内镜能清晰显示病变的形状、边缘和范围	

二、纤维支气管镜检查

（一）适应证与禁忌证

项目	诊 断	治 疗
适应证	①不明原因的痰血或咯血、肺不张、干咳或局限性喘鸣音、声音嘶哑、喉返神经麻痹；②反复发作的肺炎；③胸部影像学表现为孤立性结节或块状阴影；④痰中查到癌细胞，胸部影像学阴性；⑤怀疑气管食道瘘；⑥选择性支气管造影；⑦气管切开或气管插管留置导管后怀疑气管狭窄；⑧气道内肉芽组织增生、气管支气管软骨软化；⑨气管塌陷；⑩肺癌的分期等	①取出气管、支气管内异物；②建立人工气道；③治疗支气管内肿瘤、良性狭窄；④气管塌陷时放置气道内支架；⑤去除气管内黏稠分泌物等
禁忌证	①麻醉药物过敏；②通气功能障碍引起 CO_2 潴留，而无通气支持措施；③气体交换功能障碍，吸氧或经呼吸机给氧后动脉血氧分压仍低于安全范围；④心功能不全，严重高血压和心律失常；⑤颅内压升高；⑥主动脉瘤；⑦凝血机制障碍；⑧近期哮喘发作或不稳定哮喘未控制者；⑨大咯血过程中或大咯血停止时间短于 2 周；⑩全身状态极差等	
应用	正常气管、支气管黏膜呈白粉红色，有光泽。随年龄增长，黏膜下层逐渐萎缩，颜色由白粉红色向苍白方向转变，软骨和隆突因此变得轮廓鲜明——评价气管、支气管黏膜和采取活组织标本	①去除气管、支气管内异物；②治疗分泌物潴留；③去除气道狭窄的病理基础

（二）术前准备

呼吸道内镜检查应做如下准备。

① 病情调查：询问过敏史、支气管哮喘史及基础疾病史，备好近期胸部 X 片、心电图、动脉血气分析等资料。

② 药品、器械的准备：备好急救用品、氧气、开口器和舌钳，必要时备好人工复苏器。

③ 患者准备：术前禁食、禁水 4h；术前 30min 肌注阿托品适量，呼吸麻醉。

（三）并发症

呼吸道内镜检查可出现并发症。

① 直接不良反应：喉、气管、支气管痉挛，呼吸暂停，甚至心搏骤停等严重并发症。

② 其他并发症：发热和感染、气道阻塞、出血。

（苟丽萍）

第十二章 处方及病历

考纲考点：（1）处方的内容；（2）处方的基本格式；（3）病例记录原则及主要内容。

一、处方基本内容及格式

1. 处方的主要内容

处方是兽医针对动物疾病所开具的医疗文书，它具有法律效应。包括：①动物诊疗机构名称；②动物信息；③动物主人信息；④处治时间；⑤"Rp"字样及符号；⑥处置方法；⑦兽医签名；⑧处置费用等。

2. 处方书写规范及注意事项

(1)格式规范，项目完整；填写及时，内容真实，字迹工整，签名清晰
(2)处置方法清晰；书写应遵从紧急使用（急救）药、主要用药、次要用药、辅助用药的顺序。中草药处方要按照"君、臣、佐、使"的顺序
(3)使用合法药物，严禁配伍禁忌；药物剂量准确，用法正确（给药途径、是否组合用药等）
(4)药物名称应使用拉丁语、英语或中文；药物名称应书写通用名；通用的外文缩写、无正式的中文译名的内容可以写外文
(5)处方应写明药物名称、剂型、规格（含量）、用量及使用方法
(6)数字以阿拉伯数字表示；计量单位按 mg(毫克)、g(克)、kg(千克)、mL(毫升)、L(升)计算
(7)以"mL、L、片、支"为单位必须有药物的规格（浓度）

二、病历记录

兽医病历可分为门诊病历、住院病历和专科病历。

1. 病历记录原则

①内容真实具体；②格式规范；③全面而详细（阴性结果亦应记录）；④精练而恰当（不用病名描述）；⑤通俗易懂；⑥忌涂改、补记。

2. 门诊病历主要内容

①病畜登记及病史调查内容；②临床检查（包括一般检查、各系统检查、实验室检查及特殊检查）；③初步诊断结论；④初诊处方；⑤病历日志（即复诊记录）及处方；⑥转归及最后诊断结论。

3. 住院期间医疗文书

住院病历记录	同门诊病历记录，需登记住院号、住院时间、出院时间等
住院牌	①记录动物品种、昵称、特征、年龄、性别、体重、诊断、笼号、病历号及主人姓名和联系电话；②在兽医临诊实际中，治疗卡必须与住院牌对应方可实施治疗
治疗卡	
其他文件	由于动物主人对兽医医疗不了解，兽医有责任向动物主人说明病情，动物主人也必须在"病情通知书""特殊药物使用书"等文件上签字

（左之才）

第十三章 动物诊疗基本操作

考纲考点：(1) 掌握各种动物常用的保定方法；(2) 掌握动物常用穿刺方法的用途、部位、操作关键要领及注意事项；(3) 掌握常用治疗技术的应用、部位、操作及注意事项。

第一节 主要保定技术

一、牛保定方法

方 法		应 用
简易保定	徒手握鼻保定法、牛鼻钳保定法、下颌上撬保定法	适用于临床检查、口服给药、灌肠、各种注射及静脉注射
两后肢保定法	软绳在后肢跗关节上方的跟腱部作"8"字形缠	牛直肠、乳腺及后肢的检查及治疗
柱栏保定	单柱缚头保定法、角根保定法	临床检查或直肠检查；一般治疗；豁鼻修补手术等
	二柱栏保定法	各种注射及颈、腹、蹄部疾病的治疗
	三柱栏保定法（三角形保定）	各种注射和腹腔手术，但不能用于性情凶猛牛
	四柱栏和六柱栏保定法	最确实的保定方法；包括特殊治疗、手术等
	前肢（后肢）提举保定（徒手或软绳提举某肢）	肢蹄部的检查及治疗
倒牛法	提肢倒牛法、两道箍倒牛保定法、"8"字形缠绕（四肢）倒牛法、双跪式倒牛法	

二、马保定方法

接近马时，禁止从马的后驱方向靠近。应从前侧或左前侧开始，在马的直视下，从容走向马的头部。接近马头部后，抓住笼头。左手牵马，右手抚摸马的颈侧。禁止轻拍马。马出现竖耳、响鼻和紧张反应时要格外谨慎小心。可配合使用鼻捻子、耳夹子、颈圈、侧杆、吊马器等。其保定方法同牛，倒马多用"双抽筋倒马法"。

三、猪保定方法

1. 仔猪保定

双手提举两后肢小腿部最常用。根据需要进行倒卧保定。

2. 大猪保定

①口吻绳和鼻捻棒保定；②"V"字形手术架、网架保定；③长柄捉猪钳，夹住猪耳后颈部或跗关节上方。根据需要进行倒卧保定。

四、羊保定方法

多采用骑跨式保定、围抱保定。根据需要进行倒卧保定。

五、犬保定方法

犬除一般徒手保定外，多采用颈钳保定法、扎口保定法（用绷带或细软绳）、口笼（头套）

保定、颈圈保定，防止犬对检查者及主人的咬伤。然后根据需要进行站立、倒卧保定。

六、猫保定方法

猫除一般徒手保定外，多采用猫袋保定法、扎口保定法（用绷带或细软绳）。然后根据需要进行站立、倒卧保定。

第二节　常用穿刺术

一、静脉穿刺及注射

目的	用于采血；静脉推注和静脉滴注[①大量补液、输血；②急需速效药物治疗(如急救、强心等)；③刺激性较强的药物或不能皮下、肌内注射的药物如$CaCl_2$、浓盐水等]
部位	耳静脉(猪、兔)，颈静脉(马、牛羊等反刍动物、犬)，前肢正中臂静脉(桡外侧静脉)或后肢隐静脉(犬猫)，翼下静脉(禽类)，前腔静脉(猪)，胸外静脉(如奶牛乳房静脉)
方法	①确实保定；②选择粗直、弹性好、不易滑动的静脉；③局部剪毛消毒；④在进针部位的近心端压迫使静脉充盈怒张；⑤针头和皮肤呈30°角左右，由远心端刺入皮下(若为牛，可先用腕力将针头接近垂直钉入颈静脉中)，再沿静脉方向向前刺入静脉，见回血即可抽血。若为静脉注射，应将针头继续沿静脉方向刺入，使注射针尽可能埋在静脉中，然后推注药物(或静脉滴注药物)

猪前腔静脉采血法（仰卧保定采血法）：仰卧保定，助手分别固定两前肢（与猪体垂直）和头部（胸骨柄可向前突出，并于两侧第一肋骨与胸骨结合处的前侧方呈两个明显的凹陷窝），多在右侧凹陷窝处消毒后，术者持连接针头的注射器，由右侧凹陷窝处刺入，并稍偏斜刺向胸腔中央方向，边刺边抽血，见回血后即可停止进针，然后抽血。最后用酒精棉球压紧针孔，涂碘酊消毒。

二、胸腔穿刺及注射

（一）胸腔穿刺

目的	①探查胸腔有无积液；②采集胸腔液进行化验；③排出胸腔积液；④注入药物对腹腔进行冲洗治疗
部位	马：左侧第7或第8肋间，右侧第5或第6肋间；牛、羊：左侧第6或第7肋间，右侧第5或第6肋间；猪：左侧第6肋间，右侧第5肋间；犬：左侧第7肋间，右侧第6肋间。穿刺点在肩关节水平线下方或胸外静脉上方2~3cm处
方法	动物站立保定，将术部皮肤稍向前移动，术部剪毛消毒；用带胶管的针头(刺针前应嵌闭胶管)，在后一肋骨的前缘垂直刺入，阻力消失(有落空感，胶管塌陷)即可，然后根据需要连接注射器，抽出积液或进行冲洗或注入药物，术后消毒
注意事项	①防止伤及肺部；②穿胸排液速度不宜过快(以防止休克)；③防气胸：在操作中应将附在针头上的胶管回转压紧(严防空气进入)，操作完毕后，应使管腔闭合后才能拔出针头

（二）胸腔或肺内注射

目的	①胸膜炎及肺炎的治疗；②疫苗免疫注射(如猪喘气病疫苗)
部位	肩胛后角的垂线、肩胛后角水平线与第9肋间的交点至肘突的弧形区域内任何一个肋间隙的中上部。或在左右两侧6~8肋间隙的中上部
方法	动物站立保定，左手将术部皮肤稍向前移动，术部剪毛消毒。右手持连接针头的注射器，沿肋骨前缘垂直快速刺入3~5cm(胸膜腔注射只要进入胸腔，有落空感即可)，快速注入药液后，迅速拔出针头，使皮肤复位，并进行消毒处理
注意事项	①为防止损伤肺脏，应采用"快进针、快推药、快抽针"的三快原则；②磺胺类、高浓度土霉素、碱性药物等不宜胸腔或肺部注射；③药物剂量为肌内注射量的1/4~1/3,药液总量分别控制在10mL(大动物)、3~5mL(中动物)、1~2mL(小动物)以内，以达快速注射目的

三、腹腔穿刺及注射

（一）腹腔穿刺

目的	①探查腹腔有无积液；②采集腹腔液进行化验；③排出腹腔积液
部位	马：剑状软骨突起后方 10～15cm，腹中线左侧 2～3cm 处，或在左下腹部（即髋结节至脐部的连线与膝盖骨的水平线之交点处）；牛羊：右下腹部（脐部与右膝关节连线的中点）；犬、猫、猪等：脐稍后方腹白线上或旁开 1～2cm
方法	动物站立保定，或中小动物半侧卧保定，术部消毒。手持适宜套管针或注射针，由下向上垂直刺入腹腔 1～2cm（有落空感），左手固定套管，右手抽出针芯，液体量大时可自行流出，少时可抽出。采集腹腔液或注入药液冲洗治疗，术后消毒
注意事项	①进针不宜过深（防止伤及腹腔脏器）；②排液速度不宜过快（以防止休克）；③肠系膜或网膜等堵塞造成排液不畅，可向套管针插入针芯或调整针的方向或深度

（二）腹腔内注射

目的	①腹腔注入药物治疗腹膜炎及胃肠道疾病；②腹腔注射进行大量输液
部位	马：左侧肷窝部；牛羊：右侧肷窝部；犬、猫、兔、小猪：耻骨前缘 3～5cm，腹正中线旁 1～3cm 处（膝皱褶前至脐部）；大猪可在两侧后腹上部注射
方法	大动物站立保定，中、小动物倒提后肢保定（腹部面向术者）或仰卧并稍抬高后躯保定；局部剪毛、消毒；左手把握动物的腹侧壁，右手持连接针头的注射器或连接输液乳胶管的针头于注射部位垂直刺入 2～3cm，针头进入腹腔后抵抗力突然减弱，回抽无血及粪便残渣，缓慢注入药液或进行输液，注射药物时阻力较小；注毕拔出针头、局部消毒
注意事项	①腹腔注射宜用无刺激性药液；②进行腹腔大量补液，则宜用接近体温的等渗或稍低渗溶液；③注射中应防止针头损伤腹腔内脏

四、瘤胃穿刺及注射

目的	①瘤胃臌气的急救；②采集瘤胃液；③前胃疾病治疗给药
部位	瘤胃臌气放气疗法：①以最后肋骨与髋结节的连线为边，作一等边三角形，其中心位置即为穿刺点；②腹部臌胀最高点或左肷部上缘（旁开脊柱）
	采集瘤胃液或给药：左肷部三角区下缘
方法	动物站立保定，术者左手将术部皮肤稍向前移，术部剪毛、消毒；右手持瘤胃穿刺针或注射针（20 号）垂直刺入皮肤，斜向右侧肘头方向刺入瘤胃（细竹筒穿刺时，可用手术刀先将皮肤切一小口，再刺入），拔出套管针芯，气体即可排出。或连接注射器抽取瘤胃液；术后消毒
注意事项	①间歇性放气（放气速度不宜过快，以防急性脑缺血性休克）；②病因未彻底消除以前，不宜拔出套管针（避免反复穿刺、腹膜炎）；③穿刺针留置不能超过 24h，以免形成瘘管；④经套管注入制酵药液时，一定要确切判定套管还留在瘤胃内，方可注射；⑤若用细竹管代替穿刺针，在刺入和拔出时均堵住管口；⑥术后应加强抗感染治疗

五、瓣胃穿刺及注射

目的	瓣胃阻塞的诊断和治疗
部位	右侧第 8～9 肋间与肩关节水平线的交点
方法	站立保定，局部剪毛、消毒；左手稍移动皮肤，右手持针头垂直刺入皮肤后，使针头转向对侧肘头（左前下方）方向，刺入深度 8～10cm，先有阻力感，后阻力减小，并有沙沙感；此时连续注入 20～50mL 生理盐水，注射器内液体未完全注完即回抽，如混有食糜或被食糜污染的液体时，即穿入瓣胃，可注入所需药液；注完后迅速拔针，局部进行消毒处理
瓣胃功能判断	正常情况下穿刺针进入瓣胃有一定阻力但不大，穿刺针呈随瓣胃蠕动呈"∞"字形摆动，瓣胃注射入水，回抽液体呈均质的粪水状。若瓣胃阻塞，穿刺阻力明显增大；看不到穿刺针的"∞"字形摆动；瓣胃注射入水后抽出液体呈沉淀状或漂浮干粉样

六、膀胱穿刺及注射

目的	①尿闭时排出膀胱积尿，防止膀胱破裂并缓解症状；②采集尿样；③膀胱内冲洗及给药（尿路阻塞时）
部位	大动物实施直肠内穿刺，中、小动物实施腹外穿刺（耻骨前沿的下腹部）

方法	大动物：站立保定；手伸入直肠，掏尽积粪；然后手握连有长胶管的注射针头(16号、18号)，从直肠内对准充盈的膀胱向前下方刺入，排出积尿(或抽取尿样、或注射药物)；排尿时，随膀胱体积缩小，应边排边将针往下压；拔出针头，捏于手中带出即可	中、小动物：侧卧或仰卧保定，一手通过腹部触诊使膀胱与腹壁紧密接触固定，另手持注射针以30°角刺入膀胱内排尿或抽取尿样或注射药物；拔出针头，消毒即可
注意事项	①防止针头损伤直肠；②防止针头在排尿过程中滑脱，多次穿刺易引起腹膜炎和膀胱炎	

七、关节穿刺及注射

目的	用于诊断和治疗关节疾病(采取关节液检验；关节腔内注入药物治疗；关节腔内注入适量普鲁卡因，对跛行定位诊断)。临床常穿刺的有腕关节、跗关节、球关节等
部位及方法	①球关节(系关节)的穿刺部位在掌骨、系韧带和上籽骨上缘所形成的凹陷内，针头与掌骨侧面呈45°角，由上向下刺入3～4cm。②腕关节(腕桡关节)穿刺可在关节的外侧，桡骨、桡外屈肌腱和副腕骨上缘共同组成的三角凹陷中，针头在副腕骨上方，由前内方向对准桡骨刺入2.5～3cm；或将腕关节屈曲，由前方刺入腕桡关节或腕间关节。③跗关节穿刺在关节曲面胫骨内踝的前下方凹陷内，针头水平刺入1.5～3cm。④蹄关节穿刺应在蹄冠背侧，蹄匣边缘上方1～2cm，中线两侧1.5～2cm处，从侧面自上而下刺入伸腱突下1.5～2cm

八、心包穿刺及注射

目的	①采集心包液进行化验；②排除心包积液(积脓)；③进行心包冲洗治疗(尤其牛创伤性网胃心包炎)
部位	左侧第3～5肋间，肩关节水平线下方2cm处，叩诊呈浊音的部位
方法	动物站立保定，让其左前肢向前跨半步以充分暴露心区，术部剪毛消毒；用8～10cm长的普通穿刺针，于穿刺部肋骨前缘缓慢刺入3～5cm，刺入心包时阻力消失，穿刺针随心脏跳动而摆动，心包内积液从穿刺针内排出；术后消毒即可
注意事项	穿刺过程中，进针勿太深，以防止刺入心脏，应防止发生气胸

九、盲肠穿刺

目的	马属动物急性盲肠臌气时，通过盲肠穿刺放气降低腹压，或向肠管内直接注入药物
部位	右侧肷窝部，距髋结节和腰椎横突约10cm处
方法	站立保定，术部剪毛、消毒；用中号套管针刺入皮肤，斜向左侧肘头刺入(约10cm)盲肠，然后固定套管拔出内针，间歇排气，不通时再插入内针疏通或改变方向；排气后可向肠管内注入防腐止酵剂；排气或注射药物后拔针时应先插入内针，一手紧压穿刺部腹壁，慢慢拔套管针；术部消毒，并用火棉胶覆盖

十、肝脏穿刺

目的	采取肝组织进行病理学检查
部位	牛：右侧第11～12肋间，髋关节水平线上；马：右侧第15～16肋间，距背中线约15cm处的髂肋肌沟处
方法	动物站立保定，术部剪毛消毒；先用采血针刺破术部皮肤，再用特制的肝脏穿刺器，沿肋孔向地面垂直的方向刺入直到肝部，立即拔出穿刺器送回针芯，抽出肝组织，固定于10%甲醛溶液中。也可用注射针头(长12～15cm)，按上述方法刺入后，接上注射器回抽，立即拔出并推出针管内的肝组织液，涂片待检

第三节　常用治疗技术

一、经口投药法

(一)胃管探诊、洗胃及胃管投药

目的	①探查食道通透性；②抽取胃液检验；③排出胃内气体和胃内容物(毒物——洗胃)；④人工喂饲流食及胃管投药进行疾病治疗

方法	选择适当内径和长度的胃导管(胃导管消毒、软化、湿润);将胃管经鼻孔(马)或口腔(其他动物,先安装开口器)缓缓插入至咽喉部(有抵抗感);适当来回抽插待吞咽时,适时将胃导管插进食道内,然后确定胃导管准确无误地插入食道(判定方法见下表)。①继续下送胃导管,可确定食道阻塞或狭窄部;②将胃导管送入胃内可抽取胃液、排出胃内气体;③灌药和洗胃;抬高动物头部并保定,将漏斗与胃导管连接,缓缓倒入药液,洗胃时连续灌入适量洗液,当漏斗中洗液未漏完时,立即将动物头部和胃导管的漏斗端放低,利用虹吸原理洗出胃内容物,重复进行多次。最后冲净胃导管内残留的胃液和药液;折叠胃导管外端,缓缓拔出胃导管
注意事项	①动作轻缓;②患病动物呼吸极度困难或有鼻炎(马)、咽喉炎、食道炎时,忌用;③防止药物误入气管引起异物性肺炎;④洗胃后,投入健康动物胃液(或喂健牛反刍团),禁食12h,勤饮少量清水

胃管插入正误判定

鉴别方法	插入食道内	误入气管内
手感和观察反应	推送胃管有阻力感(发涩)、无不安现象	推送胃管无阻力,骚动不安、咳嗽
来回抽动胃管	胃管前端在食管沟呈明显的波浪式蠕动	无波动
向胃管内突然吹气	颈沟部见明显波动	无波动感
外接压扁的橡皮球	压扁的橡皮球不再鼓起(反刍兽除外)	压扁的橡皮球迅速鼓起
听胃管外端	听到不规则的"咕噜"声或水泡声,无气流冲击耳边	随呼吸动作出现有节奏的呼出气流
将胃管外端浸入水里	无气泡或出现与呼吸无关的气泡	随呼吸动作出现规律性水泡
触摸颈沟部	颈沟区有一硬的管索状物,抽动胃管更明显	无
鼻嗅胃管端气味	有酸臭气	无
外接注射器回抽(小动物)	抽不动,或胃管变扁,松手后注射器内芯回缩	轻松抽动,有大量气体进入注射器

(二) 其他简易经口投药法

主要有水剂投药法、舔剂投药法、丸剂投药法、散剂投药法等。

二、特殊给药法

(一) 气管内注射法

应用	治疗呼吸器官疾病的有效给药途径(猪除外)
部位	颈中上部,腹侧面正中,两个气管软骨环之间
方法	站立保定,抬高头部,暴露颈部;注射部位剪毛、消毒;术者一手握住气管,另手持连接针头并装好药液的注射器,于两个气管环之间,垂直刺入气管内(牛可采用先进针再连接注射器的方法);如有突然落空感,或摆动针头感觉前端空虚,回抽有多量气体进入注射器,即可缓缓注入药液;注毕,局部消毒
注意事项	①药液温度应接近体温;②缓慢滴注;③若咳嗽时,应暂停,待安静后再注入药液;④油剂、糖剂、红霉素等不能作气管注射;⑤药物剂量以肌内注射量的1/4~1/3量为宜,药液总量分别控制在20mL(大动物)、5~10mL(中动物)、1~2mL(小动物)左右

(二) 乳房内注射法

应用	通过向乳池内注入药物治疗乳腺炎(牛、羊);注入空气(乳房送风)治疗奶牛生产瘫痪
方法	(1)抗生素治疗:①挤净患区内的乳汁或分泌物,清洗乳房,拭干后用70%酒精擦拭乳头管口及乳头消毒;②以左手将乳头握于掌内,轻轻向下拉,右手持导乳管,自乳头口慢慢插入,再以左手把握乳头及导乳管,右手持注射器与导乳管结合(或将输液瓶的乳胶管与导乳管连接),将药物缓慢注入乳房;③注毕拔出导乳管或针头,以手指轻轻捻动乳头管片刻,再以双手掌自乳池向乳腺池再到腺管腺泡的顺序轻向上按摩挤压,迫使药液依次上升并扩散到腺管腺泡;④如果是洗涤乳池,将洗涤药液注入后即可挤出,反复数次,直至挤出液透明为止,最后注入抗生素溶液 (2)乳房送风:①插入导乳管后,将导乳管与乳房送风器连接(或将100mL注射器接合端垫两层灭菌纱布后与导乳管或针头连接);②4个乳头分别充气,充气量以乳房的皮肤紧张,乳房基部的边缘清楚,轻叩乳房发出鼓音为标准;③充气后拔出导乳管或针头,立即用手指轻轻捻转乳头肌,并结系纱布条,防止空气溢出;④经4~6h后解除纱布
注意事项	①注意无菌操作(防感染);②乳导管应涂消毒的润滑油,插入时动作要轻,以防损伤乳头管黏膜

（三）子宫内注入法

应用	子宫炎（如胎衣不下、难产助产后）的防治、子宫蓄脓的冲洗治疗
方法	用一硬胶皮管或塑料管，后端接上漏斗，术者右手携带管头从阴道伸入，触摸子宫颈，然后将管头通过子宫颈导入子宫内；左手握住漏斗或由助手把持漏斗，慢慢注入药液，洗后放低漏斗，使子宫内液体倒流出来，然后再提高漏斗，反复进行冲洗
注意事项	急性子宫内膜炎时，子宫较脆，尽量不要冲洗子宫，如确需，冲洗要十分小心

（四）直肠给药法及灌肠技术

应用	①治疗肠道等疾病；②直肠补液；③排出肠道蓄粪及异物；④排出肠道有毒物质（炎性产物）
注意事项	操作切忌粗暴；应选择无刺激性、等体温、等渗的液体，控制好灌投量和速度（8～12mL/kg体重）；以排泄为目的时，灌肠应反复进行；以药物治疗和补液为目的时，要防止药液排出；严重胃肠弛缓时，严禁大剂量灌肠，否则会导致灌入液体无法排出，加重病情

三、封闭疗法

（一）病灶周围封闭法

用0.25%～0.5%普鲁卡因（或加入青霉素等）在病灶周围作皮下或肌肉分点注入的方法。适用于创伤和局部炎症的治疗。如喉周封闭疗法、四肢环状封闭疗法、乳房基底部封闭疗法。

乳房基底部封闭疗法

应用	乳腺炎的治疗
方法	①站立保定，局部消毒；②术者用左手固定乳腺炎乳区的基部，右手持10～12cm的细长封闭针头；③前区乳腺发炎时，从患侧前区，乳房基部乳腺与腹壁间的空隙进针，向对侧膝关节刺入8～10cm，边进针边注含有0.25%～0.5%普鲁卡因的抗生素溶液50mL，注毕，局部消毒；④当后区乳房发炎时，术者位于牛的后方，在患侧乳房基部离左右乳房中线1～2cm（如封闭左乳区时，则为乳房中线偏左1～2cm）处进针，向同侧腕关节刺入8～10cm，边退针边注射含0.25%～0.5%普鲁卡因的抗生素溶液50mL

（二）神经封闭疗法

1. 生殖股神经封闭

应用	乳腺炎的治疗（对急性期乳腺炎有良好效果，对慢性乳腺炎也有效）
方法	在奶牛乳腺炎患侧第3～4腰椎横突间距背中线5～7cm处剪毛、消毒、进针；按照牛肌内注射法，用腕力迅速刺穿皮肤和肌肉，以与脊柱呈55°～60°角刺向椎体（深度约为6～9cm），到达椎体后倒退2cm；连接吸有2%普鲁卡因20～30mL的注射器，注射15～25mL，再将针头倒退至皮下注射5mL，术后消毒
注意事项	动物保定应确实；进针的部位应准确；掌握好进针角度及深度，防止损伤腹主动脉

2. 会阴神经封闭

应用	乳腺炎的治疗
方法	在阴门下角下方坐骨弓凹陷处（坐骨联合后端）进针，针头刺入约1.5～2cm，注射2%普鲁卡因10mL
注意事项	保定应确实；部位准确、掌握好进针深度

四、脱水及液体疗法

（一）机体脱水

1. 脱水的临诊表现

脱水的一般临诊表现为皮肤干燥而皱缩，皮肤弹性降低，眼球凹陷，黏膜潮红或发绀，尿量减少或无尿，体重迅速减轻，肌肉无力，食欲缺乏。严重脱水时心率超过100次/min，体温可升高。

2. 脱水的类型及其鉴别

根据脱水时血浆渗透压的变化将脱水分为高渗性、等渗性和低渗性脱水3种类型。

三种脱水类型的特点及其原因

类型	特点		原 因
高渗性脱水	失水>失盐（缺水性）	单纯性脱水	①水摄入不足；②胃肠道高渗（异常发酵分解）
		低渗液体丢失	①水分丢失（热射病等）；②大量应用利尿剂
等渗性脱水	失水=失盐（最常见）	丢失液体成分与细胞外液基本相同	①胃肠消化液大量丢失；②腹腔积液；③大面积烧伤（血浆流失）；④失血（外伤或手术）；⑤中暑（出汗）
低渗性脱水	失水<失盐（缺盐性）	高渗液体丢失	①肾功能不全（排盐过多，重吸收障碍）；②糖尿病等
		等渗液体丢失后只补水	①治疗胃肠道消化液大量丢失、大面积烧烫渗出时，仅补5%葡萄糖等；②发热、大汗后大量饮水

三种类型脱水的临诊表现

类型		高渗性脱水	等渗性脱水	低渗性脱水
原因		水丢失（水分由细胞内溢出细胞外）	大量水和钠盐急剧丧失	补水而不补电解质（水分由细胞外进入细胞内）
细胞外液	量	从减少到变化不明显	迅速减少	组织间液及血容量减少
	渗透压	↑↑	↓↓↓↓	↓↓↓↓
循环血量		从减少到变化不明显	减少	减少
血液		浓缩	浓缩	稍稀薄
血清 Na^+		↑↑	—	↓↓
PCV（红细胞压积）		变化不明显	正常	升高
心脏		心跳加速，血压下降	心跳加快	心音弱，血压下降
总蛋白		变化不明显	正常	升高
毛细血管再充盈时间		—	长	静脉萎缩；静脉充盈慢
口渴		+++	++	无
眼窝		—	下陷明显	下陷明显
皮肤弹力			差	皱缩，弹力差
尿		少，比重高	少	量正常比重低，后期少尿
其他		昏迷	酸中毒/毒血症或休克	休克

3. 脱水程度及补液量判定

脱水的严重程度以及评价指标

体重减轻/%	眼凹陷及皮肤皱缩	皮肤皱褶试验持续时间/s	血细胞压积/%	血清总固体物/(g/L)	每千克体重恢复脱水需补充液体量/mL
4～6	+	—	40～45	70～80	20～25
6～8	++	2～4	50	80～90	30～50
8～10	+++	6～10	55	90～100	50～80
10～12	++++	20～45	60	120	80～120

（二）液体疗法的适应证

适用于脱水、酸碱平衡、水盐平衡失调、营养补充或给予、输血、体内有毒物质的促排等。

（三）液体选择及应用

项 目	常用液体	特 点
非电解质类	①饮用自来水；②5%～10%葡萄糖注射液	①补充由呼吸、皮肤蒸发所失去的水分及排尿丢失的液体；②纠正体液高渗状态；③不能补充体液丢失
等渗含钠液	①生理盐水；②林格氏液（复方氯化钠液）；③2:1溶液（2份生理盐水，1份1.4%碳酸氢钠或1/6mol乳酸钠溶液）；④改良达罗氏液（每升含生理盐水400mL、等渗碱性溶液及葡萄糖溶液各300mL，氯化钾3g等）	①补充体液损失；②纠正体液低渗状态及酸碱平衡紊乱；③不能用以补充不显性丢失及排稀释尿时所需的液体
临床上常将上述两种溶液按不同比例配制的成混合溶液，进行补液。补液原则：丢多少，补多少		

（四）液体疗法的部位或途径

给药途径分两类：①胃肠道补液，尽量采用口服补液盐，在口服或吸收液体发生困难时，可采用其他方法，必要时可采用胃管内点滴；②胃肠道外补液，静脉输液最常见，此外可用腹腔注射补液、直肠补液等。

（五）液体疗法输液原则

缺什么、补什么；丢多少，补多少；先快后慢、先浓后淡；见尿补钾、随时调整。

1. 补液量的确定

补液量＝维持量＋1/3缺失量－代谢水－摄取水量（犬维持量为66mL/kg体重，代谢水为4mL/kg体重），缺失量的计算可采用以下两种方法：①缺失量＝体重×估计脱水率；②缺失量 X＝体重(kg)×7%（血容量占体重比例）×（1－正常PCV/测定PCV）。

根据PCV确定补液量：补等渗盐水量(L)＝（测定PCV－正常PCV）×体重(kg)×20%（细胞外液占体重的百分比）÷正常PCV。

2. 电解质补充量的确定

① 钠（Na^+）　缺钠量(mEq)＝（正常血钠－测定血钠）×体重(kg)×20%（Na^+所分布的体液量占体重的20%，0.9%生理盐水≌154mEq/L Na^+）。临床上一般先用1/3～1/2量静脉注射，其余视病情改善而定。低钠血症不应在短期内快速纠正，因突然补给过多，使细胞内液突然转至细胞外，有导致肺水肿的危险，尤其心功能不良危险更大。

② 钾（K^+）　缺钾量(mEq)＝（正常血钾－测定血钾）×体重(kg)×40%（K^+所分布的体液量占体重的40%，10%KCl≌1342.28mEq/L K^+）。临床上一般先用1/3～1/2量，加入5%葡萄糖溶液中（使KCl的浓度低于2.5mg/mL，即0.25%）静脉注射，其余视病情改善而定。对未进行血钾测定的病例，可在1L溶液中加入30mEq的K^+，相当于223.5mg/L KCl，即每1L溶液中加10%KCl溶液22.25mL，这种补钾是安全的。

R. C. Scott 补钾分级标准

血清K^+ /(mEq/L)	250mL溶液中加		最大输液速度 /[mL/(kg体重/h)]
	K^+/mEq	10% KCl/mL	
<2.0	20	15	6
2.1~2.5	15	12	8
2.6~3.0	10	7.5	12
3.1~3.5	7	5	16

3. 补碱量的确定

根据HCO_3^-缺失量确定：补碱量(mEq)＝（正常HCO_3^-值－测定HCO_3^-值）×体重(kg)×60%（式中HCO_3^-所分布的体液量占体重的60%，5% $NaHCO_3$≌595.2mEq/L HCO_3^-）。

根据CO_2－CP确定：补碱量（5% $NaHCO_3$体积）＝（正常CO_2－CP值－测定CO_2－CP值）×体重(kg)×0.5mL/kg×100（式中0.5表示1kg体重提高1% CO_2－CP所需5% $NaHCO_3$ 0.5mL）。

补乳酸钠：补11.2%乳酸钠溶液(mL)＝（正常CO_2－CP值－测定CO_2－CP值）×体重(kg)×0.3mL/kg×100。若无检测条件或急救时，可先按11.2%乳酸钠1～1.5mL/kg体重，静脉注射。

4. 补酸量确定

轻症补生理盐水（Cl^-）；重症补NH_4Cl。

补Cl^-量(mEq)＝[正常Cl^-值(95 mEq)－测定Cl^-值]×体重(kg)×20%，式中Cl^-所分布的体液量占体重的20%，2% NH_4Cl≌375mEq/L Cl^-，因此补2% NH_4Cl(mL)＝补Cl^-量(mEq)÷375mEq/L×1000。

5. 补液速度

应根据临床疾病的种类及心脏功能确定补液速度。在心机能尚好的情况下，若脱水严重，宜大量快速输液，大动物开始可按0.5mL/kg体重/min的速度输入（以400kg体重计，200mL/min），5min后减慢输入；安全限量犬1.5mL/kg体重/min，猫1.0mL/kg体重/min。

若急性出血性休克时，输液的速度为犬 2~3mL/kg 体重/min，猫 1.0~2.0mL/kg 体重/min。但如果心脏机能衰弱，输液速度必须缓慢、输高渗溶液时更应限制速度（如麻醉状态下的安全限量为犬 1.0mL/kg 体重/min，猫 0.3mL/kg 体重/min）。输液药物中加入下列物质时，需限速：K^+<0.5mEq/kg 体重/h，Ca^{2+}<0.5~0.8mEq/kg 体重/h，葡萄糖<0.5g/kg 体重/h。

（六）液体疗法的疗效判定

评价应着重于：①血压、尿量、临床表现等临床指标的监测；②血氧分压和血二氧化碳分压、血液酸碱度、离子平衡等化学指标的测定和评价；③血常规监测及评价；④尿指标测定及评价。

五、输氧疗法

（一）应用

动脉血氧分压降低（低氧血症）；中枢神经急性呼吸衰竭；呼吸道和肺部病变；循环系统衰竭；胸部损伤或胸腔手术；组织中毒性缺氧。测定动脉血气分析（氧分压、二氧化碳分压和 pH 值）是判定低氧血症的唯一可以信赖的方法，是发现末梢血管虚脱（休克）及氧运输能力降低（贫血）等重度并发症的重要指标。

（二）方法

常用的方法有面罩给氧、鼻导管给氧、气管插管给氧、气管穿刺给氧、氧帐给氧、静脉输氧等方法。

(1) 静脉注射给氧法　取未启封的 3% H_2O_2，用 10%~25% 葡萄糖注射液稀释成 0.25%~0.3% 的双氧水葡萄糖溶液，马、牛 50~80mL/次；猪、羊 5~20mL/次，缓慢静脉滴注（25~30 滴/min，浓度高、速度快将导致溶血）。

(2) 氧舱（氧气帐篷）给氧法　①将氧舱内的空气稀释成含氧 50%~95%；②使氧舱内氧和二氧化碳的比例为 95% 和 5%；③将青霉素等抗生素喷成雾滴状与氧一起吸入。

（三）原则

①合理采用氧流量：输氧时一般（如肺水肿）给予低流量吸氧，但肺不张、急性一氧化碳中毒等病例可加大氧流量。②输氧时应在纯氧中加入 5% 浓度的二氧化碳（兴奋呼吸中枢）。③气管插管输氧时，必须配合人工呼吸机。④输氧时间不宜太长，补氧不超过 12h，以防氧中毒或"氧烧伤"。⑤输入的氧气应适当湿化，以免引起黏膜干燥。⑥严密注意动物输氧后的反应，若病情好转，呼吸改善，心跳减慢，则说明输氧见效；病情若无好转，则应检查输氧方法是否得当，氧导管有无堵塞，或氧流量过大、浓度过高而产生呼吸抑制。⑦高氧液在配制后及时应用，在使用过程中应严防污染。⑧检查有无其他并发症。

六、输血疗法

（一）应用

大量体液丢失（大失血、脱水）、各种贫血、蛋白质缺乏、恶病质、中毒性休克、血细胞减少症、血友病、白血病、败血症、细菌或病毒引起的危重病等。主要使用全血进行输血。

（二）交叉配血试验的原则和方法

原则	①在输血前,应先检测动物的血型或进行交叉配血试验。②常用输血方法是静脉输血,如静脉输血有困难,可进行腹腔输血。③输血过程中要保持严格的无菌操作,包括采血过程。④输入速度不宜过快,严禁输入气栓和血栓。⑤不宜用同一供血动物反复输血,以防发生过敏反应。⑥在输血过程中要严密观察动物的反应,如出现不安、痉挛、心悸、呼吸急促、呕吐等症状时,要立即停止输血,采取强心、抗过敏与对症治疗措施
方法	①主侧配血是受血犬的血浆或血清和供血犬的红细胞反应与否；②次侧配血是受血犬的红细胞与供血犬的血浆或血清反应与否(由于受血犬血清中很少含有天然抗体,一般不做次侧配血试验)。任何程度的凝集反应或溶血反应都表明血型不相容(肉眼不能确定配血是否凝集时,可用低倍镜观察)

（左之才）

《兽医临床诊断学》模拟试题及参考答案

请将最正确的答案对应的字母填在所属题目括号内。

1. 基本检查法包括（   ）及物理检查法。
   A. 视诊   B. 触诊   C. 叩诊   D. 问诊   E. 听诊

2. 下列检查方法中，（   ）是兽医临床进行客观检查（接触动物进行检查）前的第一步。
   A. 问诊   B. 视诊   C. 触诊   D. 叩诊   E. 听诊

3. 下列叙述中属于物理检查法检查内容的是（   ）。
   A. 病猪5天前发病，发病时体温升高，不吃食   B. 采取血液运用RT-PCR法检测猪呼吸繁殖综合征病毒，结果呈阳性   C. 发病猪未按正规免疫程序进行预防接种   D. 细菌学检验未发现任何致病菌   E. 就诊时，听诊心音微弱，频率极快，并出现心杂音

4. 下列叙述中属于对既往史调查内容的是（   ）。
   A. 某发病猪场最近流行猪流感   B. 某猪场最近改用国内某著名专家所研究的配方进行自配饲料饲喂   C. 某发病猪场病死猪以膀胱出血为主要症状   D. 某发病猪场猪舍通风不良，室内温度较高，湿度较大，粪便清扫不彻底   E. 某发病猪场病猪主要表现咳嗽．呼吸困难及食欲下降等症状

5. 现病史包括本次发病动物的（   ）。
   A. 品种   B. 用途   C. 过敏史   D. 免疫接种情况   E. 发病经过

6. 下列叙述中不属于视诊观察内容的是（   ）。
   A. 动物皮下脂肪的蓄积程度，肌肉的丰满程度   B. 动物的精神状态及活动情况   C. 动物体温的高低情况   D. 动物粪便及尿液的多少．性状和混有物的情况   E. 动物体表皮肤及被毛的状态

7. 视诊观察时不应该按（   ）的程序进行。
   A. 先在离患病动物1.5～2.0m处，围绕患病动物行走一圈，观察其全貌   B. 从后到前，从下到上，从左到右，边走边看   C. 先群体后个体   D. 先整体后局部，再各腔体   E. 先静态后动态，先远后近

8. 将手轻放在被检部位，适当加压或不加压力，轻轻进行滑动触摸的方法称为（   ）。
   A. 按压触诊   B. 冲击触诊   C. 浅部触诊   D. 深部触诊   E. 切入触诊

9. 切入式触诊常用于检查（   ）。
   A. 心脏   B. 肝脏   C. 肺脏   D. 胰脏   E. 卵巢

10. 下列叙述中不适用触诊检查内容的是（   ）。
    A. 动物鼻部皮肤弹性的检查   B. 动物胃内容物性状的检查   C. 反刍兽网胃敏感性的检查   D. 反刍兽反刍活动的检查   E. 动脉脉搏的检查

11. 不采取触诊检查的内容是（   ）。
    A. 体表状态   B. 眼结膜颜色   C. 某些组织器官的生理性活动   D. 某些组织器官的病理性活动   E. 动物组织器官的敏感性

12. 不宜用听诊方法检查的疾病是（   ）。
    A. 喉炎   B. 肺炎   C. 咽炎   D. 肠炎   E. 胃炎

13. 不适于听诊检查的脏器是（   ）。
    A. 心脏   B. 肺脏   C. 肠   D. 脾脏   E. 胃

14. 下列叙述中采用直接听诊检查的内容是（   ）。
    A. 动物心音状态的检查   B. 动物支气管呼吸音的检查   C. 动物肺泡呼吸音的检查   D. 动物咳嗽音的检查   E. 动物胃肠蠕动情况的检查

15. 叩诊时，音调低、音响较强、音时较长的叩诊音是（   ）。
    A. 实音   B. 浊音   C. 过清音   D. 清音   E. 鼓音

16. 指指叩诊法叩诊时，左手指平放于被叩部位，右手中指或食指自然弯曲，且指端垂直叩击左手（　）。
    A. 食指第一指节背面　　B. 食指第二指节背面　　C. 中指第一指节背面
    D. 中指第二指节背面　　E. 拇指第一指节背面

（17~20题共用下列备选答案）
用叩诊法检查动物不同部位
    A. 浊音　　B. 半浊音　　C. 清音
    D. 过清音　　E. 鼓音

17. 健康牛肺中部可得到的叩诊音是（　）。
18. 肺边缘叩诊音是（　）。
19. 肝脏/臀部肌肉叩诊音是（　）。
20. 瘤胃上部叩诊音是（　）。

21. 群体动物临床检查的程序方面，应按一定原则进行，下面叙述错误的是（　）。
    A. 先调查了解，后进行检查　　B. 先巡视环境，后检查畜群　　C. 先群体后个体　　D. 先一般检查，后特殊检查　　E. 先检查患病畜群，后检查健康畜群

22. 对发病群畜的临床检查程序一般为（　）。
    A. 畜群及个体的临床检查、病理剖检、实验室及特殊检查、病史调查、饲养管理情况调查　　B. 畜群及个体的临床检查、病理剖检、实验室及特殊检查、饲养管理情况调查、病史调查　　C. 畜群及个体的临床检查、病理剖检、实验室及特殊检查、病史调查、环境检查、饲料管理情况调查　　D. 病史调查、畜群及个体的临床检查、实验室及特殊检查、病理剖检、饲养管理情况调查　　E. 病史调查、环境检查、饲养管理与生产情况调查、畜群及个体的临床检查、病理剖检、实验室及特殊检查

23. 病历书写的原则不包括（　）。
    A. 全面而详细　　B. 规范而整洁
    C. 系统而科学　　D. 具体而肯定
    E. 通俗而易懂

24. 可以不在处方上填写的是（　）。
    A. 兽医签名　　B. 畜主姓名　　C. 动物年龄　　D. 转归　　E. 处置方法

25. 下列属于亚急性猪丹毒示病症状的是（　）。
    A. 病猪食欲减退或废绝　　B. 口渴喜欢饮水，便秘，偶发呕吐　　C. 病猪精神不振或委顿，眼结膜充血、潮红
    D. 体温升高到41℃以上，体表皮肤有方形或菱形的疹块　　E. 发病呈群发，偶有零星散发

（26~30题共用下列备选答案）
下列关于猪病的描述
    A. 2010年12月20日，某县某养猪大户饲养的100头架子猪发病　　B. 病猪出现不吃食，体温升高达41℃左右，眼结膜潮红，流泪，流鼻涕　　C. 发病猪群采用自配饲料，并辅以青绿饲料饲养，圈舍每天清扫1次，1周常规消毒2次　　D. 兽医人员采用降温，抗菌消炎，抗病毒等方法对病猪进行连续2天的治疗，最后痊愈　　E. 传染病的预防采用农业农村部推荐方案进行

26. 属于症状的是（　）。
27. 饲养管理的是（　）。
28. 现症史的是（　）。
29. 转归的是（　）。
30. 既往史的是（　）。

（31~35题共用下列备选答案）
下列综合征候群的描述
    A. 呼吸迫促，流鼻液，呼吸困难，可视黏膜发绀　　B. 眼睑、阴囊、垂皮等结缔组织疏松部水肿，肾性高血压及主动脉口听诊第二心音增强，肾区敏感　　C. 体温升高，精神沉郁，呼吸、心跳及脉搏频率增多，食欲减少　　D. 食欲废绝，呕吐，严重下痢，消化不良
    E. 下颌及胸腹四肢下部水肿明显，静脉充盈怒张，心音改变

31. （　）是属于发热。
32. （　）是属于呼吸器官疾病。
33. （　）是属于消化器官疾病。
34. （　）是属于泌尿官疾病。
35. （　）是属于循环官疾病。

（36、37题共用下列备选答案）
门诊情况下，对于个体病畜而言
    A. 现症的临床检查、病史调查（问诊）、特殊检查、初诊结论、病历书写　　B. 病畜登记、问诊、现症的临床检查、特殊检查　　C. 问诊、整体及一般检查、各系统的临床检查、特殊检查、初诊结论　　D. 病畜登记、问诊、现症的临床检查、特殊检查、初诊结论、病历书写　　E. 问诊、现症的临床检查、特殊检查、

病畜登记
36. 正确的检查程序为（　　）。
37. 临床看病程序为（　　）。
38. 下列表现中属于动物精神兴奋表现的是（　　）。
   A. 闭目呆立　　B. 全身肌肉松弛
   C. 头低耳耷　　D. 骚动不安　　E. 反应迟钝
39. 下列疾病中会出现恶寒、昏厥现象的是（　　）。
   A. 食盐中毒　　B. 脑炎　　C. 仔猪低糖血症　　D. 奶牛酮病　　E. 有机磷中毒
40. 动物最重的抑制现象是（　　）。
   A. 昏睡　　B. 嗜睡　　C. 昏迷
   D. 沉郁　　E. 休克
41. 猪食盐中毒时，临床上常出现（　　）。
   A. 颅内压降低　　B. 腹内压降低
   C. 颅内压升高　　D. 腹内压升高
   E. 颅内压不变
42. 动物昏迷时，对外界刺激的表现是（　　）。
   A. 全无反应　　B. 轻微反应　　C. 迟钝反应　　D. 短暂反应　　E. 意识部分消失
43. 下列表现中**不属于**运动和行为改变的是（　　）。
   A. 转圈运动　　B. 跛行　　C. 站立不稳
   D. 角弓反张　　E. 骚动不安
44. 下列表现中属于运动与行为异常的是（　　）。
   A. 木马样姿势　　B. 头颈歪斜　　C. 观星姿势　　D. 瘫卧不起　　E. 频频回视腹部
45. 动物呈现典型木马样姿势，最可能患有（　　）。
   A. 痛风　　B. 风湿病　　C. 类风湿
   D. 破伤风　　E. 中风
46. 下列表现中**不属于**动物强迫运动的是（　　）。
   A. 圆圈运动　　B. 盲目运动　　C. 暴进暴退　　D. 震颤　　E. 滚转运动
47. 动物上、下运动神经元的损伤以致肌肉与脑之间的传导中断，或运动中枢障碍所导致的骨骼肌随意减弱或丧失现象，称为（　　）。
   A. 肌不张　　B. 痉挛　　C. 不随意动作
   D. 共济失调　　E. 瘫痪或麻痹
48. 动物发生瘫痪后，若腱反射亢进，则属于（　　）。
   A. 外周性瘫痪　　B. 迟缓性瘫痪
   C. 萎缩性瘫痪　　D. 中枢性瘫痪
   E. 轻瘫
49. 不随意运动亦称不自主运动，下列**不属于**此范畴的是（　　）。
   A. 震颤　　B. 肌纤维颤动　　C. 强迫运动　　D. 痉挛　　E. 瘫痪
50. **不属于**共济失调中的运动性失调的是（　　）。
   A. 脊髓性失调　　B. 前庭性失调
   C. 延脑性失调　　D. 小脑性失调
   E. 大脑性失调
51. 运动性共济失调的病因**不包括**（　　）。
   A. 脊髓损伤　　B. 中脑脑桥损伤
   C. 大脑损伤　　D. 小脑损伤　　E. 前庭损伤
52. 肉鸡群，40日龄，部分鸡出现跛行，胫骨近端肿大，软骨基质丰富、未被钙化，软骨细胞小而皱缩。该病最有可能的诊断是（　　）。
   A. 软骨病　　B. 佝偻病　　C. 骨质疏松症　　D. 胫骨软骨发育不良
   E. 锰缺乏症
53. 犬，8岁，左后肢跛行，脚趾甲过度卷曲生长并刺入肉垫。该犬跛行属于（　　）。
   A. 悬跛　　B. 支跛　　C. 混合跛
   D. 鸡跛　　E. 间歇跛
54. 马，站立时肩关节过度伸展，肘关节下沉，腕关节呈钝角，球节呈掌屈状态，肌肉无力，皮肤对疼痛刺激反射减弱。该病最可能的诊断是（　　）。
   A. 肌肉风湿　　B. 肩关节脱位　　C. 肘关节脱位　　D. 桡神经麻痹
   E. 臂三头肌断裂
55. 肘头黏液囊炎的临床特点是（　　）。
   A. 温热敏感　　B. 疼痛敏感　　C. 跛行明显　　D. 生面团样　　E. 穿刺液不黏稠
56. 羊因奇痒而不断摩擦，以致被毛折断脱落，实验室诊断朊病毒阳性，该羊皮肤感觉属于（　　）。
   A. 浅感觉过敏　　B. 浅感觉减退
   C. 浅感觉异常　　D. 深感觉异常
   E. 特殊感觉异常

（57、58题共用以下题干）

某动物，难产，经人工助产后，母畜发生右后肢外展，运步缓慢，步态僵硬，X射线检查未见骨和关节异常，全身症状不明显。

57. 该病最可能的诊断是（　　）。
   A. 坐骨神经麻痹　B. 闭孔神经麻痹
   C. 股二头肌转位　D. 骨神经麻痹
   E. 椎间盘脱出

58. 该病多发的动物是（　　）。
   A. 奶牛　B. 马　C. 羊　D. 猪
   E. 犬

（59、60题共用以下题干）

高产奶牛，已产3胎，此次分娩后2天，出现精神沉郁，食欲废绝，卧底不起，体温37℃。眼睑反射微弱，头弯向胸部一侧等症状。

59. 该病最可能的诊断是（　　）。
   A. 产后截瘫　B. 生产瘫痪　C. 胎衣不下　D. 股骨骨折　E. 产后感染

60. 【假设信息】如进一步确诊该病，可采用的方法是（　　）。
   A. 直肠检查　B. 阴道检查　C. 血常规检查　D. 血液生化检查　E. 心电图检查

（61～63共用以下题干）

犬，车祸后大小便失禁，两后肢不能站立，针刺前肢敏感，但两后肢无反应，肛门反射消失。

61. 进一步确诊采用（　　）。
   A. 关节镜检查　B. X线检查　C. 直肠检查　D. B超检查　E. 肢体触诊

62. 最可能的损伤部位是（　　）。
   A. 头部　B. 颈部　C. 胸部
   D. 腰荐部　E. 尾部

63. 导致大小便失禁的原因是（　　）。
   A. 膀胱破裂　B. 直肠破裂　C. 脊髓损伤　D. 髋骨骨折　E. 坐骨骨折

（64～66题共用以下题干）

大丹犬，雌性，7岁，45kg。从高处坠落后出现跛行，左前肢稍能负重，肘部外展，出现前方短步。

64. 患肢损伤部位可能发生在（　　）。
   A. 指部　B. 胸部　C. 掌部
   D. 臂部　E. 肘部

65. 为确定患病，需进行（　　）。
   A. 触诊　B. 视诊　C. 叩诊
   D. 强行牵遛运动　E. 跑步运动

66. 【假设信息】若X线检查肱骨中段有3个断裂的骨片，需采用（　　）。
   A. 接骨板＋髓内针固定　B. 髓内针固定　C. 保守疗法　D. 石膏绷带固定
   E. 夹板固定

67. 若犬头颈及躯干部皮肤多处脱毛、落皮屑，伴剧烈瘙痒，无其他全身症状，最可能的疾病是（　　）。
   A. 体虱　B. 疥癣　C. 荨麻疹
   D. 脂溢性皮炎　E. 湿疹

68. 下列疾病中出现皮肤弹性增加的是（　　）。
   A. 螨病　B. 严重腹泻　C. 湿疹
   D. 皮下气肿　E. 慢性猪瘟

（69、70题共用下列备选答案）

牛在某些毒物中毒时，会发生皮下肿胀。
   A. 炎性肿胀　B. 皮下水肿　C. 皮下气肿　D. 脓肿　E. 淋巴结肿大

69. 牛黑斑病甘薯中毒时出现皮下肿胀，这种肿胀类型属于（　　）。

70. 青杠叶（栎树叶）中毒的皮下肿胀属于（　　）。

71. 动物出现以眼睑、腹下、阴囊及四肢下部的肿胀，无热无痛，这种肿胀属于（　　）。
   A. 心性水肿　B. 肾性水肿　C. 营养性水肿　D. 肝性水肿　E. 血管-神经性水肿

72. 牛立克次氏体病（或心水病）时，胸前、腹下及四肢下部皮肤明显肿胀，其类型为（　　）。
   A. 炎性肿胀　B. 水肿　C. 皮下气肿
   D. 脓肿　E. 血肿

73. 哺乳仔猪腹下出现一个局限性肿胀，进食后及尖叫时肿胀程度加剧，触诊有波动感、内容物不定，则肿胀为（　　）。
   A. 炎性肿胀　B. 皮下水肿　C. 皮下气肿　D. 疝　E. 脓肿

74. 与动物腹压无关的疝为（　　）。
   A. 脐疝　B. 脑疝　C. 会阴疝
   D. 腹壁疝　E. 腹股沟阴囊疝

75. 患病猪腹部有局限性肿胀，触摸柔软、囊状有明显波动感，此病变最可能是（　　）。
   A. 皮下脓肿　B. 疝　C. 皮下气肿
   D. 结缔组织增生　E. 皮下水肿

76. 对血肿、脓肿和淋巴外渗能够准确鉴别的诊断方法是（　　）。

A. 触诊 B. 叩诊 C. 视诊
D. 穿刺 E. X射线透视

77. 马下颌淋巴结显著肿大，触诊有热痛，同时有波动感，此病变最可能的疾病是（　　）。
A. 咽炎 B. 喉炎 C. 马腺疫
D. 腮腺炎 E. 肺疫

78. 病马淋巴结肿大，淋巴管呈索状突出于体表，附近的皮肤呈现肿胀，触压时疼痛，此病最可能诊断为（　　）。
A. 心衰 B. 皮肤型鼻疽 C. 皮炎
D. 疥螨 E. 循环虚脱

79. 浅表淋巴结急性肿胀时，触诊无（　　）。
A. 温热 B. 坚实感 C. 波动感
D. 活动性 E. 疼痛反应

80. 临床中检查猪体表淋巴结时，通常检查的淋巴结是（　　）。
A. 肩前淋巴结、股前淋巴结 B. 下颌淋巴、股前淋巴结 C. 下颌淋巴结、腹股沟淋巴结 D. 股前淋巴结、肩前淋巴结 E. 腹股沟淋巴结、腘淋巴结

81. 急性咽炎时，颌下淋巴结常见的变化是（　　）。
A. 萎缩、变硬、敏感 B. 肿大、柔软、敏感 C. 肿大、变硬、敏感
D. 肿大、柔软、敏感 E. 肿大、变硬、不敏感

82. 临床上可用于脱水程度判定的方法是（　　）。
A. 皮肤皱试验 B. 凡登白试验
C. 纤维消化实验 D. 色素排泄试验
E. 血球凝集试验

83. 最容易发生脱水的疾病是（　　）。
A. 胰腺炎 B. 尿道炎 C. 脉管炎
D. 胆管炎 E. 淋巴管炎

84. 检查猪眼睑及分泌物时，若在其眼窝下方有流泪痕迹，鼻甲皮肤皱缩，鼻部歪斜。据此可以怀疑的疾病是（　　）。
A. 猪水肿病 B. 猪瘟 C. 猪流感
D. 猪普通感冒 E. 猪传染性萎缩性鼻炎

85. 眼结合膜出现树枝状充血的病因是（　　）。
A. 角膜炎 B. 坏死 C. 营养不良
D. 供氧不足 E. 血液循环障碍

86. 仔猪铁缺乏症，可视黏膜变化是（　　）。
A. 鲜红 B. 发绀 C. 苍白

D. 出血 E. 黄染

87. 下列关于结膜潮红描述**错误**的是（　　）。
A. 单侧性发红提示局部血液循环发生障碍，见于外伤、结膜炎、角膜炎等
B. 双侧性发红可能是全身性血液循环障碍引起，见于发热性疾病、疼痛性疾病、中毒病等 C. 黏膜小血管充盈明显而呈树枝状，称为树枝状充血，多为血液循环或心功能障碍的结果 D. 结膜潮红指有出血，见于严重呼吸困难 E. 发热性疾病如感冒、猪瘟等可见结膜潮红，眼分泌物增多

88. 下列关于黏膜色泽变化描述**错误**的是（　　）。
A. 苍白见于各种贫血性疾病（溶血性贫血、营养性贫血、出血性贫血、再生障碍性贫血） B. 发绀见于血液中还原血红蛋白含量增多或形成大量变性血红蛋白的结果，常见于血氧不足、循环机能不全、血流过于缓慢、变性血红蛋白增加
C. 潮红可能是全身性血液循环障碍引起，见于发热性疾病、疼痛性疾病、某些中毒性疾病等 D. 黄染见于机体胆红素代谢障碍，导致血液中胆红素增加，沉着在皮肤及黏膜组织上。常见于各型肝炎、胆管结石及异物所致的阻塞、血液寄生虫病、溶血性疾病 E. 马的眼结膜呈淡粉红色，水牛略深呈红色，兔子呈苍白色

（89~92题共用下列答案）

在某些疾病时，动物皮肤或静脉血颜色会发生改变
A. 潮红 B. 黄染 C. 发绀
D. 苍白 E. 鲜红

89. 亚硝酸盐中毒时，变性血红蛋白不能携氧，皮肤颜色是（　　）。

90. 氢氰酸或CO中毒时，静脉血呈（　　）。

91. 严重贫血时，皮肤呈（　　）。

92. 肝脏疾病、胆道阻塞时，可视黏膜呈（　　）。

（93~97题共用下列备选答案）

下列动物的正常体温为（　　）
A. 40~42℃ B. 37.0~38.5℃
C. 38.5~39.5℃ D. 39.5~40.5℃
E. 42.0~43.0℃

93. 犬（　　）。

94. 猪、兔（　　）。

95. 奶牛、山羊（　　）。
96. 马骡、水牛（　　）。
97. 鸡（　　）。

（98～100题共用下列备选答案）
动物体温升高程度
A. 升高1.0～2.0℃　　B. 升高1.0℃
C. 升高3.0℃以上　　D. 升高2.0～3.0℃　　E. 升高4.0℃以上

98. 高热是指体温（　　）。
99. 最高热是指体温（　　）。
100. 中热是指体温（　　）。
101. 在给病马进行完体温测定读数时，温度计显示36℃，下列叙述最可能**错误**的是（　　）。
A. 病马体温低　　B. 测量时间短
C. 温度计插入直肠积粪内　　D. 动物频繁下痢　　E. 测量前未将体温计的水银柱甩至36℃以下
102. 大叶性肺炎患畜的典型热型为（　　）。
A. 弛张热　　B. 波状热　　C. 回归热
D. 不定型热　　E. 稽留热
103. 呈现弛张热型的疾病是（　　）。
A. 猪瘟　　B. 炭疽　　C. 猪丹毒
D. 小叶性肺炎　　E. 大叶性肺炎
104. 产后脓毒血症的热型是（　　）。
A. 双相热　　B. 稽留热　　C. 间歇热
D. 弛张热　　E. 回归热
105. 仔猪，20日龄，体温41.5℃，呼吸急促，眼结膜发绀，该猪不能排除的疾病是（　　）。
A. 贫血　　B. 猪繁殖与呼吸综合征
C. 低糖血症　　D. 白痢　　E. 硒缺乏症

（106～108题共用下列备选答案）
动物脉搏检查的常用动脉
A. 尾动脉　　B. 股动脉　　C. 肱动脉
D. 颌外动脉　　E. 桡动脉

106. 马属动物（　　）。
107. 牛（　　）。
108. 羊（　　）。

（109～111题共用下列备选答案）
健康动物心搏动检查部位
A. 左侧第3～6肋间，胸廓下1/2的中央水平线处　　B. 左侧第4～6肋间，胸廓下1/3的水平线处　　C. 左侧第3～6肋间，胸廓下1/3中央水平线处
D. 左侧第3～6肋间，肩关节水平线下方的1/2部　　E. 左侧第3～5肋间，肩端水平线下方的1/2部

109. 牛羊猪为（　　）。
110. 马为（　　）。
111. 犬猫为（　　）。
112. 听诊检查心音时，（　　）心音与脉搏同时出现。
A. 第一　　B. 第二　　C. 第三
D. 第四　　E. 缩期前杂音
113. 下列关于动物心音最佳听取点的叙述中，正确的是（　　）。
A. 牛二尖瓣口听取点位于左侧第5肋间，主动脉口的远下方　　B. 牛肺动脉瓣口听取点位于右侧第3肋间，胸廓下1/3的中央水平线下方　　C. 马三尖瓣口听取点位于左侧第5肋间，肩关节水平线下方一、二指处　　D. 犬主动脉瓣口听取点位于右侧第4肋间，肱骨结节水平线上　　E. 猪二尖瓣口听取点位于第5肋间，胸廓下1/3中央水平线上
114. 马心搏动最明显的部位是左侧（　　）。
A. 第3肋间胸廓下1/3　　B. 第4肋间胸廓下1/3　　C. 第5肋间胸廓下1/3
D. 第6肋间胸廓下1/3　　E. 第7肋间胸廓下1/3
115. 马心脏二尖瓣口心音最强听取点位于左侧胸廓（　　）。
A. 下1/3中央水平线与第4肋间交汇处
B. 下1/3中央水平线与第5肋间交汇处
C. 下1/3中央水平线与第6肋间交汇处
D. 上1/3中央水平线与第5肋间交汇处
E. 上1/3中央水平线与第6肋间交汇处
116. 马二尖瓣口狭窄听诊最佳位置是（　　）。
A. 左侧第3肋间，胸廓下1/3中央水平线下方　　B. 左侧第4肋间，肩关节线下1～2指处　　C. 左侧第5肋间胸廓下1/3中央水平线上　　D. 右侧第4肋间胸廓下1/3中央水平线上　　E. 左侧第5肋间，肩关节线下1～2指处
117. 马的心脏叩诊，是先沿（　　）肋间由上向下叩诊。
A. 第3　　B. 第4　　C. 第5　　D. 第6
E. 第7
118. 对于心脏叩诊，叙述**不正确**的是（　　）。
A. 马心脏的绝对浊音区在左侧，大致

为一不等边三角形　B. 牛心脏叩诊时若出现绝对浊音区，即为病理状态　C. 心脏相对浊音区标志着心脏的真正大小　D. 心脏相对浊音区叩诊成浊音　E. 心脏绝对浊音区叩诊成浊音

119. 在心脏叩诊时，浊音区扩大**不是**下列哪个疾病的症状（　　）。
    A. 心肥大　B. 心扩张　C. 肺萎缩　D. 心包炎　E. 气胸

120. 动物肺炎渗出期，其右心舒缩心音变化表现为（　　）。
    A. 三尖瓣第一心音增强　B. 肺动脉口第二心音增强　C. 第一、二心音同时肺动脉口增强　D. 第一、二心音同时减弱　E. 肺动脉口第二心音减弱，甚至消失

121. 动物发生渗出性胸膜炎时，其心音变化表现为（　　）。
    A. 第一心音增强　B. 第二心音增强　C. 第一、二心音同时减弱　D. 第一、二心音同时增强　E. 第一、二心音均减弱甚至消失，可出现拍水音

（122～124题共用下列备选答案）
心音分裂见于
A. 心肌炎　B. 心包炎　C. 肾炎或肺炎　D. 肝炎　E. 脑炎

122. 第一心音分裂见于（　　）。
123. 第二心音分裂可见于（　　）。
124. 顽固性心动间歇可见于（　　）。
125. 牛心律不齐提示（　　）。
    A. 胸壁肥厚　B. 渗出性胸膜炎　C. 心肌炎症引起的传导障碍　D. 左右房室瓣关闭时间不一致　E. 主动脉与肺动脉根部血压差异大

126. 下列选项中，在动物心肌炎时**不会**出现的是（　　）。
    A. 心音混浊　B. 钟摆律　C. 奔马调　D. 顽固性心律不齐　E. 金属样心音

127. 心肌炎时临床上不出现（　　）。
    A. 大脉　B. 小脉　C. 早期收缩　D. 节律不齐　E. 第二心音增强

128. 动物的脉压升高见于（　　）。
    A. 主动脉瓣闭锁不全　B. 肺动脉瓣闭锁不全　C. 二尖瓣口狭窄　D. 三尖瓣口狭窄　E. 肺动脉口狭窄

129. 对三尖瓣闭锁不全时，产生杂音，描述正确的是（　　）。
    A. 机能性杂音　B. 收缩期杂音　C. 在左侧心脏听诊点听诊清晰　D. 心外性杂音　E. 产生颈静脉阴性搏动

130. 下列选项中属于非器质性心杂音的是（　　）。
    A. 心肺摩擦音　B. 心包击水音　C. 心包摩擦音　D. 贫血性心杂音　E. 心胸摩擦音

131. 心外杂音不包括（　　）。
    A. 胸膜摩擦音　B. 心包摩擦音　C. 心包拍水音　D. 心肺性杂音　E. 以上都是

132. 引起心外杂音的是（　　）。
    A. 心瓣膜肥厚　B. 纤维素性心包炎　C. 严重贫血　D. 心瓣膜闭锁不全　E. 心瓣膜狭窄

（133、134题共用下列备选答案）
关于颈静脉搏动的描述
A. 右心阻滞　B. 颈静脉波动过强　C. 心力衰竭　D. 三尖瓣闭锁不全　E. 二尖瓣闭锁不全

133. 颈静脉阳性搏动示征（　　）。
134. 颈静脉假性搏动示征（　　）。
135. 下列关于中心静脉压测定的叙述，**不正确**的是（　　）。
    A. 测定中心静脉压可鉴别低血容量性休克与非低容量血性休克　B. 正常时，动物的种类、体位及是否麻醉等因素可对中心静脉压造成影响　C. 动物的中心静脉压主要与血容量的多少和血管张力的大小有关，而与心脏功能好坏无关　D. 测定中心静脉压可用于监测补液量是否恰当　E. 测定中心静脉压可用于监测手术过程中血容量的水平

（136～139题共用下列备选答案）
下列健康动物的每分钟平均呼吸次数
A. 10～30　B. 8～16　C. 18～30　D. 15～30　E. 30～50

136. 犬（　　）。
137. 猪（　　）。
138. 马（　　）。
139. 禽（　　）。
140. 正常情况下采用胸式呼吸方式的动物是（　　）。
    A. 猪　B. 马　C. 牛　D. 犬

E. 兔

(141～143题共用下列备选答案)
下列呼吸类型中
A. 间断性呼吸　　B. 陈施二氏呼吸
C. 毕欧特氏呼吸　D. 库斯茂尔氏呼吸
E. 呼吸停止

141. 潮式呼吸是指（　　）。
142. 间歇性呼吸（　　）。
143. 病畜呼吸由浅小到深快再至浅小，经短时暂停后复始的呼吸节律，称（　　）。
144. 下列呼吸节律中，能提示动物呼吸中枢的敏感性极度降低，病情危重的是（　　）。
A. 间断性呼吸　　B. 陈施二氏呼吸
C. 毕欧特氏呼吸　D. 呼吸停止
E. 深长呼吸（库斯茂尔氏）

(145～147题共用下列备选答案)
动物呼吸困难时
A. 呼气性呼吸困难　B. 吸气性呼吸困难　C. 心源性呼吸困难　D. 腹压增高性呼吸困难　E. 中毒性呼吸困难

145. 动物呼吸时，沿肋骨弓出现较深的凹陷，即喘沟或喘线，肷窝变平，是（　　）。
146. 动物呼吸时，胸廓扩大，肘头外展，肷窝凹陷，是（　　）。
147. 猪传染性萎缩性鼻炎时，表现出的呼吸困难类型多为（　　）。
148. 某猪场，部分仔猪生长发育不良，面部变形，打喷嚏，流鼻涕；有时鼻液中混有鲜红色血液、血丝或凝血块。病猪的出血部位最可能在（　　）。
A. 鼻　B. 喉　C. 气管　D. 支气管　E. 肺
149. 牛，呼吸困难，同时体表静脉呈明显的扩张犹如绳索状，可视黏膜发绀，并有树枝状充血，并伴发体躯下部浮肿，脉细数。该病牛呼吸困难属于（　　）。
A. 肺源性　B. 心源性　C. 血源性
D. 中毒性　E. 中枢性
150. 动物鼻液呈污秽不洁，带灰色或暗褐色，有尸臭或恶臭味，则提示的疾病多为（　　）。
A. 呼吸道卡他性炎症　B. 呼吸道化脓性炎症　C. 坏疽或异物性肺炎
D. 霉菌性肺炎　E. 大叶性肺炎
151. 若动物流出鼻液呈砖红色或铁锈色，则提示的疾病多为（　　）。

A. 小叶性肺炎　　B. 间质性肺炎
C. 坏疽性肺炎　　D. 霉菌性肺炎
E. 大叶性肺炎

152. 仔猪，2月龄，突然出现血液从一侧鼻孔呈鲜红色点滴状流出，该出血来源于（　　）。
A. 肺泡　B. 小支气管　C. 大支气管　D. 气管　E. 鼻腔
153. 马急性肺水肿的鼻液性质是（　　）。
A. 黏液性　B. 黏液脓性　C. 脓性
D. 浆液性　E. 腐败性

(154、155题共用下列备选答案)
鼻液呈尸臭气味，检验中是否出现弹力纤维提示不同疾病
A. 鼻炎　B. 腐败性支气管炎
C. 支气管肺炎　D. 支气管炎
E. 异物性肺炎

154. **不出现**弹力纤维可提示诊断是（　　）。
155. 出现弹力纤维可提示诊断是（　　）。
156. **不属于**动物咳嗽检查内容的是（　　）。
A. 性质　B. 频率　C. 强度
D. 发生时机　E. 呼吸困难
157. 表现阵咳、经常性咳嗽、发作时带痉挛性质，最可能提示（　　）。
A. 鼻炎　B. 肺泡气肿　C. 肺炎
D. 支气管炎　E. 胸膜炎
158. 健康牛肺叩诊区后界线应经过肩关节水平线与（　　）。
A. 第7肋间的交叉点　B. 第8肋间的交叉点　C. 第9肋间的交叉点
D. 第10肋间的交叉点　E. 第11肋间的交叉点
159. 肺脏听诊时，开始部位宜在肺听诊区的（　　）。
A. 上1/3　B. 中1/3　C. 下1/3　D. 前1/3　E. 后1/3

(160、161题共用下列备选答案)
健康状况下，进行肺部听诊检查
A. 马　B. 牛　C. 猪　D. 兔
E. 犬

160. 听不到支气管呼吸音的动物是（　　）。
161. 听到支气管呼吸的动物是（　　）。
162. 肺泡呼吸音听诊时，在牛肺区哪个部位仅能听到肺泡呼吸音（　　）。
A. 上1/3　B. 中1/3　C. 下1/3　D. 前1/3　E. 后1/3
163. 支气管呼吸音是动物呼吸时，气流通过

喉部的声门裂隙产生的漩涡运动以及气流在气管、支气管形成涡流所产生的声音,正常时,哪种动物肺部听不到此声音（　　）。
A. 犬　B. 牛　C. 羊　D. 马
E. 猫

164. 动物发生胸腔积液时,叩诊其胸肺部可闻（　　）。
A. 浊音　B. 半浊音　C. 破壶音
D. 水平浊音　E. 金属音

165. 动物发生肺气肿时,叩诊其胸肺部可闻（　　）。
A. 清音　B. 鼓音　C. 半浊音
D. 空瓮音　E. 过清音

166. 幼年犬发生细支气管炎时,听诊肺部一般会出现（　　）。
A. 病理性支气管呼吸音　B. 湿性啰音　C. 干性啰音　D. 病理性混合呼吸音　E. 捻发音

167. 动物发生心包积液时,听诊胸肺部可出现（　　）。
A. 金属音　B. 水平浊音　C. 破壶音　D. 拍水音　E. 湿性啰音

168. 病理性混合呼吸音最可能见于（　　）。
A. 小叶性肺炎　B. 气管炎　C. 支气管炎　D. 肺气肿　E. 异物性肺炎

169. 常提示肺实质的病变,也见于毛细支气管炎的病理性呼吸音是（　　）。
A. 干啰音　B. 湿啰音　C. 击水音
D. 空瓮音　E. 捻发音

170. 一般来说,干性啰音是（　　）的典型症状。
A. 胸膜炎　B. 胸膜肺炎　C. 肺炎
D. 支气管炎　E. 肺坏疽

171. 犬,5岁,咳嗽,体温40.3℃,肺部听诊有广泛性湿啰音,两侧鼻孔呼出气体都呈现尸臭气味,则该病可能是（　　）。
A. 大叶性肺炎　B. 小叶性肺炎
C. 支气管炎　D. 异物(食物或坏疽)性肺炎　E. 间质性肺炎

172. 肺叩诊区较正常扩大或缩小多少以上时,方可认为是病理征象（　　）。
A. 0.1cm　B. 1cm　C. 2cm
D. 3cm　E. 4cm

173. 肺部叩诊音**不包括**（　　）。
A. 清音　B. 过清音　C. 浊音
D. 钢管音　E. 空瓮音

174. 马胸腔检查时,胸腔下部叩诊呈水平浊音,则靠近水平浊音上部为（　　）。
A. 浊音　B. 半浊音　C. 清音
D. 鼓音　E. 实音

175. 肺区叩诊出现水平浊音,主要见于（　　）。
A. 肺炎　B. 肺水肿　C. 胸腔积液
D. 肺气肿　E. 以上都不是

176. 病畜胸部叩诊呈现水平浊音,常提示（　　）。
A. 大叶性肺炎　B. 肺水肿　C. 渗出性胸膜炎　D. 心包积水　E. 肺充血和肺水肿

177. 中华田园犬,雄性,2岁,昨晚外出未归,今晨发现患犬精神沉郁,呼吸急促,体温39℃,左胸侧壁中下部有创口,被血块、泥土及被毛所污染,创围略肿胀,按压有捻发音,胸侧位X线检查,肺野透明度增加,心脏前缘心尖部轮廓上抬。该病最可能的诊断是（　　）。
A. 气胸　B. 血胸　C. 脓胸
D. 胸腔积液　E. 肺炎

178. 支气管震颤是指触诊胸壁可有轻微的震颤感,可见于（　　）。
A. 大叶性肺炎　B. 小叶性肺炎
C. 支气管炎　D. 异物性肺炎
E. 肺气肿

179. 马鼻中隔下部有瘢痕且较厚,呈星芒状,可能是（　　）。
A. 鼻炎　B. 马腺疫　C. 痘病
D. 副鼻窦炎　E. 鼻疽

(180~182题共用以下题干)
奶牛,采食黑斑病甘薯后突然发病,体温38.5℃,呼吸极度困难,迅速呈现张口、伸颈呼吸,病牛伸舌,流涎,惊恐不安,脉搏快而弱,听诊肺泡呼吸音减弱,可听到碎裂性啰音。

180. 该病最可能的诊断是（　　）。
A. 支气管　B. 肺充血　C. 大叶性肺炎　D. 小叶性肺炎　E. 间质性肺气肿

181. 叩诊病牛胸区呈现的叩诊音是（　　）。
A. 过清音　B. 半浊音　C. 大片浊音　D. 灶状浊音　E. 水平浊音

182. 进一步检查,病牛颈部和肩部皮下可能出现的病变是（　　）。
　　A. 气肿　　B. 水肿　　C. 血肿
　　D. 脓肿　　E. 淋巴外渗
（183～185题共用以下题干）
　　牛，3岁，体温升高，呼吸浅表急速，腹式呼吸；听诊心音减弱，胸部有摩擦音，叩诊胸部有疼痛表现，水平浊音。
183. 对该病进行确诊，需采用的穿刺方式是（　　）。
　　A. 腹腔穿刺　　B. 胸腔穿刺　　C. 瘤胃穿刺　　D. 瓣胃穿刺　　E. 心包穿刺
184. 穿刺液中含量最高的细胞是（　　）。
　　A. 嗜中性粒细胞　　B. 嗜酸性粒细胞
　　C. 嗜碱性粒细胞　　D. 淋巴细胞
　　E. 单核细胞
185. 该病最可能的诊断是（　　）。
　　A. 胸膜炎　　B. 腹膜炎　　C. 瘤胃臌气　　D. 瓣胃阻塞　　E. 心包炎
（186～188题共用以下题干）
　　奶牛，3岁，精神沉郁，反刍、嗳气减少，前胃弛缓，产奶量下降，体温升高，呼吸困难，呈明显腹式呼吸。叩诊胸部敏感，咳嗽。左侧胸下部听诊呼吸音微弱，有拍水音。
186. 对该病的初步诊断是（　　）。
　　A. 胸膜炎　　B. 气胸　　C. 膈疝
　　D. 心包炎　　E. 膈肌痉挛
187. 叩诊左侧胸部可能出现（　　）。
　　A. 破壶音　　B. 金属音　　C. 水平浊音　　D. 大面积浊音区　　E. 局灶性浊音区
188. 猎犬，10岁，常规驱虫免疫，打猎后突发呼吸困难，肺部叩诊呈广泛过清音，叩诊边界后移。该病最可能的诊断是（　　）。
　　A. 肺泡气肿　　B. 支气管肺炎
　　C. 大叶性肺炎　　D. 支气管炎
　　E. 肺水肿
（189～191题共用下列备选答案）
　　A. 水平浊音　　B. 过清音　　C. 大片区域浊音　　D. 金属音　　E. 局灶性浊音
189. 羊，2岁，突然发病，呼吸困难，咳嗽。X线诊断检查见两侧肺野密度降低，膈后移。该羊肺区最可能的叩诊音是（　　）。
190. 猪，3月龄弛张热，呼吸加快，肺区听诊

有捻发音。X线检查见肺野有斑点状阴影。该猪肺区最可能的叩诊音是（　　）。
191. 水牛，6岁，体温升高，呼吸困难，有干、痛短咳，叩诊胸部疼痛，听诊无摩擦音，胸腔穿刺可抽出大量液体。该牛肺区最可能的叩诊音是（　　）。
192. 下列疾病中**不会**出现异嗜现象的疾病，最可能的是（　　）。
　　A. 佝偻病　　B. 白肌病　　C. 仔猪贫血　　D. 仔猪低糖血症　　E. 猪蛔虫病
193. 用两手把握动物的上下颌骨部，将唇压入齿列，使唇被盖于白齿上，然后掰开口腔。此徒手开口法最适用于（　　）。
　　A. 马　　B. 牛　　C. 犬　　D. 猪
　　E. 羊
（194、195题共用下列备选答案）
动物发生下列疾病的最典型特征症状
　　A. 咽部肿胀　　B. 流口水　　C. 吞咽障碍　　D. 采食、咀嚼障碍　　E. 咳嗽
194. 咽炎是（　　）。
195. 口炎是（　　）。
196. 牛舌硬化，舌硬如木体积增大，甚至可使之垂于口外见于（　　）。
　　A. 口蹄疫　　B. 水泡病　　C. 口炎
　　D. 念珠菌病　　E. 放线菌病
197. 下列疾病中，不容易引起羊出现口腔水疱、溃疡、糜烂而流涎的是（　　）。
　　A. 口蹄疫　　B. 羊口疮　　C. 小反刍兽疫　　D. 羊痘　　E. 皱胃炎
198. 黄牛，3岁，饲料以麦秸为主。采食减少，口腔有大量唾液流出，口角外附有泡沫样黏液，粪便、尿液和体温正常。最可能的诊断是（　　）。
　　A. 咽炎　　B. 口炎　　C. 胃炎
　　D. 肠炎　　E. 食道梗阻
199. 病牛口腔及呼出气有烂苹果味，多提示发生了（　　）。
　　A. 瘤胃酸中毒　　B. 瘤胃碱中毒
　　C. 产后瘫痪　　D. 奶牛酮病
　　E. 牛瘟
200. 犬争食软骨、肉块和筋腱时，可突然引起的食道疾病是（　　）。
　　A. 溃疡　　B. 痉挛　　C. 狭窄
　　D. 阻塞　　E. 麻痹
201. 单胃动物经鼻腔进行胃导管探诊时，判

断导管进入食道还是气管，**错误**说法是（　　）。
A. 进入食道有迟滞感，进入气管无迟滞感　B. 进入食道有胃酸臭味，气管无特殊气味　C. 进入气管有呼吸音，食道有胃肠蠕动音　D. 把洗耳球捏扁，连接胃管，鼓起来的是进入食道，反之进入气管　E. 进入食道动物反抗轻微，气管反抗强

202. 牛在下列（　　）情况仍可经口腔使用胃导管进行给药。
A. 气喘　B. 瘤胃酸中毒　C. 鼻炎　D. 咽炎　E. 喉炎

203. 下列动物中，其发生呕吐的难易程度不同，正确的难易顺序为（　　）。
A. 肉食兽＞猪＞反刍兽＞马　B. 马＞肉食兽＞猪＞反刍兽　C. 猪＞反刍兽＞马＞肉食兽　D. 马＞反刍兽＞猪＞肉食兽　E. 肉食兽＝猪＞反刍兽＞马

（204、205题共用下列备选答案）
一般情况下，健康瘤胃蠕动的频率
A. 1～2次/分钟　B. 2～3次/分钟　C. 3～4次/分钟　D. 4～5次/分钟　E. 5～8次/分钟

204. 牛为（　　）。
205. 羊为（　　）。

206. 牛瘤胃积食时，叩诊左肷窝部出现（　　）。
A. 鼓音　B. 浊音　C. 钢管音　D. 过清音　E. 金属音

207. 某牛，腹围增大，反刍消失，嗳气停止，叩诊鼓音，最可能发生的疾病是（　　）。
A. 瘤胃臌气　B. 瘤胃积食　C. 创伤性网胃炎　D. 前胃弛缓　E. 网胃积食

208. 若发现病牛呈现长期顽固性反刍功能障碍、瘤胃机能障碍，粪潜血阳性，多提示（　　）。
A. 长期前胃弛缓　B. 长期慢性瘤胃臌气　C. 瓣胃阻塞　D. 创伤性网胃炎　E. 真胃扭转

209. 牛发生创伤性网胃炎时，驱赶其上下坡运动，表现为（　　）。
A. 下坡易，上坡难　B. 上下坡都难　C. 上坡易，下坡难　D. 上下坡都易　E. 不确定

210. 在左侧腹部前下方（第11肋骨附近）听到与瘤胃蠕动不一致音响时，应考虑（　　）。
A. 肠炎　B. 真胃炎　C. 真胃左方变位　D. 瓣胃炎　E. 创伤性网胃炎

211. 牛真胃左侧变位时，在第9～12肋弓下缘、肩-膝水平线同时听诊叩诊，可以听到（　　）。
A. 清音　B. 鼓音　C. 湿啰音　D. 空瓮音　E. 金属音

212. 牛右侧第九肋间与肩关节水平线交点处施行的穿刺是（　　）。
A. 瓣胃穿刺　B. 瘤胃穿刺　C. 胸腔穿刺　D. 腹腔穿刺　E. 皱胃穿刺

213. 奶牛真胃变位时，听、叩结合检查不可能闻钢管音的检查部位是（　　）。
A. 左侧肋弓周围　B. 右侧第1～2肋间周围　C. 左侧肷窝　D. 右侧肷窝　E. 右侧倒数第1～2肋间周围

214. 健康牛皱胃穿刺的正确部位是（　　）。
A. 左侧第8肋间肋弓下方　B. 右侧第8肋间肋弓下方　C. 左侧第10肋间肋弓下方　D. 右侧第10肋间肋弓下方　E. 右侧第12肋间肋弓下方

215. 诊断皱胃溃疡时，可反复进行（　　）。
A. 尿液潜血检查　B. 粪便潜血检查　C. 血清白蛋白检查　D. 血清酶学检查　E. 粪便寄生虫检查

（216、217题共用下列备选答案）
若在牛肋弓区用叩诊和听诊相结合方法，听到钢管音
A. 瘤胃臌气　B. 肠臌气　C. 真胃左方变位　D. 真胃扩张或右方扭转　E. 肝气肿疽

216. 左侧提示（　　）。
217. 右侧提示（　　）。

218. 犬腹痛时典型的表现是（　　）。
A. 昏睡　B. 昏厥　C. 嚎叫　D. 拱背姿势　E. 前肢刨地

219. 犬腹痛明显，腹部触诊可在右下腹摸到坚实而又弯曲的、移动自如的圆柱形的肠管，最可能是（　　）。
A. 肠便秘　B. 肠绞窄　C. 肠扭转　D. 肠炎　E. 肠套叠

220. 下列（　　），**通常不需要**进行腹腔穿刺。
A. 肝炎　B. 胃破裂诊断　C. 内脏

出血诊断　　D. 腹膜炎治疗　　E. 肠变位诊断

221. 犬无明显的腹痛症状，腹腔有较多积液，腹底部穿刺，穿刺液浑浊，离心沉淀物显微镜下可见大量白细胞、脓球和细菌。则该犬最可能患的疾病是（　　）。
　　A. 急性弥漫性腹膜炎　　B. 慢性弥漫性腹膜炎　　C. 膀胱破裂　　D. 肝硬化　　E. 肝脓肿

222. 听诊牛结肠频繁出现流水音，该牛可能患有（　　）。
　　A. 瘤胃积食　　B. 肠炎　　C. 瓣胃堵塞　　D. 肠积气　　E. 便秘

223. 奶牛，6岁，突然发病，剧烈腹痛，应用镇静剂无效，瘤胃蠕动音、肠蠕动音明显减弱，随努责排出少量松馏油样粪便；直肠检查，腹内压升高，右肾下方可摸到手臂粗、圆柱状硬物。该病最有可能的诊断是（　　）。
　　A. 肠肿瘤　　B. 肠炎　　C. 肠套叠　　D. 肠便秘　　E. 肠痉挛

224. 草食动物的正常粪便常呈（　　）。
　　A. 强碱性　　B. 弱碱性　　C. 强酸性　　D. 弱酸性　　E. 中性

225. 猪，25kg，精神不振，食欲废绝，起卧不安，腹部膨大，频做排粪动作，但没有粪便排出，听诊肠音减弱。如本病是原发病，病因**不可能**是（　　）。
　　A. 饲料泥沙过多　　B. 粗饲料过多　　C. 青饲料过多　　D. 精饲料过多　　E. 饮水过少

226. **不属于**动物排粪动作障碍表现的是（　　）。
　　A. 便秘　　B. 腹泻　　C. 乱排乱拉　　D. 里急后重　　E. 排粪失禁

227. 除（　　）外，动物常发生排粪失禁。
　　A. 长期腹泻　　B. 胃炎　　C. 腰部脊髓损伤　　D. 直肠炎　　E. 荐部脊髓损伤

228. 荐部脊髓损伤（炎症），或脑的疾病会导致（　　）。
　　A. 便秘　　B. 腹泻　　C. 排粪失禁　　D. 排粪带痛　　E. 里急后重

229. 当动物前段肠管或胃出血时，粪便最可能呈（　　）。
　　A. 红色　　B. 黄色　　C. 白色　　D. 黑色　　E. 绿色

230. 犬细小病毒病**不表现**（　　）。
　　A. 粪便秘结　　B. 排粪失禁　　C. 排粪增加　　D. 排粪痛苦　　E. 里急后重

231. 马属动物直肠检查时，急性胃扩张的标志是（　　）。
　　A. 肝脏后移　　B. 肾脏后移　　C. 脾脏后移　　D. 小结肠后移　　E. 胃状膨大部后移

232. 听诊检查马肠音时，判断消化功能是否正常等，在右侧肷部听诊的肠音为（　　）。
　　A. 十二指肠音　　B. 小肠音　　C. 盲肠音　　D. 结肠音　　E. 大肠音

233. 毛细血管再充盈时间延长，最可能见于（　　）。
　　A. 肺炎　　B. 肠炎　　C. 肾炎　　D. 肝炎　　E. 脑炎

（234～236题共用以下题干）
家猫，雌性，未免疫。近日喜躲避在暗处，并发出刺耳的粗粝叫声。受刺激后狂暴，曾凶猛攻击主人和其他动物。患猫大量流涎，下颌、尾巴下垂。

234. 该病初步诊断为（　　）。
　　A. 口炎　　B. 齿龈炎　　C. 唾液腺炎　　D. 咽炎　　E. 狂犬病

235. 【假设信息】如患猫衰竭死亡，细胞胞浆内常出现内基小体的器官是（　　）。
　　A. 脑　　B. 心　　C. 肝　　D. 脾　　E. 肺

236. 该患猫大量流涎的原因是（　　）。
　　A. 神经麻痹　　B. 狂躁　　C. 口炎　　D. 咽炎　　E. 唾液腺炎

（237～239题共用下列备选答案）
　　A. 瘤胃鼓气　　B. 瓣胃阻塞　　C. 前胃弛缓　　D. 瘤胃炎　　E. 瘤胃积食

237. 奶牛，食欲减退，反刍缓慢，背腰拱起，后肢踢腹，左侧下腹部膨大，左肷部平坦，瘤胃触诊内容物坚实，叩诊浊音界扩大，听诊蠕动音减弱，排粪迟滞。该病最可能的诊断是（　　）。

238. 奶牛，采食后不久发病，表现不安，背腰拱起，反刍和嗳气停止，腹围膨大，左肷窝部触诊紧张而有弹性，叩诊呈鼓音，瘤胃蠕动音消失，呼吸高度困难。该病最可能的诊断是（　　）。

239. 奶牛，食欲减退，反刍减弱，嗳气减少，瘤胃蠕动音减弱，触诊瘤胃内容物柔软，体温正常。该病最可能的诊断是（　　）。
（240～242题共用以下题干）
黄牛，雌性，5岁，过食幼嫩多汁的青草后发病，表现不安，回头顾腹，背腰拱起，食欲废绝，反刍和嗳气停止，腹围增大，左侧肷窝部明显凸起，呼吸困难，颈静脉怒张。

240. 该牛最可能发生的疾病是（　　）。
　　A. 再生草热　　B. 瘤胃鼓气　　C. 瘤胃积食　　D. 瘤胃酸中毒　　E. 青草抽搐

241. 治疗该病首先应采用的急救措施是（　　）。
　　A. 强心　　B. 洗胃　　C. 缓泻　　D. 排气　　E. 止酵

242. 治疗该病**不当**的措施是（　　）。
　　A. 强心补液　　B. 接种健康牛瘤胃液　　C. 快速放气　　D. 避免饲喂磨细的谷物　　E. 饲喂青饲料前饲喂一些干草

（243、244题共用以下题干）
罗威纳犬，雌性，2岁，36kg，激烈训练后，突然出现精神沉郁，呆立，弓腰，干呕，呻吟，口吐白沫，卧地不起，呼吸急促，可视黏膜苍白，腹围迅速增大，腹部叩诊呈鼓音。

243. 该病最可能诊断是（　　）。
　　A. 急性胃炎　　B. 急性腹膜炎　　C. 肠便秘　　D. 胃扩张-扭转综合征　　E. 肠变位

244. 确诊该病的首选检查方法是（　　）。
　　A. 血常规检查　　B. 血液生化检查　　C. 血气分析　　D. X-线检查　　E. B超检查

（245、246题共用下列备选答案）
　　A. 灰白色　　B. 绿色　　C. 黑色　　D. 番茄酱色　　E. 灰褐色

245. 仔猪，20日龄，体温41℃，精神沉郁，腹泻4日，实验室检查发现致病性大肠杆菌。其粪便的颜色最可能是（　　）。

246. 保育猪，体温41℃，食欲下降，精神沉郁，呕吐并腹泻，呕吐物混有血液。其粪便的颜色最可能是（　　）。

（247～249题共用以下题干）
某猪场少数育成猪食欲减少，反复腹泻，脱水，消瘦，营养不良，其他症状不太明显。

247. 该病最可能的诊断是（　　）。
　　A. 急性胃炎　　B. 急性肠炎　　C. 慢性胃炎　　D. 慢性肠炎　　E. 胰腺炎

248. 如果粪便呈绿色或黑红色，病变部位最可能是（　　）。
　　A. 直肠　　B. 胰腺　　C. 十二指肠　　D. 盲肠　　E. 结肠

249. 如果进行血气分析，病猪最可能出现的异常是（　　）。
　　A. 代谢性酸中毒　　B. 代谢性碱中毒　　C. 呼吸性酸中毒　　D. 呼吸性碱中毒　　E. 混合性碱中毒

（250～252题共用以下题干）
博美犬，雄性，4岁，正常免疫。食入多量红薯后出现呕吐，次日呕吐加剧，第三日就诊，体温38.0℃，拱背，鼻镜干，精神差；血常规检查白细胞数56.3×10^9，红细胞4.97×10^{12}，血红蛋白140g/L。

250. 该犬可排除的疾病是（　　）。
　　A. 犬细小病毒病　　B. 急性胃炎　　C. 肠套叠　　D. 急性胰腺炎　　E. 肠炎

251. 进一步诊断，血清生化检查，淀粉酶活性为3512U/L，该病可能是（　　）。
　　A. 犬细小病毒病　　B. 急性胃炎　　C. 急性胰腺炎　　D. 胃扭转　　E. 糖尿病

252. 治疗该病的首选药物是（　　）。
　　A. 肾上腺素　　B. 长春新碱　　C. 保泰松　　D. 呋塞米　　E. 抑肽酶

253. 多尿是指（　　）。
　　A. 24h内尿总量增多　　B. 排尿次数增多，每次尿量减少　　C. 排尿次数减少，每次尿量并不减少　　D. 排尿次数减少，每次尿量增多　　E. 以上都不正确

254. 动物排尿量增加，可见于（　　）。
　　A. 急性肾功能衰竭　　B. 尿毒症　　C. 慢性肾炎　　D. 脱水　　E. 心功能不全

（255、256题共用下列备选答案）
下列泌尿道疾病中，临床多出现尿量异常
　　A. 膀胱炎　　B. 膀胱结石　　C. 糖尿病　　D. 急性肾炎　　E. 尿道炎

255. 多尿症状的是（　　）。

256. 少尿或无尿的是（　　）。

（257、258题共用下列备选答案）
在一些情况下会出现尿量异常，其中
　　A. 饮水不足　　B. 肾炎　　C. 膀胱麻痹　　D. 肾病　　E. 输尿管结石

257. 肾源性少尿或无尿可见于（　　）。
258. 肾源性多尿见于（　　）。
259. 家畜频做排尿动作，但尿液仅呈细流状或滴状排出的症状称为（　　）。
    A. 尿淋漓　B. 尿失禁　C. 尿闭
    D. 少尿　E. 无尿
260. 出现尿频症状提示（　　）。
    A. 肾病　B. 尿毒症　C. 膀胱麻痹
    D. 尿道炎　E. 慢性肾衰
261. 下列疾病中，临床可出现尿淋漓、尿闭现象的是（　　）。
    A. 充血性心衰　B. 肾炎　C. 膀胱麻痹　D. 昏迷　E. 磺胺类药物中毒
262. 动物发生肾性水肿时，**不易**出现水肿部位是（　　）。
    A. 腹下　B. 眼睑　C. 四肢下部
    D. 阴囊　E. 耆甲部
263. **不是**急性肾炎临床特征是（　　）。
    A. 肾区敏感性增高　B. 运步强拘
    C. 肾性水肿　D. 主动脉口第二心音增强　E. 硬而小的脉
264. 公犬，6岁，频频排尿，尿量显著减少，尿沉渣检查见多量肾上皮细胞及各种管型，触诊（　　）。
    A. 肾区敏感　B. 肾区不敏感
    C. 膀胱敏感　D. 膀胱不敏感
    E. 尿道敏感
265. 膀胱炎表现为排尿（　　）。
    A. 多尿　B. 无尿　C. 少尿
    D. 频尿　E. 无变化
266. 膀胱结石会出现（　　）。
    A. 肾前性少尿　B. 无尿　C. 肾后性少尿　D. 肾原性少尿　E. 肾中性少尿
267. 导尿术**不适用**于下列哪种情况（　　）。
    A. 膀胱麻痹　B. 膀胱括约肌痉挛
    C. 膀胱冲洗　D. 尿道狭窄　E. 膀胱炎
268. 正常尿液混浊的动物是（　　）。
    A. 马　B. 牛　C. 犬　D. 猪
    E. 羊
269. 犬膀胱尿道结石早期诊断没有指导意义的方法是（　　）。
    A. 尿液检查　B. 尿道检查　C. X线检查　D. B超检查　E. 血液尿素氮含量测定
270. 最常见的猫下泌尿道结石成分是（　　）。
    A. 磷酸铵镁　B. 尿酸盐　C. 草酸盐　D. 硅酸盐　E. 胱氨酸
271. 马纤维素性骨营养不良，尿液常呈（　　）。
    A. 乳白色　B. 淡黄色　C. 淡红色
    D. 清亮透明　E. 不变
272. 动物发生红尿时，若尿液暗红，振荡后云雾状，则此类红尿属于（　　）。
    A. 卟啉性红尿　B. 血红蛋白性红尿
    C. 肌红蛋白性红尿　D. 血性红尿
    E. 药物性红尿
273. 牛产后血红蛋白尿病的主要临床病理学变化是（　　）。
    A. 高磷酸盐血症　B. 低磷酸盐血症
    C. 高钾血症　D. 低钾血症　E. 低钠血症

（274～277题共用以下题干）
腊肠犬，雌性，8岁，不愿挪步，行动困难，不愿让主人抱。精神欠佳，食欲下降，腹围稍增大，尿失禁，肛门反应迟钝。触诊腰部皮肤紧缩，痛叫。

274. 该病最可能的诊断是（　　）。
    A. 肾髓损伤　B. 腰椎间盘突出
    C. 肠梗阻　D. 腰部软组织损伤
    E. 脊椎骨折
275. 最适宜的诊断方法是（　　）。
    A. 腰部B超检查　B. 腹部X线检查
    C. 胸腰部X线检查　D. 膀胱穿刺
    E. 尿液检查
276. 首先采用的治疗方法是（　　）。
    A. 补液＋导尿　B. 利尿　C. 局部按摩　D. 消炎止痛＋导尿
    E. 灌肠
277. 根治该病最有效的方法是（　　）。
    A. 电针疗法　B. 肠梗阻手术
    C. 膀胱修复术　D. 椎间盘突出物摘除术　E. 脊椎骨折固定术

（278、279题共用下列备选答案）
    A. 血尿　B. 卟啉尿　C. 肌红蛋白尿　D. 血红蛋白尿　E. 药物性红尿
278. 马，5岁，长期饲喂富含碳水化合物的饲料，在一次剧烈运动后，大量出汗，出现步态强拘，进而卧地不起，呈犬坐姿势，尿液呈深棕色，该病例红尿的性质是（　　）。
279. 牛，突然出现尿频，尿量少，尿液呈暗红色，可视黏膜苍白，黄染；血液稀薄呈樱桃红色，血凝延迟，血磷低于正常水平。该病例红尿的性质是（　　）。

（280、281题共用下列备选答案）

A. 膀胱破裂　B. 膀胱炎　C. 膀胱结石　D. 膀胱麻痹　E. 膀胱憩室

280. 母犬，腹围膨大，尿少，触诊后腹部膀胱充盈，用力按压有尿液排出，尿沉渣检查无管型、细胞，该病最可能的诊断是（　　）。

281. 犬，尿频、量少、色红，腹围膨大，触诊膀胱充盈，有压痛，尿沉渣检查可见：大的多角形扁平细胞，核小呈圆形或椭圆形；红细胞；多棱状、棺盖状结晶。该病最可能的诊断是（　　）。

（282、283题共用以下题干）

贵宾犬，雌性，8月龄，3.84kg，昨日偷吃了剩菜，现精神差，无食欲，小便呈红色，检查口腔黏膜苍白。血常规检查白细胞数 $14.2×10^9$ 个/升，红细胞数 $2.9×10^{12}$ 个/升。

282. 病最可能的诊断（　　）。

A. 食物过敏　B. 洋葱中毒　C. 维生素K缺乏　D. 尿道感染　E. 生殖道感染

283. 尿常规检查最可能发生异常的指标是（　　）。

A. 白细胞　B. 红细胞　C. 血红蛋白　D. 亚硝酸盐　E. 葡萄糖

（284～286题共用以下题干）

犬，6岁，3日前车祸，现意识清醒，双后肢不能站立，摇曳前行；针刺后肢不敏感；X线检查第4、5腰椎错位，B超检查膀胱充盈。

284. 该犬不排尿的原因是（　　）。

A. 膀胱麻痹　B. 疼痛　C. 尿道阻塞　D. 紧张　E. 膀胱炎

285. 该病的原发病因为（　　）。

A. 脊髓损伤　B. 脑损伤　C. 肾衰　D. 尿毒症　E. 败血症

286. 该病进一步发展易导致（　　）。

A. 膀胱破裂　B. 膀胱结石　C. 尿道阻塞　D. 尿道炎　E. 前列腺炎

（287、288题共用下列答案）

犬发生肝炎时，尿液会发生变化

A. 蛋白尿　B. 尿胆原增高　C. 尿胆红素　D. 尿酮体升高　E. 尿亚硝酸盐呈阳性

287. 化学性质的改变是（　　）。

288. 少尿、色黄见于（　　）。

289. 犬前列腺炎时，射精时采前列腺液镜检可见较多的炎症细胞，其中较多的是（　　）。

A. 淋巴细胞　B. 嗜中性白细胞　C. 单核细胞　D. 嗜酸性白细胞　E. 嗜碱性白细胞

290. 慕雄狂动物是（　　）。

A. 卵巢囊肿　B. 黄体囊肿　C. 子宫肿瘤　D. 子宫积液　E. 输卵管伞囊肿

291. 公猪阴囊膨大，触诊阴囊有软堕感，腹痛，阴囊皮肤温度较低，则提示（　　）。

A. 阴囊脓肿　B. 阴囊炎　C. 睾丸炎　D. 阴囊疝　E. 鞘膜积液

292. 检查母畜乳房时，触诊无热痛，出现乳腺淋巴结肿大，硬结，则提示（　　）。

A. 临床型乳腺炎　B. 乳腺结核　C. 隐性乳腺炎　D. 乳腺增生　E. 乳腺肿瘤

293. 犬，6岁，发情后7周，未配种，近期喝水增多，体温升高，腹围大，血液白细胞升高。该病最可能的诊断是（　　）。

A. 子宫积水　B. 子宫蓄脓　C. 子宫颈炎　D. 假孕　E. 胃肠鼓气

294. 断奶母猪出现阴唇肿胀，阴门黏膜充血，阴道流出透明黏液。最应做的检查是（　　）。

A. 用B超检查　B. 阴道检查　C. 血常规检查　D. 静立反射检查　E. 孕激素水平检查

295. 奶牛乳腺炎常用的检查方法不包括（　　）。

A. 视诊　B. 触诊　C. 乳房穿刺　D. 乳汁化学分析　E. 乳汁显微镜检查

296. 临诊检查发现少量粪便从阴道流出即可诊断为（　　）。

A. 锁肛　B. 阴道破裂　C. 膀胱破裂　D. 直肠破裂　E. 直肠阴道瘘

297. 公羊，不愿交配，叉腿行走，阴囊内容物紧张、肿大，精子活力降低，精液分离出布鲁氏菌。该羊最可能发生的疾病是（　　）。

A. 附睾炎　B. 精囊腺炎　C. 阴囊损伤　D. 前列腺炎　E. 阴囊炎

(298～300题共用以下题干)

北京犬，8岁，雌性，无生育史，近期食量无异常，但饮水增多，尿多，腹围明显增大，阴门处未见异常分泌物。

298. 确诊本病的最可靠检查方法是（　　）。
　　A. 血常规检查　　B. 血清生化检查
　　C. 尿液检查　　D. X射线检查　　E. B超检查

299. 该犬最可能是（　　）。
　　A. 妊娠　　B. 肠积液　　C. 膀胱积尿
　　D. 腹腔积液　　E. 子宫蓄脓

300. 根治本病的最佳方法是（　　）。
　　A. 抗生素疗法　　B. 卵巢切除法
　　C. 激素疗法　　D. 卵巢子宫切除法
　　E. 免疫疗法

(301～303题共用以下题干)

家猫，雌性，6岁，3.5kg，右侧第2乳区出现一直径4cm近圆形肿块，肿块触诊敏感，表面凹凸不平。

301. 根据解剖部位，该肿块乳区属于（　　）。
　　A. 胸前乳区　　B. 胸后乳区　　C. 前乳区　　D. 腹后乳区　　E. 腹股沟乳区

302. 如检查未发现转移，首选的处理方法是（　　）。
　　A. 血常规检查　　B. 血清生化检查
　　C. 尿液检查　　D. X射线检查
　　E. B超检查

303. 如检查未发现转移，首选的处理方法是（　　）。
　　A. 单个乳腺切除　　B. 区域乳腺切除
　　C. 一侧乳腺切除　　D. 双侧乳腺切除
　　E. 保守治疗

304. 实验室血液检验大剂量用血时，各种动物采血的部位**不正确**的是（　　）。
　　A. 牛在颈静脉上1/3与中1/3交界处
　　B. 猪前腔静脉处　　C. 犬在前肢臂头静脉　　D. 羊在耳尖部　　E. 成年鸡在腋下

305. 犬静脉穿刺最常用的血管是（　　）。
　　A. 耳静脉　　B. 后腔静脉　　C. 前腔静脉　　D. 桡外侧静脉　　E. 尾静脉

306. 既可用作血象检验时的血样抗凝，又可作为血液保养液（输液）的抗凝剂是（　　）。
　　A. 乙二胺四乙酸盐　　B. 枸橼酸三钠
　　C. 草酸钾液　　D. 肝素　　E. 双草酸盐

307. 急性出血性贫血常见于（　　）。
　　A. 肝片吸虫病　　B. 慢性胃肠炎
　　C. 出血性素质　　D. 肝（脾）破裂
　　E. 铅中毒

308. 过敏性疾病白细胞分类计数显示（　　）。
　　A. 中性粒细胞增加　　B. 中性粒细胞减少　　C. 嗜酸性粒细胞增加
　　D. 嗜酸性粒细胞减少　　E. 嗜碱性粒细胞减少

309. 血液分析时，若病犬红细胞及血红蛋白出现病理性减少，则提示可能患有（　　）。
　　A. 肺源性心脏病　　B. 肾上腺皮质机能亢进　　C. 犬丙酮酸激酶缺乏
　　D. 甲状腺机能亢进　　E. 肝脏肿瘤

310. 萨摩耶犬，3月龄，2日前突发呕吐，不食，少饮。昨日下午大便带血，昨晚至今日上午呕吐7次，腹泻6次，体温38.9℃，血液检查：白细胞数$11.8×10^9$个/L，红细胞$8.6×10^{12}$个/L，血红蛋白浓度179g/L，血液检查发现，该犬红细胞比容增至63.1%，其原因最可能是（　　）。
　　A. 脾血进入血液循环　　B. 红细胞产生增加　　C. 出血　　D. 水肿
　　E. 脱水

311. 拉布拉多犬，1岁，体温40.3℃，心率142次/分钟，呼吸57次/分钟，食欲不振，心音弱，听诊杂音，超声检查发现房室瓣口出现多余回波，舒张期回波为粗钝状。血液学检查可见（　　）。
　　A. 嗜中性白细胞增多，核左移
　　B. 嗜中性白细胞增多，核右移　　C. 嗜中性白细胞减少　　D. 淋巴细胞增多
　　E. 嗜酸性白细胞增多

312. 育肥猪群，采食霉变饲料后陆续发病，可视黏膜先苍白后黄染，口渴，粪便干硬呈球状、表面覆有黏液和血液，后躯无力，走路不稳。剖检见广泛性出血，黄染，肝脏肿大。该病猪血常规检查最可能出现的变化是（　　）。
　　A. 白细胞增多，淋巴细胞减少
　　B. 白细胞增多，淋巴细胞增多　　C. 白细胞减少，淋巴细胞减少　　D. 白细胞减少，淋巴细胞增多　　E. 白细胞减少，中性白细胞减少

313. 血小板减少且分布异常见于（　　）。

A. 骨折　　B. 肝炎　　C. 胰腺炎
D. 白血病　E. 支气管肺炎

（314、315题共用以下题干）

德国牧羊犬，3月龄，雌性，5kg，未进行免疫。突然发病，体温39.8℃，抗菌药物治疗未见好转。临床检查患犬精神极度沉郁，眼窝凹陷，可视黏膜苍白，皮肤弹性降低，呕吐，腹部蜷缩，触诊敏感，排番茄酱样稀便，有腥臭味。

314. 该病可初步诊断为（　　）。
   A. 犬细小病毒病　　B. 犬轮状病毒病
   C. 犬冠状病毒病　　D. 犬大肠杆菌病
   E. 犬沙门氏菌病

315. 血常规检查，该病患犬最常出现的指标变化是（　　）。
   A. 红细胞总数减少　B. 嗜中性白细胞增加　C. 白细胞总数减少
   D. 血小板减少　　　E. 血小板增加

316. 下列哪一项指标不能作为肝功能检验的指标（　　）。
   A. 天冬氨酸氨基转移酶　B. 丙氨酸氨基转移酶　C. 谷氨酰转移酶
   D. 碱性磷酸酶　　E. 肌酸激酶

317. 犬，皮肤、黏膜黄染，检测哪一项指标的结果降低，就表明是肝细胞性黄疸，而非溶血性和胆汁淤积性黄疸（　　）。
   A. 总胆红素　B. 尿胆原　C. 转氨酶　　D. 血清球蛋白　E. 血清白蛋白

318. 对于犬猫肝损伤病例，进行血液生化检验应选择的特异性酶是（　　）。
   A. 天门冬氨酸氨基转移酶（AST）
   B. 丙氨酸氨基转移酶（ALT）
   C. 碱性磷酸酶（ALP）　D. 肌酸激酶（CK）　E. 乳酸脱氢酶（LDH）

319. 羔羊，3月龄，采食高铜饲料后，尿液呈淡红色，肝功能检查可见（　　）。
   A. AST活性升高，ALP活性升高
   B. AST活性降低，ALP活性升高
   C. AST活性升高，ALP活性降低
   D. AST活性降低，ALP活性降低
   E. AST和ALP活性不变

320. 蛋鸡脂肪肝综合征时，血清生化检查可能升高的指标是（　　）。
   A. 尿素氮　B. 淀粉酶　C. 葡萄糖
   D. 胆固醇　E. 总蛋白

321. 心肌损伤时，血清酶（　　）活性升高。
   A. 脂肪酶　B. α-淀粉酶　C. 碱性磷酸酶　D. 丙氨酸氨基转移酶
   E. 肌酸激酶

322. 牛发生骨软骨病时，血清生化检测可能降低的指标是（　　）。
   A. 镁　B. 铜　C. 无机磷　D. 钙
   E. 碱性磷酸酶

323. 马患纤维性骨营养不良时，血清中可能升高的激素是（　　）。
   A. 甲状腺素　　B. 甲状旁腺素
   C. 肾上腺素　　D. 促肾上腺皮质激素
   E. 皮质醇

324. 代谢产物形成肌酐的物质是（　　）。
   A. 脂肪　B. 糖类　C. 谷氨酸
   D. 肌酸　E. 维生素

（325~327题共用以下题干）

南方某牛场奶牛，近期表现食欲减退，渐进性消瘦，可视黏膜苍白、轻度黄染，眼睑、颌下及胸腹下水肿，产奶量逐日下降，体温未见明显升高。剖检发现肝脏表面粗糙、质地坚硬，色泽暗淡且不均一。

325. 导致病牛出现水肿症状的是（　　）。
   A. 心衰　B. 肾炎　C. 低钙血症
   D. 低球蛋白血症　E. 低白蛋白血症

326. 检查病牛黄疸相关指标发现（　　）。
   A. 总胆红素降低，游离胆红素升高
   B. 总胆红素升高，游离胆红素升高
   C. 总胆红素升高，结合胆红素降低
   D. 总胆红素升高，游离胆红素降低
   E. 总胆红素降低，结合胆红素降低

327. 血清酶活性升高的指标是（　　）。
   A. AST，CK　　B. AST，AMY
   C. AST，LPS　D. AST，ALP
   E. ASP，GSH-Px

328. 细胞外液中的主要阳离子是（　　）。
   A. 钾离子　B. 钠离子　C. 钙离子
   D. 镁离子　E. 高价铁离子

329. 动物受到应激原刺激后可引起（　　）。
   A. 免疫力升高　　B. 血糖升高
   C. 超氧化物歧化酶活性升高　D. 谷胱甘肽过氧化物酶活性升高　E. 过氧化氢酶活性升高

330. 血清钾浓度降低最可能见于（　　）。
   A. 高热　B. 严重创伤　C. 严重缺氧　D. 严重呕吐　E. 呼吸困难

331. 牛皱胃右方扭转，可出现（　　）。
   A. 低血钾　B. 高血钾　C. 低血钙
   D. 高血氯　E. 高血钙

332. 下列疾病中，**不会**引起动物低血钙症的是（ ）。
    A. 低蛋白血症   B. 产后仔癫
    C. 慢性肾炎   D. 急性胰腺炎
    E. 甲亢

333. 血液生化检验时，检查动物肾功能的状况一般应检查（ ）。
    A. 血浆总蛋白   B. 血清胆固醇
    C. 尿素   D. 肌酐   E. 尿素氮及肌酐

334. 血清尿素氮升高最常见于（ ）。
    A. 心脏疾病   B. 肝脏疾病   C. 肺脏疾病   D. 脾脏疾病   E. 肾脏疾病

335. 高产奶牛产后7天，突然出现间歇性痉挛、狂躁，产奶量减少，乳、尿有烂苹果气味，血液生化检验可见（ ）。
    A. 血糖和血酮升高   B. 血糖和游离脂肪酸升高   C. 血酮和游离脂肪酸升高   D. 血钙降低和血糖升高
    E. 血钙升高和血糖降低

336. 马，5岁，妊娠321天，体温不高，精神沉郁，饮食欲废绝，粪球干黑，尿浓色黄，可视黏膜潮红。血液检查见血浆混浊，呈暗黄色奶油状。该病最可能的诊断是（ ）。
    A. 马巴贝斯虫病   B. 溶血性贫血
    C. 营养性贫血   D. 酮病   E. 妊娠毒血症

337. 鸭群发生皮下紫斑，缺乏的维生素是（ ）。
    A. 维生素E   B. 维生素B_1
    C. 维生素K_3 D. 维生素D_3
    E. 维生素A

338. 羔羊摆（晃）腰病的主要致病原因是日粮中缺乏（ ）。
    A. 碘   B. 铜   C. 钼   D. 硒
    E. 锌

339. 某鸡群，30日龄，病鸡食欲下降，生长缓慢，贫血，应用氯化钴治疗有效。本病鸡群最可能缺乏的维生素是（ ）。
    A. 维生素B_1 B. 维生素B_2 C. 维生素B_3 D. 维生素B_5 E. 维生素B_{12}

340. 下列药品中**不适用**于动物尿液标本防腐用的是（ ）。
    A. 甲醛   B. 甲苯   C. 甲酸
    D. 醋酸   E. 硼酸

341. 下列中**不属于**管型病变表现的是（ ）。
    A. 透明管型   B. 颗粒管型   C. 脂肪管型   D. 磷酸盐团管型   E. 蜡样管型

342. 下列中**不属于**酸性尿结晶的是（ ）。
    A. 草酸钙结晶   B. 尿酸结晶
    C. 尿酸盐结晶   D. 硫酸钙结晶
    E. 碳酸钙结晶

343. 犬发生心肌炎时，尿液化学性质的改变是（ ）。
    A. 尿潜血   B. 蛋白尿   C. 尿液偏酸性   D. 尿胆色素增高   E. 肌红蛋白尿

344. 极度肥胖的斗牛犬，饮食正常，近日发现呼吸频率加快，舌色暗红，白细胞总数为8×10^9个/L，应进一步检查的血液生化指标是（ ）。
    A. 肌酐   B. 胆固醇   C. 胆红素
    D. 尿素氮   E. 丙氨酸氨基转氨酶

345. 犬尿液检查尿蛋白阳性，并有红细胞管型，该病最可能的诊断是（ ）。
    A. 肾病   B. 肾炎   C. 膀胱炎
    D. 尿道炎   E. 尿石症

346. 德国牧羊犬，8岁，雄性，近1周精神沉郁，食欲减退，频尿，排尿困难，血常规检查白细胞总数升高，尿液检查出现多量白细胞。可以排除的疾病是（ ）。
    A. 尿道炎   B. 尿石症   C. 肾病
    D. 肾炎   E. 膀胱炎

347. 家畜常用的心电图导联是（ ）。
    A. 双极肢导联   B. 双极胸导联
    C. 加压单极肢导联   D. A-B导联
    E. 以上都是

348. 关于动物心电图A-B导联的电极放置部位的描述，正确的是（ ）。
    A. 牛A点位于左侧第5肋间肋软骨与胸骨连线处，B点位于左侧肩胛骨前缘中央   B. 犬A点位于左侧心尖部，B点位于左侧肩胛骨上1/3处   C. 马A点位于左侧第5肋间肋软骨与胸骨连线处，B点位于鬐甲部顶点与右侧肩端连线的上1/4处   D. 羊A点位于左侧第5肋间肋软骨与胸骨连线处，B点位于鬐甲部顶点与右侧肩端连线的上1/4处
    E. 兔A点位于剑状软骨部，B点位于颈部后1/3处

349. 下列性状的波形，属于心电图波群的是（　）。
   A. Rs 波群　　B. Qr 波群　　C. qRs 波群　　D. Rs 波群　　E. RS 波群
350. 心电图中 QRS 波群主要反映（　）。
   A. 心房肌除极化　　B. 心房肌复极化
   C. 心室肌除极化　　D. 心室肌复极化
   E. 房室结激动
351. 分析心电图时，若出现 ST 段呈平段延长，Q-T 间期延长，则提示（　）。
   A. 高血钾症　　B. 低血钾症　　C. 强心剂洋地黄中毒　　D. 低血钙症
   E. 高血钙症
352. 在心电图检查中，如果引导电极面向心电向量的方向，则记录为（　）。
   A. 电变化为正，波形向上　　B. 电变化为正，波形向下　　C. 电变化为负，波形向上　　D. 电变化为负，波形向下
   E. 基线
353. 窦性心动过速时，心电图最明显的变化是（　）。
   A. P-Q 间期缩短　　B. Q-T 间期缩短
   C. P-T 间期缩短　　D. P 波高耸
   E. T 波倒置
354. 下列中**不属于** X 线特性的是（　）。
   A. 穿透作用　　B. 荧光效应　　C. 感光效应　　D. 离子效应　　E. 损伤作用
355. 下列选项中**不会**对 X 光片对比度造成影响的是（　）。
   A. X 射线管电压　　B. X 射线管电流
   C. 散射线的多少　　D. 胶片距离
   E. 暗室条件
356. X 线照片检查发现骨折断端及其周围出现致密阴影，骨折线模糊或消失，表明（　）。
   A. 骨折愈合　　B. 骨折愈合延迟
   C. 骨折不愈合　　D. 骨折停止愈合
   E. 以上都不是
357. 骨质软化的 X 线影像表现为（　）。
   A. 骨密度均匀降低，骨小梁模糊变细
   B. 骨密度均匀降低，骨小梁模糊变粗
   C. 骨密度均匀度降低，骨密度变厚
   D. 骨密度局部降低，密质骨变厚
   E. 骨密度局部降低，骨髓腔变窄

（358、359 题共用下列备选答案）
   胎儿骨骼钙化后，在 X 线片上最早能显示的时间范围约为
   A. 20 天　　B. 30 天　　C. 35 天
   D. 40 天　　E. 45 天
358. 犬妊娠后（　）。
359. 猫妊娠后（　）。

360. 犬颈部侧位 X 线片中，在颈椎腹侧中部有一条与颈椎并行的带状低密度阴影。该条带状阴影是（　）。
   A. 食管　　B. 胃导管　　C. 气管
   D. 支气管　　E. 气管插管
361. 犬胸部侧位 X 线片，心脏影像的前上部和前下部分别是（　）。
   A. 右心房和右心室　　B. 左心房和左心室　　C. 右心室和左心室　　D. 左心房和右心室　　E. 右心室和左心房
362. 德国牧羊犬，3 岁，弛张热，咳嗽，呼吸次数增加，胸部叩诊呈局灶性浊音区，X 线检查可见肺野有（　）。
   A. 点片状的渗出性阴影　　B. 大片状均匀的渗出性阴影　　C. 肺野中下部密度增加　　D. 肺野下方密度降低
   E. 弥散性斑块状高密度阴影
363. 犬发生小叶性肺炎时，胸部 X 线摄影检查可见（　）。
   A. 肺纹理增粗　　B. 整个肺区异常透明　　C. 肺野阴影一致加重　　D. 肺野有大面积均匀的致密影　　E. 肺野局部斑片状或斑点状密影
364. 犬胸部腹背位 X 线片上，以"时钟表面"定位心脏，1 至 2 点处及 9 至 11 点处依次是（　）。
   A. 肺动脉段、右心室　　B. 肺动脉段、左心室　　C. 肺动脉段、右心房
   D. 肺动脉段、左心房　　E. 左心房、右心室
365. 对超声物理性质描述正确的是（　）。
   A. 频率越高，透入深度越大　　B. 频率越高，穿透力越低　　C. 频率越低，分辨力越高　　D. 频率越高，显现力越低　　E. 频率越低，衰减越显著
366. 在单声束取样获得灰度声像图的基础上，外加慢扫描时间基线，形成"距离-时间"曲线的超声诊断类型是（　）。
   A. A 型　　B. B 型　　C. 多普勒彩色流体声像图　　D. D 型　　E. M 型
367. 用 B 超进行犬妊娠诊断时，首次检出胎儿的日期是妊娠后第（　）。
   A. 24 天　　B. 30 天　　C. 35 天

D. 40 天　　E. 48 天

368. 检查健康犬的脾脏，B超扫查位置应在（　　）。
A. 左侧 8～10 肋间　　B. 左侧 10～12 肋间　　C. 左侧 12～14 肋间　　D. 右侧 8～10 肋间　　E. 右侧 10～12 肋间

369. 肝脓肿 B 超声像图可见（　　）。
A. 边缘可见的等回声　　B. 一个或多个液性暗区　　C. 多个细小的回声光点　　D. 絮状光斑　　E. 散在的光点或光团

370. 成年大型犬肾脏超声检查部位在（　　）。
A. 第 8 肋间下部　　B. 第 10 肋间下部　　C. 第 10 肋间上部　　D. 第 12 肋间上部　　E. 第 12 肋间下部

371. 雄犬，7 岁，3 天未见排尿，精神沉郁，腹部膨大，B超可见腹腔脏器间呈低回声暗区，最可能的疾病是（　　）。
A. 前列腺囊肿　　B. 前列腺脓肿　　C. 膀胱破裂　　D. 膀胱结石　　E. 膀胱炎

372. 犬右胸最后的肋骨后方，靠近第一腰椎处向腹侧作 B 超纵切面扫查时，见豆状实质性回声。其后部光滑的弧形回声光带下出现较大的液性暗区，提示（　　）。
A. 肾盂积水　　B. 心包积液　　C. 肝囊肿　　D. 肝脓肿　　E. 肾脓肿

（373～375 题共用以下题干）
母犬，6 岁，未绝育，一月来腹部逐渐变大，常有尿意，食欲不振，饮水增加。体温 39.1℃。腹部 B 超检查，发现膀胱不膨隆，腹腔内有多个大的液性暗区，有些暗区间以管腔壁样结构分隔。

373. 该病最可能的诊断是（　　）。
A. 怀孕　　B. 肠套叠　　C. 子宫蓄脓　　D. 卵巢肿瘤　　E. 前列腺肥大

374. 该犬的尿液可能呈（　　）。
A. 粉红色　　B. 淡黄色　　C. 黑红色　　D. 淡红色　　E. 鲜红色

375. 血常规检查时，最可能出现的变化是（　　）。
A. 白细胞增多，核左移　　B. 白细胞增多，核右移　　C. 白细胞减少，核左移　　D. 白细胞减少，核右移　　E. 中性粒细胞增加，核右移

376. 最常用耳夹子保定的动物是（　　）。
A. 马　　B. 牛　　C. 羊　　D. 猪　　E. 犬

377. 牛的胸腔穿刺部位是在右侧（　　）。
A. 第 2 肋间　　B. 第 4 肋间　　C. 第 6 肋间　　D. 第 8 肋间　　E. 第 9 肋间

378. 最常用鼻钳进行保定的动物是（　　）。
A. 马　　B. 牛　　C. 羊　　D. 猪　　E. 犬

379. 牛瓣胃穿刺部位在右侧肩关节水平线上（　　）。
A. 第 6、7 肋间　　B. 第 8、9 肋间　　C. 第 10、11 肋间　　D. 第 12 肋间　　E. 第 13 肋后方

380. 某养殖场饲养 10 万只肉鸡发生细菌病，发病后给抗菌药物最佳方法是（　　）。
A. 静注　　B. 肌注　　C. 皮下　　D. 皮内　　E. 混饲

381. 禽灭活油苗最佳给药途径是（　　）。
A. 静注　　B. 肌注　　C. 皮下　　D. 皮内　　E. 混饲

382. 治疗牛急性瘤胃臌气时，瘤胃穿刺放气的正确做法是于（　　）。
A. 左肷部刺入瘤胃腔　　B. 右肷部刺入瘤胃腔　　C. 右腹壁中 1/3 刺入瘤胃腔　　D. 左腹壁下 1/3 刺入瘤胃腔　　E. 左腹壁中 1/3 刺入瘤胃腔

383. **不得**用于皮下注射的药物是（　　）。
A. 疫苗　　B. 血清　　C. 伊维菌素　　D. 0.9% 氯化钠　　E. 10% 氯化钙

384. 采用一条绳倒牛法保定牛时，胸环应经过（　　）。
A. 颈部　　B. 肩关节　　C. 髋结节前　　D. 肩胛骨后角　　E. 肩胛骨前角

385. 输血时，不宜用同一供血动物反复输血，是避免受血动物发生（　　）。
A. 溶血　　B. 血栓　　C. 心衰　　D. 中毒　　E. 过敏

386. 交叉配血试验时，主侧与供血者红细胞配合的是受血者的（　　）。
A. 红细胞　　B. 血清　　C. 血细胞　　D. 全血　　E. 血小板

（387～389 题共用以下题干）
大丹犬，雌性，2 岁。咳嗽，呼吸困难，食欲减退，体温 39℃，不愿站立，消瘦，被毛粗糙，眼结膜苍白，听诊呼吸音粗粝，有心杂音。X 线检查发现心脏轮廓增大，右心房、右心室和肺动脉扩张，肺区有几条密度大的阴

影。血液学检查红细胞总数及血红蛋白降低。
387. 该病最可能的病原是（　　）。
　　A. 犬恶丝虫　　B. 犬巴贝斯虫
　　C. 犬绦虫　　D. 犬钩虫　　E. 犬蛔虫
388. 目前临床上快速诊断本病方法是（　　）。
　　A. 抗原检查　　B. 粪便检查　　C. 尿液检查　　D. 血常规检查　　E. 血液生化检查
389. 该病的示病性特征是（　　）。
　　A. 肺动脉扩张及心杂音　　B. 肺扩张
　　C. 主动脉狭窄　　D. 贫血　　E. 粪潜血

（390～392题共用以下题干）
京巴犬，雌性，5月龄，未免疫。近日精神沉郁，食欲不振，呕吐，面部抽搐，大量流涎。临床检查体温40℃，持续2天后下降，过2天后又升高，病犬扁桃体红肿，眼结膜高度潮红，眼鼻处有脓性分泌物。
390. 该病最可能的诊断是（　　）。
　　A. 狂犬病　　B. 犬瘟热　　C. 犬细小病毒　　D. 犬传染性肝炎　　E. 犬钩端螺旋体病
391. 该病的主要传播途径是（　　）。
　　A. 消化道　　B. 呼吸道　　C. 生殖道
　　D. 呼吸道和消化道　　E. 生殖道和消化道
392. 该病的病理变化不包括（　　）。
　　A. 皮疹　　B. 卡他性肠炎　　C. 心肌炎　　D. 神经炎　　E. 足垫增厚

（393～395题共用以下题干）
公猫，10岁，两侧对称性脱毛，腹部膨大，血常规检查未见明显异常；生化检查，胆固醇、ALT、ALP等轻微升高，T3、T4值正常；尿检显示，尿比重1.040，葡萄糖（＋＋＋）。
393. 该病初步诊断为（　　）。
　　A. 库兴氏综合征　　B. 阿狄森氏病
　　C. 甲状腺功能亢进　　D. 甲状腺功能低下　　E. 甲状旁腺功能低下
394. 确诊本病的首选检查项目是（　　）。
　　A. ACTH刺激试验　　B. 尿胆素原检测　　C. 血钙检测　　D. GGT检测
　　E. AST检测
395. 该病伴发糖尿病的机制是（　　）。
　　A. 肾上腺皮质激素分泌过多　　B. 胰岛素生成减少　　C. 糖摄入增加
　　D. 蛋白质摄入增加　　E. 脂肪摄入增加

参　考　答　案

1	2	3	4	5	6	7	8	9	10	11	12	13	14	15
D	B	E	A	E	C	B	C	B	D	B	C	D	D	D
16	17	18	19	20	21	22	23	24	25	26	27	28	29	30
D	C	B	A	E	E	E	B	D	D	B	C	A	D	E
31	32	33	34	35	36	37	38	39	40	41	42	43	44	45
C	A	D	B	E	B	D	C	C	C	A	E	E	D
46	47	48	49	50	51	52	53	54	55	56	57	58	59	60
D	E	D	E	E	D	D	D	C	B	B	D	B	B
61	62	63	64	65	66	67	68	69	70	71	72	73	74	75
B	D	C	E	B	A	B	D	C	B	B	B	D	B	A
76	77	78	79	80	81	82	83	84	85	86	87	88	89	90
D	C	B	C	C	C	A	A	E	A	D	E	C	E	E
91	92	93	94	95	96	97	98	99	100	101	102	103	104	105
D	B	C	C	C	B	A	D	C	A	B	E	D	D	B
106	107	108	109	110	111	112	113	114	115	116	117	118	119	120
D	A	B	E	C	B	A	E	C	B	C	A	D	E	E

续表

121	122	123	124	125	126	127	128	129	130	131	132	133	134	135
E	A	C	A	C	E	E	A	B	D	D	B	D	B	C
136	137	138	139	140	141	142	143	144	145	146	147	148	149	150
A	C	B	D	D	B	C	B	C	A	B	B	A	B	C
151	152	153	154	155	156	157	158	159	160	161	162	163	164	165
E	E	D	B	E	E	E	B	B	A	E	D	D	D	E
166	167	168	169	170	171	172	173	174	175	176	177	178	179	180
E	D	A	E	D	D	C	D	D	C	C	A	C	E	E
181	182	183	184	185	186	187	188	189	190	191	192	193	194	195
A	A	B	A	A	A	C	A	B	E	A	D	E	C	D
196	197	198	199	200	201	202	203	204	205	206	207	208	209	210
E	E	B	D	D	D	B	A	A	B	B	A	D	C	C
211	212	213	214	215	216	217	218	219	220	221	222	223	224	225
E	A	B	D	B	C	D	D	E	E	B	B	C	B	C
226	227	228	229	230	231	232	233	234	235	236	237	238	239	240
C	B	C	D	A	C	C	B	E	A	A	E	A	C	B
241	242	243	244	245	246	247	248	249	250	251	252	253	254	255
D	C	D	D	A	C	D	C	C	A	C	E	A	C	C
256	257	258	259	260	261	262	263	264	265	266	267	268	269	270
D	B	D	A	D	C	E	C	A	D	C	B	A	E	B
271	272	273	274	275	276	277	278	279	280	281	282	283	284	285
D	D	B	B	C	D	D	C	D	D	C	B	C	A	A
286	287	288	289	290	291	292	293	294	295	296	297	298	299	300
A	C	B	B	A	B	B	D	C	E	A	E	E	D
301	302	303	304	305	306	307	308	309	310	311	312	313	314	315
B	B	B	D	D	B	D	C	C	E	A	A	D	A	C
316	317	318	319	320	321	322	323	324	325	326	327	328	329	330
E	E	B	A	D	E	D	B	D	E	B	D	B	B	D
331	332	333	334	335	336	337	338	339	340	341	342	343	344	345
A	E	E	E	C	E	C	B	E	C	D	E	E	E	B
346	347	348	349	350	351	352	353	354	355	356	357	358	359	360
C	E	D	C	C	D	C	E	D	A	A	E	D	D	C
361	362	363	364	365	366	367	368	369	370	371	372	373	374	375
A	A	E	C	B	E	A	B	B	D	C	C	C	B	A
376	377	378	379	380	381	382	383	384	385	386	387	388	389	390
A	C	B	B	E	B	A	E	D	E	B	A	A	A	B
391	392	393	394	395										
D	D	A	A	A										

(王娅，苟丽萍)

第二篇　兽医内科学

第一章　消化系统疾病

第一节　上部消化道疾病

> **考纲考点**：以流涎综合征、食道阻塞为重点。(1) 上部消化道疾病及各部位疾病的共同症状；(2) 口炎、咽炎、唾液腺炎的主要病因、临诊特征、治疗关键环节；(3) 食道阻塞及食道相关疾病的鉴别（胃管插入）。

上部消化道疾病以口炎、食道梗阻多见。上部消化道疾病共同症状是流涎，口腔病共同症状是口流涎、采食咀嚼障碍，咽部疾病的共同症状是口鼻流涎和吞咽障碍，食道疾病共同症状是口鼻流涎和咽下障碍，此外具有口、咽、食道的局部病变。

特别说明：本篇涉及的药物剂量，在没有特殊说明的情况下，均为成年牛（500kg 体重）的药物剂量。

一、口炎

病因	卡他性口炎 水泡性口炎 溃疡性口炎 霉菌性口炎	原发因素	①机械刺激(芒刺、异物、开口器、锐齿或牙结石)；②化学刺激(酸碱及刺激药物)；③物理因素(冰、热)；④维生素(A、B_2、C)及锌缺乏		
		继发因素	①微生物感染(如口蹄疫、猪瘟、猪水泡病、传染性水泡性口炎、羊痘、羊口疮、羊小反刍兽疫、放线菌病、坏死杆菌病、犬瘟热、禽痘等)；②中毒因素(有毒植物、重金属)；③霉菌因素(霉败饲料、白色念珠菌感染)		
临诊要点	①泡沫性流涎(口流涎)			②采食、咀嚼障碍	
	③口腔黏膜炎症严重(口炎特征)			④原发病症状(继发性口炎)	
治疗	原则：消除病因，加强护理，净化口腔、抗菌消炎				
	净化口腔	①炎症轻：1%盐水、3%硼酸或$NaHCO_3$洗口	②炎症严重：唾液多时用1%~2%明矾或鞣酸溶液洗口后涂2%龙胆紫；口臭时用0.1%高锰酸钾或雷佛奴尔冲洗		③口腔溃疡：洗涤后用碘甘油(5%碘酒：甘油=1:9)或1%磺胺甘油乳剂或2%龙胆紫涂擦创口
	中兽医	"口舌生疮"，用"青黛散"末装袋衔于口内			

二、唾液腺炎

病因	原发因素	饲料芒刺或尖锐物刺伤唾液腺管后感染		
	继发因素	口炎、咽炎、马腺疫、马传胸、犬瘟热等；流行性腮腺炎(葡萄球菌、链球菌或病毒感染)		
临床症状	①流涎(口流涎)；②采食咀嚼障碍；③头颈伸展(两侧性)或歪斜(一侧性)；④腺体局部红、肿、热、痛等炎症体征；⑤严重时引起咽炎	腮腺(耳下腺)炎	临床多见；耳后方	
		颌下腺炎	下颌骨角内后侧	
		舌下腺炎	颌下间隙	
防治	①局部消炎	局部用50%酒精温敷，然后碘软膏或鱼石脂软膏涂布；切开脓肿，用3%过氧化氢或0.1%高锰酸钾溶液冲洗	②全身抗菌	
			③继发性：治疗原发病	
	④中医疗法	"腮黄或腮肿"：内服"加味消黄散"，外敷"白及拔毒散"		

三、咽炎（咽峡炎或扁桃体炎）

分类	急性和慢性	卡他性和化脓性（马、犬），格鲁布性（牛、猪）		
病因	原发性	①机械性、温热性和化学性刺激；②条件致病菌内在感染：受寒、过劳时，链球菌、大肠杆菌、巴氏杆菌、坏死杆菌以及沙门氏菌等侵害		
	继发性	口炎、喉炎、流感、炭疽、巴氏杆菌病、口蹄疫、猪瘟、犬瘟热、狂犬病、咽型炭疽、巴氏杆菌病（猪肺疫）、马腺疫及鼻疽等传染病		
临诊要点	①头颈伸展，避免运动	②吞咽困难[牛哽嗌，呕吐或干呕（猪、犬猫）]		③口鼻流涎
	④咽部肿胀疼痛（干咳→湿咳）痛咳）	⑤咽部炎症表现		⑥颌下淋巴结肿大
防治要点	①局部处理	先冷敷后温敷，涂擦樟脑酒精溶液，或涂布鱼石脂软膏；外敷复方醋酸铅散；或涂石碘甘油（小动物）	2%～3%食盐或碳酸氢钠溶液喷雾或蒸汽吸入	
	②咽喉部皮下封闭疗法（0.25%普鲁卡因抗生素溶液）——急救疗法		③全身抗菌疗法（忌胃管投药）	

四、食道阻塞（食道梗阻）

（一）病因

俗称"草噎"。以牛、犬、马多发，犬以胸段食道（心基部上方食道）阻塞多见。

原发因素	粗大（或尖锐）食团或异物	马牛：①粗大块根；②藤蔓类植物；③胎衣及杂物等	促发条件：饥饿后采食过急、抢食；采食受惊
		犬猫：①粗大骨头、肉团；②玩物（球类、石头等）、杂物	
		尖锐异物或骨头→不全阻塞	
继发因素	吞咽障碍	①食道麻痹：狂犬病、肉毒中毒、应用阿托品、全身麻醉后、脑部肿瘤。②食道狭窄：食道炎、痉挛、麻痹、狭窄、憩室等（反复发生）。③异嗜癖（营养缺乏症）	

（二）临诊症状

共同症状	①突然发病，中止采食；②咽下障碍；③口鼻大量流涎（泡沫样）；④颈部食道阻塞：局限性膨隆，能摸到堵塞物；⑤食道探诊：胃管插至阻塞部即不能前进；⑥X射线检查：食道有异物阴影（确诊依据）
牛	非泡沫型急性瘤胃臌气→高度呼吸困难（完全阻塞）
犬	反复呕吐或干呕，呕吐物常混血丝；痛苦不堪

（三）鉴别诊断

疾病	胃管插入的临诊鉴别	疾病	胃管插入的临诊鉴别
食道炎	食道探子一过咽后可感到第二次阻力增大，动物骚动不安	食道痉挛	痉挛发作胃管无法通过；痉挛缓解后，胃管可自由通过
食道狭窄	①饲料不进饮水能进；②粗管不进细管进	食管麻痹	①胃管插入无阻力；②反复发生食道梗阻（不采食块根饲料亦发）
食道憩室	时进时不进（胃管插抵憩室壁时不能前进）；胃管未抵憩室壁可顺利通过		

（四）防治要点

治疗原则：润滑食道，缓解痉挛；清除堵塞物；加强护理（暂停饮食）、对症治疗。

	牛瘤胃穿刺放气	若继发瘤胃臌气：紧急穿刺放气效果显著，随后腹腔注射防腐剂、抗生素	
牛马	润滑食道镇痛解痉	①硫酸阿托品（0.05mg/kg体重）等，颈部皮下注射；②胃管投入植物油或1%～2%普鲁卡因溶液加适量石蜡油（植物油）	
	疏通食道	①疏导法（下送法适用于中后段阻塞）	用胃管（藤条或光滑条）推送
			打气法：胃管中打气结合推送
			打水法：插入胃管，用清水反复泵吸或虹吸或冲下阻塞物（颗粒或粉料阻塞）
		②挤压法（颈段阻塞）	块根块茎类：手掌或木棒抵于堵塞物下端，向咽部挤压
			谷物糠麸类：双手手指压碎阻塞物
			颈部阻塞处垫软板，用力敲打，破碎阻塞物
		③通噎法（马）：缰绳拴于马左前肢凹部，快速驱赶或上下波	
		④药物疗法：皮下注射拟胆碱药（慎用）	⑤手术法：切开食道，取出堵塞物
犬	(1)非尖锐食物：①催吐（阿扑吗啡，或846合剂肌注）；②下送法：麻醉并润滑食道，胃管推送，或皮下注射拟胆碱药；③挤压法：同牛（颈段食道阻塞）；④食道内窥取出异物		(2)非尖锐异物：①催吐；②挤出法；③食道内窥镜取出异物
	(3)小而尖锐异物：食道内窥镜取出异物		(4)手术疗法：坚实异物、尖锐异物，或其他方法治疗无效时

第二节 反刍动物前胃和皱胃疾病

> **考纲考点**：以前胃弛缓、瘤胃臌气和瘤胃积食为重点；(1) 前胃弛缓、瘤胃积食、瘤胃臌气、创伤性网胃腹膜炎、瓣胃阻塞、皱胃变位与扭转（分类）、皱胃阻塞、皱胃炎（溃疡）发病最根本的原因；(2) 前胃弛缓、瘤胃臌气、创伤性网胃腹膜炎、皱胃变位最根本的发病机理；(3) 每个疾病的临床特征及诊断要点；(4) 各病治疗原则、主要药物及注意事项（拟胆碱药、消沫药、瘤胃穿刺注射、瓣胃穿刺注射）。

前胃病共同症状：①饮食欲减退或废绝；②反刍减少，缓慢无力或停止；③嗳气减少或停止；④鼻镜不同程度干燥或龟裂；⑤口温偏高，口色红或黄，舌苔厚，舌面无芒刺；⑥瘤胃蠕动减弱或停止，瘤胃内容物多黏硬（生面团状）或坚实或有多量气体或液体；⑦网胃及瓣胃蠕动音减弱或消失（临床难判定）。

皱胃病共症状：①厌食精料为特点的前胃弛缓；②粪便多呈糊状且黏腻（混黏液），混血液时呈果酱色或松馏油色（棕褐色）。植物神经机能紊乱所致真胃弛缓是皱胃疾病发生的根本机制。

一、前胃弛缓

前胃弛缓又称慢性消化不良（脾胃虚弱），是最常见的前胃疾病。临床特征：①长期食欲不振或时好时坏；②反刍和嗳气障碍；③瘤胃运动减弱或停止；④间歇性瘤胃臌气；⑤反复便秘腹泻交替。

（一）病因及机理

原发性——单纯性	饲养不当	①草料突然改变；②精料过多或突然过食大量可口饲料；③长期饲喂粗硬劣质难消化饲料；或长期饲喂柔软、缺乏刺激性饲料；④草料品质不良（发酵变质）；⑤营养缺乏（钙、微量元素、维生素缺乏）
	管理不当	①应激因素（饲养管理条件突变）；②异嗜或误咽异物；③食后即役或役后即食、饥饱无常；④过度使役；⑤运动不足
继发性		①各器官系统病；②营养代谢病；③中毒病；④外产科疾病（有全身症状者）；⑤感染因素；传染病、寄生虫病
医源性		成年反刍兽长期大量服用抗菌药物（抗生素或磺胺类等）

①前胃弛缓的病理学基础—神经体液调节机能紊乱：瘤胃内环境改变［内容物异常发酵→pH值下降或升高→微生物群落异常（菌群失调、纤毛虫活力下降或死亡）］及植物神经兴奋性降低（迷走神经末梢释放的神经介质—乙酰胆碱分泌减少）。②前胃弛缓动物死亡的直接原因—脱水（腹泻为主）和自体中毒（异常发酵或酸中毒）。

（二）临诊要点

急性前胃弛缓——原发性	(1)饮食欲异常：饮食欲减退或废绝，偏食（厌食精料或干草）	变质饲料或精料过多所致：①间歇性轻度至中等度臌气；②瘤胃内容物呈粥状；③下痢明显
	(2)反刍障碍（见兽医临床诊断学部分）	
	(3) 瘤胃检查 ①视诊：腹围多缩小，肷窝下陷，或间歇性瘤胃臌气 ②触诊：内容物充满，黏硬，生面团状（拳压留痕≥10s） ③听诊：蠕动次数减少，蠕动音低，持续时间短，无峰值 ④瘤胃液：pH值下降（pH＜6.0）；微生物数量、活力下降；纤维素消化试验；瘤胃液沉淀物活性试验等	
	(4)粪便：周期性便秘和腹泻交替　　(5)全身症状：不明显	
慢性前胃弛缓	多为继发因素所致（原发症状）。具有急性前胃弛缓症状，但①食欲不定，异嗜，"食后又发"；②粪便干稀交替，间歇性瘤胃臌气明显；③瘤胃内容物不过度充满，多稀软或黏硬；④病情顽固，时好时坏，病程长；⑤全身症状恶化（慢性消瘦衰竭）	

（三）防治要点

治疗原则：除去病因，加强护理；增强瘤胃运动机能；缓泻止酵；清理胃肠；强心补液，防自体中毒。

加强护理	病初绝食1～2天,多饮清水;多次少量喂给优质干草和易消化饲料,适当运动
缓泻止酵清理胃肠	①洗胃（过食精料）；②灌服:硫酸镁或硫酸钠,或石蜡油加苦味酊,或鱼石脂松节油酒精合剂

续表

兴奋瘤胃	①皮下注射拟胆碱药:甲硫酸新斯的明(成年牛10~20mg,成年羊1~2mg,氯化氨甲酰胆碱(牛0.05mg/kg体重,犊、羊0.1mg/kg体重)		心机能不全、腹膜炎、孕畜、瘤胃蠕动音消失应禁用;严格遵循剂量
	②静注促反刍液(10%NaCl液300~400mL、5%CaCl₂ 200~300mL、生理盐水500~1000mL);③肌注B族维生素:维生素B₁、维生素B₁₂(调节植物神经功能和促进糖异生);④口服促反刍散或槟榔末、吐酒石等		
瘤胃液接种	投服健康牛瘤胃液(4~8L)或反刍食团,投服(羊减量)		
强心补液防自体中毒	10%安钠咖20~30mL、10%葡萄糖1000mL、25%维生素C 20mL,静注		
对症治疗	调节瘤胃pH值	①pH降低:内服Mg(OH)₂或小苏打或碳酸盐缓冲剂,或静注5%NaHCO₃液或乳酸林格氏液	
		②pH升高:内服食醋、稀盐酸、或醋酸盐缓冲合剂	
	过敏(应激)性	2%盐酸苯海拉明液10mL肌注,配合钙剂,效果更佳	
中药治疗	脾胃气虚宜健脾补气,脾虚胃滞宜消导化积——选四君子汤、补中益气汤、平胃散、八珍散等		

二、瘤胃积食

(一) 病因

瘤胃积食又称瘤胃食滞、急性消化不良、瘤胃阻塞、急性瘤胃扩张;中兽医称"宿草不转"。

原发性(过食病史)	①采食大量劣质坚硬饲料(藤蔓类、谷壳等);②贪吃、偷吃大量适口性好的饲料(过食大量精料首先引起瘤胃积食,然后才导致瘤胃酸中毒);③饲料含多量泥沙;④采食多量干料而饮水不足
继发性	继发于前胃疾病(尤其前胃弛缓)及皱胃疾病等

(二) 临诊要点

过食病史	食欲废绝,反刍、嗳气停止	全身症状明显(自体中毒体征)
腹部体征明显	①腹围增大(左肷部平坦),hướng下腹膨大下坠;②瘤胃内容物坚硬或黏硬(精料);③瘤胃蠕动次数少、音弱、持续时间短;④瘤胃中上部呈半浊音甚至浊音	
便秘为主(先便秘后腹泻)	排粪迟缓,甚至排粪停止(应用大剂量泻剂后排出混有干粪球的粪水);后期排稀软恶臭带黏液粪便(含未消化饲料颗粒或指头大小干粪球)	

(三) 防治要点

治疗原则:排除瘤胃内容物;恢复前胃运动机能;防止脱水和自体中毒。

排除瘤胃内容物	①洗胃(过食精料);②内服泻剂;③内服止酵剂;④中药泻下:大承气汤、增液承气汤
兴奋瘤胃蠕动	瘤胃内容物泻下后,或在应用泻剂同时实施(不排粪便时禁用拟胆碱药,参见前胃弛缓治疗)
防止脱水和自体中毒	补液补碱
瘤胃切开术	重症而顽固的瘤胃积食

三、瘤胃臌气

瘤胃臌气按气体性质分为泡沫性臌气和非泡沫性(游离气体性)臌气。临床特征:①腹围急剧增大,左腹中上部臌大明显(肷窝突出甚至高过背脊);②叩诊中上部为高朗鼓音;③触诊瘤胃紧张而有弹性;④瘤胃蠕动减弱;⑤高度呼吸困难(急性有窒息危象)。多发于夏季放牧牛和绵羊,山羊少见;舍饲转为放牧初期更多见;发病急、病程短、死亡率高。

(一) 病因及机理

原发性(急性)	大量易发酵草料	①豆科牧草(花开期苜蓿、紫云英、苕菜等——大量蛋白、皂苷、果胶);②豆类精料(未浸泡或炒的生黄豆、尿素等蛋白饲料);③块根和谷物饲料(淀粉)	泡沫性臌气
		①幼嫩禾谷类植物、青草、菜叶、冻结牧草、多汁青贮料等(堆积发热、腐烂时);②含氰苷的有毒植物	非泡沫性臌气
继发性	嗳气障碍性疾病	①食道阻塞(急性)、瘤胃异物阻塞贲门口(间歇性);②前胃迟缓、创伤性网胃炎、慢性腹膜炎、迷走神经性消化不良等(慢性)	非泡沫性臌气
病理学基础	嗳气障碍	瘤胃内形成稳定泡沫:①瘤胃液表面张力下降(蛋白、皂苷、果胶所致),容易产生泡沫;②瘤胃液黏稠度升高(果胶、唾液黏蛋白、细菌多糖所致);③泡沫表面吸附性能下降(瘤胃内容物发酵产生有机酸使瘤胃液pH下降和菌群失调)。后两个原因使泡沫更稳定	
		前胃弛缓(如氰苷)→嗳气障碍;消化道(食道)阻塞→嗳气停止	

（二）临诊要点

原发性（急性）	发病及病史	①采食易发酵饲料过程中或采食后不久(15～30min)突然发病；②食欲废绝、反刍、嗳气停止、呼吸加快；发展迅速
	腹部特征	腹围迅速膨大(左上方膨大、肷窝突出)；瘤胃紧张而有弹性(不能触及瘤胃内食物)；叩诊呈高朗鼓音；瘤胃蠕动先短暂增强→迅速减弱或消失
	高度呼吸困难	头颈平伸、张口伸舌喘气，呼吸数60次/min以上
	心衰和窒息危象	静脉怒张、脉搏疾速(120次/min)、黏膜发绀等
继发性		①多为慢性臌气(除食道阻塞外)；②瘤胃中等度臌胀，时而消胀；③多为非泡沫性膨胀；④对症治疗，症状暂缓，不久又复发

（三）鉴别诊断

鉴别	瘤胃穿刺或胃管插入
泡沫性臌气	断续排出少量带气泡的瘤胃液，臌气症状改善不大
非泡沫性臌气（食道阻塞）	迅速排出大量气体，臌气症状迅速消退(阻塞排除时)

（四）防治要点

排气减压	刺激排气(病情轻)：①不断牵拉牛舌头；②用木棒涂煤酸皂液衔于口内；③口衔"食盐辣椒面"；④直肠排气(冷水灌肠，用手反复刺激直肠)；⑤牵遛患畜(上坡最好)
	急性臌气：①瘤胃穿刺排气(须间歇性放气，否则放气太快会出现脑缺血性休克死亡)，放气后，瘤胃注入止酵剂；腹腔注射抗菌药；②胃管放气
消沫止酵	非泡沫性——止酵消胀：①10%生石灰水上清液内服；②8%氧化镁溶液内服
	泡沫性——灭沫消胀：①表面活性药物(效果最佳)，二甲基硅油(牛2～4g，羊0.5～1g)或消胀片(含二甲基硅油25mg/片，牛100～150片/次)；②植物油或烟油(消沫又导)；③醋油合剂或石灰油合剂
	鱼石脂松节油酒精合剂，胃管投服或瘤胃注入；大蒜(2～3个)加白酒100～150mL
健胃缓泻、强心补液	气体排出后，用油类泻剂、副交感神经兴奋剂、促反刍液、健康瘤胃液接种等
中医疗法（气胀病）	行气消胀、通便止痛——用消胀散、木香顺气散、木香槟榔丸等(见中兽医学)

四、创伤性网胃腹膜炎（创伤性心包炎）

（一）病因及机理

原发因素	坚硬尖锐异物(5～7cm，最常见至20cm)	①尖锐金属异物：碎金属丝(螺钉、铁丝、钢丝等，43.6%)、铁钉(41.9%)、缝针(9.1%)、发卡(5.4%)、小刀、注射针等；②尖锐非金属异物：碎玻璃、竹签等	奶牛多发（尤其有异嗜病史的奶牛）
促发因素	腹压加大	突然摔倒、妊娠后期、分娩、瘤胃臌气	

该病的发生与下列因素有关：①异物混杂于饲草饲料；②牛采食习性（狼吞虎咽，不充分咀嚼）；③网胃的位置、结构、运动；④异物有一定长度；⑤腹压加大更易发。异物刺伤相关脏器引起膈肌炎、心包炎、肺炎、胸膜炎、肝脓肿、脾脓肿、腹膜炎、瓣胃炎、皱胃炎、肠炎等。

（二）临诊要点

创伤性网胃炎	①常在腹压加大后发病或病情恶化
	②顽固性前胃弛缓(对症治疗无效)，早期应用健胃剂病情反而加重(鉴别一般前胃疾病)
	③网胃区敏感(网胃区抬杠试验、网胃区叩击、肩峰加压)
	④姿势异常：站台站立姿势(前高后低)；似马样起卧，起卧艰难(想卧不敢卧)；愿上坡不愿下坡；愿走软地不愿走硬地；不愿走弯路；不愿过沟和跨越障碍物
	⑤粪便带血(呈煤焦油样或呈灰褐色)，隐血(潜血)强阳性
创伤性心包炎	①具有上述创伤性网胃炎的症状
	②病程始终伴心率恒定增数(达100次/mm以上)；体温升高至40℃以上，后期降至常温，但心率仍明显增加(体温与心率变化不一致)——本病重要特征。脉搏充实→细弱
	③心区触叩敏感；心区及肩甲肌肉震颤
	④心悸亢进(初期)，病初有心包摩擦音，很快出现心包拍水音(心音弱远至消失)，后期再现心包摩擦音
	⑤颈静脉怒张呈绳索状；下颌、胸前水肿明显，甚至全身皮下水肿和体腔积液
	⑥心包穿刺(左胸下1/3部第5肋间，胸外静脉上方1cm，向前上方刺入)，有大量腐败性液体或脓汁
	⑦心电图：窦性心动过速，QRS波低电位，T波低平或倒置，S-T段移位

（三）防治要点

尚无理想治疗方法。防治主要方法：①保守疗法（抗菌消炎，但不能根治）。②根本疗法：早期施行手术（创伤性心包炎，效果不理想）。③应用取铁器、磁棒、磁笼、磁筛、磁性鼻环、拌草磁棒等预防。

五、瓣胃阻塞

瓣胃阻塞（瓣胃秘结），中兽医称"百叶干"。常见于耕牛，其次是奶牛。

（一）病因

原发因素	长期饲喂大量细粉状饲料（糠麸、酒糟、粉渣等）	瓣胃兴奋性和收缩力逐渐减弱
	长期饲喂大量粗硬难消化饲料（藤蔓类）	瓣胃排空缓慢，水分吸收→内容物干枯积滞
促发因素	饮水不足；草料混大量沙土；耕牛过劳；运动不足等	
继发因素	前胃弛缓、瘤胃积食、皱胃变位及阻塞、创伤性网胃腹膜炎、生产瘫痪、血原虫病以及急性热性病	

（二）临诊要点

(1)顽固性前胃弛缓	(2)鼻镜干燥至龟裂(示病症状)
(3)瓣胃检查：①瓣胃区膨大（被毛逆立）；②瓣胃触诊敏感；③瓣胃蠕动音减弱或消失	
(4)顽固性便秘：粪便干少，呈薄层状（尤其用泻剂后排出带薄层状粪的粪水）	
(5)瓣胃穿刺检查(见临床诊断学部分)可以确诊	

（三）防治要点

治疗原则：增强瓣胃蠕动机能，促进瓣胃内容物排出（消导辅以健胃止酵）。

措施：①泻下（内服或瓣胃注射盐类泻剂、油类泻剂）。②兴奋前胃、强心补液补碱（参照前胃弛缓）。③瘤胃切开术。

六、皱胃变位或扭转

皱胃变位（AD）尤其左方变位是奶牛临床最常见的皱胃疾病。

（一）分类

AD可分为左方变位（LAD）、右方变位（RAD）即皱胃扭转（AV，顺时针方向扭转180°～270°）。

LAD	皱胃由右腹部肋骨弓处胃底部，经瘤胃腹囊与腹底间的潜在空隙移位于左腹壁与瘤胃之间，是奶牛常见病之一
RAD	皱胃围绕其纵轴作180°～270°扭转，导致瓣-皱孔和幽门口不完全或完全闭塞，是可致奶牛较快死亡的疾病

（二）病因及机理

LAD	真胃弛缓是该病的根本原因（病理学基础）	优质谷物饲料（玉米青贮）→产生大量丁酸→真胃弛缓	低Cl^-、低K^+性代谢性碱中毒——由于皱胃液后送障碍→肠吸收皱胃液减少。因此治疗应补KCl，禁止补碱
		产后疾病：营养代谢病(酮病、生产瘫痪)或感染性疾病（牛妊娠毒血症、子宫炎、乳腺炎、胎衣滞留等）→真胃弛缓	
		高精料日粮→产气增加（促进因素）	
	机械性移位（促发因素）	妊娠后期→子宫堕于腹底→瘤胃逐渐被抬高→真胃趁机从瘤胃腹囊与腹壁间的间隙向左方移走→产后瘤胃下压→发病	
RAD	原发因素	真胃弛缓——根本原因	
	促发因素	跳跃、起卧、滚转、分娩等体位或腹压发生剧烈改变	

（三）临诊要点

特点	LAD（左方变位）	RAD（右方变位）
发生	4～6岁高产奶牛；分娩后数日至1～2周逐渐显症；病程长，病情缓慢，持续1月余	各种牛、各阶段牛均可发；发病急、病程短、死亡率高(70%～80%)
前胃弛缓	顽固性前胃弛缓（多厌食精料）	食欲剧减或废绝
腹痛	轻度腹痛	腹痛剧烈
视诊	左侧腹中部或下腹部局限性膨大	右侧肋弓附近，腹中部局限性膨大

续表

特点	LAD(左方变位)	RAD(右方变位)
金属调流水音及高朗钢管音	左侧第8~12肋弓下缘、肩-膝水平线上下	右侧8~12肋肩关节水平线上下
粪便	逐渐减少,呈糊状黏腻(含多量黏液)	早期糊状黏腻,混血液呈松馏油色;后期不见排粪

金属调流水音、高朗钢管音是皱胃变位及扭转的重要特征,有时听不到"钢管音"亦不能排除皱胃变位。钢管音最明显区稍下方穿刺取得真胃液(pH1~4,无纤毛虫)是诊断的重要依据,开腹探查可以确诊。

(四) 防治要点

治疗原则：复位；恢复真胃运动功能；调节电解质平衡。

LDA	保守疗法	早期有效	健胃辅以消导;促进皱胃运动、消除弛缓,促进气液排空(按前胃弛缓或皱胃炎治疗——注意补KCl,禁止补碱)
	滚转疗法	常用方法	复位后加强饲养管理;强心、补液、恢复皱胃运动机能
	手术疗法	根治方法	后期或复发病例:采用"左腹切口右腹固定"的手术疗法(参见外科部分)
RAD(AV)	手术疗法	唯一治疗方法(尤其皱胃扭转)	

七、皱胃阻塞

又称皱胃积食,各种反刍动物均发,多发于2~8岁的黄牛。

(一) 病因及机理

原发性	饲养管理不当	①食物性:采食大量稿秆类植物;犊牛羔羊乳凝块滞留(富含酪蛋白的乳汁);②机械阻塞(异嗜的异物)	真胃内积滞黏硬食物或坚硬异物;常伴瓣胃、瘤胃积食
继发性	真胃弛缓	①真胃变位、溃疡、炎症;②前胃弛缓、创伤性网胃腹膜炎;③十二指肠阻塞、幽门狭窄	真胃内积滞稀软食糜、气体、液体;多不伴发瓣胃积食
主要病理环节		植物神经功能紊乱所致皱胃弛缓;低Cl^-、低K^+性代谢性碱中毒;反渗性脱水	

(二) 临诊要点

(1)消化机能障碍	顽固性前胃弛缓;伴瘤胃积液(可闻晃水音)
(2)排粪障碍	原发性——便秘为主,继发性——粪少,稀软
(3)皱胃检查	①皱胃区局限性膨大;②触诊敏感;③皱胃坚实(原发性)或柔软有弹性(继发性可闻钢管音)
(4)脱水及自体中毒	(5)直肠检查——可触及阻塞的皱胃	(6)剖腹探查可确诊

(三) 防治要点

治疗原则：消积化滞,防腐止酵；缓解幽门痉挛；防脱水和自体中毒。

消积化滞,防腐止酵	内服或皱胃注射(第12~13肋骨后下缘)盐类或油类泻剂、止酵剂
缓解幽门痉挛	1%~2%盐酸普鲁卡因80~100mL,行两侧胸腰段交感神经干药物阻断
恢复皱胃运动功能	参考前胃弛缓(拟胆碱药)
强心补液解毒	不得补碱;可适当补酸(乳酸、稀盐酸)
瘤胃或皱胃切开术	严重皱胃阻塞

八、皱胃炎（皱胃溃疡）

皱胃炎（皱胃溃疡）是反刍兽的一种常见多发病；多见于犊牛和成年牛,奶牛尤为多发。

(一) 病因及机理

原发性	饲料品质不良	①精料过多;②饲料品种不良(酿造副产品);③犊牛补饲粗饲料过早	①植物神经机能紊乱→大量有机酸和腐败产物→真胃炎或溃疡。②胃酸分泌增多加重真胃溃疡
	管理不当	各种应激;异物创伤	
继发性		真胃弛缓(见皱胃变位)	

（二）临诊要点

前胃弛缓 （早期）	①喜吃青料,不吃精料(与前胃弛缓不同)；②采食精料后多轻度臌气、拉稀；③口症明显(多有吐草,空口磨牙,口津黏稠、舌苔白腻、口腔甘臭)
真胃区 反射性疼痛	①常取"右后肢前踏"姿势,以减轻疼痛；②触诊：压住不痛,压时和去压时都痛,尤其去压后更痛,称反跳痛(皱胃溃疡)
粪便	粪便呈糊状黏腻(混黏液,直检最明显),果酱色或松馏油色(出血多时)
代谢性酸中毒	精料过多→产酸；腹泻→碳酸氢钠丢失

（三）防治要点

治疗原则：清理胃肠，消炎止痛，强心补液，健胃止酵。

①清理胃肠：石蜡油或植物油、人工盐口服(不宜用盐类泻剂)	②强心补液：注意补碱
③抗菌消炎：磺胺脒加等量小苏打口服；四环素等内服(犊牛)	④防止黏膜受胃酸侵蚀：氧化镁内服
⑤对症治疗：止痛、止泻、止血	⑥炎症消除后按前胃弛缓治疗
⑦中药疗法：健胃消导、健脾止酵——保和丸(曲麦散)、加味四君子汤(脾胃虚弱型)	

第三节 其他胃肠疾病

考纲考点：（1）幼畜消化不良、胃炎（猪胃溃疡）、犬胃扩张-扭转综合征、犬猫胃肠异物、肠炎、肠变位（肠套叠、肠扭转）、肠便秘的根本发病原因；（2）肠变位（肠套叠、肠扭转）的分类；（3）各病的临床特征（呕吐、便秘或腹泻、粪便特征、出血部位）及诊断要点；（4）治疗原则及措施（补液要领；粪便特征与治疗药物的选择）。

一、幼畜消化不良（幼畜腹泻）

（一）病因

妊娠母畜不全价饲养 （DYA 先天性因素）	①幼畜发育不良；②影响母乳质量；③母畜疾病→母乳含病理产物和病原微生物；④乳脂、乳蛋白过高
幼畜饲养管理及护理不当 （DYA 主要原因）	①采食初乳时间,量；②人工哺乳不当；③补饲不当(补饲过早)；④环境应激；⑤饲料缺硒、缺铁、缺铜、缺钴等
胃肠道感染 （继发性）	①舔食粪尿、泥土及粪尿污染的饲草；②乳汁酸败,哺乳用具不洁；③哺乳母畜患乳腺炎、子宫内膜炎等

DYA 发病主要与幼畜消化器官的结构和机能不够完善（缺酸、少酶；肠黏膜柔嫩、渗透性强）→饲料乳汁不能正常消化→发酵和腐败产物生成增多（细菌毒素）→腹泻、脱水及酸中毒。

（二）临诊要点

腹泻 （主症）	①轻症腹泻：排淡黄色、灰黄色、粥状或水样粪便,臭味不大或有酸臭味,混小气泡及未消化草料。②中毒性腹泻或感染性腹泻：排腥臭或腐败臭味的粥状或水样粪便,内混乳瓣、黏液、血液或肠黏膜。③持续腹泻：肛门松弛；排粪失禁
腹部检查	肠音高朗；轻度臌气和腹痛
其他	脱水明显；酸中毒；饮食欲下降或废绝
全身症状	轻(单纯性消化不良)或重剧(中毒性消化不良)

临床上注意与特异性病原微生物、寄生虫引起的腹泻进行鉴别。

（三）防治要点

治疗原则：调整胃肠机能（轻症），抗菌消炎和补液解毒（重症）。采取食饵疗法、药物疗法、改善卫生条件等综合疗法。

加强护理	减少吮乳次数或不吮乳,改善卫生条件,冬季保温
调整胃肠机能	服用助消化药物(新生幼畜消化道的特点是缺酸少酶——应补酸、补酶)
收敛止泻	内服收敛止泻药;肌肉或交巢穴注射阿托品(但感染性腹泻不宜大量使用)
防腐止酵,清理胃肠	感染性腹泻或中毒性消化不良;用防腐止酵药和缓泻剂(油类泻剂或人工盐等)
抗菌消炎,控制感染	磺胺脒、黄连素、肠道消炎药
强心补液	纠正脱水、电解质紊乱,注意补碱
对因治疗	缺硒性腹泻补亚硒酸钠和维生素E,缺铁性腹泻补铁(右旋糖酐铁)

二、胃炎及胃溃疡

(一) 病因

胃炎是犬猫急性呕吐最常见原因。胃炎常见于犬、猫、猪。屠宰猪胃溃疡多见。

原发性胃炎	①霉败变质饲料或不洁饮水;②异物损伤后感染;③刺激性物质或药物;④各种应激反应等
继发性胃炎	①感染(微生物、寄生虫);②中毒;③普通内科病(急性胰腺炎、慢性肾衰竭、肝病等)
猪胃溃疡	(1)胃酸分泌过多。①饲料及饲料加工艺:细小颗粒饲料;谷物过多而纤维素不足或纤维素碾磨过细;蒸汽加工饲料等;硒、维生素E不足;酸败脂肪及霉变饲料;②突然中断摄取饲料;(2)各种应激(尤其运输等)。(3)感染(口蹄疫、圆环病毒病、胃内寄生虫)。(4)遗传因素等

(二) 临诊要点

消化紊乱	食欲减退或废绝,口症明显(口干、渴感强;舌苔厚、口臭、口色红黄)	
呕吐 (犬猫、猪)	呕吐是胃炎最明显特征。呕吐物初为食糜→液→泡沫样黏液或胆汁,可带血液(胃溃疡时),饮水或采食后可诱发或加重呕吐	①慢性胃炎——与采食无关的间歇性呕吐 ②急性胃炎——持续性呕吐,急剧消瘦,脱水、电解质紊乱和碱中毒(胃酸丢失)
腹痛及胃压痛	背腰拱起;腹壁紧张,抗拒触诊;触诊胃区出现呻吟;喜蹲坐或卧趴凉地	
排粪及粪便	排粪迟滞而后轻度腹泻,粪色加深(黑色沥青样或褐色)、混血液)、腥臭,混黏液和黏膜	

(三) 防治要点

治疗原则:除去病因,保护胃黏膜,抑制呕吐,防止脱水,纠正酸碱平衡。

禁食少水	急性胃炎应禁食24h以上,给予少量饮水或让其舐食冰块(大量饮水→呕吐)	
解痉止吐	用止吐药物(阿托品、654-2、胃复安、爱茂尔等)	
强心补液	防脱水和碱中毒(静注或腹腔注入或灌肠补充体液,不得补碱)	
保护胃黏膜 (止酸药)	①胃黏膜保护剂:白陶土、次硝酸铋等;②止酸药:氧化镁、氢氧化铝、硅酸镁等;③抗组胺药(组胺H_2受体拮抗剂)抑制胃酸分泌:西咪替丁(甲氰咪胍4mg/kg体重,肌注)或雷尼替丁(呋喃硝胺)抑制胃酸分泌,但对精磨过细饲料所致胃溃疡无效	注:犬猫急性胃炎,不宜经口投药(诱发反射性呕吐)
抗炎抗毒素	抗生素配合地塞米松(胃炎较重或继发肠炎)	
对因及对症	抗病毒、驱虫、止血等	

三、犬胃扩张-扭转综合征

胃扩张是胃的分泌物、食物或气体聚积而使胃发生扩张的急腹症,胃扭转将导致急性胃扩张,因此称为胃扩张-扭转综合征。多发于大型犬及胸部狭长犬(赛犬),雄犬发病率更高。

(一) 病因

胃扩张	缓发型	①采食增加,经过较长时期,胃代偿性增大;②促发因素:寄生虫感染、不适当饮食、胰液分泌减少	分泌物、食物、气体聚积
	速发型	①大量干燥难消化或易发酵食物(如豆浆),继之剧烈运动并饮用大量冷水;②肠梗阻、便秘等机械阻塞	
胃扭转	胃韧带松弛、扭转或断裂	①胃内食糜胀满,胃下垂、脾肿大、营养不良 ②饱食后跳跃、打滚、迅速上下楼梯等旋转运动	继发急性胃扩张

(二) 临诊要点

剧烈腹痛	突然剧烈腹痛,躺卧于地下(卧地翻滚、嚎叫不安)	多于24~48h内窒息休克死亡
干呕	有呕吐动作无呕吐物,流涎	
急性胃扩张	前腹部显著膨大;呼吸困难,脉搏频数	
	胃呈紧张的球状囊袋(坚实——积食性,有弹性——积气性,有波动——积液性)	
	叩诊呈鼓音或金属音(积气性);急剧冲击胃下部有拍水音(积液性)	
X射线或胃管插入	①单纯性胃扩张:胃管插到胃内,腹部胀满可以减轻。②胃扭转:胃管插不到胃内,不能减轻腹部胀满。③肠扭转:胃管能插到胃内,腹胀不能减轻,即使胃内气体消失,患犬仍逐渐衰弱	

(三) 防治要点

治疗原则:排除胃内容物,镇痛,抗休克。胃扭转应尽早手术整复。

排除胃内容物	①放气:插入胃管;较粗注射针穿刺;②催吐:单纯过食性胃扩张,在放气后进行催吐
镇痛解痉	杜冷丁或镇痛新等镇痛剂
抗休克	抗休克(强心剂、呼吸兴奋剂、糖皮质激素)
手术治疗	胃扭转或放气后仍症状不能缓解——及时剖腹手术,整复和使胃排空
加强护理	急性期禁食24h,3日内给予流质饮食(胃壁手术犬猫应禁食5~7日)

四、犬猫胃内异物

病因	①吞食各种异物;②毛球(猫有梳理被毛的习惯→胃内毛球);③异嗜犬猫多发	
	胃内异物可引起胃炎、幽门阻塞;尖锐异物可引起胃穿孔继发腹膜炎	
临诊要点	呕吐或干呕是胃内异物征兆	①较小或柔软异物:间断性呕吐史(采食固体食物时),呈进行性消瘦
		②大而硬异物:持续性呕吐和胃炎症状
		③尖锐或刺激性异物:呕吐物带血
	腹部触诊:胃内有异物(较坚实的团块)	
	X射线(造影)及剖腹探查是确诊依据	
防治要点	催吐(犬用阿扑吗啡,猫用隆朋);下送异物(石蜡油);手术疗法	

五、肠炎

(一) 病因

肠炎是各种动物常见疾病,临床上肠炎与胃炎往往相伴发生,故称胃肠炎。①感染:病原微生物,肠道寄生(绦虫、蛔虫等线虫、弓形虫和球虫);②腐败变质食物(霉变饲料);③刺激性物质(化学毒物、药物);④重金属及有毒植物中毒;⑤食物性变态反应;⑥滥用抗生素;⑦普通病(肠套叠、肾脏病、心脏病等)。

脱水(低K^+、低Na^+、酸中毒、心衰——腹泻动物)和自体中毒(含内毒素中毒——不腹泻动物)是肠炎发生和引起动物死亡的中心环节。

(二) 临诊要点

消化紊乱	食欲大减或废绝,反刍障碍,饮欲初增强→废绝,黏膜潮红后发绀(或黄染)	
腹痛	腹壁紧张、敏感;胸壁紧贴冷地面,举高后躯,呈"祈祷"姿势(犬猫明显)	
呕吐	犬猫、猪胃炎及小肠炎呕吐明显;呕吐物含炎性产物(黏液、黏膜、血液)	
肠音	初期增强→后期减弱或消失	
腹泻为主或便秘	粪便含大量炎性产物(黏液、黏膜、血液、腥臭)	小肠炎(胃炎):腹泻不明显,排粪迟滞→后期腹泻	严重腹泻(患结肠炎)时呈里急后重;后期肛门松弛致排粪失禁
		出血性小肠炎:粪便呈均匀的黑绿色或黑褐色	
		大肠炎:持续性腹泻,粪便稀软或水样或胶冻状	
		出血性大肠炎:粪便表面附有鲜血丝或血块	
全身症状明显	发热;脱水明显(致心衰)、电解质丢失、酸中毒(腹泻为主)及自体中毒体征	
继发性肠炎	具有原发病症状,查清病因——实验室检验	

(三) 防治要点

治疗原则:抗菌消炎、缓泻止泻、强心补液防止自体中毒,对症治疗及加强护理。

控制饮食	病初禁食,保证少量多次饮水(让其自由饮用口服补液盐)
缓泻止酵,清理胃肠	肠音弱、排粪迟滞,有大量炎性产物、气味腥臭者(慎用盐类泻剂)
收敛止泻	当粪稀如水,频泻不止,腥臭味不大,不带黏液等炎性产物时
强心补液	呕吐严重腹泻不明显——禁止补碱;腹泻严重应补碱
对因及对症治疗	消除病因;镇痛、止吐、止血、恢复胃肠功能
中药治疗	清热解毒、消箅止痛、活血化瘀——用"郁金散"或"白头翁汤"

六、肠变位（肠套叠、肠扭转）

肠变位（包括肠套叠、肠扭转、肠缠结及肠嵌闭），尤以幼犬肠套叠发病率高，多见于前段肠管套入后段肠管，以空肠、回肠套入结肠最多见，甚至套入直肠（似直肠脱）。

病因	肠管运动功能紊乱	①突然受凉,食入冰冷食物或饮水等刺激性物质; ②幼龄、青年犬肠炎(食物性、病毒性、细菌性、寄生虫性); ③幼龄犬采食新的食物引起消化不良(呕吐、腹泻)等	有久治不愈的呕吐,腹泻病史的犬多见(肠道痉挛性蠕动所致)
临诊要点	肠套叠部位越靠近胃,病情越急剧	剧烈腹痛:初期腹部僵硬、拱背、蜷缩打滚	
		持续性剧烈呕吐(早期症状):初期为不消化的食物和黏液,随后含胆汁和肠内容物	
		腹部触诊:有一段正常肠道2倍左右粗细、有弹性似"鲜香肠样"质地的敏感肠段,其前段肠道积气积液而扩张、后段空虚,有时可触摸到肠道内套入肠段的末端	
		粪便多稀薄,有大量黏液或血丝,呈现里急后重	
		X射线(造影)检查(2倍左右粗细的肠段)及剖腹探查(确诊依据)	
防治	①手术疗法(主要措施);②保守疗法(肠套叠):先镇痛解痉(阿托品),然后腹部按压或挤压复位		

七、肠便秘

肠便秘除马属动物（见第四节）常发外，以牛、猪、犬猫多见。临床特征：①腹围渐大；②腹痛；③排粪障碍（拱背努责）；粪便干而少；④直肠检查或腹部触诊有硬粪块或"串珠状"坚实粪球。

（一）病因

各种原因导致肠道弛缓，是肠便秘的主要因素。

牛	①劣质粗纤维饲草;②大量摄入稻谷;③牙齿疾患;④中毒性便秘;⑤役牛重度劳役	役用牛多发。便秘部位多在结肠;黄牛多发于小肠	共同原因 ①饮水不足 ②高热性疾病 ③腰荐部脊髓损伤 ④运动不足 ⑤阿托品等应用 ⑥老龄性肠迟缓
猪	①长期饲喂粗纤维饲料(母猪米糠过多);②精料过多,青饲料不足;③饲料含泥沙及异物;④去势后粘连;⑤母猪缺钙(维生素D)		
犬、猫	食物因素:食入过多骨头,异物,毛发,一次食物太多的肉及胎衣		
	直肠或肛门部机械性压迫:肛门腺炎(囊肿)		
	环境因素:生活环境突变(打乱排便习惯)		
	排粪姿势改变:股关节脱位、骨盆骨折、四肢骨折		

（二）防治要点

治疗原则：疏通肠管，解除肠弛缓，强心补液解毒。

疏通肠管（通便）	①口服泻剂或人工盐,孕畜宜用油类泻剂	②深部灌肠(孕畜慎用),配合腹外按压粪球
	③皮内注小剂量拟胆碱药(孕畜禁用)	④中药通便:加味大承气汤(牛、猪)
	⑤手指涂润滑剂后伸入直肠内钩出(或用镊子取出)结粪(猪、犬猫)	
强心补液解毒	便秘时,呈现低Cl^-、低K^+代谢性碱中毒(不能补碱)	
手术疗法	剖腹按压或切开取出粪球	

第四节 马属动物腹痛病

考纲考点：(1) 马属动物五大真性腹痛病的主要原因、临床诊断要点，治疗原则及要点；(2) 不同内容物所致胃扩张的鉴别；(3) 其他腹痛病的特征及治疗原则。

腹痛即疝痛，又称"急腹症""腹危象"，中兽医称"起卧症"。

真性腹痛	5大真性腹痛病	急性胃扩张、肠痉挛、肠臌气、肠变位和肠便秘
(胃肠性腹痛)	其他腹痛病	慢性胃扩张、肠结石、肠积沙、肠系膜动脉血栓-栓塞
症候性腹痛		传染病、寄生虫病(圆线虫、蛔虫)、外科病(腹壁疝、阴囊疝)中所表现的腹痛
假性腹痛		胃肠外腹部器官疾病所表现的腹痛——子宫痉挛(扭转)、结石、肝破裂、腹膜炎、胰腺炎

一、急性胃扩张（大肚结）

病因	原发性(采食过多)	①易膨胀难消化饲料；②消化动力定型破坏(饲养管理失误)	气胀性扩张 食滞性扩张
	继发性(后送障碍)	后段阻塞性疾病(小肠积食、变位、炎症；小肠蛔虫阻塞；小结肠阻塞)等	积液性扩张(有的为食滞性)
机理		食糜、积气、积液导致迷走神经兴奋(痉挛性腹痛，痉挛性胃肠不通)→迷走神经抑制、交感神经兴奋(胃肠麻痹性不通)→发酵产乳酸(高渗状态)→胃积液积气	
症状	腹痛	轻度至中度间歇性腹痛→3~4h→持续性剧烈腹痛	
	消化道体征	①口腔湿润酸臭→黏滑恶臭　②嗳气、呕吐或干呕(胃破裂前兆) ③肠音活泼(排粪频繁)→肠音弱(不排粪) ④腹围不大(气性扩张，左侧14~17肋髎结节线下方稍突出，胃蠕动音高亢)	
	全身症状	T改变不大，但脉搏急速(80~100次/min)；呼吸迫促(20~50次/min) 脱水：皮肤弹性减退、眼窝凹陷、血沉慢、PCV增高 碱中毒：血氯化物减少，碱储(HCO_3^-)增多	
	胃管插入	排出大量酸臭气体和液状食糜(气胀性)；排出大量黄褐色液体和少量气体(积液性)；排出少量气体和粥状食糜或排不出食糜(食滞性)。导胃减压后腹痛缓和。继发性扩张，导胃减压后腹痛暂时缓解，数小时后复发	
	直肠检查	在左肾下方触及膨大的紧张有弹性的胃盲囊(气胀性或积液性)或黏硬的胃盲囊(食滞性)；继发性扩张有小肠积食或变位等原发病的变化	
治疗	制酵减压	缓解胃膨胀、防止胃破裂、消除腹痛缓解幽门痉挛：①导胃并灌服制酵剂(气肿性、积液性)；②反复洗胃(食滞性)；③积液性应查明并治疗原发病	
	镇痛解痉	根本措施，在制酵加压后实施。①水合氯醛、戊巴比妥、普鲁卡因；②补酸(禁补碱)；③液体石蜡	
	强心补液	等渗液或林格氏液	

二、肠痉挛

肠痉挛，又称卡他性肠痛、痉挛疝；中兽医称冷痛或伤水起卧。

病因	寒冷刺激	①寒冷气候；②冰冻饲料和饮水；③贪饮冷水
	化学刺激	①霉烂酸败饲料；②消化不良病程中胃肠内容物的异常分解产物
症状	间歇性腹痛	剧烈腹痛→间歇期→中度腹痛(间歇期越来越长，腹痛逐渐减轻)
	肠音连绵高亢	大小肠音同侧耳可闻或远扬数步，带金属调
	不同程度腹泻	排粪频繁；粪少而稀软粪酸臭，含粗大纤维及未消化谷物
治疗	解痉镇痛	①针刺分水、姜牙、三江等穴；②灌服白酒；③辣椒散吹入鼻孔；④辣椒水灌入直肠坛状部；⑤应用镇静剂、止痛剂
	清肠制酵	灌服人工盐；鱼石脂、松节油、酒精合剂

三、肠臌气

肠臌气又称肠臌胀、风气疝；中兽医称肚胀、气结。

病因	原发性	易发酵饲料(青草、谷物精料)同时贪饮冷水
	继发性	①完全阻塞性大肠便秘或变位；②肠弛缓(坏死性肠炎、弥漫性腹膜炎)
机理		①肠道发酵产气；②小结肠和直肠环状肌痉挛性收缩；③臌胀肠管折叠移位(主要在空肠、盲肠、左结肠)→肠麻痹
症状	腹痛	间歇性中度腹痛→持续性剧烈腹痛(膨胀性、痉挛性、肠系膜牵引性)→腹痛减轻(肠麻痹)
	肠音、排粪	高朗连绵(金属调)→沉衰至消失；频排粪，粪稀软→排粪、排气停止
	腹围急剧膨大	右侧更明显；脉搏急速、呼吸迫促
	直肠检查	除直肠、小肠外，全部肠道充气；各肠襻位置改变

续表

治疗	解痉镇痛	①针刺后海、气海、大肠俞等穴;②镇痉镇痛药(见胃扩张,静注水合氯醛硫酸镁)
	排气减压	右侧肷窝部行盲肠穿刺;左侧腹胁部行左侧大结肠穿刺;或直肠内穿刺
	清肠制酵	见肠痉挛

四、肠变位

肠变位又称机械性肠阻塞。

(一) 分类

肠扭转	左侧大结肠扭转、肠系膜扭转常见
肠缠结	又称肠缠络、肠绞榨。空肠缠结、小结肠缠结常见
肠嵌(箝)闭	又称肠嵌顿、疝气。小肠箝闭、小结肠箝闭常见
肠套叠	空肠套入空肠或回肠,回肠套入盲肠,盲肠尖套入盲肠体,小结肠套入胃状膨大部或小结肠

(二) 病因及机理

病因	原发性	肠箝闭(腹压急剧增大)和肠扭转(滚转等体位急变)常见
	继发性	肠痉挛、臌气、便秘、肠系膜动脉血栓-栓塞等(肠痉挛、臌胀、体位急变)
机理	碱中毒	高位阻塞(十二指肠、空肠前半段变位);脱水严重,KCl丢失
	酸中毒	低位闭塞(回肠、大肠变位);脱水较轻,碳酸氢钠丢失
	肠壁坏死	①低血容量休克;②腹膜炎、肠毒素、内毒素性休克

(三) 症状

腹痛	完全闭塞	中度间歇性腹痛→持续性剧烈腹痛(痉挛性疼痛和膨胀性疼痛;大剂量镇痛药难控制)→腹痛沉重而外观稳静(腹膜性疼痛)
	不全闭塞	腹痛较轻
消化道体征		①口腔干燥;②肠音沉衰;③排粪停止;④常继发液性胃扩张或肠臌气
腹腔积液		淡红黄色→血水样至稀血样(肠套叠时可能始终不红)
直肠检查		①直肠空虚;②肠系膜紧张而不下垂,曳拉不动;③某段肠管位置、形状、走向改变,触压或牵引腹痛剧烈,排气减压后触摸,仍一如既往;④可触及局部充气肠管

(四) 防治要点

治疗原则:尽早手术整复,严禁一切泻剂。

五、肠便秘

肠便秘又称肠秘结、肠阻塞、便秘疝,中兽医称结症。马属动物最常见的胃肠性腹痛病,驴少见。

(一) 病因及分类

分类	完全阻塞性便秘	十二指肠、空肠、回肠便秘;骨盆曲、左上大结肠、小结肠、直肠便秘
	不全阻塞性便秘	盲肠、左下大结肠、胃状膨大部、泛大结肠、全小结肠、泛结肠、泛大肠便秘
病因	致发因素	韧性大的粗硬饲料(含粗纤维、木质素或鞣质多)
	促发因素	①饮水不足——左下大结肠和胃状膨大部便秘;②喂盐不足——各种不全阻塞性便秘;③饲养管理条件突变(饲养应激)——完全阻塞性便秘;④天气聚变(寒冷)
	易发因素	①采食过急;②长期休闲后使役(采食量激增);③其他疾病

(二) 症状

要点	完全阻塞性便秘	不完全阻塞性便秘
腹痛	中度或剧烈	轻微或中度
口腔	不(稍)干→变干;舌苔灰黄,口臭	不(稍)干,无舌苔,口不臭
排粪	零星覆黏液的小粪球→数小时后停止	排粪迟滞(12h后仍排粪),粪软、色暗恶臭
肠音	不振或减弱→数小时后沉衰或消失	始终减弱,有的消失
其他	食欲废绝;全身症状明显加重(12h内);继发胃扩张、肠臌气	饮食欲减退(少见废绝);全身症状不明显不继发胃扩张、肠臌气

不同部位阻塞的鉴别要点

要点	小肠便秘（完全阻塞性）	完全阻塞性大肠便秘（小结肠、骨盆曲、左上大结肠便秘）	不完全阻塞性大肠便秘（盲肠、左下大结肠、胃状膨大部便秘）
起病	突然（食中或食后数小时）	较急	潜缓
腹痛	剧烈	中度或剧烈	隐微或轻微
全身症状	明显	10h后明显，20h后重剧	较轻（尤其盲肠便秘）
病程	短急（12~48h）	较短（1~3天）	3~7天，1~2周（盲肠便秘）
继发病	胃扩张	肠臌气	逐渐消瘦，脉搏徐缓
直肠检查	秘结部手腕粗，表面光滑，质地黏硬（捏粉样）；圆柱或椭圆形 ①位于前肠系膜根后方约10cm——十二指肠便秘；②位于耻骨前缘，由左肾后方斜向右后方——回肠便秘	秘结部小臂粗、拳头至小儿头大，表面光滑，质地坚实；圆柱或椭圆形；位于耻骨前缘的水平线上或体中线的左右 ①移动性大肠被膨胀的大结肠挤到腹腔深部或底部——小结肠便秘；②与膨满的左下大结肠相连——骨盆曲便秘；③与膨胀的骨盆曲及左下大结肠相连——左上大结肠便秘	秘结部质地捏粉样或坚实 ①盲肠便秘：右肷部和肋弓部（位置固定）；排球或篮球大；表面凹凸不平。②左下达结肠便秘：左腹腔中下部；长扁圆形，较大，表面不平；可感到多数肠袋和2~3条纵带。③胃状膨大部便秘：前肠系膜根部右下方，盲肠体部前内侧；比篮球和橄榄球大，其后侧缘呈半球形；表面光滑；随呼吸前后移动

（三）治疗

疏通（消散结粪、疏通肠道）——根本措施（中心环节）	①机械性方法：直肠按压发、秘结部注射法、锤结法、剖腹按压法、肠管侧切取粪法；②神经性泻剂、容积性泻剂、刺激性泻剂、润滑性泻剂
减压镇痛	禁用阿托品、吗啡
强心补液	①小肠便秘——输注大量含氯化钾、氯化钠的等渗平衡液（复方氯化钠注射液）；禁用大容积性泻剂、忌补碳酸氢钠；②完全阻塞性大肠便秘——输注氯化钠、碳酸氢钠；③不全阻塞性大肠便秘——禁饲给水；含等渗氯化钠和适量氯化钾的温水灌服或灌肠（胃肠补液）；直肠便秘不宜灌服容积性泻剂

六、其他腹痛病

1. 肠结石（结石性肠阻塞）

类型	真性肠结石	矿物质凝集物——马宝	
	假性肠结石	植物纤维、毛球、异物团块	
病因病机	不溶性磷酸铵镁等矿物盐——长期大量饲喂麸皮、米糠等富磷饲料		矿物盐围绕核心体沉积而成肠结石
	结石核心体——大肠内异物、不消化饲料残渣		
临诊要点	①富磷饲料饲养史	②慢性消化不良（碱性肠卡他）	
	③轻度腹痛反复发作	④类似小结肠完全阻塞症状，投服泻剂病情反而加重	
	⑤直肠检查：小结肠起始部或前段小结肠（主）、骨盆曲、胃状膨大部（偶尔）触及拳头至铅球大，圆或椭圆形坚硬结石		⑥剖腹探查
治疗	①解痉镇痛、穿肠减压、补液强心（禁投泻剂）		②剖腹切肠取石
	③高压灌肠（小结肠起始部或前段小结肠结石，使结石退回胃状膨大部）		

2. 肠积沙（沙疝）

病因	异嗜或误食大量沙石。沉积部位：盲肠尖、大结肠的胸曲、盆曲、膈曲和胃状膨大部	
临诊要点	①地区性群发（半荒漠草原，多沙石地区）	②慢性消化不良，且经常隐微或轻微腹痛
	③慢性肠阻塞（反复发作中度至剧烈腹痛）	④粪便检查：多量沙石或煤渣等（淘洗）
	⑤直肠检查：某段肠道积有黏硬粗糙的沙包，触之剧痛	
治疗	排除积沙	应用油类泻剂（动物油、液体石蜡）后，加强胃肠运动
	消除肠道炎症	

3. 肠系膜动脉血栓-栓塞

肠系膜动脉血栓-栓塞，即蠕虫性肠系膜动脉炎、蠕虫性动脉瘤，血栓塞疝。

病因	普通圆虫幼虫寄生于肠系膜动脉及肠壁小动脉→出血坏死性肠炎、腹膜炎及内毒素休克	
临诊要点	①无外部可见原因的反复发作间歇性轻度至剧烈腹痛	②程度不同的发热(轻热、中热、高热)
	③腹腔积液(穿刺液混血)	④肠音初强→弱,腹泻,继发肠臌气等
	⑤直肠检查:小指粗或拇指粗变硬的动脉管,呈梭形、黑桃大、串珠状膨隆	
治疗	①杀虫(噻苯达唑等)	②抗凝血(低分子右旋糖酐)
	③扩张血管(葡萄糖酸钠)	④对症治疗(镇痛解痉、补液强心、防内毒素中毒)

第五节 肝脏、胰腺和腹膜疾病

考纲考点：(1) 肝炎、胰腺炎、腹膜炎的病因及临床特征；(2) 肝炎的发病机制；(3) 确证的根本依据；(4) 治疗原则。

一、肝炎

(一) 病因

肝炎，又称急性实质性肝炎。各种畜禽均可发生，以犬临床最常见，尤其犬病毒性肝炎。

中毒性	①化学毒(铜、砷等重金属,四氯化碳等);②有毒植物;③霉菌毒素(黄曲霉等);④药物中毒(磺胺药等);⑤代谢产物;⑥长期饲喂酒糟及氨中毒
感染性	犬传染性肝炎、犬细小病毒病、鸭病毒性肝炎、钩端螺旋体病、大肠杆菌病、沙门氏菌病等
侵袭性	肝片吸虫、华枝睾吸虫、血吸虫、弓形体;蛔虫幼虫的移行
营养性	硒、维生素E、蛋氨酸和胱氨酸缺乏(肝坏死)
充血性	充血性心力衰竭(如犬恶丝虫病所致的腔静脉综合征)、胆管结石及肿瘤等

(二) 临诊要点

急性肝炎	①消化不良,呕吐(犬、猪);先便秘(胆汁减少,肠蠕动慢)后腹泻(肠内容物腐败加剧,脂肪消化、吸收障碍),粪便恶臭而色泽浅淡,腹痛(马、犬)。②黏膜黄染(肝实质性黄疸)。③肝浊音区扩大,肝区敏感。④心动徐缓(血胆酸盐过多)。⑤光敏性皮炎。⑥肝脑病症状(酸中毒、肝性昏迷或兴奋狂暴等神经症状)。⑦出血性素质(维生素K减少)	原发病固有症状
慢性肝炎	①长期消化不良,腹泻(脂肪消化吸收障碍)。②逐渐消瘦,可视黏膜苍白或黄染;皮下浮肿,甚至腹水(肝硬化)。③脾脏显著肿大。④血清白蛋白减少	
肝功能检查	血清黄疸指数升高;直接胆红素和间接胆色素含量增高;尿中胆红素和尿胆原试验呈阳性反应;血清胶体稳定性试验强阳性;丙氨酸氨基转移酶(ALT)、天冬氨酸氨基转移酶(AST)、乳酸脱氢酶(LDH)等反映肝损伤的血清酶类活性增高	
肝活体组织病理学检验有助于诊断		

(三) 防治要点

治疗原则：除去病因，保肝利胆，对症对因治疗。

对因治疗	抗病毒、抗菌、驱虫、解毒等
保肝利胆	静注25%葡萄糖、5%维生素C和5%维生素B_1;服用蛋氨酸、葡醛内酯等保肝药
清肠利胆	内服人工盐、制酵剂(鱼石脂等)
对症治疗	止血、镇静等

二、胰腺炎

(一) 病因

胰腺炎是胰腺因胰酶（胰蛋白酶）的自身消化作用而引起。犬急性胰腺炎多发，雌性多发。

急性	①肥胖及高脂血症、暴饮暴食、高钙血症(胰液分泌亢进);②胆道疾患、胰管阻塞(胆汁返流入胰腺,胆汁可破坏胰管表面被覆的黏液屏障);③感染(猫弓形体病、传染性腹膜炎)	犬
慢性	急性胰腺炎反复发作;胆道、十二指肠感染;胰管狭窄等	家猫

（二）临诊要点

急性	①突发急剧腹痛（急腹症——诱发腹膜炎）；②呕吐（烦渴，饮水后立即呕吐）；③发烧；④腹泻（血性）；⑤血（尿）淀粉酶升高（超过正常5倍可确诊，但出血坏死型可正常或低于正常）；血清脂肪酶升高（晚期病例，特异性高）	急性坏死出血型——迅速休克死亡
慢性	①反复发作呕吐、腹痛；②脂肪泻；③糖尿病	影像学检查可确诊

（三）防治要点

非手术治疗	急性胰腺炎初期，轻型胰腺炎及尚无感染的犬均应采用非手术治疗。①禁食禁水（包括口服药物），以减少胰液分泌。②补液及抗休克：补液维持营养、防低血压性休克（用地塞米松等）。③解痉镇痛：发病早期给止痛药（杜冷丁）、解痉药（山莨菪碱、阿托品），禁用吗啡（引起括约肌痉挛）。④抑制胰腺分泌：胃管减压、H_2受体阻滞剂（如西咪替丁）、抗胆碱药（如山莨菪碱、阿托品）、生长抑素等（病情严重者）；胰蛋白酶抑制剂（抑肽酶、加贝酯等）。⑤抗菌消炎
手术治疗	适应证：胰腺脓肿、胰腺假囊肿、胰腺坏死、继发性胰腺感染、胰腺炎合并胆道疾病、胰腺炎虽经合理支持治疗而症状继续恶化

三、腹膜炎

（一）病因

腹膜炎分为浆液性、浆液-纤维蛋白性、出血性、化脓性和腐败性腹膜炎。

原发性	①腹壁创伤、手术感染；②腹腔和盆腔脏器穿孔或破裂；③腹腔寄生虫侵袭
继发性	邻近器官炎症蔓延；病原体经血行感染腹膜

（二）临诊要点

共同症状（特征）	①全身症状明显（发热、胸式呼吸）；②腹膜性疼痛（固定症状）；③腹部检查（腹围对称性膨大下坠；触压腹壁紧张疼痛，有波动感和拍水音；肠音减弱或消失）；④腹腔穿刺（大量各种性质的渗出液）；⑤白细胞及中性粒细胞增多，核左移；若白细胞总数急剧减少→内毒素血症及休克
马、牛	①牛不如马重剧、典型；②直肠检查（腹膜粗糙、敏感）；③明显的外部表现：反射性前胃弛缓和瘤胃臌气；反射性肠弛缓（便秘）；④ 大动物通常积液不多
犬猫	①反复呕吐；②中后期，触诊腹壁波动感明显，闻震荡音，腹壁叩诊水平浊音；③穿刺液：呈灰黄色而浑浊（结核病）；较浓稠，呈黄红或棕红色（诺卡氏菌病）

犬腹水与腹膜炎的鉴别

腹水病因		与腹膜炎的鉴别要点
心源性腹水	造成体静脉淤滞的疾病（心衰、心丝虫等）	①非炎性（不发热，除呼吸、心跳加快外全身症状轻）；②为漏出液，量多，贫血体征明显；③多有皮下浮肿；④原发病症状明显
稀血性腹水	造成血液稀薄低渗的疾病（各种贫血）	
肝源性腹水	造成门静脉淤滞的疾病（肝脏疾病）	

（三）防治要点

抗菌消炎；制止渗出；促进吸收和排出（穿刺、利尿）；强心补液补碱；缓泻及对因治疗。

（邓俊良）

第二章 呼吸系统疾病

第一节 呼吸系统疾病概论

考纲考点：(1) 呼吸系统疾病的共同症状；(2) 各种治疗方法（祛痰、镇咳、制止渗出）的应用时机、主要药物。

呼吸道疾病包括上呼吸道疾病、炎性肺病、非炎性肺病、胸膜疾病等。以咳嗽（干咳→湿咳、痛咳）或喷嚏；流鼻液（浆液性→黏液性或黏液脓性）、呼吸加快甚至呼吸困难为共同症状。

引起动物呼吸道病综合征的主要病毒

病毒分科		易感动物/疾病名称		
正粘病毒科	流行性感冒	甲型流感病毒：禽流感和哺乳动物（猪、马属动物、犬、猫、反刍动物等）		乙型流感病毒：海豹流感 丙型流感病毒：猪流感
副粘病毒科	副粘病毒属	犬副流感病毒（可感染猫）	麻疹病毒属	马麻疹病毒性肺炎
		鸡新城疫病毒（亚洲鸡瘟）		犬瘟热病毒
		牛副流感病毒（Ⅲ型）		小反刍兽疫（羊瘟）
	肺病毒属	牛呼吸道合胞体病毒		
冠状病毒科 冠状病毒属		禽冠状病毒病（鸡传染性支气管炎，γ类）		猪呼吸道冠状病毒病（α属，传染性胃肠炎病毒变异株）
		犬呼吸道型冠状病毒病（β属）		猫传染性腹膜炎病毒（α属）
疱疹病毒科	甲亚科	猪伪狂犬病（猪Ⅰ型）	乙亚科	猪疱疹病毒Ⅱ型——巨细胞病毒病（猪包涵体鼻炎）
		牛传染性鼻气管炎（牛1型）		
		山羊疱疹病毒1型		
		马鼻肺炎（马1型）	丙亚科	牛恶性卡他热（角马1型）
		鸡传染性喉气管炎（禽1型）		马丙型疱疹病毒感染（马2型、马5型）
		鸡马立克（禽2型） 鸭瘟（鸭1型）		
		猫病毒性鼻气管炎（猫1型）		
	口蹄疫	小RNA病毒科口疮病毒属：牛、羊、猪等偶蹄动物		牛流行热（弹状病毒科暂时热病毒属）
其他		反转录病毒慢病毒亚科（绵羊肺腺瘤病毒、羊梅迪-维斯纳病毒）		
		猪瘟（披膜病毒科、黄病毒属猪瘟病毒）		非洲猪瘟（非洲猪瘟科非洲猪瘟病毒属）
		繁殖与呼吸障碍综合征病毒（蓝耳病病毒，动脉炎病毒科动脉炎病毒属）		
		圆环病毒病（圆环病毒科圆环病毒属2型）		呼吸道痘病毒感染（鸡痘常见——鸡白喉）
		马传染性胸膜肺炎（马胸疫，病毒不明）		马传染性支气管炎（马传染性咳嗽，病毒不明）
		猫传染性鼻气管炎（杯状病毒科杯状病毒属）		犬腺病毒（I型犬传染性肝炎、II型犬传染性喉气管炎）

引起动物呼吸道病综合征的主要细菌及真菌

动物	常在细菌（细菌性肺炎）					
各种动物	葡萄球菌	肺炎链球菌	嗜血杆菌	绿脓杆菌	变形杆菌	产气荚膜杆菌
	常见真菌（霉菌性肺炎）					
	组织胞浆菌		白色念珠菌		烟曲霉菌	球孢子菌
	主要致病菌					
链球菌	马腺疫（腺疫链球菌，链球菌属C群）			猪及其他动物链球菌病（β溶血性链球菌）		
巴氏杆菌	多杀性巴氏杆菌		牛、羊、兔——出败；猪——肺疫；禽——霍乱；其他动物——巴氏杆菌病			

续表

动物		常在细菌(细菌性肺炎)		
支原体		猪喘气病(猪支原体肺炎)	鸡慢性呼吸道病	其他动物支原体肺炎
	丝状支原体	牛肺疫(烂肺疫)、羊传染性胸膜肺炎(羊传胸、烂肺病——丝状支原体山羊亚种)		
支气管败血波氏杆菌		犬传染性窝咳	猪传染性萎缩性鼻炎	
副嗜血杆菌		鸡副嗜血杆菌病(鸡传染性鼻炎)	猪副嗜血杆菌病(猪多发性浆膜炎,格拉泽氏病)	
其他菌	牛羊	结核分枝杆菌、化脓性隐秘杆菌(化脓棒状杆菌、伪结核棒状杆菌)、溶血性曼氏杆菌、睡眠嗜血杆菌等	猪	猪放线杆菌病(猪传染性胸膜肺炎)
			马	马鼻疽杆菌
			猫	猫衣原体感染

呼吸道疾病治疗主要药物	
抗菌消炎	β内酰胺类(青霉素、头孢类);链霉素、卡那霉素、大观霉素、土霉素、多西环素、泰乐菌素、替米考星、泰万菌素、林可霉素;磺胺-间-甲氧嘧啶等磺胺类;喹诺酮类(恩诺沙星、环丙沙星);氟苯尼考;泰妙菌素等
减少渗出促进吸收和排出	①减少渗出:10%CaCl₂、维生素C等静注;阿托品(0.05mg/kg体重)皮下注射(少用);②促进渗出物吸收:用利尿剂、强心剂、静脉输注高渗糖溶液等
镇咳剂	强烈干咳时用镇咳剂(痰多不宜镇咳):甘草颗粒等止咳中药、咳必清(喷托维林)、复方樟脑酊口服;抗组胺药(H₁受体阻断剂)盐酸苯海拉明(或异丙嗪)口服或肌注(过敏性咳嗽)
祛痰剂	痰液浓稠且多时:盐酸溴己新(溶解性祛痰剂);氯化铵、KI(刺激性祛痰剂)等
平喘	舒张支气管平滑肌,用20%氨茶碱5~10mL(大动物),2~3mL(中动物),0.25~0.5mL(小动物),肌注;或阿托品或氧气吸入。盐酸麻黄素已禁用。
兴奋中枢	尼可刹米(静脉、肌肉或皮下注射 一次量 马、牛 2.5~5g。羊、猪 0.25~1g,犬 0.125~0.5g)CO₂-O₂混合物(CO₂占5%~10%)吸入

第二节　上呼吸道疾病

考纲考点:(1)鼻炎、喉炎、支气管炎的临诊要点及防治要点;(2)支气管炎与肺炎、腐败性支气管炎与坏疽性肺炎的区别点

一、鼻炎

病因	物理性因素	寒冷刺激;粗暴检查鼻腔;经鼻腔投药;使用胃管不当损伤鼻黏膜;吸入异物等
	化学性因素	挥发性化学原料(泄露);刺激性气体(废气、烟雾、农药及化肥等);化学毒气
	生物性因素	某些病毒、寄生虫、鼻部肿瘤等
	其他因素	某些过敏性疾病、邻近器官炎症;犬、猫鼻部外伤或先天性软腭缺损致的炎症
临诊要点		①流鼻液(慢性——长期流脓性鼻液);②喷鼻(打喷嚏)或摇头擦鼻、抓鼻;③鼻黏膜潮红肿胀明显;④仅表现吸气性呼吸困难(慢性——鼻鼾声明显),无明显全身症状
防治要点		①局部用药:冲洗鼻腔、青霉素或磺胺类鼻部用药、蒸汽吸入
		②慢性鼻炎、变态反应性鼻炎:口服或肌注地塞米松

二、喉炎

病因		类似鼻炎(参见鼻炎)	
临诊要点	急性	①剧烈咳嗽、初强烈干咳,后为湿咳、痛咳、常伴呕吐(犬猫);②流浆液性、黏液性或黏液脓性鼻液;③吸气性呼吸困难;④吞咽疼痛,犬猫叫声嘶哑或叫不出声;⑤触诊喉部敏感;⑥下颌淋巴结肿大(头部不愿转动);⑦喉部听诊可闻大水泡音或喉狭窄音;⑧全身症状不定	喉镜、X线、内窥镜检查可以确诊
	慢性	一般无明显症状,仅表现早晨频频咳嗽、喉部触诊敏感、喉黏膜增厚、肿胀呈颗粒状或结节状、喉腔狭窄	
防治要点	(1)止痛消炎	喉周封闭疗法(0.25%普鲁卡因和β内酰胺类抗生素混合,喉周皮下封闭——主要措施)	
	(2)物理疗法	冰袋冷敷(初期,减轻喉头肿胀)→热敷(中后期,促进炎症消退)	
	(3)气管切开术	喉部阻塞严重时	
	(4)对症治疗	镇咳、祛痰、全身抗菌	

三、支气管炎

支气管炎以幼龄和老龄动物常见，犬尤其多见。寒冷季节或气候突变时易发。临床特征：①咳嗽；②流鼻液；③不定热型；④肺部听诊有干、湿啰音，但叩诊无浊音。

（一）病因

急性	物理因素	①受寒感冒（主要原因）；②异物误入气管；③项圈过紧，其他压迫
	化学因素	吸入刺激性气体（环境及卫生不良——SO_2、NH_3、Cl_2、烟雾等）
	过敏反应	吸入花粉、有机粉尘、真菌孢子（犬）等
	生物因素	①病毒（犬副流感、2型腺病毒、犬瘟热病毒，猫杯状病毒和疱疹病毒I型引起的传染性鼻气管炎）；②特异性病原菌（支气管败血波氏杆菌——犬窝咳；肺炎链球菌、巴氏杆菌、葡萄球菌、化脓杆菌等）；③外源性非特异性病原菌；④呼吸道寄生虫（肺线虫病）
慢性		由急性转变而来；心脏瓣膜病、慢性肺脏疾病、肾炎等继发　　　　老龄动物发病率高

（二）临诊要点

项目	急性支气管炎	慢性支气管炎	腐败性支气管炎
咳嗽是主要症状	干、短、痛咳→湿咳；痉挛性咳嗽（早晨尤明）	长期持续性咳嗽	湿咳；全身症状明显
流鼻液	浆液性、黏液性或黏液脓性鼻液（呈灰白色或黄色）	运动、采食、夜间或早晚常咳出大量黏液脓性痰液	两侧鼻孔流污秽不洁和腐败臭味鼻液
胸部检查	肺泡音增强，可出现干啰音和湿啰音；但叩诊无变化	肺泡音增强→减弱或消失（肺泡气肿）；湿啰音→干啰音	支气管呼吸音或空瓮性呼吸音
其他		支气管狭窄和肺泡气肿	呼出气恶臭
血液学检查	白总升高，伴嗜中性粒细胞增多及核左移	嗜酸性粒细胞增多（寄生虫性或过敏性）	
X射线检查	肺纹理增粗（急性）	肺纹理增粗、紊乱，呈网状或条索状、斑点状阴影（慢性）	
支气管镜检查	在支气管内有呈线状或充满管腔的黏液，黏膜充血、粗糙增厚		

注：坏疽性肺炎与腐败性支气管炎临床表现相似，区别是坏疽性肺炎鼻液有弹力纤维。

（三）防治要点

消除病因；抗菌消炎；祛痰镇咳；雾化疗法；抗过敏；强心补液等。

第三节　肺部及胸膜疾病

考纲考点：（1）肺充血和肺水肿、肺泡气肿（分类）、间质性肺气肿、支气管肺炎、大叶性肺炎、胸膜炎的病因、临床特征、诊断及防治；（2）肺充血和肺水肿的发病机理；（3）各种肺气肿、肺水肿与大叶性肺炎的区别。

一、肺充血和肺水肿

（一）病因

肺充血和肺水肿是一种非炎性肺病，肺充血时间过长即致肺水肿，短时充血不一定致肺水肿。发生特点：①主动性肺充血水肿以役用动物多见；②炎热夏季多发；③发病急、病程短、死亡率高。本病常是许多心、肺疾病的终末结局。

主动性	①炎热季节过度使役或奔跑；②运输拥挤和闷热；③吸入刺激性气体、烟雾或热空气（肺毛细血管扩张）；④急性过敏反应（再生草热等）；⑤长期躺卧（沉积性肺充血）
被动性	①心脏衰竭，尤其左心衰；②中毒病（有机磷、安妥中毒）；③腹内压增大（心脏受压）；④输液量过大、速度过快（尤其钙）；⑤低蛋白血症；⑥某些感染性疾病（猪肺疫、弓形体病等）

（二）发病机理

在病因作用下，大量血液淤滞于肺脏，使肺脏毛细血管充血而失去有效的肺泡腔→肺活量减少，血液氧合作用降低。后期，流经肺脏的血液缓慢，使血液氧合作用进一步降低，机体缺氧而出现呼吸困难。由于缺氧或毒素损伤了肺脏毛细血管，或心力衰竭引起肺静脉压升高，均导致血液中大量液体漏出而进入肺泡和肺间质，发生肺水肿。严重病例支气管也充满了漏出液。

（三）临诊要点

突发进行性呼吸困难	呼吸数超过正常的4～5倍,有窒息危象	肺水肿临床特征
细小泡沫样鼻液	两侧鼻孔流出多量白色或淡粉红色的细小泡沫样鼻液	
满肺湿啰音	肺泡音由粗粝→微弱或消失→广泛性捻发音、水泡音(肺中下部明显)	
叩诊	肺前下区——浊音或半浊音(充满液体);中上部——鼓音或浊鼓音(内气液同存)	
其他	肺动脉口第二心音增强(主动性);耳鼻及四肢末端发凉等心衰体征(被动性)	

（四）防治要点

治疗原则：除去病因，减轻心脏负担，制止渗出，缓解呼吸困难。

除去病因、安静休息、适当镇静	
减轻心脏负担缓解肺循环障碍	泻血疗法:颈静脉快速泻血(主动性),马牛 2000～4000mL,猪羊 250～500mL,有急救功效。
	氧气吸入(被动性)
制止渗出	①钙制剂及维生素C;②糖皮质激素(地塞米松等);③抗组胺药与肾上腺素联合应用(过敏性);④血浆或全血(低蛋白血症性);⑤阿托品(有机磷中毒时)
对症治疗	强心利尿,但限制输注晶体溶液(不输Na^+,以免Na^+进入肺泡内加重水肿)

二、肺气肿

（一）分类及病因

肺气肿是肺部的一种非炎性肺病。

分类		病因	主要发病环节
急性肺泡气肿		①紧张呼吸;②持续剧烈咳嗽;③代偿性:肺局灶性炎症或一侧性气胸(健肺代偿增强)	肺组织弹力减退;肺泡结构无明显变化
慢性肺泡气肿	原发性	①急性肺泡气肿发展而来;②长期过劳和迅速奔跑	肺泡壁弹性丧失;肺泡壁、肺间质及弹力纤维萎缩崩解
	继发性	①慢性支气管炎(呼吸困难、咳嗽);②肺硬化、肺不张、胸膜局部粘连(代偿性);③老龄动物	
肺间质气肿		①过劳、冲撞、剧烈咳嗽;②吸入刺激性物质;③异物、肺线虫损伤;④某些中毒病(黑斑病甘薯);⑤牛"再生草热"(牧草中L-色氨酸→3甲基吲哚,转移草场后5～10天发病)	肺泡壁破裂

（二）临诊要点

均表现呼气性呼吸困难;肺泡呼吸音减弱;叩诊过清音;有咳嗽和流鼻液。

项目	急性肺泡气肿	慢性肺泡气肿	肺间质气肿
发病	突然	慢,病程长	突然
叩诊界	向后扩大	严重后移	正常
听诊	有干啰音或湿啰音		碎裂性啰音及捻发音
其他	消除病因,症状随即消失	肺动脉口第二心音高朗(肺循环高压)	皮下气肿

（三）防治要点

治疗原则：加强护理，缓解呼吸困难，治疗原发病。

加强护理	病畜置于通风良好、安静畜舍,供给优质饲草料和清洁饮水
缓解呼吸困难	①支气管扩张药;1%硫酸阿托品、2%氨茶碱或0.5%异丙肾上腺素雾化吸入;皮下注射硫酸阿托品、肌注25%氨茶碱;②及时输氧以防止窒息
镇静镇咳	皮下注射吗啡或阿托品、内服可待因,可防气肿发展;内服镇咳合剂
恢复肺功能	反复应用砷制剂(口服亚砷酸钾溶液);碘砷联合疗法(先用碘后用砷,各10～20天)
对因治疗	抗过敏(应用抗过敏药物);抗菌(选用抗生素)

三、支气管肺炎

支气管肺炎又称小叶性肺炎或卡他性肺炎。

(一)病因

感冒和支气管炎的致病因素（原发）；某些传染病、寄生虫病及其他疾病（继发）。

(二)临诊要点

呼吸道病共同症状	咳嗽、流鼻液(猪——脓性鼻液)、呼吸困难(类似支气管炎症状)
热型	弛张热型(体温升高1.5～2.0℃)，或间歇热。热候明显(脉搏增数,初期两心音增强→第一心音减弱,肺动脉口第二心音增强)
胸部听诊	肺泡音有强(健康肺区)有弱(病灶区)，闻局灶性捻发音、各种啰音(病灶区)
胸部叩诊	灶状浊音区(病变肺区)或过清音区(健康肺区)
实验室检查	①血液检验：白细胞增多,中性粒细胞比例增加,核左移；②X线检查：散在的斑点或片状云雾样阴影,大小形状不规则,密度不均匀,边缘模糊不清
病理特征	病灶内有浆液性分泌物、上皮细胞和白细胞等卡他性炎性渗出物

(三)防治要点

抑菌消炎、祛痰止咳、制止渗出、改善营养、加强护理。

四、大叶性肺炎

(一)病因

大叶性肺炎又称纤维素性肺炎或格鲁布性肺炎。大多由病原微生物（如牛、羊、猪巴氏杆菌、传染性胸膜肺炎、肺炎链球菌、链球菌、铜绿假单胞菌、猪瘟等）引起。当动物受寒感冒，吸入有害气体，长途运输时，机体抵抗力下降，呼吸道黏膜的病原微生物即可致病。主要见于马，而牛、猪偶有发生。

(二)临诊要点

	热型	突然发病,高热稽留(体温高达40～41℃以上),持续6～9天		
	鼻液	浆液、黏液性→铁锈色或橙黄色(肝变期)，且多在1～2天消失		
胸部检查	分期	充血水肿期	肝变期	溶解消散期
	胸部听诊	病变区大面积肺泡呼吸音减弱或消失；健康区肺泡音强盛		
		有湿啰音或捻发音	病理性支气管呼吸音	再现湿啰音或捻发音
	胸部叩诊	鼓音或浊鼓音	大面积浊音或半浊音	鼓音或浊鼓音
	病理变化	切面湿润,流血样泡沫；切块入水,如载重舟	似肝脏(肝变)，花岗岩样；块入水,完全下沉	缩小,质地柔软,挤压有少量脓性混浊液流出
	全身症状重剧	高度沉郁,食欲废绝,速发严重呼吸困难,腹式呼吸,有窒息危险(肝变期)		
	血液检查	白细胞总数增多,嗜中性粒细胞增多,核左移。严重病例，白细胞减少		
	X线检查	病变部呈广泛密度均匀的大片阴影		
	病理学特征	肺泡内纤维蛋白渗出		

(三)防治要点

治疗原则：消除病因、抗菌消炎（新胂凡拉明）、制止渗出、促进渗出物吸收、对症治疗。

五、其他肺炎

项目	霉菌性肺炎	化脓性肺炎(肺脓肿)	吸入性肺炎(异物性肺炎)
病因	霉菌及孢子入肺	卡他性肺炎继发感染化脓菌	异物误入肺脏；肺炎感染腐败菌(坏疽性肺炎,肺坏疽)
临诊要点	支气管肺炎症状(发热、咳嗽、流鼻液、呼吸困难、肺部叩诊变化)		
	①鼻液污秽、含大量霉菌丝；②伴神经症状；③肺部散在大小不等的结节性及干酪样病变	①间歇热；②鼻流大量恶臭脓性鼻液,含弹力纤维和脂肪颗粒；③肺脏有脓肿病变	①高度呼吸困难；②呼出气恶臭；③流污秽、恶臭含弹力纤维的鼻液；④肺组织坏死,腐败分解
治疗	抑制霉菌药物	参见支气管肺炎	排出异物,抗菌消炎,对症治疗

六、胸膜炎

病因	①原发性:胸部创伤,穿刺感染;②继发性:各种肺炎和传染病(结核、传染性胸膜肺炎等)	
临诊要点	①腹式呼吸	②胸部敏感	③咳嗽:常呈干、短、痛咳(叩击时咳嗽更明显)
	④听诊胸部:胸膜摩擦音(初期)→胸膜摩擦音消失,出现胸腔拍水音(渗出期),肺泡呼吸音减弱或消失,心音减弱→再次出现胸膜摩擦音(吸收期),肺泡呼吸音逐渐显现		
	⑤叩诊:水平浊音区(渗出期)	⑥胸腔穿刺:穿刺液为渗出液或含有脓汁的液体(化脓性胸膜炎)	
	⑦病理特征:胸膜炎性渗出和纤维蛋白沉着		
鉴别	胸腔积水:①非炎性疾病(不发热,不敏感);②有水平浊音而无胸膜摩擦音;③为漏出液		
	传染性胸膜肺炎:有流行性,同时具有胸膜炎和肺炎症状		
防治	治疗原则:抗菌消炎,制止渗出,促进渗出物排出和吸收(穿刺、利尿)	化脓性胸膜炎:穿刺排液后,用消毒防腐剂反复冲洗胸腔,然后直接注入抗生素	

（杨 斌）

第三章 血液循环系统疾病

考纲考点：（1）心力衰竭、外周循环衰竭、心肌炎、心脏扩张、心脏肥大的病因、发病机理、临床特征、诊断及治疗；（2）心脏瓣膜病的类型及特征；（3）贫血的分类、病因、发病机理、临床症状、诊断及治疗；（4）慢性淋巴性白血病与骨髓性白血病的主要区别点；（5）血小板减少性紫癜及血斑病的主要特征。

一、心力衰竭

心力衰竭是心肌收缩力减弱（心功能不全）或衰竭引起的一种全身血液循环障碍综合征，简称心衰。以马和犬多见（特别是赛马、军犬），其次为役用牛。

（一）病因及机理

急性心衰	原发性	压力负荷过重：使役不当或过重（饱食逸居动物、警犬调教时）	心肌负荷过重	病因→心缩力突然减弱→心输出量减少→血压下降→组织缺血（供血不足）；心肌兴奋性代偿性增强
		容量负荷过重：输液超过心脏负荷（强心剂、钙或砷制剂、KCl）		
		强刺激：雷击、电击、麻醉意外等		
	继发性	急性传染病：口蹄疫；牛肺疫、结核；马传染性贫血、马传染性胸膜肺炎；猪瘟、猪丹毒；犬细小病毒病、犬瘟热等	病原菌或毒素直接侵害心肌	
		寄生虫病：弓形虫病、住肉孢子虫病		
		内科疾病：日射病、中毒病、桑椹心；肾脏病、胃肠炎等		
慢性心衰	充血性心衰	①长期重剧使役（警犬、役用动物）；②各种心脏疾病（心包炎、心肌炎、慢性心内膜炎）；③慢性血液循环障碍（慢性肺泡气肿→右心负担加重，慢性肾炎→肾性高血压）		病因→心代偿机能逐渐减退→心缩力减弱→静脉系统淤血（淤血性心衰）
左心衰致肺淤血水肿；右心衰致体循环淤血（全身静脉淤血、实质器官淤血、体腔积液、皮下水肿）				

（二）临诊要点

急性心衰		慢性心衰
运动或注射药物中突然发病；出汗（马），易疲劳，喘气（继发肺水肿）；无力、步态蹒跚或突然倒地死亡（脑缺血）		发展缓慢，病程长，逐渐消瘦；心性浮肿
		实质器官淤血（慢性消化不良，或反复腹泻）
心悸如捣；心律紊乱；第一心音高朗带金属调，第二心音突然减弱或消失→两心音均减弱或消失（后期）	心悸如捣而脉搏细弱是急性心衰早期的重要特征	第一心音增强（短暂），第二心音减弱→心音均弱（多见）；出现相对闭锁不全性收缩期杂音（心室扩张所致），心叩诊区扩大（心室扩大）
供血不足体征（易疲劳，脉搏细弱或不感于手）		
体循环淤血（黏膜发绀，静脉怒张）		

（三）防治要点

治疗原则：消除病因；减轻心脏负担，增强心脏收缩力；对症治疗。

消除病因，加强护理	停止使役和运动、停止输液等，安静休息	
急性心衰的急救（静脉输液等所致）	①0.1%肾上腺素3～5mL，20%～25%葡萄糖500mL（大动物），静脉滴注或心脏注射。②心脏按压或电刺激起搏器	抢救濒死期动物
减轻心脏负担（放血疗法）	酌情放血1000～2000mL（大动物，贫血动物忌放血）。放血后呼吸困难迅即解除，再缓慢静注25%葡萄糖溶液500～1000mL，心肌营养药（ATP、CoA、细胞色素C等）	

续表

增强心脏收缩力（强心、补液——慢性心衰）	洋地黄类	首次给予足够剂量（洋地黄化——心率比原来减慢），以后给予维持量。①牛：洋地黄毒苷肌注，或地高辛静注。②马：地高辛静注或口服。③犬：洋地黄毒苷静注，或地高辛口服	注意：有蓄积毒；禁止配合使用钙剂和肾上腺素；成年反刍兽不宜口服；心肌损害性心衰禁用；发热感染时慎用
		甲基地高辛＞地高辛，用于急性或慢性心衰治疗	
	继发性心衰（心肌损害；急性传染病、中毒病）	①大动物：10%樟脑磺酸钠，肌注，或0.5%氧化樟脑（强心尔），肌注或静注。②犬猫：普萘洛尔口服或静注	
	阵发性心动过速	复方奎宁注射液，肌注（孕畜忌用）；犬用心得宁内服	
	犬猫长期或难治心衰	小动脉扩张剂（肼苯哒嗪），静脉扩张剂（硝酸甘油、异山梨醇二硝酸酯），醛固酮拮抗剂（安体舒通），血管紧张素转移酶抑制剂（甲巯丙脯酸），哌唑嗪口服等延长寿命	
	各种心衰	20%安钠咖	
对症治疗		急性心衰（心搏强盛）用镇静剂（如安溴注射液静注）；防治继发性水肿及器官疾病	

二、外周循环衰竭

外周循环衰竭又称循环虚脱或休克。根据微循环的变化分为三期：初期（缺血性缺氧期、微循环痉挛期、代偿期）、中期（淤血性缺氧期、微循环扩张期、失偿期）、后期（弥漫性血管内凝血期即DIC期、微循环衰竭期、微循环凝血期）。

（一）病因

血液总量减少	急性大失血；机体严重脱水；大面积烧伤（血浆丢失）	
血管容积增大	严重中毒和感染（病原及其毒素致交感神经兴奋，小动脉及毛细血管收缩→血液灌注不足→缺血缺氧产生组胺、5-羟色胺等→毛细血管扩张或麻痹→通透性增大→血浆外渗）	血管源性虚脱——血管舒缩功能紊乱所致
	过敏反应（产生血清素、组胺、缓激肽等）→血管床扩张和毛细血管床扩大→血容量相对减少	血液源性虚脱——血容量不足所致
	剧痛疼痛及神经损伤（交感神经兴奋或血运动中枢麻痹）→血管床扩张→血容量相对减少	
心排血量减少	心力衰竭（心缩力下降→心射血量减少→有效循环血量减少）	

（二）临诊要点

病史及相关症状	急性失血、严重脱水、感染、过敏、剧烈疼痛等病史及相应临床表现
临床特征	黏膜发绀或苍白，大汗但末梢厥冷；气喘甚至呼吸中枢衰竭；兴奋不安→迟反应钝→昏迷
	血压下降，血液浓稠，尿液减少，酸中毒，重要器官功能衰竭
	第一心音高朗、第二心音微弱甚至消失；脉搏短绌
	体表静脉塌陷，颈静脉压及中心静脉压降低（血容量不足）——鉴别心力衰竭
心电图	"峰状"T波，电压逐渐升高，室性心动过速，S-T段上升，末期QRS波时限延长（犊牛感染性休克）

（三）防治要点

治疗原则：补充血容量、纠正酸中毒、调整血管舒缩机能，保护重要器官功能及抗凝血治疗。

补充血容量	乳酸林格氏液、10%低分子右旋糖酐（防血管内凝血）；或5%糖盐水、生理盐水、葡萄糖等
纠正酸中毒	5%碳酸氢钠液或11.2%乳酸钠液或乳酸林格氏液中加碳酸氢钠（0.75g/L）
调整血管舒缩机能	控制血管药：抗胆碱药（阿托品、山莨菪碱），α-肾上腺素受体阻断剂（氯丙嗪、苄胺唑啉），血容量已补足，但血压仍低时用β-肾上腺素受体兴奋剂（异丙肾上腺素、多巴胺）
保护脏器功能	改善脑水肿和肾功能衰竭；缓解呼吸中枢衰竭
抗凝血	发生DIC，用肝素葡萄糖液（同时用丹参注射液，效果更佳；等量鱼精蛋白可对抗肝素导致的出血加重）。发生DIC时禁用抗纤溶制剂
中医治疗	生脉散；四逆汤

三、心肌炎

心肌炎是伴发心肌兴奋性增强和心肌收缩力减弱为特征的心肌炎症。临床上以急性非化脓性心肌炎常见。慢性心肌炎，实质是心肌营养不良。

（一）病因及发病机理

传染病	马	炭疽、传染性胸膜肺炎、马腺疫
	牛羊	口蹄疫、牛肺疫、羊传染性胸膜肺炎、布鲁氏菌病、结核病
	猪	口蹄疫、伪狂犬病、猪瘟、猪丹毒、猪肺疫、链球菌病
	犬	犬细小病毒病、犬瘟热、流感、传染性肝炎；链球菌病、棒状杆菌病、葡萄球菌病等
寄生虫病		犬恶心丝虫；血液原虫病；弓形体病等
中毒病		有毒植物、重金属、霉菌毒素、药物中毒
其他		各种脓毒败血症；风湿病；变态反应（药物、血清及疫苗）

发病机理：①病原体、病原体的毒素和其他毒物→心肌受到侵害→心脏传导系统兴奋性增高。②心肌发生变性→收缩机能减弱→心脏活动机能减弱→心输出量减少→动脉压下降→血流缓慢、末梢神经障碍、静脉淤血水肿和呼吸困难等血液循环障碍的表现。

（二）临诊要点

病史	有各种传染病、血液寄生虫病、脓毒败血症或中毒病的病史
心脏听诊	①心动过速；②心搏亢进，第一心音强盛伴混浊或分裂；第二心音显著减弱；伴相对闭锁不全性缩期杂音；重症表现心律失常（奔马音，或期前收缩）；濒死期心音减弱
脉搏	初期脉搏紧张而充实（急性心肌炎），随后心跳强盛而脉搏甚微（心跳强盛与脉搏甚微非常不相称）
心衰	呼吸困难、黏膜发绀；体表静脉怒张；皮下水肿等
心功能试验	停止运动后（甚至2～3min以后），脉搏仍增数（心肌兴奋性增高），需经较长时间才恢复至运动前水平
血液动力学	最大收缩压下降，心室压上升延迟，舒张末期压力增高，心输出量降低，静脉充盈压升高，动脉压下降
心电图	R波增大，收缩和舒张的间隔缩短，T波增高，P-Q和S-T间期缩短
	严重期：R波降低、变钝，T波增高，P-Q和S-T间期延长（缩期延长、舒期缩短）
	致死期：R波和S波更小，T波更高

（三）治疗要点

治疗原则：减少心脏负担，增加心脏营养，提高心脏收缩力、防治原发病等。

减少心脏负担	参见心力衰竭。安静休养；注意初期不宜用强心剂，可行心区冷敷
治疗原发病	磺胺类药物、抗生素、血清和疫苗等特异性疗法
营养心肌	静脉滴注ATP、辅酶A、细胞色素C
增强心肌收缩力	参见心力衰竭。禁用洋地黄强心药（易致心力过早衰竭）

四、心脏肥大与心脏扩张

疾病	心脏肥大	心脏扩张
病因	过劳；心脏负荷过大（高血压等）	心衰的病因（心肌损害）致慢性心衰
病理特征	心肌纤维变粗致心壁增厚，心脏体积增大、重量增加，以左心室肥大常见	心肌疲劳，收缩力无力致心壁变薄、心室内腔增大，以右心室扩张常见
临床特征	由于心搏动强，心音和脉搏增强，尤其第二心音高朗；脉搏细弱（慢性）	慢性心衰的特征明显，心律不齐（过早搏动——阵发性心动过速）、相对闭锁不全性缩期杂音，伴心房纤颤

五、心脏瓣膜病

病因	先天性	心房和心室间隔缺损；先天性瓣膜病；心脏和心内膜发育不全等
	后天性	急性心内膜炎、慢性心肌炎、心力衰竭、心脏扩张等

疾病类型	心杂音时期	第一心音		第二心音		其他
		二尖瓣	三尖瓣	主A口	肺A口	
二尖瓣闭锁不全	全缩期	减弱	减弱	减弱	增强	脉细弱；右心衰（后期）
左房室口狭窄	舒张期	稍强	减弱	弱/不清	增强	脉细小；右心衰（后期）

续表

疾病类型	心杂音时期	第一心音		第二心音		其他
		二尖瓣	三尖瓣	主A口	肺A口	
三尖瓣闭锁不全	全缩期	减弱	减弱	增强	减弱	阳性静脉波;脉弱;左心衰(后期)
右房室口狭窄	舒张期	减弱	增强	增强	减弱	阴性静脉波;脉弱;左心衰(后期)
主A瓣闭锁不全	舒张期	减弱	增强	减弱	减弱	速脉;左心衰(后期)
主A口狭窄	收缩期	减弱	增强	减弱	减弱	迟脉;左心衰(后期)
肺A瓣闭锁不全	舒张期	增强	减弱	减弱	减弱	脉弱;右心衰(后期)
肺A口狭窄	收缩期	增强	减弱	减弱	减弱	脉弱;右心衰(后期)

六、贫血

贫血主要表现皮肤和可视黏膜苍白,心率加快,心搏增强,肌肉无力及各器官由于缺氧而产生的各种症状。

(一)病因
参见临床诊断学部分(血液检验)。

(二)临诊要点

1. 贫血的共同症状

轻度贫血	黏膜稍淡;食欲不定;精神沉郁;仍有一定生产和使役能力,但持久力差
中等度贫血	黏膜苍白;食欲减退,倦怠无力,不耐使役,易疲劳;呼吸脉搏增数
重度贫血	黏膜苍白如纸;出现浮肿;呼吸脉搏显著增快;心脏缩期杂音(贫血性杂音);不堪使役,稍动则喘,心跳急速,甚至昏倒

2. 各型贫血的临床特点

表现于起病情况、可视黏膜色彩、体温高低、病程长短以及血液和骨髓的检验等方面。

疾病	起病	可视黏膜	主要特征	体温	病程	血液和骨髓检验
急性失血	急	突然苍白	速发循环衰竭或出血性休克(脉弱、冷汗、喘气、心跳快、心音高朗、心杂音等)	四肢发凉	短急	①正细胞正色素型(24h内) ②大细胞低色素型(4～6日) ③再生性贫血
慢性失血	慢	逐渐苍白	①日趋瘦弱,下颌浮肿或体腔积水;②心音亢进,脉浮弱	稍低	隐袭	①低色素型贫血 ②再生性贫血
溶血	快或慢	苍白伴黄染	①排血红蛋白尿(褐色);②血清金黄色;③黄疸指数高,间接胆红素多	有的高	长或短	①正细胞正色素型(急性) ②低色素型(慢性) ③再生性贫血
缺铁	缓慢	逐渐苍白	①特定饲养环境下2～4周龄哺乳仔猪;②逐渐消瘦,腹泻;③补铁有效	不高	长	①小细胞低色素型贫血 ②血清铁减少 ③再生性贫血
铁钴	缓慢	逐渐苍白	①地区性群发(反刍兽);②顽固性消化不良,异嗜,消瘦,脱毛;③补钴有效	不高	长	①大细胞正色素型贫血 ②再生性贫血
再生障碍型	缓慢(放射病除外)	苍白有增无减	①全身症状渐重;②伴出血性素质;③炎症不易控制	升高	短	①正细胞正色素型贫血 ②骨髓三系细胞均减少(非再生性贫血)

(三)防治要点
治疗原则:止血,恢复血容量,补造血物质,刺激骨髓造血机能,对因及对症治疗。

迅速止血	①外出血：结扎血管、填充及绷带压迫，或明胶海绵、止血棉止血，或出血部位喷洒 0.01%～0.1%肾上腺素。②全身止血（注射止血药）
补充血容量	立即静注 5%糖盐水，或血液代用品（右旋糖酐）或新鲜全血或血浆（须进行交叉试验）
补充造血物质	铁制剂（硫酸亚铁、枸橼酸铁、右旋糖酐铁）、钴元素（硫酸钴或氯化钴）、维生素 B_{12}、叶酸等
刺激骨髓造血机能	应用氟羟甲睾酮、司坦唑醇（康力龙）、促红细胞生成素（EPO）等
消除原发病	针对原发病，采取相应治疗措施

七、白血病

该病的基础是造白细胞组织增生，属造血系统的一类恶性肿瘤性疾病。牛、猫多见，其次是犬、猪。以慢性、淋巴性白血病多见。急性以原始、幼稚型细胞增生为主，慢性以成熟型细胞增生为主。

病因	①病毒因素；②免疫缺陷；③遗传因素；④造血系统损害：放射线、化学毒物、细胞毒药物		
临诊要点	一般体征：贫血、瘦弱、皮下浮肿、眼球凸出；出血性素质；易发感染；后期呈现再障性贫血（三系细胞减少：红细胞、粒细胞、血小板均减少）		
	鉴别要点	慢性淋巴性白血病	慢性骨髓性白血病
	①贫血	出现较晚、较轻	出现早、更严重
	②肝、脾肿大	明显	特别明显
	③淋巴结肿大	显著肿大（非炎性）	轻微
	④血象　白细胞总数增多	显著	不明显
	增多细胞类型	淋巴细胞	白细胞（中性粒）
治疗	①综合性支持疗法	增强抵抗力，防止并发症（输血、抗生素、中草药等）	
	②放射（化学）疗法——抑制细胞增生	叶酸拮抗药（氨甲喋呤）、嘌呤拮抗药（6-巯嘌呤）、嘧啶拮抗药（阿糖胞嘧啶）、核毒类药（环磷酰胺）、L-天门冬氨酸酶、肾上腺皮质激素	
	③免疫疗法	特异性疫苗（白血病疫苗）；非特异性疫苗（卡介苗、百日咳菌苗）	
	④骨髓抑制疗法		

八、出血性疾病（出血性素质）

动物出血性疾病的病理过程是止血障碍，包括血管壁异常（常见病因及类型）、血小板异常（最常见、最主要发病环节）、凝血机制异常（凝血活素形成障碍、凝血酶形成障碍、纤维蛋白形成障碍及抗凝血物质增加）。

项目	血斑病（血管性紫癜）	血小板减少性紫癜
发生	马属动物	新生幼畜（原发性）
病因及机理	感染、过敏 Ⅲ型超敏反应→血管通透性增大	①免疫机制障碍（新生畜） ②各种原因致血小板减少（生成减少或破坏过多）
临诊要点	①突然发病；②黏膜及脏器斑块状出血、水肿；③皮下对称性肿胀（河马头、大象腿）	①广泛性出血；②血小板减少；③凝血时间延长；④同种免疫性：新生幼畜吮母乳后突发
治疗原则	除病因；抗过敏；降低血管通透性；提高胶体渗透压；防感染	治原发病；免疫抑制剂；输血（血浆）；脾脏摘除（犬）

甲型血友病与乙型血友病的区别

甲型血友病	乙型血友病
先天性第Ⅷ因子缺乏症	先天性第Ⅸ因子缺乏症
犬、马、猫	犬、猫
X 性染色体基因突变→抗血友病球蛋白（AHG）	Ⅸ因子合成基因突变→凝血酶原转化成凝血酶障碍

（杨　斌）

第四章 泌尿系统疾病

考纲考点：(1) 泌尿系统疾病的基本症状；(2) 肾炎、尿道炎、膀胱炎、尿石症的临床特征；(3) 尿量变化、尿液检查的各种变化（尤其上皮细胞）与诊断、治疗的关系（水、盐代谢）；(4) 各种疾病的区别点（各种肾炎，肾炎与肾病，各种膀胱疾病）；(5) 肾功能衰竭的判定及治疗的关键环节；(6) 治疗肾脏疾病药物的使用及注意事项（电解质变化）。

一、泌尿器官疾病的基本症状及治疗要点

泌尿器官疾病的基本症状

肾性腹痛（肾区敏感）	①背腰拱起、后肢叉开，不愿活动；②运步强拘（背腰僵硬、小步行进、后肢拖曳）；③肾区叩痛或触痛
排尿障碍	尿频、尿淋、尿失禁、尿潴留、尿痛（见临床诊断学部分）
尿液异常	①尿量变化（多尿、少尿或无尿）；②尿色改变（血尿）、尿液浑浊；③尿液有病理产物（黏液、脓汁、蛋白、上皮、血液、管型）
肾性水肿	颜面（眼睑）、会阴→肉垂、四肢水肿→全身皮下浮肿→体腔积液
肾性高血压	主动脉口第二心音增强；硬而小的脉
尿毒症（肾衰、尿潴留）	神经机能障碍：沉郁、昏睡、昏迷、甚至痉挛（氮血症、酸中毒）
	消化机能紊乱：食欲减退至废绝、呕吐、反刍障碍、消化不良、肠炎
	呼吸机能紊乱：呼吸加深加快，呼出气有尿味、节律异常
	心跳快、心律不齐；皮肤瘙痒；体温下降

泌尿器官疾病的治疗要点

限制饮水	①少尿期：限制盐；②多尿期：适当补盐	
抗菌消炎	①β-内酰胺类；②氨基糖苷类；③喹诺酮类等；④林可霉素	
	不用磺胺类、庆大霉素、卡那霉素等（对肾损害大）	
抑制免疫反应	糖皮质激素肌注或静注（具抑制免疫反应、抗炎、利尿、清除蛋白尿作用）	
利尿消肿	利尿：①双氢克尿噻；②利尿酸（毒性低）；③1%速尿 1~2mg/kg 体重	
	消肿：25%山梨醇、10%$CaCl_2$，高渗葡萄糖，静注	
防腐消毒	①尿路消毒剂（口服呋喃妥因、40%乌洛托品静注）；②尿路冲洗（2%硼酸）	
对症疗法	补液	①多尿期：乳酸林格氏液（可补钾）；②少尿期（急性肾炎、慢性肾炎后期）：限制输液（不得补钾）；③当脱水、高钙、代谢性酸中毒时，补5%葡萄糖；乳酸林格氏液 2∶1
	其他	强心、止血、健胃促消化
	尿毒症	补碱（5%碳酸氢钠，静注）；口服透析盐或腹膜透析

二、肾炎

肾炎通常是指肾小球、肾小管或肾间质组织发生炎症性病理变化的统称。临床特征：肾区敏感、尿液异常（少尿或多尿、蛋白尿、血尿、肾上皮细胞和管型）和肾性高血压等。多发于马、猪、犬、牛（牛多为间质性肾炎）。

(一) 病因及机理

急性肾炎	①感染因素:病毒、细菌感染。②中毒因素:内源性毒物;外源性毒物。③促发因素:邻近器官炎症;寒冷刺激	①直接刺激作用;②变态反应:有毒物质+肾小球毛细血管基底膜黏多糖→形成抗原→产生抗体;抗体+抗原→产生组胺类物质→肾小球发生变态反应性炎症
慢性肾炎	同急性肾炎;急性肾炎转变为慢性	
间质性肾炎	各种感染	葡萄球菌、化脓性棒状杆菌、链球菌、铜绿假单胞菌、肾棒状杆菌、犬钩端螺旋体病	

(二) 临诊要点

(1) 传染病、中毒病、受寒感冒等病史;(2) 肾区敏感;少尿或无尿;尿液浑浊;肾性水肿或体腔积液(慢性明显);肾性高血压提示肾炎线索;(3) 尿中有病理性产物(蛋白尿、血尿;炎症细胞,肾上皮细胞和管型等)是最主要特征。肾上皮细胞和管型是确诊肾脏疾病的重要依据。

疾病		急性肾炎	慢性肾炎	间质性肾炎
全身症状		明显;顽固性腹泻	发展慢,病程长,渐瘦	肾肿大硬固、萎缩
肾区敏感		++++	+	—
尿量		频尿;少尿或无尿	多尿(后期少尿)	多尿→少尿
肾性高血压		+++	+++	+++
肾性水肿		+(后期)	+++(全身浮肿)	+(后期)
尿检	蛋白尿	+++	+	+
	血尿(血细胞)	++++	+	—(脓细胞)
	肾上皮及管型	++++	++++	+
血检	非蛋白氮	明显增高	增高	增高
	血浆蛋白	明显降低	降低	降低
尿毒症		+	+	+

肾病与肾炎的鉴别

疾病	肾炎	肾病
病因	感染因素;中毒因素	肾脏局部缺血→严重循环衰竭
病理学*	全肾组织均受损	肾小管上皮变性坏死(肾小球损害轻微)
	炎症性病理过程	非炎性病理过程
水肿	+++(慢性)或 +	明显++++
蛋白尿、低蛋白血症	++(急性)或 +	++++
血尿*	+++ 或 +(慢性)	无
肾性高血压*	+++	无
尿量变化	明显(少尿或无尿)	不明显→少尿(阻塞性)→多尿
治疗	见肾炎	补充蛋白

* 表示主要区别点。

(三) 防治要点

治疗原则:清除病因,加强护理;抗菌消炎;激素疗法;利尿消肿;对症治疗(参见泌尿系统疾病治疗要点)。

特别注意:施行半饥饿疗法,并限制饮水和食盐摄入量。

三、膀胱炎和尿道炎

病因	①感染:细菌经血液或尿路感染;邻近器官炎症蔓延(泌尿生殖道疾病);导尿消毒不严等
	②机械刺激:导尿粗暴;结石;刺激性药物;交配时过度舔舐或其他异物(如草刺等交配时刺入)引起尿道炎
	③其他:牛蕨类植物中毒(膀胱肿瘤)
共同症状	①排尿障碍(尿频、尿痛、尿淋);②尿液浑浊(含有黏液、脓液);③血尿
鉴别要点	膀胱炎	尿道炎
局部检查	触诊膀胱敏感、黏膜肥厚或有结石	尿道口红肿或流脓;频舔外阴部(犬猫);尿道敏感、狭窄或阻塞

续表

尿检	多量膀胱上皮细胞和磷酸铵镁结晶	尿道上皮细胞
治疗	消除病因,抑菌消炎,防腐消毒及对症治疗(止血)	

肾盂肾炎:肾区疼痛,肾脏肿大,尿液中有大量肾盂上皮细胞。

四、膀胱麻痹

膀胱麻痹是平滑肌(逼尿肌)收缩力减弱或丧失,尿液不能随意排出而积滞的一种非炎症性膀胱疾病。临床特征:不随意排尿,膀胱充满且无明显疼痛反应。多数是暂时性不全麻痹。常发于牛、马和犬。膀胱括约肌麻痹导致尿失禁。

(一)病因

神经源性	中枢神经系统损伤:脑膜炎、脑挫伤、电击、中暑、腰荐部脊髓损伤等	
肌源性	膀胱肌过度伸张而弛缓(尿道阻塞、长期压制排尿);生产瘫痪等	一时性膀胱麻痹

(二)膀胱相关疾病鉴别诊疗要点

膀胱相关疾病的鉴别

疾病		排尿姿势及尿量	排尿疼痛	膀胱充盈度	触压膀胱		治疗要点
					敏感性	是否排尿	
膀胱麻痹	平滑肌	尿频满后溢尿	—	++	—	压即排停压不排	①导尿或按压排尿;②提高膀胱收缩力(拟胆碱药、硝酸士的宁)
	括约肌	尿失禁	—	空虚	—		
膀胱炎		尿频	+	空虚	+	—	膀胱冲洗,抗菌消炎
膀胱痉挛	平滑肌	尿频	—	空虚	+	—	导尿;解痉(阿托品)
	括约肌	尿闭	+	+++	+	—	
膀胱结石	腔内	尿频尿淋	+	+	+++	+,有结石	排尿;排石
	颈部	可发尿闭	+++	+++	+++	+,有结石	

五、尿石症

尿石症在雄性动物多发于尿道(尿道阻塞2~4天后易导致膀胱破裂);雌性动物多发生在肾盂、膀胱。临床特征:腹痛;排尿障碍(频尿、尿痛、尿少、尿淋甚至尿闭);血尿及细砂砾尿。尿石形成原始部位在肾脏(肾小管和肾盂)。

(一)病因及机理

尿石症是由于无机矿物盐类结晶(超过正常浓度)与保护性胶体物质(稳定性结构丧失)围绕尿路产生的核心物质(基质)逐渐形成。

病因	病机(尿石形成与以下因素有关)
长期采食质量低劣饲料:富含硅酸盐、草酸、磷饲料;钙多磷少饲料;雌激素过多饲料(三叶草);维生素 B_6、维生素 A 缺乏	(1)核心物质(形成尿石基质):多为黏液、凝血块、脱落上皮、坏死组织、红细胞、微生物、纤维蛋白等
饮水不足或矿物质过高(尿液浓缩)	(2)尿中溶质的沉淀:盐类结晶有碳酸盐、磷酸盐、硅酸盐、草酸盐和尿酸盐
肾及尿路感染性疾病(形成结石基质)	
长期或顽固性尿潴留(尿液碱化)	(3)尿石形成诱因(尿液理化性质改变):①尿液pH改变;②尿液潴留或浓稠
代谢或遗传缺陷	
其他:应用雌激素过多,甲亢,磺胺药、重金属(如铅)中毒	

(二)临诊要点

尿石较轻时症状不明显,仅尿液浓稠、发白(尤其终末尿);严重时出现排尿障碍(尿频、尿痛)、血尿及细砂砾尿。

各部位结石的特点

疾病		要点	并发症
肾结石（在肾盂部分）		①肾盂肾炎（肾区敏感）；②肾肿大、敏感；③运动或使役中出现腹痛和血尿，停止运动后减轻	肾炎、肾盂肾炎、膀胱炎等
输尿管结石（输尿管阻塞）		①剧烈而持续性腹痛；②输尿管近肾端粗大有波动感；③双侧完全阻塞：膀胱无尿，肾盂积水；④不全阻塞：血尿、脓尿和蛋白尿	
膀胱结石（常见）	膀胱腔结石	①尿频、尿少而腹痛不明显；②终末尿中有絮状物、血液等；③膀胱内有异物	膀胱内异物的鉴别：结石有移动感，肿瘤位置固定
	膀胱颈结石	①腹痛明显；②排尿障碍（尿频、尿痛、少尿甚至尿闭→膀胱充盈）；③胱颈肿胀有异物	
尿道结石（公畜）	逐渐或突发尿闭	频尿、少尿或无尿、尿细、尿淋、血尿、尿闭（完全阻塞）；腹痛明显	牛羊：多在"S"状弯曲或龟头部
	触诊	膀胱高度胀满（触痛，按压不见排尿）→腹围增大	犬：多在坐骨弓处或阴茎骨后方
		尿道触诊敏感；探诊——触及阻塞物及阻塞部位	
特殊检查		①X射线检查；②尿道探针（金属探针）；③直肠检查（大动物）；④尿常规和血常规检查；⑤运用物理（X光衍射、能谱分析）、化学方法对尿结石成分进行分析：犬、猫、猪主要是磷酸铵镁结石（鸟粪石），其次为碳酸钙结石（方解石）；牛羊主要是碳酸钙结石，其次为磷酸铵镁结石；马主要是碳酸钙结石，其次为硫酸镁结石	
猫泌尿系统综合征		猫泌尿系统综合征（FUS）是尿石或结晶等刺激尿路黏膜发炎，造成尿路阻塞的一种综合征，又称猫下泌尿道疾病。多发于2~6岁长毛猫。猫尿道结石90%以上为磷酸胺镁结石（鸟粪石），其次为胶状物、尿酸盐和草酸盐	
膀胱破裂诊断要点	动物尿闭后2~4日即可引起膀胱破裂	①动物排尿障碍的姿势消失，由烦躁不安转为安静、目光呆滞、呆立不动；②体温低下，心跳疾速，脉搏细弱，不感于手；烦渴贪饮；③腹围增大，触诊波动，明显振水音；④直肠检查：膀胱长期空虚（有时可隐约摸到破裂口）；⑤腹腔穿刺：大量尿液（一般呈淡红色，较浑浊，且常有纤维蛋白凝块堵塞针孔）；⑥静脉注射染料类药物（红色素）后30min，再行腹腔穿刺腹水为注入药物的颜色（红色）	

（三）防治要点

治疗原则：加强护理，排出结石、疏通尿路，控制感染。

加强护理		①排通前—限制饮水；②疏通后—大量饮水（利尿）、加喂食盐、补充维生素A
排尿减压		通过直肠（大动物）或体外（小动物）穿刺排尿（防膀胱破裂）
排出结石、疏通尿路	肾结石：切除患肾，目前可用激光碎石技术	
	细小砂砾结石（药物排石）	①利尿；②碱化尿液（口服NH$_4$Cl）；③大量饮用排石饮液（口服三金片、消石散）；④尿路平滑肌松弛药（氨基普马呤、白术）；⑤金属探条反复通探、冲洗尿路
	较大的膀胱或尿道结石：①超声波碎石（结石少时）；②手术疗法	
	尿道结石冲洗法：犬麻醉后，用导尿管插入尿道口，生理盐水冲洗	
控制感染		尿道消毒、防止和控制细菌感染、止血等按肾炎和膀胱炎治疗

六、急性肾功能衰竭

（一）病因及机理

肾前性因素	血容量绝对或相对不足→肾脏严重缺血→肾小球滤过率降低	①心血管疾病；②感染性疾病；③休克（失血性、过敏性、大量脱水）
肾性因素↓急性肾小管坏死	①长期休克：严重脱水、失血；②误用肾毒性药物（血管收缩药）；③中毒：庆大霉素等，两性霉素、甘露醇、低分子右旋糖酐，生物毒素中毒，重金属中毒；④磺胺及尿酸结晶（小结石）；⑤重症急性肾炎、肾血管疾病等	
肾后性因素（尿路梗阻）	结石、血块、肿瘤压迫；磺胺及尿酸结晶等	

肾微循环障碍（儿茶酚胺、肾素-血管紧张素所致）、肾缺血、弥漫性血管内凝血是急性肾功能衰竭发生的三大主要环节。

（二）临诊要点

急性肾衰分3期或4期，即开始期（中毒性无此期）、少尿或无尿期、多尿期、康复期。

（1）开始期　表现原发病病症；少尿、尿比重升高、尿钠降低。少尿原因：①血容量不足、血压下降→肾血管痉挛→肾小球滤过率下降→少尿；②抗利尿激素、醛固酮（保钠排钾）、促肾上腺皮质激素分泌增多→少尿。

（2）少尿或无尿期　病因持续存在→肾实质损害（肾小管上皮变性坏死）→少尿或无尿期。

指标		主要变化	原因及机理
水排泄紊乱	尿液	少尿或无尿；蛋白尿；血尿；管型尿；尿比重升高	少尿和代谢旺盛→内生水增多，若摄入液体和盐过量→水中毒
	其他	少尿或无尿→肾性水肿、血压升高	
电解质紊乱	血液	高钾血症（心跳缓慢、心律不齐、心搏骤停）	应限制水盐（K^+）
		低钠血症；低钙血症；高磷血症；高镁血症	
代谢性酸中毒		嗜睡，昏迷、心缩无力，血压下降→加重高钾血症	
氮质血症		血非蛋白氮含量大幅度增加（血清肌酐、尿素氮进行性升高）	
其他		①肺水肿和高血压→心力衰竭；②出血倾向；③贫血；④补液后利尿，但无尿或少尿	
特殊检查		①肾造影检查：显影慢或极淡；② B 超检查：双肾多弥漫性肿大或正常	

（3）多尿期　正确治疗→安全度过少尿期→肾机能逐渐恢复→多尿期。主要特点：尿量增加；水肿减轻（脱水）；低钾血症；低钠血症；氮质血症（尿毒症高峰期）。因此应补充水盐（尤其 K^+）。

（4）康复期　血非蛋白氮降至正常（犬猫血尿素氮 BUN≤20mg/dL），电解质紊乱得到纠正，尿量恢复至正常水平，病情日见好转。但仍有无力、消瘦、贫血等症状。

（三）防治要点

治疗原则：治疗原发病，防休克和脱水、纠正酸中毒、减缓氮血症。

分期	方　法	药　物
少尿期	补液及纠正高钾血症	10%葡萄糖、低分子右旋糖酐和葡萄糖酸钙
	利尿消肿，减轻氮血症	少尿后 24～48h 内用速尿或甘露醇或高渗葡萄糖液；尿量渐多，水肿消退再转入多尿期治疗
多尿期	适当补液、补钾	关键是补钾
	促进肾小管上皮细胞修复与再生	能量合剂、维生素 E 及中药等
	逐渐增加蛋白质摄入量	随血肌酐和尿素氮水平下降时用
恢复期	无需特殊治疗	避免使用肾毒性药物，防止高蛋白摄入，逐渐增加活动量

七、慢性肾功能衰竭

慢性肾功能衰竭（简称慢肾衰）是一种临诊综合征。犬、猫多见。

（一）病因

任何泌尿系统病变能破坏肾的正常结构和功能者，均可引起慢肾衰。如原发和继发性肾小球病、慢性间质性肾病、肾血管疾病和遗传性肾脏病等，都可发展至慢肾衰。急性肾衰竭也可发展为慢性肾衰竭。

（二）临诊要点

慢肾衰的早期，除氮质血症外，无临诊症状，仅表现基础疾病的症状。临床特征：少尿或无尿；氮质血症；水肿；高血钾、低血钠、低血钙、高血磷等。尿毒症各种症状的发生与水、电解质和酸碱平衡失调有关。

分期	I	II	III	IV
肾小球滤过率（GFR）	>50%	30%～50%	5%～30%	尿毒症
尿量	正常	多尿	减少	少尿
水	—	轻度脱水、烦渴	水肿	加剧
电解质	—	低 K^+、低 Na^+	高 K^+、低 Na^+、低钙、高磷	加剧
酸中毒	—	+	++	++++
心衰，贫血，WBC↓	—	+	++	+++
呕吐、腹泻	—	+	++	+++
肾性骨营养不良		纤维性骨炎、肾性骨软化症、骨质疏松症和肾性骨硬化症		

犬、猫肾衰不同时期血浆肌酐含量

动物	I	II	III	IV	单位
犬	<125	125~180	181~440	>440(尿毒症)	μmol/L
	<1.4	1.4~2.0	2.1~5.0	>5.0(尿毒症)	mg/dL
猫	<140	140~250	251~440	>440(尿毒症)	μmol/L
	<1.6	1.6~2.8	2.8~5.0	>5.0(尿毒症)	mg/dL

(三) 防治要点

治疗原则:①治疗原发病,控制病情发展,恢复代偿;②加强护理,防止脱水和休克,纠正高血钾、酸中毒,减缓氮质血症;③给予高能量高脂低蛋白食物;④对症治疗。

1. 延缓慢性肾衰竭的发展(在慢肾衰早期实施)

饮食疗法	低蛋白日粮	低蛋白质日粮→血尿素氮↓→减轻尿毒症和酸中毒、降低血磷	治疗慢性肾衰重要措施
	高热量摄入	足量碳水化合物和脂肪→减少蛋白质分解	
	低盐摄入	一般不严格限制(但水肿、高血压、少尿时要限制盐)	
	钾、磷摄入	无需限制钾(日尿量>1L);低磷饮食(每日<0.6g)	
	限饮水	严格控制进水量(在少尿、水肿、心力衰竭时)	
应用必需氨基酸		静注18复合氨基酸→维持营养状态,减少血尿素氮水平→减缓尿毒症	
控制高血压		首选ACE抑制剂或血管紧张素II受体拮抗剂(如洛沙坦);或选用依那普利	血肌酐>250μmol/L,慎用

2. 治疗并发症

水盐失调	无水肿	低盐(不禁盐)限水	清除水盐潴留
	有水肿	限盐限水;利尿(大剂量呋噻脒,即速尿)	
	高钾血症	限钾;补10%葡萄糖酸钙	
低钙高磷血症		慢肾衰早期:肠道磷结合药(口服碳酸钙、葡萄糖酸钙)	
高血压、心力衰竭		按一般心衰治疗(但疗效常不佳);清除水钠潴留	
代谢性酸中毒		补碱:5%碳酸氢钠	
抗感染		肾毒性较小药物(保肾胜、牧特灵、拜有利或头孢菌素等)	
慢肾衰性贫血		①输血治疗;②红细胞生成素(EPO)疗效显著(结合补足造血原料)	

八、肾性骨病(肾性骨营养不良)

病因	慢性肾衰时钙磷代谢障碍(低血钙、高血磷)及维生素D代谢障碍,继发甲状旁腺机能亢进、酸碱平衡紊乱等因素而引起的骨病
发病机理	①血磷↑,血钙↓→甲状旁腺激素分泌↑→骨钙释放→骨病;②各种病因→1,25(OH)$_2$-VitD$_3$合成↓→骨软化症→甲状旁腺机能亢进→骨病
临诊要点	肾衰病史
	骨骼严重损害:骨软化、纤维性骨炎、骨性关节炎、骨质疏松、骨硬化、佝偻病等
	其他损害:皮肤瘙痒、贫血、神经及心血管系统等
	测血清甲状旁腺素、血清骨钙蛋白和钙含量
	X射线检查:骨皮质吸收、骨密度减低、骨质疏松、骨质硬化及软组织钙化
防治要点	降低血磷	低磷饮食(食物煮沸后去汤可降磷);合理服用磷结合剂(食物加碳酸钙)
	补充钙剂	空腹服用碳酸钙,补充活性维生素D
	治疗继发性甲旁亢	降磷、补钙、补活性维生素D;手术切除甲状旁腺(应慎重)

(杨 斌)

第五章　神经系统疾病

考纲考点：（1）脑膜脑炎、脑震荡及脑挫伤、脊髓炎及脊髓膜炎、癫痫的病因、临床特征及治疗；（2）注意各种脑症状；（3）中暑（日射病及热射病）的原因、发病机理、临床特征、诊断及防治（防暑降温药物）。

一、脑膜脑炎

临床特征：病初体温升高；表现一般脑症状、局部脑症状、脑膜刺激症状；脑脊液异常。

（一）临诊要点

病因	①病毒感染（主要原因）；②细菌感染；③中毒；④寄生虫；⑤脑部外伤及炎症等	
一般脑症状	先兴奋（转圈、痉挛）后抑制（昏睡），或兴奋抑制交替出现	
局部脑症状	痉挛	眼肌痉挛（眼球震颤、斜视、瞳孔大小不均）；咬肌痉挛（咬牙）；角弓反张，四肢痉挛
	麻痹	吞咽障碍，听觉减退，视觉丧失；肌肉麻痹、单瘫、偏瘫
脑膜刺激症状	颈部及背部感觉过敏→颈部背侧肌肉强直性痉挛（头向后仰）；膝腱反射亢进等	
	随病程发展，脑膜刺激症状逐渐减弱或消失	
脑脊液	脊髓穿刺可流出混浊脑脊液，其中蛋白质和细胞含量明显增高	

（二）防治要点

加强护理	①安静、通风、避光和声刺激；②体温升高：冷敷头部，消炎降温
抗菌治疗（细菌性脑膜炎）	治疗原则：①易透过血脑屏障药物；②高效安全药物；③联合用药；④用药剂量要足、疗程要长。多选用磺胺类、头孢类等
降低颅内压（消除水肿）	①泻血疗法，然后静注等量10%葡萄糖（加40%乌洛托品）；②静注25%山梨醇液、20%甘露醇；③ATP、辅酶A静注；④东莨菪碱加10%葡萄糖静注
对症治疗	安溴注射液静注（狂躁不安）；安钠咖、氧化樟脑（心衰）
中兽医治疗	"脑黄"，热毒扰心所致实热症："镇心散"和"白虎汤"加减

二、脑震荡及脑挫伤

脑震荡及脑挫伤是颅脑受到粗暴外力作用所致急性脑机能障碍或脑组织损伤。昏迷时间短、程度轻、多不伴局部脑症状、脑组织病理变化不明显的为脑震荡，反之严重的为脑挫伤（严重脑挫伤可致急性死亡）。病理变化特征为：硬膜及蛛网膜下腔（尤其最狭窄部）或脑实质出血或血肿。

临床特征	①不同程度昏迷（意识丧失、知觉减退或消失；瞳孔散大；呼吸变慢、脉搏细数，节律不齐；粪尿失禁；猪、犬伴呕吐）；②反射机能减退或消失；③体温不高	
治疗要点	加强护理	预防窒息（牵出舌）；止血；头部冷敷
	控制感染	抗生素或磺胺类药物
	消除水肿	25%山梨醇和20%甘露醇，配合地塞米松
	其他措施	兴奋中枢神经机能（强心）；激活脑组织功能，防循环虚脱（高渗葡萄糖和ATP）

三、脊髓炎、脊髓膜炎及脊髓损伤

脊髓炎和脊髓膜炎的病因为：①传染病；②有毒植物及霉菌毒素中毒；③外力损伤（椎骨骨折、脊髓损伤）；④断尾（咬尾）感染等。脊髓损伤是指外力作用致脊髓组织的震荡及挫伤，腰荐部脊髓损伤致后躯瘫痪称截瘫。

要点	脊髓炎及脊髓损伤	脊髓膜炎
临床体征	①感觉减弱或消失；②后躯瘫痪（粪尿蓄积），肌肉萎缩；③腱反射亢进 犬胸椎严重损伤表现"希夫-谢林顿综合征"：前肢伸展紧张，后肢麻痹	①感觉过敏；②肌肉痉挛、四肢强直
治疗要点	①加强护理，防止褥疮；②抗菌消炎（糖皮质激素，甲基泼尼松龙是犬猫首选药）止痛；③兴奋中枢神经、增强脊髓反射机能：皮下注射0.2%硝酸士的宁；④四肢麻痹：按摩、针灸、皮肤涂擦樟脑酒精，肌内交替注射士的宁和藜芦碱液	

四、癫痫

癫痫，俗称"羊癫风"，多见于羊、犬、猫、猪和犊牛。

病因	原发性/自发性/真性癫痫	脑机能不稳或代谢障碍，有遗传性
	继发性/症候性癫痫	颅脑疾病、感染、中毒、营养缺乏、惊吓、过劳或应激等
临床特征	①突然短暂反复发作（间歇期完全正常）；②发作期：感觉及行为障碍，意识丧失，阵发性痉挛（伴流涎、粪尿失禁）	
治疗	应用苯巴比妥；扑痫酮和苯妥英钠联合治疗，或盐酸山莨菪碱、丙戊酸钠等对症治疗	

五、日射病和热射病（中暑）

日射病和热射病统称为中暑，是日光直射头部和环境闷热所致动物急性中枢神经机能障碍性疾病。以牛、马、犬及家禽多发。

（一）临诊要点

要点	日射病	热射病
病因	强烈日光直射头部；突然发生	环境潮湿闷热（温度过高、湿度过大）；突然发生
发病机理	①烈日直射→脑血管扩张→脑及脑膜充血→头温剧升→神智异常。②紫外线→脑炎症和蛋白分解→颅内压升高→中枢调节功能障碍	环境闷热→体温调节中枢机能降低→产热＞散热→机体过热→中枢机能紊乱→循环和呼吸机能障碍→酸中毒、脱水→心肺衰竭→窒息和心脏麻痹
初期症状	乏力，共济失调，突倒抽搐；体温略升；少汗或无汗	全身大汗（早期症状）；体温≥41℃，皮温灼手；全身通红（白皮动物）
心力衰竭	心悸亢进，心律不齐；脉微弱疾速（≥100次/min）；静脉怒张	
呼吸衰竭	呼吸急促，节律失调；结膜发绀、口舌青紫；热射病多继发肺水肿	
后期症状	知觉减弱或消退；腱反射亢进，剧烈抽搐，迅速死亡	

（二）防治要点

治疗原则：防暑降温，镇静安神，强心利尿（防心衰及肺水肿），缓解酸中毒。

加强护理	①环境荫凉通风、安静休息：空调房间（犬猫）；②饮凉盐水或西瓜水；③规模化场，加大通风量
防暑降温	①冷水浇头或浇洒全身；②头部放置冰袋；③冷水灌肠；④酒精擦拭体表；⑤泻血疗法（体质好），同时静注等量生理盐水或林格氏液
镇静安神（2.5%盐酸氯丙嗪）	强心利尿（安钠咖、利尿剂） 防酸中毒（大剂量静注5% $NaHCO_3$）
昏倒倒地	25%尼可刹米肌注；0.1%肾上腺素加入10%葡萄糖中，缓慢静注
中兽医治疗	中暑为"发痧"，宜清热解暑："清暑香薷汤""白虎汤"加"清营汤"

（杨　斌）

第六章 营养代谢性疾病

第一节 营养代谢病概述

■ **考纲考点**：营养代谢病的发病原因、发病特点、诊断环节。

1. 营养代谢病的病因

营养代谢病病因涉及遗传（品种）、气候环境、饲养管理、个体特性（年龄、性别）等，饲养管理是影响营养代谢性疾病发生的关键因素。

营养物质供给不当	①营养物质摄入不足；②营养物质摄入过多(比例不当)；③饲料中存在抗营养因子
动物需要量增加	妊娠、泌乳、产蛋、快速生长等
动物消化吸收障碍	①慢性胃肠炎、肝病、胰腺疾病等；②营养物质见的吸收拮抗
动物代谢环节障碍	动物代谢有关环节异常

2. 营养代谢病的发病特点

①群体发病、地方流行，发病率较高	②发病缓慢，病程一般较长	③发病与生理阶段及生产性能有关
④病因复杂(常为多元因素)	⑤无传染性，体温多半正常或低下	
⑥缺乏特征症状，恒表现营养不良症候群，生产性能下降和繁殖障碍综合征等亚临床症状		
⑦可由改善饲养管理而迅速收到疗效		

3. 营养代谢病的诊断依据

①流行病学调查	②全面系统的临床检查	③临床病理学检查	④饲草饲料营养分析
⑤实验室检查	⑥治疗性诊断	⑦动物试验	

4. 防治原则

采取"综合性防治"原则。

①开展营养代谢病监测	②科学配制日粮	③加强饲养管理
④流行区，采用改良植被、土壤施肥、植物喷洒、饲料调换等方法，提高饲料、牧草中相关营养元素的含量		
⑤积极防治影响营养物质消化吸收的疾病或慢性消耗性疾病		
⑥发病后，更换饲料或添加所缺乏营养物质，同时选用相应药物治疗，除重症外均可获得良好的效果		

第二节 糖、脂肪、蛋白质代谢障碍疾病

■ **考纲考点**：（1）奶牛酮病的根本原因、发生特点、发病中心环节、临床特征、治疗方法，与原发性前胃弛缓、生产瘫痪的鉴别。（2）奶牛肥胖综合征、犬猫肥胖综合征、猫脂肪肝综合征、蛋鸡脂肪肝综合征、家禽痛风、低血糖症、马麻痹性肌红蛋白尿的最根本原因、发生特点、临床特征。

一、奶牛酮病

奶牛酮病是糖和脂肪代谢紊乱所致的一种全身功能失调性疾病。临床特征：①消化机能紊乱（前胃弛缓）；②丙酮味（呼出气散发烂苹果味）；③酮血症、酮尿症、酮乳症、低血糖症；④消瘦，乳产量下降，间有神经症状。发生特点：以3～6胎（高产）奶牛，产后第1个月内（尤其产后3周内）多发。

（一）病因

原发性酮病	饲料因素（食物性酮病）	①日粮糖不足（饥饿性酮病）	饲料不足；饲料单一、品质低劣；粗纤维不足而精料过多（且精料为高蛋白、高脂肪和低糖饲料）
		②生酮性酮病	生酮物质丁酸盐含量过多；多汁青贮料、甜菜丝（粕）
	乳牛高产（生产性酮病）	泌乳高峰（4～6周）与采食量高峰（8～10周）的矛盾所致能量和葡萄糖不能满足泌乳消耗→能量负平衡	
	产前过度肥胖（消耗性酮病）	干奶期高能饲养→母牛过于肥胖→影响产后食欲恢复→能量负平衡	
	其他原因	特殊营养缺乏性酮病（钴、碘、磷等缺乏）；肝脏病（糖异生障碍）；催产素分泌过多→胰岛素、糖皮质激素下降	
继发性酮病	围产期食欲下降的疾病	皱胃变位、创伤性网胃炎、子宫炎、乳腺炎等	

（二）发病机理

（1）反刍动物能量来源　挥发性脂肪酸（VFA）通过糖异生作用来提供总能量的50%～70%。

（2）酮病发生的启动环节　奶牛泌乳时，采食量（干物质摄入）不能满足泌乳所消耗的能量需要时出现能量负平衡→动用自身的体脂和蛋白质→产生过多乙酸、丁酸（生酮）→酮病。

（3）血糖浓度下降是酮病发生的中心环节　由于糖的缺乏，没有足够的草酰乙酸，乙酰辅酶A不能进入三羧酸循环和合成脂肪，最终形成大量的酮体（β-羟丁酸、乙酰乙酸和丙酮）。

（三）临诊要点

临床酮病	消化型	①前胃弛缓；②挤出乳、呼出气和尿液有酮体气味；③产后泌乳量急剧增多，但迅速下降；乳汁易起泡，状如初乳；④尿易形成泡沫
	神经型	除有消化型症状外，呈现间歇性神经兴奋症状，感觉敏感，肌肉和眼球震颤等
	瘫痪型	又称麻痹型；具有酮病主要症状及生产瘫痪的典型姿势，但钙剂疗效不佳
亚临床酮病		血清酮体含量在1.72～3.44mmol/L（100～200mg/L）之间。无明显临诊症状，但泌乳量下降，乳质降低，进行性消瘦，生殖系统疾病和其他疾病发病率增高
生化检验		高酮血症、高酮尿症和高酮乳症、低糖血症（三高一低），血浆游离脂肪酸（FFA）浓度增高

（四）防治要点

治疗原则：补糖抗酮。治疗方法包括替代疗法、激素疗法和其他疗法。

替代疗法（补糖和生糖物质）	①首选50%葡萄糖溶液500mL（小剂量多次），重复多次缓慢静注（口服葡萄糖无效）
	②丙二醇或甘油、丙酸钠等生糖物质口服
激素疗法（抗酮疗法）	促肾上腺皮质激素（ACTH）肌注；糖皮质类激素有良好效果
其他疗法	缓解酸中毒；镇静；健胃；补充辅酶A或半胱氨酸、葡萄糖酸钙、钴及B族维生素

二、奶牛肥胖综合征

奶牛肥胖综合征又称牛脂肪肝病、奶牛妊娠毒血症。

（一）病因及机理

妊娠后期（干奶期）肥胖	①精料（高能饲料）过多；②干奶牛与产奶牛混群饲养；③干奶时间过早；④干奶期过长；⑤运动不足	反刍兽肝缺乏脂蛋白酯酶和肝酯酶→甘油三酯（TG）转运慢→TG蓄积于肝脏

（二）临诊要点

①干奶期异常肥胖病史，随分娩或产后几天内发病，突然拒食	②严重酮病症状，但按酮病治疗效果不佳
③多出现皱胃扭转、前胃弛缓、胎衣滞留、难产、子宫弛缓、子宫内膜炎、繁殖障碍，药物疗效差	
④死亡率高，病程10～14天	⑤肝功能损害指标及酮体含量增高
⑥肝脏活体采样检查：肝中脂肪含量在20%以上（湿重）	

三、羊妊娠毒血症

羊妊娠毒血症，俗称"双羔病"。妊娠后期母羊由于饲养管理不当造成体内糖和脂肪代谢异常所致的一种营养代谢病。绵羊最常见，山羊也有发生。

病因及发生	①妊娠营养消耗——妊娠最后1个月,怀多羔的母羊;但胎儿过大的单胎母羊也会发生
	②草料不足或营养缺乏(低蛋白、低脂肪、低糖饲料);缺乏微量元素、维生素
	③妊娠早期肥胖母羊,由于怀孕最后6周内需限制饲养,若该阶段草料营养缺乏更易发病
	④消耗性疾病:肝病(肝糖异生障碍);寄生虫病等

临床症状	①精神沉郁(离群长时间呆立,反应淡漠)	②盲目运动,步态不稳
	③衰竭静卧(似牛生产瘫痪姿势)	④呼出气强烈丙酮味
	⑤若中途流产(或引产),病羊通常能康复	⑥高血酮、高尿酮、低血糖

防治要点	①同奶牛酮病;②人工流产

四、犬、猫肥胖综合征

成年犬猫体重超过正常体重的15%以上即为犬猫肥胖综合征。猫不能合成精氨酸,精氨酸缺乏导致脂肪肝。

(一) 病因及机理

先天性	①年龄:老龄犬猫(>10岁)60%左右肥胖	②性别:雌性多发
	③品种:巴哥犬、拉布拉多犬;短毛猫易肥胖	④遗传因素
后天性	食物性肥胖	采食过多,尤其无节制给予高热量食物(如奶油蛋糕等),若运动不足更易肥胖
	内分泌性肥胖	①绝育手术;②甲状腺机能减退、肾上腺皮质机能亢进、垂体肿瘤、下丘脑机能减退

(二) 临诊要点

①体态丰满、皮下脂肪过多(腹部下垂、体躯肥胖)	②不耐热,不愿动,不灵活,易疲劳,易喘气,易患病
③肥胖继发病症(心脏病、高血压、脂肪肝、骨关节病、糖尿病、胰腺炎等)的表现	
④内分泌性肥胖:皮肤黑色素沉着、鳞屑,对称性脱毛	⑤血浆胆固醇、血脂含量升高

(三) 防治要点

减食疗法	①定时限量饲喂(平时食量60%~70%);②高纤维素低能量全价减肥处方食品。每周减体重1%~2%
运动疗法	每天进行有规律的中等强度运动20~30min
药物减肥	①食欲抑制剂(缩胆囊素);②消化吸收抑制剂(催吐剂、淀粉酶阻断剂);③提高代谢率(甲状腺素、生长激素)

五、家禽脂肪肝综合征(家禽脂肪肝出血综合征)

病因	①日粮因素(高能低蛋白日粮、高蛋白低能日粮、缺乏胆碱、含硫氨基酸、维生素B、维生素E);②中毒性肝损伤(霉变饲料、药物及重金属);③缺乏运动(发病率笼养>平养);④应激因素(饮水、光照不足→产蛋突然减少)等
临诊要点	①笼养蛋鸡(产蛋高峰期)	②肥胖(体重超标20%左右);产蛋减少
	③腹腔内大量脂肪沉积;肝明显肿大、色黄、质脆油腻,或肝破裂而出血致腹腔充满大量血液及血凝块而突然死亡	
	④饲料中添加氯化胆碱(2kg/t饲料)、电解多维、蛋氨酸(1kg/t饲料,不能用赖氨酸)有效	

六、禽痛风(尿酸盐沉积症)

(一) 病因及机理

尿酸生成过多	富含核蛋白和嘌呤碱的高蛋白饲料(动物内脏、鱼粉、大豆、豌豆等)	遗传性高尿酸血症	禽类肝脏缺乏尿素合成酶(精氨酸酶),蛋白代谢产物是尿酸
尿酸排泄障碍	肾损伤	肾型传支;中毒性肾病;维生素A缺乏、高钙(镁)低磷		
	尿浓缩	饮水不足或食盐过多		

(二) 临诊要点

临床特征	内脏型	厌食、腹泻(石灰浆样稀粪);行动迟缓、消瘦衰弱
	关节型(常见)	腿翅关节肿大、跛行
病理特征	血液尿酸盐水平增高	
尸体剖检	关节内或内脏表面沉积大量白色尿酸盐,肾脏和输尿管肿大、变硬,切开均含有白色尿酸盐沉着物	

（三）防治要点

治疗	增强尿酸排泄、减少尿酸蓄积、减轻关节疼痛	①常用苯基喹啉羟酸口服(伴有肝、肾疾病禁用)；②别嘌呤醇(7-碳-8-氮次黄嘌呤)口服
预防	控制饲料内钙磷含量及钙磷比例；添加沙丁鱼或牛粪(含维生素B_{12})，5%碳酸氢钠、氨茶碱、维生素A或维生素C	

七、低血糖症

（一）病因

1. 仔猪、幼犬低血糖

多发于保温性能差、冬春季出生的1周龄内仔猪及3月龄仔犬。

饥饿	产后无乳或乳量不足，仔猪(仔犬)吮乳不足
寒冷刺激	新生仔猪(仔犬)体温调节中枢不健全(维持体温消耗糖)
糖生成少	仔猪出生后7d内缺乏糖异生的酶

2. 母犬低血糖

母犬低血糖症多发于怀仔多或产仔多的母犬。

①产前、产后营养需要增加	②产后大量泌乳消耗
③营养供给不足	④胰岛素分泌过多、肾上腺皮质机能减退、垂体功能不全等

（二）临诊要点

仔猪、幼犬	①发病条件；②同窝幼畜中多数在出生后第2～5天发病，吃乳减少或停止吮乳；③末梢发凉，衰弱乏力，感觉迟钝，卧地不起；④阵发性痉挛(头向后低或呈角弓反张，四肢作游泳状划动，尖声嚎叫或口流少量白沫)；⑤血糖＜500mg/L(仔猪)；⑥补葡萄糖有效
母犬	类似母犬产后缺钙的神经症状	①步态不稳，肌肉痉挛，反射亢进，全身间歇性或强直性抽搐；②体温升高达41～42℃，呼吸脉搏加速；③尿有酮臭味，酮体反应阳性

（三）防治要点

仔猪、幼犬	①保暖(环境温度过低—发病重要原因)；仔猪出生后3日龄内最适温度为32～35℃；②补糖(25%葡萄糖注射液腹腔注射或灌服)；③促进糖原异生(糖皮质激素)
母犬	补糖疗法结合糖皮质激素疗法

八、马麻痹性肌红蛋白尿症

该病是糖代谢紊乱（肌糖原蓄积）所致的肌乳酸蓄积性乳酸酸中毒，又称氮尿症，急性横纹肌溶解症。

发生特点	①5～8岁营养良好的重挽马、赛马多发	②长期饲喂高碳水化合物日粮，休闲期未减料
	③多发生在休闲2天至数天的马，又称"节日病""周一晨病"	
临床特征	①休闲后突然重役或运动时急性发作	②后肢运动障碍，后躯肌肉变性、僵硬→麻痹
	③排肌红蛋白尿(红褐色至酱油色)	
治疗原则	促进乳酸代谢	维生素C、维生素B_1、25%葡萄糖和胰岛素
	防治酸中毒	补碱(大剂量输5%碳酸氢钠)
	利尿及对症治疗	防肌红蛋白尿所致的肾小管阻塞

第三节　矿物质代谢障碍病

考纲考点：(1) 佝偻病、骨软病、纤维性骨营养不良的发生特点、临床及病理学特征、血清钙、磷、血清碱性磷酸酶的诊断意义；(2) 各病的根本原因（缺乏的物质及其与治疗的关系）、临床特征；(3) 导致骨质代谢异常疾病（包括微量元素、维生素）的鉴别。

一、佝偻病、骨软病、纤维性骨营养不良

项目	佝偻病	骨软病	纤维性骨营养不良
发病动物	幼龄（生长期）动物	成年动物	
病理学特征	生长期骨骼骨化障碍，骨基质钙盐沉着不足→持久性软骨肥大、骨骺增大	软骨内骨化作用完成后，骨组织进行性脱钙	
		形成大量未钙化的骨基质过剩（骨样组织）→骨质疏松呈海绵状（多孔）	骨基质被增生的含细胞丰富的纤维结缔组织所取代→骨体积大、重量轻，骨质疏松呈石棉状
临床特征	①消化紊乱，异食癖，便秘；②运动障碍（跛行）；③骨骼肿胀变形		

（一）病因及机理

项目	佝偻病	骨软病	纤维性骨营养不良
根本原因	维生素D不足	①缺磷（牛羊），缺钙（其他动物）；②钙磷比例不当	①高磷低钙日粮；②日粮钙磷均不足
促发因素	①缺磷（牛羊），钙缺（其他动物）；②钙磷比例不当	维生素D不足	维生素D不足
维生素D不足	①光照不足；②维生素D含量不足或破坏（乳汁维生素D不足或断奶过早、牧草阴干、饲料酸败）；③需要量增加；④维生素D吸收利用不良（胃肠道及胆道疾病，维生素A过多；肝肾疾病影响维生素D的活化和贮存）		
钙不足	①谷物饲料（麸皮、米糠、谷物）；②饲料高磷（如肉类钙∶磷=1∶20）；③高氟（拮抗钙）	影响钙磷吸收因素：维生素D不足；钙磷比例不当；酸性土壤；草酸植酸过多；饲料高铁、铜、锌、锰等	
磷不足	①干旱年代植物；②饲料高钙；③山区、高原地区		
活性维生素D的作用	促进钙在小肠吸收；促进肾小管对钙磷重吸收；促进骨盐生成（促进钙磷在骨骼中沉积）→血钙、骨钙升高		

血钙平衡的调节依赖于活性维生素D、甲状旁腺素（提高血钙、降低血磷）、降钙素（降低血钙）。血清碱性磷酸酶（ALP）活性升高是骨质代谢障碍（促进钙磷在骨骼中沉积）的重要指标。

（二）临诊要点

（1）发病缓慢　人为减少饲料钙磷含量，需1~2月才出现症状，自然病例需1个胎次以上。

（2）消化机能障碍　食欲减退、异食癖、前胃弛缓、消化不良、胃肠炎；便秘（低钙血症所致）。

（3）运动障碍，原因不明的跛行，喜卧，拱背站立，腿颤抖，后肢交替负重，伸展后肢，呈"拉弓姿势"。运步不灵活，四肢僵直，后躯摇摆，出现一肢或多肢跛行。易发原因不明的骨折。

（4）骨关节肿胀变形。

要点	佝偻病	骨软病	纤维性骨营养不良
四肢	呈"O形腿"或"X形腿"或"八字腿"	四肢关节肿大、变形	
脊柱肋骨	脊柱弯曲变形；"鸡胸"；肋骨和软骨结合部变形肿大，形成"串珠肿"	脊柱弯曲、变形；扁平胸；有"串珠肿"	
牙齿	出齐期延迟、齿形不规则、齿面不整	牙齿松动；磨面不整	
头面部	头面骨、鼻骨肿大，影响采食咀嚼	头面骨、下颌骨肿大，下颌间隙变狭窄	
其他	生长发育不良	尾椎变软，椎体消失；骨盆变形（难产）；髋结节吸收；生产性能、繁殖性能下降	
X射线	骨基质密度降低，长骨末端呈"毛刷状"，关节端肿大，骨骺板呈"唇状肿"，骨骺线模糊不清，骨干弯曲变形	骨密度降低（不均匀），皮质变薄，骨小梁结构紊乱，骨关节变形；额骨硬度下降；骨穿刺针很容易刺入	
血液学	血钙和血磷水平无特殊临床意义；血清ALP升高具有诊断意义		

（三）防治要点

佝偻病	重在应用维生素D制剂	①保证充足维生素D	②保证日粮中钙磷含量及其比例[(1:1)~(2:1)]
		③防止断奶过早	④防治影响钙磷、维生素D吸收利用的疾病
骨软病或纤维性骨营养不良	重在补钙或磷	(1)按饲料标准配合日粮[钙：磷,黄牛2.5:1,乳牛1.5:1,猪(1:1)~(1.5:1)]	
		(2)牛羊(重在补磷)	①补充富磷饲料；②补磷制剂(如骨粉、磷酸二氢钙，静注20%磷酸二氢钠液或3%次磷酸钙液)
		(3)其他动物(重在补钙)	①减少麸皮、米糠、豆饼等富磷饲料，添加蛋壳粉、南京石粉、贝壳粉、骨粉或碳酸钙等；②静脉补钙
		(4)补充维生素D，增加光照	

二、笼养蛋鸡疲劳症（笼养蛋鸡骨质疏松症）

病因	严重缺钙所致	
临诊要点	①笼养蛋鸡产蛋高峰期多发	②发病初期产软壳蛋、薄壳蛋、蛋破损率增加
	③站立困难，瘫痪	④骨骼变形：胸骨凹陷，串珠状，喙、爪、龙骨变软弯曲，股骨和胫骨自发性骨折
	⑤血钙下降，血清ALP活性升高	
防治	补充钙剂和维生素D	

三、牛血红蛋白尿病

牛血红蛋白尿病是低磷引起牛的一种溶血性营养代谢病，又称低磷酸盐血症。包括母牛产后血红蛋白尿病、水牛血红蛋白尿病。多发于冬季。

病因	①日粮缺磷(磷供给不足或钙磷比例严重失调)	②泌乳消耗磷过多
	③十字花科植物(油菜、甘蓝等含S-甲基半胱氨酸二亚砜SMCO→使红细胞中血红蛋白形成Heinz-Zhrlich小体而溶血，多见于水牛血红蛋白尿病)，甜菜、青绿燕麦、多年生黑麦草、埃及三叶草、苜蓿等	
	④缺铜(低色素性贫血)	⑤诱因：寒冷、热环境、高产等
机理	无机磷是红细胞中糖无氧酵解(红细胞能量的唯一来源)必须因子。缺磷→红细胞无氧酵解受阻→ATP等减少→红细胞膜结构及功能改变→溶血	
临诊要点	①母牛产后血红蛋白尿以3~6胎高产母牛产后1个月内多发	
	②以急性血管内溶血性贫血、血红蛋白尿、低磷酸盐血症为特征	
防治要点	①磷制剂：20%磷酸二氢钠溶液(但切勿用磷酸氢二钠、磷酸二氢钾和磷酸氢二钾等)，3%次磷酸钙溶液，补饲含磷丰富饲料	
	②输血疗法(贫血严重病牛，可采取输血疗法)	③补液、利尿

四、青草搐搦（青草蹒跚，低镁血症）

病因及机理	血镁浓度降低	①低镁牧草：低镁土壤；重施钾肥或氮肥；夏季降雨后的幼嫩多汁青草和谷草(牧草镁含量：禾本科植物＜豆科牧草，幼嫩牧草＜成熟牧草)
		②镁吸收减少：饲料高钾(促进镁、钙排泄)；牧草高氮(产生氨)等
机理	低镁(高钾)导致神经肌肉兴奋性升高 $$神经\text{-}肌肉兴奋性 \propto \frac{K^+ + Na^+}{Ca^{2+} + Mg^{2+} + H^+}$$	
病理特征	低镁血症，伴低钙血症、高钾血症	
临床症状	①感觉过敏(惊恐不安、甩头哞叫、肌肉震颤、狂奔乱跑、步态踉跄；轻微刺激引起强烈反应)	
	②强直性和阵发性肌肉痉挛、惊厥、强直	③呼吸困难和急性死亡(心动过速，心音强盛)
防治要点	钙镁联合疗法(先注射钙，后注射镁)	

五、母牛卧地不起综合征（爬行母牛综合征）

病因	①代谢性病因(低磷酸盐血症、低钾血症或低镁血症等)；②产科性原因(产道及闭孔神经损伤)；③外伤性原因；④其他原因(肾功能衰竭、中枢疾患等)
临诊要点	①泌乳奶牛犊前后发病；②有生产瘫痪病史；③经两次或多次钙治疗后，变得机敏，有食欲，但仍不能站起，"爬行"或"蛙腿样"姿势；④剖检可见腿部肌肉和神经损伤
防治要点	对因治疗，特别应防止肌肉损伤和褥疮形成

六、异食癖

（一）病因

营养代谢障碍（共同原因）	矿物质（钠、钙、磷、硫等）缺乏；维生素（B族维生素、维生素D、维生素E）缺乏；微量元素（钴、铜、锰、铁、锌、碘、硒等）缺乏；蛋白质（氨基酸）缺乏	①鸡啄羽、羊食毛癖：硫元素、蛋白质（含硫氨基酸）缺乏；②猪食胎衣、胎儿，鸡啄肛：蛋白质和氨基酸缺乏；③禽啄蛋：钙和蛋白质缺乏
禽恶嗜癖	①环境应激→鸡群不安；②日粮中容积饲料不足；③鸡群种类混杂；④育雏室光轴照射瞵血管；⑤皮肤创伤出血；⑥产卵箱不足或不适（啄肛）；⑦换毛及外寄生虫（嗜鳞癖）；⑧泄殖腔炎症（啄肛）	
猪咬尾咬耳症	①营养缺乏及饲料不当；②环境与管理不当（应激）；③疾病因素（外寄生虫病、外伤）	
其他疾病	慢性消化不良、肠道寄生虫病、某些神经系统疾病（狂犬病、伪狂犬病、脑病、中毒）	

（二）临床特征

舔食、啃咬异物（无营养价值而不该采食的东西）。如羔羊（犊牛）食毛癖；母猪食胎衣和仔猪，幼猪间啃咬耳朵和尾巴；鸡啄羽癖、啄肛癖、食卵癖、啄趾癖；母兔食仔兔等。

第四节　维生素缺乏症

考纲考点：（1）各种维生素缺乏的典型临床特征；（2）导致皮肤病变、骨骼病变（骨短粗症）等的主要疾病（包括矿物质、微量元素）。

一、维生素A缺乏症

主要病因	缺乏维生素A或A原（胡萝卜素）	①原发性(外源性)病因：饲料长期缺乏（饲料高温处理、烈日暴晒；饲料存放变质）②内源性(继发性)病因：机体吸收利用障碍（胃肠及肝病；饲料缺乏脂肪、蛋白等）	
临诊要点	①生长发育缓慢、生产性能下降，影响蛋白合成、矿物质利用、糖原及脂肪等合成，内分泌紊乱等		
	②视力障碍	"夜盲症"是早期症状（猪除外），尤其犊牛明显（维持暗适应能力的视紫质减少）	
		"干眼病"（多见于犬和犊牛）：角膜炎、眼结膜炎、全眼球炎（泪腺上皮细胞角化）	
	③上皮角化	"糠皮疹"：脱毛（秃毛），有麸皮样痂块，小鸡喙和小腿皮肤的黄色（来杭鸡）消失；食道黏膜角化形成糠麸样角化上皮沉着	
	④繁殖障碍	先天性缺陷或畸形（兔唇、小脚）	
	⑤神经症状	共济失调、强直性（阵发性）惊厥及感觉过敏（成骨细胞活性增高→颅腔狭小→脊髓受压）	
	⑥抗病力低	各器官上皮角化、腺体萎缩致病（尿石症、肺炎、胃肠炎等）	
	⑦检验指标	血浆和肝脏维生素A和胡萝卜素含量减少；脑脊液压升高	
防治	①鱼肝油或维生素A添加剂；②日粮有足够的优质青草或干草、胡萝卜、黄玉米等（富含维生素A原）		

二、维生素K缺乏症

病因	①长期笼养而青饲料供应不足；②饲料中含抗维生素K物质（如草木樨中毒、部分鼠药中毒）；③长期大量使用广谱抗生素（肠道微生物合成维生素K能力抑制）；④肠道吸收维生素K能力下降：胆汁分泌不足、鸡球虫病、长期服用矿物油等
临床特征	出血性素质（广泛性出血）
治疗要点	维生素K_3，同时给予钙剂

三、B族维生素缺乏症

（一）病因

日粮长期缺乏B族维生素；B族维生素吸收或合成障碍（胃肠疾病，肝脏疾病等）；需要量增加（动物生长过快）。

（二）临床症状

B族维生素缺乏症的共同症状是消化机能障碍、消瘦、毛乱无光、少毛、脱毛、皮炎、跛脚、神经症状、运动失调。蛋鸡产蛋率减少，雏鸡、肉鸡生长缓慢。

各种维生素缺乏的特征

缺乏症	禽		猪
维生素B_1	多发性神经炎	①颈神经麻痹呈"观星姿势"②肢翅麻痹→强直性痉挛	呕吐或腹泻；四肢麻痹（爬行）兴奋性增高→强直性痉挛

续表

缺乏症	禽	猪
维生素B_2	脚爪卷曲内弯(卷趾麻痹症);坐骨神经和臂神经对称性粗大(4~5倍)变样→肌肉变性萎缩(马立克氏病单侧肿大)	皮疹(黄豆-指头大红色丘疹);鳞屑状或脂溢性皮炎;结膜炎、角膜炎;繁殖障碍
维生素B_6	皮炎,羽毛发育受阻;贫血;神经症状(不随意运动、腿颤动→痉挛抽搐)	小细胞型贫血;癫痫样抽搐,共济失调;呕吐,腹泻;皮肤结痂
胆碱	骨短粗症;关节肿胀(屈曲不全,共济失调);脂肪肝;皮肤鳞屑及脱毛	—
生物素	骨短粗症;皮炎及脱毛(嘴、眼周、足垫皮炎;鳞片结痂、龟裂出血);共济失调	局限性皮炎(耳、颈、肩、尾)、脱毛;蹄裂;口炎及溃疡
泛酸	口角炎、眼炎;皮肤角化(趾间及脚底裂开,腿部皮肤增厚角化,球节有疣状隆起)	后肢运动障碍(痉挛性"鹅步");皮炎(臀部及背中部有鳞垢和秃毛斑)
烟酸	羽毛稀少,头、足皮肤鳞屑样炎;黑舌病(口腔、食道呈褐红色);骨短粗症	皮肤鳞屑样-结痂性皮炎(痂皮病)、脱毛;口炎

第五节 微量元素缺乏症

考纲考点:(1)各种微量元素缺乏的典型临床特征;(2)微量元素与机体关键酶及活性基团的关系;(3)硒缺乏在不同动物的疾病表现类型。

一、硒和维生素E缺乏症

硒-维生素E缺乏症:是由于日粮硒和/或维生素E缺乏所致生物膜的一种过氧化性损伤而引起动物组织器官变性、坏死的营养代谢障碍综合征。

(一)病因及机理

病因	饲料缺硒	缺硒地区(地区性):土壤缺硒(≤0.5mg/kg)→饲料缺硒(≤0.05mg/kg)
		酸性土壤;S元素及含硫氨基酸、Hg、Cd、Co、Pb、Cu、Ag、Zn、锑、铊等过多;过施磷酸盐肥料;多雨年份或雨季生长的牧草
	饲料缺维生素E	青绿饲料缺乏;饲草饲料曝晒、烘烤、不饱和脂肪酸酸败等破坏
机理	硒和维生素E都是抗氧化剂,两者协同作用,使细胞壁免受过氧化物和自由基的损害	Se是谷胱甘肽过氧化物酶(GSH-Px)活性中心,GSH-Px具有清除体内产生的自由基和过氧化物,保护细胞膜的作用
		维生素E能抑制不饱和脂肪酸的脂质过氧化(抑制过氧化物产生),且能中和已形成的过氧化氢

(二)临诊要点

发生特点	地区性;幼龄动物群发性;春季(2~5月)高发;人畜共患
病理特征	骨骼肌、心肌、肝脏及胰腺等组织变性坏死
疾病类型	骨骼肌营养不良(白肌病、马肌红蛋白尿)→运动障碍,姿势异常
	心肌变性坏死→心力衰竭(猪桑葚心,心猝死,猝死症)
	肝营养不良(肝脂肪变性呈黄褐色;肥育猪黄脂病,体脂呈柠檬色)
	顽固性腹泻(幼畜腹泻)
	禽渗出性素质、猪水肿病(毛细血管内不饱和脂肪过氧化→通透性升高)
	生长发育不良;生产性能低下;繁殖障碍(牛胎衣滞留)
	禽 ①胰腺纤维化(硒缺乏);②脑软化(维生素E缺乏);③鸡胃变性

(三)防治要点

补硒(选用0.1%亚硒酸钠注射液、亚硒酸钠钠片、酵母硒等)和维生素E。

二、铁缺乏症

食物铁主要通过十二指肠吸收,铜、维生素C促进铁的吸收利用。铁是血红蛋白的重要组成成分(缺乏则贫血),铁是体内多种酶(细胞色素氧化酶、过氧化氢酶、过氧化物酶、琥珀酸脱氢酶、黄嘌呤氧化酶)的组成成分(与组织呼吸有密切关系)。动物铁缺乏症主要见于集约化养猪场的仔猪,称仔猪缺铁性贫血、仔猪营养性贫血。

病因	铁债（缺铁）	①新生仔猪体内铁储存量少而恒定（40～50mg）；②仔猪铁需要量大（仔猪7～15mg/天，成年猪1mg/天）；③外源铁来源少（主要靠母乳，但只提供1mg/天；其次靠泥土、饲料等）
发生		非石板圈舍、全舍饲而未采取补铁措施的2～4周龄哺乳仔猪多发；出生后10～15天起病
症状		①活力下降，不愿吮乳；②消瘦贫血；③消化不良性腹泻（胃肠贫血水肿）；④稀血性水肿
检验		①血检：小细胞低色素型贫血（MCV、MCH、MCHC下降）；②骨髓涂片铁染色：细胞外铁消失，幼红细胞内几乎看不到铁粒；③饲料、组织器官铁含量↓；④补铁出现网织红细胞效应
治疗	仔猪补铁	3日龄和7日龄；常用口服铁制剂（硫酸亚铁）和注射铁剂（葡聚糖铁或葡聚糖铁钴注射液）

三、铜缺乏症

病因	①缺铜（土壤或饲料）；②干扰铜吸收利用因素（饲料钼酸盐——钼中毒，含硫化合物过多→铜硫钼酸盐复合物）	
机理	①铜蓝蛋白酶（血红素合成↓）	②酪氨酸酶（黑色素合成↓）
	③细胞色素氧化酶（ATP合成↓）	④赖氨酸氧化酶和单氨基酸氧化酶（骨基质胶原↓、钙盐沉着↓）
临床特征	①小细胞低色素性贫血；②腹泻（泥炭泻）；③被毛褪色（铜眼镜）、被毛变直变细（似"绒毛""丝绒毛"）；④共济失调——大脑对称性髓鞘病（牛癫痫病或摔倒病；羔羊晃腰病；地方性共济失调；牛舐盐病；骆驼摇摆病）；⑤骨关节增大变形；⑥繁殖障碍	
治疗	补铜（选用硫酸铜口服、甘氨酸铜皮下注射）	反刍动物多发

四、锰缺乏症

家禽（尤其15～30日龄的肉禽）最敏感（需要量大）→其次幼畜。

病因	①饲料缺锰（玉米为主要日粮）；②干扰因素（饲料钙、磷、铁、钴过多）；③维生素缺乏时需要量增加
特征	禽类：①骨骼短粗（骨短粗症）；②腓肠腱脱出（滑腱症）；③胚胎畸形
	其他动物：①骨骼畸形、新生动物运动失调（黏多糖合成受阻→软骨营养障碍）；②繁殖机能障碍（性激素合成原料胆固醇↓）；③生长停滞（含锰酶活性↓）
治疗	添加锰制剂（硫酸锰、高锰酸钾）

五、锌缺乏症

病因	①饲料缺锌；②干扰因素（饲料钙、磷、镉、铜、铁、锰、碘、植酸、纤维素等过高）	
特征及机理	厌食，生长缓慢	味觉素含锌；含锌酶（DNA聚合酶、胸酐激酶、乳酸脱氢酶等）活性下降→细胞分裂、生长、再生障碍；生长激素减少
	皮肤角化不全（伤口愈合缓慢）	内源性维生素A缺乏；皮肤胶原蛋白下降→细胞水分减少，胶原交联障碍；①脱毛、鳞屑和痂皮；②猪厚皮病，禽羽毛缺损；③牛羊角环消失
	骨骼畸形或缺失（禽骨短粗症；软壳蛋）	碱性磷酸酶活性下降→成骨作用降低，蛋壳钙沉积减少
	繁殖障碍（胚胎畸形）	提高垂体-促性腺激素-性腺途径等
	免疫力降低	含锌酶活性↓，金属酶活性↓，内源性维生素A缺乏
治疗	补锌（口服硫酸锌或注射碳酸锌制剂）	

六、钴缺乏症（维生素 B_{12} 缺乏）

病因	①土壤、饲料钴不足；②日粮pH、锰、镍、锶、钡、铁过高，钙、铜、碘缺乏。反刍兽多发
病机	钴通过合成维生素 B_{12} 发挥功能。①瘤胃细菌、纤毛虫生长繁殖（纤维素消化）；②维生素 B_{12} 是丙酸异生成葡萄糖的酶（甲基丙二酰辅酶A变位酶）的辅酶，参与能量代谢；③参与造血（红细胞的分裂增殖）；④钴改善铁的吸收
特征	①厌食（废食病）、异食癖；②慢性消瘦病和贫血（大细胞型贫血）；③被毛异常：脱毛、褪色（黑毛→棕黄色绒毛）；④繁殖障碍等；⑤绵羊流泪
治疗	补钴（硫酸钴或氯化钴）配合维生素 B_{12}

七、碘缺乏症（甲状腺肿）

病因	①缺碘（饲料、饮水）；②干扰因素（致甲状腺肿原食物、药物等）
病理特征	甲状腺明显肿大，甲状腺机能减退（体内70%～80%碘位于甲状腺中）
临床特征	①消瘦、贫血，生长发育缓慢；②繁殖障碍；③黏液性水肿（肿脖子病）；④脱毛或先天无毛
治疗	补碘

（任志华）

第七章 中毒性疾病

第一节 中毒病概论

考纲考点：（1）中毒性疾病的一般特点；（2）中毒性疾病的治疗原则及要点；（3）各种中毒性疾病的特效解毒药。

凡是在一定条件下，一定数量的某种物质以一定的途径进入动物机体，通过物理学及化学作用，干扰和破坏机体正常生理功能，对动物机体呈现毒害影响，而造成机体组织器官功能障碍、器官病变，乃至危害生命的物质，统称为毒物。毒物引起的疾病称为中毒病。

病因		①饲料加工、储存不当；②农药、鼠药、化肥的污染；③药物中毒；④有毒植物中毒；⑤工业污染、矿物毒和金属毒物；⑥其他(如有毒气体中毒、动物毒中毒)等
一般特点		①相同原因作用下，同时或相继发病；②具有共同临床表现和相似剖检变化；③具有相同发病原因；④患病动物体温多不升高，有的体温低下；⑤无传染性
诊断程序		①病史调查(调查病因，流行病学，发病经过，周围环境等)；②临诊症状；③病理诊断；④毒物检验(确诊依据)；⑤动物试验；⑥治疗性诊断
治疗原则	除去毒源	首先除去可疑含毒的饲料，以免继续摄入
	阻止毒物吸收	吸附法(药用炭、白陶土等黏浆剂)、中和法(酸碱中和)、沉淀法(重金属、生物碱中毒用鞣酸)、氧化法(氧化剂0.1%高锰酸钾，但有机磷中毒禁用)
		①催吐法、洗胃法、缓泻(或灌肠)法清除胃肠道内容物；②体表吸收中毒可采取清洗(皮肤)法(敌百虫中毒禁用碱性药液)
	解毒疗法	有特效解毒剂的毒物中毒，应首先应用。没有特效解毒剂的中毒，应及早使用一般解毒剂，如维生素C、硫代硫酸钠、葡萄糖等
	促进毒物排除	放血法、透析法和使用利尿剂。在使用利尿剂的同时，应注意机体钾离子平衡
	支持和对症疗法	镇静解痉、止痛、维持心肺功能和体温、抗休克和补充血容量、调节电解质和体液平衡等

第二节 饲料毒物中毒

考纲考点：（1）瘤胃酸中毒的根本原因，临床特征（瘤胃检查；瘤胃液、血液pH），发病关键环节，治疗原则及关键点（酸碱平衡）；（2）瘤胃碱中毒的临床特征、发病原因及治疗原则；（3）其他中毒病的毒性成分、临床特征、解毒方法。

一、瘤胃酸中毒

瘤胃酸中毒系瘤胃积食的一种特殊类型，是由于大量采食易发酵的碳水化合物饲料，致使乳酸在瘤胃中蓄积而引起的全身代谢紊乱的疾病。临床特征：①瘤胃积食或积液（瘤胃积滞酸臭稀软内容物）为特征的前胃功能障碍；②重剧脱水；③呼吸加快（酸中毒）；④高乳酸血症及严重毒血症。各种反刍兽均发,多见于乳牛。

(一) 病因及发病机理

主要病因	突然超量采食富糖(淀粉)饲料(尤其谷物精料,淀粉含量以麦类尤其小麦最高,其次为玉米)
乳酸酸中毒	该病发生的病理学基础。突然超量采食谷物等富糖饲料,产生大量挥发性脂肪酸(VFA,乙酸、丙酸、丁酸),造成瘤胃内环境改变(pH下降,微生物菌群失调),在瘤胃内异常发酵,急剧产生、积聚并吸收大量L、D-乳酸,导致乳酸酸中毒
内毒素中毒	瘤胃内环境改变(pH↓),革兰氏阴性菌大量崩解释放出内毒素(类脂多糖体,LPS)等,可激活各种介质,造成微循环障碍,引起的多器官系统功能衰竭,所引起的多器官系统功能衰竭是瘤胃酸中毒动物死亡的直接原因,加剧瘤胃酸中毒的病理过程
有毒胺类(组织胺和酪胺)及氨中毒	在该病的发病过程中起到了一定的促进作用

(二) 临诊要点

最急性型	①多见于偷食大量谷物精料或突然大量饲喂谷物(玉米面等)。②瘤胃积食→前胃弛缓。③高度沉郁虚弱,侧卧而不能站立,瞳孔散大;体温低下(<38℃),重度脱水,呼吸急促(60~90次/min),心跳增加(100次/min以上)。④常于发病后短时间内(3~5h)突然死亡
急性或亚急性型(pH≤5.6,维持3h以上/天,为亚急性瘤胃酸中毒)	①消化道症状典型:瘤胃积食→前胃弛缓(内容物黏硬)→瘤胃积液(稀软、水样)。粪便稀软,含多量未消化谷粒,带明显酸臭味。②中等度或轻度脱水。③沉郁,结膜潮红,步态摇晃,肌肉震颤。温度多正常或微低(38℃左右),脉细弱,心跳加快(100次/min以上),呼吸显著加快(60次/min左右)。④后期卧地不起,头颈侧屈(似生产瘫痪)或后仰(角弓反张),昏睡乃至昏迷
轻微型	主要表现原发性前胃弛缓症状,粪便稀软或水样,脱水不明显,全身症状轻
临床检验	血液学	血液浓稠,PCV升高,WBC下降;血液pH下降;血乳酸明显升高;血浆内毒素检测(血浆血清蛋白副凝集试验)阳性
	尿液	尿少,尿pH下降(<7.0),呈现病理产物
	瘤胃液	瘤胃液酸臭,pH下降(<6.5),乳酸含量明显升高

(三) 防治要点

治疗原则:清除瘤胃内容物;纠正酸中毒和脱水(补碱补液);恢复胃肠功能。

补碱补液	5% NaHCO₃、0.9% NaCl、林格氏液、20%安钠咖、地塞米松,先超速输注30min,以后平速输注,对严重病例有抢救性治疗功效
尽快排除瘤胃内的酸性物质,防止继续产酸	①瘤胃冲洗;②灌服制酸药和缓冲剂如Mg(OH)₂、MgO、NaHCO₃或碳酸盐缓冲剂;③瘤胃切开术
恢复胃肠功能及对症治疗	①投服健康牛羊瘤胃液;②防继发感染;③强心解毒;④恢复前胃机能;⑤防休克(肾上腺皮质激素)

二、瘤胃碱中毒(尿素中毒)

发生于各种反刍兽,多见于奶牛、育肥牛和奶山羊;家禽、猪对尿素非常敏感。

(一) 病因

突然大量饲喂富含蛋白质的饲料	而可溶性碳水化合物饲料不足,粗纤维饲料缺乏
尿素喂量过大或饲喂不当	①超过全部饲料干物质总量1%以上,或精饲料量3%以上。②尿素添加不当(突然加喂而没有一个逐渐增量的过程)。③添加尿素的同时饲喂富含脲酶饲料(大豆、豆饼),或尿素与水混喂,饥饿等。④氨化饲草使用不当
误食氮质化肥或施用化肥的田水	如硝铵、硫铵、氨水等

(二) 临诊要点

临床特征	①以瘤胃臌气为特征的前胃弛缓(粪便多稀软);②神经兴奋性增高(惊恐、肌颤、痉挛抽搐);③高氨血症(瘤胃液、血液pH碱化;心衰、肺水肿);④脱水;⑤病程短急

续表

临床检验	瘤胃液	水样,腐败臭或氨臭味;pH 升高(变碱)
	血液	pH 升高(可达 7.5),或降低(后期尿毒症可达 7.0);高氮血症
	尿液	pH 大于 8.0,大量磷酸氨镁结晶
临床症状	最急性	过量采食尿素导致,呈现腹痛、不安、流泡沫状唾液、多尿、肌肉痉挛等症状,可出现急性死亡
	急性型或亚急型	过量采食高蛋白饲料导致,主要表现为前胃迟缓、食欲废绝、精神沉郁、鼻镜干燥、呼出恶臭气体

(三) 防治要点

治疗原则:制止游离氨生成和吸收;纠正脱水、碱中毒、高血钾症;恢复瘤胃功能。

尿素等非蛋白氮所致的瘤胃碱中毒	①最有效的急救措施:5%醋酸 400mL 或食醋 500~1000mL,冷水 40L,一次灌服;②洗胃;③对症治疗(强心;纠正脱水、碱中毒、高血钾症;镇静;止痉;恢复胃肠功能)	禁用碱液
高蛋白日粮所致瘤胃碱中毒	①最有效而实用的急救措施:冷水反复洗胃,然后投入健康牛羊瘤胃液;②强心补液——防脱水,缓解中毒;③恢复胃功能	

三、硝酸盐与亚硝酸盐中毒

又称"猪饱潲症"。是由于富含硝酸盐饲料(谷类作物、蔬菜、鲜嫩青草、野菜等),单胃动物在饲喂前调制(堆放发酵腐热,小火加盖焖煮)过程中或反刍动物采食后在瘤胃内硝酸盐还原菌的作用下产生大量的亚硝酸盐引起的中毒。以猪多见,其次为牛、羊、马、鸡。

中毒机理	亚硝酸盐使血中正常的氧合血红蛋白(二价铁血红蛋白)迅速氧化成高铁血红蛋白(变性血红蛋白),造成高铁(变性)血红蛋白血症,导致组织缺氧而引起的中毒
临诊要点	①起病突然(采食后 15min 至数小时),经过短急;②皮肤黏膜发绀,呼吸困难;③血液暗褐呈酱油状、凝固不良;④神经系统机能紊乱(肌肉战栗、步态摇晃、全身痉挛、角弓反张);⑤消化道刺激症状(流涎、腹痛、腹泻、呕吐)
特效解毒剂	1%美蓝(亚甲蓝)静注(小剂量,1~2mg/kg 体重);注射维生素 C、甲苯胺蓝等均有解毒作用

四、氢氰酸中毒

氢氰酸中毒是指动物采食富含氰苷饲料(木薯、高粱及玉米的新鲜幼苗、亚麻子、豆类、蔷薇科植物)产生多量氢氰酸所引起的一种中毒病。多发于牛、羊,单胃动物少发。

中毒机理	氰酸根离子 CN^- 与氧化型细胞色素氧化酶结合形成氰化高铁细胞色素氧化酶,抑制组织细胞内生物氧化过程,导致组织缺氧性中毒
临诊要点	①采食含有氰苷的饲料后 15~20min 突然发病;②以呼吸困难、黏膜鲜红、肌肉震颤、全身惊厥等组织性缺氧为特征;③胃内容物有苦杏仁味;④静脉血樱桃红(鲜红色),凝固不良;⑤病程短,死亡率高
特效解毒剂	①亚硝酸钠与硫代硫酸钠联合疗法;②大剂量美兰与硫代硫酸钠联合疗法
预防要点	含氰苷的饲料,最好放于流水中浸渍 24h,或漂洗后才加工利用

五、菜籽饼粕中毒

动物长期或大量摄入未去毒菜籽饼粕引起的中毒病。常见于猪和牛,其次为禽类和羊。

毒性成分	主要毒性成分是芥子硫苷;溶血因子,致肺水肿、肺气肿、甲状腺肿因子等
临诊要点	①急性胃肠炎;②溶血性贫血(血红蛋白尿、黄疸);③肺水肿、肺间质气肿;④甲状腺肿大
防治要点	①按照菜籽饼粕在饲料中的安全限量(蛋鸡、种鸡、母鸡、仔猪为 5%,生长鸡、肉鸡、生长肥育猪为 10%~15%)应用;②菜籽饼与其他日粮适当配合使用;③脱毒处理后再利用

六、棉籽饼中毒

动物长期或大量摄入含游离棉酚(毒性成分)的棉籽饼粕而引起的中毒病。主要见于犊牛、单胃动物和家禽。

临诊要点	①出血性胃肠炎;②肾病(血尿、蛋白尿、血红蛋白尿,即所谓排"桃花尿");③贫血、全身水肿;④心衰、肺水肿;⑤视力障碍(夜盲——棉籽饼缺维生素 A)和佝偻病(棉籽饼缺钙);⑥禽类:蛋黄膨大,蛋清变成桃红色的"桃红蛋",加热呈"海绵蛋"
防治要点	①停止饲喂含毒棉籽饼粕,加速毒物的排出;②采取对症治疗方法;③去除饼粕中毒物(主要用 $FeSO_4$)

七、犬洋葱或大葱中毒

犬采食葱类植物后,由于其中辛香味挥发油能降低红细胞内葡萄糖 6-磷酸脱氢酶(G-6-PD)的活性,导致溶血的一种中毒病。犬发病较多,猫少见。

临诊要点	①犬、猫采食洋葱或大葱1~2d 后发病;②排红色或红棕色尿液(Hb 尿);③溶血性贫血
防治要点	①犬猫禁止喂食含洋葱或大葱的食物;②按溶血性贫血病治疗,亦可应用抗氧化剂维生素 E

第三节 有毒植物中毒

考纲考点:(1)毒性成分及靶器官;(2)临床特征;(3)解毒方法。

一、栎树叶中毒

栎树叶中毒是牛羊大量采食栎树叶(含栎丹宁,属于鞣质类,有收涩作用)后,最终因肾功能衰竭而致死的一种中毒病,民间俗称"耕牛水肿病"。

临诊要点	①发生在每年3月下旬至5月初(4月中旬为高峰期);②前胃弛缓、出血性胃肠炎(便秘为主或后期下痢);③肾性皮下水肿、体腔积水(俗称肿屁股病);④血尿、蛋白尿、管型尿等肾病综合征
防治要点	①静脉注射10%硫代硫酸钠溶液;②荆防败毒散煎服

二、疯草中毒

疯草是豆科棘豆属和黄芪属有毒植物的统称。由疯草引起的动物中毒,称为疯草病。发病动物主要是山羊、绵羊和马。

中毒机理	疯草的主要有毒成分是苦马豆素和氧化氮苦马豆素,竞争性抑制溶酶体中的 α-甘露糖苷酶
临诊要点	①采食疯草初期,家畜体重增加快,持续采食,体重反而下降,约15天后出现中毒症状;②临床症状以精神沉郁,反应迟钝,头部震颤(水平摆动),后肢麻痹等神经症状为主;③母畜繁殖力下降,孕畜流产;④消瘦贫血,腹泻,心衰,颌下、胸前及腹下水肿(高海拔地区牛)
防治要点	无特效解毒药,可采取合理轮牧进行适当控制

三、蕨中毒

指动物采食大量蕨类植物(尤其是毛叶蕨)的嫩叶后所引起的一种中毒病。牛、羊及单胃动物均可发病。

毒性成分	硫胺素酶、原蕨苷、血尿因子和槲皮黄素	
临诊要点	马——硫胺素缺乏症	以明显的共济失调为特征,即"蕨蹄跚"
	牛急性中毒	①高热;②再生障碍性贫血(全血细胞减少→血凝不良、全身出血性素质);③胃肠型(前胃弛缓、出血性胃肠炎)
	牛慢性中毒	①长期间歇性血尿,重役、妊娠及分娩等应激因素刺激可加重血尿或重新出现;②膀胱肿瘤
防治要点	目前尚无特效疗法	

第四节 霉菌毒素中毒

考纲考点:(1)各种毒素的靶器官;(2)临床特征;(3)解毒方法。

霉菌毒素种类繁多。我国主要污染饲草饲料的霉菌毒素有黄曲霉毒素(AFT)、赭曲霉毒素、烟曲霉毒素、玉米赤霉烯酮(F-2)、单端孢霉烯(T-2毒素)、呕吐毒素(脱氧雪腐镰刀菌烯醇）等。主要危害是：①降低饲料营养价值、动物生长不良；②出血性胃肠炎（食欲下降，呕吐，腹泻，带血）；③繁殖障碍；④免疫抑制（免疫失败、疾病高发）；⑤皮肤坏死；⑥重要器官功能障碍（尤其肝、肾损伤）。无特效药物，目前主要采取饲料添加脱霉剂预防。

一、黄曲霉毒素中毒

是指动物采食了被黄曲霉毒素（AFT）污染的饲草饲料所引起的一种中毒病。最早称"火鸡 X 病"。

发病特点	幼年动物比成年动物易感,雏鸭、雏鸡最敏感,其次为兔、猫、仔猪、猴、犊牛；雄性动物比雌性动物（怀孕期除外）易感；遭受水灾的年份和潮湿多雨季节发生率较高(最适产毒条件为温度 24～30℃,相对湿度 80%以上)；危害严重的主要有 AFB_1、AFB_2、AFG_1、AFG_2、AFM_1、AFM_2
中毒机理	AFT 的靶器官是肝脏；具二呋喃环和香豆素的结构而拮抗维生素 K；长期少量接触有致癌作用
病变特征	肝细胞变性、坏死、出血、胆管和肝细胞增生
临诊要点	①消化功能紊乱、胃肠炎；②全身出血性素质（维生素 K 缺乏）；③黄疸、腹腔积液、肝癌（肝损伤）；④神经症状
防治要点	无特效解毒药；采取停喂霉败饲料、口服盐类泻剂、保肝和止血疗法有一定效果

二、单端孢霉毒素中毒

动物采食被单端孢霉毒素（属镰刀菌毒素，T-2 毒素）污染的饲草饲料（玉米、麦类）引起的一种中毒病。

发病特点	猪(3～5 月龄仔猪)最多发,其次为家禽
中毒机理	主要靶器官——肝脏和肾脏。①直接刺激作用(黏膜溃疡和坏死)；②抑制骨髓造血功能(全身各组织器官出血)；③抑制细胞免疫；④影响胎儿发育
临诊要点	①以厌食、呕吐、腹泻等消化机能障碍（口腔、食道、胃肠黏膜炎症、溃疡）；②各脏器广泛性出血（伴有血便和血尿——再生障碍性贫血）；③唇、鼻周围皮肤发炎、坏死
防治要点	无特效解毒药

三、玉米赤霉烯酮中毒

玉米赤霉烯酮（F-2 毒素）中毒是由多种产毒镰刀菌污染粮食作物所致。

发病特点		多见于猪,其次是小鼠和雏鸡
中毒机理		具有雌激素的作用,导致动物繁殖机能紊乱
临诊要点	雌激素亢进综合征	①母畜外生殖器发红肿大、乳房增大、自行泌乳；②小母猪提早发情,频发情,假发情,情期延长；③妊娠母猪早产、流产、胎儿吸收、死胎或胎儿木乃伊化；④成年母猪假妊娠（第一胎）或窝产仔数少,仔猪虚弱、后肢外展（八字腿）畸形、轻度麻痹；⑤公猪和去势公猪,显现雌性化综合征(如乳腺过早成熟似泌乳状肿大、包皮水肿、睾丸萎缩和性欲明显减退)
	阴道脱、子宫脱、直肠脱多发	
	腹泻为主的胃肠炎	
防治要点		只要立即停喂霉变饲料,改喂多汁青绿饲料,一般在停喂发霉饲料 7～15 天后中毒症状可逐渐消失

四、霉稻草中毒

霉稻草中毒俗称牛"蹄腿肿烂病""烂蹄坏尾病"，是由于动物采食发霉稻草（秋收时阴雨连绵，稻草收割后未经晒干被镰刀菌污染）而发生的一种中毒病。

发病特点	水牛、黄牛均可发病,水牛易感性较强
中毒机理	镰刀菌毒素（丁烯酸内酯）属于血液毒→外周血管痉挛性收缩→血液循环障碍→局部肌肉瘀血,水肿,出血,肌肉变性与坏死
临诊要点	①步态僵硬,跛行；②蹄腿肿胀、溃烂,甚至蹄匣脱落；③耳尖、尾尖干性坏死（坏疽）
防治要点	无特效解毒药

五、甘薯黑斑病毒素中毒

俗称牛"喘气病"或牛"喷气病"，是由于动物采食霉烂黑斑病甘薯后引起的一种中毒病。

发病特点	以牛多发，羊、猪也可发病
中毒机理	甘薯储藏期间由于损伤部位感染软腐菌，使甘薯产生有毒的苦味质（即甘薯酮及其衍生物——甘薯醇、甘薯宁）。动物采食此类甘薯引起中毒
临诊要点	①以出血性胃肠炎为特征的消化障碍（先便秘后腹泻）；②急性肺水肿及间质性肺气肿：高度呼吸困难、皮下气肿
防治要点	本病尚无特效解毒药，可根据排除毒素（0.1%高锰酸钾液或1%双氧水）、缓解呼吸困难、提高肝脏解毒和肾脏排毒机能的原则进行治疗

六、其他霉菌毒素中毒

疾病	真菌	致病毒素	发病机理	易感动物	临诊要点
赭曲霉毒素中毒	赭曲霉	赭曲霉毒素	肾病变；免疫抑制	猪、马、山羊、家禽	烦渴，多尿，血清 BUN 升高
麦角生物碱中毒	麦角菌	麦角生物碱	外周血管痉挛导致局部缺血；子宫紧张性变化	牛羊、马、猪、家禽	牛和羊耳尖、尾尖、蹄冠皮肤坏疽；羊还表现惊厥，猪生殖力下降，无乳症；马难产或延期妊娠
	雀稗麦角菌	雀稗麦角毒素	不清楚	牛、马、绵羊	非致死性小脑共济失调

第五节 矿物类及微量元素中毒

考纲考点：(1) 无机氟中毒、食盐中毒的原因及靶器官；临床特征；治疗环节中的关键要领。(2) 其他毒物的靶器官、临床特征、特效解毒剂。

一、无机氟化物中毒

病因	自然条件致病	主要见于含氟量高的地区
	工业污染致病	各种矿物加工厂、金属冶炼厂以及大型砖瓦窑等排出的废气，如氟化氢（HF）和四氟化硅（SiF_4）及一部分含氟粉尘
		长期用未经脱氟处理的过磷酸钙作畜禽的矿物质添加剂
临床特征	急性氟中毒（腐蚀性中毒）	多在食入过量氟化物半小时后出现临床症状。一般表现为胃肠炎，呼吸困难，肌肉震颤，跛行，卧地不起
	慢性氟中毒（夺取钙形成 CaF_2）	常呈地方性群发。一般表现：异嗜，生长发育不良。主要表现牙齿和骨骼损害有关的症状如氟斑牙、氟骨症等，且随年龄的增长而病情加重
防治要点	①急性氟中毒应及时抢救，小动物可灌服催吐剂；②各种动物均可用 0.5%氯化钙或石灰水洗胃，静脉注射葡萄糖酸钙或氯化钙（补充钙的不足）；③配合维生素 D、维生素 B_1 和维生素 C 治疗；④慢性中毒的治疗较为困难，首先要停止摄入高氟牧草或饮水；⑤转移动物至安全牧区放牧是最经济和有效办法	

二、食盐中毒

食盐中毒以消化紊乱和神经症状为特征。病理学特征为嗜酸性粒细胞性脑膜炎。其他钠盐（碳酸钠、丙酸钠、乳酸钠等）亦引起食盐中毒类似症状，因此也可称为"钠盐中毒"。以猪多发。

病因	①喂饲盐分含量过高的加工副产品（如酱渣、食堂残羹、咸肉卤、咸鱼水、咸菜等），或日粮含食盐量过多；②饮水不足或在高盐限水状态下暴饮，日粮中钙镁不足等均会促进发病	
临床特征	猪	①初期烦渴贪饮，呕吐，主要表现神经机能紊乱症状（脑水肿），如兴奋不安，频频点头，张口咬牙，口吐白沫，肌肉震颤，徘徊转圈，或倒地后四肢呈游泳状划动（呈周期性发作）；②后期，后肢或四肢瘫痪，昏迷不醒，衰竭而死，病程约 48h；③血液检查可发现嗜酸性粒细胞显著增多（6%～10%）；④慢性中毒表现为便秘、口渴和皮肤瘙痒，突然暴饮大量水后，表现与急性中毒相似的神经症状
	牛	主要表现消化道刺激症状
	鸡	表现口渴，嗉囊积液，口、鼻流黏液，下痢，呼吸困难；痉挛，头颈部扭曲，头向后仰，两脚在空中前后交替摆动
	犬	主要表现为共济失调，肌肉震颤，视力障碍及腹泻
防治要点	尚无特效解毒药。治疗要点为排钠利尿，恢复阳离子平衡和对症治疗	

三、铅中毒

是指动物摄入过量的铅化合物或金属铅（因舔食油漆、漆布、油毛毡、沥青、某些含铅药物、公路两侧牧草、废弃含铅矿周围生长的草）所引起的一种中毒病。

发病特点	反刍动物最为敏感，特别是幼畜和怀孕动物更易发生，猪和鸡对铅的耐受性大
临床特征	①神经机能紊乱(多动症——兴奋狂躁、头颈肌肉抽搐、眼球转动、转圈)；②胃肠炎症状；③小细胞性低色素型贫血
防治要点	采用催吐、洗胃、导泻等急救措施，并及时应用巯基络合剂类特效解毒药

四、铜中毒

铜中毒是指动物摄入过量的铜（添加剂；果树、兽医用药等）而发生的一种中毒病。

发病特点		反刍动物较易发生，其中以羔羊对铜最敏感，其次是绵羊、山羊、犊牛、牛等
临诊要点	急性中毒	严重胃肠炎，表现呕吐、流涎、剧烈腹痛及腹泻，粪便稀并混有黏液，呈淡绿色
	慢性中毒	①溶血性贫血和黄疸(皮肤潮红→苍白→黄疸；血红蛋白尿)；②肝肿大呈黄色，肝细胞内大量色素沉着，整个肝脏呈黑褐色；③肝功能明显异常(天冬氨酸氨基转移酶、精氨酸酶和山梨醇脱氨酶活性迅速升高)，血浆铜浓度也逐渐升高
治疗药物		有效药物钼酸钠、硫钼酸盐(钼酸铵、硫酸钠)

五、镉中毒

镉中毒是指动物长期摄入大量的镉（环境污染造成）后引起的一种中毒病。镉促进金属硫蛋白合成。

发病特点	①多呈慢性或亚临床中毒，常见于放牧牛羊和马等；②主要靶器官肝脏、肾脏，其次是骨骼
临诊要点	①生长发育缓慢；②流涎、呕吐、腹痛、腹泻等胃肠道症状；③贫血及水肿；④繁殖机能障碍(睾丸萎缩、坏死，母畜不孕或出现死胎)；⑤蛋白尿，尿圆柱等肾损伤症状；⑥骨质疏松，脱钙和骨质软化等骨骼损伤
防治要点	提高饲料中蛋白质比例；增加锌、硒供给量可限制镉沉着；补硒可促进体内镉的排泄

六、其他中毒

病名	病因及机理		临床特征	特效药物
砷中毒	有机和无机砷化合物→砷离子	①刺激局部组织；②与巯基酶结合	①消化功能紊乱(重剧胃肠炎症状)；②神经系统损害(兴奋不安、反应敏感→沉郁，衰弱，肌肉震颤，共济失调)	巯基络合剂(二巯基丙醇、二巯基丙磺酸钠、二巯基丁二酸钠)
汞中毒	汞及汞化合物(日本水俣病)		①消化道炎症(口炎、舌炎、胃肠炎)；②泌尿道症状(少尿、蛋白尿、血尿)；③呼吸道症状；④神经系统症状(视力障碍甚至失明，听力障碍，痉挛、轻瘫、昏睡)	巯基络合剂；依地酸钙钠；硫代硫酸钠。禁喂食盐(食盐促进有机汞溶解)
硒中毒	摄入过量硒(湖北恩施县和陕西紫阳县)		①急性：臌气、腹痛；呼吸困难和运动失调；②亚急性：牛羊"蹒跚病、瞎撞病"；③慢性(碱病)：消瘦、跛行(蹄变形或脱落)和脱毛	无特效药，补充胂酸钠、氨基苯胂酸有一定效果；供给高蛋白、高含硫氨基酸和富铜饲料

第六节 农药及鼠药中毒

考纲考点：(1) 有机磷中毒的原因及机理；临床特征；特效解毒剂及解毒机理，治疗环节中的关键要领；(2) 鼠药中毒的临床特征、特效解毒剂。

一、有机磷杀虫剂中毒

有机磷农药中毒是指动物皮肤接触、吸入或误食了某种有机磷农药（农作物杀虫，动物杀灭体虱、驱除蚊蝇、治疗疥螨、驱除胃肠道线虫病等）后发生的一种中毒病。各种动物均可发生。

中毒机理		有机磷杀虫剂抑制胆碱酯酶活性(胆碱酯酶钝化),使其失去分解乙酰胆碱的能力,从而造成乙酰胆碱在体内大量蓄积,导致胆碱能神经功能兴奋
临床表现	M(毒蕈碱)样效应	平滑肌收缩加强,腺体分泌增多:①全身出汗、流涎、腹痛、腹泻、呕吐;②尿频、尿失禁;③流鼻液、湿啰音、呼吸困难;④瞳孔缩小
	N(烟碱)样效应	骨骼肌震颤、痉挛
	中枢神经系统症状	兴奋或高度抑制
防治要点	排除毒物	①立即脱离毒源,停止饲喂疑似饲料和饮水;②经皮肤中毒(洗涤皮肤):5%石灰水、草木灰水、0.5%食盐水或肥皂水;③经消化道中毒:2%~3%小苏打液或肥皂水或食盐水洗胃,并灌服活性炭100~200g,或口服盐类泻剂(用硫酸钠,因硫酸镁抑制呼吸);④鸡中毒时,可切开嗉囊冲洗,排出毒物,防止毒物再吸收;⑤输液或输血(珍贵动物)对所有有机磷农药急性、严重中毒均有一定治疗效果;⑥需注意,敌百虫中毒禁用碱液洗胃或皮肤,敌百虫遇碱生成毒性更强的敌敌畏
	特效解毒	M型受体拮抗剂(阿托品、山莨菪碱654-2、樟柳碱703等)
		胆碱酯酶复活剂(解磷定、氯解磷定和双复磷)
	对症治疗	阿托品用量过多可引起食道麻痹、胃肠功能障碍

M型受体拮抗剂能阻断毒蕈碱样(即M型)受体,对抗有机磷农药中毒的毒蕈碱样毒性作用,还具有减轻中枢神经系统症状,改善呼吸中枢抑制的作用。用药原则为早期、适量、反复给药,快速达到"阿托品化"(流涎和出汗停止、口腔干燥、瞳孔散大、心跳加快)。阿托品用量,牛0.25mg/kg体重,其他动物0.5~1mg/kg体重,皮下或肌内注射,或1/3静脉注射,其余皮下注射。胆碱酯酶复活剂能使已经磷酸化的胆碱酯酶活性恢复,使体内积聚的乙酰胆碱迅速水解,从而解除中毒症状(能迅速减轻烟碱样症状——如肌群颤动)。

二、有机氟化物中毒

动物误食了被含有机氟农药(氟乙酰胺)或鼠药(氟乙酸钠、氟乙酰胺、甘氟等)污染的饲草或饮水(因阻断正常三羧酸循环,妨碍氧化磷酸化过程)而引起的以中枢神经系统机能障碍和心血管系统机能障碍为特征的一种中毒病。

发病特点		①各种动物均有发病;②潜伏期较短;③在短时间内,因循环和呼吸衰竭而死亡
临诊要点	神经型	中枢神经系统障碍(兴奋、狂奔、嚎叫、突然倒地、剧烈抽搐、惊厥、角弓反张)
	心脏型	心血管系统障碍(心律不齐、心动过速、口吐白沫、呼吸困难)
防治要点		①特效药物为解氟灵(乙酰胺);②排出胃肠内毒物时忌用碳酸氢钠

三、灭鼠药中毒

误食污染了鼠药的饲料和饮水或灭鼠毒饵而中毒。犬、猫多因吃了鼠药毒死的老鼠而引起二次中毒。

种类	茚满二酮类	香豆素类	硫脲类	毒鼠强
	杀鼠酮、敌鼠钠盐等	杀鼠灵、克灭鼠、大隆等	安妥、灭特	三步倒、424
毒理	抑制维生素K而导致广泛性出血		肝、肾变性坏死,肺水肿,神经系统	中枢神经系统(阵发性惊厥)
解毒	特效药物是维生素K制剂;排毒禁用碳酸氢钠液		洗胃,硫酸钠泻下	

(胡延春)

第八章 其他内科疾病

考纲考点：（1）肉鸡腹水综合征的病因、发病机理、临床症状与病理变化和防治；（2）应激综合征、过敏性休克、犬猫糖尿病的病因、发病机理、临床症状、治疗要点；（3）甲状腺、甲状旁腺、肾上腺皮质功能障碍（亢进或减退）的病因、临床特征、诊断和治疗。

一、肉鸡腹水综合征

肉鸡腹水综合征（PHS）又称"肉鸡肺动脉高压综合征、肉鸡右心衰综合征、高海拔病"。主要发生在肉仔鸡。

（一）病因

环境因素	缺氧是主要原因；高原缺氧；通风不良（尤其冬季保暖→有害气体浓度增高）
遗传因素	快速生长的肉鸡，尤其公鸡（肉鸡平均发病率30%，公鸡发病率高达70%——有限的肺容量）
营养因素	高能高蛋白饲料（尤其脂肪过多）及颗粒饲料（快速生长）；硒、磷、维生素E、维生素B_6、维生素A、维生素C缺乏
中毒因素	食盐过多、霉菌毒素中毒、磺胺类等药物中毒
管理因素	寒冷刺激、过食、应激、呼吸道疾病

（二）发病机理

关于肉鸡PHS病理发生的研究已形成了两大学派（心脏病源学说和肺动脉高压学说）和两大理论（自由基理论和一氧化氮理论）。相对性缺氧所致肺动脉高压是该病发生的中心环节。快速生长的肉鸡体内代谢加快→循环和组织相对性缺氧→红细胞、血容量增加→肺动脉高压→右心衰竭、腹水。

（三）临诊要点

发病特点		多见于4~6周龄肉鸡（最早3日龄）；雄性、寒冷季节、高海拔地区多发，不具流行性而呈群发性
临床特征	腹腔积液	腹部膨大，腹部皮肤变薄发亮，站立时腹部着地，企鹅状，行动缓慢
	心衰特征	呼吸急促；鸡冠和肉髯紫红色，抓捕时突然死亡
病理学特征		血液浓稠，腹腔大量积液，右心扩张，肺充血水肿，肝脏硬变

（四）防治要点

改善饲养管理	①品种选择；②改良饲料配方，饲喂低蛋白和低能量饲料，适量添加氨基酸、防止钠过量；③早期限饲，后期代偿性增重；④通风、慢速降温、雌雄分离、保温、限光照等
药物防治	日粮中添加亚麻油、速尿、精氨酸、电解多维等；中药防治

二、应激综合征

动物遭受不良因素或应激原（主要是环境和营养）的刺激时，表现出生长发育缓慢，生产性能和产品质量降低，免疫力下降，甚至死亡的一种非特异性反应。

发病特点	各种动物（包括野生动物）均可发生，常见于家禽、猪和牛
病因	①温度应激：夏季持续高温（最适环境温度18~24℃，超过32℃→热应激）；②精神刺激应激；③饲养管理应激（运输、换料、转群、预防接种等）；④空气环境应激（通风不良及有害气体蓄积）；⑤遗传因素：常染色体隐性遗传（皮特兰猪、丹麦长白猪、波中猪、艾维因肉鸡）

续表

发病机理	应激刺激,首先引起交感神经兴奋(肾上腺素↑),同时促肾上腺皮质激素(糖皮质激素)、甲状腺素分泌增多、促性腺激素分泌减少。此外应激综合征与机体内自由基生成过多有直接关系	
临诊要点	①猝死型:不表现任何临诊病症而突然死亡;②神经型;③全身适应性综合征;④恶性高热型;PSE猪肉(猪肉苍白、松软、渗出性猪肉)、DFD猪肉(干燥、坚硬、色暗的猪肉),背最长肌坏死(BMN);⑤胃肠型(胃黏膜糜烂和溃疡);⑥慢性应激综合征(免疫力下降,生长停滞,生产性能下降,运输过程中及候宰期间严重掉膘,幼畜死亡率增加)	
	血清肌酸磷酸激酶(CPK)活性显著升高是诊断应激综合征的重要指标	
防治要点	中药治疗	补虚(补肾)类药能增强抵抗力,提高免疫力,如刺五加液
	西药治疗	日粮中添加抗应激药物(小苏打、维生素C、电解多维、镇静剂、止痛剂等)
	改善饲养管理	改善环境及营养是预防和减轻环境因子对动物不良影响的重要手段

三、过敏性休克

致敏机体与特异变应原接触后短时间内发生的急性全身性过敏反应,属Ⅰ型超敏反应性免疫性疾病。犬猫多见。

病因及机理	过敏原	①异种血清、疫苗;②生物抽提物;③非蛋白药物;④病毒及寄生虫;⑤昆虫(毒蜂等)叮咬	动物第一次接触抗原后,约需10d才被致敏,可持续数月或数年
	基本病理过程:平滑肌收缩和毛细血管通透性增高		
临诊要点	①在再次接触(大多为注射药物)过敏原的数分钟至数十分钟内顿然起病;②不安、肌颤、出汗、流涎、呼吸急促、心搏过速、血压下降、昏迷、抽搐;③于短时间内死亡或经数小时后康复		
防治要点	治疗原则	除去病因,抗过敏、抗休克,迅速纠正循环衰竭	
	抗过敏	①立即皮下注射0.1%盐酸肾上腺素;②地塞米松加5%~10%葡萄糖液静脉滴注;③异丙嗪或苯海拉明肌注	
	抗休克	补充血容量,纠正酸中毒(低分子右旋糖酐或5%碳酸氢钠加5%葡萄糖,静脉滴注)	
	对症治疗	兴奋呼吸中枢、强心;气管切开术(急性喉水肿)	

四、犬、猫糖尿病

糖尿病是由胰岛β细胞分泌机能降低,胰岛素绝对或相对不足引起糖代谢障碍的一种慢性神经内分泌障碍综合征。胰岛素分泌减少→高血糖及糖尿→机体脱水(低血钠,低血钾)及酮酸中毒是该病发生的中心环节。

病因	①胰岛β细胞损伤(各种胰腺疾病)	②肥胖(可逆性胰岛素分泌减少)
	③药物:糖皮质激素;雌激素和孕激素;胰高血糖素;非类固醇药物(氯丙嗪等)	
	④应激→胰岛素拮抗激素(皮质醇、胰高血糖素、生长激素和肾上腺素)分泌增加	
发生特点	①犬:5岁以上(8~9岁)老龄犬多发;雌犬的发病率是雄犬的2~5倍(母犬发情期激素影响);②猫:雄性是雌性的2倍,9岁以上猫多发。猫以Ⅱ型糖尿病(非胰岛素依赖型、胰岛素抵抗型)多发	
临床特征	①多食、多饮、多尿,体重减少(三多一少)	②酮酸血症
	③白内障(角膜混浊)	④血糖和尿糖升高
治疗要点	饮食疗法	低碳水化合物性食物(多喂肉、蛋、牛奶)
	降糖疗法	主要疗法:口服降血糖药(磺酰脲类);胰岛素治疗(中性鱼精蛋白锌胰岛素)
	补液抗酸	纠正酸中毒、低钾血症和低磷血症

五、甲状腺功能亢进(甲亢)

病因	甲状腺素(T_4)和/或三碘甲腺原氨酸(T_3)过多	
	①主要原因——甲状腺肿瘤(犬:甲状腺癌;猫:单发性腺瘤,多为双侧性)。②促甲状腺激素(TSH)异位性分泌、TSH分泌性腺垂体瘤、医源性因素。③长效甲状腺刺激素;甲状腺刺激免疫球蛋白	
发生	猫首位内分泌疾病。多见于6~20岁老龄猫	
临诊要点	①高基础代谢率综合征	多尿、多饮、多食、体重减轻(三多一少);体温升高;无力易疲
	②高儿茶酚胺敏感性综合征	易惊恐,肌肉震颤,心动过速,高输出性心衰,心电图电压增大
	③甲状腺毒症	肠蠕动增强;骨质疏松
	④甲状腺肿大	90%病猫在近喉部可触及肿大的甲状腺,且被毛脱落、爪生长过快
	⑤$T_4>40\mu g/L$,$T_3>2000\mu g/L$,可确诊;若T_3、T_4升高不明显,用促甲状腺激素刺激试验进一步诊断	
治疗	①抗甲状腺药物(硫脲类);②放射碘疗法;③手术疗法(甲状腺不全切除)	

六、甲状腺功能减退（甲减）

病因	甲状腺素(T_4)和/或三碘甲腺原氨酸(T_3)过少		
病因	①主要原因——自发性甲状腺萎缩、淋巴细胞性甲状腺炎等。②不常见原因：甲状腺破坏（先天性缺陷、肿瘤）；TSH 或 TRH 不足；医源性因素（放射治疗、手术等）		
发生	犬最常见内分泌疾病。多见于4～6岁中型或大型雌犬；马、猫等亦有发生		
临诊要点	①脱毛（早期症状）	躯干被毛稀少，尾近端和远端背侧尤为明显，伴脂溢性皮炎，皮肤色素过度沉着	
	②繁殖障碍	不育；性欲下降；流产；发情间期延长、发情期缩短	
	③全身发胖（黏液性水肿）	黏液性水肿→皮肤增厚，眼上方、颈和肩背侧明显	
	④T_4<10μg/L，可确诊；若10μg/L<T_4<20μg/L，用促甲状腺激素刺激试验进一步诊断		
治疗	甲状腺素替代疗法		

七、甲状旁腺功能亢进

病因	原发性	甲状旁腺肿瘤或自发性增生→甲状旁腺激素(PTH)自主性分泌过多	犬、马	甲状旁腺激素(PTH)分泌过多（升血钙、降血磷、降尿钙、升尿磷）
	继发性	①营养性：维生素 D 缺乏、钙不足或磷过多。②肾源性：肾功能衰竭→甲状旁腺代偿性增生→PTH 分泌过多	多种动物	
临诊要点	原发性亢进	①高钙血症体征：胃肠弛缓（呕吐、便秘）；多尿，多饮，烦渴；心动过缓，心律不齐；肌肉无力，腱反射抑制，反应迟钝。②PTH 过多体征：骨质疏松，跛行，自发性骨折。③钙性肾病	X 线：骨质疏松、软化，关节肿大；草食动物：纤维性骨营养不良；杂食动物：纤维性骨肥厚性骨炎；肉食动物：骨软化症（纸骨症）	
	继发性亢进	纤维性骨营养不良：骨骼肿胀变形；跛行，骨质疏松，易骨折；血钙正常或低下		
	肾性亢进	全身骨吸收，尤其头骨（上、下颌骨脱钙变软增厚，间歇变窄）；肋部串珠肿；肾功能不全和尿毒症等		
治疗	①原发性：手术切除甲状旁腺（至少保留1个前甲状旁腺的1/2），然后适当补钙；②继发性：见纤维性骨营养不良；③肾源性：治疗原发病（日粮降低磷，增加钙）			

八、甲状旁腺功能减退

病因	甲状旁腺激素(PTH)缺乏	①甲状旁腺破坏或萎缩（放疗、手术、长期用钙或维生素 D）	犬特发性甲状旁腺机能减退——自体免疫性疾病
		②甲状旁腺器质性病变（发育不全、肿瘤）	
临诊要点	低钙血症	肌肉自发性收缩→肌肉疼痛→强直性痉挛；体温升高、虚弱无力；兴奋不安（神经症状）；呕吐、便秘、腹痛；心动过速	血钙<2.1mmol/L，血磷≥1.6mmol/L

九、肾上腺皮质功能亢进（柯兴氏综合征，Cushing's disease）

病因	①垂体依赖性因素（垂体肿瘤），占80%；②肾上腺依赖性因素（肾上腺腺瘤或癌肿）→肾上腺皮质激素（糖皮质激素中皮质醇为主）分泌过多；③医源性因素：过度使用肾上腺皮质激素。7～9岁母犬最多发	
临诊要点	①多尿、多饮、多食	②肥胖（垂腹）综合征
	③两侧对称性脱毛（后肢后侧→躯干部，但马为多毛症）；皮肤增厚，形成皱襞；皮肤色素过度沉着（斑块状），皮肤钙质沉着（奶油色斑块状，周围为淡红色的红斑环）	
	④肌肉萎缩、肌肉强直、步态僵硬（一侧后肢→另一后肢→两前肢）	
	⑤睾丸萎缩、阴蒂肥大	
	⑥肾上腺皮质机能试验（血浆皮质醇测定、小剂量地塞米松抑制试验、ACTH 刺激试验和高血糖素耐量试验、大剂量地塞米松试验（鉴别原因）等进行确诊	
治疗	①药物疗法（双氯苯二氯乙烷、甲吡酮、氨基苯乙哌啶酮）；②手术疗法（皮质肿瘤）	

十、肾上腺皮质功能减退（阿狄森氏病，Addison's disease）

病因		肾上腺皮质激素不足（以犬肾上腺皮质激素缺乏最为多见）。2～5岁母犬多发
发病机理	原发性	自体免疫因素；病犬有抗肾上腺皮质抗体→肾上腺淋巴细胞浸润→肾上腺皮质机能减退
	继发性	下丘脑或腺垂体破坏性病变、抑制ACTH分泌的药物使用不当→肾上腺皮质机能减退

	续表
临诊要点	①急性型:低血容量性休克症候群 ②慢性型:食欲减退,周期性呕吐、腹泻或便秘;消瘦;多尿;皮肤青铜色色素过度沉着;性欲减退(阳痿)或持续性发情间期 ③低钠、高钾、高磷、高钙血症;代谢性酸中毒;淋巴细胞增多、嗜酸性粒细胞增多 ④促肾上腺皮质激素试验可确诊
防治	①纠正水盐代谢紊乱;②补充糖皮质激素

十一、尿崩（多尿症）

病因	下丘脑-神经垂体功能减退→抗利尿激素分泌不足	原发性:病因不明
		继发性:①丘脑-垂体的肿瘤、脓肿、感染等;②肾性尿崩症(肾盂肾炎、低钾性肾病、高钙性肾病)
发生	①急性发作:外伤、脑脊髓炎等引起;②慢性发作:肿瘤引起	
临诊要点	多饮(日饮水量>100mL/kg体重)、多尿(日排尿量>90mL/kg体重);尿密度<1.006;常见夜尿症;限制饮水尿量不减(尿液不见其他异常);病犬肥胖(初)→消瘦,生殖器萎缩 肌注长效尿崩停(垂体后叶抗利尿激素鞣酸油剂)2.5~10IU后数小时,尿量速减,密度>1.040可诊断	
防治	①垂体性尿崩症——抗利尿激素;②肾性尿崩症——交替应用利尿剂和氯磺丙脲(效果差)	

（任志华）

《兽医内科学》模拟试题及参考答案

每道试题由一个题干和多个备选答案组成。备选答案中只有一个是最佳答案,其余均不完全正确或不正确,答题时要求选出正确的那个答案。

1. 犬口炎的症状**不包括**( )。
   A. 大量流涎 B. 咀嚼障碍 C. 吞咽障碍 D. 采食缓慢 E. 口腔溃疡

2. 咽喉部急性炎症,造成动物呼吸困难,有效的治疗方法是( )。
   A. 咽喉部先冷敷后温敷 B. 咽喉部先热敷后冷敷 C. 咽喉部皮下封闭疗法 D. 气管切开术 E. 应用肾上腺素

3. 牛食道阻塞发生急性瘤胃臌气,治疗的第一步是进行( )。
   A. 润滑食道 B. 缓解痉挛 C. 疏通食道 D. 穿刺放气 E. 手术疗法

4. 可用胃导管治疗的疾病是( )。(2016年真题)
   A. 食管扩张 B. 食管狭窄 C. 食管憩室 D. 食管阻塞 E. 食管痉挛

5. 犬争食软骨、肉块和筋腱时可突然引起的食道疾病是( )。
   A. 溃疡 B. 痉挛 C. 狭窄 D. 阻塞 E. 麻痹

6. 犬由于鸭颈椎骨引起胸段食道阻塞,反复呕吐,最有效的治疗方法是( )。
   A. 催吐 B. 下送法 C. 内窥镜取出异物 D. 开胸手术疗法 E. 颈部食道切开

7. 犬胸段食道发生鹅卵石引起阻塞,首先选择的最佳治疗方法是( )。
   A. 催吐 B. 下送法 C. 下送再胃切开取出异物 D. 开胸手术疗法 E. 颈部食道切开

8. **不是**由变质饲料所引起的前胃弛缓的主要症状的是( )。
   A. 间歇性臌气 B. 瘤胃内容物稀软粥状 C. 腹泻 D. 便秘 E. 轻度臌气

9. 急性前胃弛缓时瘤胃内容物的 pH 值多( )。
   A. 不变 B. 升高 C. 降低 D. 先升高后降低 E. 先降低后升高

10. 原发性前胃弛缓最常见的病因是( )。(2015年真题)
    A. 病毒感染 B. 细菌感染 C. 寄生虫感染 D. 饲养管理不当 E. 中毒

11. 治疗成年奶牛前胃弛缓,一次皮下注射硫酸新斯的明的适宜剂量是( )。
    A. 1~2mg B. 3~5mg C. 10~15mg D. 30~50mg E. 100mg

12. 治疗成年奶牛前胃弛缓,一次性静脉注射10%NaCl 的剂量一般是( )。
    A. 200mL B. 400~500mL C. 1000mL D. 1500mL E. 2000mL

13. 治疗成年奶牛前胃弛缓,一次性静脉注射10%葡萄糖酸钙的剂量一般是( )。
    A. 100mL B. 200~300mL C. 400~500mL D. 800~1000mL E. 1200mL

14. 治疗成年奶牛前胃弛缓或生产瘫痪,一次性静脉注射10%$CaCl_2$的剂量一般是( )。
    A. 30~50mL B. 150~200mL C. 400~500mL D. 600~800mL E. 1000mL

15. 为促进瘤胃运动,可以应用拟胆碱药物的是( )。
    A. 心脏机能不全 B. 瘤胃臌气 C. 瘤胃积食 D. 孕畜 E. 瘤胃蠕动音未消失

16. 牛瘤胃积食时,叩诊左肷部出现( )。
    A. 鼓音 B. 浊音 C. 钢管音 D. 过清音 E. 金属音

17. 临床检查腹围增大,瘤胃内容物充满而坚硬,食欲和反刍停止,最可能的疾病是( )。
    A. 前胃迟缓 B. 瘤胃积食 C. 瘤胃臌气 D. 瘤胃积液 E. 瓣胃阻塞

18. 在发病初就表现食欲废绝、全身症状较明显的疾病是（　　）。
    A. 前胃弛缓　　B. 瘤胃积食　　C. 慢性瘤胃臌气　　D. 创伤性网胃炎　　E. 皱胃左方变位

19. 瘤胃积食时，粪便的变化是（　　）。
    A. 便秘带黏液　　B. 腹泻带黏液
    C. 先便秘后粪稀软带黏液　　D. 便秘
    E. 腹泻

20. 触诊瘤胃紧张而有弹性，高度呼吸困难，食欲反刍停止等症状，可以诊断为（　　）。
    A. 瘤胃积食　　B. 前胃迟缓　　C. 瘤胃臌气　　D. 瘤胃积液　　E. 奶牛酮病

21. 下列除（　　）外，均是导致泡沫性瘤胃臌气的原因。
    A. 瘤胃液黏稠度升高　　B. 瘤胃液的表面张力下降　　C. 过食大量豆科植物；
    D. 瘤胃内形成 CO_2、CH_4 等气体过多
    E. 泡沫表面的吸附性能下降

22. 导致非泡沫性臌气瘤胃臌气的是（　　）。
    A. 豆科牧草　　B. 黄豆未经浸泡或处理
    C. 尿素应用不当（尿素处理的氨化饲草）
    D. 含淀粉多的块根和谷物饲料　　E. 食道阻塞或前胃弛缓

23. **不能**作为鉴别瘤胃泡沫性臌气和非泡沫性臌气的方法是（　　）。
    A. 瘤胃穿刺　　B. 胃管投入　　C. 投服止酵剂　　D. 投服二甲基硅油（消胀片）
    E. 植物油（烟油）

24. 牛瘤胃积食或臌气严重，在症状缓解前，**不宜**使用（　　）。
    A. 鱼石脂松节油酒精合剂　　B. 拟胆碱药　　C. 油类泻剂　　D. 碳酸氢钠
    E. 人工盐

25. 最有可能引起奶牛创伤性心包炎的异物是（　　）。
    A. 碎石块　　B. 碎铁块　　C. 塑料片　　D. 螺丝帽　　E. 细长金属物

26. 牛创伤性心包炎后期的典型临床症状是（　　）。
    A. 弛张热　　B. 精神沉郁　　C. 胸壁敏感　　D. 呼吸困难　　E. 心包拍水音

27. 下列哪个症状是牛创伤性心包炎时常见的（　　）症状。
    A. 颈静脉无变化　　B. 颈静脉呈阴性波动　　C. 颈静脉呈阳性波动　　D. 颈动脉波动过强　　E. 大脉或硬脉

28. 牛创伤性网胃炎时，驱赶山下坡运动，其表现是（　　）。
    A. 上坡易下坡难　　B. 下坡易上坡难
    C. 上下坡都难　　D. 上下坡都不难
    E. 都不正确

29. 奶牛粪便成黑褐色，煤焦油样颜色，最可能的疾病是（　　）。
    A. 创伤性真胃炎　　B. 出血性小肠炎
    C. 创伤性网胃炎　　D. 出血性大肠炎
    E. 肠扭转

30. 牛便秘，应用泻剂，排出少量薄层状干燥粪便的粪水，应怀疑（　　）。
    A. 前胃弛缓　　B. 瘤胃积食　　C. 大肠便秘　　D. 创伤性网胃炎　　E. 瓣胃阻塞

31. 真胃炎（溃疡）的发病根本机制是（　　）。
    A. 胃酸分泌不足　　B. 胃酸分泌过多
    C. 植物性神经功能紊乱　　D. 中枢神经紊乱　　E. 脱水所致心衰

32. 牛皱胃溃疡，触诊时，该牛表现为（　　）（注意：皱胃溃疡压住后疼痛减轻）。
    A. 触压时不敏感，去压时敏感　　B. 触压时敏感，去压时不敏感
    C. 触压时及去压时都敏感　　D. 触压及去压时都不敏感　　E. 触压、压住、去压均敏感

33. 诊断皱胃溃疡时，可反复进行（　　）。（2016年真题）
    A. 尿液潜血检查　　B. 粪便潜血检查
    C. 血清白蛋白检查　　D. 血清酶学检查
    E. 粪便寄生虫检查

34. 反刍兽左侧腹部听叩诊结合出现高朗的钢管音，首先应怀疑（　　）。
    A. 瘤胃积液　　B. 前胃迟缓　　C. 真胃左方变位　　D. 瘤胃臌气　　E. 盲肠臌气

35. 皱胃左方变位的确诊依据是（　　）。
    A. 分娩后出现前胃弛缓　　B. 瘤胃部听诊有高朗金属调流水音　　C. 左腹部有高朗钢管音　　D. 粪便稀软黏腻　　E. 高朗钢管音区取得皱胃液

36. 皱胃左方变位的最佳穿刺诊断的部位（　　）。
    A. 左侧第9～12肋弓下缘、肩一膝水平线上下　　B. 左侧肷窝部　　C. 左侧

6~7肋间心脏后方　D. 左侧后腹底部　E. 左下腹部

37. 发病最缓慢，病程长的胃部疾病是（　　）。
   A. 尿素等致瘤胃碱中毒　B. 瘤胃臌气　C. 急性前胃弛缓　D. 皱胃左方变位　E. 皱胃扭转

38. 动物厌食精料，粪便呈糊状黏腻，混黏液或血液（松馏油样），提示（　　）。
   A. 前胃弛缓　B. 创伤性网胃炎　C. 皱胃炎（左方变位）　D. 瘤胃酸中毒　E. 直肠出血

39. 皱胃左方变位最有效的治疗方法是（　　）。
   A. 滚转疗法　B. 手术疗法　C. 按前胃弛缓治疗　D. 按皱胃炎治疗　E. 无有效疗法

40. 真胃右方扭转的动物，应该及时采取（　　）。
   A. 滚转疗法　B. 保守疗法　C. 宰杀　D. 手术疗法　E. 抗菌消炎疗法

41. 牛皱胃右方变位可出现（　　）。
   A. 低血钾　B. 高血钾　C. 低血钠　D. 高血氯　E. 高血钙

42. 导致皱胃积滞大量黏硬或坚硬食物，常伴瓣胃乃至瘤胃不同程度积食的病因是（　　）。
   A. 真胃左方变位　B. 皱胃溃疡　C. 幽门狭窄　D. 异物机械性阻塞　E. 皱胃炎

43. 奶牛出现久治不愈的顽固性前胃弛缓，**最不可能**的疾病是（　　）。
   A. 皱胃炎　B. 创伤性心包炎　C. 真胃左方变位　D. 瘤胃异物　E. 创伤性网胃炎

44. 奶牛腹痛表现最明显的疾病是（　　）。
   A. 真胃左方变位　B. 创伤性网胃炎　C. 真胃扭转　D. 真胃炎或溃疡　E. 瓣胃阻塞

45. 反刍兽皱胃疾病的共同症状是（　　）。
   A. 厌食精料、粪便黏腻　B. 叩诊有钢管音　C. 皱胃扩张积气　D. 喜食精料　E. 皱胃内容物坚实

46. 皱胃变位的根本发病机制是由于（　　）。
   A. 迷走神经功能紊乱或损伤所致皱胃弛缓　B. 动物剧烈运动　C. 体位突然变化　D. 妊娠　E. 腹压增大

47. 导致低氯、低钾性代谢性碱中毒的疾病是（　　）。
   A. 前胃弛缓　B. 创伤性网胃炎　C. 皱胃变位或扭转　D. 偷食谷物精料　E. 皱胃炎

48. **不宜补碱的疾病是**（　　）（其余均为酸中毒）。
   A. 过食谷物　B. 中暑　C. 肺炎　D. 真胃左方变位　E. 尿毒症

49. 引起机体酸中毒的疾病是（　　）（其余均为碱中毒）。
   A. 皱胃炎　B. 皱胃变位　C. 皱胃扭转　D. 皱胃阻塞　E. 十二指肠前段阻塞

50. 在犬和猪，以胃和小肠为主的炎症与大肠炎症的最主要区别是（　　）。
   A. 是否腹泻　B. 饮食欲减退　C. 全身症状　D. 粪便有无炎性产物　E. 呕吐是否严重

51. 犬腹部触诊，肠道内有一增粗、敏感、质地坚实的团块，应怀疑（　　）的可能。
   A. 肠扭转　B. 肠异物阻塞　C. 肠套叠　D. 肠嵌闭　E. 巨结肠症

52. 犬粪便黏腻，恶臭，有多量黏液，治疗不当的措施是（　　）。
   A. 抗菌消炎　B. 应用高锰酸钾深部灌肠　C. 应用鞣酸蛋白　D. 强心补液　E. 应用缓泻剂

53. 治疗成年反刍动物肠道炎症性疾病，**不宜**采用的方法是（　　）。
   A. 口服土霉素　B. 静脉注射土霉素　C. 口服磺胺脒　D. 腹腔注射庆大霉素　E. 补碱

54. 马属动物急性胃肠炎的一般首要治疗原则是（　　）。
   A. 强心利尿　B. 止吐止泻　C. 抗菌消炎　D. 健胃消食　E. 解痉镇痛

55. 马肠扭转的最佳治疗方法是（　　）。
   A. 翻滚法　B. 针灸法　C. 下泻法　D. 手术整复　E. 深部灌肠

56. **不属于**马属动物真性腹痛病的是（　　）。
   A. 急性胃扩张　B. 肠便秘　C. 肠痉挛　D. 肠臌气　E. 寄生虫（圆线虫、蛔虫）性腹痛

57. 马急性胃扩张治疗的关键措施是（　　）。
   A. 镇痛解痉　B. 强心补液　C. 反复洗胃　D. 导胃并灌服制酵剂　E. 胃

穿刺

58. 治疗马液胀性胃扩张除导胃减压外，还应特别注意（　　）。
 A. 强心　B. 镇静　C. 镇痛
 D. 止酵　E. 治疗原发病

59. 发病初期即表现剧烈腹痛的马属动物腹痛病是（　　）。
 A. 急性胃扩张　B. 肠便秘　C. 肠痉挛　D. 肠臌气　E. 肠变位

60. 禁止应用任何泻剂的疾病是（　　）。
 A. 慢性胃扩张　B. 肠便秘　C. 肠痉挛　D. 肠臌气　E. 肠变位

61. **不是**肝脏实质疾病临床症状的是（　　）。
 A. 黄疸　B. 肝区敏感　C. 腹水
 D. 直接胆红素和间接胆色素含量增高
 E. 仅间接胆色素含量增高

62. 急性胰腺炎初期治疗最关键的措施是（　　）。
 A. 禁食禁水　B. 补液及抗休克
 C. 解痉镇痛　D. 抑制胰腺分泌
 E. 抗菌消炎

63. 治疗动物腹膜炎，为制止渗出应选择静脉注射的药物是（　　）。
 A. 0.9％氯化钠　B. 10％氯化钙
 C. 3％氯化钾　D. 5％葡萄糖
 E. 0.25％普鲁卡因

64. 临床上以剧烈咳嗽为特征，常提示（　　）。
 A. 慢性支气管炎　B. 胸膜炎
 C. 急性喉炎　D. 大叶性肺炎
 E. 支气管肺炎

65. **不是**支气管炎临床特征的是（　　）。
 A. 咳嗽　B. 流鼻液　C. 不定热型
 D. 肺部听诊有啰音　E. 叩诊出现灶状浊音

66. 支气管炎的初期症状是（　　）。
 A. 痉挛性咳嗽　B. 干、短、带痛咳嗽
 C. 少有咳嗽　D. 呛咳　E. 强烈湿咳

67. 犬发生慢性支气管炎时，血液学检查可见（　　）。
 A. 白细胞总数正常　B. 白细胞总数下降　C. 白细胞总数升高　D. 嗜中性粒细胞数下降　E. 嗜酸性粒细胞数升高

68. 支气管肺炎的热型是（　　）。
 A. 稽留热　B. 双相热　C. 间歇热
 D. 弛张热　E. 不定热型

69. 下列除（　　）以外，都是支气管肺炎的典型症状。
 A. 弛张热或间歇热　B. 听诊有捻发音
 C. 胸壁敏感　D. 叩诊呈灶状浊音
 E. 局灶性肺泡呼吸音减弱或消失

70. 犬发生小叶性肺炎时，胸部X线摄影检查可见（　　）。
 A. 肺纹理增粗　B. 整个肺区异常透明
 C. 肺野阴影一致加重　D. 肺野有大面积均匀的致密影　E. 肺野局部斑片状或斑点状密影

71. 大叶性肺炎的热型是（　　）。
 A. 稽留热　B. 双相热　C. 间歇热
 D. 弛张热　E. 不定热型

72. 动物流铁锈色鼻液，见于（　　）。
 A. 支气管肺炎　B. 大叶性肺炎
 C. 坏疽性肺炎　D. 腐败性支气管炎
 E. 霉菌性肺炎

73. 高温和脉搏加快之间不相适应的现象，是早期认识（　　）的主要症状之一。
 A. 小叶性肺炎　B. 肺充血和肺水肿
 C. 大叶性肺炎　D. 肺气肿　E. 肺脓肿

74. 大叶性肺炎肝变期，听诊肝变区内可闻（　　）。
 A. 病理性支气管音　B. 肺泡呼吸音增强　C. 干啰音　D. 湿啰音　E. 捻发音

75. 犬发生大叶性肺炎时，胸部X射线摄影检查可见（　　）。
 A. 仅肺纹理增粗　B. 整个肺区异常透明　C. 整个肺野阴影一致加重
 D. 肺野有大面积均匀的致密影　E. 肺野局部斑片或斑点状密影

76. 为减轻心脏的负担，降低肺中血压，改善血液循环，可静脉放血治疗的是（　　）。
 A. 瘤胃臌气　B. 急性肺泡气肿
 C. 慢性肺泡气肿　D. 肺充血和肺水肿
 E. 大叶性肺炎

77. **不是**肺水肿临床特征的症状是（　　）。
 A. 体温升高　B. 大量无色或粉红色细小泡沫性鼻液　C. 肺部听诊大量湿性啰音　D. 呼吸困难、喘线　E. 肺部叩诊出现半浊音

78. 肺水肿时，最好**不输注**（　　）。
 A. 全血　B. 10％葡萄糖　C. 生理盐水　D. 白蛋白　E. 利尿剂

79. 肺泡气肿与肺间质气肿的主要区别，肺泡气肿（　　）。
    A. 叩诊界扩大　　B. 皮下气肿　　C. 碎裂性啰音　　D. 呼吸困难　　E. 咳嗽
80. 叩诊胸部，表现疼痛及咳嗽加剧，听诊有摩擦音，常提示（　　）。
    A. 小叶性肺炎　　B. 大叶性肺炎
    C. 胸腔积水　　D. 胸膜炎
    E. 胸腔积液
81. 应用抗菌药物治疗猪肺部炎性疾病，最佳给药途径是（　　）。
    A. 气管注射　　B. 静脉注射　　C. 胸腔注射　　D. 肌内注射　　E. 皮下注射
82. 某犬流黏液脓性鼻液，湿咳，咳嗽后出现咀嚼吞咽动作，治疗措施**不正确**的是（　　）。
    A. 输注10%葡萄糖酸钙　　B. 抗菌消炎
    C. 口服氯化铵等祛痰剂　　D. 止咳
    E. 应用维生素C
83. 治疗肺炎，**不正确**的措施是（　　）。
    A. 抗菌消炎　　B. 静脉注射10% $CaCl_2$　　C. 大量补液　　D. 镇咳或祛痰
    E. 小剂量补液
84. 急性心衰动物突然倒地，急救多选用（　　）加入葡萄糖液中缓慢静脉滴注。
    A. 毛花强心丙（西地兰）　　B. 洋地黄毒苷　　C. 20%安钠咖　　D. 氧化樟脑液（强心尔）　　E. 肾上腺素
85. 犬，3岁，精神沉郁、食欲减退，黏膜轻度发绀，听诊发现第二心音性质显著改变，其原因是（　　）。
    A. 肺动口闭锁不全　　B. 主动脉口闭锁不全　　C. 肺动脉口狭窄　　D. 主动脉口狭窄　　E. 左房室口狭窄
86. 心肌炎时临床上不出现（　　）。
    A. 大脉　　B. 小脉　　C. 早期收缩
    D. 节律不齐　　E. 第二心音增强
87. 病畜表现为黏膜发绀或苍白，四肢厥冷，尿液减少，反应迟钝，神志昏迷常提示（　　）。
    A. 循环虚脱　　B. 心力衰竭　　C. 脑膜炎　　D. 日射病　　E. 脑挫伤
88. 下列疾病，除（　　）外，均可表现体温升高和脉搏加快之间不相适应的现象。
    A. 创伤性心包炎　　B. 大叶性肺炎
    C. 急（慢）性心衰　　D. 心肌炎
    E. 小叶性肺炎
89. 牛可视黏膜苍白可见于（　　）。
    A. 贫血　　B. CO中毒　　C. 心力衰竭
    D. 胆管堵塞　　E. 氢氰酸中毒
90. 大细胞性贫血是（　　）的重要特征。
    A. 缺铁性贫血　　B. 缺钴性贫血
    C. 缺铜性贫血　　D. 钼中毒　　E. 缺维生素B_6
91. 小细胞性贫血是（　　）的重要特征。
    A. 缺铁性贫血　　B. 缺钴性贫血
    C. 缺叶酸贫血　　D. 缺烟酸　　E. 缺维生素B_{12}
92. 主要表现少尿或无尿的疾病是（　　）。
    A. 慢性肾炎　　B. 急性肾炎　　C. 间质性肾炎初期　　D. 肾病后期　　E. 慢性肾功能衰竭早期
93. 出现尿频症状提示（　　）。
    A. 肾病　　B. 尿毒症　　C. 膀胱麻痹
    D. 尿道炎　　E. 慢性肾衰
94. 犬尿液检查尿蛋白阳性，并有红细胞管型，该病最可能的诊断是（　　）。（2015年真题）
    A. 肾病　　B. 肾炎　　C. 膀胱炎
    D. 尿道炎　　E. 尿石症
95. 肾病与急性肾炎的主要鉴别症状是（　　）。
    A. 少尿　　B. 无尿　　C. 蛋白尿
    D. 血尿　　E. 水肿
96. 肾炎与肾病的区别，主要是肾病无（　　）。
    A. 蛋白尿　　B. 水肿　　C. 血尿和肾性高血压　　D. 尿毒症　　E. 肾小管变性
97. 以肾小管上皮变性、坏死为主要变化的一类病变，称为（　　）。
    A. 肾病　　B. 间质性肾炎　　C. 化脓性肾炎　　D. 急性肾小球肾炎　　E. 慢性肾小球肾炎
98. 急性肾功能衰竭时，下列哪项治疗措施是**错误**的（　　）。
    A. 少尿期纠正酸中毒　　B. 多尿期补液
    C. 多尿期补钾　　D. 少尿期补钾
99. 慢性肾功能衰竭治疗，合理的方法是（　　）。
    A. 低蛋白日粮、高热量、低盐　　B. 低蛋白日粮、低热量、低盐　　C. 高蛋白日粮、高热量、低盐　　D. 高蛋白日粮、低热量、低盐　　E. 低蛋白日粮、高热

量、高盐
100. 犬患尿道炎时，尿液中出现（　　）。
 A. 肾上皮细胞　　B. 肾盂上皮细胞
 C. 膀胱上皮细胞　D. 尿道上皮细胞
 E. 肾小管上皮细胞
101. 犬膀胱尿道结石早期诊断**没有**诊断意义的方法是（　　）。
 A. 尿液检查　B. 尿道探　C. X线检查　D. B超检查　E. 血液尿素氮含量测定
102. 犬尿道结石形成的部位是（　　）。
 A. 肾脏　B. 肾盂　C. 膀胱
 D. 输尿管　E. 尿道
103. 犬尿石症中，最常见的是（　　）。
 A. 碳酸钙结石　B. 磷酸氨镁结石（鸟粪石）　C. 硅酸盐结石　D. 草酸盐结石　E. 尿酸盐结石
104. 最常见的猫下泌尿道结石成分是（　　）。（2016年真题）
 A. 磷酸铵镁（鸟粪石）　B. 尿酸盐
 C. 草酸盐　D. 硅酸盐　E. 胱氨酸
105. 畜禽发生磺胺类药物中毒，出现结晶尿时，治疗药物宜选用（　　）。（2016年真题）
 A. 氯化铵　B. 碳酸氢钠　C. 硫代硫酸钠
 D. 亚硝酸钠　E. 维生素C
106. 在肾脏疾病少尿期，血钠、血钾的变化特点是（　　）。
 A. 高钾、高钠　　B. 高钾、低钠
 C. 低钾、高钠　　D. 低钾、低钠
 E. 无明显变化
107. 在肾脏疾病少尿期，血钙、血磷的变化特点是（　　）。
 A. 高钙、高磷　　B. 高钙、低磷
 C. 低钙、高磷　　D. 低钙、低磷
 E. 无明显变化
108. 在肾脏疾病少尿期，下列治疗措施**不正确**的是补充（　　）。
 A. 钾　B. 高糖　C. 葡萄糖酸钙
 D. 右旋糖酐　E. 利尿剂
109. 家畜脑膜炎的关键治疗原则是（　　）。
 A. 强心补液，防止心衰　B. 控制止血，及时补液　C. 抗菌消炎，降低颅内压　D. 抗休克，防循环虚脱
 E. 解痉抗凝，疏通微循环
110. 治疗脑膜脑炎时可降低颅内压的药物是（　　）。
 A. 磺胺嘧啶钠　　B. 盐酸氯丙嗪
 C. 甘露醇　D. 肾上腺素　E. 头孢噻呋钠
111. **不属于**脊髓炎临床特征的是（　　）。
 A. 昏迷　B. 肌肉萎缩　C. 运动机能障碍　D. 浅感觉机能障碍
 E. 深感觉机能障碍
112. 中暑是（　　）。（2015年真题）
 A. 脑炎和脑室积水的统称　B. 脑炎和脊髓炎的统称　C. 日射病和热射病的统称　D. 脑室积水和癫痫的统称
 E. 癫痫和膈痉挛的统称
113. 重度热射病患畜最常出现（　　）。（2016年真题）
 A. 浆液性鼻液　B. 粉红色泡沫状鼻液　C. 脓性鼻液　D. 铁锈色鼻液
 E. 黏液性鼻液
114. 动物日射病的病因是（　　）。
 A. 散热障碍　B. 肌肉萎缩　C. 热平衡失调　D. 环境通风不良
 E. 日光持续照射头部
115. 表现感觉过敏的疾病是（　　）。
 A. 脑震荡　B. 脊髓膜炎　C. 脊髓炎　D. 脊髓炎和脊髓膜炎　E. 脊髓挫伤
116. 影响家畜营养代谢病发生的最主要因素是（　　）。
 A. 年龄　B. 遗传　C. 品种
 D. 性别　E. 生产与管理
117. 奶牛酮病发生的中心环节是（　　）。
 A. 高血糖　B. 低血钾　C. 低血钙
 D. 低血糖　E. 低血磷
118. 反刍动物能量的来源主要是（　　）提供。
 A. 葡萄糖　B. 乙酸　C. 丙酸
 D. 丁酸　E. 脂肪酸
119. 静脉补钙，疗效不明显的疾病，最可能的是（　　）。
 A. 原发性前胃弛缓　B. 犬产后搐搦
 C. 奶牛生产瘫痪　D. 奶牛酮病
 E. 骨软症
120. 高产奶牛生产瘫痪的主要原因是（　　）。（2016年真题）
 A. 低血糖　B. 低血钙　C. 难产
 D. 后躯神经损伤　E. 高血酮
121. 反刍动物肝脏缺乏脂蛋白酯酶和肝酯酶，对甘油三酯的转运慢，干奶期高能饲养

容易发生（　　）。
A. 酮病　　B. 前胃弛缓　　C. 肥胖
D. 生产瘫痪　　E. 趴卧母牛综合征

122. 猫容易发生肥胖，其原因之一是其自身**不能**合成（　　）。
A. 精氨酸酶　　B. 蛋氨酸酶　　C. 胱氨酸酶　　D. 谷氨酸酶　　E. 肝酯酶

123. 治疗犬糖尿病，**不正确**的措施是（　　）。
A. 用降糖药　　B. 注射胰岛素
C. 补碱　　D. 用低钾食物　　E. 补钾

124. 糖尿病后期，患犬的尿液常带有（　　）。
A. 苦杏仁味　　B. 鱼腥味　　C. 大蒜味　　D. 腐臭味　　E. 烂苹果味

125. 猫脂肪肝发生特点是（　　）多发。
A. 雌性老龄猫　　B. 雌性中龄猫
C. 雄猫　　D. 中年猫　　E. 雄性老龄猫

126. 蛋鸡脂肪肝的原因主要是日粮（　　）。
A. 高能低蛋白　　B. 胆碱缺乏
C. 含硫氨基酸缺乏　　D. 缺乏运动
E. 前四项都对

127. 蛋鸡脂肪肝综合征时，血清生化检查可能升高的指标是（　　）。（2015年真题）
A. 尿素氮　　B. 淀粉酶　　C. 葡萄糖
D. 胆固醇　　E. 总蛋白

128. 治疗猫脂肪肝综合征的处方日粮特点是（　　）。
A. 低蛋白低脂肪　　B. 高脂肪低蛋白
C. 高脂肪高蛋白　　D. 高蛋白低脂肪
E. 正常蛋白与脂肪

129. 内脏型禽痛风时肾脏主要病变是（　　）。
A. 出血　　B. 坏死　　C. 水肿
D. 变性　　E. 尿酸盐沉积

130. 家禽痛风主要是（　　）代谢障碍、钙磷比例不当及肾脏损伤使尿酸盐蓄积的疾病。
A. 糖　　B. 脂肪　　C. 蛋白质
D. 微量元素　　E. 维生素

131. 禽痛风的根本原因是体内积蓄了过多的（　　）。（2016年真题）
A. 血糖　　B. 胆固醇　　C. 白蛋白
D. 尿酸　　E. 甘油三酯

132. 引起仔猪低血糖的原因（　　）。
A. 仔猪吸乳不足　　B. 母猪泌乳障碍
C. 仔猪缺乏糖异生酶　　D. 仔猪受寒
E. 都正确

133. 动物佝偻病时，（　　）。
A. 血钙明显降低　　B. 骨钙明显降低
C. 尿钙明显降低　　D. 血钙降低、血磷升高　　E. 血钙、血磷降低

134. 对纤维性骨营养不良等骨病最有意义的诊断指标是（　　）。
A. 血钙下降　　B. 血磷下降　　C. 碱性磷酸酶（ALP）活性显著升高
D. 血钙、血磷降低　　E. 血钙降低、血磷升高

135. 马患纤维性骨营养不良时，血清中可能升高的激素是（　　）。（2015年真题）
A. 甲状腺素　　B. 甲状旁腺素
C. 肾上腺素　　D. 促肾上腺皮质激素
E. 皮质醇

136. 奶牛继发性骨软症的病因主要是饲料中（　　）。
A. 磷过多　　B. 钙过多　　C. 磷过少
D. 钙过少　　E. 钙磷均缺乏

137. 高产奶牛饲料磷缺乏时，最可能出现的症状是（　　）。（2016年真题）
A. 血尿　　B. 血红蛋白尿　　C. 肌红蛋白尿　　D. 卟啉尿　　E. 药物性红尿

138. 牛血红蛋白尿的发生主要与饲料中缺乏（　　）有关。
A. Mn　　B. Ca　　C. P　　D. Fe
E. Se

139. 治疗奶牛产后血红蛋白尿病的注射药物是（　　）。
A. 磷酸钙　　B. 磷酸二氢钾　　C. 磷酸氢二钾　　D. 磷酸二氢钠　　E. 磷酸氢二钠

140. 青草搐搦引起肌肉痉挛的原因是（　　）下降。
A. 血钙　　B. 血镁　　C. 血钾
D. 血磷　　E. 血糖

141. 母牛倒地不起综合征主要表现经两次以上补钙补糖仍不能站立，**最不可能**的原因是（　　）。
A. 低磷酸盐血症　　B. 低钾血症
C. 低镁血症　　D. 低糖血症　　E. 闭孔神经麻痹

142. 牛倒地不起综合征通常不出现（　　）。（2015年真题）
A. 低钙血症　　B. 低钾血症　　C. 低

钠血症　D. 低镁血症　E. 低磷酸盐血症

143. 笼养蛋鸡疲劳症主要是（　）缺乏（又称骨质疏松症）。
    A. 微量元素　B. 能量　C. 含硫氨基酸　D. 钙　E. 磷

144. 动物啄羽（食毛）癖发生的最主要原因是（　）。
    A. 锰缺乏　B. 锌缺乏　C. 硫缺乏　D. 钙缺乏　E. 蛋白缺乏

145. 家禽食蛋癖的最主要原因是（　）。
    A. 缺钙和蛋白质　B. 锌缺乏　C. 锰缺乏　D. 维生素缺乏　E. 缺磷

146. 在维持动物暗适应能力方面有重要作用的维生素是（　）。（2015年真题）
    A. 维生素 A　B. 维生素 B_1　C. 维生素 B_2　D. 维生素 E　E. 维生素 K

147. 禽类维生素 A 缺乏症，最特异的症状是（　）。
    A. 两翅麻痹　B. 眼结膜炎症状　C. 胸腹下淡蓝色水肿　D. 脚爪卷曲内弯　E. 观星姿势

148. 鸡不表现观星姿势的疾病是有（　）。
    A. 维生素 B_1 缺乏　B. 呋喃类药物中毒　C. 鸡瘟　D. 维生素 B_2 缺乏　E. 都不正确

149. 猪维生素 B_2 缺乏不导致（　）。
    A. 溢脂性皮炎　B. 贫血　C. 结膜炎　D. 繁殖障碍　E. 生长缓慢

150. 鸡出现趾爪向内卷曲的示病症状，最可能缺乏的是（　）。
    A. 维生素 B_1　B. 维生素 B_2　C. 维生素 A　D. 维生素 D　E. 维生素 B_6

151. 维生素 B_6（吡哆醇）缺乏症主要导致（　）。
    A. 大细胞型贫血　B. 皮炎　C. 癫痫样抽搐　D. 小细胞型贫血　E. 排除 A

152. 胆碱缺乏症的症状有（　）。
    A. 生长发育缓慢　B. 关节肿胀、骨短粗症　C. 脂肪肝　D. 皮肤鳞屑及脱毛　E. 前四项均正确

153. 下列元素中，不是动物必需微量元素的是（　）。
    A. F　B. I　C. Zn　D. S　E. Cu　F. Mn

154. 硒-维生素 E 缺乏之所以对动物造成危害，是由于其在体内为（　）的组成元素。
    A. 半胱氨酸　B. 色氨酸　C. 谷胱甘肽过氧化物酶　D. DNA 聚合酶　E. 碱性磷酸酶

155. 鸡硒缺乏的病理变化特征是（　）。
    A. 脂肪肝　B. 脾脏肿大　C. 尿酸盐沉积　D. 渗出性素质　E. 法氏囊坏死

156. 羔羊硒缺乏症的特征性变化是（　）。（2015年真题）
    A. 脱毛　B. 肌营养不良　C. 渗出性素质　D. 胰腺变性　E. 小脑软化

157. 仔猪铁缺乏症，可视黏膜变化是（　）。（2016年真题）
    A. 鲜红　B. 发绀　C. 苍白　D. 出血　E. 黄染

158. 预防仔猪缺铁性贫血，无效的措施是（　）。
    A. 仔猪1周龄前注射铁剂　B. 怀孕期母猪补铁　C. 仔猪放养　D. 圈舍添置泥土　E. 仔猪口服铁剂

159. 动物铜缺乏，通常不出现的临床症状是（　）。
    A. 贫血　B. 骨短骨症　C. 被毛褪色　D. 腹泻　E. 共济失调（摆腰病）

160. 家畜铜缺乏症最有可能出现的临床症状是（　）。
    A. 血红蛋白尿　B. 水肿　C. 贫血　D. 消化不良　E. 呼吸困难

161. 猪锌缺乏的症状，较少出现的是（　）。
    A. 糠皮疹，对称性厚痂　B. 骨骼畸形　C. 采食量减少　D. 胃肠炎（腹泻）　E. 繁殖机能紊乱

162. 碘缺乏症又称甲状腺肿，不是该病临诊症状主要是（　）。
    A. 繁殖障碍　B. 黏液性水肿（粗脖子）　C. 脱毛或先天性无毛　D. 贫血　E. 黑毛褪色

163. 抢救中毒动物的最佳疗法是应用（　）。
    A. 特效解毒　B. 强心利尿　C. 对症施治　D. 保肝利胆　E. 加速

排泄

164. 临床上可作为一般解毒剂的维生素是（　　）。
    A. 维生素A　B. 维生素B_1　C. 维生素C　D. 维生素D　E. 维生素E

165. 小剂量美蓝（1～3mg/kg体重）作为特效解毒药常用于治疗（　　）。
    A. 棉籽饼中毒　B. 菜籽饼中毒
    C. 氢氰酸中毒　D. 有机磷中毒
    E. 亚硝酸盐中毒

166. 氢氰酸中毒时，首选的药物是（　　）。
    A. 亚硝酸盐和硫代硫酸钠　B. 小剂量美兰和硫代硫酸钠　C. 大剂量美兰
    D. 大剂量美兰和硫代硫酸钠　E. A和D均正确

167. 亚硝酸盐中毒时皮肤和黏膜的颜色是（　　）。
    A. 鲜红　B. 蓝紫　C. 黄染
    D. 粉红　E. 苍白

168. 棉籽饼去毒的无效方法是（　　）。
    A. 热炒　B. 加入石灰水　C. 添加硫酸亚铁　D. 微生物发酵　E. 加入食醋

169. 引起鸡产"桃红蛋"的主要中毒性疾病是（　　）。
    A. 甘薯毒素中毒　B. 洋葱中毒
    C. 霉玉米中毒　D. 棉籽饼中毒
    E. 菜籽饼中毒

170. 犬洋葱中毒所引起的贫血属于（　　）。（2016年真题）
    A. 溶血性贫血　B. 失血性贫血
    C. 营养性贫血　D. 小细胞低色素性贫血　E. 再生障碍性贫血

171. 犬洋葱中毒不导致血液中（　　）。
    A. 红细胞数减少　B. 血红蛋白变性
    C. 白细胞数增多　D. 白细胞数减少
    E. 海恩茨小体生成

172. 猪食盐中毒出现神经症状时，治疗应（　　）。（2015年真题）
    A. 禁止饮水　B. 大量灌水　C. 少量多次饮水　D. 少量服用生理盐水
    E. 自由饮水

173. 畜禽食盐中毒尚未出现神经症状者，给予清洁饮水的方法是（　　）。
    A. 大量饮水　B. 少量饮水　C. 不限次数　D. 不限饮量　E. 自由饮水

174. 猪食盐中毒的发作期应（　　）。
    A. 禁止饮水　B. 少量饮水　C. 大量饮水　D. 多次饮水　E. 自由饮水

175. 猪摄入较多食盐后，爆发食盐中毒与下列哪种因素最有关（　　）。
    A. 过敏反应　B. 饮水不足　C. 暴饮水　D. 惊吓应激　E. 炎热

176. 在畜牧生产中危害最大的霉菌毒素是（　　）。
    A. 青霉毒素　B. 伏马菌素　C. 呕吐毒素　D. 黄曲霉毒素　E. 玉米赤霉烯酮

177. 黄曲霉毒素的靶器官是（　　）。
    A. 肾脏　B. 心脏　C. 肝脏
    D. 消化道　E. 骨骼

178. 动物对黄曲霉毒素（AFT）敏感性是（　　）。
    A. 鳟＞鸭雏＞鸡雏＞其他动物
    B. 幼龄动物＞成年动物　C. 反刍兽＞单胃动物　D. 鸡雏＞鸭雏选
    E. 选A，B

179. 对黄曲霉毒素最敏感的是（　　）。（2015年真题）
    A. 雏鸭　B. 仔猪　C. 马驹
    D. 犊牛　E. 羔羊

180. 目前真菌毒素中，造成明显致癌、致突变和致畸性"三致"作用的是（　　）。
    A. F-2毒素（单端胞霉毒素）　B. T-2毒素（玉米赤霉烯酮）　C. AFT（黄曲霉毒素）
    D. 烟曲霉毒素　E. 霉稻草毒素

181. 黄曲霉毒素中毒的临诊症状中，表现**不明显**的是（　　）。
    A. 全身出血　B. 出血性胃肠炎
    C. 肾病　D. 神经症状　E. 肝损伤（黄疸，肝癌，腹水）

182. 引起阴户肿胀、乳房隆起和慕雄狂等雌激素综合征毒素是（　　）。
    A. 丁烯酸内酯　B. F-2毒素　C. T-2毒素　D. AFT　E. 烟曲霉毒素

183. T-2毒素中毒的主要临诊表现是（　　）。
    A. 呕吐　B. 再生障碍性贫血
    C. 出血性胃肠炎　D. 口鼻皮肤炎症坏死　E. 都正确

184. 黑斑病甘薯毒素中毒的主要临诊表现是（　　）。
    A. 急性肺水肿　B. 间质性肺气肿
    C. 皮下气肿　D. 出血性胃肠炎

E. 都正确
185. 丁烯酸内酯中毒引起的疾病，又称烂蹄坏尾病，是（　　）。
A. 霉稻草中毒　　B. 黑斑病甘薯中毒
C. 青杠叶中毒　　D. 棉籽饼中毒
E. T-2 毒素中毒
186. 霉稻草中毒的机制是毒素引起的（　　）。
A. 心功能障碍　　B. 局部充血
C. 末梢循环障碍　D. 肝损伤
E. 肾损伤
187. 犊牛赭曲霉毒素 A 中毒的主要病变在（　　）。
A. 心脏　B. 肝脏　C. 脑　D. 肾脏　E. 肺脏
188. 引起马属动物"黄肝病"和羊"黄染病"的霉菌毒素是（　　）。
A. 黄曲霉毒素　　B. 杂色曲霉毒素
C. 镰刀菌毒素　　D. 青霉毒素
E. T-2 毒素
189. 下列哪种物质与棉酚结合可以降低其毒性（　　）
A. 氯离子　B. 钠离子　C. 铁离子
D. 钾离子　E. 钙离子
190. 青杠叶（栎树叶）中毒动物死亡的直接原因是（　　）。
A. 肾功能衰竭　　B. 腹泻脱水
C. 心衰　D. 肝损伤　E. 失血
191. 在下列疾病中，动物皮下水肿明显的病是（　　）。
A. 痛风　B. 肺水肿　C. 钴缺乏
D. 栎树叶中毒　E. 棉籽饼中毒
192. 马蕨中毒的临床特征是（　　）。
A. 共济失调（蕨蹒跚）　B. 再生障碍性贫血　C. 血尿　D. 膀胱肿瘤
E. 胃肠炎
193. 引起血钙浓度降低而造成低血钙症是（　　）。
A. 砷中毒　B. 无机氟中毒　C. 有机磷中毒　D. 有机氟中毒　E. 汞中毒
194. 无机氟化物中毒，损伤的最主要器官是（　　）。
A. 骨骼和牙齿　B. 消化道　C. 血细胞　D. 肝脏、肾脏　E. 内分泌腺
195. 动物铅中毒的主要临诊表现（　　）。

A. 兴奋狂躁　B. 运动障碍　C. 胃肠炎（腹痛、腹泻）　D. 小细胞型贫血　E. 都正确
196. 牛亚急性砷中毒最可能出现的症状是（　　）。（2016 年真题）
A. 血尿　B. 肌红蛋白尿　C. 卟啉尿　D. 糖尿　E. 酮尿
197. 钼中毒引起（　　）缺乏。
A. 镁　B. 钴　C. 锰　D. 铜　E. 钙
198. 有机氟（氟乙酰胺）中毒的机理是（　　）。
A. 胆碱酯酶活化原理　B. 胆碱酯酶钝化原理（Ach 蓄积）　C. 三羧酸循环受阻　D. 低钙性痉挛　E. 低镁性痉挛
199. 解救磷化锌中毒时不宜选用的方法是（　　）。
A. 静注乳酸钠　B. 灌服硫酸铜镁
C. 灌服硫酸铜　D. 灌服碳酸氢钠
E. 静注葡萄糖酸钙
200. 犬有机磷中毒的机理是（　　）。
A. 胆碱酯酶活化原理　B. 胆碱酯酶钝化原理　C. 三羧酸循环受阻
D. 低钙性痉挛　E. 低镁性痉挛
201. 动物外用敌百虫中毒时，除哪种药物外均可用于冲洗皮肤（　　）。
A. 生理盐水　B. 0.1% $KMnO_4$ 液
C. 1% $NaHCO_3$　D. 自来水
E. 醋水
202. 犬有机磷中毒的特效解毒剂是（　　）。
A. 解磷定　B. 大剂量阿托品
C. 美兰　D. ZDTA　E. 选 A 和 B
203. 猫发生敌鼠钠盐中毒时主要症状是（　　）。
A. 黄疸　B. 出血　C. 抽搐
D. 肺水肿　E. 瞳孔缩小
204. 敌鼠中毒特效解毒药为（　　）。
A. 硫代硫酸钠　B. 维生素 K
C. 碘解磷定　D. 阿托品　E. 乙酰胺
205. 犬双香豆素中毒时，可继发（　　）缺乏症。（2016 年真题）
A. 维生素 A　B. 维生素 B_{12}　C. 维生素 C　D. 维生素 D　E. 维生素 K
206. 草木樨中毒的机制属于（　　）。（2016 年真题）

A. 竞争颉颃作用　B. 破坏遗传信息
C. 抑制酶活性　D. 致敏作用
E. 阻止氧吸收和利用

207. 肉鸡腹水综合征（PHS）又称肉鸡肺动脉高压综合征，主要原因是（　）。
A. 环境相对性缺氧　B. 肥胖
C. 快速生长　D. 寒冷等应激
E. 排除B

208. 防止肉鸡腹水综合征，日粮中可添加的氨基酸是（　）。
A. 丝氨酸　B. 蛋氨酸　C. 精氨酸
D. 赖氨酸　E. 丙氨酸

209. 过敏性休克（如血清过敏）属（　）。
A. Ⅰ型超敏反应　B. Ⅱ型超敏反应
C. Ⅳ型（迟发型）超敏反应　D. 都不正确　E. 都正确

210. 原发性甲状旁腺机能亢进的特征是（　）和骨质疏松。
A. 高钙血症　B. 低钙血症　C. 血钙变化不大　D. 血钙可降低可升高
E. 都不正确

211. 肾上腺皮质机能亢进指（　）分泌过多，又称为库兴氏综合征或库兴氏样病。
A. 糖皮质激素中的皮质醇　B. 雌激素　C. 孕激素　D. 盐皮质激素
E. 都正确

212. 肾上腺皮质机能亢进，犬猫与马症状相似，但马**不表现**（　）。
A. 烦渴　B. 垂腹（肥胖）　C. 多尿　D. 两侧性脱毛　E. 多毛症

213. 肾上腺皮质机能减退又称为阿狄森氏病，主要表现（　）。
A. 消瘦　B. 烦渴、多尿　C. 低血容量性休克　D. 皮肤青铜色色素过度沉着　E. 都正确

214. 纠正机体酸中毒，可选择的药物是（　）。
A. 20%硫代硫酸钠　B. 5%葡萄糖
C. 5%碳酸氢钠　D. 乳酸林格氏液
E. 选C和D

215. 猪肉变性，表现以苍白松软渗出性猪肉（PSE）、干燥坚硬色暗的猪肉（DFD）和成年猪背肌坏死（BMN）为特征的综合征的病是（　）。
A. 应激综合征　B. 过敏性疾病
C. 白肌病　D. 黄曲霉毒素中毒
E. 都正确

216. 猪应激综合征导致肌肉呈现（　）。（2015年真题）
A. 苍白、松软、汁液渗出　B. 苍白、坚硬、汁液渗出　C. 暗黑色、松软、汁液渗出　D. 苍白、坚硬、干燥
E. 暗黑色、松软、干燥

217. 新生仔猪溶血病的典型症状是（　）。
A. 腹泻　B. 排尿困难　C. 神经症状　D. 血红蛋白尿　E. 畏寒、震颤

218. 治疗新生仔畜低血糖症时，补充糖类药物的给药途径不选择（　）。（2016年真题）
A. 静脉注射　B. 腹腔注射　C. 皮内注射　D. 口服　E. 灌肠

219. 患新生仔畜溶血病的仔猪血常规检查最可能出现的结果是（　）。
A. 血红蛋白增加　B. 红细胞数减少
C. 白细胞数减少　D. 血沉速度减慢
E. 红细胞压积升高

220. 甲状旁腺机能减退病畜最可能出现（　）。（2016年真题）
A. 低钠血症　B. 低钾血症　C. 低钙血症　D. 低镁血症　E. 低磷血症

221. 犬肾上腺皮质机能减退的主要原因是（　）。
A. 营养不良　B. 中毒　C. 自体免疫　D. 辐射　E. 寒冷

222. 与阿狄森氏病有关的激素是（　）。
A. 生长激素　B. 促肾上腺皮质激素
C. 促黄体生成素　D. 促甲状腺素
E. 抗利尿激素

223. 引起牛排红褐色、咖啡色尿的主要疾病是（　）。
A. 牛低磷酸盐血症　B. 铜中毒
C. 细菌性血红蛋白尿　D. 焦虫病
E. 都正确

224. 引起非反刍兽排红褐色、咖啡色尿的主要疾病是（　）。
A. 猪铜中毒　B. 猪附红细胞体病
C. 犬洋葱（大葱）中毒　D. 输血反应
E. 都正确

225. 犬常用的静脉注射部位（　）。
A. 颈静脉　B. 股内静脉　C. 前肢正中静脉　D. 耳静脉　E. 都正确

226. 在兽医临床上，可以进行放血疗法的疾病是（　）。

A. 中暑及脑膜脑炎　　B. 多数中毒
C. 肺水肿　　D. 急性心衰　　E. 都正确

每道试题由一个叙述性的简要病例（或其他主题）作为题干和五个备选答案组成。A、B、C、D和E五个备选答案中只有一个是最佳答案，其余均不完全正确或不正确，答题时要求选出正确的那个答案。

227. 一头奶牛偷食了大量玉米，随后食欲废绝，反刍停止，精神沉郁，鼻镜干燥，喜饮水，临床检查时重点诊断的部位是（　　）。
A. 瘤胃　　B. 网胃　　C. 瓣胃
D. 真胃　　E. 盲肠

228. 某后备母猪，表现排粪费力，粪便干结、色深。根据临床症状，**不宜**采取的治疗措施是（　　）。
A. 深部灌肠　　B. 静脉输液　　C. 驱赶运动　　D. 注射阿托品　　E. 人工盐灌服

229. 一头病猪，食欲不振，体温41℃，可视黏膜发绀，间歇性咳嗽，口鼻流出泡沫。提示该病的炎症部位在（　　）。
A. 鼻腔　　B. 咽喉　　C. 气管
D. 胸膜　　E. 肺脏

230. 一头奶牛下颌及腹下轻度水肿，排尿减少，弓腰，肾区触诊敏感，尿液检查未见有红细胞，如进一步检查血液，应重点检测血液中（　　）。
A. 酮体　　B. 尿素　　C. 胆固醇
D. 胆红素　　E. 葡萄糖

231. 某猪场2岁种公猪，精神沉郁，步态强拘，拱背，腰部触诊敏感，常做排尿姿势。尿检可见红细胞、白细胞、盐类结晶、肾上皮细胞，该病可能的诊断是（　　）。
A. 肾结石　　B. 尿道结石　　C. 膀胱结石　　D. 输尿管结石　　E. 慢性肾衰竭

232. 北京犬，发病1周，包皮肿胀，包皮口污秽不洁、流出脓样腥臭液体；翻开包皮囊，见红肿、溃疡病变。该病是（　　）。
A. 包皮囊炎　　B. 前列腺炎　　C. 阴茎肿瘤　　D. 前列腺囊肿　　E. 前列腺增生

233. 奶牛，5岁，产犊后第3周发病，仅采食少量粗饲料，先便秘后腹泻，迅速消瘦，乳汁、尿液和呼出的气体呈烂苹果味，需要进一步检查的项目是（　　）。
A. 尿蛋白　　B. 血清钙　　C. 血清酮体　　D. 尿胆素原　　E. 血清无机磷

234. 腊肠母犬，8岁，4kg，病初食欲增加，饮水、排尿多，且地面尿湿处有蚂蚁聚集。血液生化检查最可能出现（　　）。
A. 血酮含量升高　　B. 血酮含量降低
C. 血糖含量降低　　D. 血糖含量升高
E. 血清尿素含量升高

235. 母犬，10岁，多食、多饮、多尿、体重减轻，血糖浓度为10mmol/L。有效的治疗药物是（　　）。
A. 肌苷　　B. 干扰素　　C. 胰岛素
D. 生理盐水　　E. 25％葡萄糖

236. 某猪场，部分4日龄仔猪逐渐出现精神委顿，站立不稳，吮乳无力，皮肤冷湿，体温36℃，可视黏膜淡红，脱水。剖检见胃内容物少。同场其他猪舍同龄仔猪无类似症状病例。治疗该病应注射（　　）。
A. 青霉素　　B. 葡萄糖　　C. 甘露醇
D. 维生素E　　E. 硫酸亚铁

237. 笼养蛋鸡场，产蛋高峰期始终有10％软壳蛋，部分鸡腹泻，喜卧，龙骨轻度变形。为进一步确诊，应首先检测血清中（　　）。
A. 钙水平　　B. 磷水平　　C. 钾水平
D. 钠水平　　E. 镁水平

238. 某鸡群发病，以进行性肌麻痹和头颈后仰呈"观星姿势"等临床症状为特征。该群鸡的病因可能是缺乏（　　）。
A. 维生素A　　B. 维生素B_1　　C. 维生素C　　D. 维生素D　　E. 维生素E

239. 奶牛食入大量刚收割的青绿饲料，突然出现流涎，腹泻，腹痛，肌肉震颤，瞳孔缩小，据此症状，最有可能发生的疾病是（　　）。
A. 有机磷中毒　　B. 有机氟中毒
C. 有机氯中毒　　D. 氢氰酸中毒
E. 亚硝酸盐中毒

240. 犬，饮水量增加，皮肤增厚，弹性降低，色素沉着，躯干部对称性脱毛。X线检查显示骨质疏松。该犬内分泌异常的激素最可能是（　　）。
A. 甲状腺素　　B. 生长激素　　C. 肾

上腺素　D. 糖皮质激素　E. 去甲肾上腺素

241. 黄牛，3岁，饲料中以麦秸为主。采食减少，口腔有大量唾液流出，口角外附有泡沫样黏液，粪便、尿液和体温正常。最可能的诊断是（　）。
A. 咽炎　B. 口炎　C. 胃炎
D. 肠炎　E. 食道梗阻

242. 猫，5月龄。食欲不振，呕吐，体温40.5℃，24小时后降至正常，经2～3天再上升，同时临床症状加剧，血常规检查白细胞数减少。最可能诊断是（　）。
A. 猫胃炎　B. 猫瘟热　C. 猫肠炎
D. 猫胰腺炎　E. 猫免疫缺陷病

243. 2周龄仔猪，精神沉郁，吮乳减少，结膜苍白。应用铁制剂治疗后痊愈。该仔猪所患可能为（　）。
A. 贫血　B. 心力衰竭　C. 低血糖症　D. 出血性紫癜　E. 仔猪水肿病

244. 5000只30日龄的肉鸡，2天前天气突然降温后发病，主要表现为腹部膨大、着地，严重病例鸡冠和肉髯呈红色，剖检发现腹腔中有大量积液，实验室检查未分离到致病菌。该病最可能的诊断是（　）。
A. 食物中毒　B. 食盐中毒　C. 维生素E缺乏　D. 脂肪肝综合征
E. 肉鸡腹水综合征

245. 某蛋鸡场饲喂蛋白质含量为35%的自配饲料，出现产蛋下降和停产等问题，经检查血液中尿酸水平为30mg/dL。该鸡群最可能发生的疾病是（　）。
A. 痛风　B. 维生素A缺乏病
C. 笼养蛋鸡疲劳症　D. 维生素B_1缺乏症　E. 蛋鸡脂肪肝综合征

246. 某鸡场饲养7000只25日龄肉鸡，出现关节肿大，跛行，腹泻。经检查日粮中蛋白质水平为32%，剖检见关节、内脏表面有大量白色石灰样物沉淀。该病最可能的发病原因是（　）。
A. 碘过高　B. 能量过高　C. 蛋白质过高　D. 维生素C过高　E. 维生素B_1过低

247. 有一鸡场饲养蛋鸡15000只，在产蛋高峰期鸡群出现多卧少立，运动困难，产软壳蛋、薄壳蛋。引起鸡群发病可能是日粮中缺乏（　）。

A. 维生素B_1　B. 维生素B_2　C. 维生素B_{12}　D. 维生素C　E. 维生素D

248. 有一鸡场饲养3000只蛋鸡，日粮中钙含量为1%，钙磷比例为3∶1。在鸡群中最可能出现具有诊断意义的症状是（　）。
A. 腹泻　B. 呼吸增快　C. 体温升高　D. 鸡冠苍白　E. 产软壳蛋

249. 京巴犬，8岁，精神良好，不爱运动，多饮，多尿，尿有似烂苹果味，体重明显下降，诊断该病最必要的检查项目是（　）。
A. 血糖和尿糖　B. T3/T4甲状腺素
C. 甘油三酯和胆固醇
D. 白细胞计数及分类计数　E. 红细胞计数和血红蛋白含量

250. 博美犬，5岁，雌性，多年来一直饲喂自制犬食，以肉为主，今日虽食欲正常，但饮欲增加，排尿频繁，多次尿量减少，偶见血尿，腹部超声探查可见膀胱内有绿豆大的强回声光斑及其远场声影。该犬所患的疾病是（　）。
A. 肾炎　B. 尿道炎　C. 尿崩症
D. 膀胱结石　E. 肾功能衰竭

251. 哈士奇犬，5周龄，雄性，购回4天，食欲一直不好，嗜睡，四肢无力，体温36.2℃，排粪未见异常。最有可能的病因是（　）。
A. 低血脂　B. 低血钠　C. 低血镁
D. 低血钙　E. 低血糖

252. 一极度肥胖的斗牛犬，饮食欲正常，今日发现呼吸频率加快，舌色暗红，白细胞总数为$8×10^9$个/L。应进一步检查的血液生化指标是（　）。
A. 肌酐　B. 胆固醇　C. 胆红素
D. 尿素氮　E. 丙氨酸氨基转氨酶

253. 某猪场育肥猪突然出现咳嗽、X线检查肺部无明显异常，叩击胸壁出现频繁咳嗽并躲闪，胸腔穿刺放出少许含有大量纤维蛋白的黄色液体。发病猪的呼吸类型是（　）。
A. 腹式呼吸　B. 胸式呼吸　C. 胸腹式呼吸
D. 先胸式呼吸后腹式呼吸　E. 先腹式呼吸后胸式呼吸

254. 某猪群在多雨季节，因饲喂存储不当的配合饲料而发生中毒性疾病。该病最可能是（ ）。
A. 氢氰酸中毒　　B. 棉籽饼中毒
C. 菜籽饼中毒　　D. 亚硝酸盐中毒
E. 黄曲霉毒素中毒

255. 患牛，稽留热，胸部叩诊有广泛的浊音区。精神沉郁，食欲废绝，心率加快，呼吸困难。其呼吸困难的类型属于（ ）。
A. 肺源性　　B. 心源性　　C. 血源性
D. 中毒性　　E. 中枢性

256. 某肉牛场，由于连续下雨，只能用氨化青贮玉米秆饲喂而发病。临床表现为食欲明显减退，瘤胃蠕动减弱，上腹部腹围增大，叩诊鼓音；且兴奋不安。该病应诊断为（ ）。
A. 瘤胃臌气　　B. 瘤胃碱中毒
C. 瘤胃酸中毒　　D. 前胃弛缓
E. 瘤胃积食

257. 某猪场，部分仔猪生长发育不良，面部变形，打喷嚏，流鼻涕；有时鼻液中混有鲜红色血液、血丝或凝血块。病猪的出血部位最可能在（ ）。（2016年真题）
A. 鼻　　B. 喉　　C. 气管　　D. 支气管　　E. 肺

258. 高产奶牛产后7天，突然出现间歇性痉挛、狂躁，产奶量减少，乳、尿有烂苹果气味，血液生化检验可见（ ）。（2016年真题）
A. 血糖和血酮升高　　B. 血糖和游离脂肪酸升高　　C. 血酮和游离脂肪酸升高　　D. 血钙降低和血糖升高
E. 血钙升高和血糖降低

259. 奶牛，6岁，突然发病，剧烈腹痛，应用镇静剂无效，瘤胃蠕动音、肠蠕动音明显减弱，随努责排出少量松溜油样粪便，直肠检查，腹内压升高，右肾下方可摸到手臂粗、圆柱状硬物。该病最可能的诊断是（ ）。
A. 肠肿瘤　　B. 肠炎　　C. 肠套叠
D. 肠便秘　　E. 肠痉挛

260. 肉鸡群，40日龄，部分鸡出现跛行，胫骨近端肿人，软骨基质丰富、未被钙化，软骨细胞小而皱。该病最可能的诊断是（ ）。
A. 骨软病　　B. 佝偻病　　C. 骨质疏松症　　D. 胫骨软骨发育不良
E. 锰缺乏症

261. 春季，某羊场陆续有10日龄左右的羔羊在跑跳过程中突然倒地死亡，剖检可见骨骼肌色淡、肿胀，心肌色淡，有黄白色斑块和条纹。与该病发生有关的微量元素是（ ）。
A. 锌　　B. 铜　　C. 铁　　D. 钴
E. 硒

262. 断奶羔羊，精神沉郁，异嗜，喜卧，跛行，运步强拘，进而前肢弯曲，血清碱性磷酸酶活性升高。有助于诊断本病的方法是（ ）。
A. X线检查　　B. B超检查　　C. 尿液检查　　D. 内窥镜检查　　E. 金属探查仪检查

263. 羊，体温41℃，流大量鼻液，胸部叩诊时局部出现破壶音。死亡后采集肺脏经福尔马林固定，切开后断面出现边缘整齐、大小不一的局限性病灶，呈灰白色，病灶内质地均匀，无肺组织结构。该羊最有（ ）。
A. 坏疽性肺炎　　B. 大叶性肺炎
C. 小叶性肺炎　　D. 肺气肿　　E. 细支气管炎

264. 牛，采食、咀嚼障碍，吞咽正常；张口伸舌，口温升高，口腔黏膜红肿，有大量浆液性分泌物流出，体温正常。该病可能是（ ）。
A. 咽炎　　B. 口炎　　C. 食道炎
D. 食道阻塞　　E. 食道痉挛

265. 犬，8岁，躯体丰满，不易触摸到肋骨，易疲劳，喜卧，血液生化检验可见肾上腺皮质激素升高，该病的病因可能是（ ）。
A. 低脂饲料　　B. 高钙饲料　　C. 高能饲料　　D. 低能饲料　　E. 低钙饲料

266. 雏鸡群，腿无力，喙与爪变软易弯曲，采食困难，行走不稳，常以跗关节着地，呈蹲伏状态，骨骼变软肿胀。该病最可能的诊断是（ ）。
A. 骨软症　　B. 佝偻病　　C. 维生素B1缺乏症　　D. 锰缺乏症　　E. 禽痛风

267. 京巴犬，雌性，8岁，多饮，垂腹，后肢后侧方脱毛，皮肤色素过度沉着，呈斑块状。实验室检查尿蛋白阳性，空腹血糖含量为 4.27mmol/L，血浆皮质醇含量升高。本病最可能的诊断是（ ）。
A. 肾炎　B. 膀胱炎　C. 糖尿病
D. 库兴氏综合征　E. 胃炎

（268～270题共用以下题干）

猪，30日龄发病，表现结膜潮红、呼吸加快，体温39℃，食欲不振、喜饮，起卧不安，频频作排粪动作，粪便干硬带有少量血丝。

268. 该病可能是（ ）。
A. 胃炎　B. 肠炎　C. 肠便秘
D. 肠扭转　E. 肠套叠

269. 治疗该病的药物是（ ）。
A. 阿托品　B. 活性炭　C. 硫酸镁
D. 庆大霉素　E. 次硝酸铋

270. 预防该病的有效措施是（ ）。
A. 限制运动　B. 充分饮水　C. 限制饮水　D. 增加干饲料　E. 增加精饲料

（271～273题共用以下题干）

马，食欲下降，咳嗽，呼吸困难，流黏液性鼻液，体温40.1℃，叩诊胸区出现灶性浊音区，胸部听诊有湿啰音，病灶部位肺泡呼吸音减弱。

271. 本病最可能的诊断是（ ）。
A. 胸膜炎　B. 支气管炎　C. 大叶性肺炎　D. 支气管肺炎　E. 间质性肺气肿

272. 病马的热型最可能表现为（ ）。
A. 弛张热　B. 稽留热　C. 回归热
D. 间歇热　E. 不规则热

273. 病马的血常规检查最可能出现（ ）。
A. 白细胞总数增多　B. 白细胞总数减少　C. 白细胞总数正常
D. 红细胞总数增多　E. 红细胞总数减少

（274、275题共用以下题干）

德国牧羊犬，雄性，触诊肾区有避让反应，少尿。尿液检查：蛋白质阳性，比重降低。B超检查显示双肾肿大。

274. 该犬所患疾病可能是（ ）。
A. 急性肾炎　B. 肾性骨病　C. 急性肾衰竭　D. 慢性肾衰竭　E. 泌尿道感染

275. 首选的检验项目是（ ）。
A. 尿常规　B. 血常规　C. 电解质
D. 血气分析　E. 血清尿素

（276～278题共用以下题干）

马，7岁，2008年7月由于过度使役而突然发病。临床表现明显的呼吸困难，流泡沫样鼻液，黏膜发绀。体温40.5℃，呼吸85次/分钟，脉搏97次/分钟。肺部听诊湿啰音。X线影像显示肺野密度增加，肺门血管纹理显著。

276. 最可能的诊断是（ ）。
A. 胸膜炎　B. 喘鸣症　C. 支气管炎　D. 肺泡气肿　E. 肺充血与肺水肿

277. 肺部叩诊可能出现（ ）。
A. 清音　B. 浊音　C. 鼓音
D. 破壶音　E. 金属音

278. 血气分析最可能的异常是（ ）。
A. PO_2 正常，PCO_2 升高　B. PO_2 升高，PCO_2 升高　C. PO_2 降低，PCO_2 降低　D. PO_2 升高，PCO_2 降低　E. PO_2 降低，PCO_2 升高

（279～281题共用以下题干）

在一炼钢厂附近放牧的羊群，半年后出现骨骼变形性病变，如骨赘、局部硬肿、蹄匣变形、易骨折，牙面出现斑块状色素沉着，凸凹不平现象。

279. 发生该病的最可能原因是牧草中污染了过量的（ ）。
A. 无机硒　B. 无机氟　C. 无机磷
D. 无机砷　E. 无机锡

280. 这些骨骼变形症状称为典型的（ ）。
A. 氟斑骨　B. 氟毒骨　C. 氟骨症
D. 硒毒骨　E. 砷毒骨

281. 牙齿损害的现象称为（ ）。
A. 氟骨牙　B. 硒毒牙　C. 氟骨症
D. 氟斑牙　E. 砷毒牙

（282～284题共用以下题干）

牛食欲废绝，听诊瘤胃蠕动次数减少，蠕动音弱。触诊左侧腹壁紧张，瘤胃内容物坚实，叩诊瘤胃浊音区扩大。

282. 本病最可能的诊断是（ ）。
A. 前胃弛缓　B. 瘤胃积食　C. 瘤胃臌气　D. 皱胃变位　E. 食管阻塞

283. 检查病牛的排粪情况，很可能（ ）。
A. 减少　B. 增加　C. 呈水样
D. 呈灰白色　E. 有烂苹果味

284. 该牛的体温表现是（ ）。
A. 稽留热　B. 弛张热　C. 间歇热
D. 回归热　E. 未见明显异常

（285～287题共用以下题干）

母牛分娩后不久食欲减退，厌食精料，反刍和嗳气停止，排少量糊状粪便。左腹肋弓部膨大，冲击式触诊可听到液体震荡音，穿刺液中无纤毛虫。直肠检查可感知右侧腹腔上部空虚。

285. 若在左侧膨大区听诊同时叩诊，可能会听到（　　）。
　A. 清音　　B. 啰音　　C. 鼓音
　D. 浊音　　E. 钢管音

286. 如果膨大部穿刺抽取液的pH小于4，本病可能诊断为（　　）。
　A. 酮病　　B. 前胃弛缓　　C. 瘤胃积食　　D. 瓣胃阻塞　　E. 皱胃变位

287. 治疗本病的最佳方法是（　　）。
　A. 手术整复　　B. 注射皮质激素
　C. 注射瘤胃兴奋剂　　D. 灌服大量温盐水　　E. 灌服大量高锰酸钾

（288～291题共用以下题干）

一宠物喜好者家里饲养了三只宠物犬，有一天中午家里吃卤鸭，将所有鸭骨头丢在地上，三只犬抢食，其中一只犬在抢食时突然发病，表现流涎、反复作呕（干呕），呕吐物混少量血丝；痛苦不堪。

288. 最可能的疾病是（　　）。
　A. 肠阻塞　　B. 食道痉挛　　C. 食道阻塞　　D. 胃痉挛　　E. 胃扩张

289. 胃管探针时的感觉（　　）。
　A. 没有任何阻力　　B. 根本不能插进
　C. 插到一定部位就一直不能前进
　D. 有时能插进，有时不能插进
　E. 粗管插不进，细管又能插进

290. X射线检查最可能的结果是（　　）。
　A. 胸段食道有异物阴影　　B. 颈部食道有异物阴影　　C. 没有异物阴影
　D. 都不正确

291. 若X射线发现是一小而尖锐的鸭腿骨，最佳治疗方案是（　　）。
　A. 催吐　　B. 下送法　　C. 内窥镜取出异物　　D. 手术疗法

（292～295题共用以下题干）

一头奶牛500kg，体况一般，产后1周，平时采食黑麦草，由于连续雨灾不能收割，因此用干谷草饲喂，但2天后牛食欲下降，腹围不大，反刍次数减少，缓慢无力，粪便先偏干，随后干稀交替，但体温不高，呼吸不快。

292. 最大可能的疾病是（　　）。
　A. 瘤胃积食　　B. 前胃弛缓　　C. 肠阻塞　　D. 瓣胃阻塞　　E. 皱胃阻塞

293. 进行瘤胃听诊检查时，瘤胃蠕动音（　　）。
　A. 减弱、持续时间短　　B. 流水声
　C. 没有变化　　D. 增强　　E. 金属音

294. 触诊检查瘤胃中上部，（　　）。
　A. 坚实　　B. 有液体震荡感　　C. 黏硬　　D. 紧张有弹性　　E. 空虚柔软

295. 治疗上，除加强护理、除去病因外，药物治疗的最主要方法是（　　）。
　A. 泻下　　B. 应用促反刍液　　C. 防腐制酵　　D. 强心补液　　E. 瘤胃液接种

（296～299题共用下列备选答案）

一头奶牛，有食欲，采食一定饲草后就出现流涎、吐草现象，怀疑食道有疾病，进行胃管探针时：
　A. 食道局部炎症　　B. 食道狭窄
　C. 食道痉挛　　D. 食管麻痹　　E. 食道阻塞

296. 没有任何阻力的疾病是（　　）。

297. 插到一定部位就一直不能前进的疾病是（　　）。

298. 有时能插进，有时不能插进的疾病是（　　）。

299. 粗管插不进，换根细管又能插进的疾病是（　　）。

（300～305题共用以下题干）

一群肉牛在从未去过的山坡放牧，30分钟就发现部分牛发病，食欲废绝，腹围增大，肷窝突出，呼吸困难，陆续发病增多。

300. 最大可能的疾病是（　　）。
　A. 瘤胃积食　　B. 前胃弛缓　　C. 瘤胃臌气　　D. 瘤胃酸中毒　　E. 瘤胃碱中毒

301. 进行瘤胃听诊检查时，瘤胃蠕动音（　　）。
　A. 没有变化　　B. 流水声　　C. 减弱
　D. 增强　　E. 金属音

302. 叩诊检查瘤胃中上部，（　　）。
　A. 高朗鼓音　　B. 鼓音　　C. 半浊音
　D. 浊音　　E. 破壶音

303. 若发现是采食了山上的豆科牧草所致，引起疾病是原因是（　　）。
　A. 嗳气增多　　B. 产生大量气体
　C. 产生多量泡沫

D. 前胃弛缓引起嗳气减少　　E. 瘤胃 pH 下降
304. 在 303 题的基础上，进行治疗时，除停止放牧外，药物治疗的最主要方法是应用（　）。
　　A. 盐类泻剂　　B. 促反刍液　　C. 二甲基硅油　　D. 碳酸氢钠　　E. 瘤胃液接种
305. 若发现是采食了山坡幼嫩多汁青草，治疗最有效药物是（　）。
　　A. 盐类泻剂　　B. 促反刍液　　C. 二甲基硅油　　D. 碳酸氢钠　　E. 鱼石脂松节油酒精合剂

（306～308 题共用以下题干）
　　一肉牛场，应用带玉米包的玉米青秆进行氨化青贮，平时多从青贮窖中取出后凉后才喂，但由于连续下雨，因此近几天直接从青贮窖中取出就喂牛，大部分牛陆续发病。
306. 最大可能的疾病是（　）。
　　A. 瘤胃积食　　B. 前胃弛缓　　C. 瘤胃臌气　　D. 瘤胃酸中毒　　E. 瘤胃碱中毒
307. 进行临床观察，腹围的变化是（　）。
　　A. 左上方膨大　　B. 左下方膨大　　C. 腹围变化不大　　D. 腹围缩小　　E. 都不正确
308. 药物治疗有效方法是（　）。
　　A. 口服食醋　　B. 口服碳酸氢钠　　C. 静脉补碳酸氢钠　　D. 促反刍液　　E. 维生素 C

（309～317 题共用以下题干）
　　一养殖户，饲养了 8 头奶牛，一天其中一头奶牛由于从架栏中脱逃，偷吃了刚配制好的全部牛的一餐精料，随后发病。
309. 该病首先引起的疾病是（　）。
　　A. 瘤胃积食　　B. 前胃弛缓　　C. 瘤胃臌气　　D. 瘤胃酸中毒　　E. 瘤胃碱中毒
310. 发病一段时间后，最大可能的疾病是（　）。
　　A. 瘤胃积食　　B. 前胃弛缓　　C. 瘤胃臌气　　D. 瘤胃酸中毒　　E. 瘤胃碱中毒
311. 进行瘤胃听诊检查时，初中期，瘤胃蠕动音（　）。
　　A. 没有变化　　B. 流水声　　C. 减弱　　D. 增强　　E. 金属音
312. 早期触诊瘤胃，中上部（　）。
　　A. 坚实　　B. 有液体震荡感　　C. 黏硬　　D. 紧张有弹性　　E. 空虚柔软
313. 后期触诊瘤胃（　）。
　　A. 坚实　　B. 有液体震荡感　　C. 黏硬　　D. 紧张有弹性　　E. 空虚柔软
314. 早期粪便（　）。
　　A. 便秘　　B. 腹泻，带黏液　　C. 腹泻，没有黏液　　D. 便秘，带黏液　　E. 水泻
315. 中后期粪便，（　）。
　　A. 便秘　　B. 腹泻，带黏液　　C. 腹泻，没有黏液　　D. 便秘，带黏液　　E. 水泻
316. 早期发现，急救时，首先应采取的措施是（　）。
　　A. 口服碳酸氢钠　　B. 静脉补碳酸氢钠　　C. 泻下　　D. 用小苏打水反复洗胃　　E. 瘤胃穿刺
317. 该病治疗不当的措施是（　）。
　　A. 小苏打洗胃　　B. 静注 5% $NaHCO_3$　　C. 口服食醋　　D. 静注乳酸林格氏液　　E. 静注维生素 C

（318～325 题共用以下题干）
　　一养殖户，用敌百虫溶液涂擦驱牛体表寄生虫，但十余分钟就发现牛发病，表现不安，大量流涎，出汗等。
318. 你认为最可能的发病原因是敌百虫（　）。
　　A. 浓度过高　　B. 涂抹面积大　　C. 被牛舔食　　D. 都正确　　E. 都不正确
319. 下列症状中，该牛**不可能**迅速表现的是（　）。
　　A. 出汗　　B. 腹泻　　C. 肌肉震颤　　D. 瞳孔散大　　E. 呼吸加快甚至呼吸困难
320. 该病发病的机制是（　）。
　　A. 胆碱酯酶活化　　B. 胆碱酯酶钝化　　C. 三羧酸循环障碍　　D. 还原血红蛋白血症　　E. 细胞色素氧化酶失活
321. 该病**不可能**出现的症状是（　）。
　　A. 出汗　　B. 便秘　　C. 肌肉震颤　　D. 瞳孔缩小　　E. 呼吸加快甚至呼吸困难

322. 请你治疗，应用的特效解毒药物是（　　）。
    A. 阿托品　　B. 解磷定
    C. ATP　　D. 阿托品和解磷定
    E. 小剂量美蓝

323. 如果皮下注射阿托品，剂量应为每kg体重（　　）mg。
    A. 0.01　　B. 0.05　　C. 0.1
    D. 0.25～0.5　　E. 2.5～5.0

324. 下列药物中，**不能**用于皮肤冲洗的药物有（　　）。
    A. 自来水　　B. 肥皂水　　C. 生理盐水　　D. 小苏打水　　E. 选B和D

325. 如果是采食引起中毒，下列药物，**不能**用于该病治疗的是（　　）。
    A. 维生素C　　B. 654-2　　C. 强心补液　　D. 利尿药　　E. 乙酰胆碱

（326～328题共用以下题干）

猪场部分育成猪在饲喂一种新的添加剂后，食欲减少，呕吐，粪及呕吐物中含绿色至蓝色黏液，呼吸增快，脉搏频数，有的病猪在几天后死亡。在日粮中添加钼酸铵，病猪逐渐好转。（2015年真题）

326. 该病最可能的诊断是（　　）。
    A. 铜中毒　　B. 硒中毒　　C. 锌中毒
    D. 铁中毒　　E. 汞中毒

327. 粪及呕吐物中含绿色至蓝色黏液的原因是（　　）。
    A. 直肠出血　　B. 添加剂颜色
    C. 十二指肠出血　　D. 盲肠出血
    E. 结肠出血

328. 呼吸增快、脉搏频数的原因是（　　）。
    A. 红细胞变性　　B. 心衰　　C. 肺损伤　　D. 支气管损伤　　E. 组织利用氧障碍

（329、330题共用以下题干）

某鸡场1500只240日龄罗曼蛋鸡发病，产蛋率下降。少数鸡精神沉郁，每隔2至3天又个别鸡死亡，病死鸡皮下脂肪多，腹腔内有大量脂肪沉积，充满血样液体，肝肿大，包膜破裂、质松软易碎、有油腻感。（2015年真题）

329. 预防该病宜选用的方法是（　　）。
    A. 紧急接种疫苗　　B. 限制饲料矿物质水平　　C. 限制饲料蛋白水平
    D. 限制饲料能量水平　　E. 限制饲料维生素水平

330. 该病最有效的治疗药物是（　　）。
    A. 毛果芸香碱　　B. 小苏打　　C. 生物碱　　D. 氯化胆碱　　E. 氨茶碱

（331～333题共用以下题干）

水牛，严重持续腹泻，粪便水样，混有气泡，渐进性消瘦；皮肤发红，被毛粗糙、竖立、褪色，眼周最为明显。（2015年真题）

331. 该病最可能的诊断是（　　）。
    A. 铅中毒　　B. 钼中毒　　C. 砷中毒
    D. 汞中毒　　E. 氟中毒

332. 慢性病例易发生的症状是（　　）。
    A. 水肿　　B. 骨折　　C. 痉挛
    D. 黄疸　　E. 转圈运动

333. 病区放牧牛群预防本病可采用的方法是（　　）。
    A. 补饲高碳水化合物饲料　　B. 补饲高蛋白饲料　　C. 补饲高脂肪饲料
    D. 补饲高钙饲料　　E. 补饲含铜饲料

（334～336题共用以下题干）

牛，食欲减退，泌乳量减少，反刍缓慢，呈周期性瘤胃鼓气，拱背站立，肘外展，心区肌肉震颤，呆立而不愿移动，运步缓慢。（2015年真题）

334. 缓解该病症状的方法是（　　）。
    A. 强迫卧地　　B. 驱赶下坡　　C. 按摩腹部　　D. 上坡姿势　　E. 触诊按压腰部

335. 白细胞分类计数，可见的指标变化是（　　）。
    A. 嗜酸性粒细胞增加　　B. 嗜碱性粒细胞增加　　C. 中性粒细胞增加
    D. 单核细胞增加　　E. 淋巴细胞增加

336. 进一步发展，该病牛最易发生（　　）。
    A. 创伤性心包炎　　B. 瓣胃阻塞
    C. 真胃变位　　D. 瘤胃臌气　　E. 肠扭转

（337～339题共用以下题干）

山羊，40只，采食大量高粱苗后在小溪饮水，约15分钟后，陆续出现兴奋不安、呼吸困难、流涎、心跳快而弱、精神高度沉郁、行走困难、可视黏膜鲜红、瞳孔散大等症状，半小时内死亡25只。（2015年真题）

337. 该病的直接致病机理是（　　）。
    A. 血红蛋白变性　　B. 血细胞溶解
    C. 肺淤血　　D. 急性心衰　　E. 抑制细胞色素氧化酶

338. 治疗该病的特效药物是（　　）。

A. 亚甲蓝　　B. 阿托品　　C. 乙酰胺
D. 亚硝酸盐　　E. 亚硒酸钠

339. 该病羊血液含氧量可能会出现的变化是（　　）。
A. 动脉血低于静脉血　　B. 动脉等于静脉血　　C. 动脉血高于静脉血
D. 动脉血缺氧　　E. 静脉血缺氧

（340～342题共用以下题干）

奶牛，3岁，精神沉郁，反刍、嗳气减少，前胃弛缓，产奶量下降，体温升高，呼吸困难，呈明显腹式呼吸。叩诊胸部敏感，咳嗽。左侧胸下部听诊呼吸音微弱，有拍水音。（2015年真题）

340. 对该病的初步诊断是（　　）。
A. 胸膜炎　　B. 气胸　　C. 膈疝
D. 心包炎　　E. 膈肌痉挛

341. 叩诊左侧胸部可能出现（　　）。
A. 破壶音　　B. 金属音　　C. 水平浊音　　D. 大面积浊音区　　E. 局灶性浊音区

342. 治疗本病静脉注射的适宜药物是（　　）。
A. 维生素B_{12}　　B. 碳酸氢钠
C. 硫酸镁　　D. 洋地黄
E. 磺胺嘧啶钠

（343～345题共用以下题干）

猎犬，10岁，常规驱虫免疫，打猎后突发呼吸困难，肺部叩诊呈广泛过清音，叩诊边界后移。（2015年真题）

343. 该病最可能的诊断是（　　）。
A. 肺泡气肿　　B. 支气管肺炎
C. 大叶性肺炎　　D. 支气管炎
E. 肺水肿

344. 治疗该病首选的药物是（　　）。
A. 阿托品　　B. 抗生素　　C. 肾上腺素　　D. 皮质醇　　E. 安钠咖

345. 治疗该病首选药物的最佳给药途径是（　　）。
A. 雾化吸入　　B. 皮内注射　　C. 肌内注射　　D. 静脉注射　　E. 腹腔注射

（346～348题共用以下题干）

犬，6岁，发情后7周，未配种，近期喝水增多，体温升高，腹围大，血液白细胞升高。（2015年真题）

346. 该病最可能的诊断是（　　）。
A. 子宫积水　　B. 子宫蓄脓　　C. 子宫颈炎　　D. 假孕　　E. 胃肠鼓气

347. 该病最可能的发病诱因是（　　）。
A. 不当使用类固醇药物　　B. 长期补充钙制剂　　C. 维生素D缺乏
D. 缺乏运动　　E. 维生素E缺乏

348. 根治该病的最佳方案是（　　）。
A. 注射雌激素、催产素　　B. 注射前列腺素　　C. 注射孕酮　　D. 实施卵巢、子宫切除术　　E. 静脉补液、注射抗生素

（349～351题共用以下题干）

罗威纳犬，雌性，2岁36kg，激烈训练后，突然出现精神沉郁，呆立，弓腰，干呕，呻吟，口吐白沫，卧地不起，呼吸急促，可视黏膜苍白，腹围迅速增大，腹部叩诊呈鼓音。（2015年真题）

349. 该病最可能诊断是（　　）。
A. 急性胃炎　　B. 急性腹膜炎
C. 肠便秘　　D. 胃扩张—扭转综合征
E. 肠变位

350. 对患犬首先应采取的治疗措施是（　　）。
A. 洗胃　　B. 催吐　　C. 输血
D. 镇静　　E. 穿刺放气

351. 确诊该病的首选检查方法是（　　）。
A. 血常规检查　　B. 血液生化检查
C. 血气分析　　D. X-线检查　　E. B超检查

（352～354题共用以下题干）

贵宾犬，雌性，8月龄，3.84kg，昨日偷吃了剩菜，现精神差，无食欲，小便呈红色，检查口腔黏膜苍白。血常规检查白细胞数$14.2×10^9$个，红细胞数$2.9×10^{12}$个，血红蛋白50g/L。（2015年真题）

352. 病最可能的诊断（　　）。
A. 食物过敏　　B. 洋葱中毒　　C. 维生素K缺乏　　D. 尿道感染　　E. 生殖道感染

353. 尿常规检查最可能发生异常的指标是（　　）。
A. 白细胞　　B. 红细胞　　C. 血红蛋白　　D. 亚硝酸盐　　E. 葡萄糖

354. 对该病犬的治疗，**不宜**采用的方法是（　　）。
A. 抗氧化　　B. 利尿　　C. 输血
D. 输液　　E. 催吐

（355～357题共用以下题干）

母犬，6岁，未绝育，一月来腹部逐渐变大，常有尿意，食欲不振，饮水增加。体温39.1℃。腹部B超检查，发现膀胱不膨隆，腹腔内有多个大的液性暗区，有些暗区间以管腔壁样结构分隔。(2016年真题)

355. 该病最可能的诊断是（　　）。
　　A. 怀孕　　B. 肠套叠　　C. 子宫蓄脓
　　D. 卵巢肿瘤　　E. 前列腺肥大

356. 该犬的尿液可能呈（　　）。
　　A. 粉红色 B. 淡黄色 C. 黑红色 D. 淡红色 E. 鲜红色

357. 血常规检查时，最可能出现的变化是（　　）。
　　A. 白细胞增多，核左移　　B. 白细胞增多，核右移　　C. 白细胞减少，核左移　　D. 白细胞减少，核右移
　　E. 中性粒细胞增加，核右移

（358～360题共用以下题干）

病牛食欲减退，瘤胃蠕动因减弱，精神沉郁，鼻镜干燥，磨牙，嗳气少而带臭味，触诊瘤胃内容物柔软，瘤胃轻度膨胀，肠音弱，粪干色暗。瘤胃内容物pH值小于6，纤毛虫活力下降、数量减少。血浆二氧化碳结合力降低。(2016年真题)

358. 诱发本病最主要的饲养管理因素是（　　）。
　　A. 突换饲料　　B. 突换牛舍　　C. 突换饲养员　　D. 突换挤奶方式
　　E. 突换运动场

359. 治疗本病的关键是（　　）。
　　A. 消炎止痛　　B. 利尿解毒　　C. 补液强心　　D. 限制饮水　　E. 兴奋瘤胃

360. 本病常伴有（　　）。
　　A. 高血糖症　　B. 碱中毒　　C. 酸中毒　　D. 高钙血症　　E. 血尿

（361～363题共用以下题干）

犊牛，长期饲喂含棉籽饼饲料，表现视物不清，运步蹒跚，眼球前突，瞳孔散大，对光反射迟钝。(2016年真题)

361. 该病最可能的诊断是（　　）。
　　A. 角膜炎　　B. 结膜炎　　C. 白内障　　D. 青光眼　　E. 玻璃体混浊

362. 患牛眼压可能是（　　）。
　　A. 降低　　B. 正常　　C. 升高　　D. 忽高忽低　　E. 持续降低

363. 本病例的病因最可能是（　　）。
　　A. 眼外伤　　B. 维生素D缺乏　　C. 近亲繁殖　　D. 内分泌紊乱　　E. 棉籽饼中毒

364. 南方某500头母猪群，7月份近1周内部分妊娠后期母猪发热，食欲严重下降但饮欲增加，出现流产、产死胎、木乃伊胎、弱仔。约30%产房仔猪可见被毛粗乱和神经症状。【假设信息】如现场调查发现，多数仔猪出现后肢无力呈"八字腿"症状，该病最可能的诊断是（　　）。(2016年真题)
　　A. 玉米赤霉烯酮中毒　　B. 黄曲霉毒素中毒　　C. 单端胞霉毒素中毒
　　D. 砷中毒　　E. 食盐中毒

（365～367题共用以下题干）

一病猪体温升高，咳嗽，流黏性鼻液。死后剖检见肺部病灶形状不规则，呈岛屿状，肺病灶组织切块投入水中呈半沉浮状。(2016年真题)

365. 该病猪肺部病理变化是（　　）。
　　A. 肺水肿　　B. 肺气肿　　C. 支气管肺炎　　D. 间质性肺炎　　E. 大叶性肺炎

366. 肺部病灶常发生的部位是（　　）。
　　A. 肺北侧缘　　B. 肺腹侧缘　　C. 肺纵侧缘　　D. 肺心叶，尖叶及膈叶前上缘　　E. 肺心叶，尖叶及膈叶前下缘

367. 该病灶的始发部位是（　　）。
　　A. 细支气管　　B. 肺间质淋巴管　　C. 肺泡壁　　D. 肺小叶间质　　E. 支气管周围血管

（368～370题共用以下题干）

某猪场少数育成猪食欲减少，反复腹泻，脱水，消瘦，营养不良，其他症状不太明显。(2016年真题)

368. 该病最可能的诊断是（　　）。
　　A. 急性胃炎　　B. 急性肠炎　　C. 慢性胃炎　　D. 慢性肠炎　　E. 胰腺炎

369. 如果粪便呈绿色或黑红色，病变部位最可能是（　　）。
　　A. 直肠　　B. 胰腺　　C. 十二指肠　　D. 盲肠　　E. 结肠

370. 如果进行血气分析，病猪最可能出现的异常时（　　）。
　　A. 代谢性酸中毒　　B. 代谢性碱中毒　　C. 呼吸性酸中毒　　D. 呼吸性碱中毒　　E. 混合性碱中毒

（371、372题共用以下题干）

夏末，某养殖场笼养的10000只产蛋鸡，产蛋率突然下降，软壳蛋和畸形蛋增加。有些鸡消瘦，鸡冠苍白。剖检发病鸡，偶见输卵管黏膜水肿，其他脏器无明显病变。(2016年真题)

371. 该病最可能的诊断是（　　）。
    A. 新城疫　　B. 禽流感　　C. 传染性支气管炎　　D. 产蛋下降综合征
    E. 笼养蛋鸡疲劳综合征

372. 该病最常用的实验室诊断方法是（　　）。
    A. 细菌的分离培养　　B. 粪便虫卵检查　　C. 鸡胚接种　　D. 平板凝集试验　　E. 血凝抑制试验

（373、374题共用以下题干）
奶牛，雌性，3岁，采食大量精料后发病，精神沉郁，食欲废绝，反刍停止，回头顾腹，呻吟，腹围明显增大，呼吸急促，触诊瘤胃上、中、下部均有坚实感，瘤胃蠕动音微弱，排粪减少。(2016年真题)

373. 该病最可能的诊断是（　　）。
    A. 瘤胃鼓气　　B. 瘤胃积食　　C. 前胃弛缓　　D. 创伤性网胃炎　　E. 瓣胃阻塞

374. 治疗本病应采取的措施是（　　）。
    A. 抗菌消炎　　B. 解痉镇静　　C. 瘤胃穿刺放气　　D. 瘤胃切开术
    E. 灌肠

（375、376题共用以下题干）
5头黄牛，田间放牧时突然发病，精神沉郁，流涎，磨牙，后肢踢腹，腹泻，骨骼肌震颤，严重者瞳孔缩小，死亡2头。(2016年真题)

375. 该病最可能的诊断是（　　）。
    A. 尿素中毒　　B. 有机磷中毒
    C. 有机氟中毒　　D. 抗凝血灭鼠药中毒　　E. 氨中毒

376. 治疗该病的措施是（　　）。
    A. 灌服食醋、肌内注射苯巴比妥
    B. 肌内注射维生素K_1　　C. 肌内注射乙酰胺　　D. 肌内注射阿托品和氯磷定
    E. 静脉注射葡萄糖酸钙

（377~379题共用以下题干）
牛群，采食后陆续出现呕吐，呼吸困难，口吐白沫，站立不稳等症状，检查见可视黏膜发绀，末梢部位冰冷，体温36.5℃，调查发现，病牛发病前曾饱食久置菜叶。(2016年真题)

377. 该病因主要作用于（　　）。
    A. 单核细胞　　B. 红细胞　　C. 血小板　　D. 淋巴细胞　　E. 巨噬细胞

378. 治疗该病的特效药物是（　　）。
    A. 亚甲蓝　　B. 乙酰胺　　C. 阿托品　　D. 亚硝酸钠　　E. 二巯基丙磺酸钠

379. 用上述特效药治疗该病时，应采用的给药方式是（　　）。
    A. 低浓度静脉注射　　B. 高浓度静脉注射　　C. 低浓度肌肉注射　　D. 高浓度肌肉注射　　E. 低浓度口服

（380~382题共用以下题干）
高产奶牛，第4胎，分娩后2周，食欲略有下降，可视黏膜苍白、黄染。排尿次数增加，但每次排尿量相对较少，尿液颜色逐渐由淡红、红色、暗红色变为棕褐色。(2016年真题)

380. 为确定该病的性质，下一步应该检查尿液的项目是（　　）。
    A. 葡萄糖　　B. 酮体　　C. PH
    D. 血红蛋白　　E. 尿酸盐

381. 该病最可能引起（　　）。
    A. 淤血　　B. 出血　　C. 充血
    D. 血栓　　E. 贫血

382. 治疗该病有效的药物是（　　）。
    A. 磷制剂　　B. 钙制剂　　C. 硒制剂
    D. 镁制剂　　E. 锰制剂

（383~385题共用以下题干）
拉布拉多犬，雄性，2岁，习惯是用煮熟的犬粮。半月前主人发现该犬不愿行走，有跛行表现，行走不平衡，经触诊发现四肢长骨肿胀变形，X线检查骨密质变薄，牙齿松动。(2016年真题)

383. 该病最可能的诊断是（　　）。
    A. 肥大性骨病　　B. 骨软骨病
    C. 纤维素性骨营养不良　　D. 佝偻病
    E. 异食癖

384. 该病的病因主要是日粮中（　　）。
    A. 锰过量　　B. 钴过量　　C. 铁过量
    D. 钙过量　　E. 磷过量

385. 病情严重时，血液中（　　）。
    A. 血钙、血磷均下降　　B. 血磷浓度下降　　C. 血钙浓度下降　　D. 血钙浓度上升　　E. 血钙、血磷均上升

（386~388题共用以下题干）
马，16岁，长期劳役，发病约半年，易

疲劳，出汗，可视黏膜发绀，呼气性呼吸困难，沿肋骨弓有一段深的凹陷沟，体温正常。（2016年真题）

386. 该病最可能的诊断是（　　）。
　　A. 急性肺泡气肿　　B. 慢性肺泡气肿
　　C. 间质性肺气肿　　D. 肺充血
　　E. 肺水肿

387. 肺部叩诊的变化是（　　）。
　　A. 叩诊过清音，叩诊界后移　　B. 叩诊浊音，叩诊界前移　　C. 叩诊半浊音，叩诊界后移　　D. 叩诊过清音，叩诊界前移　　E. 叩诊浊音，叩诊界前移

388. 对本病的治疗不应选用（　　）。
　　A. 氨茶碱　　B. 地塞米松　　C. 新斯的明　　D. 阿莫西林　　E. 沙拉沙星

（389~391题共用题干）
肥猪群饲喂自配料后，口渴贪饮，黏膜潮红，呕吐，口唇肿胀，兴奋不安，转圈。后期，肌肉痉挛，全身震颤，倒地后四肢滑动，瞳孔散大。

389. 该病最可能是（　　）。
　　A. 伪狂犬病　　B. 破伤风　　C. 猪瘟
　　D. 有机磷中毒　　E. 食盐中毒

390. 组织病理学检查可见脑血管周围浸润的细胞是（　　）。
　　A. 中性粒细胞　　B. 单核细胞
　　C. 嗜酸性粒细胞　　D. 嗜碱性粒细胞
　　E. 淋巴细胞

391. 错误的治疗措施是（　　）。
　　A. 灌服石蜡油　　B. 灌服芒硝
　　C. 静注硫酸镁　　D. 静注溴化钙
　　E. 静注甘露醇

（392~394题共用题干）
某蛋鸡群产蛋量下降，产软壳蛋或薄壳蛋，发病率为8%，剖检见肋骨变形，椎骨与胸肋交接处呈串珠状，其他器官未见明显病变。

392. 该病可能是（　　）。
　　A. 白冠病　　B. 黑头病　　C. 禽痛风
　　D. 产蛋下降综合征　　E. 笼养蛋鸡疲劳综合征

393. 该病的原因之一是（　　）
　　A. 维生素C缺乏　　B. 维生素A缺乏
　　C. 维生素D缺乏　　D. 维生素B缺乏
　　E. 黄曲霉素中毒

394. 对该病有诊断意义的血液生化指标是（　　）。

　　A. 碱性磷酸酶　　B. 天门冬氨酸氨基转移酶　　C. γ-谷氨酰转移酶
　　D. 乳酸脱氢酶　　E. 肌酸激酶

（395、396题共用以下题干）
哺乳犊牛食欲减退，渐进性消瘦。走路不稳、不避障碍，尤其是在昏暗处更为明显。体温38.2℃。尿频，尿液带红色。母牛体温正常，产奶量下降，弓背，尿频，尿液色红，有长期饲喂饼粕类饲料史。

395. 犊牛发病最可能的原因是（　　）。
　　A. 维生素A缺乏　　B. 维生素B缺乏
　　C. 维生素D缺乏　　D. 钙缺乏
　　E. 碘缺乏

396. 该病因长期作用可导致奶牛（　　）。
　　A. 酮病　　B. 骨软症　　C. 不孕不育
　　D. 乳腺炎　　E. 阴道脱

（397~399题共用以下题干）
奶牛，5岁，日产奶量20kg，肥胖，喜躺卧，站立时两后肢向前伸至腹下。触诊趾动脉搏动明显，蹄壁增温。轻叩蹄壁时病牛迅速躲闪。粪便气味酸臭，有少许未消化的精料。

397. 该牛最可能患的疾病是（　　）。
　　A. 蹄叶炎　　B. 腐蹄病　　C. 消化不良　　D. 急性瘤胃酸中毒　　E. 酮病

398. 本病常见的病因是（　　）。
　　A. 碳水化合物精料过多　　B. 消化机能低下　　C. 蹄部发育异常　　D. 蹄变形　　E. 碳水化合物精料不足

399. 【假设信息】若该牛在2个月后出现消瘦，蹄延长呈靴状，蹄前壁与蹄底形成锐角，蹄轮不规则，此时的主要治疗措施是（　　）。
　　A. 修蹄　　B. 注射小苏打　　C. 注射苯海拉明　　D. 注射替泊沙林
　　E. 注射50%葡萄糖

（400、401题共用以下题干）
某羊群放牧时发病，死亡率11%，表现为痉挛，呼吸困难，昏迷，窒息死亡。病羊腹泻带血，粪便和胃内容物有蒜臭味，在暗处发出黄绿色光。

400. 羊群最可能发生的疾病是（　　）。
　　A. 溴敌隆中毒　　B. 磷化锌中毒
　　C. 有机磷中毒　　D. 毒鼠强中毒
　　E. 氟乙酰胺中毒

401. 治疗该病时不能口服的药物是（　　）。
　　A. 硫酸铜溶液　　B. 碳酸氢钠溶液
　　C. 硫酸钠溶液　　D. 硫酸镁溶液

E. 高锰酸钾溶液

（402~404题共用以下题干）

黑白花奶牛，3岁，采食后突然发病。反刍停止，喜卧，呻吟，磨牙，排便量减少，精神沉郁，腹部膨胀，左肷窝扁平，听诊瘤胃蠕动音消失。

402. 该病最可能是（　　）。
　　A. 瘤胃积食　B. 瘤胃臌气　C. 创伤性网胃炎　D. 瓣胃阻塞　E. 皱胃阻塞

403. 有助于判定瘤胃内容物性状的检查方法是（　　）。
　　A. 触诊　B. 叩诊　C. 问诊
　　D. 嗅诊　E. 视诊

404. 对本病有诊断意义的瘤胃内容物呈（　　）。
　　A. 弱酸性，纤毛虫数量增加　B. 弱酸性，纤毛虫数量减少　C. 弱碱性，纤毛虫数量增加　D. 弱碱性，纤毛虫数量减少　E. 中性，纤毛虫数量增加

（405~407题共用以下题干）

猪，2月龄，食欲减退，不安，拱腰，里急后重，粪便腥臭，稀软。体温40.2℃，脉搏100次/分钟。

405. 该病最可能导致（　　）
　　A. 脱水　B. 黄疸　C. 水肿
　　D. 贫血　E. 碱中毒

406. 该病最适宜的护理措施是（　　）。
　　A. 大量饮水　B. 少量多次饮水
　　C. 禁止饮水　D. 增加饲喂量
　　E. 增加饲喂次数

407. 该病最可能的诊断是（　　）。
　　A. 肠嵌闭　B. 肠痉挛　C. 肠扭转
　　D. 肠梗阻　E. 肠炎

（408、409题共用以下题干）

黄牛，5岁，反刍停止，食欲废绝，鼻镜干燥，体温38.6℃，左肷窝平坦，触诊坚硬，叩诊呈浊音，听诊瘤胃蠕动音减弱。该牛发病前饲喂了大量半干的甘薯蔓。

408. 该病最可能的诊断是（　　）。
　　A. 真胃左方变位　B. 瓣胃阻塞
　　C. 前胃弛缓　D. 瘤胃臌气　E. 瘤胃积食

409. 治疗该病的适宜措施是（　　）。
　　A. 灌服硫酸镁、鱼石脂和石蜡油
　　B. 灌服硫糖铝、碳酸银和小苏打
　　C. 输注生理盐水、小苏打和阿托品
　　D. 输注复方氯化钠溶液、小苏打和东莨菪碱
　　E. 灌服硫酸钠、活性炭和胃蛋白酶

（410~412题共用以下题干）

牛，早春在栎树林放牧6天后，出现精神沉郁、反刍减少、磨牙、后肢踢腹，粪便色黑且带有黏液，味腥臭；尿频尿液呈红色。

410. 病牛下颌、肉垂等部位易出现（　　）。
　　A. 血肿　B. 水肿　C. 丘疹
　　D. 炎性肿胀　E. 疹块

411. 血清中可能升高的物质是（　　）。
　　A. 酚类物质　B. 生物碱　C. 苦马豆素　D. 黄酮类物质　E. 氨类物质

412. 该病红尿的性质是（　　）。
　　A. 血尿　B. 血红蛋白尿　C. 肌红蛋白尿　D. 卟啉尿　E. 饲料色素性红尿

（413~415题共用以下题干）

奶牛群，200头。近日部分出现精神沉郁，角膜混浊，厌食，消瘦，泌乳牛产奶减少。有5头4~5月龄犊牛死亡。剖检见腹腔积液、肝脏硬化、有肿块、胆囊扩张。调查怀疑饲料异常。

413. 降低该物质对动物机体危害的方法是在饲料中添加（　　）。
　　A. 膳食纤维　B. 白陶土　C. 植物油　D. 骨粉　E. 干草

414. 与本病有关的天气因素是（　　）。
　　A. 沙尘暴　B. 干冷　C. 湿热
　　D. 干热　E. 湿冷

415. 检测饲料，含量超标的主要是（　　）。
　　A. 除草剂　B. 细菌毒素　C. 霉菌毒素　D. 有机磷农药　E. 植物生长刺激剂

（416~418题共用以下题干）

某羊群，在草场放牧5个月后，表现食欲渐进性减退，体重减轻，极度消瘦、虚弱，可视黏膜苍白。羊毛脆而易断，易脱落。后期出现腹泻、流泪，痒感明显。尿液甲基丙二酸（MMA）含量显著升高。

416. 该病羊的贫血属于（　　）。
　　A. 小红细胞低色素性贫血　B. 大红细胞低色素性贫血　C. 正常红细胞低色素性贫血　D. 小红细胞正常色素性贫血　E. 巨红细胞性贫血

417. 该病最可能的诊断是（　　）。
　　A. 硒缺乏症　B. 锌缺乏症　C. 碘

缺乏症　D. 铜缺乏症　　E. 钴缺乏症
418. 治疗该病的维生素是（　　）。
A. 维生素 A　　B. 维生素 K　　C. 维生素 E　　D. 维生素 D　　E. 维生素 B_{12}

（419～421题共用下列备选答案）
A. 氟中毒　　B. 镉中毒　　C. 汞中毒　　D. 铅中毒　　E. 砷中毒

419. 某冶炼厂周边部分居民长期食用当地出产的畜产品后，出现骨质疏松、骨质软化、骨骼疼痛、容易骨折等症状，有些患者肾绞痛、高血压、贫血。该病最可能的诊断是（　　）。
420. 居民长期饮用井水，出现食欲不振，多发神经炎、脱发、皮肤色素沉着和高度角化等症状，经医院检查患者血和尿中某种元素含量很高。该病最可能的诊断是（　　）。
421. 某矿区许多居民牙齿的釉质失去正常光泽，出现黄褐色条纹，形成凹痕，硬度减弱，质脆易碎裂或断裂，常早期脱落。患者骨骼变形，容易骨折，行走困难，跛行。该病最可能的诊断是（　　）。

（422、423题共用下列备选答案）
A. 膀胱破裂　　B. 膀胱炎　　C. 膀胱结石　　D. 膀胱麻痹　　E. 膀胱憩室

422. 母犬，腹围膨大，尿少，触诊后腹部膀胱充盈，用力按压有尿液排出，尿沉渣检查无管型、细胞，该病最可能的诊断是（　　）。
423. 犬，尿频、量少、色红，腹围膨大，触诊膀胱充盈，有压痛，尿沉渣检查可见：大的多角形扁平细胞，核小呈圆形或椭圆形；红细胞；多棱状、棺盖状结晶。该病最可能的诊断是（　　）。

参 考 答 案

1	2	3	4	5	6	7	8	9	10	11	12	13	14	15
C	C	D	D	D	B	A	D	C	D	C	B	B	B	E
16	17	18	19	20	21	22	23	24	25	26	27	28	29	30
B	B	B	C	C	D	E	C	B	E	E	B	A	C	E
31	32	33	34	35	36	37	38	39	40	41	42	43	44	45
C	C	B	E	A	D	C	B	D	A	D	A	C	A	A
46	47	48	49	50	51	52	53	54	55	56	57	58	59	60
A	C	D	A	E	B	A	C	C	D	B	A	E	C	E
61	62	63	64	65	66	67	68	69	70	71	72	73	74	75
E	A	B	C	E	B	C	D	C	E	A	B	B	A	D
76	77	78	79	80	81	82	83	84	85	86	87	88	89	90
D	A	C	A	D	C	B	C	E	B	E	A	E	A	B
91	92	93	94	95	96	97	98	99	100	101	102	103	104	105
A	B	D	B	D	C	A	D	A	D	E	B	A	B	C
106	107	108	109	110	111	112	113	114	115	116	117	118	119	120
B	C	A	C	C	A	C	B	E	B	E	D	C	D	B
121	122	123	124	125	126	127	128	129	130	131	132	133	134	135
C	A	D	E	A	E	D	E	C	D	E	B	C	A	B
136	137	138	139	140	141	142	143	144	145	146	147	148	149	150
B	A	C	B	B	C	B	C	A	A	B	D	B	B	A
151	152	153	154	155	156	157	158	159	160	161	162	163	164	165
E	E	D	C	D	B	C	B	B	D	B	E	A	C	E
166	167	168	169	170	171	172	173	174	175	176	177	178	179	180
E	B	E	D	A	D	A	B	A	D	C	B	E	A	C
181	182	183	184	185	186	187	188	189	190	191	192	193	194	195
C	B	E	E	A	C	B	A	D	A	A	B	A	B	E
196	197	198	199	200	201	202	203	204	205	206	207	208	209	210
A	D	C	B	B	C	E	B	B	E	A	E	C	A	A
211	212	213	214	215	216	217	218	219	220	221	222	223	224	225
A	D	E	E	A	B	D	C	B	A	C	B	E	E	C

续表

226	227	228	229	230	231	232	233	234	235	236	237	238	239	240
E	A	D	E	B	A	C	D	C	B	A	B	A	D
241	242	243	244	245	246	247	248	249	250	251	252	253	254	255
B	B	A	E	A	C	E	E	A	D	E	E	A	E	A
256	257	258	259	260	261	262	263	264	265	266	267	268	269	270
B	A	C	C	D	E	A	A	B	C	B	D	C	C	B
271	272	273	274	275	276	277	278	279	280	281	282	283	284	285
D	A	A	C	E	E	B	E	B	C	D	B	A	E	E
286	287	288	289	290	291	292	293	294	295	296	297	298	299	300
E	A	C	C	A	C	B	A	C	B	D	E	C	B	C
301	302	303	304	305	306	307	308	309	310	311	312	313	314	315
C	A	C	C	E	E	A	A	A	D	C	A	B	A	B
316	317	318	319	320	321	322	323	324	325	326	327	328	329	330
D	C	C	D	B	B	D	D	E	E	A	B	A	D	D
331	332	333	334	335	336	337	338	339	340	341	342	343	344	345
B	B	E	D	C	A	E	D	B	A	C	E	A	A	A
346	347	348	349	350	351	352	353	354	355	356	357	358	359	360
B	A	D	D	E	D	B	C	E	C	B	A	A	E	C
361	362	363	364	365	366	367	368	369	370	371	372	373	374	375
D	C	E	A	C	E	A	D	C	A	D	E	B	D	B
376	377	378	379	380	381	382	383	384	385	386	387	388	389	390
D	B	A	A	D	E	A	C	E	C	B	A	C	E	C
391	392	393	394	395	396	397	398	399	400	401	402	403	404	405
B	E	C	A	A	C	A	A	A	B	D	A	B	B	A
406	407	408	409	410	411	412	413	414	415	416	417	418	419	420
B	E	E	A	B	A	A	B	C	C	E	E	E	B	E
421	422	423												
A	D	C												

(任志华)

第三篇 兽医外科与外科手术学

第一章 外科感染

第一节 外科感染概述

考纲考点：外科感染的概念、特点、演变过程、影响因素、症状与治疗。

1. 外科感染的概念、特点、演变过程、影响因素

概念	病原微生物通过皮肤或黏膜的伤口、创伤或手术创，侵入机体的局部组织，在其中生长繁殖引起明显的局部或全身病理反应的过程，叫外科感染				
特点	①由伤口引起；②有明显局部症状；③常为混合感染；④受损组织或器官常发生化脓和坏死；⑤治疗后局部常形成瘢痕组织；⑥主要靠手术治疗和抗生素治疗				
演变过程	①局限化、吸收或形成脓肿		②转为慢性感染		③感染扩散
影响因素	机体防卫机能	①屏障作用(皮肤、黏膜及淋巴结；血管及血脑)		②杀菌因素(体液)	
		③吞噬作用(吞噬细胞)	④炎症反应	⑤肉芽组织	⑥透明质酸
	促发因素	①细菌的致病力		②局部环境条件	

2. 外科感染的症状与防治原则

症状	①局部症状(红、肿、热、痛、机能障碍)		②全身症状轻重不一
	③白细胞增多，甚至核左移	④X线和B超检查	⑤细菌检查阳性
治疗原则	局部治疗	①休息和患部制动；②外部用药；③物理疗法；④手术治疗	
	全身治疗	①鉴定病原菌、筛选敏感药物(联合药敏)；②抗生素和理疗综合应用	
	支持疗法	①纠正酸碱平衡失调；②补糖和钙；③调节神经和内分泌机能；④补充维生素；⑤增强机体抵抗力	
	对症治疗	①解热镇痛；②强心、利尿；③解毒；④改善胃肠道功能等	

第二节 局部外科感染

考纲考点：(1)脓肿的诊断和治疗；(2)蜂窝织炎的分类、症状、诊断与治疗；(3)厌气性感染和腐败性感染的诊断与治疗。

一、脓肿

1. 概念及类型

概念	脓肿	①外有脓膜；②内有脓汁	
	蓄脓	①无脓膜；②体腔(胸膜腔、关节腔、鼻窦、子宫)有脓汁	
脓肿类型	浅在性脓肿	皮肤、皮下结缔组织、筋膜下及表层肌肉组织内	
	深在性脓肿	①寒性脓肿——深层肌肉、肌间、骨膜下	②转移性脓肿——内脏器官中
		③多发性脓肿——牛创伤性心包炎(心包及网胃和膈的连接处)	

2. 脓肿与血肿、淋巴外渗、疝及某些挫伤的区别

项目	脓肿	血肿	淋巴外渗	挫伤	疝
形成速度	较慢	很快	较慢	较快	较快，可还纳
温热感	发热	正常	凉	发热	正常
波动性	有	有	有	无	无
穿刺液	脓汁	血液	淋巴液	无	粪、尿等
疼痛反应	有	无	无	有	无
与周围组织界限	清晰	清晰	不明显	不明显	清晰
是否有肠蠕动音	无	无	无	无	可能有

3. 脓肿的治疗

消炎止痛消散吸收	(1)急性炎症初期：①消炎止痛软膏；②冷疗法
	(2)炎性渗出停止：①温热疗法；②超短波电疗法；③微波电疗法；④He-Ne激光照射
手术疗法	局部出现波动	①脓肿切开：早期(纵向)切开、清创、引流(忌挤压排脓，可造反对口或用引流管或引流纱布条)；②抽出脓汁(有完整脓膜的小脓肿，特别是关节脓肿)；③脓肿摘除(浅表小脓肿)
全身疗法	应用抗生素、磺胺类、钙剂、维生素C和蛋白质疗法

二、蜂窝织炎

蜂窝织炎是指疏松结缔组织内的急性弥漫性化脓性炎症。

分类	部位深浅		浅在性蜂窝织炎：皮下、黏膜下蜂窝织炎
			深在性蜂窝织炎：筋膜下、肌间、软骨周围、腹膜下蜂窝织炎
	病理变化		①浆液性；②化脓性；③厌氧性；④腐败性
	发生部位		①关节周围；②食管周围；③淋巴管周围；④股部周围；⑤直肠周围
临诊要点	①特征性症状：局部增温、疼痛剧烈、大面积肿胀、机能障碍；②全身症状明显		
治疗要点	原则		①减少渗出；②抑制感染扩散；③促进吸收；④局部与全身治疗相结合
	局部治疗	抑制炎症促进吸收	(1)初期(24～48h以内)冷敷：①醋酸铅液；②10%酒精鱼石脂溶液湿敷；③0.5%普鲁卡因青霉素溶液封闭等
			(2)炎性渗出平息期(3～4天)：①药液温敷；②He-Ne激光照射；③超短波及微波疗法；④超短波电场及微波电疗法；⑤外敷雄黄散，内服连翘散
		手术切开	冷敷后局部肿胀未减轻并继续恶化时，应视情况麻醉后手术切开，切口应有足够长度和深度，创口止血后用中性盐溶液的止血纱布填塞
		象皮病治疗	早期改善局部血液循环和淋巴循环：①CO_2激光照射；②中波热疗；③短波热疗；④超短波电场及微波电疗法
	全身治疗		早期应用抗生素疗法，必要时联合用药；局部应用盐酸普鲁卡因青霉素封闭疗法；注意补液，纠正水、电解质及酸碱平衡的紊乱；加强饲养管理

三、厌气性感染和腐败性感染

类型	厌气性感染	腐败性感染
病原菌	①产气荚膜杆菌；②恶性水肿杆菌；③溶组织杆菌；④水肿杆菌；⑤腐败弧菌	①变形杆菌；②产芽孢杆菌；③腐败杆菌；④大肠杆菌及某些球菌

续表

类型	厌气性感染	腐败性感染
共同特点	疼痛性炎性肿胀;全身症状明显;创口偶尔有气泡、浑浊、不洁液体	
不同点	①有气性捻发音;②肌肉呈煮肉样,最后变成黑褐色	①腐败液恶臭;②创内坏死组织为绿灰色或黑褐色;肉芽组织发绀且不平整,易出血;③常伴发筋膜和腱膜坏死,及腱鞘和关节囊溶解;④体温显著升高
治疗	①切除患部坏死组织,创口行开放疗法;②氧化剂(3%过氧化氢、0.5%高锰酸钾、中性盐类高渗溶液(10%~20%硫酸镁或硫酸钠)、酸性防腐液洗涤创口;③应用抗生素、磺胺类药物、抗菌增效剂等;④对症治疗	

第三节 全身化脓性感染

考纲考点：全身化脓感染的概念与分类、临诊症状、综合性治疗措施。

1. 概念与分类

	类型	病原	概念
全身化脓感染	败血症	金葡、溶血性链球菌、大肠杆菌、厌气性链球菌和坏疽杆菌	致病菌侵入血液,迅速繁殖,产生大量毒素及组织分解产物引起严重的全身感染或中毒症状
	脓血症	局部化脓灶的细菌栓子或脱落的感染血栓	病原间歇性进入血液,并在机体其他组织和器官形成转移性脓肿

2. 临诊症状

败血症	脓血症
①体温高(呈稽留热),热候明显,全身症状明显;②感染性休克或神经系统症状;③皮肤黏膜有时有出血点;④尿量减少或无尿、蛋白尿	①体温升高(呈弛张热或间歇热或类似间歇热);②各器官组织形成转移性脓肿(粟粒大至拳头大小)——肝脓肿;肠壁脓肿;肺脏脓肿
血液学变化明显(WBC 增多、嗜中性粒细胞增多、脓细胞)	

3. 治疗要点

治疗原则	局部治疗	①消除创囊和脓窦,摘除异物,排净脓汁,除去创内坏死组织;②用小刺激性防腐消毒剂冲洗病灶;③按化脓创处理,创围普鲁卡因青霉素封闭
	全身治疗	①输血、补液,大量补水和维生素;②防酸中毒(用碳酸氢钠疗法);③增强肝脏解毒机能和增强机体抗病能力(用葡萄糖疗法);④加强饲养和护理
	对症治疗	①心衰——用安钠咖或氧化樟脑;②肾机能不全——用乌洛托品;③败血性腹泻——静脉注射氯化钙;④防转移性肺脓肿——静脉注射樟脑酒精糖溶液等

(马晓平)

第二章 损 伤

第一节 软组织开放性损伤（创伤）

考纲考点：(1) 创伤的分类；(2) 创伤愈合分期和愈合过程的特点；(3) 影响创伤愈合的因素；(4) 创伤的治疗（各种治疗方法的适应证）。

1. 创伤分类

创伤均由创口、创缘、创壁、创腔、创底和创面组成。

类型		伤后时间	创内各部组织轮廓	创伤感染症状
伤后时间	新鲜创	较短	仍能识别	无（有血液流出或有血凝块）
	陈旧创	较长	不易识别	明显（排出脓汁或有肉芽组织）
有无感染	无菌创	无菌条件下的手术创		
	污染创	创伤有污染（细菌和异物），细菌未侵入组织深部，未呈现致病作用		
	感染创	创内致病菌大量发育繁殖，呈现致病作用→明显创伤感染症状		
致伤物性状	刺伤、切创、砍创、挫伤、裂创、压创、咬创、复合创、火器创、坠落创等			

2. 创伤愈合分期和愈合过程的特点

项目	第一期愈合	第二期愈合	痂皮下愈合
愈合特点	只形成少量肉芽组织	大量肉芽组织填充创腔	①创伤浅；②先由表面淋巴液、血液干燥后形成痂皮、覆盖创面；③在痂皮下长出肉芽组织、由上皮再生而达到创伤愈合
	瘢痕小（呈线状）或无瘢痕	瘢痕组织多，移行上皮组织	
	愈合过程炎症反应不明显	愈合过程有炎症反应	
	组织不变形	影响器官（如关节）功能，甚至畸形	
	持续6~7天	持续2~3周或数周至数月	
创伤类型	创口小，未感染，坏死组织和血凝块少，创缘和创面整齐并对接良好	创口哆开大，伴组织缺损和感染，创缘和创面不整齐，创内有异物、大量血凝块、坏死组织和炎性渗出物	烫伤、皮肤表层烧伤、擦伤：①未感染取第一期愈合；②感染则取第二期愈合
	一般手术创；恰当处理的新鲜污染创	化脓创	

3. 影响创伤愈合的因素

主要因素：①创伤感染（主要因素）；②创内有异物、坏死组织（影响炎性净化过程）；③受伤部血液循环不良（影响炎性净化过程和肉芽组织生长）；④受伤部不安静（继发损伤，破坏新生肉芽组织生长）；⑤创伤处理不合理（止血不彻底、清创术过晚和不彻底、引流不畅、不合理的缝合与包扎、频繁检查创伤、不必要的换绷带、不遵守无菌原则、不合理地使用药物等）；⑥机体营养缺乏（蛋白质、微量元素、维生素A、维生素B、维生素C、维生素K缺乏）。

4. 创伤的治疗

治疗原则——治疗创伤感染及中毒：①全身性治疗与局部处理相结合；②预防和制止创伤感染（核心）；③止痛；④纠正水盐失衡；⑤消除影响创伤愈合的因素；⑥保证营养，增强抵抗力。

(1) 外科处理创伤治疗的主要方法　创伤初期（伤后不超过2~3天）；创伤次期（伤

后已超过3天）。

创伤清净术（清创术）	适用于新鲜创和陈旧创；①创围剪毛、清洗、取出创内组织碎片、异物；②清洗创面（用化学防腐剂）；③包扎绷带
扩创术	①扩开创伤→保证创液或脓汁排出；②导入防腐剂引流；③造反对孔和辅助切口
创伤部分切除术	①除去坏死、损伤严重的组织，在非损伤组织界限内造成一个创缘（近似新鲜手术创）；②术后根据情况可进行密闭缝合或开放疗法
创伤二次缝合（肉芽创缝合）	加速创伤愈合和使大创伤愈合后瘢痕范围小，二次缝合的创缘可行阶段性对接，即缝合后先使创缘相应对接，经数日后再将缝合线拉紧使创缘完全对接

（2）安静疗法和运动疗法　①创伤后最初6～8天，保持动物局部和全身安静（局部可包扎绷带、夹板绷带或石膏绷带，普鲁卡因青霉素封闭等）；②当肉芽组织在创面上已形成完整的防卫面时，对动物进行适当的牵遛运动，加速创伤愈合。

（3）开放疗法和非开放疗法

开放疗法	不包扎绷带	适应证：①创内有大量脓汁不断排出；②已经或有可能发生厌气性和腐败性感染；③烧伤、褥疮、湿疹、化脓性窦道、分泌性及排泄性瘘管等
非开放疗法	包扎绷带	适应证：四肢末端、有急性炎症、创伤水肿、干性败血性创伤

（4）引流及非引流疗法

引流疗法	适用于创内有血液及炎性渗出物潴留时	①棉纱引流	适用于创液或脓汁较少而稀薄的创伤
		②胶管引流	适用于创内炎性渗出物量大而黏稠的创伤
非引流疗法	适用于：①创内脓汁或创液能顺利排出创外；②创内无液体潴留		

（5）化学防腐法

冲洗剂	冲洗创伤：①生理盐水、3%过氧化氢、0.1%高锰酸钾溶液、0.1%～0.5%雷夫奴尔溶液、0.01%呋喃西林溶液、0.02%苯扎溴铵溶液、0.02%杜米芬溶液、0.05%洗必泰溶液等；②恩诺沙星、甲硝唑等抗生素注射液（小动物）
撒布剂	粉剂吹入或用喷粉器将粉剂均匀撒布在创面上；腹腔脏器创伤使用抗生素粉
贴敷剂	用膏剂、乳剂或粉剂厚层放置于纱布块上，再贴敷于创面，然后用绷带固定
湿敷剂	用浸有药液的数层纱布块贴敷于创面，并经常向纱布块上浇洒药液
涂布剂	将液体药液(2%～5%碘酊、聚维酮碘膏等)涂布于创面上
灌注剂	将挥发性或油性药剂(如10%碘仿醚合剂、魏氏流膏、磺胺乳剂等)灌注到创道内

（6）物理疗法　加速创伤的炎性净化和组织再生，有利于创伤的修复治愈；①光疗法（红外线、紫外线及激光疗法）；②电疗法：直流电离子透入疗法（透入抗生素、碘离子、钙离子、锌离子等）、短波电疗法、超短波电疗法及微波电疗法等。

（7）全身疗法　严重创伤（尤其感染创），当出现全身症状时，应及时进行全身疗法，防治创伤感染。

第二节　软组织非开放性损伤（血肿、挫伤及淋巴外渗）

考纲考点：血肿、挫伤和淋巴外渗的诊断、鉴别诊断与治疗方法。

1. 临诊要点

项目	血肿	挫伤	淋巴外渗
病因	均为软组织非开放性损伤，由于外力作用所致的皮下软组织局限性炎性肿胀		
	骨折、刺创(血管破裂)	钝性外力直接作用	钝性外力使淋巴管破裂
发生部位	皮下、筋膜下、肌间、骨膜下及浆膜下	皮肤致伤痕迹（擦伤或脱毛）；皮肤有溢血斑	淋巴管丰富的皮下结缔组织
界限	明显	不很明显	不很明显
发展	肿胀迅速增大	较快	3～4天出现，逐渐增大
炎症	初期有疼痛，局部发热	热、疼痛明显，全身发热	轻微(凉感)

续表

项目	血肿	挫伤	淋巴外渗
波动感	明显波动感,饱满有弹性有捻发音	可形成脓肿、蜂窝织炎、淋巴外渗、黏液囊炎或皮肤肥厚、皮下硬结等;运动机能障碍;形成感染	有波动感,皮肤不紧张
穿刺	排出稀薄血液或脓血(伴感染时)		橙黄色稍透明的淋巴液,或含有少量血液

2. 治疗

血肿	治疗原则	制止溢血,防止感染,排出积血	
	非感染血肿	初期	冷敷→局部涂擦碘酊或鱼石脂软膏→包扎压迫绷带或结扎止血
		4~5天后	①穿刺或切开血肿,清理创腔;②再行缝合
	感染性血肿	切开,行开放疗法	
挫伤	治疗原则	制止溢血,镇痛,防感染,促进肿胀吸收,加速组织修复	
	方法	冷敷(减轻疼痛与肿胀)→2~3天后改用温热疗法、红外线照射,或局部涂擦刺激性药物(樟脑酒精和5%鱼石脂软膏)→按外科感染治疗(并发感染)	
淋巴外渗	保持安静(减少外渗和防止淋巴凝块破坏)	较小的淋巴外渗	波动明显部位用注射器抽出淋巴液→注入95%酒精或酒精福尔马林液→停留片刻后将其抽出
		较大的淋巴外渗	切开→酒精福尔马林液冲洗→纱布填塞→待淋巴管完全闭塞后,按创伤治疗
		忌温热疗法(防继续渗出)	

第三节 烧伤与冻伤

考纲考点:(1)烧伤的分类、各类烧伤的特征及治疗原则;(2)冻伤的分类、特征与治疗原则。

(一)烧伤(烫伤或热伤)

1. 烧伤的分类及特征

烧伤程度取决于烧伤深度、烧伤面积、烧伤部位、机体健康状况。

(1)三度分类法

特征	一度烧伤	二度烧伤	三度烧伤
皮肤损伤	皮肤表层	表层及真皮层	皮肤全层或深层组织
局部变化	浆液性炎症(红肿热痛)	弥散性水肿或水泡	形成焦痂;伤面温度下降;伤后7~14天,开始溃烂、脱落,露出红色创面
疗程	7天左右	14~21天	较长
疤痕	不留疤痕	轻度疤痕	疤痕明显
伴发症	—	休克;脱水、电解质紊乱;感染化脓(铜绿假单胞菌)→败血症	

(2)根据烧伤面积分类

根据烧伤面积分类	轻度烧伤	中度烧伤	重度烧伤	特重烧伤
烧伤总面积占体表面积	≤10%	11%~20%	20%~50%	>50%
三度烧伤的比例	≤2%	≤4%	≤6%	>6%

2. 治疗要点

治疗原则:现场急救、镇痛、抗感染、防休克和治疗并发症。

现场急救	①离开现场和灭火;②保护创面;③防休克(注射止痛药等);④气管切开(有呼吸困难者)	
防休克	中度以上烧伤	①镇静、止痛;②强心补液(饮水加适量食盐,或静脉补大量液体。补液种类:胶体液、血浆代用品、球蛋白及电解质溶液);③防酸中毒

创面处理	①剪除烧伤部被毛;②洗涤:温水、温肥皂水、0.5%氨水(头部烧伤禁用氨水)或生理盐水洗涤、拭干;③用70%酒精消毒(眼部宜用2%~3%硼酸冲洗);④控制感染,加速创面愈合。不同烧伤程度采取不同措施(见下表)	及时合理处理伤面是防止感染、预防败血症和促进创伤愈合的主要环节
防败血症	中度以上烧伤,应在伤后2周内,应用大剂量广谱抗生素控制全身感染	
皮肤移植术	三度烧伤要正确处理焦痂(焦痂对烧伤面有保护作用,但增加感染机会——既不能早期清除,也不应长期保留)和早期植皮	

不同程度烧伤采取的措施

Ⅰ度烧伤	经清洗后,不必用药,保持干燥,即可自行痊愈
Ⅱ度烧伤	①药物涂布创面(5%~10%高锰酸钾或5%鞣酸或3%龙胆紫或紫草油膏等,隔1~2天换药1次,使创面形成结痂,直至愈合);②一般行开放疗法(四肢下部的创面可行绷带包扎);③油膏软化脱痂(加速坏死组织脱落,尤其干痂的脱落,可应用上述药物油膏)
Ⅲ度烧伤	①去痂:对Ⅲ度烧伤的焦痂,可采用自然脱痂、油剂软化脱痂和手术切痂的方法;②焦痂除去后,用0.1%苯扎溴铵液等清洗,干燥后涂布上述油膏;③大面积烧伤,应对其肉芽创面早期施行皮肤移植术,加速创面愈合,减少感染机会和防止疤痕萎缩

(二) 冻伤

1. 分类及特征

受冻组织的主要损伤:①原发性冻融损伤;②继发性血液循环障碍。

一度冻伤	①皮肤、皮下组织疼痛性水肿;②症状表现轻微,常不易被发现
二度冻伤	①皮肤及皮下组织呈弥漫性水肿;②患部出现水泡;③水泡自溃形成愈合迟缓的溃疡
三度冻伤	①不同深度组织干性坏死,患部冷厥而缺乏感觉,皮肤坏死→皮下组织坏死→全部组织坏死;②常出现湿性坏疽;③坏死组织沿分界线与肉芽组织离断,愈合变得缓慢,易发化脓性感染(破伤风和气性坏疽等厌氧性感染)

2. 治疗要点

治疗原则:消除寒冷刺激(脱离寒冷环境),使冻伤组织复温;恢复组织内血液和淋巴循环;预防感染。

复温疗法步骤	(1)肥皂水洗净患部。(2)樟脑酒精擦拭或进行复温治疗:①温水浴复温:水温18~20℃,在25min内不断加入热水,使水温逐渐达到38℃(水中加入1:500高锰酸钾);②热敷复温(不便于温水浴复温的部位;复温时绝不可用火烤。(3)复温后用肥皂水清洗,75%酒精涂擦,保温绷带包扎和覆盖

不同程度冻伤的治疗原则及方法

一度冻伤	恢复血管张力,消除淤血,促进血液循环,水肿消退	①樟脑酒精涂擦患部,涂布碘甘油或樟脑油;②装棉花纱布软垫保温绷带;③按摩疗法和紫外线照射
二度冻伤	促进血液循环、预防感染、增高血管张力,加速疤痕和上皮组织形成	①普鲁卡因封闭疗法(静脉内封闭、四肢环状封闭);②静脉注射低分子右旋糖酐和肝素;③早期应用抗生素疗法;④用5%龙胆紫溶液或5%碘酊涂擦露出的皮肤乳头层,并装酒精绷带或行开放疗法
三度冻伤	预防湿性坏疽(加速坏死组织的断离,促进肉芽生长和上皮形成,预防全身感染)	①坏死部切开(排除组织分解产物);②早期注射破伤风类毒素(或抗毒素);③对症治疗

第四节 损伤并发症

考纲考点：(1) 溃疡的特点与治疗；(2) 窦道和瘘管的临床鉴别诊断；(3) 坏疽临床特征与治疗；(4) 外科休克的临床表现与治疗要点。

一、溃疡

皮肤或黏膜上久不愈合的病理性肉芽创称为溃疡。

病因		①局部血液及淋巴循环障碍；②神经紊乱；③各种刺激；④维生素不足；⑤内分泌紊乱；⑥机体抵抗力和组织再生能力降低	
治疗	单纯性溃疡	保护肉芽，防止其损伤，促进其发育和上皮形成。①细致处理溃疡面(忌粗暴)；②加速上皮形成(用含2%~4%水杨酸的锌软膏、鱼肝油软膏等)	注：禁用刺激性较强的防腐剂
	炎症性溃疡	①若脓汁潴留，切开创囊排出脓汁；②溃疡周围封闭；③用浸有20%硫酸镁或硫酸钠溶液的纱布覆于创面(防止毒素吸收)	
	坏疽性溃疡	见于冻伤、湿性坏疽及不正确的烧烙后。①全身治疗(防中毒和败血症)；②局部治疗(早期剪除坏死组织，促进肉芽生长)	
	水肿性溃疡	①消除病因；②局部涂鱼肝油、植物油或包扎血盐绷带、鱼肝油绷带等；③应用强心剂，改善饲养管理	
	蕈状溃疡	①切除溃疡→烧烙止血或烧灼腐蚀(硝酸银棒、苛性钾或钠、20%硝酸银溶液)；②溃疡周围封闭；③紫外线照射或用CO_2激光聚焦烧灼和气化赘生的肉芽	
	褥疮性溃疡	①每日涂擦3%~5%龙胆紫酒精或3%煌绿溶液；②多晒太阳，应用紫外线和红外线照射	
	胼胝性溃疡	①切除胼胝→按新鲜手术创处理；②对溃疡手术面涂松节油并配合组织疗法	
	神经营养性溃疡	①切除溃疡→按新鲜手术创处理；②盐酸普鲁卡因封闭；③配合组织疗法或自家血液疗法	

二、窦道和瘘管

1. 窦道和瘘管的区别

项目		不同点		相同点
窦道	发生在深在组织	借助于导管使深在组织(结缔组织、骨或肌肉组织等)的脓窦与体表相通	盲管状(管道一端开口)	①狭窄不易愈合的病道；②表面被覆肉芽和上皮组织
瘘管	发生在体腔	借助于导管使体腔与体表相通，或使空腔器官相互交通	两端开口的管道	

2. 病因、症状及诊断

项目	窦道	瘘管	
病因	异物创伤、化脓性坏死炎症；常为后天性	①先天性瘘管：胚胎期畸形；②后天性瘘管(多见)：创伤(腺体器官及空腔器官)或手术后形成	
症状	①窦道口不断排出脓汁、血块和血液；②新窦道：管口常有肉芽组织赘生，局部炎症明显，或有明显全身症状；③陈旧窦道：狭窄而平滑，全身症状不明显	排泄性瘘：经过瘘的管道向外排泄该器官的内容物	分泌性瘘：经过瘘的管道向外排分泌腺的分泌物(唾液、乳汁等)
诊断	①细致检查窦道(或瘘管)口的状态、排脓的特点及脓汁的性状；②探诊窦道(或瘘管)的方向、深度、有无异物等；探诊时可用灭菌金属探针、硬质胶管或消毒手指		

三、坏疽

组织坏死后受到外界环境影响和不同程度腐败菌感染而产生的形态学变化称坏疽。

一般原因	①外伤；②持续性压迫；③物理、化学性因素的损伤；④细菌及毒物性因素；⑤血管病变所致栓塞、中毒及神经机能障碍等	
分类	干性坏疽	湿性坏疽
病因	局部压迫；药品腐蚀	坏死部腐败菌感染

续表

表现	坏死组织初期苍白→褐色至暗黑色，表面干裂，呈皮革样外观	坏死组织脱毛、浮肿→暗紫色或暗黑色，表面湿润，覆盖恶臭分泌物
治疗	（1）除去病因，局部剪毛、清洗、消毒→防湿性坏疽恶化。（2）去除坏死组织：①蛋白分解酶；②硝酸银或烧烙；③手术摘除（湿性坏疽）。（3）解毒剂进行化学疗法。（4）维持营养	

四、外科休克

1. 病因分类及特点

低血容量性（失血失液性）休克、损伤性休克、中毒性（感染性）休克、心源性休克及过敏性休克。外科休克常见前三种。临床特征：①急性循环衰竭（循环血量锐减、微循环障碍）；②组织灌注不良→组织缺氧和器官损害。

分类	特点
失血失液性休克	①失血失液的量；②液体丢失速度；③丢失液体性质（低渗性脱水更易引起休克）
损伤性休克	①包括创伤性休克和烧伤性休克；②损伤性休克（有血容量减少）属于低血容量性休克；③发生发展规律与失血失液性休克相似，多为低排高阻型
感染性（中毒性、脓毒性）休克	①包括败血症休克和内毒素性休克；②外科感染性休克多见于：腹腔内感染、烧伤和创伤性脓毒血症；菌血症或败血症（泌尿道感染、胆道感染、蜂窝织炎、脓肿）；严重感染（手术、导管置入、输液污染）；③体液因子控制休克的发生和发展

2. 临诊表现

休克初期（代偿期）	①短暂兴奋；②血压无变化或稍高，脉搏快而充实；③呼吸增快，黏膜发绀；④皮温降低；⑤无意识排尿、排粪（易被忽视）
休克期（沉郁期）	①典型的沉郁；②血压下降，脉搏细弱；③呼吸浅表不规则，黏膜苍白；④四肢厥冷，体温降低；⑤反射微弱或消失；瞳孔散大；⑥局部颤抖、出汗、呆立不动、行走如醉

3. 治疗要点

消除病因	①出血性休克:止血（关键），补充血容量。②中毒性休克:消除感染源，切开引流（化脓灶、脓肿、蜂窝织炎）	
补充血容量	贫血、失血性休克:输全血或血浆、生理盐水、右旋糖酐等	
改善心脏功能	心功能不全（中心静脉压高、血压低）——提高心肌收缩力	①首选药物：β受体、异丙肾上腺素和多巴胺；②长期休克和心肌有损伤：洋地黄（增强心缩力，减缓心率），休克早期少用；③中毒性休克：大剂量皮质类固醇（促进心肌收缩，降低周围血管阻力，改善微循环，中和内毒素）
	容量血管（小静脉）过度收缩（中心静脉压高，血压正常）	①α受体阻断药（如氯丙嗪）——中毒性休克、出血性休克；②血管扩张剂，同时进行血容量的补充
调节代谢障碍	纠正酸中毒的根本是改善微循环的血流障碍	

（马晓平）

第三章 肿 瘤

第一节 肿瘤概论

考纲考点：(1) 肿瘤的流行病学及病因；(2) 肿瘤的症状与诊断；(3) 肿瘤的治疗原则。

1. 病因

动物肿瘤发生的影响因素：①品种因素；②年龄因素；③性别因素；④免疫状态；⑤环境因素（主要是化学因素，其次是病毒和放射线）；⑥原发性易感因素。

外界因素	物理因子	机械、紫外线、电离辐射等刺激；放射线
	化学因子	①3,4-苯并芘、1,2,5,6-二苯蒽；②亚硝胺类；③焦煤油；④有机农药；⑤芳香胺类、吖啶化合物；⑥重金属等
	病毒因子	白血病、肉瘤都是病毒所致
内部因素	①内分泌紊乱(性激素、肾上腺皮质激素、甲状腺素紊乱，长期过量使用激素)；②遗传因子；③免疫状态；④其他因素	

2. 症状

肿瘤症状取决于肿瘤性质、发生组织、部位和发展程度。

局部症状	①肿块(瘤体体表或浅在肿瘤)；良性肿块生长速度慢，恶性肿块生长速度快(可能转移)；②疼痛；③溃疡—恶性肿瘤呈菜花状瘤；④出血；⑤功能障碍
全身症状	①非特异性全身症状：良性和早期恶性肿瘤，多无全身症状，仅表现厌食、低烧、贫血、消瘦、无力；②明显全身症状(恶性肿瘤；或出血与感染时)，易感染；③恶病质(恶性肿瘤晚期全身衰竭)

3. 诊断

(1)病史调查	发病动物、品种、年龄、性别；是否有肿瘤发生的原因等	
(2)体格检查	①全身检查；②局部检查：肿瘤发生部位；肿瘤的性质(肿瘤大小、形状、质地、表面温度、血管分布、有无包膜及活动度等)；区域淋巴结与转移灶的检查	
(3)影像学检查		(4)内镜检查
(5)病理学检查——诊断肿瘤最可靠方法	①病理组织学检查(肯定性诊断)；②临床细胞学检查；③分析和定量细胞学检查方法	
(6)免疫学检查	(7)酶学检查(诊断准确，反映肿瘤损害部位、恶性程度)	(8)基因诊断

4. 治疗要点

（1）良性肿瘤治疗

治疗方法	适应证
手术切除为主 (连同部分正常组织彻底切除)	①有恶变倾向或已恶变；②难以排除的良性肿瘤；③出现危及生命的并发症；④肿块大，影响使役或并发感染
非手术方法(冷冻疗法)	较小良性肿瘤(定期观察：生长慢、无症状、不影响使役及生产性能)

（2）恶性肿瘤治疗

手术疗法	前提：肿瘤尚未扩散或转移	关键：避免癌细胞扩散(切除病灶、部分健康组织、附近淋巴结)
	手术要领	①动作轻柔(切忌挤压和盲目翻动肿瘤)；②手术应在健康组织内进行(不得进入癌组织)；③阻断癌细胞扩散通路(动、静脉、区域淋巴结、肠腔)；④一次整块切除(癌肿连同原发器官和周围组织)

续表

放射疗法	利用各种射线进行治疗
化学疗法	①腐蚀药(硝酸银、氢氧化钾等),对皮肤肿瘤进行烧灼、腐蚀;②50%尿素液、鸦胆子油(乳头状瘤有效);③烷化剂的氮芥类(白消安、氮芥类、环磷酰胺、塞替哌等药物);④植物类抗癌药物(长春新碱和长春碱等);⑤抗代谢药物:氨甲蝶呤(MTX)、6-硫基嘌呤等
生物学疗法	包括免疫治疗和基因治疗两大类

第二节　常见肿瘤

考纲考点：鳞状细胞癌，纤维肉瘤，犬肥大细胞瘤，犬、猫淋巴肉瘤，乳头状瘤和犬乳腺肿瘤的症状与治疗。

一、鳞状细胞癌

来源	鳞状上皮细胞(恶性肿瘤)——鳞状上皮癌(简称鳞癌)
类型	皮肤鳞状细胞癌(最常见);角鳞状细胞癌、爪鳞状细胞癌、黏膜鳞状细胞癌(膀胱)
好发部位	①皮肤鳞状上皮;②有鳞状上皮的黏膜(口腔、食管、阴道和子宫颈等);③其他组织(鼻咽、支气管、子宫黏膜)
治疗	手术切除

二、纤维肉瘤

来源	纤维结缔组织(恶性肿瘤)
好发部位	①结缔组织(皮下、黏膜下、筋膜、肌间);②实质器官
特征	①质地坚实,大小不一,形状不规则,边界不清,可长期生长而不扩展(易误诊为感染性损伤);②特征:易出血(血管丰富);③后遗症——溃疡,感染和水肿
治疗	手术与放射疗法合用

三、肥大细胞瘤

好发部位	皮肤表面或皮下组织(良性或恶性),恶性者为肥大细胞肉瘤血液中(纯粹肥大细胞性白血病)	犬最多发:①肛周、包皮;②内脏
临诊要点	①直径一至数厘米;②实体性或多发性;③粪便带血(并发症:十二指肠溃疡和胃溃疡)	良性:长时间不变地局限于一定部位 恶性:生长迅速,迅速转移和扩散
治疗	冷冻、激光疗法;并发胃溃疡时配合支持疗法	

四、犬、猫淋巴肉瘤

1. 犬淋巴肉瘤

	多中心型	①病理特征:全身性淋巴结肿大、无痛;扁桃体、肝、脾肿大;②临床特征:侵害肾、肺、骨髓、心脏等,表现出相应症状	
临诊要点	消化道型	①肠系膜淋巴结肿大(结节状或弥漫性浸润);②腹壁肿块;③消化道症状	
	皮肤型	皮肤原发性	单发或多发皮内结节,呈瘤样或团块样,常见于躯干或前肢
		蕈状真菌病——T细胞淋巴肉瘤	①侵害上皮,病程长;②皮肤红斑、脱痂、脱毛、中心性、坚硬、斑块样的溃疡
	胸腺型(纵膈型)	①肿块位于前胸;②咳嗽、呼吸困难(胸膜渗漏),气管周围淋巴结肿大;③吞咽困难或反胃(若胸部食道受压)	
	其他型	①起源于淋巴网状内皮细胞;②侵蚀中枢神经、眼、鼻道	
诊断	①初步诊断:体表淋巴结肿胀、渐行性消瘦、贫血;②确诊:组织细胞学和组织病理学检查;③辅助诊断:血液学、骨髓穿刺、X线等检查		

续表

治疗要点	治疗目的	缓解临床症状、改善体况和延长存活时间	
	多中心型淋巴肉瘤	化学疗法（最有效疗法）	①抗肿瘤药单一使用；缓解期短，平均存活时间<3个月 ②抗肿瘤药序贯疗法(泼尼松龙、环磷酰胺、长春新碱)；平均存活5个月
	Ⅰ期淋巴肉瘤或肠道单个淋巴肉瘤	手术切除；辅以放射和化学疗法	
	弥散性消化道型肉瘤	化学疗法效果差	
	抗肿瘤药物有细胞毒副作用，在化疗中须每7~21天进行白细胞和血小板计数		

2. 猫淋巴肉瘤

猫淋巴肉瘤又称猫白血病，是猫最常见的肿瘤。病原：猫白血病病毒。

分类及症状	纵隔型（胸腺型）	①瘤浸润至胸腺，转移至纵隔与胸骨淋巴结；②胸腔积液；FeLV常为阳性；急性期表现呼吸道症状；③白细胞数减少，多数为淋巴细胞
	消化道型	①胃肠或肠系膜淋巴细结(由B型淋巴细胞形成)；②广泛性浸润或结节状或环节状；③多发于老年猫；④临诊特征：渐进性消瘦、下痢及呕吐；触诊肠袢增厚，腹腔有肿块，肝、脾肿大
	多中心型	①肿瘤淋巴组织扩散至全身(肝、肾、脾、其他内脏)；②临诊特征：呕吐；黄疸；多尿；烦渴
	淋巴细胞性白血病	①在血液与骨髓中出现肿瘤淋巴细胞；②临诊特征：非特异性症状(发烧、昏睡、厌食、消瘦、黏膜苍白等)，或见肝、脾肿大；③骨髓穿刺术予以诊断
治疗		①抗肿瘤药治疗(可参照犬淋巴肉瘤)；②化疗效果不明显

五、乳头状瘤

乳头状瘤由皮肤或黏膜的上皮转化而成，是最常见的表皮良性肿瘤。

分类	传染性(牛多发)	非传染性(犬多发)
病原及特点	牛乳头状瘤，发病率最高，病原为牛乳头状瘤病毒(BPV)，不易传播给其他动物，所以又称为乳头状瘤病	多种因素
临诊要点	①传播媒介是吸血昆虫或接触传染；②易感性不分品种和性别(2岁以下牛最多发)；③潜伏期3~4个月；④多发部位：面部、颈部、肩部和下唇(眼、耳周围最多发)，成年母牛乳头、阴门、阴道时有发生，雄性可发生于包皮、阴茎、龟头部；⑤传染性疣如经口侵入，可见各消化道黏膜瘤	同良性肿瘤
治疗	手术疗法	

六、犬乳腺肿瘤

乳腺肿瘤是母犬临诊常见病。有35%~50%犬的乳腺肿瘤和90%猫的乳腺肿瘤为恶性。

症状		①一侧或两侧乳房部出现肿块，大小不等；②多数可移动；③肿块呈块状或囊状(有梗)，有的发生溃疡；④尾部乳腺常发；⑤跛行或四肢水肿——病灶已转移
		如果腺体广泛肿胀，组织界限不清——炎性癌或乳腺炎。炎性癌：通常形成溃疡；触诊可摸到肿大的腋下或腹股沟淋巴结；或在直肠检查中摸到肿大的小叶下淋巴结
治疗	保守疗法	适应证：①患乳腺肿瘤同时患其他严重的疾患；②主人不愿意接受手术治疗；③乳腺肿块小于3cm，可进行保守疗法。待肿瘤大于5cm时进行手术切除
	手术切除	①肿瘤大于3cm，单独手术切除治愈率可达100%；②手术加放疗或化疗；肿瘤很大伴溃疡、炎症反应或其他一些恶性表现，乳腺肿瘤已转移(放射线诊断)
	手术方法	①单个乳腺切除；②区域乳腺切除；③一侧乳腺切除(有效方法)；④两侧乳腺切除(限宽胸、恶性；常需要进行皮肤再建)

(马晓平)

第四章 风湿病

考纲考点：风湿病的病因、病理分期、症状、诊断与治疗。

（一）病因及病理分期

风湿病是全身结缔组织（骨骼肌、心肌和关节囊中）的急性或慢性非化脓性炎症，以胶原结缔组织纤维蛋白变性为病理特征。

病因		①变态反应性疾病，并与溶血性链球菌感染有关；②风、寒、湿、过劳等在该病发生上起着重要作用
病理分期	变性渗出期	①胶原纤维肿胀、分裂，形成黏液样和纤维素样变性和坏死；②变性灶周围有炎症细胞浸润，并有浆液渗出；③结缔组织基质内蛋白多糖（主要为氨基葡萄糖）增多；④此期可持续1~2个月，以后恢复或进入第二、第三期
	增殖期	①风湿性肉芽肿或阿孝夫小体（风湿小体——风湿病特征性病变，病理学确诊依据，亦是风湿活动的标志）出现；②小体中央纤维素样坏死，其边缘有淋巴细胞和浆细胞浸润，并有风湿细胞；③风湿细胞变成梭形，形如成纤维细胞，进入硬化期；④此期持续3~4个月
	硬化期（瘢痕期）	①小体中央的变性坏死物质逐渐被吸收，渗出的炎症细胞减少，纤维组织增生，在肉芽部位形成瘢痕组织；②此期持续约2~3个月
		本病常反复发作，三期可交替存在，历时4~6个月。关节和心包以渗出为主，而瘢痕的形成主要见于心内膜（尤其心瓣膜）和心肌

（二）临诊要点

1. 临诊要点

对称性侵害肌肉和关节（主）或心脏，肌肉风湿病、关节风湿病（风湿性关节炎）和心脏风湿病（风湿性心膜炎）。主要特征：疼痛和机能障碍。

疼痛	疼痛具有突发性、游走性、对称性、复发性、运后症状减轻、随气候潮湿多雨而加重等特点
急性期	发病迅速，急性炎症明显；有全身性症状；病程数日或1~2周后即可好转；但易复发
慢性期	病程较长（数周或数月）；易疲劳，运动强拘。患部缺乏肿胀、热痛等急性炎症的症状

2. 诊断

特异性诊断方法。辅助诊断方法见下表。

水杨酸钠皮内反映试验		白细胞总数有一次比注射前减少1/5风湿病阳性
血常规检查		淋巴细胞减少，嗜酸性粒细胞减少（病初），单核细胞增多，血沉加快
纸上电泳法检查		清蛋白/球蛋白比值变小（清蛋白显著降低，β-球蛋白、γ-球蛋白显著增高，α-球蛋白升高）
其他检测方法	C反应蛋白（CRP）	一种急性期反应蛋白，在风湿病活动期、感染、炎症、高烧、恶性肿瘤、手术、放射病时，CRP迅速升高，病情好转时迅速降至正常，若再次升高可作为风湿病复发的预兆。急性风湿48~72h，CRP水平可达峰值，一个月后，可变为阴性
	抗核抗体（ANA）	针对细胞核任何成分所产生的抗体——用间接免疫荧光法测定
	血清抗链球菌溶血素O测定	①抗"O"高于500U为增高，证明链球菌前驱感染。但抗"O"阳性并不能说明肯定患有风湿病。②类风湿性关节炎的诊断，除根据临诊症状及X线检查外，"类风湿因子"检查予以确诊

鉴别诊断：注意与骨质软化症、肌炎、多发性关节炎、神经炎、颈和腰部的损伤、牛锥虫病鉴别。

3. 治疗要点

治疗原则：消除病因、加强护理；祛风除湿、解热镇痛、消除炎症。

(1)解热、镇痛、抗风湿药	水杨酸类药物抗风湿作用最强,但慢性风湿病治疗效果较差		
(2)皮质激素类药物	明显改善风湿性关节炎的症状,但容易复发		
(3)碳酸氢钠、水杨酸钠和自家血液联合疗法	马、牛每日静注5%碳酸氢钠200mL,10%水杨酸钠200mL,自家血液(第1、第3、第5、第7天分别为80、100、150、140mL),7天为一疗程,间隔1周再用一疗程。对急性肌肉风湿病疗效显著,慢性风湿病可获好转		
(4)中兽医疗法(针灸治疗)	(5)抗生素控制链球菌感染		(6)物理疗法:对慢性风湿有较好疗效
(7)局部涂擦刺激剂	水杨酸钠甲酯软膏,水杨酸甲酯莨菪油擦剂,涂擦樟脑油精及氨擦剂等		

(马晓平)

第五章 眼 病

第一节 眼病检查方法及治疗技术

考纲考点：(1) 一般检查法；(2) 检眼镜的使用；(3) 眼病的临诊治疗技术。

1. 眼病检查法

一般检查	视诊	眼睑、结膜、角膜、巩膜、眼前房、虹膜、瞳孔（瞳孔遇光缩小，暗处放大；瞳孔反射不能反映视力）、晶状体（可用散瞳药以便观察）
	触诊	检查眼睑的肿胀、温热度、眼敏感度、眼内压的增减
特殊检查	检眼镜	种类及特点：①直接检眼镜：眼底像是放大 15~16 倍的正像；②间接检眼镜：眼底像是放大 4~5 倍的倒像。都具有照明系统和观测系统
		具体方法：玻璃体与眼底检查前 30~60min，向被检眼内滴入 1%硫酸阿托品 2~3 次（散瞳）。主要观察眼底绿毡、黑毡、视神经乳头、血管等的变化

2. 眼病治疗技术

避光	将动物放在光线暗淡房间或装眼绷带	
洗眼	冲洗患眼（治疗前）	①药液：2%~3%硼酸溶液或生理盐水。②器具：医用洗眼壶、不带针头的注射器，鼻泪管冲洗（大动物）
点眼	冲洗患眼后	选用恰当的眼药水或眼药软膏点眼
结膜下注射	①针头由眼外眦眼睑结膜处与眼球方向平行刺入，注完药液后应压迫注射点；或将药液注射于第三眼睑内（牛）。②药物组成：0.5%盐酸普鲁卡因 2~3mL，青霉素或氨苄西林 5 万~10 万 U，氢化可的松 10mg 或地塞米松磷酸钠注射液 5mg	
球后麻醉	眼后神经传导麻醉，多用于眼球手术（如眼球摘除术）。若注射正确会出现眼球突出的症状	①马：先用 5%盐酸普鲁卡因溶液点眼，经 5~10min 后，将灭菌针头由眼外眦结膜囊处向对侧颌关节的方向刺入，并直抵骨组织，将针头稍后退，回抽活塞，无血液，注射 2%~3%盐酸普鲁卡因液 15~20mL。②牛：于颞窝口腹侧角、颞突北侧 1.5~2cm 处刺入（针头应朝向对侧的角突——应将针头由水平面稍向下倾斜，并使针头抵达蝶骨，深 6~10cm），注 3%盐酸普鲁卡因液 20mL
眼睑下灌流	自制眼睑下灌流装置（将一根外径 1.7~2.0mm 聚乙烯管，放在小火焰上加热，使罐头向外卷曲成一凸缘；然后将其浸入冷消毒液内）	用一个 14 号针头插入眼眶上外侧皮下 4~8cm，并伸延到结膜穹窿部。将聚乙烯管涂以眼膏（新霉素-多粘菌素眼膏），管子经针头到达结膜穹窿部后，拔去针头，并将管子固定即可

第二节 常见眼部疾病

考纲考点：(1) 角膜炎（角膜溃疡和穿孔）、结膜炎、青光眼、白内障的病因、症状、诊断与治疗；(2) 牛传染性角膜结膜炎病因、症状、诊断与预防；(3) 虹膜炎、视网膜炎的病因、症状与治疗。

一、角膜炎（角膜溃疡和穿孔）

1. 病因

(1)常见病因——外伤或异物误入眼内	(2)化学物质灼伤、睫毛异常、眼周被毛过长、眼睑结构异常、角膜和眼睛疾病(如干眼病)	严重时导致角膜溃疡或穿孔
(3)诱因——细菌感染、营养障碍、临近组织病变蔓延等	(4)某些传染病和浑睛虫病(并发角膜炎)	

2. 临诊依据

共同症状	羞明、流泪、疼痛、眼睑闭合；角膜浑浊、角膜溃疡或缺损；角膜周围充血,然后形成新生血管(呈树枝状,角膜浅层炎症,呈毛刷状角膜深层炎症)或睫状体充血
不同角膜炎的特点	①轻度角膜炎:角膜表面粗糙不平；②外伤性角膜炎:有伤痕,淡蓝色或蓝褐色,甚至穿孔,丧失视力；③化学物质所致角膜炎:角膜上皮破坏(银灰色浑浊),溃疡、坏疽(灰白色)；④角膜浑浊或角膜翳:角膜面形成不透明白色瘢痕；⑤细菌性角膜炎:暗灰色或灰黄色→脓肿→溃疡；⑥犬传染性肝炎恢复期:单侧间质性角膜炎(蓝白色角膜翳——肝炎性蓝眼)
诊断依据	①临床症状——基本可确诊；②荧光染色法、放大镜、裂隙灯显微镜检查；③角膜知觉检查；④泪液检查；⑤微生物培养及药敏试验

3. 治疗要点

治疗要点	(1)除去病因及避光		(2)清洗患眼(3%硼酸)→滴抗生素眼药水或软膏	
	(3)促进角膜浑浊吸收:①患眼吹入等份甘汞和乳糖；②自家血点眼、眼睑皮下或球结膜注射；③1%~2%黄降汞眼膏涂于患眼内；④静注或内服碘化钾(大动物)；⑤妥布霉素或沙星类眼药水滴眼			
	(4)减轻疼痛:10%颠茄软膏或5%狄奥宁软膏涂于患眼内		(5)消除水肿:5%氯化钠溶液点眼	
	(6)局部手术	缝合破裂角膜(角膜破裂直径<2~3mm)		若不能控制感染应行眼球摘除术(全眼球炎、化脓性感染)
		虹膜脱出:①将虹膜还纳展平(新发病例)；②剪去脱出部,再用第三眼睑覆盖固定予以保护(脱出久病例)		
		溃疡较深或后弹力膜膨出时,用附近球结膜做成结膜瓣,覆盖固定在溃疡处		
	(7)促进角膜创伤愈合:1%三七灭菌液点眼		(8)促进角膜生长:贝复舒眼药水或素高睫疗眼膏	
	(9)中药成药(如拨云散、决明散、明目散等)		(10)结膜下或眼睑皮下注射:对小动物外伤性角膜炎所致角膜翳效果良好(但角膜溃疡或穿孔禁用)	
	(11)治疗原发病(症候性、传染病性角膜炎)			
	注:忌用类固醇皮质激素药物进行局部或全身性治疗			

二、结膜炎

病因		①机械因素:结膜外伤、异物误入眼内；牛泪管吸吮线虫(结膜囊或第三眼睑内)；眼睑位置改变及笼头不适合；②化学性因素:各种化学药品或农药误入眼内；③温热性因素(热伤)；④光学性因素:日光直射、紫外线或X线照射；⑤传染性因素:牛传染性鼻气管炎病毒、衣原体、放线菌(潜伏在结膜囊内)；⑥免疫介导性因素(过敏)；⑦继发性因素	
症状	共同症状	羞明、流泪、结膜充血、肿胀；眼睑疼挛；有渗出物及白细胞浸润	鉴别牛传染性角膜结膜炎(见本节)
	卡他性结膜炎	常见类型(急性型和慢性型):流浆液、黏液或黏液脓性分泌物	
	化脓性结膜炎	有多量脓性分泌物,上下眼睑常黏合；常有角膜溃疡,且有传染性	
治疗要点	治疗原则:去除病因、积极治疗原发病；眼局部处理		
	加强护理	避光,分泌物量多不可装置眼绷带	
	洗眼	2%~3%硼酸液	
	急性卡他性结膜炎	①充血严重:冷敷→温敷(黏液分泌物)→0.5%~1%硝酸银溶液点眼→1min后用生理盐水冲洗。②分泌物减少:改用收敛药(0.5%~2%硫酸锌溶液、2%~5%蛋白银溶液、0.5%~1%明矾溶液、2%黄降汞眼膏)。③疼痛显著:药液(0.5%硫酸锌 0.05~0.1mL、0.5%盐酸普鲁卡因0.5mL、3%硼酸 0.3mL、0.1%肾上腺素 2滴及蒸馏水 10mL)点眼；或10%~30%板蓝根溶液点眼、球结膜下(或眼睑下)注射。④犬猫:妥布霉素或沙星类眼药水,红霉素或金霉素膏等	
	慢性结膜炎	以刺激温敷为主,局部用较浓的硫酸锌或硝酸银溶液,或用硫酸铜棒轻擦上下眼睑,擦后立刻用硼酸水冲洗,再行温敷或2%黄降汞眼膏涂于结膜囊内	
	病毒性结膜炎	用5%磺醋酰胺钠涂布眼内,同时使用抗生素眼药水,以防止继发感染	

三、青光眼

青光眼可发生于一眼或两眼。多见于小动物(家兔、犬、猫),也见于幼牛(1～2岁)和犊牛。

1. 病因

原发性	眼房角结构发育不良或发育停止→眼房液排泄受阻→眼内压升高	眼房角阻塞→眼房液排出受阻→使眼内压增高→青光眼
继发性	①眼球疾病;②棉籽饼中毒、维生素A缺乏、近亲繁殖、性激素紊乱、碘缺乏等;③犬继发性青光眼最主要原因:晶状体脱位	
先天性	房角中胚层发育异常或残留胚胎组织、虹膜梳状韧带宽,阻塞房水排除通道	

2. 临诊依据

外观检查	①病眼外观似好眼,但无视觉;②眼球增大,虹膜及晶状体向前突出(眼内压增高);③角膜向前突出(侧面观),角膜毛玻璃状;眼前房缩小;④瞳孔放大,对光反射消失,滴入缩瞳剂(1%～2%毛果芸香碱),瞳孔仍保持散大或者收缩缓慢,但晶状体没有变化;⑤在暗厥或阳光下,患眼呈绿色或淡青色
检眼镜	视神经乳头萎缩和凹陷;血管偏向鼻侧;视神经乳头呈苍白色(晚期病例)
指测眼压	呈坚实感

3. 治疗要点

减少眼房液、降低眼内压	(1)高渗疗法:①静注40%～50%葡萄糖,或20%甘露醇;②限制饮水,给无盐饲料	
	(2)β受体阻滞剂:噻吗洛尔,点眼(20min后可使眼压降低)	
	(3)缩眼药:1%～2%毛果芸香碱点眼,或0.5%毒扁豆碱滴于结膜囊内(虹膜根部堵塞前房角者)	
	(4)碳酸酐酶抑制剂:口服乙酰唑胺(醋唑磺胺,醋氮酰胺),症状控制后逐渐减量(内服氯化铵可加强乙酰唑胺的作用)	
	(5)角膜穿刺排液(临时性措施)	
虹膜周边切除术↓手术疗法	适应证	用药后48h尚不能降低眼内压,应进行"虹膜周边切除术"
	麻醉	全身浅麻醉;1%可卡因滴眼(角膜失去感觉)→眼正上方球结膜下注射2%普鲁卡因
	手术过程	①距角膜边缘向上1～1.5cm处,横行切开球结膜并下翻;②在距角膜2mm左右的巩膜上先轻轻做一条4mm左右的切口(不切破巩膜);③用烧红的针尖在切口上点状烧烙连成一条线(防止术后愈合),再切开巩膜放出眼房水;④用眼科镊从切口中轻轻伸入,将部分虹膜拉出,在虹膜和睫状体的交界处,剪破虹膜(3mm左右),将虹膜纳入切口,缝合球结膜;⑤术后抗菌药物消炎
巩膜周边冷冻术	用冷冻探针(2～25mm)在角膜缘后5mm处的眼球表面做两次冻融,使睫状上皮冷却到-15℃,使部分睫状体遭到破坏,从而减少房液产生(操作时可选6个点进行冷冻,避开3点钟和9点钟的位置;每个点的两次冻融应在2min内完成)	

四、白内障

病因	先天性	晶状体及其囊在母体内发育异常,出生后即表现白内障
	外伤性	各种机械性损伤致晶状体营养障碍
	症候性	继发于睫状体炎和视网膜炎(马周期性眼炎常见晶状体混浊)、牛恶性卡他热、马流行性感冒等
	中毒性	麦角、二碘硝基酚、二甲亚砜中毒
	糖尿病性	奶牛或犬糖尿病
	老年性	8～12岁老龄犬
	幼年性	马和犬(年龄<2岁),多由代谢障碍(维生素缺乏症、佝偻病)所致
症状	特征症状	晶状体及其囊混浊、瞳孔变色、视力消失或减退
	肉眼检查	眼呈白色或蓝白色(混浊明显)即可确诊。否则,需要做检眼镜检查
	检眼镜检查	混浊部位呈黑色斑点;眼底反射下降(眼底反射强度是判断晶状体混浊的良好指标,反射下降越明显,晶状体混浊越完全);白内障不影响瞳孔正常反应

续表

治疗要点		
	早期控制病变发展，进行对因治疗；晶状体一旦混浊就不能被吸收，只有手术疗法	
	晶状体摘除术	全麻和局麻；在角膜缘或虹膜边缘作一个较大的切口(15mm)，将晶状体从眼内摘除
	晶状体乳化白内障摘除术	用高频率声波使晶状体破裂乳化，然后将其吸出(在整个手术过程，用液体向眼内灌洗以避免眼球塌陷)
	人工晶状体植入	国外已有用于马、犬、猫的人工晶状体(塑料制成)，白内障摘除后将其植入空的晶状体囊内，可提供近乎正常的视力

五、牛传染性角膜结膜炎

病因	牛莫拉菌	①革兰氏阴性菌；②任何季节都可发生，但夏秋季节多发；③家蝇是主要昆虫介质
症状	基本特征	羞明、流泪、眼睑痉挛和闭锁，局部增温，出现角膜炎和结膜炎的临诊体征
	急性	病症轻微，较轻的结膜炎和角膜炎，患眼受害不严重
	亚急性	角膜面有溃疡(起初溃疡呈环状和火山口样外观)；角膜水肿，瞳孔缩小；患眼受害严重
	慢性	角膜溃疡破溃并穿孔，形成葡萄肿；引发全眼球炎时，因视神经上行性感染致脑膜炎
	带菌型	持久流泪，但多不呈现感染症状。①轻者，经2～3周便自然吸收，浑浊由角膜边缘向中央消散；②特征性病变——圆锥形角膜；③青年牛症状比犊牛严重(侵害角膜深层组织)；出现症状5天内，角膜中央可见直径1cm或更大，边缘不整突出的卵圆形溃疡；④潜伏期3～12天，有体温升高等症状；⑤急性感染康复后对再感染有免疫力
诊断	初步诊断	根据结膜角膜炎特征性症状及流行特点即可作出诊断
	确诊	①微生物学检验；②荧光抗体技术
治疗		(1)隔离、消毒，变换牧场，消除家蝇和壁虱 (2)对症治疗有一定疗效：①患眼滴入硝酸银溶液、蛋白银溶液、硫酸锌溶液或葡萄糖溶液，或涂擦3%甘汞软膏、抗生素眼膏；②向患眼结膜下注射庆大霉素或青霉素等
预防		①避免太阳光直射眼睛，并避免灰尘、蝇的侵袭，避风；②向所有牛结膜囊内滴入硝酸银溶液，隔4天后重复点眼(每次点眼后应用生理盐水冲洗患眼)

六、虹膜炎

病因	原发性	①虹膜损伤；②眼房内寄生虫刺激
	继发性	①继发于各种传染病；②临近组织炎症蔓延(如晶状体破裂和白内障)
症状		①患眼羞明、流泪、增温、疼痛剧烈；②虹膜肿胀变形，纹理不清，失去其固有的色彩和光泽；③眼前房混浊，角膜呈轻度弥漫性混浊；④瞳孔常缩小，眼内压常下降
治疗		①局部用散瞳药(1%硫酸阿托品滴眼，6次/日)；②急性期：0.005%肾上腺素溶液或0.5%可的松溶液点眼，或抗生素溶液点眼，疼痛严重可温敷；③严重病例：结膜下注射皮质类固醇，全身应用抗生素；④避光：暗厩内，装眼绷带

七、视网膜炎

病因	外源性	异物(伴随细菌、病毒、化学毒素)或眼房内寄生虫的刺激	导致脉络膜炎、脉络膜视网膜炎及渗出性视网膜炎
	内源性	①各种传染病；菌血症或败血症；②体内感染性病灶(过敏性反应)	
症状	外观	不明显，仅视力逐渐减退，直到失明；急性和亚急性期瞳孔缩小，转为慢性时瞳孔反而散大	
	眼底检查	视网膜水肿、失去透明性。①初期视网膜下血管出现大量黄白色或青灰色渗出性病灶，引起该部隆起或脱离、出血，静脉小分支扩张呈弯曲状；视神经乳头充血、增大、轮廓不清，边界模糊，后期出现萎缩；玻璃体浑浊。②后期看不见血管，可继发视网膜剥离、萎缩和白内障、青光眼等	
治疗		①暗舍内装眼绷带，保持安静；②消除原发病；③控制局部炎症：眼结膜下注射青霉素、地塞米松、普鲁卡因溶液；④采用全身抗生素疗法；⑤病情严重可采取眼球摘除术	

(马晓平)

第六章 头颈部疾病

第一节 耳 病

考纲考点： (1) 耳检查的内容； (2) 外耳、中耳和内耳炎的病因、症状及治疗。

耳检查的内容：(1) 耳的轮廓、位置及皮肤变化； (2) 耳道清洁度、气味，耳郭和软耳道的厚度，耳道有无液体和渗出物等。

一、外耳炎

犬、猫多发，且耳垂或外耳道多毛品种的犬更易发生。

病因	①耳进入异物、水、寄生虫(如疥螨)；较多耳垢；②长期湿润、湿疹、耳根皮炎蔓延等
症状	①排出带臭味分泌物；②耳部瘙痒，耳郭皮下出血；③耳根部疼痛，敏感；④慢性外耳炎：分泌物浓稠、量多，外耳道上皮肥大、增生，动物听力减弱(堵塞外耳道)
治疗	①止痛(在处置前向外耳道内注入可卡因甘油)；②清创(清创→用 0.1%苯扎溴铵或 3%双氧水洗耳道→用温生理盐水清洗→用干脱脂棉吸干)；③局部用药(局部涂布抗生素、抗真菌药及抗寄生虫药的复合剂)；④外耳道切除术引流(慢性外耳炎——较难根治)

二、中耳炎和内耳炎

病因		鼓室及耳咽管的炎症。病原菌：链球菌、葡萄球菌。①上呼吸道感染；②外耳炎、鼓膜穿孔
临诊要点	单侧性	头倾向患侧，患耳下垂，或有回转运动
	两侧性	头颈伸长，以鼻触地
	化脓性	①中耳炎：体温升高及热候，横卧或阵发性痉挛等
		②内耳炎：耳聋，平衡失调、转圈、头颈倾斜而倒地
	耳镜检查	①鼓膜穿孔；②鼓膜外突或变色(咽鼓管感染或血源感染者)
	X线检查	①急性中耳炎：鼓室积液；②慢性中耳炎：鼓泡骨硬化(增生)
治疗要点	中耳炎	①抗生素疗法：外耳道清洗→滴入抗生素药水，配合全身抗菌(或抗真菌)及类固醇药物；②中耳腔洗耳(鼓室冲洗疗法——抗生素疗法效果不佳时)；③中耳腔刮除(严重慢性中耳炎，上述方法无效时)；④鼓泡骨切除术(伴有鼓泡硬化和骨髓炎性中耳炎)
	内耳炎	①感染性内耳炎：参考中耳炎的治疗；②非感染性内耳炎：外伤性病例，应用皮质类固醇和支持疗法；对迷路或尾窝的肿瘤，一般不予治疗(因确诊时已多为晚期)

第二节 颌面部疾病

考纲考点： (1) 面神经麻痹的病因、症状与治疗； (2) 牛马副鼻窦炎的病因、症状与治疗。

一、面神经麻痹

临诊要点	主要见于马属动物，以单侧性多见。"歪嘴风"——上、下唇(或鼻部)歪斜(歪向健侧)				
	单侧性面神经全麻痹	单侧性上颊支神经麻痹	单侧性下颊支神经麻痹	两侧性面神经麻痹

续表

临诊要点	①上下唇下垂,向健侧歪斜;②患侧耳歪斜呈水平状或下垂;③上眼睑下垂,眼睑反射消失;④采食、饮水困难;⑤鼻孔下塌,通气不畅	仅患侧上唇麻痹、鼻孔下塌且歪向健侧	仅患侧下唇下垂并歪向健侧	①两侧性;②鼻翼塌陷,呼吸困难;③采食障碍,咽下困难
			耳、眼睑正常	
治疗要点	①在神经通路上进行按摩,温热疗法,并配合外用刺激药;②在神经通路附近或相应穴位交替注射硝酸的士宁(或藜芦碱)和樟脑油;③红外线疗法、感应电疗法或硝酸士的宁离子透入疗法;④电针疗法;⑤消除呼吸困难(双侧性面神经麻痹)			

二、马、牛副鼻窦炎(蓄脓)

副鼻窦包括颌窦、上颌窦、蝶腭窦、筛窦等			颌窦蓄脓(牛)和上颌窦蓄脓(马)多见	
病因	马	①牙齿疾病;②颌骨或上颌骨骨折;③马腺疫、鼻疽		肿瘤和异物进入副鼻窦
	牛	①低位角折或去角不良(水牛);②鼻腔炎(牛颌窦与鼻腔相通);③牛恶性卡他热、放线菌病;羊鼻蝇蛆病		
症状	共同症状	单侧鼻孔流出少量浆液性鼻液→脓性鼻液(为主);鼻液低头多抬头少	脓性鼻液中带有新鲜血液→窦内有骨折性损伤	
			脓性鼻液混有草屑或饲料→龋齿或牙齿缺损	
			脓性鼻液混有腐败血液→窦内有坏疽或恶性肿瘤	
	牛颌窦蓄脓	脑障碍症状:头抵墙或饲槽;周期性癫痫或痉挛;眼球突出;呼吸困难		
	马上颌窦蓄脓	①一侧颌下淋巴结肿胀;②一侧上颌窦局部肿胀(颜面隆起),叩诊钝性浊音(骨质变软)		
治疗	施行圆锯术			

第三节 齿病及舌下腺囊肿

考纲考点:(1)犬猫牙周炎、牙结石的临诊要点与治疗要点;(2)齿槽骨膜炎的症状与治疗;(3)龋齿的病因、症状与治疗;(4)犬舌下腺囊肿的病因、症状和诊治;(5)犬牙齿不正的分类与治疗。

牙齿及舌下腺疾病的共同症状:①口臭;②流涎;③采食咀嚼障碍。

一、牙周炎及牙结石(犬、猫)

项目	牙周炎	牙结石
临诊特征	形成牙周袋,牙齿间隙增宽,牙齿松动和化脓;齿龈红肿、变软(急性),齿龈萎缩、增生(慢性);X线检查:牙齿槽骨缓慢吸收	牙龈炎,牙周炎→牙齿松动、脱落;牙齿有结石
牙结石治疗	刮治法除去牙结石(用刮石器或超声波除石器),齿龈下牙结石不宜用超声波除石器	

二、齿槽骨膜炎

项目	非化脓性齿槽骨膜炎	化脓性齿槽骨膜炎
临诊特征	①齿根部形成骨赘与齿槽完全粘连;②病齿松动,易拔出,或病齿失位	①齿龈炎、出血、剧痛;②病齿四周有化脓性瘘管:下颌齿瘘管开口于下颌间隙、下颌骨边缘;上颌齿瘘管通向上颌窦→化脓性窦炎(同侧鼻孔流脓)
治疗要点	①0.1%高锰酸钾洗口→齿龈涂布碘甘油;②拔齿→冲洗→填塞抗生素纱布(生长肉芽为止)	齿龈部刺破或切开排脓→拔除松动病齿→全身抗生素疗法

三、龋齿

形成	口腔细菌(发酵碳水化合物)→酸性物质→侵蚀牙齿表面、齿冠、釉质表面或齿根齿骨质表面→牙齿脱钙、分离及破坏→龋齿

分期	①牙齿表面粗糙(一度龋齿或表面龋齿)→②齿面有黑褐色齿斑(龋斑)或齿石,釉质和齿骨质形成凹陷、空洞(龋齿腔),即二度龋齿或中度龋齿(龋齿腔与齿髓腔间仍有较厚的齿质相隔)→三度龋齿(龋齿腔与齿髓腔发展为两个相通的腔)→③全龋齿:全部齿冠受损,易继发齿髓炎与齿槽骨膜炎		
防治要点	一度龋齿	二度龋齿	三度及以上龋齿
	硝酸银饱和溶液涂擦龋齿面	除去病变组织(齿刮或齿锉)→冲洗消毒→修补(充填齿粉)	实行拔牙术
		若波及齿髓腔:先治疗齿髓炎,症状缓解后再修补或实行拔牙术	

四、犬舌下腺囊肿

病因	食物中骨骼或鱼刺等刺伤舌下腺腺体及导管
临诊症状	①舌下或颌下出现无炎症、逐渐增大、有波动的肿块;②大量流涎或口腔流血(舌下囊肿被牙磨破);③囊肿穿刺液黏稠,呈淡黄色或黄褐色;④糖原染色法(PAS)试验鉴别异物性浆液或血液囊肿
防治要点	(1)排出囊液 ①定期抽吸;②麻醉,大量切除囊肿壁、腐蚀囊内壁(用硝酸银、氯化铁酊剂或5%碘酊等),或建立永久性引流通道(切除舌下囊肿前壁,用金属线将其边缘与舌基部口腔黏膜缝合) (2)腺体摘除术:上述疗法无效时施行(往往同时切除颌下腺和舌下腺)

五、牙齿不正

发育异常	赘生齿	在动物齿数定额以外所新生的牙齿——赘生齿
	更换不正常	动物更换牙齿时,门齿或前臼齿的乳齿遗留而恒齿并列地发生于乳门齿的内侧
	失位	颌骨发育不良,齿列不整齐,表现牙齿齿面不能正确相对
		凡先天性的上门齿过长,突出于下颌者——鲤口;而下门齿突出前方者——鲛口
	间隙过大	①原因:先天性牙齿发育不良;②治疗:用塑胶镶补堵塞漏洞
磨灭不正	斜齿(锐齿)	①原因:下颌过度狭窄,经常用一侧臼齿咀嚼。严重的斜齿——剪状齿 ②治疗:去除尖锐齿尖(齿剪或齿刨)→修整残端(齿锉)→反复洗口
	过长齿	①表现:有特别长的臼齿,突出至对侧(常发生在对侧臼齿短缺的部位) ②治疗:用齿剪或齿刨打去过长的齿冠→粗、细齿锉进行修整
	波状齿	臼齿磨灭不正→上下臼齿咀嚼面高低不平呈波浪状;形成如阶梯之病齿——阶梯状齿
	滑齿	臼齿失去正常的咀嚼面——滑齿

第四节 颈静脉炎

考纲考点:颈静脉炎的病因、分类、症状及诊治。

病因	①颈静脉采血、放血、注射不当;②颈部手术损伤或感染;③刺激性药物(氯化钙、10%氯化钠、水合氯醛等)漏至颈静脉外;④颈部附近组织炎症。化脓性颈静脉炎多见				
共同特征	①周围皮肤充血性红斑(或水肿)→棕褐色;②皮下疼痛性肿胀物(结节状或条索状)				
分类及特点	单纯性颈静脉炎	颈静脉周围炎	血栓性颈静脉炎	化脓性颈静脉炎	出血性颈静脉炎
压迫血管近心端	患部静脉怒张不明显	肿胀上方颈静脉充盈	近心端空虚而无弹性;远端不见血管扩张;穿刺病变血管,无血液流出	患部静脉不扩张,一处或多处小脓肿→流出脓汁	静脉管薄弱处突然破裂→出血
治疗要点	除去病因,限制运动,防炎症扩散和血栓破裂				
	醋调消炎粉涂布;或热敷	早期切开清创	无菌性:局部温热疗法或消炎消肿散、复方醋酸铅散等外敷(不用刺激性强的软膏)	颈静脉切除术;配合全身治疗	血管结扎;切除血管
	刺激性药物所致颈静脉炎:①立即停止注射,向局部隆起处注入生理盐水;②用20%硫酸钠热敷,或普鲁卡因封闭;③氯化钙漏出,局部注射10%~20%硫酸钠液(形成硫酸钙);④切开排液				

(马晓平)

第七章 胸腹壁创伤

考纲考点：(1) 胸壁透创的临诊要点、并发症及治疗要点；(2) 腹壁透创的治疗要点。

一、胸壁透创

（一）原因、临诊要点及并发症

病因	尖锐物体刺透胸壁(穿透胸膜的胸部创伤)或内脏器官损伤		
临诊要点	①突然发生		②一般症状：不安、沉郁；呼吸困难；脉快而弱
	③可见胸内脏器及脱出的肺(创口大)		④可闻咝咝声(创口狭小，空气进入胸腔)
并发症	气胸	空气入胸腔：①闭合性气胸；②开放性气胸；③张力性气胸(活瓣性气胸)	其他：胸膜炎(常见并发症，预后不良)；肺炎及心脏损伤
	血胸	血液积于胸腔内	
	血气胸	气胸、血胸同时发生	
	脓胸	胸膜腔发生化脓性感染	

（二）治疗

治疗原则		闭合创口；制止内出血；排出胸腔内积气与积血；恢复胸内负压；维持心脏功能；防止休克、感染	
开放性气胸及张力性气胸的抢救原则		①尽快闭合胸壁创口(使其转变为闭合性气胸)→排出胸腔积气；②强心、镇痛、止血、抗感染；③防休克(补液、输血、给氧及抗休克药物)；④随后尽快进行手术	
手术方法	保定麻醉	①多站立保定和肋间神经传导麻醉。②全身麻醉与侧卧保定：需行胸腔手术的患病动物(伴胸腔内脏器官损伤)，同时正压给氧辅助或控制呼吸	
	清创处理	创围剪毛消毒→清除异物、破碎组织及游离骨片→结扎出血血管→整复下陷肋骨，并锉去骨折端尖缘→取出胸腔内异物(不宜进行较长时间的探摸)	
		如动物不安、呼吸困难时，立即用大块纱布盖住创口，待呼吸平静后再进行手术	
	闭合创口	从创口上角自上而下对肋间肌和胸膜做一层缝合，边缝边取出部分敷料，待缝合仅剩最后1~2针时，将敷料全部撤离创口，关闭胸腔。胸壁肌和筋膜做一层缝合，最后缝合皮肤	缝合要严密，保证不漏气
	排出积气	在病侧第七、八肋间胸壁中部(侧卧时)或胸壁中1/3与背侧1/3交界处(站立或俯卧时)，用带胶管针头刺入，接注射器或胸腔抽气器，抽出胸腔内气体	
	护理	抗菌消炎，控制感染	

二、腹壁透创

病因		①锐性物体穿透腹膜；②剖腹术的并发症；③动物相互撕咬		
腹壁透创的类型	(1)单纯性腹壁透创		无腹腔脏器损伤(或脱出)的腹壁透创	
	(2)有腹腔脏器损伤的腹壁透创		①胃、肠穿孔(最常见)→腹膜炎、败血症；②肝、脾和肾实质器官受损→失血、死亡；③肾和膀胱受损→血尿。膀胱破裂→腹腔积尿	
	(3)并发肠管部分脱出的腹壁透创		(4)脱垂肠管已有损伤的腹壁透创	
并发症		①腹膜炎和败血症(常见)	②内出血、急性贫血(休克、心衰)	③脏器脱出、坏死
治疗要点		①严密清创；②防止腹腔脏器脱出；③防止失血性休克(止血、输血或补液)；④控制感染		

(马晓平)

第八章 疝

第一节 概　述

考纲考点：(1) 疝的概念、组成及病因；(2) 疝的分类及特点。

疝是腹腔脏器（多为肠道）从天然孔道或病理性破裂孔脱至皮下或其他体腔（胸腔、网膜）的一种常见病。犬、猪常见。

疝的组成、病因及分类

组成		疝孔(疝轮、疝环)、疝囊(腹膜)和疝内容物
病因		某些解剖孔(脐孔、腹股沟环等)的扩大、膈肌发育不全、机械性外伤、腹压增大、小母猪阉割不当等
分类	是否突出体表	①外疝：突出体表(如脐疝)；②内疝：不突出体表(如膈疝，网膜疝)
	解剖部位	脐疝、腹股沟疝、阴囊疝、腹壁疝、会阴疝、闭孔疝、膈疝、网膜内疝等
	发病原因	先天性疝(遗传性疝)、后天性疝
	疝内容物可否还纳	可复性疝：疝内容物可直接还纳入腹腔，疝孔清晰可触，除压后又脱出
		不可复性疝：疝内容物不能还纳，疝孔不能触及①粘连性疝；②嵌闭性疝

第二节 常见疝

考纲考点：(1) 各种常见疝临诊要点、治疗方法。(2) 疝与其他腹部肿胀的鉴别（凡有疝轮者肯定是疝）。

一、脐疝

病因		以先天性原因为主。①脐孔发育不全、没有闭锁；②脐部化脓或腹壁发育缺陷等		
临诊要点	脐部	①局限性球形肿胀；②质地柔软或紧张；③缺乏炎性反应；④疝内容物——肠道(听诊肠蠕动音)	多数是可复性疝(能触及疝轮)→易粘连→不可复疝	①猪脐疝易形成肠瘘；②嵌闭性脐疝(不多见)——全身症状明显
治疗方法	保守疗法	①适应证：疝轮较小、年龄小的动物；②方法：可用疝带(皮带或复绷带)、强刺激剂(幼驹用赤色碘化汞软膏，牦牛用重铬酸钠软膏)等促使局部炎性增生闭合疝口		
	手术疗法	参考十八章，脐疝手术		

二、腹壁疝

病因		腹肌或腱膜受到钝性外力的作用而形成外伤性腹壁疝(较为多见)		
临诊要点	腹部受伤部位	①局限性扁平肿胀，逐渐向下向前蔓延，疝囊体积时大时小、忽高忽低；②质地柔软或紧张；③触诊疼痛；④疝内容物——多为肠管(或其他脏器)	多数是可复性疝(能触及疝轮)	①嵌闭性腹壁疝——腹痛；②腹腔大量积液(腹膜炎)
治疗方法	(1)保守疗法	①适应证：新发病例(疝孔位置高于腹侧壁的1/2以上，疝孔小，可复性，无粘连)；②方法：在疝孔位置安放特制软垫，用特制压迫绷带在畜体上绷紧，修复愈合	(2)手术疗法	

三、犬会阴疝

病因	盆腔后结缔组织无力和肛提肌变性或萎缩(最常见);性激素失调;前列腺肿大;慢性便秘		
临诊要点	会阴部	①肿胀柔软;②无热、无痛;③常为一侧性,肿胀对侧肌肉松弛;④疝内容物——膀胱、肠管或子宫	可复性疝(能触及疝轮)	①排粪或排尿困难(按压肿胀喷尿→疝内容物为膀胱);②直肠指检、突起部位穿刺有助于确诊
治疗方法	(1)保守疗法	适应证:前列腺增生肥大(用醋酸氯地黄体酮,减轻前列腺增生)和直肠偏移积粪(用甲基纤维素或羧甲基纤维素钠)的患病动物		(2)手术疗法(参考第十八章,犬会阴疝手术)

四、腹股沟阴囊疝

病因	遗传性(可能随年龄增长,腹股沟环逐渐缩小而达自愈)。多见于公马和公猪。疝内容物由单侧或双侧腹股沟裂口直接脱至腹股沟外侧的皮下		
临诊要点	腹股沟外侧皮下(耻骨前沿腹白线两侧)	①肿胀柔软;②无热、无痛;③疝内容物——膀胱、肠管或子宫	可复性疝→嵌闭性(热、痛)	①后期腹痛、腹胀(粪便),全身症状;②直检有助于确诊

阴囊疝治疗要点

原则	早期整复手术	
马属动物	①全身麻醉;②切口选在靠近腹股沟外环处;③一般在阴囊颈部正外侧方纵切皮肤、剥离总鞘膜→并将其引出创外→立即整复疝内容物	整复手术与去势术同时进行
猪	①局部麻醉;②切开皮肤和筋膜(浅、深层)→剥离总鞘膜→从鞘膜囊的低端沿纵轴捻转→疝内容物逐渐回入腹腔(确认还纳后)→在总鞘膜和精索上打一个去势结并切断→将端缝合到腹股沟内环上(若腹股沟环宽大,必须结节缝合)→皮肤和筋膜结节缝合;③术后不宜喂得过早、过饱,适当控制运动	
公牛	睾丸上方的阴囊颈部作切口	①切开皮肤,钝性分离阴囊皮肤与鞘膜,直至腹股沟外环;②在尽量靠近外环处做一个结扎,在结扎线下方适当部位切除睾丸与总鞘膜,将精索末端推向内环处,皮肤做一系列褥状缝合以便固定纱布,48h内将缝合与纱布拆除;③局部按开放创处理
	阴囊疝侧剖腹术	在阴囊疝同侧进行剖腹术将阴囊内容物还纳入腹腔后,缝合腹股沟内环。14天左右拆除皮肤缝线
	脐后腹中线切口	自耻骨前缘向前切,越过疝囊后为止。切开皮肤前,将疝囊上覆被的皮肤向腹中线方向牵拉,使皮肤切开后切口接近疝囊。钝性分离皮下组织和乳腺组织,暴露疝囊及腹股沟外环。利用一个切口,可同时修复左、右两侧腹股沟疝

五、膈疝

概念	一种或几种腹腔器官通过膈破裂孔(意外损伤的裂孔或膈先天性缺损)进入胸腔			
诊断要点	共同特征	外伤性膈疝——有外伤病史		呼吸和循环障碍;动物不耐运动,常在奔跑或挣扎中突然倒地,高度呼吸困难,黏膜发绀,或急性死亡,或安静后症状逐渐消失
		先天性膈疝——出生后明显呼吸困难,几小时或几内死亡		
	不同动物膈疝的特点和症状与膈破裂程度、疝内容物类别、量多少有关			
	特殊检查:①X线检查——重要诊断方法(犬);②钡餐造影检查——确诊网胃膈疝;③白细胞增多			
治疗要点	手术修补膈疝	供给氧气,施行人工呼吸——防止心脏纤颤(手术主要并发症)		
		类别	手术通路	疝孔缝合	术后护理
		牛	剑突后方剖腹径路	连续锁边缝合法	补液;防酸中毒;抗菌
		犬猪	脐前腹中线剖腹径路		

(马晓平)

第九章 直肠与肛门疾病

考纲考点：（1）犬巨结肠的临诊要点及治疗；（2）直肠脱的病因、症状及治疗；（3）肛门囊炎的病因、症状及治疗；（4）直肠破裂的治疗方法；（5）锁肛的病因、症状与治疗。

一、犬巨结肠

概念	一种结肠和直肠先天缺陷引起的肠道发育畸形，多发生于直肠和后段结肠	
临诊要点	①犬生后2～3周出现症状	②部分或慢性肠梗阻（或便秘），或腹泻（粪便蓄积→结肠炎）
	③腹围膨隆似桶状	④结肠粗大肥厚，集结硬粪块（腹部触诊或直肠探诊）
	⑤X线检查（钡剂灌肠）	⑥直肠镜检查（直肠、结肠有无先天性狭窄、肿瘤及异物等）
治疗要点	输液（衰竭病犬）→取出集结粪便	①灌肠（液体石蜡或植物油、温肥皂水）；②投服泻剂；③分娩钳夹出粪块；④结肠切除术

二、直肠脱（脱肛）

直肠部分性或黏膜性脱垂（卧地或排粪后部分直肠脱出，直肠黏膜皱褶在一定时间内不能自行复位）→直肠完全脱垂（直肠壁全层脱出）。

临诊要点			①频频努责,作排粪动作；②脱出肠断,严重水肿,表面污秽不洁,黏膜出血、糜烂、坏死和继发损伤；③伴全身症状；④可并发肠套叠或直肠疝	
治疗要点	整复疗法	步骤	清洁患部→还纳脱出肠管→固定(防再脱)	
		适应证:直肠脱初期或黏膜性脱垂	时机:直肠壁及肛周水肿前	方法:①0.25%高锰酸钾（微温）或1%明矾清洗患部,除去污物或坏死黏膜；②还纳脱出肠管（从肠腔口开始,将脱出肠管向内翻入肛门内）；③肛门处温敷（或固定）以防再脱
	黏膜剪除法		①温水洗净患部→温防风汤冲洗患部；②用剪刀剪除或用手指剥除干裂坏死的黏膜；③再用消毒纱布兜住肠管,撒上适量明矾粉末揉擦,挤出水肿液；④用生理盐水冲洗后,涂1%～2%碘石蜡油润滑；⑤还纳脱出肠管；⑥防再脱	
	固定	肛周缝合固定法	整复后仍继续脱出	距肛门孔1～3cm处,行肛周荷包缝合,收紧缝线,保留1～2指大小排粪口（牛2～3指）,打成活结（调整肛门口松紧度）,经7～10天患病动物不再努责时,拆除缝线
		药物固定法	直肠周围注射刺激性药物	常用70%酒精或10%明矾注入直肠周围结缔组织中
	直肠切除术		脱出过多、整复困难；直肠坏死、穿孔；伴肠套叠而不能复位时实施	实行荐尾间隙硬膜外腔麻醉或局部浸润麻醉。手术方法：①直肠部分切除术；②黏膜下层切除术

三、犬肛门囊炎

概念	肛门囊(位于肛门内、外括约肌之间偏腹侧)内的腺体分泌物蓄于囊内引起肛门囊炎
临诊要点	①轻症者：排便困难,里急后重,甩尾,舔或咬肛门
	②重症者：肛门明显肿胀,或出血,从肛门囊流出脓汁,甚至形成瘘管(小型纯种犬,排泄瘘多在时钟4点和8点的位置上)

续表

| 治疗要点 | ①挤压排出分泌物（一般隔1~2周应再挤压1次）；②套管插入术（对肛门囊管闭合的患犬）；③手术摘除（见第十八章，犬肛门囊摘除术） |

四、锁肛

锁肛是肛门被皮肤所封闭而无肛门孔的先天性畸形。

病因	后肠、原始肛发育不全或异常→锁肛或肛门与直肠之间被一层薄膜所分隔的畸形
症状	初生仔畜，数天后腹围逐渐增大，频作排粪动作排布出粪便（常发出刺耳叫声），拒绝吸吮母乳，在肛门处的皮肤向外突出，触诊可摸到胎粪
	①如发生在锁肛的同时并发直肠、肛门之间的膜状闭锁，则可感觉到薄膜前面有胎粪积存所致的波动；②若并发直肠、阴道瘘或直肠尿道瘘，则稀粪可从阴道或尿道排出；③如排泄孔道被粪块堵塞，则出现肠闭结症状，最后导致死亡
治疗	施行锁肛造孔术（人工造肛术）

（马晓平）

第十章 泌尿生殖系统疾病

考纲考点：（1）犬前列腺增生病因分类和前列腺炎的病因、症状与治疗；（2）隐睾的病因、诊断依据和不同动物的手术通路；（3）膀胱破裂的症状、诊断与治疗。

一、犬前列腺炎及前列腺增生

项目	犬前列腺炎（前列腺脓肿）	犬前列腺增生（前列腺肥大）
病因	细菌感染（变形杆菌、假单胞菌、大肠杆菌、葡萄球菌、链球菌等）	性激素失调（雄激素过剩——纤维腺型肥大；雌激素过剩——纤维型肥大）
发生	老年公犬	老龄犬，发病率占前列腺异常的60%
临诊要点	共同特征：便秘和里急后重（频频努责，仅排出少量黏液）	
	①体温升高；②尿道炎或尿闭（前列腺脓肿）	—
治疗	①抗生素配合对症治疗；②去势；③手术切开排脓（外瘘术——前列腺脓肿）	①去势（最佳治疗方法）；②前列腺全摘除或部分摘除；③尿通1~2粒口服，每日2次

二、隐睾

病因	一侧或两侧睾丸不完全下降（未进入阴囊），滞留于腹腔或腹股沟管
	①下丘脑-垂体轴缺陷及黄体激素不足；②机械性缺陷（引带异常）；③睾丸自身缺陷（遗传）→睾丸雄激素缺乏；④睾丸发育不全（异常睾丸染色体）；⑤促性腺激素刺激不足
临诊要点	①隐睾侧阴囊皮肤松软而不充实，阴囊缩小；②触摸阴囊内只有1个睾丸（单侧性隐睾）或阴囊内无睾丸（两侧性隐睾）；③外部触诊腹股沟外环；在腹股沟外环之外触及可缩回的异位睾丸（比正常体积小，但形状正常）；④直肠内盆腔区触诊（大动物）可触摸睾丸或输精管有无进入鞘膜环
	确诊依据：外部触诊阴囊和股沟外环；直肠内触诊；实验室检查血浆雄性激素浓度等
治疗	手术摘除	手术切口部位：①腹下中线旁（牛、马、猪）；②腹股沟管处（马、猪）；③侧腹壁（马）

三、膀胱破裂

病因	①最常见原因：尿路阻塞性（结石）疾病；②尿道炎（局部水肿、坏死或瘢痕增生）；③阴茎头损伤、膀胱麻痹等（膀胱积尿）；④膀胱炎或膀胱肿瘤（慢性蕨中毒等）；⑤外伤性原因（火器伤、骨盆骨骨折、难产助产粗暴、母猪膀胱积尿时阉割）
临诊要点	见第二篇第四章中尿石症
治疗	①及早修补膀胱破裂口；②控制感染和治疗腹膜炎、尿毒症；③积极治疗导致膀胱破裂的原发病

（马晓平）

第十一章 跛行诊断

考纲考点： (1) 跛行的分类；各种跛行的特征和程度；(2) 马、牛跛行的诊断方法。

（一）跛行的分类及特征

跛行是四肢机能障碍的综合症状。许多外科病（尤其四肢病和蹄病）、某些传染病、寄生虫病、产科病、内科病均可引起跛行。

1. 按生理机能分类

根据四肢运动时的异常状态分为悬跛、支跛和混合跛三种。

分类	最基本特征	确诊依据
悬跛	"抬不高"和"迈不远"（敢踏不敢抬）	前方短步；运步缓慢；抬腿困难
支跛	患肢负重时间缩短或避免负重（敢抬不敢踏）	后方短步；减负或免负体重；系部直立和蹄音低
混合跛	兼有支跛和悬跛的某些特征	

2. 特殊跛行

特殊跛行		特征
间歇性跛行	动脉栓塞	肠系膜动脉根部动脉瘤（马圆线虫）。特征：患肢屈曲不全，以蹄尖着地，患肢拖曳，令其快步行进时呈"三脚跳"，迅速变为不能运步而卧倒，或呈犬坐姿势
	习惯性脱位	膝盖骨脱位（常见）。由于关节囊或关节韧带弛缓或作用于关节的某块肌肉的异常，引起关节脱位，导致跛行
	关节石	脱落的关节软骨或骨（骨块），平时存于关节囊憩室内；在运步时骨块落到关节面之间发生剧烈疼痛出现跛行，当骨块回到关节憩室内，跛行即消失
黏着步样		呈现缓慢短步（见于肌肉风湿、破伤风等）
紧张步样		呈现急速短步（见于蹄叶炎）
鸡跛		患肢运步高度举扬，膝关节和跗关节高度屈曲，肢在空间停留片刻后又突然着地（如鸡行走的步样）

3. 跛行程度

分类	患肢驻立时	运步时
轻度跛行	蹄全负缘着地	只负重运动时跛行
中度跛行	蹄尖着地或上部关节屈曲	提伸有障碍
重度跛行	几乎不着地	明显提举困难，或三肢跳跃前进

（二）马跛行诊断方法

主要方法有问诊（了解是否有导致跛行的病因）、视诊、四肢各部检查及特殊诊断。

视诊	伫立视诊	①伫立负重：有无减负（或免负）体重或频频交互负重；患肢有无伸长、短缩、内收、外展、前踏或后踏等。②表被：外伤、肿胀。③肌肉：肿胀、疼痛、萎缩。④蹄和蹄铁。⑤骨及关节
	运步视诊	确定患肢、跛行种类和程度→初步发现可疑病部，为进一步诊断提供线索
四肢各部检查		对四肢骨骼、关节、韧带等进行细致检查：①通过触摸、压迫、滑擦、他动运动等方法找出异常的部位或痛点；②应与对侧同一部位反复对比

续表

特殊诊断方法	(1)测诊:穹隆计、测尺(直尺和卷尺)、两角规等	麻醉后跛行和疼痛消失,即可确诊
	(2)外围神经麻醉:局部麻醉药从肢最下部,依次向上进行麻醉,15~20min后检查	
	(3)痛点浸润麻醉(见下表)	
	(4)传导麻醉(见下表)	
	(5)关节内和腱鞘内麻醉:2%利多卡因注射后牵遛5~10min,15~20min后检查	
	(6)其他方法:X线检查、直肠内触诊、热浴诊断(见下表)、斜板试验[确诊蹄骨、屈腱、舟状骨(远籽骨)、远籽骨滑膜囊炎及蹄关节的疾病]、温度记录法、运动摄影法、骨闪烁图法、定量计算机断层扫描法(QCT)、定量超声技术、关节内镜检查法	

主要特殊检查法

痛点浸润麻醉	适应证	外生骨疣、韧带炎、腱炎(尤其腱附头部炎)、飞节内肿			
	方法	用1%~2%盐酸普鲁卡因液20~60mL皮下注射少量→准确注射到需麻醉的组织→局部按摩→15~20min后检查			
	判断标准	跛行消失→注射部即为患部			
传导麻醉	怀疑疾病	远籽骨滑膜囊炎	指(趾)部	掌部和腕部	跖部和跗部
	麻醉神经	掌(跖)神经的掌(跖)支	掌(跖)神经包括掌(跖)深神经	正中神经和尺神经	胫神经和腓神经
热浴诊断	①热浴后,跛行明显减轻——蹄部腱、韧带或其他软组织炎症				
	②热浴后,跛行增重——蹄部闭锁性骨折、籽骨和蹄骨坏死或关节疾病				

(三)牛跛行诊断方法

牛运动器官发病最多的部位是蹄部。牛跛行诊断方法与马诊断方法一致。特殊方法是躺卧视诊(非常重要)。

1. 躺卧视诊

牛正常卧姿发生改变或卧下不愿起立→运动器官有疾患。

疾病	脊髓损伤	闭孔神经麻痹	股神经麻痹
躺卧姿势	用髂骨支持躺卧,两后肢伸于一侧;或整个体躯平躺,四肢伸直	一后肢或两后肢伸直,呈跨坐姿势	两后肢常向后伸直,用腹部着地

注:同时注意蹄(蹄底)的情况。

2. 伫立视诊

重点观察体重心转移情况(从患肢向健肢转移)。①低头和伸颈:体重心从后肢(患肢)转移至前肢;②抬头和屈颈:体重心从从前肢(患肢)转向后肢。

(1) 四肢视诊观察重点:前肢——球节以上;后肢——膝部。

病肢	体重心位置	肩关节(跗关节)屈曲	肘头
后肢	前肢	肩关节异常前突	移向胸的后上方
前肢	后肢	跗关节出现不正常的屈曲	移向前下方
一侧性跛行		健肢内收(支持体重),病肢外展(减负体重不明显)	
两后肢跛行		四肢都接近体重心,并且弓背(四肢跛行亦有此姿势);常卧地不起	

(2) 蹄视诊观察内容:①蹄角质;②腐蹄病;③蹄冠;④指(趾)间。

疾病	蹄外侧指(趾)患病	两前肢内侧指患病	蹄变形
表现	病肢外展(减负体重),内侧指(趾)负重	两前肢交叉负重(两后肢患病,不出现后交叉负重)	指(趾)轴改变,蹄冠处隆凸和凹陷

(3) 膝关节视诊注意膝关节的大小和负重情况。

疾病	膝盖骨上方脱位	跟腱断裂	胫骨前肌断裂	腓神经麻痹	股二头肌转位	髋关节脱位
表现	膝、跗关节高度伸展,后肢向后伸直	跗关节过度屈曲	跗关节伸直	趾不能伸展	膝关节不能屈曲,肢伸展,并向后移	患肢变长或缩短;蹄尖外转或内转;大转子处凹陷或隆起

(马晓平)

第十二章 四肢及脊髓疾病

第一节 骨骼疾病

考纲考点：(1) 骨膜炎、骨髓炎的特征及治疗；(2) 四肢骨骨折的临诊表现、骨折的愈合过程；(3) 四肢长骨骨折外固定技术、犬股骨骨折的内固定技术。

一、骨膜炎

(一) 临诊要点

项目	急性骨膜炎	慢性骨膜炎	化脓性骨膜炎
病因	骨膜刺激损伤	急性转变而来	化脓性病原菌
病理特征	浆液性浸润	纤维性、骨化性	骨膜化脓性炎症
肿胀特征	局限性扁平肿胀，质地硬固，有痛感。皮下出血、水肿	局限性肿胀，坚实有弹性，微痛	局部弥漫性、热性肿胀，有剧痛；皮下形成脓肿和破溃
机能障碍	四肢跛行明显（随运动加重）	无机能障碍或不显著	四肢跛行显著；全身症状或败血症；血常规检查有助于确诊

(二) 治疗要点

急性骨膜炎	①初期冷疗→温热疗法和消炎剂(外用复方醋酸铅散、10%～20%鱼石脂软膏等)；②局部封闭疗法；③局部装压迫绷带，以限制关节活动	
慢性骨膜炎	早期温热疗法、按摩。跛行严重用刺激剂(患部涂敷20%碘酊、10%碘化汞软膏)	
化脓性骨膜炎	病初局部用酒精热绷带、封闭疗法、全身抗菌→随脓肿软化(按脓肿治疗，需用锐匙刮净骨表面死骨)→急性化脓期之后，改用10%磺胺鱼肝油、青霉素鱼肝油等纱布引流条	治疗全过程防止败血症

二、骨髓炎

病因	化脓性骨髓炎多见。常发部位:四肢骨、上下颌骨、胸骨、肋骨等		
	骨髓感染葡萄球菌、链球菌或其他化脓菌致病		
临诊要点	经过急剧,全身症状明显	迅速肿胀:硬固、灼热、痛性肿胀;呈弥漫性或局限性	
	局部淋巴结急性肿大(疼痛)	严重机能障碍	常发败血症
治疗要点	急性	①抗菌(持续4～6周)	②按脓肿处理	③髓腔积脓:排脓减压(手术钻通骨皮质)
	慢性	①清创术(已形成包壳者):取出死骨、瘢痕和肉芽组织,创口开放,取第二期愈合	②截肢术(病灶近端)	③配合抗菌

三、骨折

在外力作用下，骨的完整性或连续性遭受机械性破坏称为骨折。骨折时常伴有周围组织不同程度的损伤，各种动物均可发生，以四肢长骨骨折较为常见。

(一) 四肢骨骨折的临诊表现

①肢体变形(骨折断段移位):弯曲、缩短、延长	②异常活动(正常时不活动部位出现屈曲、旋转等)
③骨摩擦音或骨摩擦感(但不全骨折、骨折部肌肉丰厚、局部肿胀严重或断端嵌入软组织时,常听不到)	④局部出血与肿胀

⑤骨折断端(有创伤或创囊,断端暴露)	⑥疼痛明显
⑦功能障碍(跛行)	⑧全身症状不明显;闭合性骨折2~3d后,体温轻度上升,继发细菌感染有明显全身症状

(二) 骨折的愈合过程

骨折愈合分血肿进化演进期、原始骨痂形成期、骨痂改造塑形期。

项目	临床特征	骨组织变化	X线片
血肿进化演进期	局部充血、肿胀、疼痛和增温,骨折端不稳定		骨折线明显
原始骨痂形成期	局部炎症消散,不肿不痛,骨折端基本稳定,但尚不够坚固,病肢可稍微负重	骨折短管内外形成骨样组织→膜内化骨(钙化成新生骨)→内骨痂和外骨痂(膜内化骨紧贴在骨密质内外两面,并向骨折处汇合,形成两个梭形短管,将两断端的骨皮质及纤维组织夹在中间)→原始骨痂	骨干骨折四周包围有梭形骨痂隐影,骨折线仍隐约可见
骨痂改造塑形期	骨折端稳定,病肢可负重	原始骨痂(网织骨:不规则网状排列的骨小梁)→应力轴线上的骨痂改造成骨板(骨小梁紧密排列成行),应力轴线以外的骨痂逐步被清除→永久骨痂(具有正常骨结构,髓腔也重新畅通,恢复至骨原形)	骨折痕迹接近完全消失
	骨痂硬固需3~10周;完全恢复需数月至1年以上		

(三) 四肢长骨骨折外固定技术

四肢以骨为支架、关节为枢纽、肌肉为动力进行运动。骨折复位是使移位的骨折端重新对位,重建骨支架。

1. 骨折整复原则及基本方法

原则	①尽早原则	②一次成功原则	③无痛(侧卧保定和麻醉)和局部肌肉松弛原则
	④病肢伸直原则(整复前)	⑤整复原则——按"欲合先离,离而复合""先轻后重"的原则	
整复方法	(1)沿着肢体纵轴做对抗牵引(先离):①轻度位移的骨折:由助手将病肢远端适当牵引;②骨折部肌肉强大,断端重叠:在骨折段远、近两端稍远处各系上一绳,利用绳进行牵引		
	(2)对接(复合):通过对骨折部的托压、挤按,使骨折的远侧端凑合到近侧端(断端对齐、对正)。根据变形情况整复,以矫正成角、旋转、侧方移位等畸形,力求达到骨折前的原位		
复位判断	①肢体外形、抚摸骨折部轮廓(与对侧健肢对比),观察位移是否得到矫正;②X线检查		

2. 外固定方法

外固定在骨折治疗中应用最多。

原则	中西医结合;固定和活动结合	①肢体关节有一定范围的活动(不妨碍肌肉的纵向收缩);②骨折处上下两个关节充分制动(保持骨折处绝对静止,即夹板和绷带必须超过相邻的两个关节);③肢体合理的功能活动(恢复局部血液循环,利于骨折端对向挤压、密接)→加速骨折的愈合;④大动物四肢骨折需使用悬吊装置(制动)
方法	①夹板绷带固定法;②石膏绷带固定法;③改良的托马斯支架绷带	

(四) 犬股骨骨折的内固定技术

1. 股骨干骨折

① 于股骨干前外侧的大转子与髌骨之间切开皮肤。

② 分离皮下脂肪和筋膜,于股二头肌前缘分离阔筋膜。向后牵引股二头肌,向前牵引股外侧肌和阔筋膜,显露股骨干。并沿股骨干前、后缘分离直肌和外展肌,使其充分游离。

③ 股骨干骨折一般用接骨板(接骨板应与股骨干等长)和髓内针固定(髓内针用法是从骨干断端沿骨髓腔内大转子打入,打穿大转子窝、肌肉、皮肤,在整复两断端后,从体外将髓内针打向股骨远端骨骺。对大型犬,由于骨髓腔较大,可用两根髓内针进行固定。如为斜骨

折,可在骨折处缠绕 2 股钢丝加强固定)。

④ 结节缝合骨膜,肌肉同层对合结节缝合,常规缝合皮肤。

2. 股骨远端骨折

其切口路径同股骨干骨折,但其切口应向下延伸至膝关节。牵引股四头肌腱和髌骨,暴露股骨外侧踝。用髓内针、克氏针或钢丝固定,仅踝端斜骨折可选用长螺钉固定。

第二节 关节疾病

考纲考点:(1) 关节透创与关节炎的诊断与治疗;(2) 关节脱位的共同症状与诊断依据;(3) 马牛犬髌骨脱位的诊疗;(4) 牛、犬髋关节脱位的诊疗;(5) 犬髋关节发育异常的病因、症状、诊断、治疗及护理。

一、关节透创

关节囊的穿透性损伤,可并发软骨和骨的损伤。马、骡常发疾病。

诊断要点	有创口(小创口——有胶冻样纤维块堵塞;大创口——创口流出淡黄色、透明黏性滑液)		
	排除黏液囊损伤	向关节腔内注射(0.25%普鲁卡因青霉素溶液),创口流出液体→确诊为关节透创	注:不得进行关节腔内探诊
治疗要点	皮肤处理:创伤周围皮肤剃毛→防腐剂彻底消毒		
	伤口处理	步骤	新鲜创	陈旧伤口(感染化脓)
		①彻底清理伤口	切除坏死组织、异物、游离软骨和骨片,排出伤口内盲囊
		②穿刺洗净关节创	由伤口对侧线(忌由伤口处)关节腔穿刺注入防腐剂
		③保护创口	涂碘酊,包扎固定绷带	碘酊凡士林敷盖伤口,包扎绷带
	局部理疗(促进早期愈合)	温热疗法(如温敷、石蜡疗法、紫外线疗法、红外线疗法、超短波疗法、激光疗法、氦氖激光或二氧化碳激光扩焦局部照射等)		

二、关节炎(关节滑膜炎)

病因	关节囊滑膜层以浆液纤维素渗出或化脓为特征的炎症	急性滑膜炎、慢性滑膜炎和化脓性滑膜炎
	主要原因——外伤;化脓杆菌感染	
特征	①关节肿胀(热、痛、有波动或捻发音,慢性热痛不明显)	②关节腔蓄积纤维蛋白;脓汁
	③跛行(急性——支跛为主的混合跛;慢性——关节不灵活;化脓性——患肢屈曲,呈混合跛)	
治疗	急性	①冷疗法,装压迫绷带;②温热疗法或装关节加压绷带(布绷带或石膏绷带)或关节湿绷带(饱和盐水、10%硫酸铜溶液、樟脑酒精等);③全身疗法(应用磺胺制剂,静注 10%氯化钙液、10%水杨酸钠液)
	慢性	无菌放出关节液→注入普鲁卡因青霉素或可的松→包扎压迫绷带
	蓄脓	抽出脓汁→冲洗关节腔(关节腔穿刺)至抽出药液变透明(抽尽药液)→向关节腔内注入普鲁卡因青霉素液 30～50mL→全身抗感染。有创口按化脓创处理(不得伤及关节囊及韧带,关节腔内不应填塞纱布引流物)

三、关节脱位

(一) 一般关节脱位的特征

病因	由于外力作用、病理性因素,使骨间关节面失去正常的对合——关节脱位	
特征	①关节变形(关节部隆起或凹陷)	②异常固定(关节固定不动或活动不灵活)
	③关节肿胀(出血、血肿、急性炎症)	④肢势改变(内收、外展、屈曲、伸张)
	⑤运动机能障碍(关节骨端变位和疼痛→患肢运动障碍,甚至不能运动)	

(二) 马、牛、犬髌骨脱位

马、牛、犬的髌骨脱位有外伤性脱位(常见)、病理性脱位和习惯性脱位。根据髌骨变位方向可分为上方脱位(牛、马)、外方脱位和内方脱位三种。在犬,有先天性和后天性两种。先天性多见于小型品种犬,75%～80%为髌骨内方脱位。大型品种犬多发生髌骨外方脱位。

1. 临诊要点

分类		站立表现	运动表现	触诊及X线
髌骨上方脱位（牛、马）		突然发生	患关节不能屈曲，蹄尖着地，拖曳前进。患肢高度外展（或不能着地），三脚跳跃行进	髌骨被异常固定在股骨内侧滑车嵴的顶端。内直韧带高度紧张
		患肢大、小腿强直，向后伸直。膝（跗）关节均不能屈曲		
		在运动中，突然发出复位声（髌骨回到滑车沟内），即恢复正常肢势		
髌骨内方脱位（小型犬）		患肢呈弓形腿，膝关节屈曲，趾尖向内。后肢扭曲，腿向内旋转（股四头肌群向内位移）	跛行，有时呈三脚跳步样	触摸髌骨或伸曲膝关节时，可发现髌骨脱位
		一般可自行复位或易整复复位，但很快又复发。重者，不能复位		
髌骨外方脱位（大动物、大型犬）	大动物	患肢膝（跗）关节屈曲；患肢前伸，蹄尖轻着地	除髋关节能负重外，其他关节均高度屈曲。表现悬跛	髌骨外方脱位，正常原位凹陷。髌直韧带向上、外方倾斜
	大型犬	患肢膝外翻，膝关节屈曲，趾尖向外，小腿向外旋转	跛行，偶呈三脚跳步样	X线检查，可发现股骨或胫骨呈现不同程度的扭转样畸形
			伸展膝关节或向外移动髌骨时，可引起髌骨外方脱位，但一般可自行复位	

2. 治疗

对于不太严重的脱位，可行人工整复或让动物行走自行恢复。若习惯性反复发作的病例，根据具体情况行关节囊缝合术、滑车成形术、胫骨和股骨切除术等。

髌骨上方脱位		牛髌内直韧带切断术
髌骨内方脱位		①髌骨外侧缝合或滑车成形术（防止髌骨向内脱位）——轻度脱位
		②胫骨和股骨切除术——胫骨变形，或上述手术方法难以矫正
髌骨外方脱位	手术复位	①加强内侧支持带：在髌骨整复复位后，在内侧滑车嵴内弧形切开，分离皮下组织和筋膜，显露关节囊，沿此滑车嵴内侧进行伦勃特氏缝合关节囊，确保髌骨固定在滑车沟内
		②松弛外侧支持带：在髌骨外侧纵行切开阔筋膜张肌的筋膜，以松弛外侧支持带

（三）牛、犬髋关节脱位

1. 病因及分类

病因		股骨头部分或全部从髋臼中脱出。常见于牛、犬（尤其大型犬）
		①髋关节窝浅、股骨头的弯曲半径小、髋关节韧带薄弱（主因）；②有些牛没有副韧带；③爬跨、突然转倒（种公牛发病率高）；④分娩奶牛突然摔倒时后肢外伸→髋关节脱位
分类	脱位程度	①完全脱位（股骨头完全处于髋臼窝外）；②不完全脱位
	股骨头变位方向	①前方脱位；②上方脱位；③内方脱位；④后方脱位

2. 临诊要点

关节不全脱位时，突发重度混合跛行，但多数患肢能轻度负重，关节变形不明显，无患关节的反常固定和肢势的明显变化。

分类	股骨头位置	站立表现	运动表现
前方脱位	髋关节前方	大转子向前方突出；髋关节变形隆起；患肢外旋	有捻发音；运步强拘，患肢拖曳；肢抬举
上方脱位	髋关节上方	大转子明显上突；患肢明显缩短，呈内收或伸展；肢外旋、蹄尖向前外方；患肢飞节比对侧高数厘米	他动患肢外展受限，内收容易；患肢拖拽，并向外划大弧形
后方脱位	坐骨外支下方	患肢外展叉开，比健肢长；患侧臀部皮肤紧张，股二头肌前方出现凹陷沟，大转子原来位置凹陷	突然向后牵引患肢可闻骨摩擦音；三肢跳跃，患肢拖拽并明显外展
内方脱位	闭孔内	患肢明显短缩	他动运动，内外展均容易；患肢拖拽；直检闭孔内摸到股骨头

3. 治疗

（1）牛、犬髋关节脱位闭合性整复　动物侧卧，全身麻醉，患肢稍外转，对脊柱约120°的方向强牵引，术者手抵大转子用力强压实行整复，可获成功。如整复不成，常形成假关节。

(2) 犬髋关节脱位的开放性整复（手术整复）

四、犬髋关节发育异常

病因	在犬发育过程中，肌肉与骨骼以不同速度发育成熟，致使主要依赖肌肉组织固定的关节不能保持稳定，或髋关节松弛而最终导致髋关节发育异常。确切病因目前仍不清楚		
	①多因子遗传疾病；②非基因因素(体长、生长速度、营养、子宫内分泌、肌肉性能等)		
特征	髋臼变浅、股骨头不全脱位、跛行、疼痛、肌萎缩		
临诊要点	早期症状	活动减少和不同程度关节疼痛症状(5～12月龄)	
	一后肢或两后肢跛行	弓背或后躯左右摇摆；跑步两后肢合拢("兔跳"步态)；卧下或爬楼梯明显困难；大腿肌肉萎缩，由于关节不稳——退行性关节病	
	关节检查	触摸关节疼痛明显(尖叫)；他动运动时可闻或感觉到"咔嚓"声	
	X线诊断	方法	仰卧，两后肢向后拉扯、放平，并向内旋转，两髋骨朝上；X线球阀管对准股中部拍摄
		判断指标	髋臼缘钝锐、白窝深浅、股骨头脱位程度和骨赘形成
			根据7个等级(优秀、良好、合格、可疑、轻度、中度和严重)打分
治疗要点	①初期强制休息(笼养、蹲着、两后肢屈曲外展)；②镇痛消炎剂减轻疼痛；③散步、慢跑或者游泳可缓解病情；④手术治疗：施行三次骨盆切开术		

第三节 脊柱疾病

考纲考点：脊髓损伤、椎间盘突出的病因、临诊要点及防治。

一、脊髓损伤（截瘫）

病因	外力作用下引起脊髓组织的震荡及挫伤(脊柱骨折或脊髓外伤)或压迫性脊髓损伤。腰脊髓损伤多见，使后躯瘫痪，所以称为截瘫。多发于役用家畜和幼畜			
	外部因素：滑跌、冲撞、车轮碾压、跳跃闪伤、用绳索套马用力过猛折伤颈部			
	内在因素：椎骨骨折(骨软病、骨质疏松病、氟骨病)			
临诊要点	病史：机械力作用后突然发病		局限性隆起、感觉过敏(外伤性脊髓损伤)	
	固有症状↓运动及感觉机能障碍	胸髓损伤	腰髓前1/3损伤	腰髓中1/3损伤	腰髓后1/3损伤
		躯干、尾、四肢感觉消失、瘫痪(前肢腱反射消失、后肢腱反射亢进)	臀、尾、四肢感觉消失、瘫痪；反射增强	后肢感觉消失、瘫痪；膝腱反射消失；会阴肛门反射可增强	后肢感觉消失、瘫痪；尾、直肠、膀胱麻痹(失禁)
	排粪排尿异常(粪尿滞留或失禁)		X射线可确定病变部位(尤其小动物)	
治疗要点	①避免活动(防椎骨及其碎片脱位或移位)；防止褥疮		②消炎止痛(镇静剂和止痛药)	
	③损伤部位：初期冷敷→热敷或用松节油、樟脑酒精涂擦		犬猫脊髓损伤：皮质类固醇药(长效)治疗	
	④兴奋脊髓：麻痹部分可施行按摩、直流电或感应电针疗法、碘离子透入疗法，或皮下注射硝酸士的宁			

二、椎间盘突出（犬、猫）

1. 病因及分类

病因	因椎间盘蜕变(诱因不详)致椎间盘纤维环破裂、髓核突出，压迫脊髓。小动物常见病			
	①外伤；②脊椎异常应激(椎间盘营养、溶酶体酶活性异常、椎间盘基质变化)诱发本病			
分类	一型	背侧环全破裂	大量髓核涌入椎管	软骨营养障碍犬	发病急(数分钟、数小时、数天内发病)，症状或好或坏，可达数周或数月
	二型	纤维环部分破裂	髓核挤入椎管	非软骨营养障碍犬	发病缓慢，病程长，可持续数月(亦有几天的急性发作)

2. 临诊要点

临诊特征：疼痛、共济失调、运动障碍（瘫痪）或感觉障碍（麻痹）。

类型	特征	好发部位	表现	
一型	疼痛；运动或感觉缺陷	颈部第2~3、3~4椎间	颈肌疼痛性痉挛，①站立时鼻尖抵地，腰背弓起；②运步小心，头颈僵直，耳竖起；③触诊颈肌极度紧张或痛叫	重症表现：颈部、前肢麻木；共济失调或四肢截瘫
		胸第11~12到腰第2~3椎间盘胸腰部	严重疼痛(呻吟、行动困难)；突发两后肢运动障碍和感觉消失(但两前肢正常)，尿失禁、肛门反射迟钝	①上运动原损伤——膀胱充满，张力大；②下运动原损伤——膀胱松弛，易挤压
二型	四肢不对称性麻痹或瘫痪	颈二型椎间盘疾病最常发生在颈后椎间盘	X线摄影	椎间盘间隙狭窄或有矿物质沉积团块；椎间孔狭小或灰暗；关节突有异常间隙
			脊髓造影术	脊索明显变细，椎管内有大块矿物质阴影

3. 治疗

方法	适应症	要点
保守疗法	疼痛、肌肉痉挛、轻度伸颈缺陷(如疼痛性麻木及共济失调)	强制休息、消炎镇痛(皮质类固醇是治疗本病综合征的首选药)、对症治疗(排出积粪、积尿)
手术疗法	病变部位确定且病程较短	麻醉后进行椎间盘开创术或减压术，取出椎管内椎间盘突出物，以减轻其对脊髓的压迫，缓解症状

第四节 肌肉、肌腱、黏液囊疾病

考纲考点：(1)肌炎与肌肉断裂的诊疗；(2)腱炎、腱鞘炎、腱断裂的诊疗；(3)黏液囊炎的诊疗。

一、肌炎与肌肉断裂

肌炎	肌纤维变性、坏死，肌纤维间结缔组织、肌束膜和肌外膜均有病理变化(马、牛、猪)			
肌肉断裂	发生于肌肉弹力和反弹力小的部位(如肌肉骨附着点、肌纤维与腱的胶原纤维结合处)			
	急性肌炎	慢性肌炎	化脓性肌炎	肌肉断裂
临诊要点	多突然发病	多来自急性肌炎	感染	断裂处凹陷→局部肿胀(血肿)、温热、疼痛
	指压患部疼痛	患部脱毛、皮肤肥厚	形成脓肿	
	跛行；多为悬跛(或兼有外展肢势)，少为支跛	患肢机能障碍	机能障碍	局部功能障碍；跛行或明显(支撑作用的肌肉断裂)或不明显(提伸肢的肌肉断裂)
	有无增温、肿胀因部位而异	缺乏热、痛和弹性，肌肉肥厚、变硬	热、痛、肿胀明显	
治疗	镇痛消炎；冷敷→温敷(封闭疗法；涂刺激剂和软膏)	用针灸、按摩、涂强刺激剂、石蜡疗法、超声波和红外线疗法。猪股部注射碘化乳剂	抗菌消炎→按脓肿治疗	①绷带固定；②局部用红外线照射、钙离子渗入疗法、石蜡疗法和刺激剂

二、腱炎、腱鞘炎、腱断裂

(一)腱炎

类型	临诊要点	治疗要点
急性无菌性腱炎	①突然发生跛行，患部增温、肿胀、疼痛；②转为慢性后，腱变粗而硬固，弹性降低乃至消失(导致机械障碍)，或腱缩短(腱挛缩)	初冷敷(2%醋酸铅或冰袋)→热敷(酒精热绷带、鱼石脂，或复方醋酸铅散)；局部封闭疗法
慢性纤维性腱炎	①患部硬固、疼痛、肿胀；②跛行随运动减轻或消失；③休息后患部迅速出现淤血，疼痛反应加剧	烧烙疗法、强刺激剂疗法(诱发急性炎症)→再按急性炎症治疗
化脓性腱炎	炎症剧烈(并发蜂窝织炎、腱坏死)；囊尾蚴所致腱炎：腱呈结节状肥厚、坚实，或有小脓肿(内含寄生虫)跛行明显	手术疗法(切除→按化脓创处理，必要时装石膏绷带)

(二) 腱鞘炎

临诊要点	急性炎症期	慢性炎症期	化脓性	证候性(结核)
	炎性肿胀(热、痛明显)++	+	++(蜂窝织炎)	硬而疼痛
	腱鞘肥厚;患肢跛行;腱鞘内充满浆液性、浆液纤维素性、纤维性渗出液(有波动、捻发音)			
治疗要点	①初期:冷疗法(1天内),包扎压迫绷带,或腱鞘注入皮质类固醇,石膏绷带固定。②缓解期:温热疗法;腱鞘穿刺排液,注入1%～1.5%盐酸普鲁卡因青霉素,配合缓慢运动10～15min,同时热敷2～3天,并包扎压迫绷带	①热疗法、各种刺激疗法;②腱鞘内注入醋酸氢化可的松加青霉素;③手术切开排出(腱鞘内纤维凝块);④适当运动	①穿刺排脓,盐酸普鲁卡因青霉素溶液冲洗;②早期手术疗法(效果较好),切口应在患病腱鞘下方	对因治疗

(三) 腱断裂

1. 临诊要点

类型	站立异常表现	跛行	局部检查
屈腱断裂	站立时以蹄踵负重,蹄尖上翘,蹄心向前	突发重度支跛	断裂局部明显增温,肿胀和疼痛
跟腱断裂	患肢前踏,不能负重,关节过度屈曲和下沉,趾骨极度倾斜		跟腱迟缓有凹陷
指总伸肌腱全断裂	站立无异常	突发悬跛,指关节伸张不充分,提举困难	触诊蹄冠前面中央部可发现疼痛性肿胀

2. 治疗治疗要点

不全断裂	装石膏绷带或夹板绷带固定。外伤性:创伤外科处理,缝合断腱后再固定
非开放性全断裂	使腱断端相互接近,石膏绷带固定,让其自然愈合,同时配合包扎长连尾蹄铁
开放性全断裂	断腱皮外缝合或皮内缝合或同时使用皮内皮外缝合;包扎石膏绷带

三、黏液囊炎

最常见黏液囊炎	肘头黏液囊炎和腕前黏液囊炎
特征	①黏液囊部位出现界限明显的肿胀,逐渐增大;②初为炎性肿胀(温热、微痛、生面团样)→变得较坚实(渗出液浸润、黏液囊周围结缔组织增生)或明显波动;③炎症减轻或消失,囊壁增厚;④破溃时流出带血的渗出液或含纤维素凝块

牛	炎症	大小	波动性	运动障碍	皮肤
肘头黏液囊炎	初期有	鸡蛋大～拳头大	较坚实	无跛行	—
腕前黏液囊炎	不明显	可达排球大	波动明显	可有	脱毛的皮肤胼胝化,上皮角化,呈鳞片状
治疗要点	①姑息疗法:穿刺放液后注入适量的复方碘溶液或可的松;局部装置压迫绷带 ②黏液囊摘除术(大的黏液囊肿)(见本篇第十八章第六节)				

第五节 神经疾病

考纲考点:常见神经麻痹的临诊特点、治疗要点。

一、马桡神经麻痹

马桡神经麻痹分全麻痹、部分麻痹和不全麻痹。其临诊主要表现见下表。

类型	站立异常	运动异常	其他
全麻痹	患肢虽负重不全,掌部向后倾斜,球节呈掌屈状态,以蹄尖壁着地(肩关节过度伸展,肘节下沉,腕关节形成钝角)	患肢各关节伸展不充分或不能伸展;患肢不能充分提起,前进困难,蹄尖曳地前进,前方短步,但后退容易;不能跨越障碍	皮肤对疼痛刺激反射减弱→肌肉萎缩
	人为地固定患肢呈垂直状态,尚可负重(与炎症性患患的区别点);如将患肢重心稍加移动,则又回复原来状态	在不平地面快步运动,患肢机能障碍加重,臂三头肌、臂部诸伸肌陷于迟缓状态,易跌倒,在患肢负重瞬间,各关节都屈曲(肩关节除外)	

续表

类型	站立异常	运动异常	其他
部分麻痹	常以蹄尖负重	在平地、硬地上运动,可见腕关节、指关节伸展困难;当快步运动(尤其在泥泞地)时,症状加重,患肢常蹉跌(打前失),球节和系部的背面接触地	
	主要损伤支配桡侧伸肌及指伸肌的桡深支,而桡浅支及其支配的肌肉此时仍保持其机能		
不全麻痹	患肢基本能负重,随着不全麻痹神经所之配肌肉或肌群过度疲劳,可能出现程度不同的机能障碍	肘关节伸展不充分,患肢向前伸出缓慢。臂三头肌和肩关节的其他肌肉发生强力收缩(代偿麻痹肌肉的机能),将患肢远远伸向前方。在患肢负重瞬间,肩关节震颤,患肢常蹉跌(打前失),疲劳或不平地上运动,症状越明显	
	确证试验:动物站立,提起对侧健肢→变换头位;牵引患病动物前进或后退,转移体重的重心→肘关节及以下所有各关节屈曲→不全麻痹		

二、牛闭孔神经麻痹

易损部位		闭孔神经在与骨接触的部分易受损伤
原因		①胎儿过大(分娩)压迫神经;助产时强力牵引(常见);②耻骨骨折;③骨盆骨有骨痂或新生物压迫;④滑倒时叉开两肢;⑤后肢强力挣扎
临诊要点	牛 一侧麻痹	患肢外展;慢步运步,亦见步态僵硬,运步小心
	牛 两侧麻痹	不能站立,力图挣扎站立时,呈现两后肢向后叉开,呈蛙坐姿势
	犬两侧麻痹	在滑的地面,肢可向外侧滑,两后肢叉开

三、神经麻痹的治疗

兴奋神经	电针疗法;配合使用维生素(维生素B_{12} 维生素B_1 等)	
促进机能恢复	按摩疗法涂擦刺激剂;配合使用维生素B制剂	
防止瘢痕和粘连	局部应用透明质酸酶、链激酶或链道酶	针灸疗法对神经麻痹有良好效果
预防肌肉萎缩	低频脉冲电疗、感应电疗、红外线	
兴奋骨骼肌	肌内注射氢溴酸加兰他敏注射液 0.9%氯化钠溶液 150～300mL/d,分数点注入患部肌肉→主动运动(牵遛运动)有助于肌肉萎缩的恢复	
实施手术疗法	经松懈术和神经吻合术等	

(马晓平)

第十三章 皮 肤 病

第一节 皮肤病概述

考纲考点：皮肤病的常见临诊表现、诊断方法。

兽医临床常见皮肤病主要为细菌感染性皮肤病、真菌感染性皮肤病、外寄生虫感染性皮肤病、代谢性皮肤病、内分泌失调性皮肤病、遗传性皮肤病、皮肤免疫异常性皮肤病等。

（一）皮肤病的临诊表现（皮损）

（1）原发性损害主要有斑点或斑、丘疹、结节、脓疱、风疹（荨麻疹）、水泡、肿瘤等。

（2）继发性损害鳞屑、痂、糜烂、溃疡、瘢痕、表皮脱落、苔藓化、色素过度沉着、低色素化、角化不全、角化过度、黑头粉刺等。

（二）皮肤病的诊断方法

	问诊	了解病史和病程(急性或慢性)
一般检查	①被毛:逆立、光泽、脱毛(单侧、双侧)	②局部皮肤:弹性、厚度、色素沉着
	③局部病变:部位、大小、形状、硬度、颜色、弹性;集中或散在;单侧或对称;表面有无隆起、扁平、凹陷、丘状等;平滑或粗糙;湿润或干燥	
实验室检查	寄生虫检查	①玻璃纸带检查(寄生虫);②皮肤病料检查;③粪便检查
	真菌检查	①皮肤刮片检查;② Wood's 灯(伍氏灯)检查;③真菌培养检查(在健康处与病灶交界处取毛,放入真菌培养基中培养)
	细菌检查	直接涂片(或触片)标本进行染色检查、细菌培养和药物试验等
	皮肤过敏试验	局部剪毛剃毛消毒后,则装有皮肤过敏试剂的注射器,分点做不同的过敏源试验,局部出现黄色丘疹则为过敏
	病理组织学检查	直接涂片或活体组织检查
	变态反应检查	皮内反应和斑贴试验
	免疫学检查	免疫荧光检查法
	内分泌机能检查	测定甲状腺、肾上腺和性腺的机能

第二节 常见皮肤病

考纲考点：（1）犬脓皮症、真菌皮肤病的病因、临诊要点、检验及治疗要点；（2）瘙痒症的治疗；（3）湿疹、犬过敏性皮炎、甲状腺机能减退性皮肤病的临诊要点及治疗要点。

一、犬脓皮症

化脓菌感染引起的皮肤化脓性疾病。分为幼犬脓皮症、浅层脓皮症（多见）和深部脓皮症。

病因	主要致病菌——中间型葡萄球菌	促发因素——皮肤不洁、毛囊口堵塞、皮肤过度摩擦、皮腺机能障碍等
	主要病因——过敏(皮肤穿透性增大)、外寄生虫感染、代谢性和内分泌性疾病(影响皮肤生理屏障)	诱因——影响皮肤微生态环境的因素(皮肤表面的酸碱度、湿度、温度等改变)

临诊要点	病灶部圆形脱毛、圆形红斑、丘疹、斑丘疹、脓疱、黄色结痂或结痂斑、皮肤皲裂
	2～9月龄犬发病,腹部或腋窝处稀毛区出现非毛囊炎性脓疱
	实验室诊断:皮肤直接涂片或刮屑涂片;活组织检查;细菌培养和药敏试验
治疗要点	①抗生素疗法;②继发感染性脓皮症应治疗原发病;③使用抗脓皮症香波,使用犬重组干扰素γ等;④正确使用香波和减少肉食量,可减少某些犬脓皮症的发生率

二、犬、猫真菌性皮肤病(犬、猫皮肤癣病)

病因	由嗜毛发真菌引起的毛干和角质层的感染。犬猫病原:犬小孢子菌(为主;猫真菌性皮肤病95%以上);石膏样小孢子菌;须发(毛)癣菌;马拉色菌等。传染方式:直接接触感染		
临诊要点	犬面部、耳朵、四肢、趾爪和躯干等部位易被感染。幼猫(<6月龄)多发		
	主要特征:①皮屑较多;②局限性断毛、脱毛(圆形、椭圆形或不规则脱毛区),猫以圈状掉毛为主,并向外扩散		
	脓癣(真菌急性感染或继发细菌感染):不脱毛、无皮屑;患部有丘疹、脓疱或脱毛区皮肤隆起、发红、结节化		
	慢性感染:患处皮肤表面伴有鳞屑或呈红斑状隆起,或结痂,痂下化脓(细菌感染);痂下皮肤呈蜂巢状,有许多小渗出孔		
	真菌感染常用Wood's灯(发荧光为阳性)、镜检(有真菌孢子)和真菌培养法确诊		
治疗要点	抗真菌疗法	①隔离消毒:隔离病犬猫,消毒处理各种用具、犬猫、人	
		②抗真菌药	外用:每周1～2次,至少持续4～6周
			口服:避免空腹给药(防呕吐);口服2周后,建议检测肝功能

三、瘙痒症

病因	变态反应、外寄生虫、细菌感染、某些特发性疾病(脂溢性皮炎等)
临诊特征	瘙痒不安(全身性或局部性,持续性或阵发性)
治疗要点	对因治疗——消除瘙痒
	特发性疾病——皮质类固醇或非类固醇类抗瘙痒药物(如阿司匹林、抗组胺药或者必需脂肪酸等)。许多动物可能需要终身服用以控制瘙痒

四、湿疹

皮肤表皮细胞对致敏物质所引起的一种炎症反应。春、夏季多发。

1. 病因及机理

病因	外界因素	①皮肤不洁;②犬猫舍潮湿;③化学物质刺激、强烈日光照射、昆虫叮咬;④长期被脓性分泌物浸渍等
	内在因素	①变态反应:胃肠道产物、致敏食物、某些抗原、日光、药物等;②主要诱因:营养失调、维生素缺乏、代谢紊乱
病机	组胺、乙酰胆碱等物质增多→毛细血管扩张和参透性增加;中枢神经、外周神经机能障碍、内脏的病理变化对湿疹发生起着重要作用	

2. 临诊要点

特征:患部皮肤出现红斑、血疹、水泡、糜烂、结痂、鳞屑等皮损;伴有热、痛、痒等。

分类	急性湿疹	慢性湿疹
部位	耳下、颈部、背脊、腹外侧和肩部	背部、鼻、颊、眼眶、犬鼻梁湿疹最多发
皮肤疹面特点	呈较小的圆形疹面(经1～2天)→融汇成手掌大或更大的疹面。疹面界限明显,呈橙黄色或红色。边缘有新鲜血疹、小水泡,外侧有较暗的红色圈。在疹面中央有一层黄绿色的薄痂,分泌浆液性至脓性渗出物	①鼻镜湿疹(鼻镜一侧或两侧出现无毛、干燥的灰色颗粒);②腕部和踵部湿疹(痒感、鳞屑);③阴囊、包皮或阴门湿疹(水泡、发痒);④趾间湿疹(水泡→流水、疼痛);⑤耳部湿疹、外耳道湿疹

续表

分类	急性湿疹	慢性湿疹
其他	疼痛和奇痒	被毛稀疏；皮肤起皱；奇痒；病程较长
	奇痒→皮肤肿胀→脓疮或脓肿	
鉴别	接触性皮炎	神经性皮炎

3. 治疗

消除炎症		
除去病因,治疗原发疾病		脱敏止痒：肌注或口服盐酸异丙嗪（或盐酸苯海拉明）
	急性湿疹	①无渗出：患部涂擦炉甘石洗剂。②糜烂渗出：冷湿敷（皮质类固醇软膏，3%硼酸液）。③渗液减少：外用氧化锌石粉（1∶1）、碘仿鞣酸粉（1∶9）或10%～20%氧化锌油等
	慢性湿疹	①焦油类药物：煤焦油软膏、5%糖馏油等　②含有抗生素、皮质类固醇的软膏

五、犬过敏性皮炎

类型	遗传性	接触性	食物性
临诊要点	多发于年青、成年犬（1～3岁）	各种	各种
	周期性瘙痒，瘙痒频繁而剧烈	瘙痒性红斑或丘疹	不引起极度瘙痒
	面部、伸肌与屈肌皮肤表面、腋窝、耳郭、腹股沟	肌肉、腹部、指（趾）尖、腹股沟、肷部或会阴部出现	皮肤自身损伤和浅表脓皮病
			瘙痒使用糖皮质激素无法减轻
治疗	①避免接触过敏原；②脱敏：使用抗组胺药物与必需氨基酸；外用止痒药，隔天口服糖皮质激素；③治疗继发疾病		

六、犬、猫甲状腺机能减退性皮肤病

临诊要点	异常脱毛	犬：①脱毛区：颈部、背部、胸腹两侧（四肢、头部一般不掉毛）；②对称性脱毛：被毛稀疏，皮肤干燥，常有异味（细菌感染）	猫：①耳郭掉毛（中间和外侧），而对称性躯干秃毛不常见；②指甲生长速度加快
	皮肤	皮屑多，皮厚而苔藓化、黑色素沉着，甚至出现变态性皮肤病（如皮脂溢）	
	血液生化检测 T3 和 T4 含量，低于正常值——确诊		
治疗	①甲状腺激素治疗（最快 3 周见效，有时 3 个月见效）；②香波洗涤患病犬		

七、马拉色菌病

厚皮症马拉色菌是一种单细胞真菌，经常少量被发现于外耳道、口周、肛周和潮湿的皮褶处。

病因	①与潜在因素有关，如遗传性过敏、食物过敏、内分泌疾病、皮肤角质化紊乱、代谢病或长期皮质激素治疗；②猫可继发于其他疾病（如猫免疫缺陷病毒、糖尿病）或体内恶性肿瘤；③犬舔患部皮肤，是犬马拉色菌感染的主要原因
临诊表现	主要表现——被毛着色和患部皮肤湿红
	①瘙痒、脱毛、慢性红斑、脂溢性皮炎、苔藓化、色素沉积和过度角质化；②有难闻的体味；③病变可涉及趾间、肋部腹侧、腋窝部、会阴部及四肢折转部，常并发真菌性外耳炎
	猫：黑色蜡样外耳炎、慢性下颚粉刺、脱毛、多发性到广泛性的红斑和脂溢性炎
诊断	①细胞学（胶带检查，皮肤压片）：单细胞真菌过度生长，可通过每个高倍显微镜视野（100×）下多于两个圆形至椭圆形出芽的单细胞真菌确诊；②皮肤组织病理学：浅表血管周及间质淋巴细胞性炎，角质层有单细胞真菌或假菌丝
治疗	较轻病例，单纯体表用药有效。①局部涂擦 2%酮康唑软膏或先用 2%洗必泰溶液局部清洗，再涂擦 2%咪康唑；②口服酮康唑或伊曲康唑；③每 2 周用抗真菌香波药洗浴 1～2 次，可防复发

（马晓平）

第十四章 蹄 病

第一节 马属动物蹄病

考纲考点：掌握马属动物蹄病的诊断和治疗。

一、蹄钉伤

概念	在装蹄时，如蹄钉从肉壁下缘、肉底外缘嵌入，损伤蹄真皮，即发生钉伤
诊断	①在下地时就发现蹄有抽动表现，出现跛行；拔出蹄钉时，钉尖有血液附着或由钉孔溢出血液；②2～3天后跛行增重；③间接钉伤是敏感的蹄真皮层受位置不正确的蹄钉压挤而发病，多在装蹄后3～6天出现原因不明的跛行。蹄部增温，指(趾)动脉亢进。敲打患部钉节或钳压钉头时，出现疼痛，表现有化脓性蹄真皮炎的症候。如耽误治疗，经一段时间后，可从患蹄的蹄冠自溃排脓
治疗	①立即取下蹄铁，向钉孔内注入碘酊，涂敷松馏油，再用蹄膏(等份松香与黄蜡分别加热融化，混合而成)填塞蹄负面的缺损部；②在拔出导致钉伤的蹄钉后，改换钉位装蹄；③如有化脓性蹄真皮炎，扩大创孔以利排脓。用3%过氧化氢溶液或0.1%高锰酸钾溶液冲洗创腔，涂敷松馏油，包扎蹄绷带

二、蹄冠蜂窝织炎

诊断	①蹄冠形成圆枕形肿胀；②有热、痛；③蹄冠缘剥离；④患肢中度支跛；⑤局部形成一个或数个小脓肿；⑥有全身症状	脓肿破溃后：全身状况有所好转，跛行减轻，蹄冠部急性炎症平息
		未及时恰当治疗：附近韧带、腱、蹄软骨坏死，蹄关节化脓性炎等，甚至成蹄匣脱落
治疗	加强护理(防褥疮)；全身应用抗生素和支持疗法；局部处理蹄冠皮肤	

三、白线裂

概念	白线部角质崩坏以及变形腐败，导致蹄底与蹄壁发生分离
病因	广蹄、弱踵蹄、平蹄等蹄壁倾斜，还有白线角质脆弱
诊断	①常在白线部充满粪、土、泥、沙(跣蹄马举肢检查易于发现，装蹄马必须取下蹄铁进行检查)。②浅裂：白线裂只涉及蹄角质层，不出现跛行。③深裂：裂开已达肉壁下缘，多诱发蹄真皮炎→疼痛而跛行
治疗	白线已分裂则难以愈合。治疗目的：防止裂缝加大和促进白线部角质的新生
	①合理削蹄，不能过削白线。清除蹄底的污物，患部涂以松馏油；②如继发化脓性蹄真皮炎，应清理创部，涂碘酊、填塞浸有松馏油的麻丝，包扎蹄绷带或垫入橡胶片；③待感染完全控制后，配合用黏合剂或黄蜡封闭裂口

四、蹄骨骨折

分类		①蹄骨伸肌突骨折；②蹄骨翼骨骨折；③矢状骨折或斜面骨折；④远侧缘碎片骨折；⑤骨折也可分为关节内骨折和关节外骨折、简单骨折和复杂骨折
症状及诊断	伸肌突骨折	①可能不出现跛行(有时表现悬跛)；②骨折时间较久可出现骨增生、蹄冠肿大和异常角质增生。慢性经过特征——出现三角形角质增生物(侧位X射线片可清楚看到)
	蹄骨翼和矢状骨折	马常见骨折类型，前肢比后肢多发，赛马右前肢更多见。除蹄骨翼骨折外，立即出现剧烈跛行，蹄温增高，指(趾)动脉亢进；检查器压诊时，表现疼痛，蹄关节他运动时，疼痛剧烈。关节内骨折时，关节内可有溢血，几天后蹄冠部可出现肿胀。如蹄骨翼骨折片很小，则症状不明显

续表

治疗	新发生的蹄骨伸肌突骨折，其骨折片可通过手术去除
	①大骨折片可用骨螺钉固定，在蹄冠直上方行背侧手术通路，平行腱纤维切开指总（长）伸肌腱，用力伸展患肢，以便骨折片显露，需切除部分指总（长）伸肌腱在伸肌突上的止点，以去除骨折片；②骨折片较大时，可用套丝扣骨螺钉固定，其螺钉可选用 4.5cm 皮质骨螺钉；③蹄骨翼骨折和矢状骨折，可用保守疗法

五、远籽骨滑膜囊炎

远籽骨滑膜囊炎是远籽骨（舟状骨）滑膜囊的炎症。其滑膜囊腔为远籽骨与深屈腱之间的滑膜腔，常与关节腔相通。滑膜囊炎为无败性。

分类	无败性远籽骨炎	化脓性远籽骨炎
病因	屈腱过度紧张、挫伤	蹄底刺伤继发或其他组织化脓坏死性疾患蔓延至滑膜腔
症状	机能障碍：①呈典型支跛；②球节不敢下沉；③蹄关节他动疼痛；④楔板试验时异常疼痛	机能障碍比无败性滑膜囊炎明显，并出现全身症状。①蹄球窝肿胀，手指压迫敏感；②蹄温可增高，指动脉明显亢进，蹄关节他动疼痛；③蹄叉处滑膜囊穿刺，可流出浑浊液体
治疗	①安静休息，在掌（跖）部用普鲁卡因封闭，隔日 1 次；②全身使用抗生素和非激素类消炎剂，同时温浴蹄部	全身抗菌控制感染，手术处置化脓滑膜腔。①用防腐液浸泡蹄，清除污物；严格消毒；从蹄叉处用粗针头穿刺；抽出滑膜囊内化脓性渗出物；注入抗生素或其他防腐剂。②屈腱坏死或穿刺治疗无效时：应手术切除蹄叉体，暴露出坏死的屈腱和化脓的滑膜囊，彻底切除

六、蹄叉腐烂

蹄叉腐烂是蹄叉真皮的慢性化脓性炎症，伴发蹄叉角质的腐败分解，是马属动物特有的常发蹄病。多为一蹄发病，后蹄多发；有时两三蹄，甚至四蹄同时发病。

病因	①蹄叉角质不良；②护蹄不良，厩舍和马场不洁潮湿，粪尿长期浸渍蹄叉；③在雨季，动物经常作业于泥水中，均可引起蹄叉发育不良，进而导致蹄叉腐烂
症状	①开始见蹄叉中沟和侧沟有污黑色的恶臭分泌物。②侵害真皮：立即出现跛行，尤软地或沙地行走时明显；运步蹄尖着地，严重者呈三脚跳。③检蹄器压诊表现疼痛，蹄叉侧沟或中够向深层探诊则高度疼痛
治疗	在干燥的马厩内，保持蹄干燥和清洁。采用外科治疗措施，并配合装蹄疗法协助治疗

七、蹄叶炎

病因	蹄真皮的弥散性、无败性炎症			常发于马、骡两前蹄或四蹄，两后蹄或单蹄发病偶见
	一般认为本病属于变态反应性疾病，可能为多因素致病			
临诊要点	急性	①有全身症状；不愿站立和运动	两前蹄患病：后肢伸至腹下，两前肢向前伸出，以蹄踵着地	②强迫运步：运步缓慢、步样紧张、肌肉震颤；③触诊病蹄增温，蹄冠处尤其明显；④叩诊或压诊患蹄敏感；⑤指（趾）动脉亢进
			两后蹄患病：前肢向后屈于腹下	
			四蹄均发病：与两前蹄发病类似，体重尽可能落在蹄踵上	
	亚急性	症状较急性轻。蹄温或指（趾）动脉亢进不明显		
	慢性	①蹄形改变，蹄前不规则：蹄前壁蹄轮较近，而在蹄踵壁则增宽，最后形成芜蹄；②站立时：健侧蹄与患蹄不断地交替负重；③X 线摄影检查：蹄骨移位及骨质疏松；④严重病例，蹄尖端可穿透蹄底		
防治要点	急性和亚急	①消除致病因素或促发因素；②消炎止痛（止痛剂、消炎剂）；③抗内毒素疗法、扩血管药和抗血栓疗法；④合理削蹄和装蹄；⑤手术疗法；⑥限制患病动物活动		
	慢性	①限制饲料、控制运动；②清除蹄部腐烂角质；③刷洗蹄部：硫酸镁溶液浸泡；④蹄骨已明显移位：蹄踵和蹄壁广泛削除角质，确保蹄骨回位；⑤形成芜蹄，可用装蹄疗法矫正		

八、蹄裂

蹄裂（裂蹄），是蹄壁角质分裂形成各种状态的裂隙。马、骡的蹄裂前蹄比后蹄多发，冬季比夏季多发。

病因	①倾蹄、低蹄、窄蹄、举踵蹄等不良蹄形；②肢势不正，蹄各部位对蹄踵的负担不均；③蹄角质干燥、脆弱及发育不全等；④骡、马饲养管理不良，或蹄部血液循环不良；⑤外伤及施行四肢神经切断术
症状	①新发性裂隙：裂缘较平滑，裂缘间距比较接近，多沿角细管方向裂开。②陈旧性裂隙：裂缝开张，裂缝不整齐。③蹄角质的表层裂：不引起疼痛，不妨碍蹄的正常生理机能。④深层裂（尤其全层裂）：负重时在离地或踏着的瞬间，裂缝开闭。⑤蹄真皮损伤：剧痛或出血，伴发跛行。⑥若细菌侵入，并发化脓性蹄真皮炎，可能感染破伤风；病程较长的容易继发角壁肿
治疗	已经裂开的角质愈合困难，治疗目的：防止继发病和裂缝继续扩大 ①造沟法（避免裂隙部分的负重）；②薄削法（用于蹄冠部的角质纵裂，将蹄冠部角质薄削至生发层）；③黏合法（高分子黏合剂黏合裂隙）；④锯合裂缝法（防止裂缝继续活动和加深）

第二节 牛 的 蹄 病

考纲考点：常见牛蹄病的诊断和治疗。

一、指（趾）间皮炎

没有扩延到深层组织的指（趾）间皮肤的炎症，称指（趾）间皮炎。特征：皮肤呈湿疹性皮炎症状，有腐败气味。

症状	①病初：球部相邻的皮肤肿胀，表皮增厚和稍充血，指（趾）间隙有渗出物，有轻度跛行；以后因球部出现角质分离（通常在两后肢外侧趾），跛行明显。②蹄匣脱落（少数病例）：化脓性潜道可深达蹄匣内。③可发展成慢性坏死性蹄皮炎（蹄糜烂）和局限性蹄皮炎（蹄底溃疡）
治疗	①保持蹄干燥和清洁；②局部应用防腐剂和收敛剂，2次/天，连用3天；③蹄浴

二、指（趾）间皮肤增生

概念	指（趾）间皮肤增生是指（趾）间皮肤和（或）皮下组织的增生性反应，又称指（趾）间瘤、指（趾）间结节、指（趾）间赘生物、慢性指（趾）间皮炎等。本病各种品种的牛均可发生
症状	①本病多发生在后肢，一肢或两肢同时发病。②指（趾）间隙一侧小的皮肤增生不引起跛行（易被忽略）。③增大时可见指（趾）间隙前部的皮肤红肿、脱毛、破溃。④病情进一步发展，形成"舌状"突起，病变不断增大增厚，在指（趾）间向地面伸出，其表面因压迫而坏死、破溃、感染、炎性渗出、味恶臭；表现不同程度的跛行。⑤严重增生者，出现变形蹄
治疗	在炎症期，清蹄后用防腐剂包扎，可暂时缓和炎症和疼痛。对小的增生物，可用腐蚀剂腐蚀，但不易根除。大的增生物可采用手术切除根治

三、局限性蹄皮炎（蹄底溃疡）

概念	蹄底和蹄球结合部的局限性病变，是蹄底后1/3处的非化脓性坏死，通常靠近轴侧缘，真皮有局限性损伤和出血，角质后期有破损
症状	①病牛跛行，患趾（指）动脉搏动增强，患侧蹄匣发热。②清洁蹄底后可见蹄底和蹄球结合部有局限性脱色，压迫疼痛；③较后期病例，角质出现缺损，暴露真皮，或长出菜花样肉芽组织；④角质缺损处易引起感染，形成脓肿
治疗	①清洁后首先暴露病变组织，切除游离的角质和坏死的真皮及过剩的肉芽组织，使用防腐剂和收敛剂后包扎；②如形成化脓，可用抗生素控制感染，局部外壳清创处理

四、蹄叶炎

病因	牛蹄叶炎通常侵害几个指（趾），以前肢内侧指和后肢外侧趾最常见。母牛发病与产犊有密切关系；年轻母牛发病率高。确切原因尚无定论，牛蹄叶炎为全身代谢紊乱的局部表现，倾向于综合因素所致
	①分娩前后到泌乳高峰时期食入碳水化合物精料过多（发病率最高）；②不适当运动；③遗传；④季节；⑤继发于其他疾病（严重乳腺炎、子宫内膜炎、子宫炎和酮病等）

续表

临诊要点	急性	运步困难(尤其在硬地上);站立时弓背,四肢收在一起;明显出汗和肌肉颤抖;体温升高,脉搏加快;指动脉搏动明显,蹄冠皮肤发红、增温;蹄底角质脱色,变为黄色,有不同程度出血;放射学摄片可见蹄骨尖移位
		①前肢发病,症状严重,后肢向前伸达于腹下(减轻前肢负重),或前肢交叉(减轻两内侧患指负重);通常内侧指疼痛更明显,常用腕关节跪着采食
		②后肢患病,后肢运步时划圈,患牛不愿站立,常长时间卧躺
	亚急性	全身症状不明显,局部症状轻微
	慢性	无全身症状;站立时以球部负重,蹄负重不确实;蹄变形、蹄延长、蹄前壁和蹄底形成锐角;由于角质生长紊乱,出现异常蹄轮
防治要点		①去除病因;②应用抗组织胺制剂或止痛剂;③防治瘤胃酸中毒;④慢性蹄炎:注意护蹄,维持其蹄形,防止蹄底穿孔

五、腐蹄病(传染性蹄皮炎)

病因		腐蹄病是牛常见蹄病。以坏死杆菌等厌氧菌感染致病最为常见,占跛行蹄病的40%~60%
		放牧牛发病率夏季最高,冬季舍饲牛较高,成年牛较犊牛多发,乳牛比耕牛多发
		①饲养管理差(蹄部经常浸泡于粪尿中);②蹄角质或指间皮肤外伤;③长期舍饲,缺乏钙、磷等矿物质;④缺乏运动,或经久不使役,或长途行走;⑤蹄底磨损过度等
临诊要点	急性期	①突然跛行;②体温40~41℃;③病蹄肿胀,触诊有热、痛;④蹄底见小孔或大洞(探针可测深度);⑤指(趾)间亦见溃疡面,其上覆盖有恶臭坏死物;⑥病程较长者在蹄冠缘、指(趾)间或蹄球处可找到窦道
	慢性期	①一般跛行程度会逐渐减轻,但不能恢复至正常运步;②窦道:蹄冠缘、指(趾)间或蹄球处存在窦道,并延伸至蹄内;③病肢粗大,皮肤紧张,由于结缔组织增生,常有不同程度的变硬,病区被毛易脱落;④多有化脓性灶:严重腐蹄病化脓会波及蹄关节→高度跛行,稍触碰即十分疼痛(外观并不一定有明显肿胀)
防治要点		①定期检查牛蹄,特别是奶牛,每年1~2次;②蹄底角质的腐蹄病——局部消毒(如用3%~5%高锰酸钾、5%硫酸铜等);③蹄部蜂窝织炎延伸至膝关节时(肿胀严重,跛行明显)——消毒,患牛用1%高锰酸钾(温热)蹄浴;④蹄底出现小洞——扩创,除去坏死角质层,直至健康组织,用10%碘酊充分消毒,撒碘仿磺胺粉,外用松馏油后包扎蹄;⑤全身应用抗生素治疗

(马晓平)

第十五章 术前准备

考纲考点：(1) 手术器械分类、用法以及消毒；(2) 手术人员、手术动物、手术室的准备；手术急救药物的使用。

一、手术器械准备

(一) 手术器械分类

刀类	普通手术刀、高频电刀、CO_2 激光手术刀	钳类	持针钳、止血钳、舌钳、肠钳、巾钳
剪类	剪毛剪、剪线剪、手术剪	其他	拉钩、手术镊、探针、缝针、缝线

(二) 软组织手术器械

1. 手术刀、手术剪、手术镊

手术刀	用于软组织切开和分离	执刀方法	①指压式：皮肤、腹膜切开。②执笔式：短小切口；血管、神经分离；精细手术。③全握式：大或深的切口。④反挑式：切开管道器官以及腹膜等
手术剪	组织剪线剪	①直剪：浅部手术；②弯剪：深部组织分离；③线剪（剪线剪、拆线剪）	执剪法	正剪法、反剪法、扶剪法等
手术镊	夹持缝针、敷料、组织	①有齿镊：夹持较硬组织（如筋膜、软骨）
		②无齿镊（损伤小）：夹持较脆弱组织（如肠管、血管、神经、黏膜）

2. 止血钳、持针钳

止血钳	止血钳又称血管钳（有蚊式血管钳），分弯、直两种。用于微细解剖，钳夹小血管（止血），不宜用于大块组织的钳夹		血管钳传递方式：术者掌心向上，拇指外展，其余四指并拢伸直；传递者握血管钳前端，以柄环端轻敲术者手掌，传递至术者手中
	直血管钳	弯血管钳	有齿血管钳
	①夹持皮下及浅层组织出血点；②协助拔针	夹持深部组织或内脏血管出血点	①夹持较厚组织或易滑脱组织内出血点（如肠系膜、大网膜等）；②切除组织的夹持牵引
持针钳	持针钳又称持针器。用于夹持缝针、器械打结
	与止血钳区别：前端较粗，尖端齿呈方格状。分握式和钳式持针钳（临床常用）
	夹持缝针方法：缝针应夹在持针钳近尖端；持针钳夹持缝针的中、后 1/3 处或后 2/5 处

3. 缝合针

	用于闭合组织或贯穿结扎。分直针、半弯针、弯针、圆针和三棱针等		
①直针	较长，适合表面组织、游离性较大器官缝合	②弯针	用于深部组织缝合
③圆针	用于质地较软组织缝合（如黏膜、筋膜等）	⑤无损伤缝针	属于针线一类。用于血管神经吻合
④三棱针	损伤较大。用于质地较韧组织的缝合（如皮肤、软骨、韧带以及瘢痕较多的坚韧组织）		

4. 其他

拉钩	又称牵开器，用于拉开术部表面组织，显露术野。分为手持拉钩和固定拉钩
巾钳	又名创巾钳。用于夹持固定手术创巾和皮肤，防止创巾移动

续表

肠钳	用于肠管手术(阻断肠内容物移动、溢出或肠壁出血)	
	特点:齿槽薄,弹性好,组织损伤小,使用时在外套一乳胶管,以减少对组织损伤	
探针	探子或探条。分为球头、有沟和特殊探针	①球头探针:用于探查组织异物、器官管腔深浅、瘘管或窦道深浅、走向
		②有沟探针:用于引导切开腹膜等

(三) 骨科手术器械

名称	用途
骨膜剥离器	(骨膜起子)剥离附着于骨的骨膜及软组织,显露骨折断端
骨凿	修整骨骼,取骨及凿骨
骨剪	剪断骨骼、修整骨骼
咬骨钳	修整骨或骨残端时咬除死骨及阻碍手术通路的骨骼
骨锉	修整骨骼(锉平、锉圆骨断端)
刮匙	刮除骨病灶、死骨或肉芽组织
骨锯	采取骨片和截骨等。①截肢锯:截肢时断骨;②钢丝锯:锯断深部骨质
骨钻	骨折手术骨螺钉内固定钻孔;骨减压及骨引流

(四) 眼科手术器械

包括测量器、套管针、角膜标记器、手术镊、抛光器、手术钩、手术剪、手术刀及刀片、持针器、开睑器和固定环、烧灼器和角膜锈环去除器等。

(五) 手术器械消毒

方法	用途	注意要领
煮沸灭菌法	除速干物品(如棉花、纱布、敷料等)外	①水沸3~5min后将器械放入锅内;②第二次水沸后15~20min可杀灭细菌,但芽孢需煮沸1h。常水中加入碳酸氢钠使之为2%浓度能提高温度到102~105℃
高压蒸汽灭菌法	所有器械	①装量不超过容量80%;大包在上,小包在下;②蒸汽压达0.0343MPa(51bf/in^2)时,放气;③蒸汽压达0.1129MPa(151bf/in^2)(第一次自动放气)开始计时(1bf/in^2=6894.76Pa,全书同)
化学药品消毒法	灭菌不理想,尤其对芽孢难于杀灭	使用前用生理盐水冲洗干净
	影响因素:①化学药物浓度、温度、作用时间;②器械洁净度(尤其油脂)	

临床上常用化学药品(注意其用途、应用要领):

新洁尔灭(0.1%溶液)	用于浸泡消毒手臂、器械;其他可浸湿用品	可长期浸泡器械,每周更换1次
	防锈液新洁尔灭溶液(每1L 0.1%溶液中加亚硝酸钠5g)	
酒精(70%)	用于浸泡器械(尤其有刃器械);其他可浸湿用品、手臂消毒	浸泡不少于30min;手臂消毒后需用生理盐水冲洗
煤酚皂(来苏儿)	用于环境;不是理想的手术消毒药品	5%溶液浸泡器械30min(使用前冲洗干净才能进入手术区)
甲醛溶液	10%甲醛:用于金属器械、塑料薄膜、橡胶制品及各种导管。需浸泡30min	
	40%甲醛(福尔马林):用于熏蒸消毒	
聚乙烯酮碘(碘伏)	含有效碘9%~12%,刺激性低。对细菌、真菌和病毒杀灭作用很强,对芽孢弱	
	7.5%溶液:消毒皮肤	1%~2%溶液:阴道消毒	0.55%溶液:鼻腔、口腔、阴道黏膜防腐(喷雾)

二、手术人员准备

(一) 手臂消毒

手臂清洗	肥皂反复擦刷	①由下往上顺序:甲缝、指端→手指、指间、手掌、掌背→腕部→前臂→肘部及以上;②时间:5~10min
	流水冲洗	冲洗时手朝上,使水从手部向肘部方向流去→用灭菌巾(或纱布)按擦刷顺序拭干
手臂消毒	浸泡法	常用消毒剂:70%酒精、0.1%新洁尔灭、7.5%聚乙烯酮碘
		浸泡时间不少于5min

(二) 手术服和手套的穿戴注意事项

(1) 穿手术服轻轻抖开手术衣,提起衣领两角,两手插入衣袖内,两臂前伸,让助手协助穿上和系紧背后衣带或腰带。穿带时避免衣服外面朝向自己或碰到其他未消毒、灭菌物品和地面。必要时可加穿消毒过的橡胶或塑料围裙。

(2) 戴手套分干手套和湿手套，兽医临床上多采用湿戴法。没有戴无菌手套的手，只允许接触手套口翻折部，不应碰到手套外面。

(三) 手术人员分工及职责

术者	执刀人，是手术的主要操作和组织者
助手	①协助、配合术者进行手术；②给术者创造最佳操作条件；③可代替术者完成手术
麻醉助手	①麻醉前给药和麻醉用药；②调整麻醉深度，保证手术顺利进行；③监测生理指标以及各种反射；④尽快查明异常原因并纠正
器械助手	①负责器械和敷料供应和传递；②负责术后器械清洁和整理
保定助手	负责手术过程中动物保定

三、手术动物准备

(一) 术前检查

术前检查是制定手术计划的重要依据。

内容	动物病史	临床检查(全身状况，各器官系统状态、现症史)	产乳动物若非紧急手术应避开高产期
	判定动物机能、抵抗力、修复能力	能否经受麻醉和手术刺激	
	动物利用价值和经济价值	保定和麻醉对怀孕动物的影响	

(二) 术野的准备

1. 术部除毛

剃毛范围超出切口周围 20～25cm，小动物 10～15cm。程序：被毛刷洗拭干（肥皂水）→剪毛（逆毛剪短）→剃毛（温肥皂水涂布剪毛区，顺毛剃净）→清水洗净→灭菌纱布拭干。

2. 术部消毒

皮肤消毒	药物：5%碘酊和70%酒精，或10%聚乙烯酮碘溶液	消毒程序	无菌手术：中心→四周	碘酊涂擦完全干后→用70%酒精脱碘
			感染创口：外围→中心	
黏膜消毒	1:1000 新洁尔灭、高锰酸钾、利凡诺溶液、0.05%洗必泰溶液消毒			水洗去黏液及污物→消毒药消毒
	眼结膜：2%～4%硼酸溶液		蹄部：2%煤酚皂温溶液蹄浴	

3. 术部隔离

采用大块有孔创巾覆盖术区，仅在中央露出切口部位，使术部与周围完全隔离。

四、手术室准备

(一) 手术室消毒

手术室清洁卫生→5%石炭酸或3%来苏儿喷洒手术台面、地面、室内空气密闭消毒→通风换气。常用消毒方法分以下几种。

方法	作用	操作要求
紫外光灯照射消毒	杀死一切微生物(细菌、病毒、芽孢和真菌)	非手术时开灯照射 2h，照射距离<1m；活动支架消毒灯最好
化学药物熏蒸消毒	效果可靠，消毒彻底(非手术期间进行)	手术室清洁扫除→门窗关闭(密封)→蒸气熏蒸→通风排气

常用化学药物熏蒸消毒法

甲醛熏蒸法	福尔马林加热法	40%甲醛液 2mL/m³ 加等量水，加热蒸发，持续熏蒸 4h
	福尔马林加氧化剂法	高锰酸钾粉加入甲醛溶液中(按 1m³ 空间高锰酸钾 1g、福尔马林 2mL)→立刻退出手术室(数秒后可产生大量烟雾状甲醛蒸气)，消毒持续 4h
乳酸熏蒸法		乳酸原液 10～20mL/100m³，加等量水加热蒸发，持续 1h

(二) 手术监护设备准备

目的是及时发现动物重要生命功能变化；找出引起功能改变的原因；提供用药依据；监测

麻醉深度。①心电监护仪监测动物心率、心律、体温、呼吸、血压、脉搏及经皮血氧饱和度等。②呼吸机保持呼吸道畅通，改善通气功能，防止呼吸衰竭和抢救呼吸停止。

（三）手术急救药物准备

肾上腺素	①心搏骤停急救药(恢复心跳)；②0.1%盐酸肾上腺素注射液用生理盐水或等渗葡萄糖注射液稀释后静脉滴注；③肾上腺素与洋地黄、氯化钙属配伍禁忌
咖啡因	①中枢抑制、呼吸麻痹的苏醒药。先静注较大剂量→视苏醒情况每1~3h肌注小剂量维持。②内服剂量：马2~6g/次，牛3~8g/次，猪、羊0.5~2g/次，犬0.2~0.5g/次
尼可刹米	①呼吸中枢兴奋药；②皮下、肌肉或静脉注射剂量：马2.5~5g/次，猪、羊0.25~1g/次，犬0.125~0.5g/次；③作用时间短，一次静注维持10~20min
阿托品	用于窦房结传导阻滞、窦性心动过缓、窦性停搏、窦性心动过缓伴心输出量减少、外周循环衰竭等慢性心律失常；腺体分泌过多。皮下注射：0.05mg/kg体重

（钟志军）

第十六章 麻 醉 技 术

考纲考点：（1）麻醉分类和麻醉方法；（2）局部麻醉技术和临床应用；（3）全身麻醉分期、麻醉前用药和苏醒技术。

一、麻醉概述

（一）麻醉分类及常用方法

分局部麻醉和全身麻醉。

1. 局部麻醉

利用药物选择性地暂时阻断神经末梢、神经纤维以及神经干的冲动传导，使其分布或支配的相应组织暂时丧失痛觉的一种麻醉方法。包括表面麻醉、浸润麻醉、传导麻醉和脊髓麻醉等。

2. 全身麻醉

利用药物对中枢神经系统产生广泛抑制作用，从而暂时使机体意识、感觉、反射和肌肉张力部分或全部丧失的一种麻醉方法。

分类	名称	药物或给药方式
药物进入机体方式	吸入麻醉	乙醚、氯仿(易燃和易爆)-氟烷和甲氧氟烷(肝、肾毒性)-安氟醚和异氟醚(如七氟烷和地氟烷,更强调吸入麻醉药可控性)
	非吸入麻醉	静脉内注射、皮下注射、肌内注射、腹腔内注射、口服以及直肠灌注等
使用药物与否	非药物麻醉	电针麻醉(无痛麻醉)和激光麻醉(全身镇痛作用)
	药物麻醉	又根据麻醉药种类、应用顺序等进一步分类

药物麻醉分类方法

麻醉药所用种类	单纯麻醉	只用一种麻醉剂		
	复合麻醉	选用几种麻醉药联合使用(增强麻醉作用,降低毒性和副作用,扩大麻醉应用范围)	混合麻醉	
			合并麻醉	
麻醉药应用顺序	混合麻醉	同时注入两种或数种麻醉剂,如水合氯醛-硫酸镁(或酒精)		
	合并麻醉	先后应用两种或两种以上麻醉剂	在进行合并麻醉时,先用一种中枢神经抑制药(如氯丙嗪)使动物达到浅麻醉(基础麻醉),再用麻醉剂(如水合氯醛)以维持麻醉深度(维持麻醉或强化麻醉)	
	配合麻醉	全身麻醉同时配合应用局部麻醉		
麻醉强度	浅麻醉	少量麻醉剂使动物入睡、反射活动降低或部分消失,肌肉轻微松弛		
	深麻醉	使动物大部分反射消失和肌肉松弛的深睡状态		

分离麻醉：阻断大脑联络径路和丘脑向新皮层的投射，仅短暂和轻微抑制网状激活系统、边缘系统，所以一些保护性反射依然存在，麻醉安全度较高，临床常用氯胺酮。

神经安定镇痛麻醉：以神经安定药（如丁酰苯类）和强效镇痛药为主的复合麻醉，使动物意识不完全消失，反射活动轻度抑制，内环境稳定，且镇痛，称为神经安定镇痛术。再加少量全麻药物和肌松药，使意识消失，肌肉松弛，即可实施手术，称为神经安定镇痛麻醉。

（二）麻醉分期

分期	抑制中枢	表现	
第Ⅰ期（镇痛期）	麻醉开始到意识完全消失前（大脑皮层逐渐被抑制）	焦躁或静卧,痛觉减退,但仍然存在;各种反射存在,站立动物平衡失调	
第Ⅱ期（兴奋期）	意识完全丧失至有节律的深呼吸开始（大脑皮层完全抑制,皮层下中枢失去控制）	呼吸紊乱,血压升高,脉搏加快,瞳孔散大,眼球可震颤;反刍动物和猫动物常分泌大量唾液;猫科、犬科和山羊可能出现呕吐	
第Ⅲ期（手术麻醉期）	有节律的深呼吸开始至呼吸停止前（皮层下中枢被抑制）	兴奋状态消失,痛觉消失	该期根据反射、呼吸和循环抑制程度分为四级（见下表:手术麻醉期的分级）
第Ⅳ期（延髓麻痹期）	延髓抑制	呼吸停止,瞳孔完全散大;脉搏和各种反射全部消失;心脏因缺氧而逐渐停止跳动	

手术麻醉期的分级

第一级	呼吸规律,频率稍快;眼睑反射消失;瞳孔缩小	
第二级	呼吸频率稍慢;角膜反射迟钝至消失（马可持续存在）;肌张力逐渐减弱	
第三级	瞳孔开始散大;腹式呼吸;血压开始下降;脉快而弱;肌肉松弛;瞬膜脱出	
第四级	呼吸逐渐停止;循环显著抑制;肌肉及括约肌完全松弛;尿失禁（尤其母畜）;黏膜发绀;创口血液瘀黑	应立即终止麻醉,进行急救

（三）麻醉监护

采用临床观察和仪器（如血气分析仪、心电监护仪）监测。

项目	意义	影响因素	监测指标
呼吸系统监测	呼吸功能最容易和最先受到影响	麻醉（呼吸抑制→呼吸肌麻痹）,麻醉辅助用药、手术保定、呼吸道疾病等	是否有呼吸道梗阻、机体缺氧或二氧化碳蓄积（动物呼吸类型、呼吸幅度、频率和节律;黏膜、皮肤及术野出血颜色等）
循环系统监测	影响麻醉动物安全和术后恢复	疾病的病理改变;麻醉方法、麻醉药物及其相互作用	血压、心律、毛细血管再充盈时间、心率和强度。血压是心脏功能重要指标（心电仪）。麻醉过浅——血压升高,心率增快;麻醉过深——血压下降
全身状态监测	①神志呆滞（非全身麻醉,严重低血压和缺氧）;②精神兴奋,甚至惊厥（局麻药毒性反应）;③体温下降（多数麻醉药物会降低动物基础代谢）,体温下降到一定程度,动物对麻醉的耐受能力降低,苏醒时间也延长		
苏醒期监测	在麻醉苏醒期,麻醉药对动物的生理影响并未完全消除,动物的呼吸及循环功能仍处于不稳定状态,各种保护性反射并未完全恢复,存在潜在的危险		

二、局部麻醉技术

（一）局部麻醉

适应证	麻醉效果	用法
局部浅表手术	动物意识清醒;简便易行、安全有效、并发症少	牛、羊、猪手术中常使用麻醉前用药配合局部麻醉;手术时应注意保定,必要时配合镇静剂

（二）表面麻醉技术

适应证	用途用法	
黏膜麻醉	眼、鼻、咽喉、气管、尿道等浅表手术或检查（1%~2%丁卡因或2%~4%利多卡因涂布、填塞或喷雾）	
	滴眼（滴于结膜囊内）——0.5%~1%丁卡因	

（三）浸润麻醉技术

	方法	将针头插至所需深度,然后边抽边退针头注药
将药物注射于手术区组织内,阻滞神经末梢而达到麻醉	方式	直线浸润、菱形浸润、扇形浸润、基部浸润、分层浸润等
	药物	0.5%普鲁卡因或0.25%~0.5%利多卡因　　分层浸润:用0.25%普鲁卡因
	注意事项	①药液需有一定容积（在组织内形成张力）,以增强麻醉效果;②避免用药量超过一次限量（大动物普鲁卡因总剂量不超过2g）,可降低药液浓度;③药液中加入肾上腺素（0.005%~0.01%）,可减缓局部麻醉药的吸收,延长作用时间;④不能注入血管内

(四) 传导麻醉技术

神经阻滞、区域麻醉或神经干麻醉：在神经干、丛、节周围注射局部麻醉药物，阻滞其冲动传导，使其支配区域暂时丧失痛觉的一种方法	特点	只需少量麻醉药便可产生较大区域的麻醉
	适应证	跛行诊断、四肢手术及腹部外科手术等
	常用药液	2%利多卡因或2%～5%普鲁卡因，其浓度及用量常与所麻醉神经的大小成正比

(五) 脊髓麻醉技术

将药注射到椎管内，阻滞脊神经传导，使其所支配区域无痛的一种方法。分硬膜外腔麻醉和蛛网膜下腔麻醉（脊髓麻醉），临床上多采用前者。脊髓麻醉时，动物神志清醒，镇痛效果确切，肌肉松弛良好，但对生理功能有一定影响，也不能完全消除内脏牵拉反应。

1. 硬膜外腔麻醉

将药物注射到脊硬膜外腔，阻滞部分脊神经传导功能，使其所支配区域感觉或运动功能消失的麻醉方法。

（1）荐尾硬膜外腔麻醉

部位	第一、二尾椎间隙（牛和马）	用一手举尾，上下晃动，用另一手指端抵于尾根背部中线上，探知尾根固定部分与活动部分之间的横沟（即在第一、第二尾椎间隙），在横沟与中线的相交点为刺入点
注射方法		①尾根术部剪毛、消毒；②针头垂直刺入皮肤后针尖稍向前方做45°～60°角倾斜，向前下方刺入3～4cm深即刺入硬膜外腔（穿过弓间韧带时有一种破裂音的感觉，随后阻力降低），再深入即可触及坚硬的尾椎骨体；③稍退针头并接上注射器，如回抽无血即可注入药液（位置正确，药液注入无过大阻力）
药量		牛：2%～4%普鲁卡因10～15mL；2%利多卡因5～10mL。马：3%普鲁卡因5～10mL；2%利多卡因5～10mL。山羊和绵羊：2%～3%普鲁卡因3～5mL；1%～2%利多卡因2～5mL

（2）腰荐硬膜外腔麻醉 犬、猫、猪、反刍动物和马等均可采用。最好选用椎管注射针头（短斜面带有管芯针），小心谨慎地把针头刺入硬膜外腔内。

动物	保定	注射部位	药物及剂量
马	站立或侧卧	背正中线与两髂骨内角连线交点	2%普鲁卡因溶液50～100mL
牛		背正中线与两髂骨外结节连线交点稍后方	
羊	侧卧；使背部弯曲	脊中线与两髂前缘连线交点稍后方，紧靠最后腰椎棘突后方，针头稍向前刺入	4%普鲁卡因或2%利多卡因5～12mL
猪	侧卧或站立	两髋骨连线中点后方2.5～5cm处，针头稍向前下方刺入，一般深度为5～10cm	2%普鲁卡因0.2mL/kg或2%利多卡因0.12mL/kg
犬	麻醉前镇静剂	以左手拇指和中指置于两侧髋崤上，食指在第7腰椎棘突结节后方中央触摸腰荐间隙。针头稍倾斜前刺入	2%利多卡因0.2mL/kg体重
猫	胸腹卧镇静剂	背正中线上触摸腰荐凹陷，在其前缘正后方垂直刺入	在针达准确位置和开始注射时，猫尾常作纤维性颤动

2. 蛛网膜下腔麻醉

将药物注入蛛网膜下腔，阻断部分脊神经传导而引起相应支配区域麻醉。

三、全身麻醉技术

(一) 麻醉前用药

目的：麻醉前用药有利于动物保定；增强全身麻醉效果，减少全麻药用量及副作用；提高患病动物痛阈，缓解或解除原发疾病或麻醉前有创操作引起的疼痛；抑制呼吸道腺体分泌，减少唾液分泌；消除手术或麻醉不良反应，抑制交感神经兴奋（疼痛），以维持血液动力学稳定。

常用麻醉前用药种类及剂量

阿托品	各种动物0.02～0.05mg/kg体重，肌内、皮下或静脉注射
安定注射液	肌注，牛、羊、猪0.5～1.0mg/kg体重，马0.1～0.6mg/kg体重
氯丙嗪	肌注，牛1.0～2.0mg/kg体重，马1.0～4.0mg/kg体重，羊、犬、猫、猪2.0mg/kg体重。静注，牛0.2～1.0mg/kg体重，马0.2mg/kg体重，羊、犬、猫、猪1.0mg/kg体重
乙酰丙嗪	肌内注射，马、牛0.05～0.1mg/kg体重，猪、羊、犬、猫0.5～1.0mg/kg体重
吗啡	静注，马10～20mg/kg体重；肌注，犬2～4mg/kg体重，兔3～5mg/kg体重；反刍动物、猪、猫慎用

续表

杜冷丁	镇痛、减少全麻药量和、减轻术后疼痛。肌注,马1~4mg/kg,犬10~15mg/kg
隆朋	强效镇静剂和镇痛剂。静注,马0.5~1.0mg/kg体重,牛0.03~0.1mg/kg体重,绵羊0.05~0.1mg/kg体重,山羊0.01~0.5mg/kg体重,犬和猫0.5~1.0mg/kg体重;肌注,猪2~3mg/kg体重,其他动物按静注量加倍

(二) 吸入麻醉药物

常用吸入麻醉药物的临床应用:异氟醚、七氟醚、地氟醚已接近理想吸入麻醉药。

乙醚	用途:小动物开放式麻醉	麻醉性能弱;麻醉诱导和术后复苏时间均较长。安全范围比较广。宜采用新开瓶的乙醚(久置有毒)
安氟醚(恩氟烷)		麻醉性能较强;麻醉诱导和术后复苏平稳。使眼压降低,对眼内手术有利
异氟醚(异氟烷)		麻醉性能强
七氟烷和地氟烷		诱导迅速、苏醒快、对循环功能影响小。目前开始用于人医临床
氧化亚氮		为麻醉性能较弱的气体麻醉药,N_2O在动物较少使用

(三) 注射用麻醉药物的临床应用

1. 巴比妥类

药物名称	特点及用途	用法用量
硫喷妥钠	①短时手术(超短效);②诱导麻醉和维持麻醉(静注,与镇静剂及镇痛药如氯丙嗪、吗啡等,肌肉松弛药)配合应用	马,硫喷妥钠7.5~15mg/kg体重,用生理盐水配成10%溶液,30s内静注完毕,可获得10min以上的手术时间
戊巴比妥钠	中效类;无兴奋期,麻醉期长(平均30min),但苏醒期长(4~18h),显著抑制呼吸,较少单独作马全身麻醉药。常与氯丙嗪、水合氯醛、硫喷妥钠等对成年马进行复合麻醉	用生理盐水配成5%溶液,灭菌后做静脉内或肌内注射

2. 非巴比妥类

	特点	良好催眠剂,镇痛效力较差;深麻醉时安全范围较窄,全麻时苏醒期常延至数小时
水合氯醛 (5%~10% 注射液)	制剂	水合氯醛酒精注射液(水合氯醛5%,酒精12.5%)　　水合氯醛硫酸镁注射液(水合氯醛8%,硫酸镁5%)
	应用及注意事项	①刺激性大(避免漏出),内服或灌肠时,加黏糊剂配成1%~3%溶液。②常用阿托品作麻醉前用药(抑制流涎)。③采用浅麻醉配合局部麻醉进行手术,安定药(或氯丙嗪)作麻醉前用药。④用水合氯醛-硫酸镁-戊巴比妥钠合剂,可使苏醒情况平稳,免除兴奋期,扩大安全范围。⑤注意保温(麻醉中与麻醉后)
隆朋(2%~10% 盐酸盐水溶液)	特点	起效快,镇静维持1~2h,镇痛持续15~30min;安全范围较大,毒性低,无蓄积作用;但反刍动物(包括鹿)较敏感
	应用	麻醉前给药,再施以吸入麻醉,对牛、马等均可用
静松灵		我国合成产品,本品与隆朋有相同的作用和特点
氯胺酮		根据使用剂量不同,可产生镇静、催眠、麻醉作用。用于马、猪、羊、犬、猫及多种野生动物的化学保定、基础麻醉和全身麻醉
	注意事项	①静脉注射时速度应缓慢;②猪易出现苏醒期兴奋(与硫喷妥钠合用可以消除);③灵长类如猴和猩猩对本品较敏感,用药后性情变温驯;④对鹿科动物效果较好,对牛、马安全性较低,常和隆朋配合使用;⑤本品肌内注射与芬太尼(0.02~0.04mg/kg)配伍应用,可收到良好的保定和麻醉效果
速眠新 (846合剂)	组成及作用	由静松灵、二氢埃托菲和氟哌啶醇构成;二氢埃托菲为强镇痛药,氟哌啶醇为强镇静药。有良好的镇静、镇痛和肌松作用
	应用	犬、猫应用广泛,也可用于马、牛、熊、羊、猴、兔、鼠等
	剂量	马0.01~0.015mL/kg,牛0.005~0.015mL/kg,羊、犬、猴0.05mL/kg,猫、兔0.05~0.1mL/kg,熊0.02~0.05mL/kg,鼠0.5~1mL/kg
	注意事项	本品与氯胺酮、巴比妥类药物有协同作用,对动物心血管和呼吸系统有一定抑制作用(阿托品、东莨菪碱有缓解作用)。特效解救药为苏醒灵3号或4号,以(1~1.5):1(容量比)肌内注射或静脉注射,可很快逆转其作用

(四) 苏醒技术

1. 基本检查

包括呼吸、脉搏、可视黏膜颜色、毛细血管再充盈时间、意识、眼睑反射、角膜反射、瞳孔大小以及对光反射等检查。最好在 1min 内完成,主要评价呼吸功能和心脏循环系统功能。

2. 心肺复苏技术

紧急情况下正确、顺利实施心肺复苏。心肺复苏分为呼吸道畅通、人工通气、建立人工循环、药物治疗和后期复苏处理等阶段。

(五) 麻醉后护理

全身麻醉后,注意动物保温(防感冒)。术后 24h 内观察体温、呼吸和心血管变化;若发现异常,尽快找出原因。防止肾脏衰竭,纠正水、电解质以及酸碱平衡。防止脑水肿、脑缺血以及感染等。

(钟志军)

第十七章 手术基本操作

考纲考点：(1) 组织切开原则和分离技术。(2) 临床中出血种类、止血方法。(3) 缝合方法、材料选择以及拆线方法。重点掌握软组织缝合方法如单纯缝合、内翻缝合、外翻缝合等。(4) 包扎和引流的适应证、类型以及临床应用。

一、组织切开

组织切开指用机械方法（刀、钳、剪、锯等）和物理方法（高频电刀、激光手术刀、等离子手术刀、冷冻超声手术刀等）遵循术部的解剖生理特点，将完整的组织切开或分离，以造成手术通路，显露某一器官或病变组织，从而达到治疗疾病的目的。

（一）软组织切开技术（切口选择）

组织切开原则	①接近病变部位,直达手术区;②避免损伤大血管、神经和腺体输出管;③有利于创液(脓汁)排出;④二次手术时,避免在瘢痕上切开	
	体侧或颈侧切口：垂直于地面或斜行切口	体背、颈背和腹下切口：纵行切开
组织切开注意事项	①切口大小恰当;②逐层切开;③切口内外大小相同;④防污染(切开两侧用无菌巾覆盖、固定);⑤组织切口整齐,力求一次切开(手术刀与皮肤、肌肉垂直);⑥切开深部筋膜:先切一小口→止血钳分离→剪开;⑦切开肌肉:沿肌纤维方向用刀柄或手指分离(少作切断);⑧切开腹膜、胸膜,防止内脏损伤;⑨切割骨组织:先切割分离骨膜(尽可能保存健康部分,以利骨组织愈合)。进行手术时,需借助拉钩等帮助显露	

（二）组织分离

1. 分离方法分类

项目	锐性分离	钝性分离（剥离）
用途	致密组织如腱膜、鞘膜和瘢痕组织	瘢痕较大、粘连过多或血管、神经丰富部位不宜采用
常用器械	锐利刀刃或剪刀	刀柄、止血钳、剥离器及手指
方法	①刀分离:以刀刃沿组织间隙作垂直、轻巧、短距离切开；②剪刀分离:以剪刀尖端伸入组织间隙内(不宜过深)→张开剪柄分离组织→剪断	将器械或手指插入组织间隙内→分离周围组织
优点	组织损伤较小,术后组织反应少,愈合较快	组织损伤较重,术后组织反应较重,愈合较慢

2. 组织分离方法

组织分割宜逐层分离（只有浅层脓肿，采用一次切开）。

皮下疏松结缔组织分离	钝性分离：刺破组织→手术刀柄、止血钳或手指进行剥离
筋膜和腱膜分离	刀在中央作一小切口→弯止血钳在切口上、下将筋膜下组织与筋膜分开
肌肉分离	钝性分离(顺肌纤维方向)。肌肉较厚并含大量腱质,横断切开
腹膜切开	用组织钳或止血钳提起腹膜作一小切口→利用食指和中指或有沟探针引导→用手术刀或剪分割
肠管切开	肠管侧壁切开:于肠管纵带或肠系膜对侧纵行切开
索状组织分离	手术刀(剪)锐性切断或刮断、拧断(减少出血)——如精索

3. 骨组织分割

骨膜分离	用手术刀切开骨膜(切成"十"或"工"字形)→用骨膜分离器分离骨膜	
骨组织分离	骨剪剪断,骨锯锯断	锯(剪)断骨组织(不伤及骨膜)→用骨锉锉平断端锐缘(防伤软组织)→清除骨片	器械:圆锯、线锯、骨钻、骨凿、骨剪、骨匙及骨膜剥离器等

4. 蹄和角质分离

蹄角质用蹄刀、蹄刮挖除。浸软的蹄壁用柳叶刀切削。闭合蹄壁上的裂口可用骨钻、锔子钳和锔子。截断牛羊角用骨锯或断角器。

二、止血

(一) 出血种类

1. 按受伤血管的不同分类

类别	出血特征	危害
动脉出血	血液鲜红,呈喷射状流出,喷射线与心搏动一致。自血管断端近心端流出,指压近心端,搏动性血流立即停止,反之则出血状况无改变	出血性休克,甚至死亡
静脉出血	暗红或紫红,均匀不断地缓慢泉涌状流出。血管远心端出血较近心端多;指压远心端,则出血停止,反之出血加剧	转归不定
毛细血管出血	色泽介于动、静脉血液之间,多呈渗出性点状出血。一般可自行止血或稍压迫即止血	易止血
实质出血	实质器官、骨松质及海绵组织损伤,为混合性出血(血液自小动脉与小静脉内流出);血液颜色和静脉血相似	易大失血威胁生命

2. 按出血后血液流至部位不同分类

外出血	血液由创伤或天然孔流到体外(鼻、肺、胃肠、膀胱、子宫等出血)
内出血	血液积聚在组织内或腔体中(如胸腔、腹腔、关节腔、肌肉、皮下等处)

3. 按出血次数和时间分类

初次出血、二次出血(动脉)、重复出血(破溃肿瘤)、延期出血。

(二) 常用止血方法

1. 全身预防性止血法

(1) 输血术前输血目的是减少出血(提高血液凝固性,血管痉挛性收缩)。术前30～60min,输入同种动物同种血型,牛、马500～1000mL;猪、羊200～300mL;犬5～7mL/kg。

(2) 注射增加血液凝固性以及血管收缩的药物。

药物	用法	原理
0.3%凝血质	肌注	促进血液凝固
维生素K	肌注	促进血液凝固,增加凝血酶原
安络血	肌注	增强毛细血管收缩力,降低毛细血管渗透性
止血敏	肌注	增强血小板机能及粘合力,减少毛细血管渗透性
对羧基苄胺(抗血纤溶芳酸)	肌注或缓慢静注	抑制纤维蛋白的激活因子,使纤维蛋白溶酶原不能转变成纤维蛋白溶解酶,从而减少纤维蛋白的溶解而发挥止血作用

2. 局部预防性止血法

肾上腺素止血	收缩血管,常配合局部麻醉进行	0.1%肾上腺素溶液2mL+普鲁卡因溶液1000mL,可维持20min至2h	手术局部有炎症,可减弱肾上腺素的作用,或可能发生二次出血
止血带止血	四肢、阴茎和尾部手术。可暂时阻断血流	用橡皮管止血带或其代用品(绳索、绷带)时,局部应垫以纱布或手术巾(防损伤局部组织、血管及神经)	

橡皮管止血带的装置:用足够压力(以止血带远侧端脉搏消失为度),于手术部位上1/3处缠绕数周固定。保留时间<2～3h,冬季<40～60min。若此时间内手术尚未完成,可将止血带临时松开10～30s,然后重新缠扎。松开止血带时,宜用多次"松、紧、松、紧"的办法,严禁一次松开。

(三) 手术过程中止血法

1. 机械止血法

压迫止血	纱布块或泡沫塑料(温生理盐水、1%～2%麻黄素、0.1%肾上腺素、2%氯化钙溶液浸湿后拧干)压迫。要领:按压,不可擦拭	适应证:毛细血管渗血和小血管出血

续表

钳夹止血	止血钳最前端夹住血管断端	要领：垂直血管钳夹，钳夹组织要少	
钳夹扭转止血	止血钳夹住血管断端，扭转止血钳1~2圈，轻轻去钳	适应证：小血管出血	若钳夹扭转不能止血，应结扎止血
钳夹结扎止血	常用而可靠的止血法	适应证：明显而较大血管出血	
	①单纯结扎止血：用丝线绕过止血钳所夹住的血管及少量组织而结扎		
	②贯穿结扎止血：结扎线用缝针穿过所钳夹组织（勿穿透血管）后进行结扎	分为："8"字缝合结扎；单纯贯穿结扎	
创内留钳止血	止血钳夹住创伤深部血管断端，并将止血钳留在创伤内24~48h	适应证：大动物去势后继发精索内动脉大出血	
填塞止血	用灭菌纱布紧塞于出血创腔或解剖腔内，压迫血管断端	适应证：深部大血管出血，一时找不到血管断端，钳夹或结扎止血困难时	

2. 电凝及烧烙止血法

（1）电凝止血利用高频电流凝固组织而达到止血目的。

（2）烧烙止血用电烧烙器或烙铁烧烙使血管断端收缩封闭而止血。

3. 局部化学及生物学止血法

① 麻黄素、肾上腺素止血（见压迫止血）。

② 止血明胶海绵止血：用于一般方法难以止血的创面出血，实质器官、骨松质及海绵质出血。

③ 活组织填塞止血：用自体组织如网膜，填塞于出血部位。常用于实质器官止血。

④ 骨蜡止血：常用骨蜡制止骨质渗血，用于骨手术和断角术。

三、缝合

（一）缝合基本原则

遵循以下原则：①无菌操作；②缝合前彻底清创（止血，清除凝血块、异物及无活性组织）；③边距（进针或出针点距创缘的距离）有一定长度且基本相等；④针距（同侧两针间的距离）相等（防止创伤形成皱襞和裂隙）；⑤创缘、创壁密切均匀对合（皮肤创缘不得内翻；创伤深部不留死腔、积血和积液）；⑥密闭缝合（无菌手术创或非污染的新鲜创）或部分缝合（化脓腐败过程、具有深创囊的创伤）；⑦同层组织相缝合；⑧缝合、打结松紧适度（结打在切口同侧，不能打在切口上）；⑨可多层缝合；⑩缝合感染及时处理（迅速拆除部分缝线，以便排出创液）。

（二）缝合材料

按照缝合材料在动物体内能否被吸收（60天时张力强度是否丧失）分为吸收性和非吸收性缝合材料。按材料来源分天然缝合材料和人造缝合材料。

材料	适应证	注意事项
肠线	胃肠、泌尿生殖道等空腔器官	不用于胰脏手术；易诱发组织炎症；张力强度丧失较快；有毛细管现象，偶有过敏反应
丝线	广泛应用；价廉、张力强度高、操作方便、打结确实	不用于空腔器官的黏膜层缝合（形成溃疡、结石）；不能缝合被污染或感染的创伤
不锈钢丝	愈合缓慢组织（如筋膜、肌腱）的缝合；皮肤减张缝合	植入组织内不引起炎症反应；张力强度高
尼龙缝线	单丝：血管缝合　　张力强	无毛细管现象，在污染的组织内感染率较低
	多丝：皮肤缝合　　无炎症	不用于浆膜腔和滑膜腔缝合；需打三叠结
组织黏合剂	氰基丙烯酸酯类黏合剂；口腔和肠管吻合术	

选择缝合材料的原则：缝合材料张力强度丧失应该和被缝合组织获得张力强度相适应；缝线机械特性应与被缝合的组织特性相适应；不同的组织使用不同的缝合材料。

部位	缝线选择	缝合组织	缝线选择
皮肤缝合	丝线、尼龙等非吸收性缝线	皮下组织、筋膜（张力小）	人造可吸收性缝线
肌肉缝合	人造可吸收性或非吸收性缝线	筋膜、腹壁（张力大，愈合慢）	尼龙等非吸收性缝线
空腔器官	肠线、聚乙醇酸缝线；单丝非吸收性缝线	腱修补	尼龙缝线、不锈钢丝
血管缝合	聚丙烯缝线、尼龙缝线	神经缝合	尼龙和聚丙烯缝线

(三) 缝合方法分类

包括软组织和硬组织缝合。软组织缝合分单纯缝合、内翻缝合、外翻缝合三类，每一类又包括间断缝合和连续缝合。

1. 单纯间断缝合（结节缝合）

方法：每缝一针打一结（于创缘一侧垂直进针，对侧相应部位垂直出针后打结）。

缝合要求：①边距，小动物 3～5mm，大动物 8～12mm；②针距（根据创缘张力决定，使创缘彼此对合），一般间距 0.5～1.5cm。

适应证：皮肤、皮下组织、筋膜、黏膜、血管、神经、胃肠道缝合。

2. 单纯连续缝合

方法：用一条长的缝线自始至终连续缝合一个创口，最后打结，又称为螺旋连续缝合。

适应证：具有弹性、无太大张力的较长创口（腹膜、皮下组织、筋膜、血管、胃肠道）。

3. 表皮下缝合

方法：在切口一端刺入真皮下，再翻转缝针刺入另一侧真皮，在组织深处打结。应用连续水平褥式缝合平行切口。最后缝针翻转刺向对侧真皮下打结，结埋置在深部组织内。

适应证：小动物表皮下缝合。

材料：可吸收性缝合材料。

4. 挤压缝合

方法：缝针刺入浆膜、肌层、黏膜下层和黏膜层进入肠腔，越过切口前从肠腔再刺入黏膜到黏膜下层；越过切口，在对侧从黏膜下层刺入黏膜层进入肠腔，再刺透肠管全层至肠表面。两端缝线拉紧、打结。

适应证：肠管吻合的单层间断缝合。

特点：使浆膜、肌层对接，而黏膜、黏膜下层内翻，防止肠内容物泄漏，保持正常的肠腔容积而防止肠管狭窄。

5. 十字缝合

方法：第一针缝针从一侧到另一侧作结节缝合，第二针平行第一针从一侧到另一侧穿过切口，缝线的两端在切口上交叉形成 X 形，拉紧打结。

适应证：张力较大的皮肤缝合。

6. 连续锁边缝合

与单纯连续缝合基本相似，缝合时每次将缝线交锁。

特点：创缘对合良好，使每一针缝线在进行下一次缝合前得以固定。

适应证：皮肤直线形切口及薄而活动性较大部位的缝合。

7. 伦勃特氏缝合

胃肠手术的传统缝合方法（缝合胃肠浆膜肌层），又称垂直褥式内翻缝合法。分间断与连续两种，常用间断伦勃特氏缝合法。

① 间断伦勃特氏缝合缝线分别穿过切口两侧浆膜及肌层再打结，使部分浆膜内翻对合。

② 连续伦勃特氏缝合于切口一端开始，先作一浆膜肌层间断内翻缝合，再用同一缝线作浆膜肌层连续缝合至切口另一端。

8. 库兴氏缝合

库兴氏缝合又称连续水平褥式内翻缝合，从伦勃特氏缝合演变而来。于切口一端开始做一浆膜肌层间断内翻缝合，再用同一缝线平行切口做浆膜肌层连续缝合至切口另一端。

适应证：胃、子宫浆膜肌层缝合。

9. 康乃尔氏缝合

与连续水平褥式内翻缝合相同，仅在缝合时缝针贯穿全层组织，将缝线拉紧时，则组织内翻。

适应证：胃、肠、子宫壁缝合。

10. 间断垂直褥式缝合

这是一种减张缝合。

方法：针刺入皮肤，距离创缘约 8mm，创缘相互对合，越过切口到相应对侧刺出皮肤。然后缝针翻转在同侧距切口约 4mm 刺入皮肤，越过切口到相应对侧距切口约 4mm 刺出皮肤，与另一端缝线打结。

要求：缝针刺入皮肤时，只能刺入真皮下，接近切口的两侧刺入点要求接近切口，皮肤创缘对合良好，不出现外翻。针距 5mm。

11. 间断水平褥式缝合

这是一种减张缝合。

方法：针刺入皮肤，距创缘 2～3mm，创缘相互对合，越过切口到对侧相应部位刺出皮肤，然后缝线与切口平行向前约 8mm，再刺入皮肤，越过切口到相应对侧刺出皮肤，与另一端缝线打结。

要求：与间断垂直褥式缝合相同，每个水平褥式缝合间距为 4mm。

适应证：马、牛和犬的皮肤缝合。

12. 近远-远近缝合

第一针接近创缘垂直刺入皮肤，越过创底，到对侧距切口较远处垂直刺出皮肤。翻转缝针，越过创口到第一针刺入侧，距创缘较远处，垂直刺入皮肤，越过创底，到对侧距创缘近处垂直刺出皮肤，与第一针缝线末端拉紧打结。

13. 骨缝合

应用不锈钢丝或其他金属丝进行全环扎术和半环扎术。

四、打结方法

1. 常用结及打结方法

结分方结、三叠结和外科结。常用打结方法分单手打结、双手打结和器械打结。

2. 外科打结注意事项

① 三点一线打结收紧时要求三点成一直线，即左、右手的用力点与结扎点成一直线，不可成角向上提起，否则使结扎点容易撕脱或结松脱。

② 两手交叉无论用何种方法打结，第一结和第二结的方向不能相同，即两手需交叉，否则即成假结。

③ 用力均匀打结时要求两手用力均匀。两手距离不宜离线太远，特别是深部打结时，最好用两手食指伸到结旁，以指尖顶住双线，两手握住线端，徐徐拉紧，否则易松脱。

埋在组织内的结扎线头，在不引起结松脱的原则下，剪短以减少组织内的异物。丝线、棉线一般留 3～5mm，较大血管的结扎应略长，以防滑脱，肠线留 4～6mm，不锈钢丝 5～10mm，并应将钢丝头扭转埋入组织中。

五、拆线方法

拆线是指拆除皮肤缝线。

拆除时间	一般选择在术后 7～8 天。①营养不良、贫血、老龄动物、缝合部位活动性较大、创缘呈紧张状态等，应适当延长拆线时间；②创伤已化脓或创缘已被缝线撕断不起缝合作用时，需要随时拆除全部或部分缝线
拆线方法	用碘酊消毒创口、缝线及创口周围皮肤；将线结用镊子轻轻提起，剪刀插入线结下，紧贴针眼将线剪断；拉出缝线(拉线方向应向拆线一侧，动作轻巧，如强行向对侧硬拉，则可能将伤口拉开)；再次用碘酊消毒创口及周围皮肤

六、引流与包扎

（一）引流

引流是使器官组织腔隙的渗出液或体腔的内容物引出体外的方法。其作用：①排出体内不适当蓄积的炎性渗出液、消化液、血液和坏死组织；②促使脓腔或手术野死腔缩小或闭合。但如果引流不当,也会引起感染和并发症。因此,每次手术是否需要引流,应严格掌握适应证。

1. 适应证

用于治疗的适应证	①皮肤和皮下组织切口严重污染,经清创处理仍不能控制感染时(一般引流24～72h);②脓肿切开排脓后;③广泛剥离的渗血渗液创面;④消化道破裂或瘘管
用于预防的适应证	①切口内渗血,尤其有形成残腔可能时(一般需引流24～48h);②愈合缓慢的创伤;③手术或吻合部位有内容物漏出可能时;④胆囊、胆管、输尿管等器官手术

2. 引流物种类、应用及注意事项

引流物种类和应用	①乳胶片:用于浅表伤口的引流;②管状乳胶片:用于腹腔和盆腔引流;③纱条引流:常用于表浅化脓伤口,特制的碘仿纱条可用于引流慢性脓腔;④引流管:多用于深部组织或体腔引流
注意事项	①选择引流类型和大小应该根据适应证、引流管性能和创液排出量决定。②放置引流的位置要正确(一般脓腔和体腔内引流出口尽可能放在低位;手术切口内引流应放在创腔的最低位)。③引流管要妥善固定(不论深部或浅部引流,都需要在体外固定,防止滑脱、落入体腔或创伤内)。④引流管必须保持畅通(注意不要压迫、扭曲引流管;引流管不能被血凝块、坏死组织堵塞)

(二) 包扎法

包扎法是利用敷料、绷带等材料进行包扎止血、保护创面、防止自我损伤、吸收创液、限制活动、保持创伤安静、促进受伤组织愈合的治疗方法。

1. 包扎法的类型

干绷带法	干敷法(临床最常用)。凡敷料不与其下层组织粘连均可用此法。有利于减轻局部肿胀,吸收创液,保持创缘对合,提供干净的环境,促使愈合
湿绷带法	用于严重感染、脓汁多和组织水肿的创伤。有助于除去创内湿性组织坏死,降低分泌物黏性,促进引流。根据局部炎症的性质,可采用冷、热敷包扎
生物学敷法	指皮肤移植。将健康的动物皮肤移植到缺损处,清除创面,加速愈合,减少瘢痕的形成
硬绷带法	指夹板和石膏绷带等。可限制动物活动,减轻疼痛,降低创伤应激,缓解缝线张力,防止创口裂开和术后肿胀等

2. 基本包扎法

卷轴绷带常用于动物四肢游离部、尾部、角头部、胸部和腹部等。卷轴绷带基本包扎法分以下几种:

环形包扎法	用于其他形式包扎的起始和结尾,以及用于系部、掌部、跖部等较小创口的包扎
	方法:在患部将卷轴绷带呈环形缠数周(每周盖住前一周),最后将绷带末端剪开打结或以胶布加以固定
螺旋形包扎法	以螺旋形由下缠绕,后一圈遮盖前一圈1/3～1/2。用于掌部、跖部及尾部等的包扎
折转包扎法	又称螺旋回反包扎。用于上粗下细圈不一致的部位,如前臂和小腿部
	方法:由下向上作螺旋形包扎,每一圈均应向下回折,逐圈遮盖上圈的1/3～1/2
蛇形包扎	或称蔓延包扎。斜向向上延伸,各圈互不遮盖。用于固定夹板绷带的衬垫材料
交叉包扎法	又称"8"字形包扎。用于腕、跗、球关节等部位方便关节屈曲
	方法:在关节下方作一环形带,然后在关节前面斜向关节上方,做一周环形带后再斜行经过关节前面至关节之下方。如上操作至患部完全包扎,最后以环形绷带结束

3. 临床常用绷带

(1) 卷轴绷带(绷带或卷轴带)

纱布绷带	临床中常用绷带,有多种规格(长度一般6m,宽度分3cm、5cm、7cm、10cm和15cm不等)。纱布绷带质地柔软,压力均匀,价格便宜,但使用时易起皱、滑脱
棉布绷带	用本色棉布制作。因其原料厚、坚固耐洗,施加压力不变形或断裂。常用以固定夹板、肢体等
弹力绷带	一种弹性网状织品。质地柔软,包扎后有伸缩力。常用于烧伤、关节损伤等。不与皮肤、被毛粘连,故拆除时动物无不适感
胶带(胶布或橡皮膏)	目前多数胶带为多孔(透气性好),免除创口因潮湿不透气而影响蒸发。难撕开,需用剪刀剪断。通常在局部剪剃被毛,盖上敷料后,用胶布条粘贴在敷料及皮肤上将其固定,也可在使用纱布或棉布绷带后,再用胶带缠绕固定

(2) 复绷带和结系绷带

复绷带	按动物一定部位的形状而缝制,具有一定结构、大小的双层盖布,在盖布上缝合若干布条以便打结固定
结系绷带	又称缝合包扎。用缝线代替绷带固定敷料的一种保护手术创口或减轻伤口张力的绷带。方法:在圆枕缝合的基础上,利用游离线尾将若干层灭菌纱布固定在圆枕之间和创口上

(3) 夹板绷带和支架绷带

夹板绷带	起制动作用的绷带。①临时夹板绷带(骨折、关节脱位时的紧急救治);②预制夹板绷带(较长时期的制动)	包扎方法:患部皮肤刷净→包上较厚衬垫(棉花、纱布棉花垫或毡片等)→固定(蛇形或螺旋形包扎法)→装置夹板→捆绑固定(绷带螺旋包扎或结实细绳)
	夹板宽度视需要而定,长度应达与骨折部相邻的上下两个关节,使上下两个关节同时得到固定,同时又要短于衬垫材料,避免夹板两端损伤皮肤	
支架绷带	在绷带内作为固定敷料的支持装置	①套有橡皮管的软金属或细绳构成的支架:动物四肢固定(牢靠地固定敷料);②改良托马斯氏支架绷带:小动物四肢固定(其支架多用铝棒自制);③被纱布包住的弓状金属支架:应用在鬐甲、腰背部固定
		特点:具有防止摩擦、保护创伤、保持创伤安静和通气作用

(4) 石膏绷带

在淀粉液浆制过的大网眼纱布上加上锻制石膏粉制成。该绷带用水浸后质地柔软,可塑制成任何形状敷于伤肢,一般十几分钟后开始硬化,干燥后成为坚固的石膏夹。石膏绷带应用于整复后的骨折、脱位的外固定或矫形都可收到满意的效果。

(钟志军)

第十八章 外科手术技术

第一节 头部手术

考纲考点：(1) 头部手术的适应证，特殊手术器械及麻醉方法；(2) 手术的术式；(3) 术后护理要点。

一、头骨手术

（一）牛断角术

1. 适应证及术前准备

适应证	①性情恶劣牛；②牛角不正性弯曲（损伤眼或其他软组织）；③角部复杂性骨折	
特殊器材	特制断角器或骨锯、链锯或烙铁等；骨蜡	
保定与麻醉	柱栏内站立保定（头部保定确实）	
	角神经传导麻醉：注射点在额骨外缘稍下方，眶上突基部与角根之间。术者感知额骨下外侧嵴，确认注射针尖在其下方。刺入深度1～3cm，注入2%盐酸普鲁卡因10～15mL，5～10min后产生麻醉	术中仍有疼痛，使用乙酰丙嗪或静松灵等减轻疼痛，或采用沿切线进行皮肤与骨膜的浸润麻醉等
		必要时用隆朋或速眠新作全身麻醉

2. 术式

① 观血断角术（低位断角术）靠近角根部的预断角处消毒→断角器（锯）迅速锯断全部角组织→灭菌纱布压迫角根断端（或用手指压迫角基动脉或骨蜡涂抹断端）→撒布含磺胺粉（或碘硼合剂）的灭菌纱布覆盖角的断面→装置角绷带→绷带外涂抹松馏油。

② 无血断角术（高位断角术）位置在最上角轮和角尖之间。不需止血和装角绷带。

3. 术后护理

术后注意绷带松脱，1～2月后断端角窦被新生角质组织充满。

（二）马副鼻窦圆锯术

1. 适应证及术前准备

适应证	①副鼻窦化脓性炎症；②副鼻窦内有肿瘤、寄生虫、异物；③齿源性上颌窦炎
特殊器械	圆锯、骨膜剥离器、球头刮刀及骨螺子等
保定与麻醉	柱栏内站立保定（头部保定确实）。局部浸润麻醉（齿源性上颌窦炎需拔牙者，应全身麻醉，侧卧保定）。少数烈性马可用少量水合氯醛镇静

2. 术式

① 确定手术部位。

额窦圆锯	额窦后部	两侧额骨颧突后缘做一连线与额骨中央线（头正中线）相交，在交点两侧1.5～2cm处为左右圆锯的正切点
	额窦中部	两内眼之间做一连线与头正中线相交，交点与内眼角间连线中点即为圆锯部位
	鼻甲部额窦前部	由眶下孔上角至面嵴前缘做一连线，此线中点再向头正中线做一垂直线，垂线中点为圆锯孔中心。在额窦蓄脓时，便于排脓引流
上颌窦圆锯	上颌窦后窦为手术部位	从内眼角引一与面嵴平行的线，由面嵴前端向鼻中线做一垂线，再由内眼角向面嵴做垂线，三条线与面嵴构成长方形，此长方形两条对角线将其分成四个三角区，距眼眶最近的三角区为上颌窦后窦，最远的三角区为上颌窦前窦（亦为手术部位）

② 手术方法 术部瓣形切开皮肤,钝性分离皮下组织或肌肉直至骨膜→止血→在圆锯中心部位用手术刀"十"字或瓣状切开骨膜→骨膜剥离器把骨膜推向四周(面积比圆锯稍大)→将圆锯锥心垂直刺入预做圆锯孔中心,使全部锯齿紧贴骨面,然后旋转圆锯,分离骨组织→待将要锯透骨板之前停止旋转圆锯,彻底去除骨屑,用骨螺子(或外科镊子)旋入中央孔,向外提出骨片→除去黏膜→用球头刮刀整理创缘,行窦内检查或异物去除→皮肤一般不缝合或假缝合(以治疗为目的);若以诊断为目的,术后将骨膜整理,皮肤结节缝合,外做结系绷带。

(三) 羊多头蚴孢囊摘除术

适应证及术前准备

适应证	多头蚴侵入羊脑内或颅腔内诊断或治疗	器械	参见马副鼻窦圆锯术
保定与麻醉	侧卧保定(头部保定确实),颅顶部向上;局部浸润麻醉		
术部	额叶、顶叶、颞叶、枕叶或小脑等		
手术方法	圆锯锯开颅腔(此前手术步骤同马副鼻窦圆锯术)→将脑硬膜夹起,以尖头外科刀十字切开脑硬膜→去除孢囊→用灭菌纱布将脑部创伤擦干→用骨膜瓣遮盖圆锯孔→皮肤结节缝合→涂布磺胺粉,装绷带	去除孢囊方法	①脑骨膜直下孢囊:一般孢囊会自行脱出;或把羊头转向侧方(孢囊随孢囊液流出而脱出)或用无齿止血钳或镊子将囊壁夹住作捻转动作,同时用注射器吸出部分液体
			②深在孢囊:将针头避开脑膜血管推向孢囊所在的预设位置,然后抽吸(有液体流出证明有孢囊存在),尽量吸取囊液直到部分囊壁被吸入针头内,向外轻拉针头,见囊壁后用无齿止血钳夹住,边捻边拉出(注射器吸力一刻不能放松)

二、眼部手术

(一) 眼睑内翻矫正术

适应证	①眼睑器质性内翻;②犬遗传缺陷性眼睑内翻
保定与麻醉	侧卧保定(固定头部)。全身麻醉配合局部麻醉,或吸入麻醉
术式	离眼睑缘0.3~1.5cm处,与眼睑缘平行作第一切口(切口长度比内翻的两端稍长)→第一切口与眼睑缘之间作一半月状第二切口(其半圆最大宽度应根据内翻程度定)→将切开的皮肤瓣(包括眼轮肌一部分)一起剥离切除→切口两缘拉拢结节缝合

(二) 眼睑外翻矫正术

适应证	下眼睑外翻(眼结膜长期暴露→结膜炎、角膜炎及眼球炎症)
保定与麻醉	全身麻醉(推荐吸入麻醉)。侧卧保定(患眼在上)
术式(V-Y形矫正术)	下眼睑周围剃毛消毒,距眼睑下缘2~3cm处做"V"行皮肤切口,深达皮下组织,并从尖端向上分离皮下组织,使三角形皮瓣游离("V"形基底部宽于外翻部分)→从尖端向上做"Y"形→尖部开始缝合,边缝合边向上移动皮瓣,直到外翻矫正为止→缝合皮瓣和皮肤切口。使"V"形皮肤切口变为"Y"形切口

(三) 瞬膜腺突出切除术

适应证	犬第三眼睑腺脱出("樱桃眼")	器械	手术剪、弯止血钳、手术镊、高频电刀
保定与麻醉	侧卧保定(患眼在上)。全身麻醉,患眼滴含肾上腺素($1:10^5$)的局麻药		
术式	氯霉素眼药水清洗患眼→弯止血钳夹住增生腺体,向眼外方牵拉提起见到软骨→止血钳钳在增生体和软骨之间并锁紧钳扣→沿止血钳上方切除增生物→烙铁止血或止血钳夹持5~10min后松开(防止局部出血)→眼角内涂布红霉素软膏		

(四) 瞬膜外翻矫正术

适应证	适用于泪腺功能不全,不能施行腺体全切手术时施行该复位术
器械	常规手术器械
保定与麻醉	全身麻醉,俯卧保定
术式	组织钳夹持瞬膜并向外翻转→椭圆形切开腺体表面结膜,露出腺体→钝性分离腺体周缘结膜,暴露深部腺体(球面)和瞬膜缘远端的结缔组织→充分止血
	于腺体一端1/3处,用4/0可吸收线经腺体深部结膜下穿过眼球上的结缔组织和腺体,将缝线引向腺体对侧,距瞬膜缘附近穿过结膜下结缔组织,缝线暂不打结→距腺体另一端1/3缝第二根线,两根线分别抽紧打结,并轻轻向下推压腺体,使其内翻再打结
	由于瞬膜腺内翻,结膜创缘已完全对合,不需缝合。如腺体脱出过大,可先切除部分腺体,再行复位术

（五）眼球摘除术

适应证	①眼穿孔,眼突出；②眼内肿瘤,青光眼,化脓性全眼球炎	特殊器械	眼科弯剪
保定与麻醉	侧卧保定,患眼在上。全身麻醉配合眼球表明麻醉（或眼球周围浸润麻醉）		
术式	①经结膜眼球摘除术眼睑开张器张开眼睑,用镊子夹持角膜缘,在其缘外侧球结膜上做环形切口→剪或手术刀顺巩膜面向眼球赤道方向分离筋膜,暴露四条直肌和上、下斜肌并挑起,靠近巩膜将其剪断→止血钳夹持眼球直肌残端,固定眼球,一手持弯剪紧贴巩膜,继续向深处分离至眼球后部,用止血钳夹持眼球壁做旋转运动,仅留退缩肌及视神经束→将眼球继续前提,弯剪深入剪断退缩肌、视神经束及动静脉（眼球摘除后,用纱布填塞眼眶,压迫止血）→用生理盐水清洗创腔,将眼外肌和眶筋膜对应靠拢缝合,缝合球结膜和筋膜创缘,闭合上、下眼睑		
	②经眼睑眼球摘除术上下眼睑缝合在一起,环绕眼睑缘作椭圆形切口。切开皮肤、眼轮匝肌至睑结膜（不切开睑结膜）。其后操作同第一种方法。最后结节缝合皮肤切口,并作结系绷带或装置眼绷带保护创口		

三、犬耳部手术

（一）犬外耳道切除术

1. 适应证及术前准备

适应证	①外耳道上皮广泛性增生、严重溃疡、听软骨骨化（慢性外耳炎）；②耵聍腺癌；③外耳道狭窄、严重增生性外耳炎、恶性肿瘤或耳道先天性畸形等
保定与麻醉	侧卧位保定（患耳在上）。全身麻醉。耳郭、耳基部广泛剃毛、清洗、消毒

2. 术式

钝头探针探明外耳道方向、垂直范围,用手指隔皮触摸探针顶端,在外耳道垂直与水平交界处的体表皮肤上做标记→沿垂直耳道,从背侧耳道开口处向腹侧至水平耳道之下,作两平行切口（长度为垂直外耳道长度的1.5倍,两切口在腹侧相接,形成"U"形皮瓣）→切除皮瓣,钝性分离皮下组织、耳肌和腮腺背侧顶端,显露垂直外耳道软骨,与"U"字形皮肤切口相对应,由耳屏处向下剪开垂直外耳道外侧壁软骨至外耳道垂直与水平交界处。将软骨瓣向下折转,暴露水平外耳道→剪去1/3~1/2软骨瓣,使剩余部分正好与下面皮肤缺损部分相吻合,做结节缝合（如软骨瓣盖住水平耳道开口,应将软骨切口向腹侧继续延伸,再将外耳道软骨创缘黏膜与同侧皮肤创缘结节缝合）。

3. 术后护理

每天清理伤口,保持引流通畅,防止继发感染。术后10天拆线。戴伊丽莎白颈圈。

（二）犬竖耳术（犬耳成形术）

1. 适应证及术前准备

适应证	使垂耳品种犬的耳郭直立,外观更为美观,称为犬竖耳术或犬耳成形术,以2~3月龄实施为宜。而垂耳品种犬耳郭软骨发育异常造成不正形耳郭,采用手术矫正称为犬耳矫形术,以6月龄以上实施为宜
特殊器械	断耳夹（用肠钳代替）
保定与麻醉	俯卧保定,全身麻醉配合局部麻醉

2. 术式

耳部剃毛消毒,术部隔离。耳道内塞入棉球。

确定切除线	将下垂耳尖向头顶方向拉紧伸展,确定并标记切除线→在切除顶端剪一裂口→将两耳拉直合并对齐→在另一耳相应位置剪一裂口（保留长度一致）
切除耳郭	助手固定欲切除耳郭基部和上部。术者左手在切除线外侧向内顶托耳郭（防止剪除时剪头推移使皮肤松弛）,右手持手术剪由耳基向耳尖（右耳）或由耳尖向耳基（左耳）沿切除线剪除耳郭。切除后彻底止血,并修平创缘
缝合耳郭	4号丝线从耳基部开始。先结节缝合耳屏皮肤切口（不包括软骨）,其余创缘作简单连续缝合（从内侧皮肤进针,越过软骨,再穿过外侧皮肤,再到内侧皮肤,如此反复连续缝合,针距8mm左右,当缝至耳尖时,缝线不打结）
固定耳郭	用耳支架将两耳固定在一起。或将两耳缝合一起（缝合时采用扣状缝合,两耳需加上胶管防止勒伤皮肤和软骨）。创缘涂布碘酊,伤口可不拆线,固定线7~10天拆除

3. 术后护理

术后8~10天,耳恢复至相对正常的直立姿势。如矫正不理想,可在原手术部位作二次椭圆形皮肤切口，垂直褥式或简单内翻缝合皮肤。第二次手术至少在第一次手术后1月进行。

四、牙齿手术

（一）拔牙术

1. 适应证及术前准备

适应证	①严重龋齿、化脓性齿髓炎；②断齿、齿松动、多生齿、齿过长或齿错位等
特殊器械	齿钳、齿根起子、镊子。齿钳的钳口须与牙外形相适应
保定与麻醉	仰卧或侧卧保定。拔除上颌臼齿：上颌神经或眶下神经传导麻醉；拔除上颌前臼齿或门齿：眶下神经传导麻醉；拔除下颌臼齿：下颌齿槽神经传导麻醉

2. 术式

（1）单齿根齿（切齿和犬齿）的拔除

拔除切齿		松动病牙（用牙根起子紧贴齿缘向齿槽方向用力剥离、旋转和撬动等）→用牙钳夹持齿冠拔除→清洗齿槽→用可吸收线或丝线结节缝合齿龈瓣（有出血，可填塞棉球止血）
拔除犬齿	齿根粗而长	暴露外侧齿槽骨（切开外侧齿龈，向两侧剥离）→用齿凿切除齿槽骨→牙根起子紧贴内侧齿缘用力剥离，再用齿钳夹持齿冠旋转和撬动，使牙松动脱离齿槽，最后将其拔除

（2）多齿根齿的拔除

拔除两个齿根的牙（如上、下前臼齿）	用齿凿（或齿锯）在齿冠处纵向凿开（或锯开）使之成为两半，再按单齿根齿拔除
拔除3个齿根的牙（上颌第四前臼齿和第一、第二后臼齿）	①需要齿凿或齿锯在齿冠处纵向分割2~3片，再分别将其拔除
	②分离齿周围附着组织，显露齿叉→用牙根起子经齿叉旋钻楔入，松动齿根→拔除

（二）牙截断术

1. 适应证及术前准备

适应证	①过长齿或斜齿；②幼畜（如猪）乳齿过长锋利
特殊器械	齿剪、齿凿、开口器、齿刨和齿锉等牙科器械
保定与麻醉	仰卧或侧卧保定。一般不需要麻醉；烈性动物全身麻醉或投给镇静剂

2. 术式

安装开口器，将舌拉向预手术齿对侧，用半开齿剪，在邻齿的咀嚼面上夹住突出于齿冠的齿（不得夹住整个齿冠，以夹住1/3为限），分次将牙剪断。然后放低头部，使断齿碎片从口腔脱出，再用齿锉锉平残留锐缘。对较小或较细的齿尖，可用齿刨击断。

五、唾液腺囊肿摘除术

1. 适应证及术前准备

适应证	犬唾液腺（颌下腺）囊肿
特殊器械	一般组织切开、止血、缝合器械
保定与麻醉	仰卧或侧卧保定，用一沙袋置于颈下部以确保头颈部伸直。全身麻醉
术前准备	术部常规剃毛、消毒（消毒范围应包括耳下、上颌支后缘以及颌下间隙处）。手术前可用0.5%龙胆紫溶液由口腔腺体的开口处注入5~10mL，可使腺体成紫色，手术中便于分离

2. 术式

切口定位	下颌支后缘，颌外静脉（颈外静脉前方）和舌面静脉间的三角区内；对准颌下腺做4~6cm的皮肤切口
暴露腺体	分层切开皮下组织和颈间肌，分离颊部的脂肪体，显露颌外静脉和舌面静脉以及两静脉汇成的颈外静脉（颌下腺和舌下腺由一个结缔组织包裹所覆盖）
分离腺体	用组织钳夹住腺体并向外牵引，用钝性和锐性方法分离腺体，直至整个腺体和腺管进入两腹肌下方→用手术剪在两腹肌和茎突舌骨肌之间分离，显露大的舌下神经及舌下腺的前部（分离时注意不要损伤深部的颈动脉和舌动脉）→将舌下腺和颌下腺经两腹肌下面拉向另一侧，分离开覆盖唾液腺管的下颌舌骨肌，直到暴露出围绕唾液腺导管的舌下神经分支为止

续表

切除腺管	用止血钳夹住舌下腺及其导管→用线结扎腺管(结扎第一道缝合线后除去止血钳,再结扎第二道缝合线)→在结扎缝合线的后方切断(因两腺体共用一个导管输出分泌液,最好将两个腺体一同摘除)
闭合创口	经两腹肌下面导入引流管(引流管端位于腺体导管切除的断端处)→间断缝合颈阔肌和颌下腺纤维囊,闭合死腔→缝合皮下组织和皮肤

3. 术后护理

术后第 3 天拆除引流管,局部消毒,防止继发感染,术后应用 7 日抗生素。

第二节 颈部手术

考纲考点:(1)颈部手术的适应证及麻醉;(2)手术术式;(3)术后护理要点。

一、甲状腺摘除术

适应证	甲状腺机能亢进、甲状腺囊肿、甲状腺瘤等
保定与麻醉	侧卧保定,头颈部伸直,全身麻醉
切口位置	甲状软骨后方沿颈腹正中线做 6～8cm 切口
术式	切开皮肤、皮下组织→钝性分离胸骨舌骨甲状肌,用创钩将切口向两侧牵引,暴露气管及两侧甲状腺→剥离甲状腺周围组织(不要损伤喉返神经)→结扎甲状腺前端和后端血管→切除甲状腺,充分止血→分层缝合肌肉和皮肤

二、气管切开术

分暂时性气管切开(急救)和永久性气管切开(经济价值较高的动物)。

1. 适应证及术前准备

适应证	①上呼吸道急性炎性水肿、鼻骨骨折、鼻腔肿瘤和异物、双侧返(或面)神经麻痹;②上呼吸道闭塞(气管狭窄);③下呼吸道分泌物阻塞(肺水肿、异物性肺炎);④头、颈部手术(需气管插管)
切口位置	①颈部上 1/3 和中 1/3 交界处(颈部菱形区)、颈腹正中线;②下颈部腹侧中线;③颈腹皱襞的一侧(牛)
特殊器械	气管套管
保定与麻醉	侧卧保定。全身镇静配合局部浸润麻醉

2. 术式

沿颈腹中线做 5～7cm 皮肤切口。切开浅筋膜、皮肤,用创钩拉开创口,止血。在创的深部寻找两侧胸骨舌骨肌之间的白线,并将之切开,分离肌肉、深层气管筋膜,暴露气管。气管切开之前应再度止血(防创口血液流入气管)。

气管切开分以下三种方法。

① 邻近两个气管环上各做一半圆形切口(宽度不超过气管环宽度 1/2),形成近圆形的孔→将气管套管插入气管内,用线或绷带固定于颈部→皮肤切口的上、下角各做 1～2 个结节缝合,有助于气管套管固定。

② 气管环腹侧中线纵向切开 2～3 个气管环,在同一环的切口两侧各缝一线圈,把线圈固定在预先备好的横木两端,使气管保持开放。

③ 切除 1～2 个软骨环的一部分,造成方形"天窗",用间断缝合将黏膜与相对的皮肤缝合,形成永久性的气管瘘。

3. 术后护理

关键是清洗气管,保证畅通。

三、食道切开术

(一)适应证及术前准备

适应证	①食管梗死;②食道憩室;③新生物(如食道肿瘤)摘除
保定与麻醉	大动物柱栏内站立保定,抬高头部,使颈伸直。小动物仰卧保定,头颈伸直。全身镇静,配合局部浸润麻醉或全身麻醉

（二）术式

1. 颈部食管切开术

阻塞发生在颈部食道。手术切口见下表。

颈静脉上方切口	颈静脉上缘,臂头肌下缘 0.5~1cm 处,沿颈静脉与臂头肌间	
颈静脉下方切口	食管严重损伤时多用。颈静脉下方沿胸头肌上缘	牛还可在胸头肌与气管间切口

沿颈静脉沟纵向切开→钝性分离颈静脉和肌肉（臂头肌或胸头肌）间筋膜→用剪刀剪开纤维性腱膜（颈下 1/3 手术时需剪开肩胛舌骨肌筋膜及脏筋膜，在上 1/3 和中 1/3 手术时必须钝性分离肩胛舌骨肌后再剪开深筋膜）→寻找食管（梗死的食管呈淡红色），小心将食管拉出，用灭菌纱布隔离→确定切口（若食管梗死时间较短：选择梗死处食管上；若食管黏膜有坏死：选择梗死物的稍后方，切口大小以能取出梗死物为宜）→切开食管全层→取出异物，闭合食管（第一层用肠线连续缝合全层，第二层仅对肌肉层做间断缝合）。若食管壁坏死，食管不得缝合。

2. 胸部食管切开术

梗死发生于胸部食管。手术通路在左侧胸壁第 7~9 肋骨间（具体位置根据胸部 X 线检查决定）。摘除肋骨，打开胸腔（见胸部手术）→用手在食管之外将梗死物体压碎或推移到胃内（或用带有长胶管的针头→将石蜡油注入食管，促使梗死物的排除）。如不能排除，行胸部食管切开→取出异物，缝合食管，为防止术后感染和创口裂开，可经胃切开插管或空肠插管提供食物和水。

（三）术后护理

术后 1~2 天禁止饮水和喂食，必要时静脉补液。使用抗生素 5~7 天。15 天内禁止使用食管探子。食管创口一般需 10~12 天愈合，皮肤创 8~12 天拆除缝线。

第三节 胸部手术

考纲考点：（1）胸部手术的适应证及麻醉方法；（2）手术的术式。

一、犬开胸术

1. 适应证及术前准备

适应证	膈疝修补术、右主动脉弓残迹手术、食道憩室手术及肺切除等
特殊器械	骨膜剥离器、肋骨剪、线锯、骨锉、创口牵拉器；犬人工呼吸装置
保定与麻醉	全身麻醉,根据要求行侧卧、半仰卧和仰卧保定。开胸时正压间歇通气

2. 术式

术部：前胸手术常选第 2、第 3 肋间，心脏和肺门区手术选择第 4、第 5 肋间，尾侧食管和膈的手术选第 8 肋间。切口可前可后时，最好选择后切口（肋间隙较厚）。

肋骨中间切开（直线切开皮肤、浅筋膜、皮肌、胸深筋膜和深层肌肉），直达肋骨外侧面→创钩开张创口→肋骨中央纵行切开骨膜，切口两端各做一横切口，形成"工"字形，用骨膜剥离器剥离骨膜（使整个骨膜与肋骨分离）→用肋骨剪或线锯截断肋骨两端（断端锐缘用骨锉锉平，清除骨屑或其他破碎组织）→切开肋胸膜（小切口）→在有沟探针或双手指导下，剪开胸膜 10~15cm。（同时采用正压给氧控制或人工压迫气囊辅助呼吸）→进行胸腔脏器手术（用肋骨牵拉器充分张开切口，进行心、肺，膈或食道等手术）→闭合胸腔（用可吸收线或丝线连续缝合胸膜、肌肉，闭合胸腔最后一针时应待肺全部开张后闭合）。

二、气胸闭合术

1. 适应证及术前准备

适应证	开放性气胸及张力性气胸的手术治疗
特殊器械	骨膜剥离器、肋骨剪、线锯、骨锉、创口牵拉器；犬人工呼吸装置
保定与麻醉	站立保定和肋间神经传导麻醉。需做胸腔手术时:全身麻醉与侧卧保定

2. 术式

(1) 清创取下包扎的绷带，胸膜面喷雾3％盐酸普鲁卡因（以减低胸膜敏感性）→除去异物、破碎组织及游离骨片（对胸腔内易找到的异物应立即取出，但不宜进行长时间探摸）。

(2) 闭合

① 较小透创：迅速将肋间肌与肋胸膜作连续或间断缝合。

② 大透创（5～10cm以上）：缝合胸膜及肋间肌（一层缝合）关闭胸腔→胸壁肌肉和筋膜作一层缝合→缝合皮肤。

(3) 排除积气术后向患侧胸腔内注入抗生素，抽出患侧胸膜腔内存留气体（马在第8～9肋间，牛在第6～7肋间胸壁上1/3处）恢复胸腔内负压→胸腔闭式引流（在胸壁缝合创下方，安置引流管）。

3. 术后护理

① 全身抗菌。

② 输血或补充胶体液、血浆代用品（禁输大量等渗生理盐水或葡萄糖液——导致肺水肿）。

三、肋骨切除术

1. 适应证及术前准备

适应证	①肋骨骨折、骨髓炎、肋骨坏死或化脓性骨膜炎；②胸腔或腹腔手术通路
特殊器械	除一般软组织分离器械外，需肋骨剥离器、肋骨剪、肋骨钳、骨锉和线锯等
保定与麻醉	传导麻醉（肋间神经与其背侧皮支），在切开线上作局部浸润麻醉。犬可采用吸入麻醉，使用麻醉监护仪

2. 术式

见犬开胸术。

四、牛心包切开术

1. 适应证及术前准备

适应证	牛的浆液性或化脓性心包炎等
特殊器械	除一般软组织分离器械外，需肋骨剥离器、肋骨剪、肋骨钳、骨锉和线锯等
保定与麻醉	柱栏内站立保定时进行局部浸润麻醉；侧卧保定，采用全身麻醉

2. 术式

① 切口：在左侧第5肋骨上，同侧肩关节水平线为切口上端，切口下端为该肋骨与肋软骨交界处。

② 切断肋骨：沿肋骨纵轴切开皮肤，长20～25cm，逐层切开浅筋膜、皮肌、胸下锯肌并显露肋骨，注意止血。切开肋骨膜，剥离骨膜后，截除15cm长的一段肋骨，上端用线锯锯断，下端在肋骨与肋软骨交界处切（掰）断。在剥离内层肋骨膜时，注意不要误伤肋胸膜。

③ 切开胸膜：先在胸膜上做一小口，观察心包与胸膜的粘连情况。如果心包与胸膜完全粘连，可马上切开粘连的胸膜和心包，空气不会进入胸腔。如果心包与胸膜没有粘连或有部分粘连，在切开心包前，先将心包壁层与胸膜切口边缘作一环形连续缝合（防止气胸、减少脓液对胸腔的污染）。

④ 切开心包：心包切开前先穿刺心包腔使脓汁排出，排脓时要慢，之后用生理盐水冲洗。在固定缝合的心包壁层上做一10～15cm的纵切口，立即进行止血。将心包切口缘固定缝合在皮下筋膜上，这样能防止脓性分泌物污染胸腔。

⑤ 心包腔探查及清理：术者向心包腔内引入乳胶管进行冲洗，并轻轻将手探入心包腔，做细致探查（检查渗出液的类型、粘连程度、有无异物、心搏次数和心肌张力和心率等）→分离腔内纤维素粘连处，取出纤维素凝块以利冲洗及引流通畅；对心包深处的粘连可伸入全手进行剥离（防损伤心肌和冠状血管）→当渗出液、纤维蛋白、坏死组织和异物清理之后，用大量青霉素生理盐水溶液反复冲洗心包腔，直至冲洗液变清澈透明为止。

⑥ 缝合：洗涤之后，拆除固定心包的临时缝合线，心包和胸膜用肠线连续缝合。胸膜和肌肉用可吸收的合成缝合线或丝线或肠线连续缝合。缝合要严密，并使组织很好对合。皮肤用丝线结节缝合。右肺的功能恢复需要7～10天。根据情况可在心包闭合口的下端放置引流管，继续排除渗出液。

3. 术后护理

镇痛、抗菌消炎、强心和补液等。

第四节　胃肠道手术

考纲考点：(1) 胃肠道手术适应证，器械及麻醉方法选择；(2) 手术的术式；(3) 术后治疗原则和药物选择。

一、反刍兽胃手术

(一) 瘤胃切开术

1. 适应证及术前准备

适应证	①严重瘤胃积食；②创伤性网胃炎或心包炎；③胸部食管梗死接近贲门；④瓣胃阻塞、皱胃积食；⑤瘤胃冲洗（误食有毒草料急性中毒）；⑥网瓣胃孔角质爪状乳头异常生长；⑦网胃内异物、结石等
器械	常规手术器械两套，大创巾
保定与麻醉	站立保定或右侧卧保定。局部浸润麻醉或椎旁、腰旁神经传导麻醉

2. 手术通路

切口	位　　置	适　应　证
左肷部中切口	左侧髋结节与最后肋骨连线中点，距腰椎横突下方6～8cm处，垂直向下作25～30cm腹壁切口	瘤胃积食、网胃探查、胃冲洗，右侧腹腔探查
左肷部前切口	左侧腰椎横突下方8～10cm，距最后肋弓5cm，与最后肋骨平行切口，长约25cm。必要时可切除最后肋骨作为肷部前切口	网胃探查，胃冲洗
左肷部后切口	左侧髋结节与最后肋骨连线上，第四或第五腰椎横突下6～8cm处垂直向下切开25cm	瘤胃积食，右侧腹腔探查

3. 术式

该手术为污染手术与无菌手术交替的手术。

① 腹壁切开：左肷部切口处常规切开腹壁。

② 瘤胃六针固定：显露瘤胃→六针固定瘤胃，切口上下角与周缘，做六针纽孔状缝合（打结前在瘤胃与腹腔间填纱布），将胃壁固定在皮肤或肌肉上，抽紧六针缝合线，使瘤胃壁紧贴腹壁切口。以上为无菌手术。

③ 瘤胃切开：在瘤胃切开线的1/3处，用外科刀刺透胃壁→用两把舌钳夹住胃壁创缘，向上向外拉起（防止胃内容物外溢）→用剪刀扩大瘤胃切口，并用舌钳固定提起胃壁创缘，将胃壁拉出腹壁切口向外翻，随即用巾钳把舌钳柄夹住，固定在皮肤和创布（避免胃内容物流出）。

④ 放置洞巾：将洞巾弹性环压成椭圆形，把环的一端塞入胃壁切口下缘，另一端塞入胃壁切口上缘。将洞巾四周拉紧展平，并用巾钳固定于隔离巾。

⑤ 检查：对瘤胃、网胃、网瓣胃孔、瓣胃及皱胃进行探查，并对病区进行处理。

⑥ 闭合瘤胃：取出洞巾，生理盐水冲净瘤胃壁上的胃内容物和血凝块→拆除纽孔状缝合线，修整创口边缘，在瘤胃壁创口进行自下而上的全层连续缝合→对术野及手术人员进行无菌处理（冲洗胃壁浆膜上血凝块，并用浸有青霉素、盐酸普鲁卡因溶液的纱布覆盖在瘤胃创缘）→拆除瘤胃浆膜肌层与皮肤创缘的连续缝线→冲洗瘤胃壁浆膜上血凝块等异物（以上为污染手术）。

⑦ 瘤胃壁第二层缝合和腹壁缝合：手术人员重新洗手消毒，换另一套手术器械进行瘤胃壁第二层缝合和腹壁缝合（瘤胃进行连续伦贝特氏或库兴氏缝合）→局部涂抗生素软膏，腹腔内注入抗生素→腹壁常规缝合。

4. 术后护理

① 禁食 36~48h 以上，待瘤胃蠕动恢复、出现反刍后开始喂少量优质饲草。
② 术后 12h 进行缓慢牵遛运动促进胃肠机能恢复。
③ 术后不限饮水，不能饮水者进行静脉补液。
④ 术后 4~5 天内，使用抗生素。

(二) 牛皱胃切开术

1. 适应证及术前准备

适应证	①皱胃积食、皱胃内肿瘤、胃部分切除术(皱胃溃疡)；②皱胃异物
器械	常规手术器械两套，胃冲洗用温生理盐水、漏斗、胃导管等
保定与麻醉	左侧侧卧保定。静松灵或保定宁配合局部麻醉

2. 手术通路

右侧肋弓下斜切口：距右侧最后肋骨末端 25~30cm 处，为切口的中点。在此中点作 20~25cm 平行肋弓切口。或在右侧下腹壁触诊皱胃轮廓明显处，确定切口。

3. 术式

切开腹腔，显露皱胃（用浸有青霉素的灭菌纱布填塞于腹壁切口和皱胃之间）→切开皱胃壁约 20cm，将 50cm×50cm 橡胶洞巾连续缝合在切口创缘上，并将橡胶洞巾固定于皮肤和创巾上→处理病区（如皱胃积食，将皱胃内干涸内容物取出一部分，随即用温水进行胃冲洗。将接在漏斗上的胶管引入胃腔内，手指边松动干硬胃内容物，边用温水冲洗，直到全部排出为止）→拆除橡胶洞巾，除去填充纱布，皱胃缝合（用丝线全层连续缝合→用生理盐水冲洗胃壁，涂以少量青霉素→库兴氏缝合）→胃壁涂以抗生素油膏并送入腹腔，关闭腹壁切口。

4. 术后护理

同瘤胃切开术，并纠正代谢性碱中毒。

(三) 牛皱胃左方变位整复术

1. 适应证及术前准备

适应证：皱胃左方变位的治疗。
保定与麻醉：2%普鲁卡因腰旁神经干传导麻醉，切口浸润麻醉。站立保定。

2. 术式

切口分左腹切口、右腹切口、左右腹同时切口。多用左腹切口。

左腹部腰椎横突下方 10~15cm，距第 13 肋骨 6~8cm 处，作垂直切口→导管针穿刺导出皱胃内气体和液体→牵拉皱胃寻找大网膜，将大网膜引至切口处，用长约 1 米肠线，一端在真胃大弯大网膜附着部做一褥式缝合并打结，剪去余端（带缝针的另一端放在切口外备用）→纠正皱胃位置→右手掌心握着带肠线缝针，紧贴左内腹壁伸向右腹底部，并按助手在右腹壁外指示真胃正常体表位置处，将缝针向外穿透腹壁→由助手将缝针拔出，拉紧缝线，缝针从原针孔刺入皮下，距针孔处 1.5~2.0cm 处穿出皮肤，引出缝线，将其与入针处留线在皮肤外打结固定，剪去余端→腹腔内注入抗生素溶液，缝合腹壁。

3. 术后护理

同瘤胃切开术。纠正酸碱失衡（参考兽医内科学部分）。

二、犬常见腹部手术

(一) 犬腹腔切开术

1. 适应证及术前准备

适应证	胃切开术,膀胱切开术,母犬卵巢、子宫切除术等
特殊器械	开腹创钩
保定与麻醉	仰卧保定,全身麻醉
切口	脐前或脐后部中线上,切口长度视需要而定(8~20cm),必要时可越过脐部延长切口

2. 术式

切开皮肤、钝性分离腹壁肌肉，暴露腹膜⇨戳透腹膜（左手持有齿镊子夹持腹中线并上提，右手持手术刀经腹中线向腹腔内戳透腹膜退出手术刀）→剪开腹膜（将手术剪经小切口伸入腹腔内，向腹外挑起剪开腹中线，扩大切口）→切除镰状韧带（脐前腹中线切口两创缘腹膜上有一发达腹膜褶——镰状韧带，切开腹壁后应先将镰状韧带从腹腔中引出，从切口后端向前与两侧腹膜连接处剪开，至肝的左内叶与方叶之间的附着处用止血钳夹住，经结扎后切除）→进行相关手术→缝合腹膜（用 4 号丝线或可吸收缝线连续缝合）→腹中线（腹壁肌肉）用 7~10 号丝线进行间断缝合，皮下脂肪层进行连续缝合→间断缝合皮肤。术后常规护理。

（二）犬胃切开术

1. 适应证及术前准备

适应证	①胃内异物或肿瘤；②急性胃扩张-扭转、胃内减压或坏死胃壁切除；③慢性胃炎或食物过敏时胃壁活组织检查等
特殊器械	肠钳；两套手术器械
保定与麻醉	仰卧保定、全身麻醉，气管内插管

2. 术式

腹中线前部切开腹壁，显露腹腔。对镰状韧带予以切除（同腹腔切开术）。

牵引胃壁（胃大弯与胃小弯间的预定切开线两端，用艾利氏钳夹持胃壁浆膜肌层，或用 7 号丝线在预定切开线两端，通过浆膜肌层缝合二根牵引线，向后牵引胃壁）→显露胃（使胃暴露在腹壁切口之外）→填塞隔离纱布，抬高胃壁并与腹腔内其他脏器隔离开→纵向切开胃壁（在胃大弯和胃小弯间无血管区内）→清除胃内容物后进行胃腔检查→缝合胃壁切口（第一层用 3~0~0 号铬制肠线或 1~4 号丝线行康乃尔氏缝合）→清洁创口（转入无菌手术）→用 3~4 号丝线进行第二层连续伦贝特氏缝合→拆除胃壁上的牵引线或除去艾利氏钳，清理除去隔离纱布垫，胃壁冲洗干净→缝合腹壁切口。

3. 术后护理

24h 内禁食，不限饮水。24h 后给予少量肉汤或牛奶，术后 3 天可给予软的易消化的食物，应少量多次饲喂。术后 5 天内给予抗生素。

（三）犬肠管切开术

1. 适应证及术前准备

适应证	①肠内异物及结粪，切开肠管减压，排除肠管内积液；②检查肠黏膜溃疡、肠狭窄或肿瘤等
器械	常规器械 2 套，肠钳 4 把
保定与麻醉	仰卧保定，全身麻醉

2. 术式

腹中线中部切开腹壁→湿纱布隔离创缘→腹腔牵引器扩大创口→检查肠道（如有粘连，分离肠管。如有阻塞，排出其前段肠内气体和液体。如有坏死，应施肠切除和端端吻合术）→将病变部位肠道引出腹腔外→用纱布保护肠管并隔离术部。

肠阻塞手术：将肠阻塞一端肠内容物挤离阻塞物 10cm 后，由助手的食、中指或两把肠钳夹闭阻塞物两侧肠腔→纵向切开肠壁全层（术者用手术刀在阻塞物远端健康肠管的肠系膜对侧切开，其切口长度以接近阻塞物直径为宜；连续抽吸肠内液体，以防其溢出污染术部）→排出异物（挤压异物，使其从切口处滑入器皿内）→处理肠切口（用剪修剪外翻肠黏膜，并用浸有消毒液的棉球擦洗切口）→缝合肠管→采用一层结节缝合法［用可吸收线距切缘 2~3mm 处全层穿过肠壁，针距 3~4mm；也可采用一层库兴氏缝合（缝线仅穿过浆膜、肌层和黏膜下）]或全层连续缝合→用生理盐水冲洗，并被覆部分大网膜于肠管上，将其还纳腹腔。术后禁食 3~4 天，常规处理。

（四）犬直肠固定术

适应证	顽固性直肠脱(脱出肠管伴有急性感染或坏死时禁用)
器械	开腹手术器械，橡胶直肠导管
保定与麻醉	右侧卧或仰卧保定。全身麻醉
术部	左侧壁髂结节前下方 1～2cm 处作为切口起点，向下垂直切开腹壁 3～5cm
术前准备	直肠黏膜清洗(用温的抗生素生理盐水彻底清洗)→整复还纳→插入直肠导管
术式	术部剃毛消毒、隔离→切开皮肤、皮下组织，钝性分离腹外斜肌、腹横肌→锐性分离腹膜，打开腹腔，显露直肠(开腹后用纱布将小肠推向前方)→将直肠与髂骨结节内侧的肌肉结节缝合 2～3 针，缝合牢固后，拔出导管→闭合腹腔。术后常规护理

（五）犬直肠切除术

适应证	反复直肠脱出已发生组织坏死或严重损伤		
特殊器械	金属针两根，长 6～9cm	保定与麻醉	侧卧保定，全身麻醉
术前准备	术前 24～26h 禁食，用温生理盐水灌肠		
术式	清洗消毒(充分清洗消毒脱出肠黏膜)→固定、切除(用两根钢针相互垂直成十字形紧贴肛门穿过脱出肠管，在距固定针 1～2cm 处切除坏死肠管)→缝合直肠切口(用细丝线和圆针，把肠管两层断裂浆膜和肌层分别作结节缝合，再连续缝合黏膜层)→清洗消毒(用 0.1%高锰酸钾溶液充分冲洗，涂以碘甘油或抗生素软膏)→除去固定针→还纳入直肠→荷包缝合肛门。术后禁食 1～2 天，常规处理		

三、其他肠道手术

（一）肠管切除及肠管吻合术

适应证	肠坏死(肠内异物、肠阻塞、肠套叠、肠绞窄、肠扭转等)、肠肿瘤的根治
器械	参见犬肠管切开术
保定与麻醉	大动物行全身麻醉或椎旁、腰旁神经传导麻醉；犬猫等小动物进行全身麻醉，行气管插管
术式	沿腹中线全层切开腹壁→腹腔探查→轻拉出并隔离病变肠管(确定切除范围)→双重结扎切除段肠系膜血管→肠钳分别钳夹预定切除线外 1cm 健康肠管→切除病变肠管(剪刀剪去结扎线间的肠系膜，修剪外翻肠黏膜)→缝合肠管(用可吸收线进行肠壁全层连续内翻缝合，根据肠管切除情况选择端端吻合、侧侧吻合与端侧吻合术等；小动物仅作一层全层端端缝合，缝合处用大网膜覆盖)→术者和助手重新洗手消毒，更换灭菌器械→作第二层全层水平褥式内翻缝合，将肠系作螺旋连续缝合。术后禁食 4 天，常规处理

（二）肠套叠整复术

1. 适应证及术前准备

适应证	马牛羊等发生肠套叠，在肠管套叠尚未发生坏死前，进行肠管套叠整复术。如套叠肠管已发生坏死，应进行坏死肠管切除吻合术
器械	参见犬肠管切开术
保定与麻醉	马属动物进行全身麻醉，反刍动物采用局部麻醉配合止痛、镇静。犬猫等小动物进行全身麻醉，气管插管

2. 术式

大动物采用左（马）右（牛）肷部中切口，犬采用腹底腹中线切口→探查套叠部肠段，将套叠段引出腹腔外→助手一只手握住套叠部肠管最外层，另一只手靠近肠管嵌入端轻轻牵拉，术者从套入部最顶端向后轻轻按压和推送（操作时推挤或牵拉的力量均匀。若经过较长时间不能推挤复位时，用小手指插入套叠鞘内扩张紧缩环，一边扩张一边牵拉套入部，使之复位）→当套入过紧难以拉出时，可在套叠部最外层肠管浆膜的近端沿纵轴做一切口，便于复位→整复后，检查嵌入肠段，对拉出 5min 后仍呈暗色或没有动脉搏动的肠段应切除，然后行吻合术。

3. 术后护理

静脉补充水、电解质，纠正酸碱平衡，1 周内使用抗生素。当肠蠕动音恢复，排粪、排气正常,全身状况恢复后可给予优质易消化饲料;术后早期牵遛运动,对胃肠机能的恢复很有帮助。给予止痛药物4~7天。

(三)大肠切开术

1. 适应证及术前准备

适应证	①马属动物小结肠、骨盆曲、左侧大结肠、胃状膨大部及盲肠粪性闭结,大肠结石或异物等;②牛结肠袢粪性闭结或假性结石;③犬结肠内粪性闭结或异物等
器械	参见犬肠管切开术
保定与麻醉	全身麻醉。马属动物小结肠、骨盆曲闭结肠侧壁切开术采用站立保定或右侧卧保定;马左侧大肠切开术采用右侧卧保定。马胃状膨大部、盲肠切开采用左侧卧保定。犬采用侧卧保定

2. 术式

手术名称	切口
马属动物小结肠、骨盆曲闭结肠侧壁切开术	左肷部切开
马胃状膨大部、盲肠、左侧大结肠侧壁切口术	腹侧壁切开
犬结肠切开术	脐后腹中线切口(可向后延长到耻骨前缘)

四、腹部其他手术

(一)犬膈破裂修补术

1. 适应证及术前准备

适应证	膈肌损伤或破裂等
术部	剑状软骨为界沿腹中线向脐部切开5~10cm
保定与麻醉	仰卧或侧卧保定,头高尾低位,吸入麻醉

2. 术式

切开腹壁→用开张器开张创口进行检查(如犬因负压消失导致呼吸停止,立即采用呼吸机或人工压迫气囊给予被动呼吸。如胸腔内有腹腔器官,应小心牵拉;如有嵌闭时,应扩大膈肌裂口后再牵拉)→暴露膈肌破裂孔→检查并处理胸腔(抽吸胸腔内积液、积血,并注入抗生素溶液)→缝合膈肌(如破裂口较大,先做2~3针纽扣状缝合,然后连续缝合法闭合破裂孔,闭合最后一针时应在肺完全开张时闭合,尽可能排出胸腔内空气)→安置胸腔引流管→常规闭合腹腔→通过引流管抽吸胸腔内空气,使胸腔处于负压状态。

3. 术后护理

如膈疝引起胸腔积液要及时抽出。注意补液,应用抗生素预防感染。术后禁食12h,给予数天流质食物。

(二)脐疝手术

1. 适应证及术前准备

适应证	器械	保定与麻醉
可复性及嵌闭性脐疝	常规手术器械	侧卧保定,全身麻醉

2. 术式

皱襞切开疝囊皮肤→切开疝囊壁→检查疝内容物(粘连者剥离粘连脏器。若肠管坏死,需行肠管切除术)→将内容物直接还纳腹腔→切割疝轮(环)形成新鲜创面→闭合疝轮(疝轮较小—荷包缝合或纽孔缝合)→分离并缝合囊壁(分离囊壁形成左右两个纤维组织瓣,将一侧纤维组织瓣缝在对侧疝轮外缘上,然后将另一侧的组织瓣缝合在对侧组织瓣表面)→修整皮肤创缘,结节缝合皮肤。

3. 术后护理

术后不宜喂得过饱,限制剧烈活动。术部包扎绷带,保持7~10天。应用抗生素5~7天。

（三）腹股沟疝手术

1. 适应证及术前准备

适应证	器械	保定与麻醉
腹股沟疝	常规手术器械	侧卧保定,全身麻醉

2. 术式

在肿胀中间皱襞切开腹股沟皮肤和浅、深层筋膜→暴露并分离总鞘膜→还纳疝内容物入腹腔。

伴肠粘连的腹股沟疝：在距离环稍远处切开总鞘膜，暴露粘连肠段，作钝性剥离（剥离时用纱布分离，对肠管轻轻压迫，以减少对肠管的刺激和防止剥破肠管）→完全剥离后还纳腹腔，并捻转总鞘膜成索状，靠近内环口处贯穿结扎总鞘膜，然后切断，将断端缝合到腹股沟环上，若腹股沟环仍宽大，须结节缝合，撒入消炎药，筋膜和皮肤结节缝合。

3. 术后护理

术后禁食 2~4 天，静脉补充液。全身抗生素 7 天。术后 3 天给予流质食物，7 天拆线。

（四）阴囊疝手术

1. 适应证及术前准备

适应证	腹腔内容物经腹股沟环掉进阴囊鞘膜腔内
器械	参见唾液腺囊肿摘除术
保定与麻醉	侧卧保定,抬高后躯,全身麻醉

2. 术式

根据疝囊大小，将腹股沟部皮肤皱襞切开 4~8cm→钝性分离皮下组织到达疝囊。未造成嵌闭，肠管未坏死的阴囊疝，一边牵引疝囊（即总鞘膜），一边钝性分离总鞘膜周围组织至腹股沟环，使其游离→用止血钳钳持疝囊基部（包括精索）做贯穿结扎，切除疝囊及睾丸→腹股沟环做水平纽扣状和结节缝合（如为嵌闭性疝，应打开疝囊，扩大疝环，将坏死肠管切除，做断端吻合术后将其还纳腹腔。同时摘除睾丸，再做疝环闭合术）→结节缝合皮肤。

3. 术后护理

给予抗生素 7 天。注意防止犬舔患部。

（五）犬会阴疝手术

1. 适应证及术前准备

适应证	会阴疝(多见于 6 岁以上未绝育的公犬)	
器械	常规手术器械	
保定与麻醉	侧卧保定,全身麻醉	术前绝食 12~24h;温水灌肠,清除直肠内粪便,导尿

2. 术式

自尾根外侧向下至坐骨结节内侧作弧形切口→钝性分离皮下组织及筋膜，暴露并分离疝囊→长止血钳夹住疝囊底，沿长轴捻转疝囊，直至盆腔深处，在钳子上套上线圈，用另一把钳子将线圈推向疝囊颈部，深处打结，并在靠近疝囊结扎，残余部分作生物学栓保留→在漏斗状凹陷部可见直肠壁终止于肛门括约肌，利用肛门括约肌封闭此凹陷窝。在凹陷上部是软而平的尾肌，从尾肌到肛门括约肌上部用肠线作 2~3 针缝合，由侧面荐坐韧带到肛门括约肌作 1~3 针荷包缝合→漏斗状凹陷下壁是软而平的闭锁肌，由此肌到肛门括约肌作 2~3 针结节缝合→梭形切除多余皮肤作结节缝合，覆以保护绷带。术后常规处理，8~10 天拆线。

（六）犬肛门囊摘除术

1. 适应证及术前准备

适应证	慢性肛门腺炎、肛门囊肿和肛门囊瘘
器械	常规手术器械
保定与麻醉	腹卧保定,后驱抬高、尾上举固定	术前用温生理盐水灌肠,清除直肠内粪便。全身麻醉配合局部麻醉

2. 术式

挤压肛门腺囊内脓汁并冲洗。肛门周围剃毛、消毒,探明肛门囊开口,将有沟探针插入囊底,沿探针方向切开肛门外括约肌、肛门囊开口,并向下切开皮肤、肛门囊导管、肛门囊,直至肛门底部。分离肛门囊周围组织,游离并将其摘除。分离时不要损伤肛门内括约肌。局部清洗后,结节缝合肛门外括约肌和皮肤。术后常规处理,8~10天拆线。

第五节 泌尿生殖器官手术

考纲考点:(1)各种泌尿生殖器官手术的适应证及麻醉方法;(2)手术的术式;(3)术后治疗原则和药物的选择。

一、泌尿器官手术

(一)犬肾脏摘除术

1. 适应证及术前准备

适应证	化脓性肾炎、肾肿瘤、肾结石及一侧肾外伤等	
器械	一般手术器械	
保定与麻醉	仰卧或侧卧保定,全身麻醉	
切口	仰卧保定,切口在腹下正中线脐前方	侧卧保定,切口在最后肋骨后方2cm处

2. 术式

切开皮肤5~7cm→切开腹壁各层组织→检查对侧肾脏、输尿管、膀胱颈及其三角部→用开创器扩大创口→纱布隔离肠管和大网膜→显露患肾(钝性分离腰椎下与腹腔连着的肾脏),拉出创外→剥离肾被膜(用钳子于肾脏前面穿透肾被膜,手指将其完全剥离,避免损伤肾实质)→切断肾血管及输尿管[剥离肾血管周围脂肪及组织,显露肾动(静)脉,分离输尿管周围组织,结扎并切断输尿管。然后结扎肾动(静)脉]→摘除肾脏→清除摘除肾脏后脂肪组织中的凝血块,止血,逐层缝合腹壁切口。

3. 术后护理

术后纠正水、电解质和酸碱平衡紊乱;全身给予抗生素治疗,防止术部感染。

(二)犬膀胱切开术

1. 适应证及术前准备

适应证	特殊器械	保定与麻醉
膀胱结石、膀胱肿瘤	导尿管	全身麻醉,仰卧保定
雌犬距耻骨前缘2~3cm向前的腹白线上切口。雄犬在阴茎旁2cm与腹中线平行的切口。均5~10cm		

2. 术式

打开腹腔,用创钩向左右牵拉,手指伸入腹腔探查→排除膀胱积尿→用组织钳牵出膀胱,创口用纱布隔离→在膀胱顶部切开1~2cm切口→取出膀胱内结石或切除肿瘤→由尿道插入导尿管,用温生理盐水逆向反复冲洗膀胱(将凝血块及小结石冲洗干净)→第一层应用可吸收线进行库兴氏缝合,膀胱壁浆肌层连续内翻水平褥式缝合;第二层采用伦勃特氏缝合,膀胱壁浆肌层连续内翻垂直褥式缝合,生理盐水冲洗后还入腹腔→闭合腹腔。插入双腔导尿管,滞留3~4天。

3. 术后护理

应用抗生素5~7天。每天用温生理盐水抗生素由导尿管冲洗膀胱1次。待尿液清亮无血液后,拆除导尿管和尿袋。

(三)犬尿道切开术

1. 适应证及术前准备

适应证	器械	保定与麻醉
尿道中有不能排出结石	参见犬膀胱切开术	仰卧保定;全身或局部浸润麻醉

2. 术式

因结石所在部位不同，分为尿道下部、尿道上部和阴囊基部切口。

(1) 尿道下部切口尿道内插管，在阴茎骨后方正中线上切皮2～3cm→切开皮下结缔组织、阴茎退缩肌→尿道做1～2cm切口→取出尿道结石→对膀胱进行腹外压迫，利用尿液将尿道内细沙结石及小结石由切口冲出→尿道口插入导尿管经切口进入后部尿道直至膀胱，检查是否疏通→尿道创口用肠线连续缝合，皮肤做结节缝合，留置尿道插管。

(2) 阴囊基部切口阴囊中部横向环形切开皮肤，将阴囊皮肤切除→显露总鞘膜和睾丸，在鞘膜颈部位行双重结扎，摘除两侧总鞘膜和睾丸→分离阴茎周围组织，充分显露阴茎和尿道→切开尿道，取出尿道内阻塞物→将尿管插入后部尿道至膀胱→将尿道黏膜的上点和皮肤的上点用可吸收线结节缝合，然后将两侧尿道黏膜和皮肤结节缝合（缝合针间距0.5cm，对合严密）。

(3) 会阴部切开造口插入导尿管→肛门和阴囊基部连线中点处切开2～3cm→分离皮下组织、皮下脂肪，暴露阴茎→分离阴茎海绵体肌，显露尿道→在尿道中部纵向切开尿道1.5cm→将皮肤上切终点和尿道上切口终点用可吸收线结节缝合，然后向下将尿道黏膜和皮肤结节缝合。

3. 术后护理

注意观察排尿情况。防止术部感染，连续应用抗生素。

（四）猫尿道切开术

1. 适应证及术前准备

适应证	①顽固性下泌尿道感染综合征；②广泛性尿道结石，尿道畸形，尿道损伤等
保定与麻醉	全身麻醉，侧卧保定，会阴部剃毛、消毒，肛门周围烟包缝合，尾向上转位固定

2. 术式

距肛门1cm沿阴囊缝迹至尿道口切开。未做绝育的猫应先摘除睾丸，剪除多余的总鞘膜和阴囊皮肤→环形分离包皮及阴茎周围皮下组织，暴露阴茎→切断尿道坐骨肌、阴茎退缩肌、坐骨海绵肌→由尿道口纵向剪开尿道至尿道球腺处→清理尿道阻塞物、排空尿液→插入导尿管，将尿管头部水囊充起→将尿道切口上止点的尿道黏膜和皮肤切口上止点的皮肤用可吸收线行第一针结节缝合，然后每针间隔3mm将黏膜和皮肤缝合→在阴茎包皮附着点上方将阴茎横断，距断端0.3cm处做贯穿扣状缝合→常规闭合会阴部下端皮肤组织和皮肤。

3. 术后护理

每日用抗生素冲洗1～2次并涂布红霉素软膏。全身应用抗生素5～7天。尿管接上尿袋，固定在背腹侧。颈部戴颈圈防止咬伤尿管及尿袋。

二、生殖器官手术

（一）去势术

1. 适应证及术前准备

适应证	①犬猫正常绝育、睾丸癌或治疗无效的睾丸炎症；②良性前列腺肥大；③去势可避免会阴疝的发生
保定与麻醉	仰卧保定，两后肢向外方转位，暴露会阴部；全身麻醉

2. 术式

(1) 犬去势术阴囊基部前方切开皮肤与皮下组织（长度视一侧睾丸能挤出为宜）→用力将一侧睾丸挤出至切口处→切开精索筋膜及总鞘膜→将睾丸挤出切口外，分离附睾韧带和精索（体型大的犬将附睾韧带结扎，切断，可吸收线双重结扎精索）→将睾丸摘除。体型小的犬，可不切开总鞘膜。

(2) 猫去势术将两侧睾丸用手推挤到阴囊底部，用食指、中指和拇指固定一侧睾丸，并使阴囊皮肤紧绷→距囊缝迹一侧0.5～0.7cm处平行作3～4cm切口，切开肉膜和总鞘膜，显露睾丸→左手抓住睾丸，右手用剪刀剪断阴囊韧带，向上撕开睾丸系膜，将睾丸引出阴囊切口外，充分显露精索→结扎精索和去掉睾丸的方法同公犬去势术。两侧阴囊切口开放。术后7～10天拆线。

(二) 犬、猫卵巢和子宫切除术

1. 适应证及术前准备

(1) 适应证

① 绝育 (8～12月龄为宜)。

② 防止卵巢、子宫疾病 (卵巢囊肿、卵巢肿瘤、子宫蓄脓、阴道增生、乳腺肿瘤等)。

(2) 保定与麻醉　全身麻醉，仰卧保定。

2. 术式

脐后方沿腹正中线切开。

① 显露腹腔。

② 将卵巢提至切口外。小创钩将肠管拉向一侧 (膀胱积尿时用手指压迫膀胱使其排空，必要时导尿或穿刺)→术者手伸入骨盆前口找到子宫体，向前找到两侧子宫角并牵引至创口，顺子宫角提起输卵管和卵巢，钝性分离卵巢悬韧带，将卵巢提至腹壁切口。

③ "三钳法"结扎卵巢悬吊韧带和切断韧带。在靠近右侧卵巢血管的卵巢系膜上开一小孔，对卵巢悬吊韧带装置三把止血钳：第一把止血钳紧靠卵巢悬吊韧带，依次在第一钳外侧 (即肾脏侧) 悬吊韧带上装置第二把、第三把止血钳→在第一与第二把止血钳间切断卵巢悬吊韧带和卵巢动、静脉血管，将右侧子宫角和卵巢全部拉出切口外，然后结扎卵巢悬吊韧带断端。紧靠第三把止血钳近肾脏侧的悬吊韧带上，用4～7号丝线结扎，当第一个结扣接近拉紧时，松去第三把止血钳，使线结位于钳痕处，迅速拉紧结扎线并打结→用镊子夹持卵巢悬吊韧带断端的少许组织，再松开第二把止血钳，确信无出血后松开钳子，卵巢悬吊韧带断端迅即缩回到腹腔内。

④ 对侧卵巢悬吊韧带的结扎和切断。将右侧子宫角完全拉出腹壁切口外，继续向外引出子宫体，从子宫体找到对侧子宫角，再按"三钳法"结扎卵巢悬吊韧带和切断韧带。

⑤ 两侧卵巢和子宫角完全拉出切口外后，显露子宫体。成年犬子宫体两侧的子宫动脉进行双重结扎后切断，子宫体经结扎后切断，对幼犬可将子宫体及两侧子宫动脉一起结扎后切断 (子宫体切断的部位：对健康犬可在子宫体稍前方结扎后切断；当子宫内感染时，切断部位尽量靠后，尽量除去感染组织)→腹壁切口常规缝合。包扎腹绷带。

(三) 乳腺切除术

1. 适应证及术前准备

适应证	乳腺肿瘤、化脓、坏死或严重创伤等		
器械	参见唾液腺囊肿摘除术	保定与麻醉	仰卧保定，四肢外展充分。全身麻醉

2. 术式

以一侧乳腺全切为例。

① 在乳腺内外侧，从胸前至外阴部做长椭圆形切口。乳腺外侧切口以乳腺组织边缘为界，内侧切口以腹中线为界。

② 用组织钳夹起乳腺皮肤，由前向后钝性分离乳腺。前两个乳腺与胸肌及筋膜联系紧密，不易剥离，后3个乳腺则联系较松，易剥离 (剥离注意止血，尤其注意每个乳腺的动静脉血管，应予以结扎)。

③ 分离完前部乳腺后用湿润的纱布将裸露的胸肌及其筋膜盖住后再向后分离，然后摘除腹股沟淋巴结和腋淋巴结。仔细检查创面，确保无乳腺组织残留。

④ 缝合皮肤，包扎腹绷带。

第六节　四 肢 手 术

考纲考点：(1) 四肢手术适应证及麻醉方法；(2) 手术的术式；(3) 术后治疗原则和药物的选择。

一、膝内直韧带切断术

（一）适应证及术前准备

适应证	马牛膝盖骨上方脱位	器械	常规手术器械
保定与麻醉	站立保定和局部麻醉（取2～4mL局部麻醉药在膝中直韧带下半部内侧缘作一点注射，再在韧带内侧远端进行皮下浸润麻醉）。不安静动物—安定剂或化学保定剂。亦可侧卧保定		

（二）术式

① 中直韧带内侧缘，靠近韧带止点胫骨结节，作一小切口。

② 用弯止血钳穿过肌膜伸向膝内直韧带深侧（不得损伤关节囊），造成一个通道为插入切腱刀做准备。

③ 将切腱刀沿韧带深侧平行韧带插入，把刀身翻转90°角，刀刃对准预切韧带。左手食指摸刀的尖端，隔皮矫正刀的位置，再用锯的动作，将腱切断。

④ 韧带切断标准：当切韧带之前，感到刀被膝内直韧带压紧，一旦韧带切断，缝匠肌的腱紧绷变为松弛（如果只是缓和而没有松弛，表明不完全切断）。

⑤ 切口1～2针间断缝合。

（三）术后护理

牵遛利于控制局部肿胀，马休息和牵遛最少需2周；最好达到4～6周。

二、髋关节开放整复和关节囊缝合固定术

（一）适应证及术前准备

适应证	髋关节脱位用闭锁方式不能完成整复和维持时		本手术可用于犬、犊、驹和矮马等
器械	常规手术器械	保定与麻醉	侧卧保定，全身麻醉

（二）术式（以犬为例）

① 在髂骨后1/3背侧缘，弧形切开皮肤（越过大转子向下伸延到大腿近端1/3，切口正好落在股二头肌前缘）。

② 切开皮下组织、臀肌膜和股肌膜张肌→将股肌膜张肌和股二头肌向前后拉开，识别浅臀肌，在该肌抵止点前将腱切断。

③ 把臀肌翻向背侧→再找中臀肌和深臀肌，在股骨外侧，用骨凿或骨锯切断大转子顶端，包括中、深臀肌的抵止点，大转子的骨切线与股骨长轴成45°角→将中臀肌、深臀肌和被切断的大转子顶端一并翻向背侧，暴露关节囊。

④ 再在髋臼唇外侧3～4mm将关节囊切开和向两侧伸延，充分显露关节囊。

⑤ 手术通路打开后，对髋臼和股骨进行检查→从股骨头和关节窝切除被拉断的圆韧带，髋臼用生理盐水冲洗，清除组织碎片→脱臼整复。

⑥ 用吸收缝线闭合关节囊→把切断的大转子恢复解剖位置，由髓内针和张力金属丝固定→浅臀肌腱用非吸收缝线缝合，股二头肌和股肌膜张肌缝合，肌膜和皮肤常规闭合。

（三）术后护理

术后一段时间内限制活动。

三、指浅屈肌腱切断术

（一）适应证及术前准备

适应证	①球节（掌指关节）屈曲变形（屈肌腱的挛缩）；②后肢跗趾关节变形的手术
器械	常规手术器械
保定与麻醉	侧卧保定，全身麻醉

（二）术式

① 直视浅肌腱切断术 浅肌腱与深肌腱间做2cm纵向皮肤切口，止血钳分离皮下组织，暴露屈肌腱，切开腱旁组织，用止血钳将浅、深肌腱分离，然后切断浅肌腱。用不可吸收缝线结

节缝合皮肤。

② 非直视浅肌腱切断术在掌（跖）中部，浅肌腱与深肌腱之间皮肤纵向切开一小口，用切腱刀插入两腱之间，将刀旋转90°，使刀刃对准浅肌腱，将腱切断。切口做简单缝合。

（三）术后护理

将无菌纱布垫在创口，装上肢绷带。术后10～12天拆线。如指浅屈肌腱的切断不能矫正关节变形，可进行下翼状韧带切断术。

四、股骨头切除关节造形术

将股骨头和颈切除，其后在局部形成纤维性假关节。

（一）适应证及术前准备

适应证	髋关节变形性骨软骨炎、慢性髋关节炎、髋臼或股骨头粉碎性骨折、股骨头骨折和慢性髋关节脱位伴有股骨头坏死等		
器械	常规手术器械和骨科器械	保定与麻醉	侧卧保定，全身麻醉

（二）术式

采用髋关节前侧通路（臀肌不受损伤）。

① 从髋关节前侧的髂骨向大转子，再转向股骨中央作弧形皮肤切开→清理皮下组织，显露股肌膜、中臀肌和股二头肌。在股二头肌前缘，从大转子向下分离股二头肌肌膜，将股肌膜张肌和中臀肌分开，显露股直肌。将股直肌和股外侧肌分离，显露髋关节囊。

② 拉钩牵拉中臀肌向背侧，将拉钩插入关节囊内，抓骨钳固定大转子，使髋关节脱位。

③ 剪断圆韧带和部分关节囊，把股骨垫高→用骨钳固定股骨，骨凿切断股骨颈（对大型犬骨凿宽度不少于2.5cm），骨切断从大转子基部于中轴线横断（切后不得剩下锐角）→股骨头游离断裂。

④ 股骨头游离后，用骨钳或巾钳抓住股骨头并除去，清理创口。

⑤ 股二头肌前缘与股外直肌后缘缝合（用吸收线或非吸收线间断缝合），股肌膜张肌与臀肌膜缝合，股肌膜和皮肤常规闭合。

（三）术后护理

早期患肢实行被动活动，每天3～4次，每次20～30回。拆线之前建议牵遛或限制在一定范围活动。术后两周作跑步训练或游泳运动。病畜趾尖着地约10～14天，大部负重在3周之后，4周后完全用患肢活动。若双侧患病，两次手术间隔8～10周。

五、犬股骨干骨折内固定术

1. 适应证及术前准备

适应证	股骨骨干中部和远端骨干骨折
器械	常规手术器械和骨科器械
保定与麻醉	侧卧或半仰卧保定，患肢在上呈游离状，另外三肢固定。采用全身麻醉，推荐吸入麻醉

2. 术式

① 手术通路在大腿前外侧，即从大转子水平处到股骨外踝之间的连线，沿股骨外轮廓的弯曲和平行股二头肌的前缘切开皮肤，皮下组织在同一线切开。在股筋膜板上造2～3cm切口，沿股二头肌前缘上、下扩延，与皮肤切口等长，向后牵拉股二头肌，同时向前牵拉股筋膜，暴露股骨干→为充分暴露股骨干远端，将股外侧直肌和股二头肌用创钩分别向前、后牵引，对股动脉分支进行结扎→先对患部进行检查和清理，除去凝血块，挫灭组织和碎骨片。利用骨钳将骨断端复位，再用抓骨钳或巾钳把复位的两断端骨暂时固定。

② 在大转子顶端内侧后部做一皮肤小切口，骨钻由此钻孔并将髓内针引入，沿大转子内侧进入股骨大转子窝，针的方向是沿着后侧皮质向下延伸，其尖端从骨折近端骨的远端露出，其后将近端骨与远端骨整复在一直线上，用手或抓骨钳固定，髓内针沿近端骨远端插入远端骨近端，针尖一直到达远端骨松质内。髓内针也可先由骨折近端骨断端逆行插入，再改顺行插入远端骨远端。

③ 如非斜骨折，可用矫形半环金属丝加以固定。将骨断端复位，于钻入髓内针之前，在骨折线两侧，距骨折线 0.5cm 钻孔，穿过金属丝，先从一孔穿入，再从另一孔穿出，在骨髓腔内形成一套状。待髓内针从金属丝套穿过后，在骨折整复的基础上，金属丝做半环结扎。髓内针则被金属丝牢固控制，使骨折断端保持规定的角度和长度，减少转动。斜骨折时可用全环结扎金属丝辅助固定。用全环结扎时，骨折的斜长应是骨折部直径的 2 倍，否则降低金属丝的固定效果。此外，骨干骨折也可用接骨板和骨螺钉进行固定。显露骨折部位后，清除骨碎片和血肿，将骨折断端整复到正常解剖位置，延迟螺钉或环扎金属丝固定，再装接骨板。装接骨板一般无需剥离骨膜，将有利于骨愈合。

④ 接骨完毕，清理和闭合创口。股二头肌的前缘与股外侧直肌的后缘缝合，用吸收缝线或非吸收缝线间断缝合。常规缝合筋膜、皮下组织及皮肤。

3. 术后护理

骨折整复固定后，在骨愈合期间，早期限制关节活动，在屈膝关节的同时使跗关节伸展，并使胫骨近端后侧呈现下沉位置。用改良托马斯夹板绷带或一般夹板绷带，直至骨连接为止。注意早期活动，防止关节僵硬。

六、四肢黏液囊手术

（一）适应证及术前准备

适应证	顽固性黏液囊炎(牛、马、大型犬等发生在四肢腕部、肘头、跟骨头等处)		
器械	常规手术器械	保定与麻醉	全身麻醉配合局部麻醉

（二）术式

（1）腕前皮下黏液囊炎在肿物前面正中略下方作梭形切口。将黏液囊整体剥离摘除。结节缝合手术创口。对过多的皮肤作数行平行结节缝合。皮肤皱褶于一侧，装置压迫绷带。以后每五天拆除一行结节缝合（从靠近肢体的一行开始），最后拆除创口的结节缝合。

（2）肘头皮下黏液囊炎沿肢体长轴在肿物外后侧作纵向切口。切开皮肤后即从周围组织剥离出增大的黏液囊。消毒剂处理创腔，结节缝合创口，并做纽扣减张缝合，细胶管引流。术后将病畜放置于保定栏内后吊起保定 1~2 周，防止术后因起卧而使手术创口裂开，有利于创口愈合。

（3）跟骨头皮下黏液囊炎患肢在上侧卧保定。术部剃毛、消毒。在飞端上面及两侧作"U"形切开，剥离黏液囊及肥厚组织，均予以切除。创口作结节褥式缝合，后下方留排液孔。包扎压迫绷带。

（钟志军）

《兽医外科与外科手术学》模拟试题及参考答案

1. 红、肿、热、痛和机能障碍是指（　　）。
   A. 炎症的本质　　B. 炎症的基本经过
   C. 炎症局部的主要表现　　D. 炎症时机体的全身反应　　E. 炎症局部的基本病理变化
2. 卡他性炎常发生在（　　）。
   A. 肌肉　　B. 皮肤　　C. 黏膜　　D. 浆膜　　E. 实质器官
3. 脓毒败血症的主要特点是（　　）。
   A. 血液内出现化脓菌　　B. 体表有多发性脓肿　　C. 血液中白细胞增多
   D. 病畜不断从鼻孔流出带血脓汁
   E. 血液中出现大量的化脓菌及其毒素
4. 脓肿摘除法主要用于治疗（　　）。
   A. 体表小脓肿　　B. 体表大脓肿
   C. 体腔小脓肿　　D. 体腔大脓肿
   E. 子宫蓄脓
5. 脓肿切开术主要在（　　）。
   A. 脓肿成熟前　　B. 脓肿成熟但未出现波动　　C. 脓肿成熟出现波动后
   D. 脓肿成熟后
6. 烧伤后发生铜绿假单胞菌感染可用（　　）。
   A. 2％春雷霉素　　B. 2％利多卡因
   C. 2％高锰酸钾　　D. 魏氏流膏
7. 全身化脓性感染**不包括**（　　）。
   A. 败血症　　B. 脓血症　　C. 毒血症
   D. 菌血症
8. 单个毛囊及所属皮脂腺发生的急性化脓性感染称为（　　）。
   A. 蜂窝织炎　　B. 痈　　C. 肉芽肿
   D. 脓肿　　E. 疖
9. 在原发病原微生物感染后，经过若干时间又并发它种病原菌的感染，称为（　　）。
   A. 单一感染　　B. 混合感染　　C. 继发感染　　D. 再感染
10. 在下列选项中能够促使外科感染发展的因素是（　　）。
    A. 有机体的防卫机能　　B. 致病菌的数量和毒力　　C. 血管和血脑的屏障作用
    D. 吞噬细胞的吞噬作用
11. 治疗关节部脓肿膜形成良好的小脓肿，应选用的方法是（　　）。
    A. 脓汁抽出法　　B. 脓肿切开法
    C. 脓肿摘除法　　D. 冷疗法
12. 属于全身感染的是（　　）。
    A. 痈　　B. 蜂窝织炎　　C. 脓肿
    D. 败血症
13. 蜂窝织炎属于（　　）。（2010年真题）
    A. 慢性增生性炎症　　B. 慢性化脓性炎症　　C. 急性弥漫性化脓性炎症
    D. 慢性局限性化脓性炎症　　E. 急性局限性非化脓性炎症
14. 化脓菌入血、生长繁殖、产生毒素、形成多发性脓肿，最合适的病名是（　　）。
    A. 脓毒血症　　B. 败血症　　C. 毒血症
    D. 菌血症
15. 炎症的基本病变是（　　）。
    A. 组织细胞的变性坏死　　B. 组织的炎性充血和水肿　　C. 变质，渗出，增生
    D. 红，肿，热，痛，功能障碍
16. 脓毒败血症除具有败血症的一般性病理变化外突出病变为（　　）。
    A. 病原微生物在局部组织和血液中持续繁殖并产生大量毒素　　B. 机体处于严重中毒状态和全身性病理过程　　C. 器官的多发性脓肿　　D. 造成广泛的组织损害
17. 血液中正常状态下不存在的物质，随着血流运行堵塞血管的过程称为（　　）。
    A. 血栓　　B. 栓塞
    C. 梗死　　D. 淤血
18. 机体清除和杀灭病原微生物的最主要的炎症细胞是（　　）。
    A. 嗜酸性粒细胞　　B. 嗜中性粒细胞
    C. 巨噬细胞　　D. 淋巴细胞
19. 外科感染常见的病原菌**不包括**（　　）。

(2011年真题)
A. 葡萄球菌　B. 链球菌　C. 铜绿假单胞菌　D. 大肠杆菌　E. 布氏杆菌

20. 外科感染早期应采取的物理疗法是（　）。(2011年真题)
A. 冷敷，普鲁卡因封闭　B. 热敷　C. 湿热敷　D. 红外线照射　E. 感应电疗法

21. 下列易继发蜂窝织炎的创伤是（　）。(2011年真题)
A. 切创　B. 裂创　C. 咬创　D. 火器创　E. 毒创

22. 脓肿摘除法适用于治疗（　）。(2015年真题)
A. 臀部大脓肿　B. 肩臂部大脓肿　C. 关节蓄脓　D. 体表潜在小脓肿

23. 血肿早期的临诊特点是（　）。(2015年真题)
A. 肿胀缓慢　B. 波动感明显　C. 局部无热痛　D. 界限不明显　E. 穿刺液显黄色

24. 关于外科感染特点的描述，**不正确**的是（　）。(2016年真题)
A. 大多数由外伤引起　B. 常发生化脓性坏死过程　C. 常伴发全身症状　D. 很少为混合感染　E. 愈合后局部常形成瘢痕组织

25. 蹄冠蜂窝织炎的临床特点是（　）。(2018年真题)
A. 无热　B. 无痛　C. 无跛行　D. 重度支跛　E. 重度悬跛

26. 关于腐败性感染表述**错误**的是（　）。(2019年真题)
A. 局部坏死，发生腐败性分解　B. 内源性腐败性感染可见于肠管损伤时　C. 初期创伤周围出现水肿和剧痛　D. 病灶不用广泛切开　E. 尽可能地切除坏死组织

27. 创伤愈合时，**不属于**肉芽组织固有成分的是（　）。
A. 胶原纤维　B. 成纤维细胞　C. 中性粒细胞　D. 平滑肌细胞　E. 新生毛细血管

28. 可引起动物明显全身症状的疾病是（　）。(2009年真题)
A. 血肿　B. 脂肪瘤　C. 蜂窝织炎　D. 局部气肿　E. 淋巴外渗

29. 受伤8小时内未经处理的开放性损伤是（　）。(2009年真题)
A. 污染创　B. 感染创　C. 无菌创　D. 陈旧创　E. 肉芽创

30. 第二期愈合的特征是（　）。
A. 增生大量的肉芽组织　B. 增生少量的肉芽组织　C. 不增生肉芽组织　D. 形成痂皮

31. 创伤治疗的主要目的（　）。
A. 增生大量肉芽组织　B. 增生少量肉芽组织　C. 治疗创伤感染及中毒　D. 防止休克

32. 治疗创伤的核心是（　）。
A. 增生大量肉芽组织　B. 预防和制止创伤感染　C. 调节机体酸碱平衡失调　D. 防止休克

33. 创伤的冲洗一般**不使用**（　）。
A. 0.1%高锰酸钾　B. 10%氯化钠　C. 0.9%氯化钠　D. 甲硝唑　E. 双氧水

34. 血肿发生时首先（　）。
A. 穿刺或切开血肿排除积血　B. 控制出血，防止感染和排除积血　C. 观察一段时间再行治疗　D. 使用止血药物

35. 细而长的创伤常用的灌注剂是（　）。
A. 2%春雷霉素　B. 2%利多卡因　C. 2%高锰酸钾　D. 魏氏流膏

36. 由于外力作用，招致血管破裂，溢出的血液分离周围组织，形成充满血液的腔洞，称为（　）。
A. 挫伤　B. 血肿　C. 淋巴外渗　D. 脓肿　E. 蜂窝织炎

37. 当创腔深、创道长、创内有坏死组织时，为了使创内炎性渗出物流出创外，常采用的治疗方法是（　）。
A. 创围清洁法　B. 创伤包扎法　C. 创伤引流法　D. 创伤缝合法

38. 三度烧伤的特征是（　）。
A. 伤部被毛烧焦，留有短毛　B. 动脉性充血，毛细血管扩张　C. 有局限性轻微的热、痛、肿，呈浆液性炎症变化　D. 形成焦痂，呈深褐色干性坏死状态，有时出现皱褶

39. 构成肉芽组织的主要成分除毛细血管外，还有（　）。
A. 肌细胞　B. 上皮细胞　C. 神经纤维　D. 成纤维细胞　E. 多核巨细胞

40. 取一期愈合的是（　　）。(2010年真题)
   A. 瘘　B. 褥疮　C. 坏疽　D. 化脓创　E. 无菌手术创

41. 治疗水肿性溃疡**不得使用**的药物是（　　）。(2010年真题)
   A. 鱼肝油　B. 植物油　C. 碘甘油　D. 樟脑酒精　E. 红霉素软膏

42. 出血性休克关键的治疗方法（　　）。
   A. 消炎　B. 止血　C. 调节代谢　D. 改善心脏功能　E. 改善肺功能

43. 创伤最为理想的愈合形式是（　　）。
   A. 第一期愈合　B. 第二期愈合　C. 第三期愈合　D. 痂皮下愈合

44. 临诊上达到第一期愈合的条件**不包括**哪些（　　）。
   A. 创缘创壁整齐、吻合，无肉眼可见的组织间隙　B. 炎症反应轻微　C. 创内无异物、坏死灶及血肿，组织有能力，无感染　D. 肉芽组织已经增生

45. 创伤冲洗常用的高锰酸钾浓度是（　　）。(2011年真题)
   A. 0.1%　B. 0.5%　C. 1%　D. 5%　E. 10%

46. 适用于熏蒸消毒的药是（　　）。(2011年真题)
   A. 40%甲醛溶液（福尔马林）　B. 新洁尔灭　C. 75%酒精　D. 10%甲醛溶液　E. 来苏尔

47. 一期创伤愈合的特点是（　　）。(2011年真题)
   A. 瘢痕组织大　B. 感染　C. 坏疽　D. 炎症反应重　E. 炎症反应轻微

48. 下列**不属于**软组织非开放性损伤的是（　　）。(2011年真题)
   A. 挫伤　B. 血肿　C. 淋巴外渗　D. 耳血肿　E. 脓肿

49. 创缘较整齐的创伤是（　　）。(2015年真题)
   A. 缚创　B. 压创　C. 挫创　D. 切创　E. 复合创

50. 交叉配血试验时，主侧与供血者红细胞配合的是受血者的（　　）。(2015年真题)
   A. 红细胞　B. 血清　C. 白细胞　D. 全血　E. 血小板

51. 治疗冻伤快速复温要求的水温为（　　）。(2016年真题)
   A. 10℃至20℃　B. 23℃至25℃　C. 30℃至32℃　D. 35℃至37℃　E. 40℃至42℃

52. 脊髓受伤时，给动物注射水合氯醛的目的是（　　）。(2016年真题)
   A. 镇静　B. 消炎　C. 活血　D. 止血　E. 止痛

53. **不适用于**淋巴外渗的治疗方法是（　　）。(2017年真题)
   A. 温热疗法　B. 切开疗法　C. 保持动物安静　D. 注入95%酒精，停留片刻后抽出　E. 注入95%酒精福尔马林液，停留片刻后抽出

54. 犬咬创的临床特点通常是（　　）。(2018年真题)
   A. 不易感染　B. 创口较大　C. 出血较多　D. 组织挫灭少　E. 呈管状创

55. 火场急救首先应防止动物发生（　　）。(2018年真题)
   A. 尿毒症　B. 窒息　C. 尿毒症　D. 感染　E. 损伤

56. 可能取第一期愈合的是（　　）。(2018年真题)
   A. 褥疮　B. 污染创　C. 化脓创　D. 陈旧创　E. 肉芽创

57. 胸壁透创早期最严重的并发症是（　　）。(2018年真题)
   A. 胸膜炎　B. 胸腔蓄脓　C. 闭合性气胸　D. 开放性气胸　E. 张力性气胸

58. 适用于初期缝合的创伤特征是（　　）。(2019年真题)
   A. 创伤严重污染　B. 创伤已经感染　C. 创伤尚未感染　D. 创内异物尚未取出　E. 创内出血尚未制止

59. 关于Ⅰ度烧伤的错误表述是（　　）。(2019年真题)
   A. 皮肤表皮层损伤　B. 生发层健在　C. 有再生能力　D. 真皮层大部损伤　E. 伤部被毛烧焦

60. 骡，3岁，因跌倒致左跗关节皮肤破裂，从伤口流出黏稠、透明、淡黄色液体，并混有少量血液。该病最可能的诊断是（　　）。(2019年真题)
   A. 关节非透创　B. 慢性脊髓炎　C. 类风湿关节炎　D. 关节透创　E. 慢性肌炎

61. 上皮组织发生的恶性肿瘤称为（　　）。

A. 肉瘤　　B. 癌　　C. 畸胎瘤　　D. 母细胞瘤

62. 以膨胀性生长为特点的肿瘤是（　　）。
    A. 恶性肿瘤　　B. 癌　　C. 乳头状瘤　　D. 良性肿瘤

63. 良性肿瘤的特点之一是（　　）。
    A. 易转移　　B. 异型性小　　C. 异型性大　　D. 生长速度快　　E. 常见核分裂相

64. 恶性肿瘤对机体的危害主要体现在（　　）。（2009年真题）
    A. 膨胀性生长　　B. 侵袭性生长
    C. 产生过量激素　　D. 压迫邻近器官
    E. 阻塞中空器官

65. 良性肿瘤治疗方法首选（　　）。
    A. 手术切除　　B. 化学疗法　　C. 抗生素疗法　　D. 放射疗法

66. 治疗恶性肿瘤的药物**不包括**（　　）。
    A. 50%尿素液　　B. 长春新碱　　C. 氨甲蝶呤　　D. 氨甲环酸

67. 犬淋巴肉瘤主要采用（　　）。
    A. 手术切除　　B. 化学疗法　　C. 抗生素疗法　　D. 放射疗法

68. 良性肿瘤的特征是（　　）。
    A. 以浸润性生长方式不断的生长
    B. 肿瘤周围无包膜，或者不完整
    C. 肿瘤细胞分化程度高　　D. 可沿血管或淋巴发生转移

69. 属于肿瘤全身症状的是（　　）。
    A. 消瘦　　B. 肿块　　C. 疼痛　　D. 溃疡

70. 鳞状细胞癌组织中的癌细胞来源于（　　）。
    A. 上皮组织　　B. 神经组织　　C. 脂肪组织　　D. 纤维组织　　E. 肌肉组织

71. 辅助治疗犬口腔乳头状瘤的首选药物是（　　）。（2010年真题）
    A. 酮康唑　　B. 甘露醇　　C. 长春新碱　　D. 氟苯尼考　　E. 环丙沙星

72. 对放射线敏感度高的肿瘤细胞是（　　）。（2018年真题）
    A. 分化程度高、新陈代谢快的细胞
    B. 分化程度低、新陈代谢慢的细胞
    C. 分化程度高、新陈代谢慢的细胞
    D. 分化程度低、新陈代谢快的细胞
    E. 分化程度与新陈代谢均正常的细胞

73. 风湿病的动物步态呈现（　　）。

A. 支跛　　B. 悬跛　　C. 黏着步样　　D. 紧张步样

74. 风湿病是全身（　　）。
    A. 结缔组织的炎症　　B. 韧带的炎症
    C. 肌腱的炎症　　D. 关节的炎症

75. 确诊风湿病的依据是（　　）。
    A. 出现风湿性肉芽肿　　B. 出现关节肿大　　C. 出现严重的跛行　　D. 出现炎性细胞浸润

76. 机体多肌群和关节发生疼痛的疾病是（　　）。（2010年真题）
    A. 肌炎　　B. 腱鞘炎　　C. 风湿病　　D. 蹄叶炎　　E. 黏液囊炎

77. 治疗急性肌肉风湿病最为有效的药物是（　　）。
    A. 青霉素类　　B. 磺胺类　　C. 水杨酸类药物　　D. 喹诺酮类

78. 活动性风湿病的确诊指标是在组织内出现（　　）。（2018年真题）
    A. 巨噬细胞　　B. B-淋巴细胞　　C. T-淋巴细胞　　D. 红细胞　　E. 阿孝夫小体（Aschoff body）

79. 一京巴犬，因争斗致角膜严重破损，眼球内容物脱出，还纳的可能性很小。在尽量不影响犬容貌的情况下，摘除眼球手术最佳在（　　）。（2009年真题）
    A. 角膜处做环形切口　　B. 睑结膜处做环形切口　　C. 球结膜处做环形切口
    D. 上眼睑外侧缘做弧形切口　　E. 下眼睑外侧缘做梭形切口

80. 白内障的特征是（　　）。
    A. 角膜充血、溃疡　　B. 晶状体或晶状体及其囊浑浊、瞳孔变色、视力消失或减退　　C. 玻璃体浑浊、充血　　D. 睫状体浑浊或脱落

81. 犬角膜穿孔修复的方法是（　　）。（2009年真题）
    A. 皮瓣遮盖术　　B. 结膜缝合术
    C. 结膜瓣遮盖术　　D. 瞬膜瓣遮盖术
    E. 眼睑皮片遮盖术

82. 眼球壁结构中，具有保护眼球内容物和维持眼球外形等作用的是（　　）。
    A. 纤维膜　　B. 血管膜　　C. 视网膜　　D. 角膜

83. 下列哪种药品近中性，对组织刺激性小，主要用于眼科感染（　　）。
    A. 磺胺脒　　B. 磺胺醋酰　　C 魏氏流

膏　D. 磺胺二甲氧嘧啶　E. 磺胺嘧啶
84. 以硼酸溶液作为洗眼液的浓度为（　　）。
    A. 0.5%～1%　B. 1%～2%
    C. 2%～4%　D. 5%　E. 0.25%
85. 在下眼睑皮肤作"V"形切口，然后将其缝成"Y"形用以治疗（　　）。
    A. 眼睑内翻　B. 麦粒肿　C. 瞬膜腺突出　D. 眼睑外翻　E. 青光眼
86. 犬下眼睑外翻V-Y形矫正术时，应将分离的皮瓣进行（　　）。(2009年真题)
    A. 结节缝合　B. 连续缝合　C. 库兴氏缝合　D. 伦勃特氏缝合　E. 康乃尔氏缝合
87. 角膜代谢所需的氧主要来自（　　）。
    A. 空气　B. 毛细血管　C. 眼房液
    D. 淋巴液
88. 在下列各种情况中，瞳孔会缩小的是（　　）。
    A. 强光照射时　B. 疼痛、惊恐等因素引起中枢神经系统的强烈兴奋时
    C. 交感神经系统发生兴奋时　D. 动物窒息或临死前动眼神经中枢麻痹
89. "樱桃眼"指的是（　　）。
    A. 青光眼　B. 白内障　C. 角膜炎
    D. 瞬膜腺突出
90. **不属于**眼折光系统的结构是（　　）。
    A. 角膜　B. 虹膜　C. 房水
    D. 晶状体　E. 玻璃体
91. 维持动物视觉、特别是在维持暗适应能力方面起着极其重要作用的维生素是（　　）。
    A. 维生素A　B. 维生素B_1　C. 维生素B_2　D. 维生素E　E. 维生素K
92. 一只眼球含有斜肌数为（　　）。
    A. 1条　B. 2条　C. 3条　D. 4条
    E. 5条
93. 常用的洗眼液为（　　）。(2010年真题)
    A. 2%硼酸　B. 2%煤酚皂　C. 2%苯扎溴铵　D. 2%过氧乙酸　E. 2%高锰酸钾
94. 正常情况下，以下器官**无血管的**是（　　）。
    A. 结膜　B. 虹膜　C. 角膜
    D. 巩膜
95. 犬猫结膜炎常用以下哪种药物（　　）。
    A. 阿托品　B. 氧氟沙星眼药水、妥布霉素眼药水　C. 水合氯醛　D. 洋

地黄
96. 牛传染性角膜结膜炎的病因是（　　）。
    A. 牛巴氏杆菌　B. 牛莫拉菌　C. 大肠杆菌　D. 衣原体
97. 角膜溃疡和穿孔后**不能使用**以下一些药物
    A. 喹诺酮类　B. 皮质类固醇类
    C. 氨基糖苷类　D. 青霉素类
98. 青光眼的病因是（　　）。
    A. 眼房液排除受阻　B. 眼泪排除受阻
    C. 微生物感染引起　D. 晶状体脱落
99. 犬眼内压升高的疾病是（　　）。(2010年真题)
    A. 角膜炎　B. 虹膜炎　C. 结膜炎
    D. 青光眼　E. 白内障
100. 青光眼的特征性特点为（　　）。(2012年真题)
    A. 充血严重　B. 眼内压升高
    C. 羞明　D. 疼痛明显　E. 晶状体浑浊
101. 病犬在康复期出现角膜混浊的常见传染病是（　　）。
    A. 犬瘟热　B. 犬传染性肝炎
    C. 犬细小病毒病　D. 犬冠状病毒性腹泻　E. 犬副流感病毒感染
102. 眼睑外翻常导致动物眼睛发生（　　）。(2016年真题)
    A. 白内障　B. 玻璃体浑浊　C. 视网膜脱落　D. 眼结膜粗糙肥厚
    E. 眼角膜出现溃烂
    （103、104题共用以下题干）(2016年真题)
    犊牛，长期饲喂含棉籽饼饲料，表现视物不清，运动蹒跚，眼球前突，瞳孔散大，对光反射迟钝。
103. 该病最可能的诊断是（　　）。
    A. 角膜炎　B. 结膜炎　C. 白内障
    D. 青光眼　E. 玻璃体浑浊
104. 患牛眼压可能（　　）。
    A. 降低　B. 正常　C. 升高
    D. 忽高忽低　E. 持续降低
105. 结膜囊指的是（　　）。(2017年真题)
    A. 上、下眼睑之间的裂隙　B. 上眼睑与角膜之间的裂隙　C. 下眼睑与角膜之间的裂隙　D. 睑结膜与球结膜之间的裂隙
106. 治疗直径2～3mm的角膜穿孔宜采用的

方法是（　）。(2017年真题)
A. 用10%氯化钠溶液每日3~5次点眼
B. 用40%葡萄糖溶液或自家血点眼
C. 用眼科无损伤缝合针和可吸收缝线进行缝合
D. 用青霉素，普鲁卡因，氢化可的松作结膜下注射
E. 用中成药拨云散治疗

107. 角膜上出现树枝状新生血管，提示炎症主要在角膜（　）。(2018年真题)
A. 浅层　　B. 深层　　C. 后弹力层
D. 上皮细胞层　　E. 内皮细胞层

108. 拨云散适用的眼病是（　）。(2018年真题)
A. 卡他性结膜炎　　B. 化脓性结膜炎
C. 间质性角膜炎　　D. 溃疡性角膜炎
E. 虹膜睫状体炎

109. 支配眼球运动的神经是（　）。(2019年真题)
A. 视神经　B. 滑车神经　C. 三叉神经　　D. 面神经　　E. 副神经

110. 青光眼的主要症状是（　）。(2019年真题)
A. 眼内压升高　　B. 眼房液浑浊
C. 晶状体浑浊　　D. 角膜混浊
E. 泪液增多

111. 静脉注射氯化钙溶液漏至皮下导致的颈静脉炎，最佳的治疗方法是（　）。(2009年真题)
A. 局部冷敷　B. 局部热敷　C. 局部生理盐水冲洗　D. 局部涂红霉素软膏　E. 局部注射10%~20%硫酸钠

112. 马副鼻窦蓄脓圆锯术后，局部最佳护理方法是（　）。(2009年真题)
A. 局部封闭　B. 术部开放　C. 密闭创口　D. 安置绷带　E. 安装引流管

113. 除去牙结石主要采用（　）。
A. 刮治法　B. 拔牙术　C. 抗生素疗法　D. 硝酸盐饱和溶液涂擦
E. 截牙术

114. 发生于鼓室及耳咽管的炎症称（　）。
A. 外耳炎　B. 中耳炎　C. 耳血肿
D. 耳郭囊肿　E. 内耳炎

115. 颈静脉注射时，漏注可引起较严重颈静脉周围炎的注射液是（　）。(2010年真题)
A. 5%水合氯醛　　B. 0.5%普鲁卡因

C. 5%葡萄糖溶液　　D. 0.9%氯化钠溶液　E. 复方氯化钠注射液

116. 犬，5岁，头向一侧倾斜，有时出现转圈运动。体温39.7℃，听力下降。耳镜检查见鼓膜穿孔，X线检查鼓室泡骨性增生。此病不宜采用的治疗方法是（　）。
A. 电烧灼　B. 耳腔冲洗　C. 抗生素滴耳　D. 中耳腔刮除　E. 全身应用抗生素

117. 犬，3月龄，购回1月余，对主人的呼唤无反应，饮、食欲正常。该犬首先需要检查的脑神经是（　）。
A. 听神经　B. 视神经　C. 三叉神经　　D. 舌咽神经　　E. 动眼神经

118. 动物发生中耳炎常出现的临床症状是（　）。(2011年真题)
A. 头倾向于健侧　　B. 头倾向于患侧
C. 出现直线运动　　D. 食欲亢进
E. 体温降低

119. 动物患颈静脉炎时压迫近心端远端不见血管扩张可初步诊断为（　）。(2011年真题)
A. 单纯性颈静脉炎　　B. 颈静脉周围炎　　C. 血栓性颈静脉炎　　D. 化脓性颈静脉炎　　E. 出血性颈静脉炎

120. 犬颌下出现无炎症，有波动的肿块，流涎，治疗时（　）。(2012年真题)
A. 切除舌下腺和颌下腺　　B. 仅切除颌下腺即可　　C. 切除下颌淋巴结
D. 颌下淋巴结周围进行封闭疗法

(121、122题共用下列备选答案)
A. 开胸术　B. 喉囊切开术　C. 食管切开术　D. 气管切开术　E. 喉室切开术

121. 某牛在采食块状饲料时，突发食管梗阻，张口呼吸。急救应实施（　）。

122. 某犬在采食中突发吞咽障碍，流涎，干呕，烦躁不安；X线检查发现在胸腔入口前气管背侧有一不规则形状的高密度阴影。应实施（　）。

123. 属于牙齿发育异常的是（　）。(2016年真题)
A. 斜齿　　B. 过长　　C. 波状
D. 滑状　　E. 赘生状

124. 中耳炎的发病部位为（　）。(2016年真题)

A. 鼓室和咽鼓室　　B. 垂直外耳道
C. 骨迷路和膜迷路　　D. 耳郭
E. 水平外耳道

125. 与犬牙周病无关的症状是（　　）。（2018年真题）
A. 齿磨灭不正　　B. 不敢咀嚼硬质食物　　C. 牙周袋形成并蓄脓　　D. 牙疼痛明显　　E. 齿龈肿胀或萎缩

126. 犬，3岁，颌下出现肿胀，有成人拳头大；触诊无热、无痛，有波动；穿刺流出淡黄色无味黏稠液体手术治疗应施行（　　）。（2018年真题）
A. 腮腺囊肿摘除术　　B. 舌下囊肿造袋术　　C. 颈部黏液囊肿造袋术　　D. 咽部囊肿造袋术　　E. 颌下腺和舌下腺切除术

127. **不属于**牙周炎症状的是（　　）。（2019年真题）
A. 牙龈红肿　　B. 牙周袋增大　　C. 牙周溢脓　　D. 牙齿松动　　E. 咀嚼不停

128. 对于开放性气胸的治疗主要是（　　）。
A. 尽快闭合创口　　B. 兴奋呼吸中枢　　C. 抗生素疗法　　D. 止血　　E. 止痛

129. 胸壁透创的主要并发症是（　　）。（2010年真题）
A. 肺炎　　B. 气胸　　C. 肺充血　　D. 肺水肿　　E. 肺泡气肿

130. 奶牛，5岁，右侧腹壁有一直径约30cm的肿胀物，触诊局部柔软，用力推压内容物可还纳腹腔，并可摸到腹壁有一直径约10cm左右的破裂孔，最佳治疗方案是（　　）。
A. 热敷　　B. 手术修补　　C. 封闭疗法　　D. 涂擦刺激剂　　E. 安置压迫绷带

131. 某犬，车撞后1小时，体温、脉搏、呼吸及运动均无异常，仅见胸侧壁有一椭圆形肿胀，触诊有波动感及轻度压痛感。该犬最有可能出现（　　）。（2010年真题）
A. 疝　　B. 气肿　　C. 脓肿　　D. 血肿　　E. 淋巴外渗

（132～134题共用以下题干）（2018年真题）
博美犬，3岁，被萨摩犬咬伤。次日发现右腹壁出现局限性肿胀，触摸患处皮肤温热、柔软，按压肿物可变小。

132. 该病最可能的诊断是（　　）。
A. 淋巴外渗　　B. 腹壁脓肿　　C. 腹部囊肿　　D. 气肿　　E. 腹壁疝

133. 该病最佳治疗方法是（　　）。
A. 输液疗法　　B. 外固定包扎　　C. 穿刺疗法　　D. 激素疗法　　E. 手术疗法

134. 进一步诊断的首选方法是（　　）。
A. 血常规检查　　B. 血清生化检查　　C. X线检查　　D. 血气检测　　E. 尿常规检查

135. 与动物腹压无关的疝为（　　）。（2009年真题）
A. 脐疝　　B. 脑疝　　C. 会阴疝　　D. 腹壁疝　　E. 腹股沟阴囊疝

136. 下列疝属于内疝的是（　　）。
A. 脐疝　　B. 阴囊疝　　C. 膈疝　　D. 会阴疝　　E. 外伤性腹壁疝　　F. 胸壁疝

137. 脐疝修补时一般采用什么缝合方法修补疝轮（　　）。
A. 荷包缝合或纽孔缝合　　B. 连续螺旋缝合　　C. 康乃尔氏缝合　　D. 库兴氏缝合

138. 腹股沟阴囊疝常见的内容物**不可能**是（　　）。
A. 胃　　B. 肠管　　C. 膀胱　　D. 子宫　　E. 脾脏

139. 腹股沟疝内容物一般**不含**（　　）。
A. 大网膜　　B. 子宫　　C. 肠管　　D. 膀胱或脾脏　　E. 卵巢

140. 手术修补膈疝时主要的并发症是（　　）。
A. 心跳加快　　B. 呼吸加快　　C. 心脏纤颤　　D. 胃肠蠕动加快

141. 组成腹股沟管的肌肉是（　　）。
A. 腹直肌与腹横肌　　B. 腹内斜肌与腹直肌　　C. 腹外斜肌与腹直肌　　D. 腹横肌与腹内斜肌　　E. 腹内斜肌与腹外斜肌

142. 马，雄性，配种后第2天，一侧阴囊肿大、皮肤紧张发亮，出现浮肿、不愿走动，运步时两后肢开张，步态紧张，直肠检查，腹股沟内环内有肠管脱入。最可能的疾病是（　　）。（2010年真题）
A. 睾丸炎　　B. 附睾炎　　C. 阴囊积

水　　D. 睾丸肿瘤　　E. 腹股沟阴囊疝
（143～145题共用以下题干）（2010年真题）

母犬，脐部出现局限性肿胀近6个月，触诊该肿胀柔软，饱食和挣扎时肿胀增大，压迫肿胀可缩小，皮肤无红、热、痛等炎性反应。

143. 该病最可能的诊断是（　　）。
A. 痈　B. 肿瘤　C. 脓肿　D. 脐疝　E. 蜂窝织炎

144. 手术治疗，合理的手术切口形状为（　　）。
A. "T"形　B. 直线形　C. 三角形　D. 十字形　E. 梭（菱）形

145. 闭合腹壁创口最适宜的缝合方法是（　　）。
A. 分层结节缝合　　B. 分层连续缝合
C. 全层连续缝合　　D. 全层结节缝合
E. 皮肤结节缝合

146. 膈疝**不能**出现的脏器为（　　）。（2012年真题）
A. 盲肠　B. 小肠　C. 胃　D. 脾脏　E. 肝脏

147. 肠管进入疝囊一部分又回到腹腔，受到疝孔弹力压迫造成血液循环障碍，该类型疝称为（　　）。（2012年真题）
A. 逆行性箝闭疝　　B. 可复性疝
C. 弹力性箝闭疝　　D. 粪性箝闭疝

148. 犬阴囊疝内容物常见的是（　　）。（2016年真题）
A. 前列腺　B. 十二指肠　C. 膀胱　D. 盲肠　E. 空肠

149. 腹腔内组织器官从异常扩大的自然孔道或病理性破裂孔脱至皮下或其他解剖腔的疾病称（　　）。（2016年真题）
A. 肠套叠　B. 疝　C. 瘘　D. 挫伤　E. 坏疽

150. 马驹脐疝修补术的适宜保定方式是（　　）。（2017年真题）
A. 侧卧保定　B. 仰卧保定　C. 俯卧保定　D. 站立保定　E. 侧立保定

151. 马，呼吸25次/分钟，脉搏95次/分钟，排粪减少，阴囊肿大，触诊有热痛，不愿走动。直肠检查，腹股沟内有肠管脱入。该病的最佳治疗方法是（　　）。（2017年真题）

A. 热敷　B. 激素疗法　C. 手术疗法　D. 输液疗法　E. 抗生素治疗

152. 犬，雄性，7岁，排尿困难，精神和食欲基本正常，肛门右侧肿胀、隆起，触压较柔软，倒立时压迫肿胀物体积变小。该肿胀物可能是（　　）（2018年真题）
A. 血肿　B. 肛门囊脓肿　C. 直肠憩室　D. 肛门腺肿瘤　E. 会阴疝

（153～155题共用以下题干）（2018年真题）

母犬，脐部出现局限性肿胀近6个月，触诊该肿服柔软，饱食和扎时钟增大，压迫肿胀可缩小，皮肤无红，热、痛反应

153. 闭合内层切口可采用的缝合方法是（　　）。
A. 水平纽扣状缝合　　B. 十字缝合
C. 单纯连续缝合　　D. 锁边缝合
E. 单纯间断缝合

154. 本病最可能的诊断是（　　）。
A. 肿瘤　B. 脓肿　C. 疝　D. 蜂窝织炎　E. 痈

155. 合理的手术切口形状是（　　）。
A. 梭形　B. 直线形　C. 三角形　D. 十字形　E. "T"形

156. 博美犬，4岁，1周来经常磨蹭和舔舐肛部，临诊发现肛门部肿大，肛门下方两侧破溃，流脓性分泌物，触诊敏感。根据上述症状，**错误**的疗法是（　　）。（2009年真题）
A. 烧烙疗法　B. 手术治疗　C. 冲洗疗法　D. 缝合破溃口　E. 用抗生素治疗

157. 直肠脱整复后一般采用以下哪种缝合方法（　　）。
A. 荷包缝合　B. 连续螺旋缝合
C. 康乃尔氏缝合　D. 库兴氏缝合
E. "8"字形缝合

158. 直肠脱整复后的外固定方法是在肛门周围行（　　）。（2010年真题）
A. 荷包缝合　B. 结节缝合　C. 伦勃特缝合　D. 库兴氏缝合　E. 连续锁边缝合

159. 锁肛多发于（　　）。
A. 羔羊　B. 犊牛　C. 仔猪　D. 马驹　E. 幼猫

160. 犬，排粪困难，里急后重，甩尾，擦舔肛门，挤压其肛门疼痛并流出黑灰色恶

臭物。该病是（　　）。（2010 年真题）
　　A. 锁肛　　B. 直肠脱　　C. 直肠破裂
　　D. 肛门囊炎　　E. 巨结肠症

161. 雄犬，7 岁，近日在肛门旁出现肿胀，界限明显，无热、无痛，柔软，大小便不畅。本病最可能的诊断是（　　）。（2010 年真题）
　　A. 肿瘤　　B. 会阴疝　　C. 淋巴外渗
　　D. 蜂窝织炎　　E. 肛门腺炎

162. 一母牛阴门近旁出现一无热、无痛、柔软的肿胀可初步诊断为（　　）。（2011 年真题）
　　A. 会阴疝　　B. 膀胱脱垂　　C. 会阴脓肿　　D. 淋巴外渗　　E. 会阴肿瘤

163. 临床上治疗直肠脱垂注射酒精的浓度是（　　）。（2011 年真题）
　　A. 50%　　B. 60%　　C. 70%
　　D. 80%　　E. 90%

164. 进行仔猪锁肛人工造孔术，造孔处如何缝合？（　　）（2012 年真题）
　　A. 直肠肠管黏膜结节缝合于皮肤切开边缘　　B. 直肠肠管浆膜结节缝合于皮肤切开边缘　　C. 直肠肠管与切口处肌肉进行结节缝合　　D. 直肠肠管与切口处肌肉以及皮肤一起进行结节缝合

165. 直肠脱的常见病因是（　　）。（2015 年真题）
　　A. 肝炎、胰腺炎　　B. 胃扩张、胃穿孔　　C. 胃炎、胃溃疡　　D. 便秘、腹泻　　E. 腹膜炎、胸膜炎

（166～169 题共用以下题干）（2016 年真题）
　　京巴犬，雌性，12 岁，近期排粪困难，肛门两侧出现明显肿胀，触诊柔软、无热痛感。

166. 该病最可能的诊断是（　　）。
　　A. 肿瘤　　B. 会阴疝　　C. 肛门腺炎
　　D. 蜂窝织炎　　E. 淋巴外渗

167. 手术治疗该病的首选麻醉方法是（　　）。
　　A. 表面麻醉　　B. 局部浸润麻醉　　C. 传导麻醉　　D. 全身麻醉　　E. 蛛网膜下腔麻醉

168. 首选的维持麻醉药物（　　）。
　　A. 普鲁卡因　　B. 利多卡因　　C. 丁卡因　　D. 乙酰丙嗪　　E. 异氟醚

169. 临床检查见少量粪便从阴道流出可诊断为（　　）。
　　A. 锁肛　　B. 阴道破裂　　C. 膀胱破裂　　D. 直肠破裂　　E. 直肠阴道瘘

170. 犬，甩尾，擦舔肛门，肛门囊部位肿胀，分泌物恶臭，治疗该病不宜采用的方法是（　　）。（2018 年真题）
　　A. 挤肛门囊　　B. 清洗消毒　　C. 封闭疗法　　D. 刺激剂疗法　　E. 抗生素疗法

171. 临床确诊牛、马隐睾的方法是（　　）。（2009 年真题）
　　A. 叩诊　　B. 听诊　　C. 直肠造影　　D. 直肠检查　　E. 局部穿刺

172. 犬前列腺增生后主要引起以下症状（　　）。
　　A. 排尿困难　　B. 排便困难　　C. 行走困难　　D. 呼吸困难

173. 犬前列腺增生以后最好的治疗方法是（　　）。
　　A. 去势　　B. 前列腺全切　　C. 前列腺部分切除　　D. 抗菌消炎

174. 博美犬，5 岁，雌性，多年来一直饲喂自制犬食，以肉为主，近日虽然食欲正常，但饮欲增加，排尿频繁，每次尿量减少，偶见血尿，腹部超声探查可见膀胱内有绿豆大的强回声光斑及其远场声影。该犬所患的疾病是（　　）。（2009 年真题）
　　A. 肾炎　　B. 尿道炎　　C. 尿崩症　　D. 膀胱结石　　E. 肾功能衰竭

175. 犬阴道增生脱出多发生在（　　）。
　　A. 发情期　　B. 妊娠期　　C. 子宫开口期　　D. 胎儿产出期　　E. 胎衣排出期

176. 母犬膀胱手术常用的腹壁切口部位是（　　）。（2010 年真题）
　　A. 肷部前切口　　B. 肋弓后斜切口　　C. 脐前腹中线切口　　D. 耻前腹中线切口　　E. 脐前中线旁切口

177. 北京犬，发病 1 周，包皮肿胀，包皮口污秽不洁、流出脓样腥臭液体、翻开包皮囊，见红肿、溃疡病变。该病是（　　）。
　　A. 包皮囊炎　　B. 前列腺炎　　C. 阴茎肿瘤　　D. 前列腺囊肿　　E. 前列腺增生

178. 公犬，频频排尿，努责，排尿困难，有血尿。X 线拍片检查显示膀胱中有高密

度阴影。手术治疗选腹中线切口，需依次切开与分离皮肤、皮下组织和（ ）。（2010年真题）
A. 腹白线、腹膜 B. 腹横肌、腹膜 C. 腹直肌鞘、腹膜 D. 腹内斜肌、腹外斜肌、腹膜 E. 腹外斜肌、腹内斜肌、腹膜

179. 新生幼驹生后24小时，发现无尿、腹围增大、腹壁紧张，3天后昏迷，体温36℃。本病最可能的诊断是（ ）。（2010年真题）
A. 肠变位 B. 腹壁疝 C. 膀胱破裂 D. 胎粪滞留 E. 腹股沟阴囊疝

180. 猪有隐睾时除触诊检查外，还可以通过下列哪些特点判断（ ）。（2011年真题）
A. 性欲弱、生长快、肉质好 B. 性欲弱、生长慢、肉质好 C. 性欲弱、生长快、肉质差 D. 性欲强、生长慢、肉质好 E. 性欲强、生长慢、肉质差

181. 犬阴茎肿瘤手术后，常配合注射的植物类抗癌药（ ）。（2015年真题）
A. 马利兰 B. 环磷酰胺 C. 氨甲蝶呤 D. 长春新碱 E. 6-巯基嘌呤

182. 猫下泌尿道结石的主要成分通常为（ ）。（2016年真题）
A. 尿酸盐 B. 草酸盐 C. 硅酸盐 D. 磷酸铵镁盐 E. 胱氨酸

183. 犬前列腺增生的首选治疗方法是（ ）。（2019年真题）
A. 前列腺摘除术 B. 给予雌激素 C. 化疗放疗 D. 抗菌消炎 E. 去势

184. 双侧蹄叶炎的动物步态呈现（ ）。
A. 支跛 B. 悬跛 C. 黏着步样 D. 紧张步样

185. 马斜板试验常用于确诊疼痛的关节是（ ）。（2009年真题）
A. 肩关节 B. 肘关节 C. 腕关节 D. 蹄关节 E. 髋关节

186. 悬跛最基本的特征是（ ）。
A. 抬不高，迈不远 B. 减负体重或免负体重 C. 敢抬不敢踏 D. 前方短步

187. 支跛最基本的特征是（ ）。
A. 抬不高，迈不远 B. 减负体重或免负体重 C. 敢踏不敢抬 D. 前方短步

188. 下列跛行**不属于**特殊跛行的有（ ）。
A. 间歇跛 B. 粘着步样 C. 紧张步样 D. 鸡跛 E. 混合跛

189. 动物一肢患关节石时常表现为（ ）。
A. 间歇性跛行 B. 黏着步样 C. 紧张步样 D. 鸡跛

190. 在跛行诊断中哪些**不是**确定支跛的依据（ ）。
A. 后方短步 B. 减负或免负体重 C. 系部直立和蹄音低 D. 前方短步

191. 在跛行诊断中哪些**不是**确定悬跛的依据（ ）。
A. 后方短步 B. 运步缓慢 C. 抬腿困难 D. 前方短步

192. 马支跛的运步特征是（ ）。（2010年真题）
A. 前方短步 B. 后方短步 C. 运步缓慢 D. 抬腿困难 E. 黏着步样

193. 奶牛，跛行，精神沉郁，体温40.5℃。左后肢蹄部肿胀，触诊有热痛，蹄底有窦道，趾间皮肤有溃疡，并覆盖有恶臭坏死物。最有效的治疗方法是（ ）。（2010年真题）
A. 冷敷 B. 热敷 C. 手术疗法 D. 激素疗法 E. 输液疗法

（194、195题共用下列备选答案）（2012年真题）
A. 蹄叶炎 B. 腐蹄病 C. 局限性蹄皮炎 D. 指（趾）间皮炎 E. 指（趾）间皮肤增生

194. 奶牛，跛行，体温40.5℃，四肢蹄部肿胀，触诊有热痛，右后肢蹄底有窦道，内有恶臭坏死物病原检查发现坏死杆菌，最可能的蹄病是（ ）。

195. 奶牛，处于泌乳高峰期，长期饲喂精料和青贮饲料，跛行，站立时弓背，后肢向前伸达于腹下，指（趾）动脉搏动明显，蹄冠皮肤发红、增温，蹄壁叩击敏感，最可能的蹄病是（ ）。

196. 奶牛滑倒后出现轻度跛行，应用跛行诊断法确定患肢，首先的方法是（ ）。
A. 问诊 B. 听诊 C. 触诊 D. 叩诊 E. 视诊

197. 在跛行诊断中，外周神经阻滞法不能诊断的疾病是（ ）。（2017年真题）

A. 骨膜炎　B. 关节病　C. 腱疾病
D. 神经麻痹　E. 黏液囊疾病

198. 犬，8岁，左后肢跛行，脚趾甲过度卷曲生长并刺入肉垫。该犬跛行属于（　　）。（2017年真题）
    A. 悬跛　B. 支跛　C. 混合跛
    D. 鸡跛　E. 间歇跛

199. 上坡时行不会加重的是（　　）。（2018年真题）
    A. 前较悬跛　B. 前肢支跛　C. 后肢支跛　D. 后肢混跛　E. 后肢悬跛

200. 犬髌骨内方脱位确诊的方法是（　　）。（2018年真题）。
    A. B超检查　B. 膝反射检查
    C. 抽屉试验　D. X线检查　E. 关节穿刺检查

201. 不能促使马跛行症状典型化的方法是（　　）。（2019年真题）
    A. 圆周运动　B. 乘挽运动　C. 软硬地运动　D. 上下坡运动　E. 起卧运动

202. 关节炎又称为（　　）。
    A. 关节风湿病　B. 关节滑膜炎
    C. 关节脱白　D. 关节囊炎

203. 关节脱位的症状不包括以下哪些（　　）。
    A. 机能障碍　B. 减负体重或免负体重　C. 骨摩擦音　D. 关节肿大

204. 治疗急性骨髓炎时（　　）。
    A. 抗生素疗法　B. 局部封闭疗法
    C. 放射疗法　D. 手术疗法

205. 关节骨端的正常位置关系，因受力学的、病理的以及某些作用，失去原来状态，称为（　　）。
    A. 关节扭伤　B. 关节挫伤　C. 关节创伤　D. 脱白　E. 骨折

206. 下列哪种维生素的缺乏时，神经纤维再生发生困难（　　）。
    A. 维生素A　B. 维生素B　C. 维生素C　D. 维生素K

207. 在下列选项中能够确诊骨折发生的是（　　）。
    A. 出血与肿胀　B. 变形　C. 疼痛
    D. 功能障碍

208. 不属于脊髓炎的临床特征是（　　）。
    A. 昏迷　B. 肌肉萎缩　C. 运动机能障碍　D. 浅感觉机能障碍
    E. 深感觉机能障碍

209. 马，2岁，右侧后肢经常突然不能伸展，行走呈三脚跳，经X线检查髌骨偏离滑车，需进行滑车成形术，滑车软骨剔除量应该是能容纳髌骨的（　　）。（2009年真题）
    A. 5%　B. 10%　C. 20%
    D. 30%　E. 50%

（210、211题共用下列备选答案）（2010年真题）
    A. 髋关节　B. 膝关节　C. 跗关节
    D. 系关节　E. 冠关节

210. 德国牧羊犬，站立时左后肢膝、跗关节高度屈曲，患肢悬垂，运动中呈三脚跳步样。X线检查，可见患肢胫骨嵴向内侧扭曲，该跛行的动物患肢最可能脱位的关节是（　　）。

211. 使役公牛，运动中左后肢突然向后伸直，不能弯曲，蹄尖被迫曳地，触诊髌骨位于股骨内侧滑车嵴的顶端，内侧直韧带高度紧张。但有时运动又能自然恢复正常肢势，该跛行的动物患肢最可能脱位的关节是（　　）。

212. 犬，从桌面坠地1小时后，左膝关节处弥漫性肿胀，有热痛，伫立姿势无明显异常，运动时呈较轻度混合跛行，该犬可诊断为（　　）。
    A. 股骨远端骨折　B. 髌骨脱位
    C. 淋巴外渗　D. 关节挫伤　E. 髌骨骨折

213. 犬髋关节脱位整复手术中，切除大转子的骨切线与股骨长轴呈（　　）。（2009年真题）
    A. 20度　B. 30度　C. 45度
    D. 60度　E. 75度

（214～216题共用以下题干）（2010年真题）
    德国牧羊犬，2岁，雄性，近2个月来在右肘头出现一鸡蛋大小的逐渐增大的波动性肿胀，无热无痛，未见明显跛行。

214. 该肿胀最可能的诊断是（　　）。
    A. 血肿　B. 关节炎　C. 蜂窝织炎
    D. 淋巴外渗　E. 黏液囊炎

215. 确诊本病不宜采用的方法是（　　）。
    A. X线检查　B. 无菌穿刺　C. 超声检查　D. 血管造影　E. 血常规检查

216. 根治该病最佳的方法是（　　）。
　　A. 热敷　B. 引流　C. 封闭疗法
　　D. 涂擦刺激剂　E. 肿胀物摘除术
（217、218题共用下列备选答案）（2015年真题）
　　A. 后方脱位　B. 内方脱位　C. 前方脱位　D. 下方脱位　E. 上外方脱位

217. 水牛，耕田时右后肢不慎踏入壕沟，站立时右后肢外展，不能负重运步拖曳行走，大转子向上方突出，他动患肢，外展受限，内动容易，该牛髋关节可能（　　）。

218. 奶牛，2岁，刚从外地购回，下汽车时左后肢踏空，不能负重，检查见患肢比右后肢长，臀部皮肤紧张，股二头肌前凹陷，该牛髋关节可能（　　）。

219. 肘头黏液囊炎的临床特点，**不正确**的是（　　）。（2016年真题）
　　A. 生面团样　B. 疼痛敏感　C. 穿刺液不黏稠　D. 温热敏感　E. 跛行严重

220. 关节透创与非透创的鉴别方法是（　　）。（2016年真题）
　　A. 创口注入生理盐水　B. 创口注入碘酊　C. 创口内探针检查　D. 创口内注入1%高锰酸钾　E. 创口对侧关节腔注入生理盐水

（221~223题共用以下题干）（2016年真题）
赛马在障碍赛时摔倒，左前肢支跛明显，前臂上弯曲，他动运动有骨摩擦音，患部肿胀，未见皮肤损伤，全身症状明显。

221. 该病最可能的诊断是（　　）。
　　A. 腕关节脱位　B. 肘关节脱位　C. 闭合性骨折　D. 肩关节脱位　E. 骨裂

222. 本病确诊需要进行（　　）。
　　A. B超　B. 触诊　C. X射线　D. 斜板实验　E. 关节内窥镜

223. 本病适宜采用的保守方式（　　）。
　　A. 绷带包扎　B. 石膏夹板绷带　C. 石膏绷带　D. 酒精热绷带　E. 复方醋酸铅绷带

224. 关于骨折修复延迟愈合表述错误的是（　　）。（2019年真题）
　　A. 骨折愈合速度比正常缓慢　B. 局部无肿痛及异常活动　C. 整复不良延迟愈合　D. 局部感染化脓延迟愈合　E. 局部血肿和神经损伤延迟愈合

225. 犬疥螨病、犬蠕形螨病的治疗药物为（　　）。
　　A. 磺胺嘧啶　B. 伊维菌素　C. 丙硫咪唑　D. 灭绦灵

226. 疥螨病发生时，下列哪种治疗方法最佳（　　）。
　　A. 用温水洗刷患部　B. 口服丙硫咪唑　C. 用硬毛刷洗刷患病部位　D. 皮下注射伊维菌素

227. 临床上犬、猫癣病诊断较合适的检查是（　　）。
　　A. 血液学检查　B. 免疫学检查　C. 血清学检查　D. 皮肤切片检查　E. 伍氏（Wood's）灯检查

228. 犬患真菌性皮肤病时**不使用**以下药物进行治疗（　　）。
　　A. 制霉菌素　B. 盐酸特比萘酚　C. 红霉素　D. 伊曲康唑

229. 犬，15月龄，初步诊断为感染性皮炎，用恩诺沙星肌注治疗3天，疗效差，经实验室确诊为表皮癣菌感染，应改用的治疗药物是（　　）。
　　A. 红霉素　B. 土霉素　C. 酮康唑　D. 左旋咪唑　E. 庆大霉素

230. 用于皮肤的真菌感染有效药物是（　　）。
　　A. 甲硝唑　B. 螺旋霉素　C. 制霉菌素　D. 吗啉胍

231. 治疗犬蠕形螨病的首选药物是（　　）。
　　A. 吡喹酮　B. 三氮脒　C. 伊维菌素　D. 左旋咪唑　E. 氯硝柳胺

232. 同窝4只3月龄的波斯猫，近期先后发生头部、爪部成片脱毛现象，患部皮肤干燥。本病最可能的病原是（　　）。
　　A. 蠕形螨　B. 马拉色菌　C. 钩虫幼虫　D. 犬小孢子菌　E. 深红酵母菌

（233~235题共用下列备选答案）
　　A. 疥螨病　B. 脓皮症　C. 蠕形螨病　D. 马拉色菌病　E. 犬小孢子菌感染

233. 犬患部皮肤刮片镜检见多量革兰氏阳性球菌，最可能的诊断是（　　）。

234. 犬患部皮肤刮片镜检可见长条形或长椭

圆形虫体，最可能的诊断是（　　）。
235. 犬大量脱毛，瘙痒，用伍氏（Wood's）灯照射患部呈现苹果绿色荧光，最可能的诊断是（　　）。

（236、237题共用以下题干）
大丹犬，四肢、躯干、腹部多处有铜钱大脱毛区，局部皮屑较多，并有向外扩散趋势。

236. 根据临床表现，该病最**不可能**的病原是（　　）。
A. 马拉色菌　　B. 须毛癣菌　　C. 球孢子菌　　D. 犬小孢子菌　　E. 石膏样小孢子菌

237. 如用伍氏灯检查荧光阳性，最适合的治疗药物是（　　）。
A. 制霉菌素　　B. 伊维菌素　　C. 头孢噻呋　　D. 赛拉菌素　　E. 泰乐菌素

（238~242题共用下列备选答案）（2011年真题）
A. 犬癣病　　B. 皮肤马拉色菌病
C. 甲状腺机能减退性皮肤病　　D. 犬肾上腺皮质机能亢进症　　E. 犬过敏性皮肤病

238. 患犬后肢对称性脱毛，食欲亢进，腹部膨大，多饮多尿该犬应为（　　）。

239. 一青年犬，周期性瘙痒，频繁而剧烈，面部、腋窝、耳郭、腹股沟较重，该犬应为（　　）。

240. 患犬被毛着色，患部皮肤湿红，脂溢性皮炎，患部发生苔藓化，色素沉积，该犬应为（　　）。

241. 患犬颈部、背部、胸腹两侧被毛稀疏短而细，皮肤干燥，有异味，精神差，不愿走动，该犬应为（　　）。

242. 患犬患处出现圆形的脱毛区，皮屑较多，该犬为（　　）。

243. 由于各种不良因素的作用，致使蹄角质异常生长，蹄外形发生改变而不同于正常家畜的蹄形，称为（　　）。
A. 蹄叶炎　　B. 蹄变形　　C. 蹄糜烂
D. 口蹄疫

244. 给马钉蹄铁的标志位置是（　　）。
A. 蹄壁　　B. 蹄球　　C. 蹄叉
D. 蹄白线　　E. 蹄真皮

245. 犊牛，出生后双前肢球节屈曲，不能伸展，以球节背面着地行走。X线检查骨和关节未见异常，保守疗法无效。最佳手术疗法为（　　）。（2009年真题）
A. 球节切开术　　B. 指浅屈肌腱切断术　　C. 指深屈肌腱切断术　　D. 指外侧伸肌腱切断术　　E. 指浅、深屈肌腱切断术

（246~248题共用下列备选答案）（2010年真题）
A. 蹄裂　　B. 白线裂　　C. 蹄叶炎
D. 蹄叉腐烂　　E. 蹄冠蜂窝织炎

246. 马，4岁，体温40.1℃，四肢蹄冠先后出现圆枕形肿胀，触诊有热、痛，支跛，根据临床表现诊断所患蹄病是（　　）。

247. 马，4岁，广蹄，装蹄时举肢检查，白线部凹陷，内充满粪、土和泥沙，未见跛行，根据临床表现诊断所患蹄病是（　　）。

248. 马，5岁，精神沉郁，体温40℃，不愿站立和运动，驻立时，双前肢前伸，双后肢伸至腹下，以蹄踵着地。叩诊蹄壁敏感，根据临床表现诊断所患蹄病是（　　）。

249. 奶牛饲养管理差，经常站在粪尿之中，易患（　　）。（2011年真题）
A. 趾间皮炎　　B. 趾间皮肤增殖
C. 腐蹄病　　D. 局限性蹄皮炎
E. 蹄叶炎

250. 黄牛，左后肢跛行，趾间有一"舌状"突起，伸向地面，其表面破溃，恶臭。根治该病的方法是（　　）。（2016年真题）
A. 清洗后包扎　　B. 涂擦腐蚀剂
C. 注射抗生素　　D. 注射抗组胺药物
E. 手术切除

（251~253题共用以下题干）（2017年真题）
奶牛，5岁，日产奶量20kg，肥胖，喜躺卧，站立时两后肢向前伸至腹下。触诊趾动脉搏动明显，蹄壁增温。轻叩蹄壁时病牛迅速躲闪。粪便气味酸臭，有少许未消化的精料。

251. 该牛最可能患的疾病是（　　）。
A. 蹄叶炎　　B. 腐蹄病　　C. 消化不良　　D. 急性瘤胃酸中毒　　E. 酮病

252. 本病常见的病因是（　　）。
A. 碳水化合物精料过多　　B. 消化机能低下　　C. 蹄部发育异常　　D. 蹄变形　　E. 碳水化合物精料不足

253. 【假设信息】若该牛在2个月后出现消瘦，蹄延长呈靴状，蹄前壁与蹄底形成

锐角，蹄轮不规则，此时的主要治疗措施是（　　）。
A. 修蹄　　B. 注射小苏打　　C. 注射苯海拉明　　D. 注射替泊沙林
E. 注射50%葡萄糖
（254～256题共用下列备选答案）（2018年真题）
A. 削薄蹄冠部蹄角质　　B. 蹄叉切开
C. 蹄侧壁切开　　D. 蹄冠部皮肤上做数个线状切口　　E. 掌部封闭

254. 马，5岁，两前肢倾蹄，蹄冠部角质纵向开裂，裂缝不整齐，未见跛行。该病适宜的治疗方法（　　）。
255. 马，4岁，体温40.1℃。病初左后肢蹄角质与皮肤交界处呈圆枕形肿胀，之后患部皮肤与蹄角质之间发生剥离，重度支跛。该病适宜的治疗方法是（　　）。
256. 马，3岁，体温38.7℃。右前肢支跛，蹄尖负重，系部直立，指动脉搏动明显，检蹄器压迫蹄叉有痛感但蹄底和蹄叉处无明显眼观病变，楔木试验阳性，该病适宜的治疗方法是（　　）。
257. 马，4岁，精神沉郁，食欲减退，体温升高，后肢全蹄冠呈圆枕状肿胀，热痛反应明显，患肢重度支跛。该病最可能的诊断是（　　）。（2019年真题）
A. 蹄冠蜂窝织炎　　B. 蹄叶炎
C. 蹄叉腐烂　　D. 蹄底白线裂
E. 蹄关节脱位
258. 使用苯扎溴铵（新洁尔灭）溶液浸泡器械消毒时，时间应不少于（　　）。（2009年真题）
A. 2分钟　　B. 5分钟　　C. 10分钟
D. 30分钟　　E. 60分钟
259. 防腐和无菌的根本目的是（　　）。
A. 预防微生物感染　　B. 消毒
C. 防腐　　D. 灭菌　　E. 预防微生物侵袭
260. 黏膜等特殊部位用水冲洗去除各种污垢后可选用的消毒药物（　　）。
A. 2%煤酚皂　　B. 0.5%新洁尔灭
C. 0.1%雷佛奴尔　　D. 碘酊
E. 酒精
261. 手术中，手术助手可以（　　）。
A. 帮术者擦汗水　　B. 帮器械助手传递器械　　C. 捡掉到地上的器械
D. 拿器械台上的器械

262. 阴道、肛门等处黏膜消毒的是（　　）。
A. 0.1%高锰酸钾溶液　　B. 5%碘酊
C. 10%新洁尔灭溶液　　D. 70%酒精
E. 0.1%甲醛
263. 蹄部手术前脚浴应选用的消毒液是（　　）。
A. 0.1%新洁尔灭溶液　　B. 2%煤酚皂溶液　　C. 2%～4%硼酸溶液
D. 70%酒精　　E. 95%酒精
264. 属于季铵盐类消毒剂的是（　　）。
A. 新洁尔灭　　B. 过氧化氢　　C. 碘仿　　D. 漂白粉　　E. 70%酒精
265. 手术急救药物不包括（　　）。
A. 肾上腺素　　B. 咖啡因　　C. 尼可刹米　　D. 阿托品　　E. 阿米卡星
266. 手术人员术前准备的顺序是（　　）。
A. 戴无菌手术帽—戴无菌手术口罩—肥皂洗手—穿无菌手术衣—戴无菌手套
B. 戴无菌手术帽—肥皂洗手—戴无菌手术口罩—穿无菌手术衣—戴无菌手套
C. 戴无菌手术帽—穿无菌手术衣—戴无菌手术口罩—肥皂洗手—戴无菌手套
D. 戴无菌手术帽—戴无菌手术口罩—穿无菌手术衣—肥皂洗手—戴无菌手套
267. 下列哪项是作用于中枢神经系统的药物（　　）。
A. 盐酸普鲁卡因　　B. 阿托品
C. 尼可刹米　　D. 乙酰胆碱
268. 可用于皮肤、黏膜及创面消毒药是（　　）。
A. 福尔马林　　B. 氧化钙　　C. 过氧乙酸　　D. 洗必泰
269. 当术者不能继续手术时，下列哪类人员可以代替术者完成手术（　　）。
A. 麻醉助手　　B. 器械助手　　C. 助手　　D. 保定助手　　E. 巡回助手
270. 0.1%苯扎溴铵溶液（新洁尔灭）浸泡消毒手术器械时，为防止生锈应添加的药物是（　　）。（2010年真题）
A. 5%碘酊　　B. 70%酒精　　C. 10%甲醛　　D. 2%戊二醛　　E. 0.5%亚硝酸钠
271. 手术前对动物术部进行消毒所用药物的顺序（　　）。
A. 75%酒精、5%碘酒、95%酒精
B. 95%酒精、5%碘酒、75%酒精
C. 5%碘酒、75%酒精、95%酒精

D. 95%酒精、75%酒精、5%碘酒
272. 用酒精浸泡消毒器械的最适浓度是（　　）。（2019年真题）
A. 50%　　B. 60%　　C. 70%
D. 90%　　E. 95%
273. 临床上常用的局部麻醉药为（　　）。
A. 保定宁　B. 水合氯醛　C. 氯丙嗪　D. 普鲁卡因
274. 神经干传导麻醉应用的药物是（　　）。
A. 3%的普鲁卡因　B. 5%的普鲁卡因
C. 丁卡因　D. 盐酸普鲁卡因
275. 手术前动物麻醉一般采用（　　）。
A. 皮下注射　B. 胸腔注射　C. 肌内注射　D. 皮内注射　E. 腹腔注射
276. 适用于表面麻醉的药物是（　　）。
A. 丁卡因　B. 咖啡因　C. 戊巴比妥　D. 普鲁卡因　E. 硫喷妥钠
277. 临床上常用的吸入性麻醉药是（　　）。
A. 丙泊酚　B. 异氟醚　C. 水合氯醛　D. 硫喷妥钠　E. 普鲁卡因
278. 临床上硬膜外麻醉时，把药液注入（　　）。
A. 蛛网膜下腔　B. 硬膜下腔
C. 硬膜外腔　D. 脊髓中央管
E. 椎管
279. 外科手术之前预先注射，能起到保护心脏作用的药物是（　　）。
A. 麻黄碱　B. 肾上腺素　C. 利多卡因　D. 洋地黄　E. 阿托品
280. 临床上主要用于加速麻醉动物的苏醒和中枢抑制药中毒解救的药物是（　　）。
A. 戊巴比妥　B. 尼可刹米　C. 咖啡因　D. 氯丙嗪　E. 肾上腺素
281. 动物麻醉后焦躁不安或静卧，对疼痛刺激反应减弱，瞳孔开始放大，各种反射灵敏，平衡失调为（　　）的表现。
A. 朦胧期　B. 兴奋期　C. 延脑麻痹期　D. 苏醒期　E. 外科手术期
282. 适用于眼、鼻、咽喉、气管、尿道等黏膜部位浅表手术的局部麻醉方法是（　　）。
A. 表面麻醉　B. 浸润麻醉　C. 传导麻醉　D. 硬膜外腔麻醉　E. 蛛网膜下腔麻醉
283. 下列哪种局部麻醉药物**不宜**作浸润麻醉或传导麻醉（　　）。
A. 盐酸普鲁卡因　B. 盐酸丁卡因
C. 盐酸利多卡因　D. 普鲁卡因
284. 主要用于草食动物，且具有很强的镇静、镇痛和肌松作用的化学保定药物是（　　）。
A. 氯丙嗪　B. 乙托芬　C. 静松灵　D. 吗啡　E. 利多卡因
285. 跛行诊断时怀疑病在掌部和腕部时用外围神经麻醉法诊断，主要可麻醉（　　）。
A. 正中神经　B. 尺神经　C. 正中神经和尺神经　D. 腓神经
286. 跛行诊断时怀疑病在跖部和跗部用外围神经麻醉法诊断，主要可麻醉（　　）。
A. 正中神经　B. 胫神经　C. 胫神经和腓神经　D. 腓神经
287. 最适合外科手术的是（　　）。
A. 朦胧期　B. 兴奋期　C. 外科麻醉期　D. 延髓麻痹期
288. 以下哪种麻醉药是分离麻醉剂（　　）。
A. 静松灵　B. 隆朋　C. 氯胺酮　D. 丙泊酚　E. 眠乃宁
289. 以下哪种麻醉药常用作吸入麻醉的诱导麻醉剂（　　）。
A. 静松灵　B. 隆朋　C. 氯胺酮　D. 丙泊酚
290. 麻醉导致动物呼吸停止后可注射（　　）。
A. 尼可刹米　B. 阿托品　C. 肾上腺素　D. 地塞米松
291. 麻醉导致动物心搏停止后可注射（　　）。
A. 尼可刹米　B. 速尿　C. 肾上腺素　D. 地塞米松　E. 阿托品
292. 麻醉分期中手术期选择在（　　）。
A. 第Ⅰ期　B. 第Ⅱ期　C. 第Ⅲ期1～3级　D. 第Ⅲ期第4级　E. 第Ⅳ期
293. 盐酸普鲁卡因在临床上用作传导麻醉时的浓度应为（　　）。
A. 0.5%　　B. 2%　　C. 8%
D. 10%　　E. 0.25%
294. 用一种全身麻醉剂施行麻醉时，称为（　　）。
A. 单纯麻醉　B. 复合麻醉　C. 混合麻醉　D. 配合麻醉　E. 浸润麻醉
295. 在神经干周围注射局部麻醉药，使该神经所支配的区域失去痛觉,称为( )。
A. 表面麻醉   B. 局部浸润麻醉
C. 传导麻醉   D. 脊髓麻醉   E. 蛛网膜下腔麻醉

296. 乙醚对呼吸道黏膜有强烈的刺激性,故在全身麻醉前应给予( )。
A. 氯丙嗪   B. 阿托品   C. 吗啡
D. 氯化琥珀胆碱   E. 氯化钠

297. 为了减轻水合氯醛的有害作用并增强其麻醉强度,在麻醉前应注射( )。
A. 氯丙嗪   B. 阿托品   C. 吗啡
D. 氯化琥珀胆碱   E. 尼可刹米

298. 硬膜外麻醉时,将麻醉剂注入硬膜外腔的常用部位是( )。
A. 寰枢间隙   B. 颈胸间隙   C. 胸腰间隙   D. 腰荐间隙   E. 荐尾间隙

299. 阿托品用于麻醉前用药浓度为( ) mg/kg 体重。
A. 0.01~0.02   B. 0.02~0.05
C. 0.2~0.5   D. 0.5~1   E. 1~2

300. 下列麻药中属于吸入麻醉药的是( )。
A. 乙醚   B. 氯胺酮   C. 静松灵
D. 水合氯醛   E. 速眠新

301. 下列哪些属于麻醉危险期( )。
A. 第Ⅲ期   B. 第Ⅲ期3级   C. 第Ⅲ期4级   D. 第Ⅳ期   E. 第Ⅲ期4级

302. 临床上主要用于加速麻醉动物的苏醒和中枢抑制药中毒解救的药物是( )。
A. 戊巴比妥   B. 尼可刹米   C. 咖啡因   D. 氯丙嗪

303. 先应用全身麻醉药使动物达到浅麻醉状态,再配合手术部位应用局部麻醉,以达到确实麻醉的效果的麻醉是( )。
A. 基础麻醉   B. 强化麻醉   C. 混合麻醉   D. 配合麻醉   E. 合并麻醉

304. 下列哪种局部麻醉药物**不宜**作浸润麻醉或传导麻醉( )。
A. 盐酸普鲁卡因   B. 盐酸丁卡因
C. 盐酸利多卡因   D. 普鲁卡因

305. 使局部麻醉药与组织表面的神经末梢直接接触,让其失去疼觉,主要用于口、鼻、阴道、直肠、膀胱等黏膜和眼结膜、角膜,有时也用于胸膜、腹膜的麻醉是( )。

A. 表面麻醉   B. 浸润麻醉   C. 传导麻醉   D. 硬膜外腔麻醉   E. 蛛网膜下腔麻醉

306. 常用的非吸入性全身麻醉药**不包括**以下哪几种( )。
A. 隆朋(麻保静)   B. 静松灵(2,4-二甲苯胺噻唑)   C. 氯胺酮
D. 氟烷   E. 眠乃宁

307. 局部麻醉剂注射于皮下、黏膜下及深部组织以麻醉感觉神经末梢或神经干,使其失去感觉和传导刺激的能力称为( )。
A. 表面麻醉   B. 浸润麻醉   C. 传导麻醉   D. 硬膜外腔麻醉

308. 眼角膜手术时,全身麻醉应配合实施( )。(2010年真题)
A. 表面麻醉   B. 脊髓麻醉   C. 局部浸润麻醉   D. 面神经传导麻醉
E. 三叉神经传导麻醉

309. 犬腹腔手术最理想的麻醉深度是( )。(2010年真题)
A. 第Ⅰ期   B. 第Ⅱ期   C. 第Ⅲ期2级   D. 第Ⅲ期3级   E. 第Ⅲ期4级

310. 手术治疗仔猪脐疝,常采用的麻醉方法是( )。(2009年真题)
A. 表面麻醉   B. 传导麻醉   C. 硬膜外麻醉   D. 局部浸润麻醉
E. 蛛网膜下腔麻醉

311. 牛断角术最常见的麻醉方法是( )。
A. 局部浸润麻醉   B. 传导麻醉
C. 硬膜外麻醉   D. 表面麻醉
E. 全身麻醉

312. 6岁猫,施卵巢子宫切除术,用非吸入麻醉,其首选麻醉药是( )。(2009年真题)
A. 丙泊酚   B. 氯胺酮   C. 硫喷妥钠   D. 戊巴比妥钠   E. 地西泮(安定)

313. 3岁雌犬,因难产需施剖宫产术,以异氟醚进行全身麻醉,合理的麻醉深度应该是( )。(2009年真题)
A. 第Ⅰ期   B. 第Ⅱ期   C. 第Ⅲ期2级   D. 第Ⅲ期4级   E. 第Ⅳ期

314. 母犬,12岁,精神沉郁,心率130次/分钟,红细胞计数 $5.5×10^{12}$ 个/L,白细胞计数正常,需进行剖腹探查手术。在镇

静条件下，其最佳麻醉方法是（   ）。
A. 表面麻醉   B. 基部浸润麻醉
C. 硬膜外腔麻醉   D. 肌内注射氯胺酮
E. 直肠深部灌入水合氯醛

315. **不可进行**肌内注射的麻醉药是（   ）。（2011年真题）
A. 盐酸普鲁卡因   B. 盐酸利多卡因
C. 隆朋   D. 氯胺酮   E. 水合氯醛

316. **不属于**全身麻醉的并发症的是（   ）。（2011年真题）
A. 呕吐   B. 舌回缩   C. 呼吸停止
D. 尿失禁   E. 心搏停止

317. 扇形麻醉属于（   ）。（2011年真题）
A. 表面麻醉   B. 浅表麻醉   C. 浸润麻醉   D. 传导麻醉   E. 深部麻

318. 牛用2%盐酸普鲁卡因进行硬膜外腔麻醉剂量为（   ）。（2015年真题）
A. 10～15ml   B. 25～30ml   C. 35～40ml   D. 45～50ml   E. 55～60ml

319. 全身麻醉前使用阿托品的目的是（   ）。（2015年真题）
A. 减轻疼痛   B. 消除恐惧   C. 松弛肌肉   D. 减少唾液分泌   E. 减少麻药用量

320. 角膜表面麻醉常用丁卡因的浓度是（   ）。（2018年真题）
A. 0.1%   B. 0.5%   C. 2.0%
D. 3.0%   E. 4.0%

321. 家畜关节损伤时，常使用的绷带（   ）。
A. 蛇行绷带   B. 交叉绷带   C. 夹板绷带   D. 螺旋绷带

322. 阴囊疝幼猪去势术的常用保定方法（   ）。
A. 仰卧保定   B. 提举保定   C. 保定架保定   D. 倒立保定

323. 采用一条绳倒牛法保定牛时，胸环应经过（   ）。（2009年真题）
A. 颈部   B. 肩关节   C. 髋结节前
D. 肩胛骨后角   E. 肩胛骨前角

324. **不属于**不可吸收缝线是（   ）。
A. 丝线   B. 尼龙线   C. 聚乙醇酸线   D. 不锈钢丝   E. 棉线

325. 用夹板绷带进行四肢骨折外固定时，要求（   ）。（2009年真题）
A. 衬垫与夹板等长   B. 衬垫长，夹板短   C. 衬垫短，夹板长   D. 衬垫厚，夹板长   E. 不用衬垫，只用夹板

326. **不适宜**用钝性分离方法进行分离的组织是（   ）。
A. 皮下组织   B. 肌肉   C. 腹膜
D. 脂肪   E. 筋膜

327. 手术过程中适用于实质器官出血的方法是（   ）。
A. 钳压法   B. 结扎法   C. 捻转法
D. 填塞压迫法   E. 止血明胶止血

328. 牛豁鼻修补术最合适的缝合方法（   ）。
A. 钮孔状埋藏缝合   B. 减张缝合
C. 烟包缝合   D. 内翻缝合   E. 外翻缝合

329. 吸收性缝合材料一般在体内保持时间为（   ）。
A. 7天   B. 15天   C. 30天
D. 60天   E. 120天

330. 组织切开原则**不包括**（   ）。
A. 切口尽可能大，方便手术操作
B. 切口接近病变部位，最好能直接到达手术区   C. 切口避免损伤大血管、神经和腺体的输出管   D. 切口有利于创液的排出，特别是脓汁的排出   E. 二次手术时，应该避免在瘢痕上切开

331. 以下缝合方法常用作皮肤的缝合的是（   ）。
A. 荷包缝合   B. 间断结节缝合
C. 库兴氏缝合   D. 康乃尔氏缝合

332. 缝合子宫常用的缝合方法是（   ）。
A. 间断水平褥式缝合   B. 间断结节缝合   C. 连续螺旋缝合   D. 荷包缝合

333. 以下属于缝合包扎的是（   ）。
A. 纤维玻璃绷带   B. 结系绷带
C. 复绷带   D. 石膏绷带

334. 手术中肝脏出血常采用以下哪种止血方法（   ）。
A. 结扎止血   B. 压迫止血   C. 填塞止血   D. 电凝及烧烙止血法

335. 犬表皮下缝合时，缝针要刺入（   ）。（2009年真题）
A. 表皮   B. 真皮   C. 角质层
D. 皮下组织   E. 皮下脂肪

336. 止血中，肌内注射安络血注射液，可以（   ）。
A. 促进血液凝固，增加凝血酶原

B. 增强毛细血管的收缩力，降低毛细血管渗透性　C. 增强血小板机能及粘合力，减少毛细血管渗透性　D. 减少纤维蛋白的溶解而发挥止血作用　E. 拮抗血纤维蛋白的溶解，抑制纤维蛋白原的激活因子

337. 动物交叉配血试验相合是指（　　）。（2010年真题）
A. 主侧凝集、次侧不定　B. 次侧凝集、主侧不定　C. 主侧凝集、次侧凝集　D. 主侧不凝集、次侧凝集　E. 主侧不凝集、次侧不凝集

338. 下列哪些是手术剪的用途（　　）。
A. 沿组织间隙分开剥离和剪开、剪断组织、剪断缝线和各种敷料　B. 切开和解剖组织　C. 可以较牢固地夹住组织　D. 剪断骨骼、钢丝、螺丝钉

339. 一般情况下圆枕拆除时间是术后（　　）。
A. 第二天　B. 第三天　C. 第七天　D. 第五天

340. 下面哪一种是内翻缝合（　　）。
A. 间断结节缝合法　B. 库兴氏缝合法　C. 圆枕缝合　D. 荷包缝合

341. 伦勃特氏缝合法适用的器官是（　　）。（2010年真题）
A. 皮肤　B. 脾脏　C. 腹膜　D. 膀胱　E. 肝脏

342. 库兴氏缝合时需穿透（　　）。
A. 浆膜肌层　B. 皮肤　C. 黏膜及黏膜下层　D. 全层

343. 缝合皮肤时应采用哪种缝合方式（　　）。
A. 连续缝合　B. 结节缝合　C. 康乃尔缝合　D. 库兴式缝合

344. 采用库兴式缝合法缝合胃肠时，缝针要穿过（　　）。（2015年真题）
A. 黏膜　B. 浆膜肌层　C. 浆膜层　D. 肌层　E. 黏膜下层

345. 关于压迫止血表述**错误**的是（　　）。（2019年真题）
A. 毛细血管渗血时，压迫片刻即可止血
B. 小血管出血时，压迫片刻即可止血
C. 大动脉出血时，压迫片刻即可止血
D. 必须是按压止血，不可擦拭
E. 用纱布压迫出血的部位

346. 关于缝合的基本原则，表述**错误**的是（　　）。（2019年真题）
A. 严格遵守无菌操作　B. 缝合前必须彻底止血　C. 缝合的创伤感染后不用拆除部分缝线　D. 缝合前必须彻底清除凝血块　E. 缝合前必须彻底清除异物

347. 公畜去势时切去睾丸和附睾须切断（　　）。
A. 阴囊韧带和睾丸系膜　B. 输精管系膜　C. 固有鞘膜　D. 总鞘膜　E. 睾丸系膜

348. 膝内直韧带切断术主要用于治疗（　　）。
A. 马、牛膝盖骨破裂　B. 马、牛膝盖骨上方脱位　C. 犬膝盖骨上方脱位　D. 马、牛膝盖骨下方脱位　E. 猫膝盖骨上方脱位

349. 犬竖耳术应在动物几月龄进行（　　）。
A. 1月　B. 3月　C. 6月　D. 12月　E. 24月

350. 适用于马、牛的膝盖骨上方脱位整复的手术是（　　）。
A. 指深屈肌腱切断术　B. 趾深屈肌腱切断术　C. 膝内侧韧带切断术　D. 膝内直韧带切断术　E. 指浅屈肌腱切断术

351. 公猫去势时，切口应在阴囊的（　　）。
A. 颈部　B. 底部　C. 左侧　D. 右侧　E. 阴囊前方

352. 体型较大病牛的网胃探查与瓣胃冲洗术的手术通路为（　　）。
A. 左肷部前切口　B. 左侧肋弓下斜切口　C. 左肷部后切口　D. 右肷部前切口　E. 右肷部中切口

353. 食道切开术的术部多在（　　）。
A. 左侧颈静脉沟　B. 右侧颈静脉沟　C. 咽后气管下方　D. 左右颈静脉沟均可　E. 气管腹侧

354. 下面哪个选项**不能**判定肠管已坏死（　　）。
A. 肠管呈暗紫色　B. 肠系膜血管无搏动　C. 肠壁菲薄　D. 肠管失去蠕动能力

355. 瘤胃切开术时，污染术到无菌术是（　　）。
A. 瘤胃第一层缝合完　B. 瘤胃第二层缝合完　C. 切开瘤胃时　D. 打开腹腔时　E. 胃壁缝合　F. 瘤胃

固定

356. 肠管部分切除范围应在病变部位两端（　　）。
    A. 5～10cm　　B. 1～2cm　　C. 3～4cm　　D. 11～15cm

357. 一般术后拆线时间为（　　）。
    A. 7天　　B. 12天　　C. 15天　　D. 30天　　E. 3天

358. 牛皱胃左方变位整复术最常选用的镇静、镇痛、肌松剂为（　　）。（2009年真题）
    A. 氯胺酮　　B. 硫喷妥钠　　C. 水合氯醛　　D. 戊巴比妥钠　　E. 静松灵（赛拉唑）

359. 马膝内直韧带切断后，适当牵遛至少应保持（　　）。（2009年真题）
    A. 1～3天　　B. 4～6天　　C. 7～9天　　D. 10～12天　　E. 2周以上

360. 皱胃阻塞手术治疗应采取的手术通路是（　　）。（2011年真题）
    A. 左肷部中下切口　　B. 左肷部中切口　　C. 左侧肋弓下斜切口　　D. 右侧肋弓下斜切口　　E. 右肷部中切口

361. 奶牛，瘤胃、瓣胃蠕动音减弱，按压右侧第7～9肋间肩关节水平线上下，病牛躲闪、反抗，粪便减少、干硬，呈算盘珠状，表面有黏液，粪内有多量未消化的饲料和粗纤维。如采用手术治疗，其最佳切口部位是（　　）。
    A. 左肷部前切口　　B. 左肷部后切口　　C. 右肷部前切口　　D. 右肷部中切口　　E. 右肷部后切口

362. 一头奶牛，精神沉郁，食欲减少，颈静脉怒张，体温41.5℃，触诊剑状软骨区疼痛、敏感，白细胞总数升高，心音模糊不清，心率120次/分钟，心区穿刺放出脓性液体。手术治疗正确的操作步骤之一是（　　）。
    A. 网胃切开　　B. 膈肌破裂口间断缝合　　C. 左侧第八肋骨部分截除　　D. 右侧第八肋骨部分截除　　E. 心包切口边缘与皮肤创缘连续缝合

（363～365题共用以下题干）（2011年真题）

病牛全身症状明显，精神沉郁，鼻镜干燥，眼球下陷，食欲废绝，反刍停止，腹部膨胀，右下侧明显，排少量棕褐色糊状恶臭粪便，叩诊肋骨弓、肷部听到叩击钢管的铿锵音，右侧下腹部触诊坚硬，拳头压诊有压痕，有痛感。

363. 本病最可能诊断是（　　）。
    A. 皱胃变位　　B. 创伤性网胃炎　　C. 瓣胃阻塞　　D. 皱胃溃疡　　E. 皱胃阻塞

364. 常用口服治疗药物是（　　）。
    A. 硫酸钠　　B. 鱼石脂　　C. 消胀片　　D. 土霉素　　E. 大蒜酊

365. 重症病例常采用何种治疗手段（　　）。
    A. 直肠按摩　　B. 穿刺放气　　C. 手术治疗　　D. 翻转治疗　　E. 吸氧治疗

366. 犬下颌骨体正中联合处骨折最合适的治疗方法是（　　）。
    A. 用骨螺钉固定　　B. 用髓内钉固定　　C. 用接骨板固定　　D. 用不锈钢丝固定　　E. 用卷轴绷带固定

367. 犬，骨折3月后复诊，X线检查显示原骨折线增宽，骨断端光滑，骨髓腔闭合，骨密度增高，提示该骨折（　　）。（2010年真题）
    A. 愈合　　B. 不愈合　　C. 二次骨折　　D. 愈合延迟　　E. 骨质增生

368. 纤维性骨痂形成于骨折后多少天？（　　）。（2012年真题）
    A. 7天内　　B. 2周　　C. 1～2月　　D. 半年　　E. 1～2年

（369～371题共用以下题干）（2010年真题）

赛马，障碍赛时摔倒，左前肢支跛明显，前臂上部弯曲，他动运动有骨摩擦音，患部肿胀，未见皮肤损伤，全身症状不明显。

369. 本病最可能的诊断是（　　）。
    A. 骨裂　　B. 腕关节脱位　　C. 肘关节脱位　　D. 肩关节脱位　　E. 闭合性骨折

370. 本病的确诊方法是（　　）。
    A. 触诊　　B. X线检查　　C. 超声检查　　D. 斜板试验　　E. 关节内窥镜检查

371. 本病最适宜的保守治疗方法是（　　）。
    A. 绷带包扎　　B. 石蜡绷带　　C. 酒精热绷带　　D. 石膏夹板绷带　　E. 复方醋酸铅绷带

（372～374题共用以下题干）

成年牛滑倒后不能起立，强行站立后患后肢不能负重，比健肢缩短，抬举困难，以蹄尖拖地行过。髋关节他动运动，有时可听到捻发音。

372. 最可能的诊断是（　　）。
　A. 髋骨骨折　B. 股骨骨折　C. 髂骨体骨折　D. 髋关节脱位　E. 髋结节上方移位

373. 进一步确诊的最佳方法是（　　）。
　A. 抽屉试验　B. 患部视诊　C. X线检查　D. 长骨叩诊　E. 测量患肢长度

374. 若直肠检查在闭孔内摸到股骨头，该病牛可诊断为（　　）。
　A. 前方脱位　B. 后方脱位　C. 内方脱位　D. 上方脱位　E. 下方脱位

375. 腊肠犬，10岁，头颈僵直，耳竖起，鼻尖抵地，运步小心，触诊颈部敏感。该犬最可能患有（　　）。(2010年真题)
　A. 肱骨骨折　B. 肘关节炎　C. 桡神经麻痹　D. 颈椎间盘突出　E. 肩胛上神经麻痹

376. 某种公猪，80kg，不宜留做种用，欲对其行去势术，打开总鞘膜后暴露精索，摘除睾丸的最佳方法是将精索（　　）。
　A. 用手捋断　B. 捻转后切除　C. 结扎后切除　D. 不结扎，捋断　E. 不结扎直接切除

377. 犬，腹痛明显，腹腔触诊检查可在右下腹摸到坚实而有弹性的、弯曲的、移动自如的圆柱形的肠管，最可能是（　　）。(2011年真题)
　A. 肠便秘　B. 肠绞窄　C. 肠扭转　D. 肠炎　E. 肠套叠

378. 若为回肠套叠且施行肠切除术，正确的操作方法是（　　）。
　A. 垂直肠管纵轴切除病变肠管
　B. 在病变肠管的边缘切除肠管
　C. 在横结肠与空肠之间切除肠管
　D. 切前先结扎通向切除肠管的血管
　E. 切前先结扎通向套叠肠管的血管

379. 肠变位最佳治疗方案（　　）。(2011年真题)
　A. 手术治疗　B. 静脉给药　C. 口服灌药　D. 穿刺止酵　E. 直肠按摩

380. 进行疝轮缝合时首先使用的缝合方法是（　　）。(2011年真题)
　A. 结节缝合　B. 连续缝合　C. 近远近远缝合　D. 纽扣缝合　E. 库兴氏缝合

（381～385题共用下列备选答案）(2011年真题)
　A. 结节缝合　B. 表皮下缝合　C. 内翻缝合　D. 压挤缝合　E. 纽扣缝合

381. 术部皮肤的缝合常用（　　）。
382. 小动物腹部手术后的皮肤缝合最好用（　　）。
383. 胃肠手术后的缝合常用（　　）。
384. 小动物肠管吻合术最好用（　　）。
385. 疝轮的修补需要采用（　　）。

386. 大家畜腹腹壁切开术时，切开皮肤分离皮下组织后显露的一层结缔组织称为（　　）。(2012年真题)
　A. 腹黄筋膜　B. 腹内斜肌　C. 腹外斜肌筋膜　D. 腹横肌　E. 腹直肌内鞘

387. 第三眼睑手术止血钳钳夹处（　　）。(2012年真题)
　A. 突出物的基部　B. 突出物的顶端　C. 突出物下方的软骨　D. 突出物基部与软骨之间

388. 犬剖宫产子宫第二层缝合时采用（　　）。(2012年真题)
　A. 荷包缝合　B. 结节缝合　C. 十字缝合　D. 库兴氏缝合　E. 连续锁边缝合

389. 手术前需要的术前给药为（　　）。(2012年真题)
　A. 肌松药　B. 尼可刹米　C. 安乃近　D. 肾上腺素　E. 地塞米松

（390、391题共用下列备选答案）(2012年真题)
　A. 结节缝合　B. 库兴氏缝合　C. 伦勃特氏缝合　D. 水平褥式缝合　E. 垂直褥式缝合

390. 北京犬，腹泻，腹部触诊能触及腹腔内香肠状的肠管。施行手术治疗，腹中线切口皮肤缝合的方法是（　　）。

391. 德国牧羊犬，误食金属异物，X线拍片见异物位于小肠内。施行小肠侧壁切开术取出异物，肠侧壁切口全层缝合的方法是（　　）。

（392、393题共用以下题干）
腊肠犬，6月龄，体温37.5℃，排少量黏液样柏油状粪便，呕吐，腹部触诊有"香肠

状物体。

392. 该病的确认方法是（　　）。
 A. 腹部叩诊　　B. X线造影　　C. 腹部听诊　　D. 血常规检查　　E. 粪便常规检查

393. 若回肠近心端大部分被切除，合理的肠吻合方法是（　　）。
 A. 回肠与横结肠吻合术　　B. 两断端仅做一层压挤缝合　　C. 两断端仅做一层连续缝合　　D. 端端吻合术，前壁连续缝合　　E. 端端吻合术，后壁连续缝合

394. 持手术剪的正确姿势为（　　）。（2015年真题）
 A. 拇指与无名指分别插入手术剪两个环中　　B. 拇指与中指分别插入手术剪两个环中　　C. 拇指与食指分别插入手术剪两个环中　　D. 拇指与小指分别插入手术剪两个环中　　E. 拇指插入手术剪一个环中无名指与小指插入另一个环中

395. 牛副鼻窦手术做骨组织切开的主要器械是（　　）。（2016年真题）
 A. 圆锯　　B. 线锯　　C. 摆锯　　D. 电烙铁　　E. 钢锯

396. 常用反挑式持刀切开的组织是（　　）。
 A. 肌膜　　B. 皮肤　　C. 肌肉　　D. 筋膜　　E. 腹膜

397. 犬，车祸，左侧肘后胸壁皮肤破损，局部及胸壁皮下大面积肿胀，触之有捻发音，呼吸急促，X光检查可见第5肋骨骨折，断端突向胸腔。该病采用的最佳治疗方法是（　　）。（2016年真题）
 A. 食道切开术　　B. 肋骨切开术　　C. 心包切开术　　D. 气管切开术　　E. 胃切开术

398. 猫，5岁，近3个月持续便秘，腹部X线检查见结肠积聚大量粪便，保守治疗无效，手术治疗可选择（　　）。（2016年真题）
 A. 回肠切除　　B. 盲肠切除　　C. 直肠部分切除　　D. 空肠切除　　E. 结肠切除

399. 金毛犬，雄性，2岁，车祸后左后肢出现严重悬跛，行走呈三脚跳，X线检查股骨脱出于髋臼前方，治疗时扩宽视野可采取（　　）。（2016年真题）
 A. 切断臀中肌肌腹　　B. 切断臀深肌肌腹　　C. 切断臀中肌止腱　　D. 切断臀深肌止腱　　E. 切断臀中肌肌腹和切断臀深肌止腱

400. 牛颈部前1/3与中1/3交界处的食管切开术，为充分暴露食管，需要（　　）。
 A. 分离肩胛舌骨肌，剪开深筋膜　　B. 分离胸骨舌骨肌，剪开深筋膜　　C. 钝性分离胸骨舌骨肌及其筋膜　　D. 剪开胸骨舌骨肌，钝性分离深筋膜　　E. 剪开肩胛舌骨肌，钝性分离深筋膜

401. 腊肠犬，雌性，10岁，走路困难，不愿主人抱。精神欠佳，食欲下降，腹围增大，肛门反射迟钝，触诊腰部皮肤紧张，疼痛。该病可能为（　　）。（2016年真题）
 A. 脊髓损伤　　B. 腰椎间盘突出　　C. 脊柱骨折　　D. 肠梗阻

402. 骨折时引起愈合延迟的原因不包括（　　）。（2016年真题）
 A. 固定不确实　　B. 整复固定　　C. 局部血液循环不良　　D. 局部出现化脓感染　　E. 骨折周围水肿

（403～406题共用以下题干）（2016/2017年真题）
 腊肠犬，雌性8岁，不愿挪步，行动困难，不愿让人抱。精神欠佳，食欲下降，腹围增大，尿失禁，肛门反射迟钝，触诊腰部皮肤紧张，痛叫。

403. 该病可能是（　　）。
 A. 脊髓损伤　　B. 腰椎间盘突出　　C. 肠梗阻　　D. 腰部软组织损伤　　E. 脊椎骨折

404. 最适宜的诊断方法（　　）。
 A. 腹部B超检查　　B. 腹部X线检查　　C. 胸腰段X线检查　　D. 膀胱穿刺　　E. 尿液检查

405. 首先采取的治疗方法（　　）。
 A. 补液、导尿　　B. 利尿　　C. 局部按摩　　D. 消炎止痛、导尿　　E. 灌肠

406. 根治该病最有效的方法（　　）。
 A. 电针治疗　　B. 肠梗阻手术　　C. 膀胱修复术　　D. 椎间盘突出物摘除　　E. 脊椎骨折固定术

407. 犬股骨骨折内固定时，使用最多的髓内针类型是（　　）。（2017年真题）
 A. 菱形　　B. 三叶形　　C. 方形　　D. 圆形　　E. V字形

（408～410题共用下列备选答案）（2017年真题）

  A. 垂直褥式内翻缝合　　B. 单纯连续缝合　　C. 荷包缝合　　D. 结节缝合
  E. 连续锁边缝合

408. 奶牛，食欲废绝，反刍停止，右侧下腹部膨大，瘤胃蠕动音消失，肠音减弱，排少量糊状、褐色粪便并混有少量黏液和血凝块，触诊真胃区病牛躲闪，真胃区扩大，手术取出阻塞物后对该器官第二层宜采用的缝合方式是（　　）。

409. 奶牛，精神沉郁，食欲废绝，反刍停止，鼻镜干燥，呼吸急促，脉搏细数，视诊左侧肷窝平坦，下腹部增大，触诊瘤胃，内容物坚实，叩诊呈浊音，手术取出内容物后对该器官第一层宜采用的缝合方式是（　　）。

410. 德国牧羊犬，2岁，呕吐，食欲废绝，体温正常，X线检查见肠管积气，直肠内有多量高密度阴影，直肠内指检查直肠堵塞，手术取出内容物后对该器官第一层宜采用的缝合方式是（　　）。

411. 萨摩耶犬，左后肢股骨中段骨折，手术切开内固定时，见股外侧肌表面有一大出血点呈喷射状流血，此时最适宜的止血方法是（　　）。（2017年真题）

  A. 单纯钳夹止血　　B. 止血带止血
  C. 贯穿结扎止血　　D. 填塞止血
  E. 压迫止血

（412～414题共用以下题干）（2017年真题）

  马，运动时突然滑倒，右侧股骨大转子明显突出，站立时患肢缩短，外展，蹄尖向外，飞端向内，运动时呈三肢跳跃，患肢向后拖曳前行。

412. 该马最可能发生（　　）。
  A. 髋关节前方脱位　　B. 髋关节后方脱位　　C. 髋关节内方脱位　　D. 股骨近端骨折　　E. 股骨干骨折

413. 该病最佳的诊断方法是（　　）。
  A. B超检查　　B. X线检查　　C. 叩诊　　D. 触诊　　E. 他动运动

414. 治疗时，保定和麻醉的方法是（　　）。
  A. 仰卧、全麻　　B. 仰卧、局麻
  C. 侧卧、全麻　　D. 侧卧、局麻
  E. 站立、局麻

（415～417题共用以下题干）（2017年真题）

  北京犬，8岁，雌性，无生育史，近期食量无异常，但饮水明显增多，尿多，腹围明显增大，阴门处未见异常分泌物。

415. 确诊本病的最可靠检查方法是（　　）。
  A. 血常规检查　　B. 血清生化检查
  C. 尿液检查　　D. X线检查　　E. B超检查

416. 该犬最可能是（　　）。
  A. 妊娠　　B. 肠积液　　C. 膀胱积尿
  D. 腹腔积液　　E. 子宫蓄脓

417. 根治本病的最佳方法是（　　）。
  A. 抗生素疗法　　B. 卵巢切除术
  C. 激素疗法　　D. 卵巢子宫切除术
  E. 免疫疗法

418. 目前兽医临床上常用的吸入麻醉剂是（　　）。（2017年真题）
  A. 氟烷　　B. 乙醚　　C. 异氟醚
  D. 甲烷　　E. 乙烷

（419～421题共用下列备选答案）（2018年真题）

  波士顿梗幼犬，20日龄。饱食后1～2小时发生喷射状呕吐，呕吐物不含胆汁；钡餐造影观察胃排空时间延长。

419. 该病最可能的诊断是（　　）。
  A. 肠梗阻　　B. 胃溃疡　　C. 贲门狭窄　　D. 幽门狭窄　　E. 十二指肠溃疡

420. 根治本病应采取（　　）。
  A. 胃切开术　　B. 肠管截断术
  C. 肠管切开术　　D. 贲门肌切开术
  E. 幽门肌切开术

421. 保守治疗有效的药物是（　　）。
  A. 胃复安　　B. 钙制剂　　C. 抗生素
  D. 干扰素　　E. 肾上腺素

（422～424题共用以下题干）（2018年真题）

  北京犬，6岁，被汽车撞伤。双后肢不能站立，感觉、痛觉反射消失，尾下垂，大小便失禁。

422. 导致该犬出现上述症状的主要原因是（　　）。
  A. 腰部软组织损　　B. 脊髓损伤
  C. 马尾神经损伤　　D. 坐骨神经损伤
  E. 荐神经损

423. 确诊病变部位的最佳方法是（　　）。
  A. 血常规检查　　B. 脑脊髓液检查
  C. 核磁共振检查　　D. B超检查

E. 心电图检查
424. 治疗中**不宜**采用的方法是（　　）。
A. 针灸　　B. 辅助运动　　C. 镇痛消炎　　D. 局部封闭　　E. 手术

（425～427题共用下列备选答案）（2018年真题）
A. 左肷部切口　　B. 右肷部切口
C. 右肋弓下斜切口　　D. 左肋弓下斜切口　　E. 腹中线切口

425. 牛，创伤性网胃炎，须进行剖腹术取出网胃内异物。该病手术切口应选择（　　）。

426. 牛，患小肠梗阻，经保守治疗无效，现决定手术治疗。该病手术切口应选择（　　）。

427. 母犬，2岁，常出现血尿，尿频，今出现尿闭，不安，腹部膨大，触诊耻骨前缘腹腔内有一膨大球状物，X线检查显示膀胱及膀胱颈有大量高密度阴影。该病手术切口应选择（　　）。

（428～430题共用以下题干）（2018年真题）
马，体温39.7℃，食欲废绝，仅排少量黏液样粪便，腹部增大，后肢蹴腹，时常卧地打滚。直肠检查见骨盆曲肠管内约20cm长的硬结。保守疗法无效。决定手术

428. 剃毛消毒的部位是（　　）。
A. 左肷部　　B. 右肷部　　C. 腹底部　　D. 左侧肋弓下　　E. 腹中线左侧

429. 肠管切开术后，肠壁缝合的方法是（　　）。
A. 第一层结节缝合，第二层库兴氏缝合
B. 第一层库兴氏缝合，第二层伦勃特氏缝合　　C. 第一层连续缝合，第二层间断缝合　　D. 第一层间断缝合，第二层连续缝合　　E. 第一层康乃尔缝合，第二层库兴氏缝合

430. 手术的肠管是（　　）。
A. 空肠　　B. 结肠　　C. 盲肠　　D. 回肠　　E. 十二指肠

（431～433题共用以下题干）（2019年真题）
德国牧羊犬，8月龄，发病1周，左后肢跛行，行走后躯摇摆，跑步两后肢合拢呈"兔跳"步态；被动运动髋关节疼痛。

431. 该病最可能的诊断是（　　）。
A. 髋关节发育不良　　B. 股骨头坏死
C. 圆韧带断裂　　D. 股骨颈骨折
E. 骨盆骨折

432. 进行X线检查时正确的保定方法是（　　）。
A. 仰卧保定，两后肢屈曲、外展
B. 俯卧保定，两后肢屈曲、外展
C. 俯卧保定，两后肢向后拉直、外旋
D. 仰卧保定，两后肢向后拉直、内旋
E. 侧卧保定，患肢在下，健肢在上，向后拉直

433. 该病进一步发展可导致（　　）。
A. 全骨炎　　B. 骨肿瘤　　C. 滑膜炎
D. 骨软骨炎　　E. 退行性关节病

（434～436题共用以下题干）（2019年真题）
拉布拉多犬，5岁；被轿车撞伤，右后肢悬垂，不能负重；视诊股部和膝关节肿胀，触诊敏感。

434. 该病应首先进行的检查项目是（　　）。
A. B超　　B. X线　　C. 粪便
D. 尿常规　　E. 血常规

435. 【假设信息】若为股骨干长斜骨折，最佳治疗方案是（　　）。
A. 髓内针＋钢丝内固定　　B. 单纯夹板外固定　　C. 卷轴绷带外固定
D. 石膏绷带外固定　　E. 髓内针内固定

436. 【假设信息】若为髌骨外方脱位，其手术切口应选在（　　）。
A. 胫骨嵴外侧方　　B. 膝直韧带上方
C. 外侧滑车嵴外方　　D. 内侧滑车嵴内方　　E. 内侧滑车嵴外方

437. 手术器械浸泡消毒，用酒精浸泡时间不少于（　　）。（2021年真题）
A. 15min　　B. 20min　　C. 30min
D. 45min　　E. 60min

438. 治疗皮肤炎症性溃疡，不宜使用（　　）。（2021年真题）
A. 0.9%氯化钠溶液　　B. 鱼肝油软膏
C. 20%鱼石脂　　D. 20%硫酸镁
E. 普鲁卡因青霉素

439. 单个毛囊及所属皮脂腺发生的急性化脓性感染称为（　　）。（2021年真题）
A. 蜂窝织炎　　B. 痈　　C. 肉芽肿
D. 脓肿　　E. 疖

440. 一只犬因容易碰撞墙来院就诊，经过检查眼内压升高，该犬所患疾病是（　　）。（2021年真题）

A. 青光眼　　B. 白内障　　C. 结膜炎
D. 虹膜炎　　E. 角膜炎

441. 马食道梗阻主要症状为（　　）。（2021年真题）

A. 吞咽障碍　　B. 咀嚼障碍　　C. 吞咽障碍，流涎不止　　D. 咀嚼障碍，流涎不止　　E. 呼吸急促

442. 牛胸腔穿刺部位在右侧（　　）。（2021年真题）

A. 第2肋间　　B. 第4肋间　　C. 第6肋间　　D. 第8肋间　　E. 第9肋间

443. 犬进食后剧烈运动引起腹部疼痛，易患（　　）。（2021年真题）

A. 急性胃扩张　　B. 急性胃炎
C. 急性肠炎　　D. 急性胰腺炎
E. 胃动力不足

444. 牛发生瘤胃积食，最合适的手术切口在（　　）。（2021年真题）

A. 左肷部前切口　　B. 左肷部中切口
C. 肋弓下切口　　D. 腹中线切口
E. 右肷部中切口

445. 对牛实施瘤胃切开术后，固定瘤胃采用（　　）。（2021年真题）

A. 浆膜层与邻近皮肤创缘做6针纽扣状缝合　　B. 浆膜层与邻近皮肤创缘做4针纽扣状缝合　　C. 浆膜肌层与邻近皮肤创缘做6针纽扣状缝合　　D. 浆膜肌层与邻近皮肤创缘做4针结节缝合　　E. 浆膜肌层与邻近皮肤创缘做6针结节缝合

（446、447题共用以下备选答案）（2021年真题）

德国牧羊犬，2岁，实施胸部食道切开术（左侧肋间切口），术后恢复良好，但在术后第3天突发胸壁导管脱落，触诊左侧胸壁及背部皮下出现捻发音，呼吸急促。

446. 该犬可能发生了（　　）。（2021年真题）

A. 肺破裂　　B. 气胸　　C. 脓胸
D. 气管塌陷　　E. 食管穿孔

447. 该犬X线侧位成像显示（　　）。（2021年真题）

A. 胸腔中出现白斑　　B. 心脏膨大与膈紧密相连　　C. 肺萎陷回缩
D. 肺扩张充满整个胸腔　　E. 膈前移，胸腔缩小

参　考　答　案

1	2	3	4	5	6	7	8	9	10	11	12	13	14	15
C	C	E	A	C	A	D	D	C	B	A	D	C	A	C
16	17	18	19	20	21	22	23	24	25	26	27	28	29	30
C	A	B	E	A	C	D	B	D	D	D	C	C	A	B
31	32	33	34	35	36	37	38	39	40	41	42	43	44	45
C	B	B	B	D	B	C	D	D	E	D	B	B	D	A
46	47	48	49	50	51	52	53	54	55	56	57	58	59	60
A	E	E	D	B	E	A	A	E	B	D	B	C	D	D
61	62	63	64	65	66	67	68	69	70	71	72	73	74	75
B	A	B	A	D	B	C	A	A	C	A	C	A	A	A
76	77	78	79	80	81	82	83	84	85	86	87	88	89	90
C	C	E	C	B	C	A	B	C	D	A	C	A	D	B
91	92	93	94	95	96	97	98	99	100	101	102	103	104	105
A	B	A	C	B	B	B	A	D	B	D	D	D	C	D
106	107	108	109	110	111	112	113	114	115	116	117	118	119	120
C	A	C	B	A	E	A	B	A	A	A	A	B	C	A
121	122	123	124	125	126	127	128	129	130	131	132	133	134	135
C	C	E	A	A	E	A	B	B	D	B	E	E	C	B
136	137	138	139	140	141	142	143	144	145	146	147	148	149	150
C	A	A	E	C	E	E	D	E	A	A	A	B	B	B
151	152	153	154	155	156	157	158	159	160	161	162	163	164	165
C	E	C	C	A	A	A	A	D	B	A	B	A	A	D
166	167	168	169	170	171	172	173	174	175	176	177	178	179	180
B	D	E	E	A	D	B	A	B	D	D	C	A	C	E
181	182	183	184	185	186	187	188	189	190	191	192	193	194	195
D	D	E	D	A	A	B	E	A	A	A	B	C	B	A

续表

196	197	198	199	200	201	202	203	204	205	206	207	208	209	210
E	D	B	A	D	E	B	C	A	D	B	B	A	E	C
211	212	213	214	215	216	217	218	219	220	221	222	223	224	225
B	D	C	E	A	E	E	A	E	E	C	C	B	B	B
226	227	228	229	230	231	232	233	234	235	236	237	238	239	240
C	E	C	C	C	C	D	B	C	E	C	A	D	E	B
241	242	243	244	245	246	247	248	249	250	251	252	253	254	255
C	A	B	D	B	E	B	C	C	E	A	A	A	A	D
256	257	258	259	260	261	262	263	264	265	266	267	268	269	270
E	A	D	A	B	B	A	B	A	E	A	C	D	C	E
271	272	273	274	275	276	277	278	279	280	281	282	283	284	285
B	C	D	A	C	A	B	C	D	B	B	A	D	A	C
286	287	288	289	290	291	292	293	294	295	296	297	298	299	300
C	C	C	D	A	C	C	B	A	C	B	B	D	B	A
301	302	303	304	305	306	307	308	309	310	311	312	313	314	315
D	B	D	B	A	D	B	A	C	D	B	B	C	B	E
316	317	318	319	320	321	322	323	324	325	326	327	328	329	330
D	C	A	D	B	B	D	D	C	B	C	B	A	D	A
331	332	333	334	335	336	337	338	339	340	341	342	343	344	345
B	C	B	D	B	B	E	A	B	B	D	A	B	B	C
346	347	348	349	350	351	352	353	354	355	356	357	358	359	360
C	D	B	B	D	E	A	A	C	A	A	E	E	D	D
361	362	363	364	365	366	367	368	369	370	371	372	373	374	375
A	E	E	A	C	D	B	B	E	B	D	D	C	C	D
376	377	378	379	380	381	382	383	384	385	386	387	388	389	390
C	E	D	A	D	A	B	C	D	E	A	D	D	A	A
391	392	393	394	395	396	397	398	399	400	401	402	403	404	405
C	B	E	A	A	E	B	E	E	A	B	B	B	C	D
406	407	408	409	410	411	412	413	414	415	416	417	418	419	420
D	D	A	B	B	C	A	B	C	E	E	D	C	D	E
421	422	423	424	425	426	427	428	429	430	431	432	433	434	435
E	B	C	B	A	B	E	A	E	B	A	D	E	B	A
436	437	438	439	440	441	442	443	444	445	446	447			
D	C	B	E	A	C	C	A	B	C	B	C			

（马晓平、钟志军）

第四篇　兽医产科学

第一章　动物生殖激素

第一节　激素与生殖激素的概念

考纲考点：（1）激素的概念、作用特点；（2）生殖激素的概念。

一、概念

激素指机体内分泌细胞所产生，与靶器官或细胞特异受体作用，进而对物质代谢和形态变化发挥调节作用的化学信息物质。

对动物生殖活动发挥直接调控作用的激素为生殖激素，它们在母畜发情、排卵、卵子形成及生殖道内运行、胚胎附植、妊娠、分娩、泌乳以及公畜精子生成、副性腺发育、性行为等环节中直接发挥作用。

二、作用特点

特异性	激素对所作用的器官、组织和细胞具有选择性
高效性	含量很低却能发挥强大的生理作用
协同性与拮抗性	两种或两种以上同时存在时，表现为相互增强或拮抗的两种形式
复杂性	一种激素表现多种调节作用，或一个生理过程需要多种激素调控

第二节　生殖激素

考纲考点：（1）各生殖激素的产生部位、生理功能与临床应用；（2）熟悉激素的临床作用。

一、松果体激素

松果体是一个神经内分泌器官，合成多种生殖激素包括褪黑素（MLT）、8-精加催产素、8-赖加催产素、促性腺激素释放激素（GnRH），这里仅介绍褪黑素。

褪黑素 （MLT）	吲哚类	生理作用	①抗性腺，即抑制性腺和副性腺发育；②抗甲状腺素作用；③抑制动物生殖活动，延缓动物性成熟；④抗肿瘤作用；⑤直接抗氧化作用
		临床应用	①镇静镇痛；②催眠；③抑制发情；④与其他药物配合治疗肿瘤
	褪黑素合成呈节律性，受光照和黑暗交替刺激的调节，黑暗刺激褪黑素合成，白昼抑制褪黑素合成			

二、丘脑下部激素

指丘脑下部神经元合成，通过神经轴突输送到神经末梢或进入血循环的一类肽类激素。与生殖调控直接相关的有促性腺激素释放激素（GnRH）、促乳素释放因子（PRF）、促乳素抑制因子（PRIF）等，这里仅介绍促性腺激素释放激素（GnRH）。

促性腺激素释放激素（GnRH）	短肽类	生理作用	①控制垂体 LH 和 FSH 的合成和脉冲式分泌,刺激 LH 蛋白糖基化;②刺激排卵;③促进精子生成和睾丸发育
		临床应用	①治疗卵巢静止和卵泡囊肿;②诱导发情和超数排卵,提高配种受胎率;③治疗公畜性欲低下和精液品质低;④公畜的免疫去势

三、垂体激素

促卵泡激素（FSH）	腺垂体分泌的糖蛋白激素	生理功能	①刺激睾丸曲细精管上皮细胞和精母细胞生长发育;②与 LH、雄激素协同,促使精子发育成熟;③促进卵巢发育,刺激卵巢上卵泡生长发育,尤其对有腔卵泡促生长作用明显;④与 LH 协同,促使卵泡产生雌激素和成熟卵泡排卵
		临床应用	①诱导母畜发情和超数排卵;②治疗卵巢机能不全;③增强公畜性欲,提高精子密度和活力
促黄体素（LH）或促间质细胞素（ICSH）	腺垂体分泌的糖蛋白激素	生理作用	①刺激卵泡发育成熟,诱发排卵;②促进黄体形成并产生黄体酮;③刺激睾丸间质细胞发育并分泌睾酮;④促进附性腺发育和精子成熟
		临床应用	①诱导排卵;②治疗排卵延迟、卵泡囊肿;③提高公畜性欲,增加精子数量和射精量
促乳素（PRL）又称促黄体分泌素（LTH）	腺垂体分泌的纯蛋白激素	生理作用	①促进黄体形成和维持黄体功能;②与雌激素、黄体酮和皮质类固醇协同刺激乳腺发育,促进泌乳;③刺激雌性生殖道(子宫、阴道)分泌黏液,松弛子宫颈;④维持睾酮分泌,促进副性腺分泌活动;⑤调节动物繁殖行为,增强母性和禽类抱窝
		临床应用	氯丙嗪、利血平等促进 PRL 分泌,而溴隐亭、左旋多巴胺等抑制 PRL 分泌
催产素(缩宫素,OXT)	神经垂体或卵巢卵泡分泌的肽类激素	生理作用	①诱导黄体溶解,调控反刍动物发情周期;②刺激输卵管收缩,促进精子和卵子运行;③刺激子宫阵缩,参与分娩;④刺激排乳;⑤调节卵巢甾体激素生成,小剂量使黄体分泌孕酮,大剂量则抑制
		临床应用	①提高母畜配种受胎率;②诱导同期分娩和催产;③诱导同期发情;④治疗产后子宫出血、胎衣不下、子宫积脓

四、性腺激素

雌激素（E）	母畜卵巢、胎盘和公畜睾丸等生成的类固醇激素,有 17β-雌二醇和雌酮两种形式	生理功能	①刺激并维持雌性生殖道发育;②促进乳腺腺管发育;③使雌性动物出现第二性征、性欲和表现性兴奋;④抑制 FSH 合成和释放,与少量黄体酮协同增加 LH 释放;⑤刺激促乳素分泌,维持黄体机能;⑥参与分娩启动。雌激素松弛骨盆韧带和软化子宫颈,增强子宫对催产素的敏感性
		临床应用	①用于催情和诱导泌乳;②作为卵巢机能不全、子宫内膜炎、人工流产、胎衣不下和产力性难产的辅助治疗药物
黄体酮（P4）	卵巢黄体和胎盘产生的类固醇激素	生理功能	①维持妊娠,增强子宫腺生理功能,收缩子宫颈,抑制子宫蠕动;②抑制 FSH 和 LH 分泌,大量黄体酮抑制发情;③促进乳腺发育
		临床应用	①同期发情;②妊娠诊断的检测指标;③保胎和预防流产
雄激素（T）	主要由睾丸间质细胞产生,主要形式为睾酮	生理功能	①刺激公畜表现第二性征和性行为;②促进睾丸曲细精管发育和精子生成;③刺激附睾发育,维持精子在附睾中存活;④刺激公畜生殖器官生长发育;⑤抑制 GnRH 和 LH 生成
		临床应用	①制备试情动物;②治疗公畜性欲低下

五、胎盘促性腺激素

马绒毛膜促性腺激素（eCG）（孕马血清促性腺激素,PMSG）	40～120 天妊娠母马子宫内膜腺产生的糖蛋白激素	生理功能	①具有 FSH 和 LH 的双重活性,主要类似 FSH 的作用;②刺激卵巢上卵泡发育和胎儿性腺发育;③维持母妊娠;④促进动物睾丸曲细精管发育和精子生成
		临床应用	①诱导发情;②超数排卵;③治疗卵巢囊肿、卵巢机能不全以及公畜生精能力低下

			续表
人绒毛膜促性腺激素(hCG)	孕妇胎盘分泌的一种糖蛋白激素	生理功能	①主要类似LH的作用,促进排卵和黄体形成;②促进睾丸间质细胞分泌睾酮,刺激雄性生殖器官发育和精子生成
		临床应用	①诱导排卵;②治疗卵泡囊肿、母畜产后缺乳;③治疗公畜性欲低下

六、前列腺素

前列腺素(PGs)	一类长链不饱和羟基脂肪酸,与生殖活动关系密切的是PGE、PGF。由精囊腺、卵巢、子宫、胎盘等合成	生理功能	①溶解黄体,主要是PGF产生;②影响排卵,PGE1抑制排卵,PGF2α促进排卵;③影响输卵管收缩,PGE松弛输卵管卵巢端,却使输卵管子宫端收缩,PGF1α和PGF2α使输卵管收缩,PGF3使输卵管各段松弛;④促使子宫强烈收缩;⑤PGs促进LH和FSH的释放,PGF2α促进PRL释放;⑥促进睾酮分泌、精子生成与精子活力、射精量等
		临床应用	①诱导同期发情和分娩;②促使流产母畜排出胎儿;③治疗持久黄体、黄体囊肿、子宫内膜炎、子宫积脓、无乳症等;④增加公畜射精量

(余树民)

第二章 发情配种

第一节 发 情

考纲考点：（1）生殖发展阶段与繁殖配种的关系；（2）发情周期的概念，发情周期不同分期方法；（3）卵泡发育的不同阶段；（4）动物发情、排卵及其分类；（5）黄体概念与功能，黄体形成的不同类型；（6）动物的发情特点；（7）调节动物发情周期的内外因素。

一、有关母畜生殖功能发展阶段的概念

初情期	雌性动物初次表现发情并发生排卵的时期。动物性腺真正具有配子生成和生殖内分泌的功能，开始具备繁殖能力，但生殖器官尚未充分发育	不适宜配种。各种动物初情期年龄：牛6~12月，羊4~8月，猪3~7月，马12月，兔3~4月，犬6~10月，猫7~9月
性成熟	动物生殖器官已发育完全，生殖机能达到比较成熟的年龄阶段，具备正常的繁殖机能，但身体发育尚未完成	不适宜配种繁殖，勉强配种容易难产，或影响母畜和幼畜的发育。动物性成熟年龄：牛8~14月，羊6~10月，马12~18月，兔4~5月，猪5~8月，狗8~14月
体成熟	动物身体发育完全并具有成年动物固有的体形外貌	可正常配种繁殖。动物始配年龄：牛16~24月，羊12~18月，猪8~12月，马3岁
繁殖适龄期	母畜既已性成熟，又达到体成熟，能正常配种繁殖的时期	
繁殖机能停止期	动物繁殖能力消失或停止的时期，如牛13~15岁，猪6~8岁，马18~20岁，小鼠、大鼠1~2岁	

二、发情周期

（一）概念

初情期以后，在繁殖季节或未妊娠时，雌性动物生殖器官和性行为重复发生一系列明显的周期性变化称为发情周期，直至绝情期。发情周期指从上一次发情开始到下一次发情开始前1天的间隔时间，或者一次发情结束后1天到下一次发情结束的间隔时间。

（二）发情周期的划分

根据卵巢、生殖道及母畜性行为的生理变化，将一个发情周期分为互相衔接的几个阶段。发情周期的划分方法有四期分法、三期分法和二期分法。

四期分法	发情前期（前情期）	指上一次发情周期的黄体开始退化，卵巢上有腔卵泡开始生长，雌激素生成和分泌逐渐增加，生殖道血供增加，输卵管内膜增生，子宫黏膜变厚，子宫颈逐渐松弛，子宫颈及阴道黏液增多，生殖道肌层活动增加，阴道上皮水肿；雌性动物临近发情时一般对雄性表现兴趣
	发情期	母畜性欲表现强烈，接受爬跨交配。卵巢上卵泡增大成熟，雌激素分泌迅速增加至高峰，子宫黏膜显著增生，子宫颈松弛，宫颈口开张，阴道及阴门黏膜充血肿胀，流出多量稀薄透明黏液。多数动物在发情期末排卵
	发情后期（后情期）	指发情排卵后黄体形成的时期，雌激素分泌下降，孕激素逐渐增加，性欲和性行为消退。子宫上皮充血，宫颈黏液分泌物减少但子宫腺分泌功能增强，子宫内膜增厚，子宫角松软，阴道上皮脱落。牛、羊、猪和马的后情期约为3~7天，犬和猫的后情期（又称假孕期）持续50~60天和30~40天
	发情间期（间情期）	指黄体逐渐成熟的时期，黄体活动旺盛，黄体酮对生殖器官作用明显，没有发情表现，在发情周期中持续时间最长；子宫壁增厚而子宫松弛，子宫腺体肥大，子宫颈收缩，临近发情前期黄体退化，子宫内膜及腺体萎缩，卵巢上新的有腔卵泡开始发育

续表

三期分法	兴奋期（发情期）	性行为表现最明显的阶段，卵巢上卵泡快速生长发育，生殖道变化明显，此期末成熟卵泡破裂排卵
	抑制期	排卵后发情行为消退的阶段，相当于四期分法中的发情后期和发情间期
	均衡期	从抑制期向下次兴奋期过渡的阶段，相当于四期分法中的发情前期
二期分法	卵泡期	卵巢上有腔卵泡开始快速生长至成熟排卵所持续的时期，相当于四期分法的发情前期与发情期
	黄体期	卵巢上卵泡成熟排卵后黄体形成、成熟至消退所包括的时期，相当于四期分法的发情后期和发情间期

（三）发情周期中卵巢的变化

发情周期中，卵巢经历卵泡生长发育、成熟、排卵，以及黄体形成、成熟和退化等系列变化。一般发情开始前2～4天，卵巢上卵泡开始生长，发情行为消失时卵泡成熟排卵。

1. 卵泡发育与卵子生成

动物卵巢上卵泡，包括少数处于生长发育中的卵泡和大部分作为储备的原始卵泡。在原始卵泡发育至成熟卵泡的过程中，绝大多数卵泡在其某一阶段停止发育而退化，卵泡退化称为卵泡闭锁。

动物出生后，卵母细胞处于核网期（即第一次减数分裂前期双线期），长期处于静息状态，初情期后才有成熟卵泡排卵。排卵前卵母细胞完成第一次减数分裂并排出第一极体，成为次级卵母细胞，排出的卵子处于第二次减数分裂中期，受精后完成第二次减数分裂并排出第二极体，但犬成熟卵泡排出的卵母细胞仍未完成第一次减数分裂，为初级卵母细胞。

卵泡发育的各种类型	原始卵泡	胎儿期或出生后不久即形成，中心为初级卵母细胞，周围被单层扁平上皮细胞围绕
	初级卵泡	卵泡上皮细胞由扁平转化为立方形，周围被一层基底膜包围
	次级卵泡	卵泡上皮细胞增殖为多层，形态呈多角形，卵母细胞和卵泡细胞分泌黏多糖形成透明带，包裹在卵母细胞周围
	三级卵泡	卵泡细胞分泌液体增多，卵泡细胞间出现很多间隙，被卵泡液充盈，随后间隙融合形成卵泡腔，卵泡即称为有腔卵泡；在卵泡细胞透明带周围，数层卵泡细胞呈放射状排列，形成放射冠
	成熟卵泡	卵泡腔中充满由卵泡细胞分泌物及渗入的血浆蛋白所组成的卵泡液，卵泡壁变薄，卵泡体积增大突起于卵巢表面。卵母细胞位于粒膜上一个小突起内，突起称为卵丘。随着卵泡发育，卵母细胞被卵泡细胞所包围，游离于卵泡腔中

2. 排卵

卵泡发育成熟后，突起于卵巢表面的卵泡破裂，卵子及其周围颗粒细胞随卵泡液排出的生理过程，称为排卵。

自发性排卵	卵泡发育成熟后不需要外界刺激，而自发排卵并形成黄体，这类动物发情周期相对恒定，有猪、羊、牛、马、犬
诱导性排卵（刺激性排卵）	卵泡成熟后需外界刺激才能排卵，这类动物发情周期实际为卵泡周期。①需交配刺激才能排卵，有食肉类、兔类、雪貂、有袋目、啮齿目等，兔子在交配后9～12h排卵，猫在交配后25～30h排卵；②需有精液或精清刺激才能排卵，如驼科动物

3. 黄体的形成

排卵后卵泡壁塌陷，颗粒层凹向卵泡腔形成皱襞，结缔组织和血管伸入颗粒层，在LH作用下颗粒细胞肥大形成粒性黄体细胞，卵泡膜细胞转变为膜性黄体细胞，形成黄色或淡黄色凸起于卵巢表面的阶段性激素分泌器官，即黄体，主要分泌孕激素。

黄体类型	妊娠黄体	排卵后如受精，黄体经过一定时间（牛、羊、猪为7～10天，马为14天）形成并发育至最大，为维持妊娠，黄体及其功能延长至分娩前后萎缩消失
	周期黄体	排卵后如未受精，黄体形成并维持一定时间（牛、羊为12～15天，猪为13天），随后萎缩消退，这种黄体称为周期黄体

注：排卵后多数动物自发形成黄体（如牛、羊、马和猪），而另外一些则需要交配才能形成黄体（如小鼠、大鼠、袋鼠）；黄体溶解后被结缔组织代替，颜色变白变淡，称为白体。

(四) 动物发情周期的调节

内在因素	内分泌激素	动物所有生殖活动都与激素调控相关,与母畜发情直接相关的有 GnRH、FSH、LH、催产素、雌激素、孕激素和前列腺素等
	神经作用	外界因素通过影响中枢神经(丘脑下部),调节动物发情;雌性动物通过自身嗅觉、视觉、听觉、触觉接受性刺激,产生性欲和性行为
	其他因素	年龄、遗传(品种)、健康、营养状况等
外在因素	季节	季节(光照周期与强度、温度、湿度)周期性变化,使部分动物繁殖机能表现季节性特点,部分动物在全年各个季节发情;有些动物仅在1年的特定时期发情(发情季节),羊、马、骆驼和猫在发情季节中多次发情(季节多发情),犬等在发情季节仅发情1次(季节单发情)
	幼畜吮乳	抑制母畜发情和排卵
	饲料供应和饲养管理	饲料和牧草供应充足,营养状况良好,可使母畜发情和发情季节提前;泌乳过多、使役过重、舍温过低或酷热潮湿等抑制发情
	公畜	公母畜混养可刺激母畜发情

(五) 动物发情特点及发情鉴定

奶牛和黄牛	发情特点	全年多次发情,季节特点不明显;发情周期平均为21天(17~24天);发情期平均为18h(10~24h),一个发情期通常只有一个卵泡成熟排卵,少数排双卵;排卵在发情开始后28~32h,或发情结束后12h(10~15h);产后正常发情在产后35~50天
	发情表现	发情表现明显,开始时不安哞叫,食欲减少,弓背举尾,频尿,有爬跨行为,外阴肿胀、潮红并流出黏液;发情盛期流出多量稀薄透明黏液,牵缕性强而垂吊于阴门;发情末期黏液量少浓稠呈乳白色
猪	发情特点	全年多次发情,季节特点不明显;发情周期平均为21天(17~25天);发情期平均为2~3天(1~5天);发情开始后20~36h开始排卵,排卵持续4~8h。每次发情排10~25个卵;断乳后5~7天第1次发情,但发情时间短不易发现
	发情表现	发情时减食,性欲强烈,尿频,对公猪敏感,公猪叫声或气味可致其竖耳拱背呆立不动,接受爬跨,用手压背站立不动(称为静立反射),阴户肿胀,黏膜湿润为适配期,之后逐渐消退
羊	发情特点	季节性多次发情,秋季发情多;发情周期绵羊平均17天(12~20天),山羊平均为21天(18~23天);发情期绵羊多为24~30h(16~36h),山羊约40h(24~48h);绵羊在发情开始后20~30h排卵,山羊在35~40h后排卵,每次发情排卵1~3个
	发情表现	外部表现不明显,外阴无明显肿胀充血,愿意接近公羊,强烈摆尾,公羊爬跨时站立不动。山羊较绵羊发情明显
犬	发情特点	季节性单次发情,春季在3~5月,秋季在9~11月发情,每年发情1次或2次;开始发情的1~2h内排卵,排卵持续数小时,卵母细胞在输卵管内运行2~4天才具有受精能力;多在见到血性分泌物的第9~12天(即发情期的第2~4天)配种
	发情表现 发情前期	从外阴见到血性分泌物起计算,持续3~16天,平均9天;表现性兴奋但不接受交配,外生殖器肿胀,阴道细胞涂片角化细胞逐渐增多,外阴见少量血液
	发情期	从接受公犬爬跨起计算持续6~14天,通常为9~12天;发情时母犬尾偏向一侧,露出阴门
	发情间期	不表现性行为,持续75天左右(51~82天)
	乏情期	不表现性行为,持续50~60天,甚至1年
马	发情特点	季节性多次发情,发情季节为3~9月;发情周期平均21天(16~25天),1年发情3~6次;发情期平均7天(5~10天),一个发情期只有一个卵泡成熟排卵,少数排双卵,发情开始第3~5d排卵,多在晚上排卵;产后第1次发情在产后6~13天(平均9天)
	发情表现	发情时不安,拱腰抬尾,阴门频频开闭,发情开始时阴道流出少量稀薄黏液,以后流出多量透明黏稠黏液,到发情后期黏液量少,黏稠不透明

第二节 配种与受精

考纲考点：（1）配种时机与胚胎移植技术；（2）受精部位、精子获能和顶体反应；（3）卵子在受精前的变化，保持受精能力的时间；（4）受精过程与多精受精。

一、配种

（一）母畜配种时机

准确把握配种时机是提高配种受胎率的关键环节。动物排卵时机的确定主要通过试情、观察发情行为以及阴道分泌物，大家畜通过直肠检查确定卵巢状态。

项目	牛	绵羊	山羊	猪	马	犬
最适输精时间	发情中期至发情结束后6h内	发情开始后10～20h	发情开始后12～36h	发情开始后15～30h	发情第48h	接受交配后2～3天
最适输精部位	子宫体	子宫颈内	子宫颈内	子宫内	子宫内	子宫颈或子宫内
注：一个发情期输精1～2次，排卵前数小时进行第1次配种或输精，2次输精的间隔时间牛羊8～10h，猪12～18h							

（二）精液保存与质量鉴定

精液保存	液态精液在常温（15～25℃）和低温（0～5℃）保存，低温保存较常温时间长，但猪精液适宜在15～20℃
精液冷冻	目前采用的冻精剂型有细管型、颗粒型和安瓿型3种，液氮长期保存
精液品质鉴定	外观评定：①云雾运动：未经稀释的牛、羊和猪精液因精子密度大，活力强而呈云雾状；②色泽：正常的牛、羊精液呈乳白色或黄白色，猪、马、兔为淡乳白色或淡灰白色
	精子活率：指经压片，显微镜下呈直线前进运动的精子所占比率，精子活率通常以0～1.0的10级标准分级。鲜精的精子活率一般为0.7～0.8，冻精精子活率应在0.5（液氮保存）或0.3（冷冻保存）以上才可用
	精子密度（又称精子浓度）：指每毫升精液中所含的精子数目
	精子形态：精液中可能含有畸形精子（主要是中断和主段畸形）或顶体异常精子（顶体膨大、缺陷或脱落）。正常精液中的畸形精子不应超过20%
	其他检查：主要检查精子存活时间和存活指数

（三）人工授精技术

指采用人为措施将一定量精液输入母畜生殖道特定部位，使母畜受孕的操作技术，人工授精技术包括采精、精液品质检查、精液稀释和保存、输精等技术环节。

输精前准备	①消毒输精器具，临用前用稀释液冲洗；②保定母畜，清洗消毒外阴及附近体表；③检查精液品质，精液温度在5～8℃才可输精。注意：冷冻精液在解冻时解冻液温度为40℃或稍高
输精方法	①牛普遍采用直肠把握法输精，精液输入子宫颈内口或子宫体；②猪的精液直接输入子宫内；③羊输精时用开膣器扩开阴道，暴露子宫颈口，输精管插入1～2cm 即可输精

二、受精

（一）精子与卵子在受精前的准备

精子和卵子在输卵管上1/3壶腹部相遇而结合。

1. 精子在雌性生殖道的运行与受精前变化

精子在雌性生殖道的运行	授精类型	阴道授精型指精液仅射入阴道内，反刍动物属于此种
		子宫授精型指精液直接进入子宫内，如猪、马
	精子进入雌性生殖道后一部分很快通过子宫颈，大部分暂时储存于子宫颈隐窝黏膜皱褶内，从射精部位运行至输卵管壶腹部需数分钟至数十分钟		
	雌性生殖道有"栏筛"样结构部位（又名精子库），对精子具有潴留、筛选和淘汰的作用。"栏筛"样结构分布在子宫颈隐窝、宫管结合部或输卵管峡部		
	精子在雌性生殖道存活一般为1～2天，但马精子可达6天，禽类精子在体内存活时间很长，如公鸡精子在母鸡体内可存活30天以上		

续表

精子在受精前的变化	精子获能		刚射出的精子没有受精能力。精子在雌性生殖道运行时伴随发生一系列形态和生理生化变化而获得受精能力的生理过程为精子获能。精子获能发生的变化在精子尾部,使精子呈现超激活运动(即鞭打状推进运动)
		获能部位	主要是子宫和输卵管,最终在输卵管完成
		获能因子	体内参与精子获能的物质有β-淀粉酶、碳酸氢根离子、氨基多糖、葡萄糖苷酸酶
			体外获能的包括高离子强度液、钙离子载体、肝素、血清蛋白等
		体内获能所需时间	猪为3~6h,绵羊1.5h,牛为2~20h,家兔5h,小鼠1h以内,大鼠2~3h
	顶体反应		指精子头端与卵子透明带接触后,精子顶体质膜和外膜融合发生囊泡化,暴露顶体内膜,激活顶体酶释放的生理生化过程,为顶体反应。顶体反应的变化在精子头部,使精子具备穿过透明带的能力

注:精子只有获能后才能发生顶体反应,顶体反应是精卵结合所必需的

2. 卵子在生殖道的运行与受精前变化

成熟卵泡排出的卵子属于次级卵母细胞(犬排出的卵子为初级卵母细胞),外被透明带和卵丘细胞包裹,称为"**卵母细胞-卵丘复合体(COCs)**"。

卵子在输卵管内运行	卵子在输卵管内很快运行至壶腹部(需要3.5~6min),与获能精子相遇受精;未精卵和受精卵在输卵管内发育一般为3~4d,牛马约90h,绵羊约72h,猪约50h
卵子在受精前的变化	卵母细胞在输卵管运行一段时间(约2~4h)后才能充分成熟,而获得受精能力,其受精能力一般仅保持10h左右,不超过1d;然而犬卵母细胞进入输卵管经历2~4天才能成熟,获得受精能力;成熟卵母细胞外围卵丘细胞疏松散开,卵周隙增宽,微绒毛变长伸入卵周隙,便于精子穿过透明带和第二极体排出

(二) 受精过程

受精指精子穿过放射冠、透明带和卵质膜进入卵子,进而形成雌雄原核,雌雄原核融合形成合子的生理过程。注意与"授精"是不同的两个概念。

精卵识别结合		通过精子表面的卵子结合蛋白和卵子透明带的精子受体相互作用实现和完成。卵子透明带蛋白(ZP)即为精子受体,包括ZP1、ZP2和ZP3
	初级识别	精子顶体膜接触卵子透明带时,精子质膜配体与精子初级受体ZP3结合形成复合体,完成精卵初级识别,诱发精子顶体反应完成
	次级识别	顶体反应后精子质膜脱落,精子次级卵子结合蛋白即与卵子次级精子受体(ZP2)相互作用
精子与卵质膜结合融合		顶体反应完成后,精子穿过透明带,精子头即与卵质膜接触,精子头侧面附着在卵质膜上,精卵质膜融合。没有发生顶体反应的精子不能与卵质膜融合
皮质反应		正常情况下,只要一个精子入卵后,卵子皮质颗粒内容物即从入卵部位释放并在卵周隙内扩散,引发透明带硬化和皮质颗粒膜形成,最终阻止多精入卵,该过程为皮质反应,包括透明带反应、卵质膜反应和皮质颗粒膜形成
	透明带反应	皮质颗粒释放酶类引起透明带蛋白(ZP3和ZP2)失去再结合精子的能力
	卵质膜反应	精卵质膜融合使卵质膜发生变化,进而阻止多精入卵
	皮质颗粒膜形成	皮质颗粒内容物吐到卵周隙,形成一层完整的皮质颗粒膜,也阻止多精入卵
卵子激活		包括胞质内Ca^{2+}浓度升高,恢复并完成减数分裂,排出第二极体,原核DNA复制
原核发育与融合		精子入卵后精核核膜破裂,精核去致密化而膨胀,染色质分散形成许多小泡,小泡融合形成原核核膜,即为雄原核;受精后卵子染色体分散并形成小泡,小泡融合形成原核核膜,即为雌原核。雌雄原核向卵中央移动、相遇而融合,雌雄染色质混杂形成合子
异常受精		哺乳动物异常受精主要指多精子受精(指2个或2个以上精子几乎同时与卵子接近并进入卵子而受精的异常现象),另外还有受精卵单核发育和双雌发育
		多精受精多发生于延迟交配、体外受精和老化卵子。猪容易发生多精受精

三、胚胎移植技术

胚胎移植指从一头优良母畜输卵管或子宫采集早期发育胚胎,移植到另一头母畜输卵管或子宫内,使胚胎发育到分娩产仔,进而生产优良后代的操作技术。胚胎移植由如下 5 个操作环节组成。

超数排卵	在动物发情周期适当时间,给予外源激素,使卵巢上有超过正常生理状态数量的卵泡发育成熟并排卵的技术措施	常用于牛、绵羊和山羊等,用于超数排卵的激素有 GnRH、eCG、hCG、FSH、LH、eCG 抗体和 PGF2α
同期发情	通过给予外源激素,使动物在一定时间内集中发情的处理过程	常用于同期发情处理的药物有 GnRH、孕酮和前列腺素
配种	在适宜时机通过自然交配或人工输精,使供体母畜受胎	
收集胚胎（采胚）	配种或人工输精后适宜时间,从供体动物输卵管或子宫获取胚胎,挑选洗涤可用胚胎,再集中于保存液,以备移植或冻存	以牛为例,第 1~4 天可从输卵管获得 16 细胞以前的胚胎,第 5~8 天从子宫获得桑椹胚或囊胚 包括手术法(羊、猪、家兔等)和非手术法(牛、马)
移植胚胎	将可用胚胎移植到受体母畜输卵管或子宫内的操作过程	包括手术法和非手术法,非手术法移植主要用于牛、马

(余树民)

第三章 妊 娠

考纲考点：(1) 胚胎早期发育与胚胎附植；(2) 妊娠识别的概念、时间（不同动物）、识别信号；(3) 胎膜构成，胎盘类型及其相应的组织结构特点、代表动物；(4) 妊娠期间母体的变化（重点是生殖器官变化）；(5) 家畜的妊娠期限范围；(6) 妊娠诊断方法及其适用条件。

一、胚胎早期发育与胚胎附植

精卵在输卵管结合后，在输卵管和子宫连续进行有丝分裂和移行，呈悬浮状态，尚未与母体子宫建立紧密联系的发育阶段为早期胚胎发育阶段。

卵裂		受精卵在透明带内连续进行有丝分裂的过程。卵裂自输卵管受精后即开始，至移行至子宫还持续进行
	特点	①均为有丝分裂；②细胞数量增加，单个细胞体积逐渐减小，胞质总量并不增多，卵裂产生的细胞称为卵裂球；③在透明带内进行；④胚胎发育所需物质来源于卵母细胞、输卵管或子宫的分泌物；⑤卵裂最开始为同期有丝分裂，后为不规则异期分裂；⑥早期卵裂球具有调整发育的潜能，即单个卵裂可发育为健康的后代；⑦多胎家畜在同一时期不同胚胎可能处于不同发育阶段
		受精卵经过连续数次有丝分裂，在透明带内形成致密的实心细胞团，含有16～32个卵裂球，形似桑葚，称为桑椹胚
	受精卵首次卵裂的时间	以排卵后开始计算，牛为排卵后32～36h，绵羊28～30h，猪20～24h，马30～36h
	受精卵进入子宫的时间和阶段	牛和绵羊为排卵后2.5～3.5天，处于8～16细胞期；马排卵后4～6天，处于囊胚期；猪交配后46～48h，处于4～6细胞期；犬交配后8.5～9天，处于桑椹胚；猫为交配后4～8天，处于桑椹胚；小鼠和大鼠为交配后2～3天，处于桑椹胚
囊胚形成		桑椹胚后期卵裂球分泌液体充盈于细胞间隙，随着液体增多和卵裂球重排，胚胎内出现一个充满液体的囊腔，胚胎即为囊胚，囊胚也称胚泡。囊胚一端有排列致密的细胞团，称为内细胞团（称为胚节），胚节和囊腔外围由第一次分化产生的滋养层细胞包绕
	囊胚形成的时间	牛为排卵后7～8天，绵羊3～5天，猪5～6天，马6天，小鼠3.5～4天
囊胚孵出		随着囊胚进一步增大，以及胚胎或子宫分泌酶的作用，引起透明带破裂，胚胎从透明带膨出，该过程称为囊胚孵出或孵化
	囊胚孵出的时间	牛为排卵后9～11天，绵羊6～7天，猪6天，马9天
胚胎伸长		胚胎脱离透明带后，滋养层细胞快速增殖，牛、羊和猪胚胎经历由充满液体的圆球形转变为带有皱褶的线状孕体的过程
	胚胎伸长的时间	牛为排卵后13～21天，绵羊8～16天，猪8～15天
胚胎附植		胚胎固定于母体子宫一定位置，与子宫建立组织学和机能联系的过程，称为胚胎附植，也称胚胎着床，或胚胎植入，或胚胎嵌植
	胚胎附植的时间	以开始附植计算，牛为排卵后22天，绵羊11～16天，猪13天，马24～40天

二、妊娠识别

妊娠识别指妊娠早期，孕体（由胎儿、胎膜和羊水组成的复合体）产生的激素或细胞因子作为妊娠信号传给母体，母体作出生理反应以识别和确认胚胎存在，建立密切联系的生理过程。孕体和母体之间经过信息传递，确定开始妊娠的生理过程为妊娠建立（或确立）。

妊娠条件	交配或配种后，黄体及其功能存续超过正常发情周期，即为妊娠黄体。妊娠黄体是妊娠识别时母体的典型变化

妊娠识别的实质	孕体产生抗溶黄体物质,作用于母体子宫或(和)黄体,阻止或抵消 $PGF_{2\alpha}$ 的产生和作用,或直接发挥促黄体化作用而维持妊娠		
妊娠识别的时间	妊娠识别和确立的时间在周期黄体退化之前		
动物	黄体酮来源	妊娠识别时间	妊娠识别信号
牛	妊娠黄体、胎盘或肾上腺,黄体酮是维持妊娠的主要激素	16~17 天	孕体滋养外胚层产生 IFN-τ(滋养层蛋白-1)
绵羊		12~13 天	
猪		12 天	孕体产生雌激素
灵长类			孕体产生绒毛膜促性腺激素(CG)
马		14~16 天	孕体产生绒毛膜促性腺激素(CG)

三、胎盘及胎膜

(一) 胎膜的组成

胎膜也称胚胎外膜,是胚体外包被的几层膜总称,是妊娠附属器官,胎儿出生后即被排出。

组成	描述	功能
卵黄囊	来源于早期囊胚的囊胚腔,尿膜出现后卵黄囊即被替代,最后残留于脐带	胚胎发育早期的营养交换
羊膜	包裹胚体的最内一层膜,胚体和羊膜的腔体为羊膜腔	为胚胎发育提供空间条件
尿膜	尿膜沿着脐带并靠近卵黄囊,由胚胎后肠向外延伸形成外囊(位于绒毛膜和羊膜之间)即尿囊	相当于胚体外临时膀胱,起缓冲保护作用
绒毛膜	胚胎最外层膜,表面有绒毛,富含血管,部分与羊膜接触	与子宫接触黏附,形成胎儿胎盘

(二) 胎盘的类型及功能

胎盘指由尿膜绒毛膜(胎儿胎盘)和母体子宫黏膜(母体胎盘)发生联系所形成的一种暂时性组织器官。胎盘和母体联系但又相对独立。

按绒毛膜绒毛的分布,将胎盘分为弥散型、子叶型、带状和盘状 4 种类型;按母体胎盘和胎儿胎盘接触的组织层次,分为上皮绒毛型、结缔组织型、内皮绒毛型和血绒毛型。

胎盘功能:①气体交换;②营养交换;③排出胎儿代谢废物;④屏障功能(阻止某些物质的运输,免疫功能);⑤合成和分泌激素、酶、细胞因子和生长因子。

1. 非蜕膜胎盘 (接触型胎盘)

胎儿绒毛膜绒毛伸入子宫内膜,虽有接触但简单,分娩时绒毛膜从子宫内膜拔出,不损伤子宫内膜。包括弥散型胎盘(也称上皮绒毛膜型胎盘)和子叶型胎盘(也称上皮结缔绒毛膜型)。

弥散型胎盘	猪、马、骆驼	绒毛膜绒毛分布在整个绒毛膜表面,有的(猪和骆驼)相对集中(即少数绒毛集在小而圆的凹陷内,形成绒毛晕);绒毛上有毛细血管分布,与绒毛相对应的子宫黏膜上皮向内凹入形成腺窝,绒毛插入腺窝内
子叶型胎盘	牛、羊、鹿	绒毛不均匀地分布在绒毛膜表面,呈丛状,形成圆形块状(胎儿胎盘,称胎儿子叶);绒毛丛与母体子宫内膜的特殊突起(子宫阜)融合形成母体胎盘(母体子叶),胎儿子叶与母体子宫结合形成胎盘突。胎儿子叶绒毛同子宫阜隐窝融合,嵌入间质,与子宫内膜腺体直接接触,宫阜间子宫内膜和胎儿绒毛膜不形成组织联系

2. 蜕膜胎盘

母体子宫上皮、黏膜下层、蜕膜细胞和胎儿胎盘形成蜕膜,子宫黏膜蜕膜化,这类胎盘为蜕膜胎盘。胎儿胎盘与子宫内膜接触紧密,胎儿绒毛膜绒毛插入子宫内膜并悬于子宫内膜血窦内,分娩时胎儿胎盘从子宫剥离,子宫内膜被侵入部分(蜕膜)也相应剥脱,所以会出血,包括带状胎盘(内皮绒毛膜胎盘)和盘状胎盘(血绒毛膜胎盘)。

带状胎盘(内皮绒毛膜型)	肉食类动物(犬、猫、雪貂、狐狸、北极熊等)	绒毛膜绒毛聚集在尿囊-绒毛膜囊中部,呈环带状,子宫内膜在相应区域形成母体胎盘,绒毛膜在该区域与子宫内膜接触。绒毛膜绒毛直接与母体胎盘结缔组织接触,又称绒毛膜-结缔组织混合型胎盘

续表

盘状胎盘(血绒毛膜型)	啮齿类动物(兔、鼠)和灵长类动物(人和猴)	由一个圆形或椭圆形盘状的子宫内膜区和胎儿的尿膜-绒毛膜区相连接构成,绒毛膜绒毛突入子宫内膜血管壁,直接接触血池,即胎儿胎盘绒毛内皮细胞直接接触母体血液

四、妊娠期母体的变化

(一) 生殖器官的变化

卵巢变化	①牛和绵羊在整个妊娠期,卵巢上都有黄体存在,多为黄色或淡褐色。妊娠后2个月绵羊的黄体体积达到最大,妊娠后2~4个月卵巢上有卵泡发育。②猪卵巢上黄体数目往往较妊娠胎儿数目多。③母马妊娠期间黄体持续5~6个月,妊娠40~120天卵巢上有卵泡发育,卵泡排卵形成副黄体,或不排卵直接黄体化;妊娠100~120天,黄体逐渐退化,卵巢缩小而坚实,由胎盘分泌黄体酮维持妊娠
子宫变化	动物妊娠后,子宫黏膜增厚,初期子宫黏膜有大量皱襞,随子宫增大皱襞展平消失,妊娠后半期子宫壁扩张变薄,子宫的体积和重量增加并下沉到腹腔,尤其末期右侧腹壁较左侧膨大;子宫腺扩张伸展,子宫腺体细胞分泌活动增强,其分泌物、分解的白细胞和脱落的上皮细胞共同构成子宫乳。马尿膜绒毛膜囊通常进入未孕角,占据全部子宫,牛羊的未孕子宫角扩大不明显
子宫动脉变化	妊娠时子宫血供增加,血管变粗,分支增多,特别是子宫动脉(子宫中动脉)和阴道动脉子宫支(子宫后动脉)变化显著,随着脉管变粗,血液流动从原来的搏动变为间断而不明显的颤动,称为妊娠脉搏
阴道变化	马牛妊娠后,阴道黏膜变苍白,表面覆盖黏稠黏液显干燥;妊娠前1/3期,阴道长度增加,临近分娩阴道变短而宽大,充血柔软
子宫颈变化	妊娠时,宫颈缩紧,黏膜增厚,分泌黏稠黏液填充子宫颈腔,子宫颈管封闭严密,称为子宫颈塞;宫颈黏液透明淡白或灰黄色黏稠;妊娠中1/3期,宫颈由骨盆腔移到骨盆前下方,妊娠末期宫颈被推至骨盆腔内
乳房变化	乳房增大变实,尤其妊娠后半期变化显著

(二) 行为变化

妊娠后,动物食欲增加,营养状况改善;妊娠后期,动物往往消瘦,腹围增大明显,行为稳重谨慎,易疲劳,排粪排尿次数增多,呼吸数增加。

五、妊娠诊断

(一) 不同动物的妊娠期

妊娠期指动物胚胎和胎儿在母体子宫内生长发育的时期,通常从最后一次配种(有效配种)之日开始计算(妊娠开始),至分娩为止(妊娠结束)的一段时间。妊娠期大致分为胚胎早期、胚胎期(或器官生成期)和胎儿期(或胎儿生长期)3个阶段。

种类	平均/天	范围/天	种类	平均/天	范围/天
牛	282	276~290	绵羊	150	146~157
水牛	307	295~315	马	340	300~412
猪	114	102~140	犬	62	55~65
山羊	152	146~161	猫	58	55~60

(二) 早期妊娠诊断

配种后为了及时了解母畜是否妊娠、妊娠时间及胎儿和生殖器官的状况,需进行临诊和实验室检查,称为妊娠诊断。一般配种后一个发情周期即可进行检查。

理想的妊娠诊断技术具备下列条件:①在配种后一个发情周期内能确诊;②对于妊娠和未妊娠的诊断准确率在85%以上;③对母体和胎儿安全;④方法简便,经济适用。

1. 临诊诊断法

外部检查	妊娠后食欲增强,被毛润泽光亮,性情温顺。猪、羊、犬等妊娠中期后腹壁触诊可感知胎儿及胎动,羊可摸到子叶
直肠检查	通过直肠检查触诊卵巢、子宫的变化,尤其是子宫动脉(子宫中动脉)的颤动对牛、马妊娠诊断具有重要意义,最早能在妊娠40天进行诊断
阴道检查	主要检查阴道黏膜色泽、黏液性状(黏稠度、透明度以及黏液量)、子宫颈形状和位置的变化,是妊娠诊断的一种辅助方法
超声波检查	通过检查胎动、胎儿心搏动及子宫动脉血流来进行,目前用于动物的主要是B型超声诊断仪

2. 实验室诊断法

孕酮含量检查法	孕酮是动物妊娠诊断和检查其繁殖状态的一个重要指标，动物妊娠后血浆或乳汁中孕酮含量在较长时间内维持高浓度或上升，未妊娠的则在一个发情周期内很快下降。多采用放射免疫测定法或酶联免疫吸附试验进行，通常牛配种后24天，猪40~45天，羊20~25天的诊断准确率较高
早孕因子检测法	早孕因子（EPF）是妊娠母体血清中最早出现的一种免疫抑制因子。目前多采用玫瑰花环试验测定。交配受精6~24h后即能测出EPF

六、妊娠终止和诱导分娩技术

妊娠终止技术即在非计划或不适当交配发生后怀孕，从而通过人为干预在特定阶段终止妊娠过程，该技术主要用于犬猫。临近分娩时，通过人为干预促使母畜在预定时间内产下活的具有独立生活能力的胎儿，称为诱导分娩。妊娠终止和诱导分娩统称为人工引产。

1. 卵巢摘除手术或扩张子宫颈以及刺破胎膜（现在一般不采用该法）
2. 药物干预

动物	诱导分娩时间	主 要 药 物
猪	妊娠110天后或妊娠期最后3天	促肾上腺皮质激素（ACTH）、地塞米松、前列腺素$PGF_{2\alpha}$或其类似物氯前列烯醇、催产素，均能获得理想的效果
牛	临近分娩2周内	促肾上腺皮质激素（ACTH）、地塞米松、氟美松、倍他米松、$PGF_{2\alpha}$或其类似物氯前列烯醇等，配合使用小剂量雌二醇可提高诱导效果，不推荐单独或大剂量使用催产素（即缩宫素）诱导分娩。在牛妊娠200天前使用$PGF_{2\alpha}$可很快终止妊娠，妊娠65~95天终止更安全并且副作用小。在妊娠150~250天期间对$PGF_{2\alpha}$类药物不敏感
羊	妊娠最后1周内	地塞米松、氟美松、倍他米松、$PGF_{2\alpha}$或其类似物氯前列烯醇和催产素等，$PGF_{2\alpha}$及其类似物的诱导分娩在绵羊的效果不如山羊好，前述药物常需要与雌激素配合使用
马	妊娠320天后	催产素、$PGF_{2\alpha}$或其类似物氯前列烯醇、地塞米松，多需要配合使用雌二醇。马妊娠40天内使用$PGF_{2\alpha}$可有效终止妊娠，以后需增加用药次数到4次以上
犬和猫	雌激素	如雌二醇、己烯雌酚等，用于交配后4天内终止妊娠，目前已不推荐使用，因为使用有效剂量时容易诱发子宫疾病，副作用大，效果也不易评价
	地塞米松	用于妊娠中期（妊娠30~45天）的妊娠终止，200μg/kg，2次/天，连续10天，多数在处理的第7天左右流产，有的可能超过10天。副作用是剧渴、多尿和肾上腺功能抑制
	前列腺素$PGF_{2\alpha}$或其类似物	可用于发情1周后任何时间的妊娠终止，需要反复给药直至流产，猫的终止妊娠效果不如犬。大剂量给予$PGF_{2\alpha}$（100~200μg/kg，2次/日）或氯前列烯醇（2.5μg/kg，2日1次），连续4~7天，能有效终止妊娠，更适宜用于妊娠25天后。副作用是呕吐、流涎、排粪尿和呼吸加快
	抗孕激素	如米非司酮（2.5mg/kg，2次/天，连续4~5天）、阿来司酮（10mg/kg，1次/天，连续数天），可用于交配后至妊娠45天各个阶段，更适用于妊娠25天至45天，是目前推荐使用的犬终止妊娠方法。通常米非司酮常与小剂量米索前列醇合用，现在的制剂多为复方制剂
	多巴胺激动剂	如溴隐亭、甲麦角林、卡麦角林（1.7~5μg/kg，连续6天）、溴麦角环肽（0.1mg/kg，连续6天），多用于妊娠30~45天终止妊娠，在妊娠30天使用难以奏效，需要增加给药剂量和次数
	环氧司坦	为孕酮合成抑制剂，在发情期间或发情后期使用，50mg/kg，连续7天能终止犬猫妊娠

注：1. 多巴胺激动剂与前列腺素或其类似物的联合应用可减少给药剂量、次数，降低副作用，改进妊娠终止的效果。前列腺素或其类似物与阿托品、比格列酮或美托酮的联合应用，可降低副作用。

2. 多在妊娠55天后进行诱导分娩。

（余树民）

第四章 分　娩

考纲考点：(1) 分娩预兆与不同动物的特点；(2) 分娩启动的各种影响因素，重点是相关激素的变化；(3) 决定分娩的几个要素；(4) 产力、子宫阵缩及其特点；(5) 描述胎儿与母体关系的术语及与分娩的关系；(6) 分娩过程及各阶段的特点，不同家畜分娩的特点；(7) 子宫复旧、恶露排出，以及各种主要动物子宫复旧和恶露排出的时限。

一、分娩预兆

1. 分娩前乳房的变化

共同变化：分娩前乳房膨胀增大	
牛	经产牛约在产前10天，乳头可挤出少量清亮胶样液体；产前2天，乳头充满白色初乳，被覆一层蜡样物；出现漏奶（乳汁呈滴状或成股流出来）则数小时至1天可分娩
猪	产前3天左右，乳房向外侧伸张，中间两对乳头可挤出少量清亮液体；产前1天左右，中间两对可挤出1～2滴初乳；产前半天，前乳头可挤出1～2滴初乳
马	产前数天乳头变粗大，漏奶开始后往往在当日或次日夜晚分娩
犬	乳腺中常含有乳汁，有的可挤出白色乳汁

2. 分娩前产道的变化

牛	分娩前1周，阴唇肿胀柔软，皱襞展平；分娩前1～2天子宫颈开始变软，阴道流出黏液，有时在阴门外呈透明索状；宫颈开张后分娩将在数小时内发生
山羊	阴唇在产前数小时或十余小时才显著增大
猪	产前3～5天阴唇开始肿大，产前数小时阴道排出黏液
马	阴道壁松软，阴道黏膜潮红，黏液稀薄滑润，产前十余小时阴唇开始胀大
犬	骨盆和腹部肌肉松弛是可靠的临产征兆。臀部坐骨结节下陷，外阴肿大充血，阴道和子宫颈柔软，流出水样透明黏液并伴有少量出血

3. 分娩前行为的变化

共同变化：临产时徘徊不安，离群，寻找安静地方，常作排尿姿势，排尿量少而次数增多，脉搏呼吸加快	
牛	产前7～8天，体温升高到39～39.5℃，产前12h左右下降0.4～1.2℃
羊	前蹄刨地，咩叫
猪	产前6～12h衔草作窝，时起时卧，阴门有黏液流出
犬	临产前3天左右，体温下降至36.5～37.5℃，分娩前1～1.5天筑窝，用爪刨地，啃咬物品，分娩前3～10h出现阵痛，常打哈欠呻吟

二、分娩启动

分娩启动是内分泌、机械性、神经性及免疫学等系列因素相互作用所促成的。

1. 内分泌因素

胎儿内分泌变化	激素	临产时的变化	作　用
	皮质醇	大多数动物胎儿皮质醇的合成和分泌明显升高	促使雌激素合成的相关酶活性增强，胎盘生成雌激素能力升高，刺激胎盘合成和释放$PGF_{2\alpha}$
	注：胎儿丘脑下部—垂体—肾上腺轴对分娩启动起决定性作用，ACTH、皮质醇和地塞米松等诱发分娩		

续表

母体内分泌变化	孕酮	多数动物母体血浆中孕酮浓度下降,但马和人分娩时并不下降	孕激素浓度下降解除对子宫肌的收缩抑制作用
	雌激素	源于胎盘的雌激素生成增加,分娩前达到高峰(羊、兔、牛、猪),但有的无改变或缓慢上升(人、豚鼠),有的下降(马、驴)	雌激素预先作用增加子宫肌对催产素的敏感性;雌激素还使子宫颈、阴道、外阴及骨盆韧带(包括荐坐韧带、荐髂韧带)松软
	前列腺素	分娩时前列腺素较分娩前明显增高	直接使子宫肌收缩,溶解黄体,刺激垂体释放催产素,促进分娩
	催产素	胎头通过产道时出现高峰	刺激前列腺素释放
	松弛素	母体血浆中浓度显著升高	通过调控子宫收缩,使子宫结缔组织、骨盆关节及韧带松弛,子宫颈开张
	皮质醇	分娩前母体血浆皮质醇浓度明显升高(山羊、绵羊、猪和兔),或稍有升高(牛),或不变(马)	

2. 机械性因素

妊娠末期,胎儿发育成熟,子宫容积和张力增加,羊水减少,胎儿对子宫颈的刺激传至丘脑下部,促使催产素合成增加,引起子宫收缩。

3. 神经性因素

神经系统对分娩过程具有调节作用。分娩时胎儿对子宫颈和阴道的刺激通过神经传导促使催产素生成;外界干扰通过神经系统可影响分娩过程。

4. 免疫学因素

分娩时,母体对胎儿表现强烈排斥将其排出体外。

三、分娩的决定因素

分娩过程的正常进行,取决于产力、产道、胎儿与母体关系。

(一) 产力的构成及特点

概念	将胎儿从子宫中排出的力量,称为产力,由子宫肌、腹肌和膈肌的节律性收缩共同构成
组成	①子宫肌收缩称为阵缩,是分娩的主要动力;②腹肌和膈肌的收缩,称为努责,在胎儿产出期与子宫阵缩协同排出胎儿
特点	①阵缩是阵发性节律收缩,起初阵缩短暂不规律,而后逐渐变得持久有规律和有力量;②每次阵缩由弱到强,持续一段时期后减弱消失,两次阵缩间有一间歇时间;③在间歇期,子宫收缩虽暂停但不弛缓,子宫壁逐渐增厚,子宫腔逐步变小;④子宫阵缩不像强直性痉挛一样,会使胎儿长期缺氧窒息

(二) 产道组成及特点

产道是胎儿产出的必经之路。

组成	软产道	软产道指由软组织构成的管道器官,包括子宫颈、阴道、阴道前庭和阴门
		软产道在分娩中的变化:分娩时子宫颈柔软松弛;子宫颈管从外到内逐渐开大,起初子宫颈口开张缓慢,以后逐渐加快,至开口期末宫颈开张很大且皱襞展平;阴道、阴道前庭和阴门逐渐柔软并扩张
	硬产道	硬产道指骨盆,由骨盆入口、骨盆出口和骨盆腔3部分组成
		母畜骨盆适应分娩的表现:入口大而圆,倾斜度大,耻骨前缘薄;坐骨上棘低,荐坐韧带宽,骨盆腔横径大;骨盆底前部凹,后部平坦宽敞,坐骨弓宽,出口大

(三) 胎儿与母体产道的关系

1. 描述胎儿与产道关系的有关术语

胎向		指胎儿躯体纵轴与母体纵轴的关系
	纵向	胎儿纵轴与母体纵轴平行。分为正生(头和前腿先进入或靠近盆腔)和倒生(后腿或臀部先进入或靠近盆腔)
	横向	胎儿纵轴与母体纵轴水平垂直,胎儿横卧于子宫。有背横向(背部向着产道)和腹横向(腹壁向着产道)两种
	竖向	胎儿纵轴与母体纵轴上下垂直。有背竖向(背部向着产道)和腹竖向(腹部向着产道)之分
	注:纵向为正常胎向,横向及竖向是异常胎向	

续表

胎位	指胎儿位置,即胎儿背部和母体背部或腹部的关系	
	上位(背荐位)	胎儿伏卧于子宫,背部在上,接近母体背部及荐骨
	下位(背耻位)	胎儿仰卧于子宫,背部在下,接近母体腹部及耻骨
	侧位(背髂位)	胎儿侧卧于子宫,背部接近母体左或右侧腹壁及髂骨
	注:上位正常,下位和侧位为异常胎位,侧位倾斜不大仍可视为正常	
胎势	即胎儿的姿势,指胎儿各部分是伸直的还是屈曲的	
前置	指胎儿身体特定部分与产道的关系,哪一部分向着产道,即哪一部分前置,如正生就叫前躯前置,倒生叫后躯前置。通常用"前置"描述胎儿的异常情况,例如腕部向着产道叫腕部前置	

2. 产出时胎儿的胎向、胎位、胎势

胎向	正常为纵向,马、牛、羊的胎儿多半是正生,生双胎时大多是一个正生,一个倒生,猪的倒生和正生都是正常的
胎位	正常胎位为上位(背荐位),但轻度侧位也不造成难产,被认为是正常的
胎势	正常胎势指正生时两前腿伸直,头颈伸直在两前腿上面,倒生时两后腿伸直,胎儿以楔状进入产道。娩出前24h胎势发生改变,分娩时颈部伸直而成分娩时的最佳娩出姿势
	注:娩出时胎向不发生变化,胎位和胎势发生改变,胎儿肢体呈伸长状态,适应骨盆腔状态

3. 胎儿形体与分娩的关系

胎儿有3个较宽大部分,即头围、肩胛围及骨盆围。

头围	牛羊最宽处是从一侧眶上突到对侧眶上突,马则指从一侧颧骨弓到对侧颧骨弓,头围高指从头顶到下颌骨角
肩胛围	最宽处是两个肩关节之间,高是从胸骨到鬐甲
骨盆围	最宽处是在两个髋关节之间,高是从荐椎棘突到骨盆联合
胎儿头部较难通过母体盆腔的原因:①生时头置于两前腿之上,其体积除头以外,还要加上两前肢;胎头在出生时骨化已较完全,没有伸缩余地;②胎儿肩胛围由下向上是后斜的,与骨盆入口的倾斜相吻合,肩胛围的高大于宽,符合骨盆腔及其出口容易向上扩张的特点;胸部有弹性,可伸缩变形,且头部通过时已撑大软产道,所以肩胛围通过时也相对容易;③胎儿伸直的后腿呈楔状伸入盆腔,而胎儿盆骨化不完全,可稍伸缩,因此也较头部容易通过	
注:牛胎儿娩出相对困难。仔猪体重轻,最宽处也小于母猪盆腔,所以猪胎儿通过骨盆没困难	

四、分娩过程

(一)产程分期

分娩过程指子宫阵缩开始到胎衣完全排出为止的连续生理过程,常将其分成宫颈开张期、胎儿产出期及胎衣排出期。

宫颈开张期	子宫开始阵缩至子宫颈充分开大(牛、羊)或能够充分开张(马)为止的时间。这一时期没有努责	动物轻微不安,常作排尿姿势;阵缩开始时持续时间短,间歇长,后阵缩频率增高,力量增强,持续时间增长
胎儿产出期	子宫颈充分开大或充分开张,胎囊及胎儿楔入盆腔(马、驴)或阴道(牛、羊),母畜开始努责,胎儿排出或完全排出的一段时间。阵缩和努责的共同作用将胎儿娩出	动物极度不安,嗳气、拱背努责;子宫收缩力、收缩次数增加且持续时间延长;在胎头进入或通过骨盆腔及其出口时努责强烈,动物侧卧四肢伸直,腹肌强烈收缩
胎衣排出期	胎儿排出后直到胎衣完全排出为止的一段时间。胎儿排出数分钟后,子宫再次阵缩但不努责	胎衣排出时间,马为5~90min,牛正常为2~8h(最长不超过12h),羊为0.5~4h,猪平均为30min(10~60min)

(二)常见家畜的分娩特点

牛和羊	宫颈开张期	牛进食和反刍不规则,脉搏增至80~90次/min;羊前蹄刨地不安,开口期末胎膜囊露出阴门
	胎儿产出期	努责开始后母畜卧下,每阵缩数次后歇息片刻;牛羊努责比较剧烈且时间持续长,胎儿头胸通过骨盆较慢
	胎衣排出期	胎衣从子宫角尖端开始脱落,内翻,排出时尿囊绒毛膜的内层总是翻在外面

续表

猪		宫颈开张期表现不安,阴门有黏液流出;子宫阵缩从距子宫颈最近的胎儿前方开始,逐步到达子宫角尖端,两子宫角轮流收缩依次将胎儿排出来;子宫逆蠕动,从子宫颈向子宫角尖端蠕动,利于胎儿有序地排出,避免子宫角尖端胎儿过早脱离母体胎盘。努责时母猪多侧卧,胎衣在两子宫角胎儿排出后分两堆排出
犬	宫颈开张期	宫颈开张期的开始时间和开张程度不易确定
	胎儿产出期	母犬娩出第一只胎儿的尿膜绒毛膜在阴道内破裂,胎儿、胎水和胎膜刺激阴道努责;努责开始后在阴门看到第一只胎儿的羊膜,标志第一产程转入第二产程。胎头通过阴门时母犬表现疼痛而迅速排出胎儿;两侧子宫角的胎儿轮流娩出
	胎衣排出期	胎衣在两个子宫胎儿排出后分两堆排出

五、接产

自然情况下,动物分娩无需人为干预,但需监视分娩过程,必要时助产。

接产准备工作	准备产房,产房应宽敞、光线好、无贼风,配置照明保温设备,事先清洗消毒外阴及附近体表、地面,并铺以垫草或被褥
	准备接产用具、药品和器械,常用的接产用具和器械包括注射器、棉花和纱布、听诊器、体温表、肥皂以及助产器械等,药品包括消毒药、催产素、强心剂和抗生素等
	接产人员应熟悉动物分娩规律、接产姿势与操作规程,个人进行必要的消毒和防护
新生仔畜的处理	在头或唇部露出阴门时撕开羊膜,胎儿排出时让母畜舔干或擦净体表和鼻孔内羊水,以防窒息
	胎儿排出后及时扯断脐带并用碘酒消毒,一般不专门结扎和包扎
	帮助哺乳

六、产后期

从胎衣排出至生殖器官恢复原状的一段时间,称为产后期。

子宫复旧	妊娠期子宫所发生的各种变化,在产后期恢复到原来未孕状态的生理过程称为子宫复旧	子宫复旧是渐变的,例如子宫肌纤维回缩,子宫壁增厚,子宫黏膜和浆膜上出现许多皱襞和子宫颈口收缩,通常子宫不会完全恢复到原来的大小及形状
	复旧时限母牛为30~45天,羊平均24天,猪在28天内完成	
	经产多次的动物子宫变得松弛下垂,卵巢如能及时出现卵泡生长,将促进子宫复旧	
恶露排出	分娩后子宫内变性脱落的母体胎盘、残留血液、胎水和腺体分泌物等混合物从阴道排出,称为恶露	开始的恶露量多呈红褐色,内含白色的胎盘碎屑,以后变淡至无色透明,恶露有血腥味但不臭
	母牛恶露排出时间一般为10~12天,山羊持续2周,绵羊为产后4~6天停止,猪为产后2~3天停止,马为产后3天停止	
	恶露色泽气味异常,排出时间延长(如母牛3周后仍有恶露排出),则表示子宫有病变	

(曹随忠)

第五章 妊娠期疾病

考纲考点：(1) 流产的病因及分类；(2) 不同流产的征兆；(3) 流产治疗要点；(4) 孕畜浮肿的诊断与治疗；(5) 不同程度阴道脱出的鉴别诊断及治疗。

一、流产

流产可发生于妊娠的各个阶段，但以妊娠早期较为多见。如果母体在怀孕期满排出成活但未成熟的胎儿，称为早产；如在分娩时排出死亡的胎儿，称为死产。早期胚胎死亡是隐性流产的主要原因。

(一) 流产征兆

类型	征兆
隐性流产	母畜没有外部表现。只表现屡配不孕(或返情推迟)、妊娠率降低、产仔数减少
排出不足月的活胎儿	①与正常分娩预兆相似，但不如正常分娩预兆明显；②仅在排出胎儿前2~3天乳腺突然膨大，乳头内可挤出清亮液体；③阴唇稍微肿胀、牛阴门内有清亮黏液排出
排出死亡而未经变化的胎儿	妊娠前半期流产，事前常无预兆(被误为隐性流产)。妊娠末期流产的预兆和早产相同。胎儿未排出前，直肠检查摸不到胎动，妊娠脉搏变弱。阴道检查发现子宫颈口开张，黏液稀薄
延期流产	胎儿干尸化：胎水及胎儿组织中的水分逐渐被吸收，胎儿变干，体积缩小，头及四肢缩在一起而逐步形成干尸化	胎儿浸溶：败血症及腹膜炎(牛胎儿气肿及浸溶→细菌性子宫炎)。胎儿软组织分解后变为红褐色或棕褐色难闻的黏稠液体，在努责时流出(可带小骨片)，最后则仅排出脓液。阴道检查，发现子宫颈开张，在子宫颈内或阴道中可以摸到胎骨。直肠检查可以帮助诊断(并鉴别胎儿干尸化)

(二) 流产病因

1. 自发性流产

	普通流产	传染性流产	寄生虫性流产
胎盘及胎膜异常	无绒毛、绒毛发育不全、胚胎过多、子宫某一部分黏膜发炎变性	布氏杆菌病、霉形体病(牛、羊、猪)、衣原体(牛、羊)、SMEDI病毒病(猪)、胎儿弧菌病(牛)、病毒性腹泻(牛)、繁殖-呼吸综合征(猪)、马副伤寒	马媾疫、滴虫病(牛)、弓形虫病(羊、猪)、新孢子虫感染(牛、犬、绵羊、马、猫)等
胚胎发育停滞	卵子和精子有缺陷、卵子老化、猪染色体反常而囊胚不能附植		

2. 症候性流产

	普通流产	传染性流产	寄生虫性流产
普通病及生殖激素异常	慢性子宫内膜炎、阴道炎、子宫粘连、胎水过多	病毒性鼻肺炎(马)、病毒性动脉炎(马)、钩端螺旋体病(牛、羊、马)、李氏杆菌病(牛、羊)、乙型脑炎(猪)、O型口蹄疫、传染性鼻气管炎(牛)	马梨形虫病、马纳塔梨形虫病、牛梨形虫病、环形泰勒梨形虫病、边虫病等
饲养不当	维生素A或维生素E不足、矿物质不足、饲喂方法不对、饲料霉变或含有毒物		
损伤及利用不当	应激、机械性损伤、使役过重		
医疗错误	大量放血、大量使用泻剂或催情药物		

(三) 诊断与治疗

诊断	隐性流产	①根据配种后有无返情或返情的时间来估测；②早孕因子(EPF)的测定：EPF在胚胎死亡不久后消失；③孕酮分析：胚胎死亡后孕酮水平即急剧下降
	临诊型流产	①排出不足月的活胎儿或死胎儿；②排出死亡而未经变化的死胎儿；③延期流产(死胎滞留)。若子宫颈开放，可发生胎儿干尸化和胎儿浸溶

续表

治疗	先兆流产	孕畜出现腹痛、起卧不安、呼吸脉搏加快等临床症状,即可能发生流产。处理原则:安胎(用子宫收缩抑制药)	①肌注孕酮:马、牛 50~100mg,羊、猪 10~30mg,每日或隔日 1 次。为防止习惯性流产,可在妊娠一定时间试用孕酮。②应用镇静剂。③禁止阴道检查,尽量控制直肠检查
		流产已不可避免,子宫颈口已经开张	人工引产
	延期流产	首先使用前列腺素制剂,继之或同时使用雌激素,溶解黄体并促使子宫颈扩张	

二、孕畜浮肿

病因	①腹内压增高(胎儿生长发育迅速,子宫体积随之增大);②心脏及肾脏负担加重(新陈代谢旺盛及循环血量增加)	马和奶牛:轻度浮肿是妊娠末期的一种正常生理现象
临诊要点	一般开始发生于分娩前 1 个月左右,产前 10 天变化显著,分娩后 2 周左右自行消退	
	浮肿:腹下及乳房→前胸、阴门→后肢跗关节及球节。一般呈扁平状,左右对称	
治疗	改善病畜的饲养管理,给予含蛋白质、矿物质及维生素丰富的饲料,限制饮水,减少多汁饲料及食盐。浮肿轻者不必用药,严重的孕畜,可应用强心利尿剂	
预防	舍饲妊娠母畜,尤其是乳牛,每天要进行适当的运动,擦拭皮肤,给予营养丰富的易消化饲料。役用家畜在妊娠后半期,也要进行牵遛运动,或让它们任意逍遥运动,不可长期拴系在圈内	

三、阴道脱出

病因	①母畜骨盆腔局部解剖构造;②年老经产、衰弱、营养不良、钙、磷等矿物质缺乏及运动不足;③妊娠末期,胎盘分泌雌激素过多使骨盆内固定阴道的组织及外阴松弛;④霉变饲料(猪);⑤腹压持续增高		多发生于牛,其次是羊、猪。主要发生于妊娠末期。短头品种犬发情时阴道脱出者也比较常见
临诊要点	单纯阴道脱出	尿道口前方部分阴道下壁突出于阴外的外阴唇上,除稍微牵拉子宫颈外,子宫和膀胱未移位,阴道壁一般无损伤,或者有浅表潮红或轻度糜烂,主要发生在产前	
	中度阴道脱出	从阴门向外突出(牛)排球大小的囊状物;起立后,脱出的阴道壁不能缩回。脱出的阴道黏膜表面干燥或溃疡,由粉红色转为暗红或紫色,甚至黑色,严重坏死及穿孔	
	重度阴道脱出	子宫和子宫颈后移,子宫颈脱出于阴门外。胎儿的前置部分有时进入脱出的囊内,触诊可以摸到。阴道黏膜脱出部呈紫红色,常发生破裂、发炎、糜烂或者是坏死	
治疗	单纯阴道脱出	将尾栓于一侧(防尾根刺激脱出的黏膜)。同时适当增加运动,给予易消化饲料	
	中度和重度阴道脱出	迅速整复,并加以固定。常用固定方法有:①整复及阴门缝合方法;②暂时性固定法;③永久固定法(阴道侧壁固定法、阴道下壁固定法、阴道黏膜下层部分切除术、阴道周围脂肪切除术、内阴神经切断术)	
预防	舍饲乳牛适当增加运动。病畜要少喂容积过大的粗饲料,给予易消化的饲料。及时防治便秘、腹泻、瘤胃膨胀等疾病		

四、绵羊妊娠毒血症

病因	诱因:胎儿生长发育消耗大量营养物质,而母羊不能满足这种营养需要
	直接因素:天气寒冷和母羊营养不良
临诊要点	主要发生于妊娠最后 1 个月,多在分娩前 10~20 天发生;低血糖、酮病、酮尿症、虚弱和失明为主要特征;主要临床表现为精神沉郁、食欲减退、运动失调、呆滞凝视、卧地不起,甚而昏睡
治疗	治疗原则:保护肝脏机能和供给机体所必需的糖原。方法:静脉滴注(10%葡萄糖+维生素 C),肌内注射维生素 B_1;肌内注射泼尼松龙或地塞米松
预防	合理搭配饲料

五、马属动物妊娠毒血症

病因	胎儿过大是主要原因,该病的发生与缺乏运动及饲养管理不当也有密切关系
临诊要点	主要特征:病畜产前食欲渐减、忽有忽无,或者突然、持续地不吃不喝。病驴和病马的血清或血浆呈现程度不同的乳白色,浑浊,表面带有灰蓝色;病畜肝功能受损,血脂含量升高
治疗	以肌醇作为驱脂药为主,应用促进脂肪代谢、降低血脂、保肝和解毒疗法,效果比较满意
预防	妊娠母畜合理使役和增加运动,绝不能静止不活动;合理搭配饲料,供给足够的营养物质

(曹随忠)

第六章 分娩期疾病

考纲考点：(1) 难产的直接病因及分类；(2) 各种助产手术适应证、手术方法及注意事项；(3) 各种难产临诊要点及手术助产；(4) 剖宫产术适应证及手术方法要点。

一、难产的分类及原因

难产是分娩期最常见的疾病。救治难产的主要目的是确保母体的健康和以后的生育力，而且能够挽救胎儿的生命。难产的检查是救治难产的一个重要环节。难产检查包括病史调查、母畜全身检查、产科检查以及术后检查等四个方面。难产的直接原因可以分为母体性和胎儿性两个方面。

母体性难产	产力性难产	①子宫弛缓（原发性子宫弛缓、继发性子宫弛缓）；②阵缩及破水过早；③神经性产力不足；④子宫疝；⑤耻骨前腱破裂
	产道性难产	①子宫捻转；②子宫破裂；③子宫颈开张不全；④双子宫颈；⑤阴道及阴门狭窄；⑥软产道肿瘤或囊肿；⑦骨盆狭窄
胎儿性难产	胎儿与骨盆大小不适	①胎儿过大；②双胎难产；③胎儿畸形
	胎势异常	①头颈侧弯；②头向下弯；③头向后仰；④头颈捻转；⑤腕部前置；⑥肩部前置；⑦肘关节屈曲；⑧前腿置于颈上；⑨跗部前置；⑩坐骨前置
	胎位异常	①正生侧位；②倒生侧位；③正生下位；④倒生下位
	胎向异常	①腹竖向；②背竖向；③腹横向；④背横向

二、助产手术（用于胎儿的手术）

（一）牵引术

适应证	产道与胎儿大小较合适，不存在胎儿或产道明显异常的病例	
手术方法	正生	①大家畜：将拉绳拴在其两前腿球节的上方，由助手拉腿，术者把拇指从口角伸入口腔，握住下颌牵拉；②小型多胎动物：正生时可用中指及拇指掐住两侧上犬齿，并用食指按压住鼻梁拉胎儿，或用中指和食指牵拉胎儿下颌，也可掐住两眼眶眶，或用产科绳套牵拉
	倒生	①大家畜：拉绳应拴在两后肢球节上方，轮流拉两条腿；②小型多胎动物：可将中指放在两胫部之间握住两后腿跗部牵拉
注意事项	①牵拉前产道内灌入润滑剂；②牵引术应严格限制于胎向、胎位及胎势正常或已矫正为正常的难产；③牵拉应与母畜努责相配合；④避免损伤活胎儿和产道；⑤把握牵引的方向及进展；⑥母畜坐骨神经麻痹，产道有严重损伤、狭窄或畸形，母畜子宫强力收缩而紧包胎儿，子宫颈管狭窄或开张不全，胎位、胎向和胎势存在严重异常的慎用牵引术	

（二）矫正术

适应证	与正常分娩[单胎动物的胎儿呈纵向（正生或倒生）、上位，头、颈及两前肢伸直]不同的情况
手术方法	①矫正姿势（大动物术者自己用一只手矫正异常部分，同时用推拉梃推胎儿，边向前推边矫正；小动物用手臂或手指推回胎儿）；②矫正位置（常用的手法是翻转）；③矫正方向（使胎儿在横轴上旋转）
注意事项	①必须在子宫腔内进行，母畜努责或子宫收缩时禁止前推、矫正胎儿；②需在子宫内灌入大量润滑剂；③使用尖锐器械，必须将锐利部分保护好；④难产历时已久的病例，子宫壁变脆，且紧包着胎儿，必须特别小心

（三）截胎术

适应证	难产无法矫正拉出胎儿又不能或不宜施行剖宫产时；适于胎儿已经死亡且产道尚未缩小的情况	注意事项	①严格掌握截胎术适应证；②尽可能站立保定；③产道中灌入大量的润滑剂；④应在子宫松弛、无努责时施行截胎术，并注意消毒；⑤残留骨质断端尽可能短，在拉出胎儿时其断端用皮肤、纱布块或手等覆盖
手术方法	皮下法	在截除胎儿某一器官前，先把皮肤剥开，在皮下截除器官后用皮肤覆盖断端，避免牵拉时损伤母体，并可借助皮肤拉出胎儿	
	开放法	直接把某一器官截掉，不留皮肤	

三、产力性难产（子宫弛缓）

（一）病因

原发性	①分娩前，孕畜体内激素平衡失调；②妊娠期间营养不良、体质乏弱、年老、运动不足、肥胖，胎儿过大或胎水过多使子宫肌纤维过度伸张、子宫肌菲薄、子宫与周围脏器粘连；③低血钙；④流产
继发性	常继发于难产，导致阵缩和努责减弱或完全停止

（二）临诊要点

原发性	母畜妊娠期满，分娩预兆已出现，但长久不能排出胎儿或无努责现象	低钙血症	产道检查时，胎儿的胎向、胎位及胎势均可能正常，子宫颈松软开放，但有时开张不全，可摸到子宫颈的痕迹
		产程延长	
		努责微弱或无努责	
继发性	此前子宫有正常的收缩，母畜不时努责，但随后阵缩、努责减弱或停止		

（三）助产方法

①药物催产：常用的催产药物有垂体制剂（如垂体后叶素、催产素）和麦角制剂。犬的原发性子宫迟缓可静滴钙制剂。②牵引术：大家畜一般行牵引术助产（见助产手术）。③截胎术（见助产手术）。④剖宫产（见剖宫产术）。

四、产道性难产

（一）子宫捻转

① 病因　能使孕畜围绕其自身体纵轴急剧转动的任何动作，都可成为子宫捻转的直接原因。
② 临诊要点　子宫捻转最常见于奶牛。

外部表现	①捻转超过180°时，母畜有明显的不安和阵发性腹痛；②若捻转严重且持续时间太长，子宫坏死，则疼痛消失，但病情恶化；③弓腰、努责，但不见排出胎水；④体温正常，但呼吸、脉搏加快；⑤临产时捻转，孕畜可出现正常的分娩预兆与表现，但腹痛不安比正常分娩严重		
阴道及直肠检查	子宫颈前捻转	捻转不超过360°	子宫颈口总是稍微开张，并弯向一侧
		捻转达360°	子宫颈管封闭，不弯向一侧，子宫颈阴道部呈紫红色，颈塞红染
		捻转不超过180°	后下方韧带比前上方韧带紧张，子宫向着韧带紧张的一侧捻转，但两侧子宫动脉很紧
		捻转超过180°	两侧韧带均紧张，韧带内静脉怒张
	子宫颈后捻转	捻转不超过90°	手可以自由通过
		捻转达到180°	手仅能勉强伸入，在阴道前端下壁可摸到一个较大的皱褶，阴道腔弯向一侧
		捻转达270°	手不能伸入阴道
		捻转达360°	管腔拧闭，阴道检查看不到子宫颈口，只能看到前端的皱褶

③ 助产方法　临产时发生捻转，首先应将子宫转正，然后拉出胎儿；产前发生捻转，主要应将子宫转正。a. 产道内矫正；b. 直肠内矫正；c. 翻转母体；d. 剖腹矫正或剖宫产。

（二）子宫颈开张不全

病因	①子宫颈的肌肉组织产前受雌激素作用变软的过程较短；②阵缩过早、产出提前；③各种原因导致雌激素及松弛素分泌不足；④子宫颈不能充分软化
临诊要点	①母畜已具备了分娩的全部预兆，阵缩努责也正常，但长久不见胎儿排出，有时也不见胎水与胎膜；②产道检查发现阴道柔软而有弹性，子宫颈管轮廓明显
处理方法	①可注射雌二醇、钙剂和葡萄糖；②同时可按摩子宫颈，促进其松弛；③当胎膜及胎儿的一部分已通过子宫颈管时，应向子宫颈管内涂以润滑剂，慢慢牵引胎儿；④用药后几小时仍未松弛开放时，若母仔面临危险，应考虑手术助产

（三）阴道、阴门及前庭狭窄

病因	①幼稚型或发育不良性狭窄；②产道黏膜水肿；③损伤及感染后形成血肿、纤维组织增生或瘢痕；④阴道及阴门肿瘤；⑤骨盆脓肿；⑥阴道周围脂肪沉积；⑦产道未松弛
临诊要点	①阵缩和努责正常，但胎儿长久排不出来；②阴道检查：阴道腔某些部分有狭窄（在狭窄部前，可摸到胎儿的前置部分）；③阴门及前庭狭窄时，随着母畜的阵缩和努责，胎儿的前置部分或一部分胎膜可至阴门外，胎头或两前蹄(正生)可抵在会阴壁上，会阴隆突；④阵缩间隙期间，会阴部又恢复原状
助产	①轻度狭窄，阴道及阴门还能开张：在阴道内及胎儿体表涂以润滑剂，缓慢牵拉胎儿；②胎儿已经露出阴门：行阴门切开术；③狭窄严重，不能通过产道拉出胎儿：进行剖宫产

（四）骨盆狭窄

病因	①骨盆先天性发育不良，或佝偻畸形；②体成熟前过早交配，至分娩时尚未发育完全；③虽然已达体成熟，但因饲养管理差或慢性消耗性疾病等使骨盆发育受阻	
临诊症状	①虽胎水已经排出，阵缩努责也强烈，但排不出胎儿；②阴道检查时，骨盆腔较正常动物窄，软产道及胎儿均无异常	
助产	轻度骨盆狭窄：先在产道内灌入大量润滑剂，然后配合母畜的努责，试行拉出胎儿	
	当拉出困难、耻骨联合前端有骨瘤、骨质增生或软骨病引起的骨盆变形狭窄时	剖宫产
	正生时胎头及两前肢难以同时进入骨盆腔，或倒生时胎儿骨盆明显比母体骨盆入口大时	

五、胎儿性难产

（一）胎儿过大

临诊症状	①分娩开始时母畜阵缩及努责均正常，有时见到两蹄尖露出阴门外，但排不出胎儿来；②产道、胎向、胎位和胎势均正常，只是胎儿的大小与产道不适应	
防治要点	在产道内灌入润滑剂，缓慢斜拉胎儿（注意保护胎儿与产道）	①阴门明显较小者：外阴切开术；②经牵引术难以拉出且胎儿活着：剖宫产；③胎儿已死亡：截胎术；④母畜已过了预产期，且仍无分娩征兆：注射雌二醇和PGF2α诱导分娩，注射药物后注意观察，及时助产

（二）双胎难产

临诊要点	①如果两个胎儿均为正生，产道内发现2个头及4条前腿；②若为倒生，只见4条后腿；③如果发现有2个头或3条以上的腿时，就应考虑双胞胎难产
防治要点	①先推回一个胎儿，拉出另一个胎儿，然后再将推回的胎儿拉出；②如果矫正及牵引困难很大时，应剖宫产；③药物催产的效果较差，但可在矫正处理后与牵引术联合应用

（三）不同胎势异常

1. 头颈姿势异常以头颈侧弯为例

临诊要点	初期，头部轻度偏于骨盆入口一侧，阴门内仅能看到蹄子。随着努责及子宫收缩，胎儿继续向盆腔移动，头颈侧弯加重，腕部以下伸出阴门外，但不见唇部	
助产方法	母畜前低后高保定。在骨盆入口前方手可触及胎头时，握住胎儿唇部，把头扳正	①活胎儿时：用拇指、中指掐在眼眶，引起胎儿反抗，有时头能自动矫正，矫正后试行牵引拉出；②弯曲程度大、颈部堵在盆腔入口、胎水丢失、子宫紧裹胎儿：向子宫内注入润滑剂，然后再进行矫正；③手扳头有困难时：用绳套在胎头上，术者握住唇部向对侧压迫胎头，助手拉绳，或用产科梃把胎儿向前推动的同时向外拉绳；④难以矫正，胎儿已死：用有柄钩钩住眼眶矫正胎头，或在颈基部将头颈截断，前推头颈部，把躯干拉出后再用钩子钩住颈部断端把头颈拉出；⑤难以矫正，胎儿活着：及时施行剖宫产

2. 前腿姿势异常以腕部前置为例

临诊要点	两侧腕关节屈曲	阴门处看不到唇和蹄，产道内可摸到两侧屈曲的腕关节位于耻骨前缘附近或楔入骨盆腔内
	单侧腕关节屈曲	阴门处可见到另一前蹄，产道内可摸到一侧屈曲的腕关节位于耻骨前缘附近或楔入骨盆腔内
	肘关节屈曲	阴门处可看到唇部，正常前蹄在前，异常前蹄在后，或者两前蹄均位于颌下
	肩关节屈曲	阴门处可看到唇部，或唇部及一前蹄；产道内可摸到胎头及屈曲的肩关节，前腿自肩端以下位于躯干旁或躯干下
助产方法	助手用产科梃顶在胎儿胸部与异常前腿肩端之间向前推，将胎儿推回子宫。然后，用手钩住蹄尖或握住系部尽量向上抬，或者握住掌部上端在向前向上推的同时向后向外侧拉，使蹄子呈弓形越过骨盆前缘伸入骨盆腔。如难以矫正，且胎儿已死亡，可把腕关节截断，取出，然后用绳子拴住前臂下端，将前腿拉直，用手护住断端，拉出胎儿

3. 后腿姿势异常

临诊要点	双侧跗关节屈曲	在骨盆入口处可摸到胎儿的尾、坐骨粗隆、肛门、臀部及屈曲的跗关节
	一侧跗关节前置	阴门内常有一蹄底向上的后蹄
	坐骨前置	①一侧坐骨前置：阴门内可见一蹄底向上的后蹄；②若为倒生：在骨盆入口处可以摸到胎儿的尾、坐骨粗隆、肛门，再向前可以摸到前伸的后腿

助产方法	跗关节屈曲	将产科梃顶在尾根和坐骨弓之间向前推,术者用手钩住蹄尖或握住系部尽力向上抬,或者握住跖部上端向前、向上、向一侧推,同时将蹄向盆腔内拉,使它越过耻骨前缘,拉直后腿。或用绳子拴住异常后腿的系部,边推边拉
	跗部前置、矫正困难且胎儿已死亡	先把跗关节截断,取出截下的部分,用绳子拴住胫骨下端,将后腿拉直
	髋关节屈曲时	用产科梃横顶在尾根和坐骨弓之间,术者用手握住胫骨下端,在助手向前推动胎儿的同时,术者再用手向前、向上抬起同时后拉胎儿,拉成跗部前置,然后再继续矫正拉直
	矫正困难,胎儿尚活着	立即进行剖宫产
	矫正困难,胎儿已死亡	用截胎术截去弯曲的后肢,再用产科钩钩住胎儿的耻骨前缘拉出胎儿

六、剖宫产术

(一)适应证

适应证	胎儿性因素	①胎儿过大或水肿;②胎儿的方向、位置、姿势异常,无法矫正;③胎儿畸形,且截胎有困难;④干尸化胎儿很大,药物不能排出
	母体性因素	①骨盆发育不全或骨盆变形而盆腔变小;②小动物体格过小,手不能伸入产道;③阴道极度肿胀、狭窄,手不能伸入;④子宫颈狭窄或畸形,且胎囊已破,子宫颈没有继续扩张的迹象,或者子宫颈发生闭锁;⑤子宫捻转,矫正无效;⑥怀孕期满,母畜因患其他疾病生命垂危,需剖腹抢救仔畜

(二)手术方法

牛剖宫产术	腹下切开法	①保定:左侧卧或右侧卧。②麻醉:切口局部浸润麻醉或配合全身浅麻醉。③术式:常规腹腔手术方法切开腹壁,暴露子宫;术者隔子宫壁握住胎儿的肢体某部分(正生时是后腿跗部,倒生时是头和前腿的掌部)与子宫孕角大弯的一部分一同拉至切口处。在子宫和切口之间用纱布隔离,沿着子宫角大弯,避开子叶,做一与腹壁切口等长的切口(先切透子宫壁,将子宫切口附近的胎膜剥离一部分,拉至切口外,然后切开胎膜,防止胎水流入腹腔)。抓住胎儿的肢体,慢慢拉出胎儿并防止在胎儿拉出后子宫回到腹腔。拉出胎儿后,尽可能把胎衣完全剥离取出,但不要强剥。子宫中放入抗生素,术后注射催产素。常规闭合腹壁切口。④术后护理:常规术后护理
	腹侧切开法	子宫发生破裂时,宜施行腹侧切开法。①保定:站立保定。②麻醉:硬膜外麻醉。③术式:在左腹胁部髋结节与脐部之间连线或稍上方做 35cm 长的切口,暴露子宫;术者隔着子宫壁握住胎儿的肢体某部分拉至切口处。暴露子宫角大弯,在其上做切口,拉出胎儿。同腹下切开法
犬剖宫产术		①麻醉:全身麻醉或硬膜外麻醉。②保定:侧卧或仰卧保定。③术式:腹胁部或腹中线部位切口。切开腹壁后,隔着子宫壁抓住子宫体附近的一个胎儿,连同子宫体一同移至切口外。在子宫体与子宫角交界处做一切口,通过同一切口取出双侧子宫角内的胎儿。取完胎儿后,在子宫外的胎盘附着处轻轻压迫子宫壁,用手指或止血钳牵拉胎盘并取出。在子宫腔内放置抗生素。子宫切口用可吸收缝线做浆膜肌层连续内翻缝合。常规闭合腹壁切口,肌内注射催产素。④术后护理:按一般腹腔手术进行常规术后护理

七、难产的预防

预防难产的措施	①不宜配种过早:牛不应早于 12 月龄,马不应早于 3 岁,猪不宜早于 6~8 月龄,羊不宜早于 1~1.5 岁;②保证青年母畜生长发育的营养需要,以免其生长发育受阻而引发难产;③妊娠期间,对母畜进行合理的饲养;④妊娠母畜要有适当的运动和使役;⑤接近预产的母畜,应在产前 1~2 周送入产房适应环境
预防难产的方法	产前进行产道检查,对分娩正常与否做出早期诊断,以便及早对各种异常引起的难产进行救治

(周金伟)

第七章 产后期疾病

考纲考点：（1）产后期各种疾病临诊要点；（2）产后期各病治疗原则与方法要点。

一、子宫破裂

（一）病因
难产时，子宫颈张开不全，胎儿过大、子宫捻转严重以及助产时不当等。

（二）临诊要点

子宫不完全破裂		产后有少量血水从阴门流出，子宫内触诊有可能触摸到破口而确诊
子宫完全破裂	发生在产前	不表现任何症状，或症状轻微。以后才发现子宫粘连，或在腹腔中发现脱水的胎儿
	发生在分娩时	努责及阵缩突然停止，子宫无力，母畜变安静，有时阴道内流出血液；若破口很大，胎儿可能坠入腹腔；或母畜的小肠进入子宫，甚至从阴门脱出

（三）治疗
根据破裂位置与程度，决定是经产道取出胎儿还是经剖腹取出胎儿。

子宫不全破裂	取出胎儿后不要冲洗子宫，仅将抗生素或其他抑菌防腐药放入子宫内，每日或隔日1次，连用数次，同时注射子宫收缩剂	肌肉或腹腔注射抗生素，连用3～4天，以防发生腹膜炎及全身感染
子宫完全破裂	如裂口不大，取出胎儿后可将穿有长线的缝针由阴道带子入宫内，进行缝合；如破口很大，应迅速施行剖宫产术	

二、胎衣不下

（一）病因

产后子宫收缩无力	①产后和产时饲养管理不当；②胎水、胎儿过多或胎儿过大；③流产、早产、生产瘫痪；④未及时饲喂初乳等
胎盘未成熟或老化	①未成熟的胎盘，不能完成分离过程；②胎盘老化时子叶表层组织增厚，不易分离；③胎盘老化后内分泌功能减弱，使胎盘分离过程复杂化
胎盘充血和水肿	胎盘充血和水肿不利于绒毛中的血液排出，导致腺窝内压力不会下降，胎盘组织之间持续紧密连接，不易分离
胎盘炎症	妊娠期间胎盘感染而发生炎症，引起结缔组织增生，胎盘发生粘连
胎盘组织构造	牛羊（子叶型胎盘）多发，马猪（上皮绒毛型胎盘）很少发生
其他原因	畜群结构、年度及季节，遗传因素，饲养管理失宜，激素紊乱等

（二）症状
胎衣不下分为胎衣部分不下及胎衣全部不下两种类型。

牛和绵羊对胎衣不下不敏感，山羊较为敏感，猪的敏感性居中，马和犬则很敏感	
牛	常常表现拱背和努责，如努责剧烈，可能发生子宫脱出
羊	与牛大致相似
马	产后超过半天出现全身症状，病程发展很快，临诊症状严重，有明显的发热反应
猪	多为胎衣部分不下，并且多位于子宫角最前端，触诊不易发现
犬	很少发生胎衣不下，偶尔见于小品种犬

（三）治疗要点
治疗原则：尽早采取治疗措施，防止胎衣腐败吸收，促进子宫收缩，局部和全身抗菌消炎，在条件适合时可剥离胎衣。

药物疗法	①宫腔内投药	投放四环素、土霉素、磺胺类或其他抗生素，起到防止腐败、延缓溶解的作用，然后等待胎衣自行排出
	②肌内注射抗生素	在胎衣不下的早期阶段，常常采用肌内注射抗生素的方法
	③促进子宫收缩	加快排出子宫内已腐败分解的胎衣碎片和液体，先肌内注射苯甲酸雌二醇，1h后肌内或皮下注射催产素，2h后重复1次
剥离胎衣	即徒手剥离胎衣。剥离原则是：①容易剥则坚剥，否则不可强剥；②患急性子宫内膜炎或体温升高者，不可剥离；③剥离胎衣要做到快、净、轻；④严禁损伤子宫内膜	
预防	孕畜饲喂富含矿物质和维生素的饲料。舍饲奶牛要有一定的运动时间和干奶期；分娩后让母畜舐食仔畜身上的羊水，并尽早挤奶或让仔畜吮乳。分娩后，尤其难产后应立即注射催产素或钙制剂	

三、产后感染

（一）产后阴门炎及阴道炎

病因	微生物通过各种途径侵入阴门及阴道组织	
临诊要点	黏膜表层损伤	①无全身症状，仅见阴门内流出黏液性或黏液脓性分泌物，尾根及外阴周围常黏附有分泌物的干痂；②阴道检查：黏膜微肿、充血或出血，黏膜上常有分泌物黏附
	黏膜深层损伤	①体温升高，食欲及泌乳量稍降低；②弓背，尾根举起，努责，并常做排尿动作；③有时在努责之后，从阴门中流出污红、腥臭的稀薄液体；④有时见到创伤、糜烂和溃疡
治疗	①当炎症轻微时可用温热的防腐消毒液冲洗阴道；②阴道黏膜剧烈水肿及渗出液多时，可用1%～2%明矾或鞣酸溶液冲洗；③对阴道深层组织的损伤，冲洗时必须防止感染扩散；④冲洗后，可注入防腐抑菌的乳剂或糊剂，连续数天，直至症状消失为止	

（二）产后子宫内膜炎

病因	分娩时或产后期，微生物通过各种感染途径侵入（尤其在发生难产、胎衣不下、子宫脱出、流产或当死胎遗留在子宫内时使子宫弛缓、复旧延迟）		
临诊要点	阴道外部表现	阴门排出少量黏液或黏液脓性分泌物，重者分泌物呈污红色或棕色，且带有臭味，卧下时排出量多	致病微生物在子宫内繁殖→产生的毒素被吸收→严重全身症状，有时出现败血症或脓毒血症
	阴道检查	所见变化不明显，子宫颈稍开张，有时可见胎衣或分泌物排出。阴门及阴道肿胀并高度充血	
	子宫探查	可引起患牛高度不安和持续努责	
	直肠检查	感到子宫角比正常产后期大，壁厚，子宫收缩反应减弱	
治疗	抗菌消炎，防止感染扩散，清除子宫腔内渗出物并促进子宫收缩	牛可直接向子宫内注入或投放抗菌药物。若伴有胎衣不下者，应轻轻牵拉露在外面的胎衣，将胎衣除掉。为了促进子宫收缩，排出子宫腔内容物，可静脉注射催产素、麦角新碱、$PGF_{2\alpha}$或其类似物	

（三）产后败血病和产后脓毒血病

病因	①难产、胎儿腐败或助产不当→软产道受到创伤和感染；②严重的子宫炎、子宫颈炎及阴道阴门炎；③胎衣不下、子宫脱出、子宫复旧延迟、严重的脓性坏死性乳腺炎		
临诊要点	产后败血病	①发病初期，体温突然上升至40～41℃，四肢末端及两耳变凉。②临近死亡时，体温急剧下降，并常发生痉挛	特征：稽留热
	产后脓毒血病	①体温升高1～1.5℃（发病初、急性化脓性炎症）。②待脓肿形成或化脓灶局限化后，体温又下降，甚至恢复正常	临诊症状不一，但都突然发生。弛张热型
治疗	①促进子宫内聚集的渗出物迅速排除（催产素、前列腺素等）；②全身应用抗生素或磺胺类药物等；③静脉补碱补液（维生素C）；④应用强心剂及钙剂等		

四、奶牛生产瘫痪

奶牛生产瘫痪又称乳热症、产后麻痹、低钙血症。临床特征：意识和知觉丧失；四肢瘫痪；消化道、呼吸道麻痹，体温下降、低血钙。发生特点：①多发于3～6胎高产奶牛；②多见于分娩后3天内，分娩后第1天发病占83%。

（一）病因

血钙水平急剧降低是该病的直接原因。

低血钙	①分娩前后大量血钙进入初乳；②动用骨钙的能力降低（干奶期尤其产前饲喂高钙日粮）；③分娩前后从肠道吸收的钙量减少；④低血镁	主要原因
大脑皮质缺氧	脑缺血、缺氧→脑神经兴奋性降低→影响对血钙的调节	

（二）临诊要点

典型的瘫痪姿势

前驱症状	短暂兴奋不安，感觉过敏，步态不稳（后肢频频交替负重，后肢僵硬，跗关节过度伸展，后躯稍摇摆，似乎站不稳，并且肌肉发抖，四肢无力，步态不稳，不愿走动）
昏睡阶段（瘫痪卧地）	前驱症状出现后数小时，被迫卧地后仍兴奋不安，反复挣扎试图站立而不能起立，呈一种特殊的卧地姿势	①头颈姿势不自然，由头部至鬐甲呈一轻度的"S"状弯曲；②四肢屈曲于躯干之下，开始被置于地上，但很快就将一侧前后肢伸向侧方，头向一侧弯曲至胸部，并置于该侧前肢基部之上（呈犬眠状）；虽可将牛头强行拉直，但松手后又很快弯向胸部
昏迷麻痹	①病情发展很快，不久即出现意识抑制和知觉消失，闭目昏睡，瞳孔放大，鼻镜干燥，眼睑反射微弱或消失。心跳加快（100~120次/min），呼吸深而慢，皮肤和末梢部冰凉，体温下降到37℃或更低。②瘤胃和肠蠕动停止→瘤胃臌气、直肠蓄积粪便。咽喉麻痹→舌头垂于口外，喉呼吸音明显。膀胱充满尿液
血钙降低（一般<8mg/100mL）	治疗性诊断：补钙治疗疗效迅速，或施行乳房送风法，症状消失即生产瘫痪

（昏睡阶段行合并单元格描述，见上表）

（三）鉴别诊断

疾病类型	鉴别诊断要点
奶牛酮血病	产后数天至几周；奶、尿、血液中丙酮含量增多，呼出气体有丙酮气味。酮血病对钙疗法，尤其是对奶牛送风疗法没有反应
同时发生酮病和生产瘫痪	按生产瘫痪治疗有效，但患畜仍不能很好采食，此时应检查有无酮病。伴有早期生产瘫痪的神经型酮病病牛，表现肌肉震颤，步态蹒跚，行走类似麻醉和酒醉，随后倒地，并可能出现感觉过敏和惊厥
产后截瘫	除后肢不能站立外，病牛的其他情况均无异常

（四）防治

静脉注射钙剂或乳房送风是治疗生产瘫痪最有效的常用方法。

治疗	静脉注射钙剂	①最常用的是20%~25%硼葡萄糖酸钙溶液；②静脉补钙的同时，肌内注射维丁胶性钙。注射后6~12h病牛如无反应，可重复注射；但最多不得超过3次
	乳房送风法	①向乳房内打入空气需用乳房通风器，使用之前应将送风器的金属筒消毒并在其中放置干燥消毒棉花，以便过滤空气，防止感染；②没有乳房送风器时，也可利用大号连续注射器或普通打气筒，但过滤空气和防止感染比较困难
	其他方法	①用钙剂治疗疗效不明显或无效时，可应用胰岛素和肾上腺皮质激素，同时配合应用高糖和5%碳酸氢钠注射液；②怀疑低血磷及低血镁的病例，在补钙的同时静脉注射40%葡萄糖溶液及15%磷酸二氢钠溶液及25%硫酸镁溶液
预防		①在干奶期中，最迟从产前2周开始，给母牛饲喂低钙高磷饲料，减少从日粮中摄取的钙量，是预防生产瘫痪的一种有效方法；②应用维生素D制剂也可有效地预防生产瘫

五、犬产后低血钙症

犬低钙血症又称犬泌乳惊厥，亦称产后仔痫。

临诊要点	发病情况	产仔数多的小型母犬在产后（尤其产后第6~30天）突然发病
	临床表现	开始运步蹒跚、后躯僵硬、步态失调→烦躁不安、到处乱跑、易惊恐、对外界刺激表现敏感→站立不稳，倒地痉挛抽搐、全身强直，张口喘气，口不停开合并流白泡沫，多有呕吐；心跳加快、体温明显升高，瞳孔散大或昏睡，若未及时治疗，反复发作以至死亡
	复发性	发病后经补钙治疗，症状很快缓解或消失。如不坚持治疗或继续哺乳，数小时或数天后可复发，且第二次发作症状比上一次更明显
	血钙水平降低	正常血钙值犬为2.75mmol/L
治疗要点		静脉滴注钙制剂

六、产道损伤

常见的产道损伤有阴道、阴门损伤以及子宫颈损伤。

（一）阴道及阴门损伤

1. 病因

①初产母牛分娩时，阴门未充分松软，张开不够大；②胎儿通过时助产人员为采取保护措施，容易发生阴门撕裂；③胎儿过大，强行拉出胎儿时，也能造成阴门撕裂；④难产过程中，使用产科器械不慎，截胎之后未将胎儿骨骼断端保护好就拉出胎儿；⑤助产医生的手臂、助产器械及绳索等对阴门及阴道反复刺激。

2. 临诊要点

阴门损伤	症状明显，可见撕裂口边缘不整齐，创口出血，创口周围组织肿胀，阴门内黏膜变成紫红色并有水肿	极度疼痛，尾根高举，骚动不安，拱背并频频努责
阴道创伤	阴道内流出血水及血凝块，黏膜充血、肿胀、有新鲜创口	
阴道壁穿透创	症状随创口位置不同而异	
阴道前端透创	病畜很快就出现腹膜炎症状	

3. 治疗

①应按一般外科方法处理；②新鲜撕裂创口可用组织黏合剂将创缘粘接起来，也可用尼龙线按褥式缝合法缝合；③在缝合前应清除坏死及损伤严重的组织和脂肪；④阴门血肿较大时，可在产后3~4天切开血肿，清除血凝块；形成脓肿时，应切开脓肿并做引流；⑤使用抗生素防止细菌感染。

（二）子宫颈损伤

子宫颈损伤	病因	①强行拉出胎儿（子宫颈开张不全、胎儿过大、胎位及胎势不正且未经充分矫正）；②截胎时胎儿骨骼断端的损伤；③强烈努责和排出胎儿过速；④人工输精及冲洗子宫不当
	临诊要点	产后有少量鲜血从阴道内流出，有时一部分血液可以流入盆腔的疏松组织中或子宫内。阴道检查时可发现裂伤的部位及出血情况。以后因创伤周围组织发炎、肿胀，创口出现黏液性脓性分泌物。结合病史，通过阴道检查即可做出确诊
	治疗	用双爪钳将子宫颈向后拉并靠近阴门，然后进行缝合

七、产后截瘫（牛）

（一）病因

①坐骨神经及闭孔神经麻痹（难产时间过长，或强力拉出胎儿）或荐髂关节韧带剧伸、骨盆骨折及肌肉损伤；②饥饿及营养不良，缺乏钙、磷等矿物质及维生素D等。

（二）临诊要点

病牛分娩后，体温、呼吸、脉搏及食欲反刍等均无明显异常。皮肤痛觉反射也正常，但后肢不能起立，或后肢站立困难，行走时有跛行症状。症状的轻重依损伤部位及程度而异。结合病史，如果动物其他部位反射正常，只有后躯不能站立即可做出诊断。在临诊上应与生产瘫痪进行鉴别诊断（见生产瘫痪）。

（三）治疗

治疗产后截瘫要经过很长时间才能看出效果，所以加强护理特别重要。

神经麻痹引起	采用针灸疗法，根据患病部位，针刺或电针刺激相应的穴位；同时可在腰荐区域试用醋灸
缺钙引起	①静脉注射10%葡萄糖酸钙溶液或10%氯化钙溶液，隔日1次；②为了促进钙吸收，肌内注射维生素D_3或者维生素AD

八、子宫脱（牛、猪）

（一）病因

产后强烈努责	强烈努责，腹肌收缩力量使子宫进入骨盆腔，进而脱出
外力牵引	在分娩第三期，脱落的胎盘悬垂于阴门之外，牵引子宫使之内翻
子宫弛缓	子宫弛缓可延迟子宫颈闭合时间和子宫角体积缩小速度

（二）临诊要点

牛	①脱出的子宫较大，有时还附有尚未脱离的胎衣。如胎衣已脱离，则可看到黏膜表面上有许多暗红色的子叶，并极易出血。②脱出时间稍久，黏膜即瘀血、水肿，呈黑红色肉冻状，并发生干裂，有血水渗出。③如子宫脱出继发腹膜炎、败血病等，病牛即表现出全身症状
猪	脱出的子宫角很像两条肠管，但较粗大，且黏膜表面状似平绒，出血很多，颜色紫红，因其有横皱襞容易和肠管的浆膜区别开来
诊断	子宫脱出通常结合病史及临诊症状不难做出诊断

（三）治疗

方法	操作步骤
整复法	①保定与麻醉应先排空直肠内的粪便（防止污染子宫）。整复顺利与否的关键，是能否将母畜的后躯抬高。荐尾间硬膜外腔麻醉，但麻醉不易过深（防动物卧下）。②清洗：首先将子宫放在用消毒液浸洗过的塑料布上，用温消毒液将子宫及外阴和尾根区域充分清洗干净，除去其上黏附的污物及坏死组织。③整复由两助手用布将子宫兜起提高，使它与阴门等高，然后整复
预防复发及护理	为防止复发，应皮下或肌肉内注射催产素。为防止患畜努责，也可进行荐尾间硬膜外腔麻醉，但不宜缝合阴门，以免刺激患畜持续努责
脱出子宫切除术	如确定子宫脱出时间已久，无法送回，或者有严重的损伤及坏死，整复后有引起全身感染、导致死亡的危险，可将脱出的子宫切除，以挽救母畜的生命

九、犬子宫蓄脓

病因	①年龄：子宫蓄脓是与年龄有关的综合征，多发于 6 岁以上（尤其未生育过）老龄犬；②细菌感染：犬子宫蓄脓多发生在发情后期（子宫对细菌感染最为敏感，因发情后期是黄体大量产生孕酮的阶段）；③生殖激素：母犬排卵后形成的黄体，在 50～70 天的时间范围内均可产生大量孕酮（与其他动物的不同），如果再长期注射或内服黄体激素或合成黄体激素以抑制发情，很容易形成严重的子宫蓄脓	
症状	闭合型	子宫颈完全闭合不通，阴门无脓性分泌物排出；腹围较大，呼吸、心跳加快，严重时呼吸困难，腹部皮肤紧张，腹部皮下静脉怒张，喜卧
	开放型	子宫颈管未完全关闭，从阴门不定时流出少量脓性分泌物，呈奶酪样、乳黄色、灰色或红褐色，气味难闻，常污染外阴、尾根及飞节；患犬阴门红肿，阴道黏膜潮红，腹围略增大
诊断要点	①病犬为处于发情期后 4～10 周的老年母犬；②近段时间曾用过雌激素、孕激素或其他孕激素，有假孕现象；③阴道有脓性分泌物；可触摸到增大、柔软和面团状的子宫；④闭锁型子宫蓄脓，腹部异常膨胀；⑤实验室检查发现病犬白细胞轻微或显著升高；⑥B超检查可见子宫内有大量液体（暗区）	
治疗要点	开放型	①静脉补液；广谱抗生素；②使用前列腺素治疗
	闭锁型	①立即进行卵巢、子宫切除；②术前补液，术前和术后给予广谱抗生素

十、子宫复旧延迟

本病多发生于老年经产家畜，特别常见于奶牛。

病因	①促进产后子宫收缩的激素（雌激素、催产素和前列腺素等）水平不足；②围产期疾病（难产、胎衣不下、子宫脱出、子宫内膜炎、产后低血钙和酮病等）；③其他因素（老龄、胎水过多、瘦弱、运动不足等）
症状	产后恶露排出时间明显延长；产后第一次发情时间推迟，配种也不易受孕
治疗	①注射促进子宫收缩的药物；②冲洗子宫并向子宫内注入或放置抗生素

（周金伟）

第八章 母畜不育

考纲考点：(1) 母畜不育病因；(2) 母畜各种不育临床特征；(3) 母畜各种不育治疗要点。

不育是指动物受到不同因素的影响，生育力严重受损或被破坏而导致的绝对不能繁殖。通常亦将暂时性的繁殖障碍包括在内。不孕是指达到配种年龄的母畜暂时性或永久性的不能繁育。空怀是指按家畜繁殖能力所定的繁殖计划未能完成的部分，亦即已列入繁殖计划而未妊娠的母畜。绝育是指绝对没有繁殖能力。奶牛超过始配年龄的或产后经三个发情周期仍不发情，或繁殖适龄奶牛经三个发情周期配种仍不受孕或不能配种的均属不育。

一、母畜不育概述

（一）母畜不育的原因及分类

分类			原因
先天性不育			先天性或遗传性因素导致生殖器官发育异常或畸形
后天获得性不育	营养性不育		营养不足(维生素、微量元素等)、营养过剩而肥胖
	管理利用性不育		使役过度、运动不足、哺乳期过长、挤奶过度、厩舍卫生不良
	繁殖技术性不育	发情鉴定	未注意到发情而漏配、发情鉴定不准确错配
		配种	本交：漏配、配种不确实、精液品质不良、公畜配种困难
			人工输精：精液处理不当精子受到损害、输精技术不熟练
		妊娠检查	未及时进行妊娠检查或检查不准确、未孕母畜未被发现
	环境气候性不育		由外地引进的家畜对环境不适应、气候变化无常影响卵泡发育
	衰老性不育		生殖器官萎缩、机能衰退
	疾病性不育	非感染性疾病	各种原因导致的子宫、阴道感染配种；卵巢、输卵管疾病；影响生殖机能的其他疾病
		感染性疾病	结核病、布氏杆菌病、沙门氏菌病、支原体病、衣原体病、阴道滴虫病等
	免疫性不育		精子或卵母细胞的特异性抗原引起免疫反应，产生抗体，使生殖机能受到干扰或抑制，导致不育

（二）母畜不育的检查

不育检查时先从病史调查着手；其次是临床检查，其中包括外部检查、阴道检查和直肠检查。在进一步检查时还需要进行激素分析及其他特殊检查。

病史调查	①向有关人员(饲养员、配种员、挤奶人员和使役人员等)询问各种情况；不育母畜的数量；年龄；饲养、管理和利用情况；过去的繁殖情况；生殖器官出现的特征症状及发情现象；以前是否患过其他病，特别是有关影响生殖的传染病和寄生虫病；公畜的情况；分娩情况。②流行病学调查
临床检查	①外部检查：体形体态、外生殖器官状况、阴道分泌物状况、乳房和行为；②阴道检查：阴道检查包括徒手检查法和开膣器检查法两种；③直肠检查：子宫颈检查、子宫检查和卵巢检查
特殊检查	阴道及子宫颈黏液样品细菌学检查；腹腔镜检查法；超声波检查；孕酮分析；子宫内膜活组织采样

二、排卵延迟及不排卵

① 临诊要点　排卵延迟及不排卵是指排卵的时间向后拖延，或在发情时有发情的外表症状但不出现排卵。

② 治疗　对可能发生排卵延迟的马、驴，在输精前或同时注射 LH 200～400IU 或者注射 hCG 1000～3000IU 或孕酮 100mg，可以收到促进排卵的效果。

三、慢性子宫内膜炎

按症状分为四种：隐性子宫内膜炎、慢性卡他性子宫内膜炎、慢性卡他性脓性子宫内膜炎以及慢性脓性子宫内膜炎。

治疗原则		抗菌消炎,促进炎性产物排出,恢复子宫机能
治疗方法	子宫冲洗法	马和驴用大量(3000~5000mL)1%盐水或0.01%~0.05%苯扎溴铵溶液冲洗子宫
	宫内给药	宜选用抗菌谱广的药物,如庆大霉素、卡那霉素、红霉素、氟哌酸等
	激素疗法	大动物可用氯前列烯醇;小动物可注射雌二醇2~4mg,4~6h后注射催产素10~20IU,可促进炎性产物排出,同时配合抗生素治疗,可收到较好疗效
	胸膜外封闭疗法	牛子宫内膜炎、子宫复旧不全、胎衣不下及卵巢疾病的治疗。在倒数第一、第二肋间背最长肌之下的凹陷处用长20cm的针头与地面呈30~35度进针,确定进针无误后注入普鲁卡因

牛子宫积液及子宫积脓治疗方法：①前列腺素疗法；②冲洗子宫；③雌激素疗法；④摘除黄体或子宫。

四、卵巢功能不全

治疗原则	①增强卵巢的机能；②对患生殖器官疾病或其他疾病(全身性疾病、传染病或寄生虫病)而伴发卵巢机能减退的家畜必须治疗原发病才能有效
治疗方法	①利用公畜催情；②激素疗法(FSH/hCG/PMSG/雌激素)；③注射维生素A

五、卵巢囊肿

1. 病因

卵泡未能排卵所引起。

2. 临诊要点

特征症状之一是荐坐韧带松弛（后端尤为明显）。生殖器官常常水肿且无张力（阴唇松弛、肿胀）。表现慕雄狂的牛可能发生阴道脱出。阴门流出黏液数量增加,黏液呈灰色,有些为黏脓性。直肠检查囊肿卵巢为圆形,表面光滑,有充满液体、突出于卵巢表面的结构。其大小比排卵前的卵泡大,直径通常在2.5cm左右。

3. 鉴别诊断

卵泡囊肿	壁较薄,呈单个或多个存在于一侧或两侧卵巢上；慕雄狂；子宫比较松软；阴门肿胀、长期流较稀薄的黏液
黄体囊肿	一般为单个,存在于一侧卵巢上,壁较厚。不发情,直肠检查卵巢上有黄体,但顶部质地较软。长期流浑浊、黏稠的黏液,子宫收缩无力
正常排卵前卵泡	壁薄,表面光滑,突出于卵巢表面,表现为子宫张力增加等发情特征

4. 治疗方法

摘除囊肿卵巢	缺点:操作不慎会引起卵巢损伤出血
使用具有LH生物活性的各种激素	奶牛静脉或肌内注射,一次量25mg LH/5000IU hCG
使用GnRH	奶牛肌内注射,一次量100μg/头(牛)
使用GnRH配合PGF2α	奶牛一次肌注GnRH100μg,PGF2α 5mg
使用孕酮	每天肌注孕酮50~100mg/头(牛),连用14天

六、持久黄体

病因	大多数继发于子宫疾病(子宫积脓、积液、胎儿干尸化等)及继发于早期胚胎死亡
临诊要点	主要临床特征是发情周期停止循环,不发情。触诊卵巢有黄体,阴门流出混浊黏稠黏液。如果母畜超过了应当发情的时间而不发情,间隔一定的时间(1~14天),经过2次以上的直肠检查,在卵巢的同一部位触摸到同样的黄体,即可诊断为持久黄体
治疗要点	黄体溶解剂(PGF2α及其合成类似物疗效确实),可望于3~5天之内发情,配种受孕。催产素、促卵泡激素、孕马血清及雌激素也可用于治疗持久黄体

七、防治不孕的综合措施

引起母畜不孕的原因繁多,防治不孕时必须精确查明不孕的原因,调查不孕发生和发展的规律,根据实际情况,制定切实可行的计划,采取具体有效的措施,消除不孕。现以牛为例,简要介绍如下。

个体繁殖障碍原因的调查	(1)首先尽可能获得详尽的病史资料(尤其是繁殖史)。(2)临床检查:检查个体的全身状况,详细检查生殖道的状况,必要时进行超声检查。(3)个体繁殖障碍的主要症状、原因、诊断及治疗(牛常见的繁殖障碍:①未见到发情;②无卵巢;③卵巢小而无活动;④卵巢上有一个或者几个黄体;⑤小而有功能活动的卵巢;⑥卵巢囊肿;⑦发情间隔时间延长;⑧屡配不孕或周期性不孕;⑨发情间隔时间缩短;⑩流产
群体生育力的评价	每年进行两次评价,确定一些繁殖常数(①第1次配种后的返情率;②产犊间隔及产犊指数;③空怀天数;④产犊到第1次配种的间隔时间;⑤总怀孕率;⑥发情鉴定;⑦发情间隔时间的分布;⑧繁殖效率;⑨生育力因子;⑩淘汰率)
建立完整的繁殖记录	每头动物均建立完整准确的繁殖记录
繁殖母畜的日常管理及检查	在有条件的奶牛场,对母牛定期进行繁殖健康检查是防治不孕行之有效的重要措施
此外,完善管理措施、重视青年后备母畜的饲养及执行严格的卫生措施也是防治母畜不孕的重要方面	

(沈留红)

第九章 新生仔畜疾病

考纲考点：各种新生仔畜疾病（窒息、新生仔畜溶血病、脐尿管瘘）的病因、症状、诊断和防治方法。

一、窒息

（一）病因

主要原因	胎盘血液循环减弱或停止；胎儿过早呼吸，吸入羊水	①分娩时产出期延长或胎儿排出受阻；②胎盘水肿、胎盘分离过早（常见于马）和胎囊破裂过晚；③倒生胎儿产出缓慢和脐带受到挤压；④脐带前置时受到压迫或脐带缠绕；⑤子宫痉挛等
次要原因	胎儿缺氧和二氧化碳量增高	①分娩前母畜过于疲劳；②发生贫血及大出血；③患严重的热性疾病或全身性疾病

（二）症状

轻度窒息（青紫窒息）	①软弱无力，发绀（口唇暗紫），舌脱出口外，口腔和鼻腔充满黏液；②心跳快而弱；③呼吸不均匀，张口呼吸，呈喘气状，肺部湿啰音，喉及气管特别明显
严重窒息（苍白窒息）	①仔畜呈假死状态；②全身松软，卧地不动；③反射消失，黏膜苍白；④停止呼吸，仅有微弱心跳

（三）防治

治疗	①用布擦干鼻孔及口腔的羊水；②诱发呼吸反射：刺激鼻腔黏膜或用氨水棉花放在鼻孔上或在仔畜上泼冷水或将后肢倒提抖动，并有节律地轻压胸腹部等；③促使呼吸道内的黏液排出：吸出鼻腔及气管内的黏膜或羊水（驹、犊）；④人工呼吸或输氧；⑤用刺激呼吸中枢的药物（如山梗菜碱或尼可刹米等）
预防	①建立产房值班制度；②定期产前检查；③及时发现母畜、胎儿的异常情况，并正确进行接生和护理仔畜；④接产时应特别注意对分娩过程延滞、胎儿倒生及胎囊破裂过晚者及时进行助产

二、新生仔畜溶血病

病因	由于母畜对胎儿的抗原产生特异性抗体，之后抗体通过初乳被吸收到仔畜血液中而发生抗原抗体反应	
临床症状	特征：溶血性贫血。①可视黏膜苍白黄染；②尿少而黏稠，淡黄色或黄色→血红色或浓茶色（血红蛋白尿），排尿痛苦；③心跳增数、心音亢进、呼吸粗粝，严重者卧地不起、呻吟、呼吸困难，出现神经症状；④高度溶血：血稀如水，缺乏黏稠性，呈淡红黄色，红细胞数减少、形状不整、大小不等；血红蛋白显著降低；白细胞相对值增高	日龄愈小，溶血现象愈严重；经过迅速，死亡率高
诊断	仔畜红细胞与母畜的初乳或血清出现凝集反应可确诊。马生骡驹时，其初乳效价高于1∶32，驴生骡驹高于1∶128时，均判为阳性	
防治方法	①立即停食母乳，实行代养或人工哺乳，直至初乳中抗体效价降至安全范围；②输血疗法：临床上常输入弃去血浆的血细胞生理盐水液，原则上不能输入母血（应急时只可输弃去血浆的母畜血细胞生理盐水液）；③辅助疗法：糖皮质激素，强心补液（静注50%碳酸氢钠），抗菌消炎；④避免应用已引起溶血病的公畜配种；⑤禁止用抗体效价较高的母畜给仔畜哺乳，可将2头同期分娩母猪的仔猪相互交换哺乳	

三、脐尿管瘘

病因	胚胎发育过程中，膀胱自脐部沿腹前壁下降过程中，脐尿管自脐部向下与膀胱顶部相连，胚胎晚期脐尿管全部闭锁，退化成脐正中韧带。若脐尿管完全不闭锁，脐部有管道与膀胱相通则造成脐尿管瘘
临床症状	主要特征：脐孔漏尿，若感染时可出现局部症状
诊断	脐部肿胀，局部有肉芽组织突出或为痂痢所覆盖；脐孔流出液体，检测液体尿素氮和肌酐；膀胱内注入亚甲蓝观察漏出液有蓝染或瘘孔内注入造影剂、排泄性膀胱尿道造影或膀胱造影可确诊
治疗	手术切除瘘管和脐，缝合膀胱顶部瘘口。术后留置导尿管或膀胱造瘘管。下尿路梗阻可继发脐尿管瘘，故如有下尿路梗阻应予以解除

（沈留红）

第十章 乳房疾病

考纲考点：(1) 各种乳腺炎的病因、分类、症状、临床诊断和防治；(2) 其他乳房疾病（乳房浮肿、乳房创伤、乳池和乳头管狭窄及闭锁症、漏乳、血乳、乳房坏疽）；(3) 酒精阳性乳的病因、症状及防治方法。

一、乳腺炎

（一）分类

根据乳腺和乳汁有无肉眼可见变化，可将奶牛乳腺炎分为三类。

亚临床乳腺炎（隐性乳腺炎）	乳腺和乳汁无肉眼变化，乳汁理化性质改变（电导率、体细胞数、pH等），须特殊检查诊断	发病率约占90%
临床型乳腺炎	乳腺和乳汁有肉眼可见变化（见下表）	
慢性乳腺炎	急性乳腺炎未及时治愈或持续感染；仅奶产量下降，反复发作可导致乳腺组织纤维化，乳房萎缩；治疗价值不大，及早淘汰	

临床型乳腺炎的区别

指标	轻度临诊型	重度临诊型	急性全身性
乳腺组织病理变化	较轻	较严重	严重
触诊乳腺	无明显异常，或轻度发热、疼痛或肿胀	乳区急性肿胀，皮肤发红、发热，有硬块，敏感	患区严重肿胀，皮肤红亮，发热、疼痛，乳区质硬
乳汁	有絮状物或凝块，变稀，pH偏碱性；体细胞数和氯化物含量增加	奶量减少，乳汁为黄白色或血清样，内有乳凝块	挤不出或仅能挤出少量水样乳汁
其他	相当于亚急性乳腺炎；治疗及时，痊愈率高	相当于急性乳腺炎；全身症状较轻；预后多良好	发病急；伴明显全身症状

（二）病因

1. 病原微生物感染乳腺炎最主要原因（包括细菌、霉菌、病毒和支原体等）

项目	主要病原菌	传播感染途径
传染病病原微生物	金黄色葡萄球菌、无乳链球菌、停乳链球菌和支原体等	定植于乳腺，通过挤奶工人或挤奶机传播
环境性病原微生物	牛乳房链球菌、大肠杆菌、克雷伯氏菌和铜绿假单胞菌等	皮肤及周围环境（环境、乳头、乳房或创口或挤奶器污染）

2. 其他因素

遗传因素	乳房结构和形态对乳腺炎发生有很大影响，漏斗形的乳头（倾斜度大的乳头）比圆柱形乳头（倾斜度小的乳头）更容易感染病原微生物
饲养管理因素	卫生消毒不严格；违反操作规程挤奶；人工挤奶手法不对；干乳期不能及时、科学的干乳；慢性乳腺炎久治不愈病牛；继发感染未及时治疗；饲喂高能量、高蛋白日粮致病
环境因素	应激（高温、高湿）；牛舍通风不良、不整洁；运动场低洼不平，粪尿蓄积，牛体不洁
其他因素	随奶牛年龄增长、胎次、泌乳期的增加，增加了乳腺炎发病率；结核病、布鲁氏菌病、胎衣不下、子宫炎等继发乳腺炎；用激素治疗生殖系统疾病而引起激素失衡，也是诱因之一

（三）症状

隐性乳腺炎		乳腺和乳汁通常无肉眼变化，需要经实验室检查或者特殊的理化方法才可检出
临床型乳腺炎	乳汁异常	色泽异常；出现凝块、絮状物或脓液，或血液
	乳房异常	发热、红肿、疼痛、纤维化（有硬块）等症状
	全身反应	体温升高等

（四）不同病原微生物引起的乳腺炎的特点及机制

革兰氏阳性菌性乳腺炎		完全恢复少，通常遗留一定程度乳腺永久性损伤。病原：主要为链球菌和葡萄球菌
	潜伏期	潜伏期3～5天。①乳汁凝结（感染细胞释放外毒素→细胞极度水肿→血乳屏障渗透性增加→血浆蛋白渗出）；②泌乳减少（乳管堵塞→腺泡内压增加→腺泡和分泌细胞退化）；③乳汁体细胞（SCC）数量显著升高（多型核嗜中性粒细胞PMN大量侵入）
	急性期	除一般临床症状外，链球菌感染（无乳链球菌、停乳链球菌、乳房链球菌）时，在急性期，乳中SCC更高，乳产量下降更明显
	慢性期	无机能乳区：葡萄球菌性感染→乳腺萎缩，通常见于老母牛，乳房纤维化和变硬。乳中体细胞数持续升高，所以桶奶SCC容易检出
		金黄色葡萄球菌急性感染：β和δ毒素可使乳腺形成大量在显微镜下可见的微脓肿、坏死和瘘管形成。α毒素可导致无血管坏死、局部血管血栓、坏疽；皮肤和乳头脱落
		坏疽性乳腺炎：常见于泌乳早期和较年轻的母牛
革兰氏阴性菌性乳腺炎	病原：大肠杆菌	潜伏期10h。感染死亡细菌细胞壁释放内毒素而致病，母牛对内毒素非常敏感
	临床症状与细菌感染量和PMN能否将细菌很快清除有关	泌乳早期细菌感染常见症状：①被感染乳区均匀肿大，无任何柔软空隙；②乳汁呈水样，内含小纤维素或凝乳块，或仅能挤出少量黄色液体，又称无乳症；③全身毒血症的突然发作
其他病原菌引起的乳腺炎	霉形体乳腺炎	潜伏期2～3天，突然发作，开始在一个乳区，随后波及其他乳区；或同时侵袭全部乳区。乳房严重肿胀，奶产量急降，变为鞣酸样褐色，上浮一层沙样物质。可能并发关节炎或跛行。无明显全身症状。多导致乳房纤维化和乳腺萎缩
	表皮葡萄球菌乳腺炎	为乳腺炎的次要病原菌（多呈隐形感染，而不表现临床症状）。环境中普遍存在，经常侵入乳房。与牛棒状杆菌一样，仅能引起乳房的轻度炎症和乳中体细胞数增加

（五）诊断

临诊型乳腺炎病例根据其乳汁、乳腺组织和出现的全身反应，即可作出诊断。隐性乳腺炎的诊断需要采用一些特殊的仪器和检测手段，并根据具体情况确定标准。

乳汁体细胞数		乳汁体细胞数增高（乳汁体细胞指巨噬细胞、淋巴细胞、多形核嗜中性粒细胞和少量乳腺组织上皮细胞，正常牛奶中约有体细胞2万～20万个/mL）
乳汁电导率		电导率值升高（乳腺上皮产乳糖力下降，乳汁中氯化钠含量增加）
急性期蛋白		急性期蛋白增加（触珠蛋白和血清淀粉样蛋白A）
其他指标	pH	升高（偏碱性—检测乳汁碱性高低，可判定乳腺炎症的程度）
	ATP	升高（乳汁ATP与体细胞数呈高度正相关，检测体细胞数的一种替代方法）
	乳糖	乳糖浓度在同一泌乳期不同阶段变化很小，有助于乳腺炎诊断

（六）治疗

治疗主要是针对临诊型乳腺炎，隐性乳腺炎主要是控制和预防。治疗疗效判断标准为：①临诊症状消失；②乳汁体细胞数降至正常；③最好能达到乳汁菌检阴性。

1. 药物治疗原则

①选窄谱抗生素，而不用广谱抗生素；②避免耐药菌株产生；③用最小抑菌浓度低的药物（用最小剂量的药物达到治疗效果）；④所用药物对乳房不能有刺激性；⑤治疗期间乳汁应遗弃。

2. 治疗药物

常用药物	抗生素和抗菌消炎药。①易进入乳腺组织的药物：大环内酯类（红霉素、替米考星）、三甲氧苄氨嘧啶、四环素和氟喹诺酮类（可全身给药）；②较难达到乳腺组织的药物：磺胺类药物、青霉素类、氨基糖苷类和第一代头孢菌素类（不宜全身给药）；③乳房内给药或乳腺深部组织注射，有助于局部达到有效药物浓度
特殊药物	某些激素、细胞因子和抗菌肽。①地塞米松等糖皮质激素；②阿司匹林、安乃近、保泰松等非甾醇类；③白细胞介素、干扰素和肿瘤坏死因子等免疫调节细胞因子；④细菌素、抗菌肽和溶菌酶等

（七）预防

加强管理措施	饲养管理	健全饲养管理制度；及时隔离治疗病牛；及时淘汰病弱牛；场地彻底消毒
	规范挤奶操作	①手工挤奶一是要求技术熟练，二是保持牛体和环境卫生，防止交叉感染（一牛一巾；先挤健牛、后挤患牛；乳腺炎奶专用容器）。②机器挤奶：严格遵守挤乳操作规程；挤奶器械的清洗消毒；挤奶时，真空压力不能过高，不能过快抽奶和随意延长挤奶时间，每次挤乳一定要挤尽
	挤奶前后乳头药浴30s，然后用单独的消毒毛巾或纸巾将乳头擦干	
	干乳控制及干乳期乳房保健	奶牛干乳时间一般为2个月左右。干奶方法：①逐渐干乳法（在干奶前2周左右逐渐减少挤奶次数）；②快速干奶法（一次性挤尽泌乳奶牛乳房中的乳汁）。干奶期治疗效果比泌乳期高。干奶期预防，主要是向乳房内注入长效抗生素软膏

续表

乳腺炎检测	定期或不定期对泌乳期奶牛进行隐性乳腺炎检测。根据检测结果及时采取相应措施
疫苗预防和抗病育种	虽然已有防止奶牛乳腺炎疫苗面市,但对其防治效果和成本有争议;抗乳腺炎育种有很多优点,但目前尚不能达到商业化应用的水平

二、其他乳房疾病

(一) 乳房浮肿

病因	确切原因尚不明。①临产前乳房浮肿,腹部表层静脉(乳静脉)血压显著升高,乳房血流量减少;②与产奶量呈显著正相关;③血浆雌激素与孕酮含量、摄入过量钾、低镁血症等
症状	限于乳房。一般是整个乳房(少数为个别乳区)皮下及间质发生水肿(乳房下半部较为明显);皮肤发红光亮、无热无痛、指压留痕;严重时波及乳房基底前缘、下腹、胸下、四肢,甚至乳镜、乳上淋巴结和阴门。根据水肿程度,可分为无水肿、轻度水肿、中度水肿和严重水肿 4 个等级
治疗	大部产后可逐渐消肿,不需治疗。适当增加运动,每天 3 次按摩乳房和冷热水交换擦洗,减少精料和多汁饲料,适量减少饮水等有助于水肿消退,不得"乱刺"皮肤放液 药物治疗:利尿剂与皮质类固醇合用可提高疗效(产奶量会暂时下降);氯地孕酮或产后第 1~2 天用 200mg 己烯雌酚加 10mL 玉米油涂擦局部,均有疗效

(二) 乳房创伤

分类	病因及症状	治疗
轻度外伤	皮肤擦伤、皮肤及皮下浅部组织的创伤等	按外科对清洁创或感染创(化脓创)的常规处理法治疗;创口大时应适当缝合
深部创伤	多为刺创。乳汁通过创口外流,愈合缓慢;病初乳汁带血	①充分冲洗创口(3%H_2O_2、0.1%高锰酸钾、0.1%新洁尔灭或呋喃类溶液);②深入填充碘甘油或魏氏流膏(蓖麻油 100mL、磺仿 3g、松馏油 3mL)绷带条;③修整皮肤创口,结节缝合,下端留引流口(创腔蓄积分泌物过多,可向下扩创引流);④采用抗生素治疗

(三) 乳池和乳头管狭窄及闭锁症

病因	慢性乳腺炎、乳池炎、粗暴挤奶、乳头挫伤	
症状及诊断	主要症状:挤奶不畅,甚至挤不出奶	
	乳池棚狭窄	严重狭窄:挤奶时,乳头乳池充盈减缓;完全阻塞:乳汁不能进入乳池,挤不出奶。触诊乳头基部乳池棚可触知有结节,缺乏移动性(结节大小和质地,可估计狭窄程度)
	乳头乳池黏膜泛发性增厚	触诊乳头乳池壁变厚,池腔变窄,泌乳减少,外观乳头缩小,挤奶时射乳量不多;乳头乳池黏膜面有肿瘤、息肉。乳头乳池完全闭锁:池内无乳,乳头呈实性,乳头发硬,挤不出奶
	乳头管狭窄	乳头池充奶,外观乳头无异常,但挤奶不畅,乳汁呈细线状或点滴状排出。①乳头管口狭窄:挤奶时乳汁射向改变。②乳头管完全闭锁:乳头充奶但挤不出奶;手指捏捻乳头末端,可感知乳头管内有增生物(如果闭锁为一层薄膜,则触诊不清)
	乳池和乳头管狭窄及闭锁	均可用细探针或导乳管协助诊断
治疗	通过手术方法扩张狭窄部或去除增生物	

(四) 漏乳

病因	多见于乳牛和马分娩前后,特别是膘情好的母马。①遗传性(先天性乳头括约肌发育不良);②括约肌麻痹或损伤;③应激		
症状	乳房充涨时,乳汁自行滴下或射出,特别是在哺乳或挤奶前显著		
治疗	无特效疗法	按摩、热敷	轻症大多可以痊愈:以手指捏住乳头尖端,轻轻捏揉按摩,每次 10~15min
		压迫乳头管腔	乳头管周围注射	①灭菌液体石蜡;②青霉素加高渗盐水或酒精(促进结缔组织增生)
			乳头管缝合	用蘸有 5%碘酊的细缝线在乳头管口作荷包缝合→乳头管中插进灭菌乳导管→拉紧缝线打结,抽出乳导管
			火棉胶帽法	每次挤奶后,拭干乳头尖端,在火棉胶中浸一下(可防止漏奶)
			橡胶圈法	橡胶圈箍住乳头,挤奶前摘下,挤奶后箍上(上述各法效果不良时用)
		应激性漏奶	一般不发生在分娩前后,可肌内注射维生素 B_1 1000mg	

（五）血乳

血乳是挤出的奶染血或为血样，主要发生于乳牛和奶山羊产后。

病因	①机体中毒（分娩后，乳房血管充血）；②在森林灌木丛地区放牧，特别是转移牧场时；③酮病等代谢障碍；④应激反应	
症状	各乳区均出现乳汁，呈均匀的血色；乳中一般无血凝块，或有少量小的凝血，各乳区乳中含血量不一定相同；血乳静置，血细胞下沉，上层出现正常乳汁；乳房皮肤充血，但无炎性症状，无全身变化	鉴别外伤性乳房出血：受伤一侧的乳腺或乳区出血，挤出的乳不一定为均匀的血色有血凝块，而且凝块较多，患乳区有疼痛反应
治疗	一般不需治疗，1～2天即可自愈。小心、少量地挤奶；停给精料及多汁饲料，减少食盐及饮水	
	超过2天的血乳，采取以下方法治疗：①冷敷或冷淋浴（但不可按摩）；②乳房内打入过滤灭菌的空气（使腺泡腺管充气，压迫血管止血）；③用止血剂	
	血乳时间较长，用止血剂无效时，乳区内注入2%盐酸普鲁卡因10mL，每天2～3次；或试用中药治疗	

（六）乳房坏疽

病因	腐败、坏死性微生物（腐败菌、梭菌或坏死杆菌）；乳腺炎并发症；与产后母牛抵抗力降低有关	
发生	偶见于乳牛和绵羊；常发于产后数日至十数日内；常感染一个乳区，多数为后乳区，有时波及两个乳区	
	途径——乳头管或乳房皮肤损伤处感染是主要途径，也可经淋巴管侵入乳房。被感染的乳房组织形成败血性梗死，广泛引起各组织发生急性或最急性腐败分解、坏死	
症状	最初患区皮肤出现紫红斑，触之硬、痛→全乳区发生坏疽、肿胀、剧痛→完全失去感觉，皮肤湿冷、呈紫褐乃至暗褐色；乳上淋巴结肿痛；有全身症状（体温升高，呈稽留热型）	并发气肿：捏之有捻发音，叩之呈鼓音
		组织分解：呈浅红色或红褐色油膏样分泌物排出和组织脱落，恶臭
治疗	及时治疗，否则难以收效。严禁热敷、按摩	
	①控制败血症：大剂量广谱抗生素（全身用药结合患区乳房内注入）；②组织分解患区：1%～2%高锰酸钾溶液或3%H₂O₂注入患区进行冲洗治疗（患区可自然脱落而痊愈）；③坏疽乳区切除术（病初或轻症）：坏死组织切除后，在创腔内撒布云南白药，有利创口愈合	
预后	泌乳机能多丧失；多数在发病第7～9天死于败血症或被淘汰	

三、酒精阳性乳

酒精阳性乳中 Ca^{2+}、Mg^{2+}、Cl^- 含量升高，乳中酪蛋白与 Ca^+、P^{3-} 结合较弱，胶体疏松，颗粒较大，对酒精的稳定性较差（遇70%酒精时，蛋白质水分丧失，蛋白颗粒与 Ca^{2+} 相结合而发生凝集）。

（一）病因

过敏和应激	酒精阳性乳是一种无典型症状的慢性过敏反应，或慢性应激综合征的表现	机理尚不清楚
饲养和管理	未补饲食盐；日粮粗蛋白过多；饲料单纯；饲料中缺 Ca^{2+}	
潜在性疾病和内分泌因素	肝脏机能障碍；发情奶牛与雌激素浓度有关	
气象因素	气温骤降、忽冷忽热；高温高湿、低气压；厩舍中有害气体	

（二）症状

精神、食欲正常，乳房、乳汁无肉眼变化。阳性乳持续时间有短（3～5天），有长（7～10天），后自行转为阴性。有的可持续1～3个月，或反复出现。

（三）防治方法

调整饲养管理	平衡日粮和精粗粮比例，饲料多样化，尽量保证维生素、矿物质和食盐等供应，添加微量元素。做好保温、防暑工作
药物治疗	调节机体代谢，解毒保肝，改善乳腺机能	①内服柠檬酸钠（150g，分2次，连服7天）、磷酸二氢钠（40～70g，1次/日，连服7～10天）或丙酸钠（150g，1次/日，连服7～10天）；②静注10%NaCl 400mL，5%NaHCO₃ 400mL，1次/日，连续5～7天 ③挤乳后给乳房注入0.1%柠檬酸液50mL，1～2次/日；或注入1%苏打液50mL，2～3次/日；内服碘化钾8～10g，1次/日，连服3～5d；或肌注2%甲硫酸脲嘧啶20mL，与维生素 B_1 合用，以改善乳腺内环境和增进乳腺机能

（沈留红）

第十一章 公畜的不育

考纲考点：(1) 公畜不育的原因及分类；(2) 先天性不育；(3) 疾病性不育。

一、公畜不育的原因及分类

病因		临床表现
先天性	染色体异常	克莱因费尔特综合征、染色体异位、两性畸形、无精或精子形态异常、性机能紊乱
	发育不全	睾丸发育不良、沃尔夫氏管道系统分节不全、隐睾
获得性	饲养管理及繁殖技术不当	饥饿、过肥、拥挤；使役过度、配种困难
	神经内分泌失衡	生殖器官、细胞和内分泌肿瘤，精子生成障碍，激素分泌失调
	疾病性因素	普通疾病、传染病(特别是布氏杆菌病、传染性化脓性阴茎头包皮炎、马媾疫、胎毛滴虫病等)、全身性疾病、性器官疾病
	免疫学因素	精子凝集、精子肉芽肿
	性功能障碍	勃起及射精障碍、阳痿

二、先天性不育

（一）睾丸发育不全

睾丸发育不全是指一侧或双侧睾丸的全部或部分曲细精管生精上皮不完全发育或缺乏生精上皮，间质组织可能基本维持正常。多见于公牛和公猪，在各类睾丸疾病中约占2%；但在有的公牛群，发病率可高达25%～30%。具有很强的遗传性。

病因	①多了一条或多条X染色体，或是基因表达调控过程出现障碍→睾丸发育和精子生成受到抑制；②初情期前营养不良、阴囊脂肪过多和阴囊系带过短	
临诊要点	①从出生至周岁，生长发育能达到标准，第二性征、性欲和交配能力也基本正常。但睾丸较小，质地软，缺乏弹性	②间隔多次检查精液呈水样，无精或少精，精子活力差，子畸形率高
	③睾丸组织活检：整个性腺或性腺的一部分曲细精管缺乏生殖细胞，仅有一层没有充分分化的支持细胞，间质组织比例增加	生殖细胞不完全分化，生精过程常终止于初级精母细胞或精细胞阶段，几乎见不到正常发育的精子
	虽有正常形态精子生成，但精子质量差，不耐冷冻和储存	
	④染色体检查有助于确诊	

（二）两性畸形

根据两性畸形不同的表现形式，在临诊上可以分为性染色体两性畸形、性腺两性畸形和表型两性畸形三类。

1. 性染色体两性畸形

XXY综合征	较正常雄性多一条X染色体。各种动物都有发生。外观雄性，具有基本正常的雄性生殖器官和性行为，但睾丸发育不全，组织学检查见不到精子生成过程,性腺内分泌功能减弱
XXX综合征	较正常雌性多一条X染色体。表型为雌性，一般均为卵巢发育不全
XO综合征	较正常雌性缺失一条Y染色体。表型为雌性，通常为卵巢发育不全
嵌合体	真两性畸形(卵巢和睾丸都有可能发育)或性腺发育不全。真两性畸形动物可能同时具有一个卵巢和一个睾丸，一个或两个性腺均为卵睾体。出生时一般为雌性表型，至初情期逐渐出现雄性化表征(阴蒂增大，甚至呈短阴茎状)。性成熟后多表现出雄性性行为，但一般无生育力

2. 性腺两性畸形

XX真两性畸形	XX核型，具有大致相当的雌性生殖器，但阴蒂大，腹腔内具有卵睾体或独立存在的卵巢或睾丸
XX雄性综合征	XX核型，雄性表型，H-Y抗原为阳性，性腺常为隐睾，阴茎小，畸形，存在由谬勒氏管发育不完全的器官

3. 表型两性畸形

表型两性畸形	雄性假两性畸形	XY核型（遗传性）	性腺为睾丸（多为隐睾）；表型为雌性，或有一定的雄性行为（外生殖器缺乏雄激素受体）。直检可初诊，染色体检查和雄激素受体分析后才能确诊
		XY核型	睾丸可能基本正常，其他外生殖器异常，尿道开口于阴茎下部（尿道下裂）
		XY核型	睾丸为单侧或双侧隐睾，表型倾向于雄性，但检查可发现由谬勒氏管发育而来的不完全雌性器官，如阴道前部
	雌性假两性畸形	XX核型，有基本正常的卵巢，但外生殖器雄性化，可能出现小阴茎、前列腺，同时有阴道前部及发育不全的子宫	
		在妊娠期大量使用雄激素或孕激素，可能导致此类雌性假两性畸形	

（三）隐睾

病因	原因复杂。精索太短、粘连或者纤维带阻止睾丸下降；阴囊发育不全；睾丸引带和提睾肌发育异常；作为睾丸鞘膜通路上的腹内压不够；胚胎发育后期睾丸体积缩小失败；腹股沟内环扩张不够；缺乏脑垂体前叶激素的刺激等。隐睾的发生可能与遗传有关。隐睾可分为腹腔型（即隐睾位于腹腔内）和腹股沟管型（隐睾位于大腿根部）
症状	3周龄就能诊断出，但由于睾丸很小，可能被忽视。幼犬睾提肌反射非常有效，触诊睾丸能使睾丸缩进腹股沟环；腹股沟环和睾丸大小不一致，在4月龄后睾丸不太可能下降，但在7~8月龄也有偶尔发生下降
治疗	①去势；②皮下或肌内注射hCG 100~1000IU，1次/5天，共4次，或促性腺激素释放激素50~100μg，1次/7天，共2次，可促进腹股沟睾丸下降

三、病症性不育

（一）附睾炎

病因	主要病原：流产布鲁氏菌和马耳他布鲁氏菌	传播途径：公羊间同性性活动；公羊与因布鲁氏菌引起流产后6个月内发情的母羊交配
	阴囊损伤→附睾化脓性葡萄球菌感染	
临诊要点	一般伴有睾丸炎，呈现特殊的化脓性附睾及睾丸炎症状	①疼痛，不愿交配，叉腿行走，后肢强拘。②阴囊内容物紧张、肿大，睾丸与附睾界限不明显。③精子活力降低，不成熟精子和畸形精子增加。④布鲁氏菌感染一般不波及睾丸鞘膜，常局限于附睾，特别是附睾尾。⑤采用精液细菌培养检查，补体结合测定和对死亡公羊剖检，病理组织学检查等确诊
治疗	①感染早期的种公羊，每天用金霉素800mg和硫酸双氢链霉素1g，3周后可能消除感染并使精液质量得到改善。②患侧附睾连同睾丸摘除	

（二）羊附睾炎

病因	主要病原：绵羊布鲁氏菌（绵羊布鲁氏菌性附睾炎）、精液放线杆菌，羊棒状杆菌，羊嗜组织菌和巴氏杆菌		主要传染途径：同性间性活动经直肠传染；小公羊拥挤
	血源途径感染，上行途径感染		
症状	临床变化	常伴有睾丸炎（呈现特殊的化脓性附睾-睾丸炎）。单侧或双侧感染。阴囊内容紧张、肿大、剧痛，叉腿行走，后肢僵硬，拒绝爬跨，严重时出现全身症状	布鲁氏菌感染一般不波及睾丸鞘膜，炎性损伤常局限于附睾，特别是附睾尾
			精液放线杆菌感染常出现睾丸鞘膜炎，睾丸肿大明显，肿胀部位常破溃，排出大量灰黄色脓汁，肿胀消退后附睾仍坚硬，肿大并粘连，坚硬部位多在附睾尾
	剖检病变	急性病例：附睾肿大与水肿，鞘膜腔内含有大量浆液	
		慢性病例：附睾增大但松软；白膜和鞘膜可能一处或多处粘连，附睾内一处或多处有精液囊肿，内含黄白色乳酪样液体；睾丸通常正常	
		进行性慢性附睾炎：白膜和鞘膜有广泛而坚实的粘连，鞘膜腔完全闭塞，附睾肿大而坚实，切面可见多处精液囊肿；萎缩的睾丸可含有钙化灶	
诊断	①精液中细菌培养检查（必须连续检查多份精液）；②补体结合试验；③感染公羊的尸体剖检和病理组织学检查		
治疗	各种类型的附睾炎可用周效磺胺配合三甲氧苄氨嘧啶（增效周效磺胺）治疗，但疗效不佳。单侧附睾炎已造成睾丸感染，如继续留种用，应切除感染侧睾丸（若睾丸与阴囊粘连，可将阴囊连带切除）。单侧感染无种用价值及双侧感者淘汰		
预防	主要措施：及时发现并淘汰感染公羊和预防接种。小公羊不能过于拥挤，尽可能避免公羊间同性性活动。对纯种群和繁殖种用公羊于配种前一月进行补体结合试验。引进的公羊应先隔离检查。交配前6周对所有公羊和动情后小公羊用布鲁氏菌19号苗同时接种，对预防布鲁氏菌引起的附睾炎可靠性达100%，但接种后不能再进行补体结合试验检查		

(三) 精囊腺炎综合征

病因	细菌、病毒、衣原体和支原体		常见于18月龄以下的小公牛	
临床症状	①慢性病例：无明显临诊症状。②出现化脓症状，精液中带血并可见其他炎性分泌物。病灶周围有炎性反应或引起局限性腹膜炎。③脓肿破裂，引起弥漫性腹膜炎			
直肠检查	急性	①双侧或单侧肿胀、增大，分叶不明显，有痛感；②壶腹可能增大、变硬		
	慢性	腺体纤维化变性，腺体坚硬、粗大，小叶消失，触摸痛感不明显		
	化脓性	①腺体和周围组织形成脓肿区；②可能出现直肠瘘管，由直肠排出脓汁；③注意检查前列腺和尿道球腺有无痛感和增大		
精液检查	①精液中见脓汁凝块或碎片。②呈灰白色-黄色、桃白色-赤色或绿色。③精子活力低，畸形精子数量增加(尾部畸形精子增加)		病原培养	分离培养精液中病原微生物和药敏试验
治疗	①立即隔离，停止交配和采精，可能自行康复。②大剂量敏感的磺胺类和抗生素药物，至少连续使用2周，有效者在1个月后可临诊康复。③手术摘除(单侧精囊腺慢性感染)			

(四) 阴茎和包皮损伤

原因		交配时母畜骚动；公畜自淫时冲击异物；阴茎被踢伤、鞭打、啃咬；公畜骑跨围栏等
临诊要点		①调查损伤的原因。②检查阴茎是否有创口。③阴茎肿胀(阴茎血肿、包皮下垂、包皮水肿)，包皮外口流出血液或脓性分泌物。肿胀明显者阴茎和包皮脱垂或形成嵌顿包茎
治疗	新鲜撕裂伤	清理消毒创口，涂抹抗生素油膏，可缝合伤口，全身使用抗生素1周
	挫伤	全身抗菌。初期冷敷，2~3天后温敷，适当牵遛运动(以利水肿消散)。利尿，限制饮水。局部可涂抹非刺激性消炎止痛药物，忌用强刺激药
	血肿	以止血、消肿、预防感染为原则
	保守疗法	损伤后5~7天，严格消毒后将溶于250mL生理盐水的80万U青霉素和12.5万U链激酶，经皮肤分点注入血凝块，使血凝块溶解，5天后经皮肤作切口，插入吸管将已液化的血凝块吸出

(沈留红)

《兽医产科学》模拟试题及参考答案

1. 能抑制性腺和副性腺发育，延缓性成熟的激素是（　　）。
   A. GnRH 激素　　B. CRH 激素　　C. 8-精甲催产素　　D. 褪黑素　　E. 胰岛素
2. 动物发育至（　　）以后，才具有生成配子和生殖内分泌的双重功能。
   A. 初情期　　B. 性成熟　　C. 初配适龄期　　D. 5～8 个月　　E. 12～18 个月
3. 牛的初配适龄期为（　　）。
   A. 初情期　　B. 性成熟　　C. 3～5 个月　　D. 5～8 个月　　E. 12～18 个月
4. 母马初情期的卵巢变化是（　　）。
   A. 不排卵　　B. 有黄体　　C. 无卵泡发育　　D. 有卵泡发育　　E. 卵巢质地变硬
5. 黄体成熟一段时间后开始退化，卵巢上有新卵泡开始生长发育，这个阶段是（　　）。
   A. 发情前期　　B. 发情期　　C. 发情后期　　D. 发情间期　　E. 乏情期
6. 产后正常发情多出现在 35～50 天，这种动物是（　　）。
   A. 猪　　B. 牛　　C. 羊　　D. 兔　　E. 犬
7. 下列属于刺激性（即诱导性）排卵的动物是（　　）。
   A. 猪　　B. 牛　　C. 羊　　D. 兔　　E. 犬
8. 马的发情期与猪、牛、羊等其它家畜相比（　　）。
   A. 更长　　B. 更短　　C. 无明显差异　　D. 无规律　　E. 不明确
9. 如果交配时没有射精，雌性动物不能成功排卵，这种动物属于（　　）。
   A. 家兔　　B. 猪　　C. 小鼠　　D. 牛　　E. 骆驼
10. 排卵后需要交配才能形成功能性黄体的动物是（　　）。
    A. 家兔　　B. 猪　　C. 小鼠　　D. 牛　　E. 羊
11. 下面卵泡达到成熟阶段的是（　　）。
    A. 原始卵泡　　B. 初级卵泡　　C. 次级卵泡　　D. 三级卵泡　　E. 格拉夫氏卵泡
12. 下面卵泡从（　　）开始，在卵母细胞外就有透明带包裹。
    A. 原始卵泡　　B. 初级卵泡　　C. 次级卵泡　　D. 三级卵泡　　E. 格拉夫氏卵泡
13. 一断奶母猪出现阴唇肿胀、阴门黏膜出血、阴道内流出透明黏液，如需配种，最应做的检查是（　　）。
    A. B 超检查　　B. 阴道检查　　C. 血常规检查　　D. 静立反射检查　　E. 孕激素水平检查
14. 下列哪种动物是属于阴道授精型的是（　　）。
    A. 牛　　B. 猪　　C. 马　　D. 骡　　E. 驴
15. 家畜受精时，精子必须首先穿过（　　）。
    A. 卵泡　　B. 卵泡腔　　C. 透明带　　D. 放射冠　　E. 卵细胞膜
16. 受精卵在输卵管和子宫内进行多次连续分裂的过程称为卵裂，产生的细胞叫卵裂球，是一个实心的细胞团，称为桑椹胚时的卵裂球细胞数为（　　）。
    A. 6～12 个　　B. 8～14 个　　C. 12～23 个　　D. 16～32 个　　E. 32～64 个
17. 在家畜早期胚胎发育过程中，胚胎停留于子宫内，形成与母体组织建立起物质交换的结构——胎盘的时期是（　　）。
    A. 卵裂期　　B. 囊胚形成期　　C. 胚胎附植期　　D. 原肠胚与胚层形成期　　E. 三胚层分化及器官形成期
18. 母犬多在发情期配种，其最佳配种时间是见到血性分泌物（　　）。
    A. 第 9～12 天　　B. 第 5～7 天　　C. 第 10～15 天　　D. 第 7～10 天　　E. 第 8～15 天
19. 胚胎移植技术中，下列**不属于**该技术操作范畴的是（　　）。
A. 超数排卵　　B. 诱导同期发情
C. 胚胎回收　　D. 人工授精　　E. 剖宫产术

20. 妊娠时包裹胎儿的胎膜，处于最内层的是（　　）。
A. 卵黄囊　　B. 羊膜　　C. 尿膜
D. 绒毛膜　　E. 脐带

21. 通过测定母畜血浆、乳汁或尿液中孕酮的含量，有助于（　　）。
A. 垂体机能状态　　B. 卵泡的大小和数量　　C. 母畜繁殖机能状态　　D. 下丘脑内分泌机能状态　　E. 子宫内膜细胞的发育状态

22. 犬猫胎儿骨骼钙化后，在 X 线片上最初能显示的时间是妊娠后（　　）。
A. 20 天　　B. 30 天　　C. 35 天
D. 40 天　　E. 45 天

23. 提示奶牛将于数小时至 1 天内分娩的特征征兆是（　　）。
A. 漏奶　　B. 乳房膨胀　　C. 精神不安
D. 阴唇松弛　　E. 子宫颈松软

24. 分娩启动时，在雌激素预先作用基础上子宫对（　　）作用的敏感性显著升高。
A. 孕酮　　B. 雌激素　　C. 催产素
D. 胰岛素　　E. 松弛素

25. 产道是胎儿产出的必经之路，硬产道指（　　）。
A. 骨盆　　B. 子宫　　C. 阴道
D. 阴道前庭　　E. 脊柱

26. 分娩中发生阵缩的肌肉（　　）。
A. 膈肌　　B. 腹肌　　C. 子宫肌
D. 肋间肌肉　　E. 臀中肌肉

27. 在分娩过程的 3 个阶段中，需要子宫肌、腹肌和膈肌协调收缩方能完成的是（　　）。
A. 宫颈开张期　　B. 胎儿产出期
C. 胎衣排出期　　D. 恶露排出期
E. 子宫复旧期

28. 下面关于子宫阵缩的描述**错误的**是（　　）。
A. 子宫阵缩贯穿整个分娩过程，是胎儿娩出的主要动力
B. 子宫壁肌肉的收缩都是从子宫角尖端开始，这样便于将胎儿排出
C. 子宫阵缩是渐进性的，开始力量小，持续时间短，间歇时间长，以后收缩力量逐渐增强，持续时间变长，间歇时间缩短
D. 子宫阵缩是母体对分娩过程的适应，有利于保护胎儿的安全
E. 在子宫阵缩间歇，子宫收缩暂停但不弛缓

29. 兽医产科学中常用胎向、胎位和胎势描述胎儿与产道的关系，胎向指（　　）。
A. 胎儿身体纵轴与母体身体纵轴的关系
B. 胎儿身体背部与母体背部的关系
C. 胎儿身体是伸直还是屈曲　　D. 胎儿头围　　E. 胎儿肩胛围

30. 兽医产科学中常用胎向、胎位和胎势描述胎儿与产道的关系，胎势指（　　）。
A. 胎儿身体纵轴与母体身体纵轴的关系
B. 胎儿身体背部与母体背部的关系
C. 胎儿身体是伸直还是屈曲　　D. 胎儿的头围　　E. 胎儿的肩胛围

31. 下面描述正确的是（　　）。
A. 胎儿娩出时，为了防止出血和感染，扯断脐带后需对脐带断端进行结扎和包扎
B. 在牛、羊，母畜娩出胎儿后及时让其舔干幼仔体表，有利于母畜子宫收缩
C. 妊娠母猪临产时，最先可从前面乳头挤出少量透明清亮乳汁
D. 在分娩过程中，催产素对子宫的作用不需要雌激素的预先作用
E. 分娩时，子宫颈在胎儿产出期才开始开张

32. 关于子宫复旧描述**错误的**是（　　）。
A. 子宫复旧后子宫颈口由开张变封闭
B. 在子宫复旧过程中子宫壁由薄变厚，子宫浆膜和黏膜上出现许多皱襞
C. 多胎次动物的子宫比未生产过动物的松软下垂
D. 产后卵巢上卵泡的生长发育有利于子宫复旧
E. 产后动物的健康状况与子宫复旧无关

33. （　　）通过母体盆腔最为困难。
A. 胎儿头部　　B. 胎儿肩胛部
C. 胎儿骨盆部　　D. 正生　　E. 倒生

34. （　　）时，胎儿两前腿及颈部伸直，头颈在两前腿之上。
A. 胎儿头部　　B. 胎儿肩胛部
C. 胎儿骨盆部　　D. 正生　　E. 倒生

35. 猪的子宫复旧时限为（　　）。
A. 28 天左右　　B. 35~46 天　　C. 10~20 天　　D. 22~26 天　　E. 5~8 天

36. 牛的恶露排出时间时限约为（　　）。
    A. 2～3 天　　B. 10～20 天　　C. 5～7 天
    D. 15 天左右　　E. 3 小时
37. 对雌激素表述**不正确**的是（　　）。
    A. 主要由成熟卵泡和颗粒细胞合成
    B. 主要以游离形式存在于血浆
    C. 促进输卵管上皮细胞增生　　D. 可加速骨的生长　　E. 刺激乳腺导管和结缔组织增生
38. 芳香化酶可将睾酮转变为（　　）。
    A. 抑制素　　B. 雄激素　　C. 黄体生成素　　D. 雌二醇　　E. 松弛素
39. 睾丸支持细胞分泌的多肽激素为（　　）。
    A. 抑制素　　B. 雄激素　　C. 黄体生成素　　D. 雌二醇　　E. 松弛素
40. 在猪，适合进行诱导分娩的时间（　　）。
    A. 产前 2 周后　　B. 产前 1 周后　　C. 产前 3 天　　D. 产前 3 周后　　E. 妊娠 90 天后

    （41～46 题共用下列备选答案）
    A. GnRH　　B. FSH　　C. LH
    D. eCG（PMSG）　　E. PRL
41. 上面列出的激素由垂体产生，其主要作用是促进卵巢上卵泡生长发育，常用于超数排卵的是（　　）。
42. 上面列出的激素中，（　　）与 FSH 的作用类似，但在体内的半衰期却比 FSH 要长。
43. 在雄性动物，上面激素中又称为促间质细胞生成素的是（　　）。
44. 上面列出的激素中，促进排卵最重要的激素（　　）。
45. 能促进卵泡生长发育，并作为马妊娠诊断指标的激素是（　　）。
46. 上面列出的激素具有刺激并维持黄体功能，刺激生殖道分泌黏液作用的是（　　）。

    （47～49 题共用下列备选答案）
    A. PRL　　B. 催产素（垂体后叶素）
    C. 雌激素　　D. 孕酮（黄体酮）
    E. PG
47. （　　）是调节子宫颈平滑肌的紧张性，影响精子在雌性生殖道中运行、受精、胚胎着床和分娩等生殖过程的激素，并且是唯一的不饱和羟基脂肪酸。
48. 在生产上常用于预防流产保胎，是卵巢上黄体分泌的主要激素，这种激素是（　　）。
49. 最适合用于催产、排乳以及治疗产后子宫出血和胎衣不下的是（　　）。

    （50、51 题共用下列备选答案）
    A. 牛　　B. 猪　　C. 绵羊　　D. 犬
    E. 山羊
50. 上面列出的动物属于季节性单次发情的动物是（　　）。
51. 胚胎移植时，采胚和胚胎移植通常采用非手术法的动物是（　　）。

    （52～55 题共用下列备选答案）
    A. 血绒毛膜胎盘（盘状胎盘）
    B. 内皮绒毛膜胎盘（带状胎盘）
    C. 尿囊绒毛膜胎盘（柱状胎盘）
    D. 上皮绒毛膜胎盘（弥散型胎盘）
    E. 结绒毛膜胎盘（子叶胎盘）
52. 犬的胎盘类型属于（　　）。
53. 牛的胎盘类型属于（　　）。
54. 猪和马的胎盘类型属于（　　）。
55. 猴的胎盘类型属于（　　）。

    （56～59 题共用下列备选答案）
    A. 米非司酮　　B. 地塞米松　　C. 卡麦角林　　D. $PGF_{2\alpha}$　　E. 阿托品
56. 广泛用于各种动物诱导分娩和妊娠终止的糖皮质激素是（　　）。
57. 用于动物妊娠终止的孕激素拮抗剂有（　　）。
58. 通过直接溶解黄体、促进子宫收缩而用于诱导分娩和妊娠终止，但用于犬可致呕吐、排便排尿、呼吸加快、流涎等副作用的是（　　）。
59. 通过抑制催乳素分泌，可有效终止犬妊娠的多巴胺激动剂是（　　）。
60. 下列**不属于**早产预兆的是（　　）。
    A. 乳腺突然膨大　　B. 阴唇稍微肿胀
    C. 乳头内可挤出清亮液体　　D. 阴门内有清亮黏液排出　　E. 逐渐消瘦
61. 下列属于症状性流产因素的是（　　）。
    A. 胎膜异常　　B. 胎盘异常　　C. 胚胎过多　　D. 生殖器官疾病　　E. 胚胎停止发育
62. 下列**不属于**医疗错误性流产的是（　　）。
    A. 服用过量泻剂　　B. 用大量雌激素
    C. 误用大量前列腺素　　D. 误用大量孕酮　　E. 误用大量皮质激素
63. 下列一般**不引起**流产的传染病是（　　）。
    A. 牛羊布氏杆菌病　　B. 猪细小病毒病

C. 猪乙型脑炎病毒　　D. 牛羊的钩端螺旋体病　　E. 犬细小病毒病

64. 对胎儿干尸化或胎儿浸溶正确处理方法是（　　）。
    A. 用消毒液或 5%～10% 盐水等，冲洗子宫
    B. 注射 PG，促进污物排出，子宫抗菌消炎
    C. 在子宫内放入抗生素
    D. 重视全身治疗
    E. 注射孕酮

65. 下列决定母畜分娩过程的因素是（　　）。
    A. 母畜的营养　　B. 外界环境是否安静
    C. 胎儿的数目　　D. 产力、产道、胎儿状态　　E. 怀孕期长短和胎次

66. 奶牛场每年都要淘汰不适应生产需要的奶牛，淘汰的标准应根据母畜临床表现和其他生产价值综合分析决定，下面哪种情况**不应该淘汰**（　　）。
    A. 生殖器官患结核或肿瘤　　B. 双卵巢完全硬化、1年空怀、年龄超过9岁
    C. 生殖器官先天性畸形　　D. 三个乳头损伤闭锁　　E. 患有子宫内膜炎

67. 母猪哺乳期间一直不发情是因为（　　）。
    A. 断奶后机体恢复了健康
    B. 泌乳期分泌大量的促乳素抑制了促性腺激素的分泌
    C. 哺乳时卵巢上有持久黄体
    D. 泌乳期卵巢产生了雌激素
    E. 泌乳期前列腺素分泌不足

68. 一个大型新建养猪场，先后从国内外引进1000头种猪，饲养半年后陆续开始发情配种，一年中该猪场先后发生大批不同孕期流产。分析流产的原因最大可能是（　　）。
    A. 营养缺乏　　B. 管理利用不当
    C. 传染性病原感染　　D. 寄生虫感染
    E. 医疗错误性流产

69. 奶牛体况中等，3个月未发情，产奶量下降，阴道内经常排出黄白色浑浊黏液并在尾根处形成结痂，直肠检查发现子宫增大、壁变厚、温度偏高、触之有波动、疼痛感，未触及子叶和妊娠脉搏，间隔一段时间检查变化不明显。诊断最大可能是（　　）。
    A. 死胎　　B. 早期妊娠　　C. 子宫积脓
    D. 子宫肿瘤　　E. 子宫复旧不全

70. 母畜分娩后，从阴道内流出较多的鲜红血液，阴道检查发现血液是从子宫内流出的，直肠检查子宫缩小，子宫内无胎水，再用消毒液冲洗子宫，也不见一点液体排出，母畜迅速出现全身出汗，可视黏膜苍白、心跳快弱、呼吸浅快。可诊断为（　　）。
    A. 子宫颈炎　　B. 严重子宫机械性损伤
    C. 阴道损伤　　D. 胎衣不下　　E. 骨盆韧带和神经损伤

71. 催产素可治疗的动物产科疾病是（　　）。
    A. 产后缺钙　　B. 隐性乳腺炎　　C. 产后瘫痪　　D. 胎衣不下　　E. 雄性动物不育

72. 动物能顺利分娩时，胎儿正常产出状态应该是（　　）。
    A. 侧胎位、纵胎向、头颈四肢伸直
    B. 正生时上胎位、纵胎向、头颈及两前肢伸直　　C. 侧胎位、竖胎向、头颈四肢伸直　　D. 上胎位、纵胎向、头颈伸直，前肢屈曲　　E. 下胎位、纵胎向，头颈四肢伸直

73. 手术助产时**错误的做法**是（　　）。
    A. 牵拉前产道内灌注大量润滑剂
    B. 牵拉应与母畜的努责相配合
    C. 沿着骨盆轴的方向牵拉
    D. 严禁强行牵拉
    E. 子宫颈管狭窄或开张不全时可以优先考虑手术助产

74. 行牵引术助产时，产科绳系在正生奶牛胎儿的（　　）。
    A. 系节上方　　B. 系节下方　　C. 腕关节上方　　D. 跗关节上方　　E. 蹄部

75. 子宫迟缓时**不能**使用下列（　　）方法。
    A. 注射催产素　　B. 牵引术　　C. 截胎术　　D. 剖宫产　　E. 注射麦角新碱

76. 对于无法矫正拉出胎儿，又不能或不宜施行剖宫产的死胎，最好考虑用（　　）。
    A. 截胎术　　B. 助产术　　C. 矫正术　　D. 药物催产　　E. 直接淘汰

77. 子宫迟缓属于（　　）难产。
    A. 产力性难产　　B. 产道性难产
    C. 胎儿性难产　　D. 母体性难产
    E. 以上均不是

78. 子宫颈开张不全时最好应用（　　）。
    A. 雌二醇　　B. 孕酮　　C. 催产素
    D. 前列腺素　　E. 麦角新碱

79. 体成熟前过早交配，至分娩时母牛尚未发育完全，极有可能发生（　　）。
    A. 骨盆狭窄性难产　B. 子宫颈开张不全性难产　C. 子宫迟缓　D. 子宫捻转　E. 胎儿性难产
80. 奶牛产后恶露排出时间异常的是（　　）。
    A. 3～5天　B. 6～7天　C. 8～9天　D. 10～12天　E. 20天以上
81. 治疗牛子宫捻转时不宜采用的方法是（　　）。
    A. 翻转母体　B. 剖腹矫正　C. 产道内矫正　D. 直肠内矫正　E. 牵引术矫正
82. 引起猪继发性子宫迟缓的主要原因是（　　）。
    A. 体质虚弱　B. 胎水过多　C. 身体肥胖　D. 子宫肌疲劳　E. 催产素分泌不足
83. 牛排出胎衣的正常时限是（　　）。
    A. 产后12h之内　B. 产后24h　C. 产后6h　D. 产后3h　E. 产后2h
84. 引起奶牛胎衣不下的原因**不包括**（　　）。
    A. 胎盘炎症　B. 胎盘充血或水肿　C. 子宫破裂　D. 产后子宫收缩无力　E. 胎盘未成熟或老化
85. 胎衣不下时的治疗原则是（　　）。
    A. 防止胎衣腐败吸收　B. 促进子宫收缩　C. 局部和全身抗菌消炎　D. 在条件适合时可剥离胎衣　E. 以上选项均正确
86. 常见的产后感染**不包括**（　　）。
    A. 急性阴门炎　B. 阴道炎　C. 急性子宫内膜炎　D. 产后败血病　E. 急性肾炎
87. 产后子宫内膜炎时不宜注射下列哪种药物（　　）。
    A. 雌激素　B. 催产素　C. 麦角新碱　D. 前列腺素　E. 抗生素
88. 引起奶牛生产瘫痪的主要原因是（　　）。
    A. 低血钙　B. 低血糖　C. 后驱神经麻痹　D. 全身衰竭　E. 产后腹内压骤然降低
89. 奶牛生产瘫痪主要发生于哪个生产阶段的奶牛（　　）。
    A. 饲养良好、高产、5～8岁产奶量最高时期的奶牛　B. 初产奶牛　C. 饲养不良的体虚奶牛　D. 老龄奶牛　E. 各个阶段均易发生
90. 下列奶牛产后瘫痪的预防措施中**不正确**的是（　　）。
    A. 产前两周降低日粮中钙含量　B. 产前两周提高日粮中的钙含量　C. 分娩前肌注维生素D_2　D. 分娩后静脉注射葡萄糖酸钙　E. 加强奶牛的运动
91. 一小型犬产后5天出现后肢乏力，迈步不稳，难以站立，呼吸略急促，流涎的症状。有时肌肉轻微震颤，张口喘气，乏食，嗜睡；并伴有呕吐、腹泻症状，体温在39.8～40.5℃之间，实验室检查发现血清钙含量为4.25mg/dL（正常血钙为9～11.5mg/dL），此犬最可能发生的是（　　）。
    A. 产后低血钙症　B. 胃肠炎　C. 中毒症状　D. 急性传染病后期的神经症状　E. 产后营养不良
92. 初产母牛分娩时，阴门未充分松软，张开不够大；胎儿通过时助产人员未采取保护措施；胎儿过大，强行拉出胎儿。上述这些原因均能引起（　　）。
    A. 产道损伤　B. 阴道脱　C. 子宫脱　D. 子宫内膜炎　E. 产后瘫痪
93. 在炎热的夏天，母牛产犊后24h还未见胎衣排出，注射子宫收缩药24h也未见排出，应怎样处理（　　）。
    A. 等待自行排出　B. 继续用子宫收缩药　C. 服用中药　D. 及时手术剥离　E. 肌内注射抗菌消炎药
94. 动物卵巢上有功能性黄体存在，致使长期无卵泡生长，也无发情表现，最有效的处理方法是（　　）。
    A. 雌激素催情　B. 注射促卵泡素FSH　C. 注射促黄体素（LH）　D. 注射前列腺素$PGF_{2\alpha}$及其类似物　E. 注射孕马血清促性腺激素（PMSG）
95. 一般认为，繁殖适龄期奶牛在繁殖季节内超过多少时间不发情，或配种不受孕即可认定为不育（　　）。
    A. 一个发情期　B. 两个发情期　C. 三个发情期　D. 四个发情期　E. 五个发情期
96. 家畜出现发情表现而且时间比较长，直肠检查卵巢上成熟的卵泡，但迟迟不排卵，应及时补充以下何种激素（　　）。
    A. 前列腺素　B. 雌激素　C. 促卵泡

激素　　D. 促黄体素　　E. 孕马血清促性腺激素

97. 繁殖适龄期动物在繁殖季节未孕也不发情，直肠检查卵巢质地、大小无变化，也无黄体和卵泡，应选哪种激素催情最好（　　）。
    A. 促黄体素　　B. 孕马血清促性腺激素
    C. 前列腺素　　D. 人绒毛膜促性腺激素
    E. 雌激素

98. 一个种猪场常采用相对固定的种猪精液进行人工配种，但在一段时间内，同一配种员采用同一公猪精液配种的片区，母猪空怀率普遍增多，产仔率很低，检查公猪母猪体况正常，试分析导致母猪怀孕产仔率低的原因可能是（　　）。
    A. 发情鉴定不准　　B. 配种时间不当
    C. 配种技术不熟练　　D. 精液品质差
    E. 公母猪生殖器官先天有问题

99. 母畜产后体温升高（40～42℃），稽留热，呼吸脉搏增快，精神沉郁，食欲废绝，结膜充血，可视黏膜发绀，严重脱水，很快衰竭，从阴道内排出污红色恶臭液体，可初步诊断为（　　）。
    A. 产后产道感染　　B. 子宫内膜炎
    C. 产后生殖器官感染引起的败血症
    D. 产后子宫出血　　E. 产后感冒

100. 一成年雌性动物出现断续发情，整个发情期延长，配种不能受胎。最可能的诊断结论是（　　）。
    A. 卵巢卵泡交替发育　　B. 延期排卵或不排卵　　C. 卵泡囊肿　　D. 黄体囊肿　　E. 持久黄体

101. 与其他动物相比，牛胎衣不下发生率较高的主要原因是（　　）。
    A. 肥胖　　B. 瘦弱　　C. 内分泌紊乱
    D. 饲养管理适宜　　E. 胎盘组织构造特点

102. 多发子宫蓄脓的动物是（　　）。
    A. 猪　　B. 马　　C. 犬　　D. 兔
    E. 绵羊

103. 奶牛难产做产科检查时，发现进入产道的胎儿背部与母体背部不一致，是属于（　　）。
    A. 胎儿过大　　B. 胎向异常　　C. 胎位异常　　D. 胎势异常　　E. 产道异常

（104～108题共用下列备选答案）

A. 牵引术　　B. 矫正术　　C. 截胎术
D. 翻转母体　　E. 剖腹取胎术

104. 母畜个体小、骨盆狭窄、胎儿绝对过大的难产（　　）。

105. 经产大家畜由于年龄偏大，体质较弱，分娩时阵缩努责无力，子宫迟缓发生难产，检查胎儿状态和产道正常（　　）。

106. 分娩母畜努责强烈，产道松弛，由胎位、胎势、胎向不正导致的难产（　　）。

107. 分娩母畜心脏功能不良，又患有其他疾病，遇胎儿畸形或严重胎儿状态异常无法矫正时难产（　　）。

108. 分娩母畜子宫颈前发生捻转，无法产出胎儿（　　）。

（109、110题共用以下题干）

一头牛体质比较差，分娩时发生难产，经有效助产后产出一活胎，但母牛产后喜卧少站立，第2天从阴门内露出拳头大小的红色瘤状物，第3天呈篮球大小的圆形、暗红色、有弹性的瘤状物。

109. 诊断最大可能的疾病是（　　）。
    A. 子宫脱出　　B. 直肠脱出　　C. 阴道肿瘤　　D. 阴道脱出　　E. 膀胱脱出

110. 治疗的根本方法是（　　）。
    A. 强心补液　　B. 补充钙剂
    C. 抗菌消炎　　D. 整复固定
    E. 局部麻醉或热敷

（111、112题共用以下题干）

一头大动物怀孕期已满，分娩开始后胎水流失，不断努责3小时不见胎儿产出，检查母体能站立，体温36.5℃，心跳115次/分，胎儿呈上胎位，头和左前肢进入产道，右前肢屈于自身胸腹下，刺激胎儿尚有活动。

111. 该动物可诊断为何种原因导致的难产（　　）。
    A. 产力不足　　B. 产道狭窄　　C. 胎位异常　　D. 胎儿姿势异常　　E. 胎向异常

112. 为及时、合理、有效的助产，应首选的助产方法是（　　）。
    A. 剖腹取胎术　　B. 药物催产　　C. 截胎术　　D. 牵引术　　E. 矫正术

（113～115题共用以下题干）

已产4胎的高产奶牛，分娩后1天突然发生全身肌肉震颤，很快出现全身肌肉松弛无力，四肢瘫痪，四肢缩于腹下，头向后弯于胸侧，神智昏迷，各种感觉反射降低或丧失，体温降低，心跳快慢，病急且病程短，不治疗或治疗不当死亡率高。

113. 初步诊断该牛最可能发生的疾病是（　　）。
    A. 产后瘫痪　　B. 生产瘫痪　　C. 分娩是时损伤骨盆神经或韧带　　D. 酮血病
    E. 心力衰竭

114. 分析主要病因是（　　）。
    A. 碳水化合物和脂肪代谢障碍　　B. 中毒　　C. 缺镁　　D. 损伤　　E. 低血钙

115. 治疗的特效方法是（　　）。
    A. 补充足够的葡萄糖　　B. 静脉补充足够的钙　　C. 补充足够的维生素
    D. 乳房灌注　　E. 强心

（116、117题共用以下题干）
牛怀孕6个月后见阴门内经常排出腐臭带毛的棕褐色污秽液体，精神沉郁，体温偏高，机体逐渐消瘦，直肠检查不见胎动和子宫中动脉颤动，无子叶和胎水，仅有长短不一骨片，卵巢上有黄体。

116. 该牛可诊断为（　　）。
    A. 先兆性流产　　B. 胎儿干尸化
    C. 胎儿浸溶　　D. 习惯性流产
    E. 隐性流产

117. 怎样处理（　　）。
    A. 催产素引产　　B. 注射黄体酮
    C. 控制全身和局部感染后手术取出
    D. 立即剖腹取胎骨　　E. 自行排出

（118、119题共用下列备选答案）
    A. 前列腺素　　B. 雌激素　　C. 促黄体素/人绒毛膜促性腺激素　　D. 孕激素
    E. 孕马血清促性腺激素

118. 母畜不发情，卵巢上无生长卵泡的催情（　　）。

119. 母畜表现出强烈持续发情，发情期延长，间情期缩短，检查发现卵巢上有1个或数个比正常卵泡大的囊泡，囊壁很薄且紧张。处理方法是（　　）。

（120~122题共用以下题干）
博美犬，分娩后4天早晨震颤、瘫痪、吠叫，呼吸短促，大量流涎，体温42℃，血糖5.5mmol/L，血清钙1.2mmol/L。

120. 该犬所患疾病是（　　）。
    A. 酮病　　B. 低血糖　　C. 子宫套叠
    D. 胎衣不下　　E. 泌乳期惊厥

121. 治疗该犬首选的药物是（　　）。

A. 氯化钠　　B. 葡萄糖酸钙　　C. 氯化钾　　D. 葡萄糖　　E. 碳酸氢钠

122. 该病治疗药物的首选给药途径是（　　）。
    A. 口服　　B. 皮下注射　　C. 肌内注射　　D. 静脉注射　　E. 腹腔注射

123. 难产可造成母畜一系列疾病，**不属于**难产继发症状的是（　　）。
    A. 妊娠毒血症　　B. 弥散性血管内凝血
    C. 休克　　D. 腹膜炎　　E. 子宫及产道损伤

124. 母畜泌乳过多或断奶过迟时，引起的不育属于是（　　）。
    A. 营养性不育　　B. 管理利用性不育
    C. 繁殖技术性不育　　D. 环境气候性不育　　E. 衰老性不育

125. 治疗母畜阴道炎时，使用高锰酸钾的浓度应为（　　）。
    A. 0.05%~0.1%　　B. 0.1%~0.5%
    C. 0.5%~1%　　D. 1%~2%
    E. 2%~5%

126. 母猪交配后经过一个发情周期未见发情，表现妊娠，但过了一段时间后又发情，一般可诊断为（　　）。
    A. 先兆流产　　B. 隐性流产　　C. 延期流产　　D. 胎儿浸溶　　E. 胎儿干尸化

127. 直肠检查时发现母牛子宫颈增大并变厚实，一般可诊断为（　　）。
    A. 子宫颈炎　　B. 子宫积液及积脓
    C. 卵巢囊肿　　D. 慢性子宫内膜炎
    E. 卵巢功能不全

（128~134题共用以下题干）
怀孕母牛，突然出现腹痛、起卧不安、呼吸和脉搏加快等临诊症状。

128. 预示将要发生（　　）。
    A. 先兆流产　　B. 隐性流产　　C. 延期流产　　D. 胎儿浸溶　　E. 胎儿干尸化

129. 处理该病的首要原则是（　　）。
    A. 注射前列腺素　　B. 早孕因子的测定　　C. 孕酮分析　　D. 兴奋子宫收缩，催产　　E. 抑制子宫收缩，安胎

130. 对该病**错误**的治疗措施是（　　）。
    A. 肌内注射孕酮　　B. 肌内注射硫酸阿托品　　C. 肌内注射溴剂　　D. 肌内注射$PGF_{2\alpha}$　　E. 肌内注射氯丙嗪

131. 经上述处理后病情仍未稳定，阴道排出物继续增多，起卧不安加剧，子宫颈口已经开放，胎囊已进入阴道且羊膜破裂，应尽快采取的措施是（　　）。
    A. 人工助产　B. 截胎术　C. 肌内注射前列腺素和雌激素　D. 剖腹手术
    E. 子宫摘除手术

132. 若胎儿已经死亡，牵引、矫正有困难，采取的措施是（　　）。
    A. 人工助产　B. 截胎术　C. 肌肉前注射前列腺素、雌激素　D. 剖腹手术　E. 子宫摘除手术

133. 如子宫颈管开张不大，手不易伸入，可用采取的措施是（　　）。
    A. 人工助产　B. 截胎术　C. 肌内注射前列腺素、雌激素　D. 剖腹手术
    E. 子宫摘除手术

134. 如子宫颈口仍不开放，胎儿不易取出，应用采取的措施是（　　）。
    A. 人工助产　B. 截胎术　C. 肌内注射前列腺素、雌激素　D. 剖腹手术
    E. 子宫摘除手术

135. 预防乳腺炎的主要环节是（　　）。
    A. 长期投服药物　B. 注意牛体卫生　C. 淘汰乳腺炎患牛　D. 定期乳头药浴　E. 加强运动

136. 在20℃情况下，检查鲜牛奶酒精阳性乳所用的酒精浓度应为（　　）。
    A. 60%　B. 70%　C. 80%
    D. 90%　E. 95%

137. 某奶牛场刚挤出的鲜乳，过滤后装入容器，2h内冷却到适宜温度后冷藏。该适宜温度为（　　）。
    A. 1～4℃　B. 5～6℃　C. 7～8℃
    D. 9～10℃　E. 11～12℃

138. 用乳头灌注法治疗牛乳腺炎时必须在（　　）。
    A. 挤奶前进行　B. 挤奶时进行
    C. 挤完奶后1h内进行　D. 挤奶后3h进行　E. 挤奶后立即进行

139. 乳头灌注法治疗牛乳腺炎时溶解抗生素的药物应该为（　　）。
    A. 葡萄糖液　B. 生理盐水　C. 氯化钙溶液　D. 10%葡萄糖酸钙
    E. 10%氯化钠

140. 乳头灌注法治疗牛乳腺炎时所需普鲁卡因浓度为（　　）。
    A. 0.1%～0.2%　B. 0.25%～0.5%
    C. 0.6%～0.8%　D. 0.9%～1%
    E. 2%～3%

141. 治疗奶牛乳腺炎的最常用方法是（　　）。
    A. 全身抗菌消炎　B. 静脉输液
    C. 神经封闭　D. 乳头注入抗生素
    E. 肌内注射抗菌消炎

142. 苛性钠法检验隐性乳腺炎时仅限于（　　）。
    A. 初乳　B. 常乳　C. 干乳期乳
    D. 酒精阳性乳　E. 初产牛的乳汁

143. 异性孪生易造成雌性胎儿不育的动物有（　　）。
    A. 兔　B. 犬　C. 牛　D. 猫
    E. 山羊

144. 生殖股神经封闭时进针部位应在（　　）腰椎横突。
    A. 1～2之间　B. 2～3之间　C. 3～4之间　D. 4～5之间　E. 5～6之间

145. 现场情况下用苛性钠法检查隐性乳腺炎时，苛性钠浓度应为（　　）。
    A. 1%　B. 2%　C. 3.5%　D. 4%
    E. 0.5%

146. 左前乳房基部封闭治疗奶牛乳腺炎时，针尖刺入的方向是（　　）。
    A. 同侧膝关节　B. 对侧膝关节
    C. 同侧腕关节　D. 对侧腕关节
    E. 对侧乳房

147. 新生仔畜严重窒息的主要症状有（　　）。
    A. 有呼吸和心跳　B. 无呼吸，无心跳　C. 有呼吸，无心跳　D. 无呼吸，有微弱心跳　E. 以上都不是

148. 抢救新生仔畜窒息的首要措施是（　　）。
    A. 保温　B. 擦干全身　C. 输液补充能量　D. 注射抗生素　E. 擦干口腔鼻腔黏液及人工呼吸

149. 下列可以用来治疗仔畜窒息的药物是（　　）。
    A. 阿托品　B. 氯霉素类　C. 头孢曲松钠　D. 尼可刹米　E. 黄连素

150. 下列方法可以用来治疗窒息的方法是（　　）。
    A. 输液补糖　B. 输液补钙　C. 输氧　D. 擦干全身　E. 保温

151. 剖检因溶血而死亡的新生仔畜尸体，皮下出现的病变是（　）。
    A. 黄染明显　　B. 出血明显　　C. 血凝明显　　D. 没有变化　　E. 以上都不是

152. 治疗新生仔畜溶血病的方法有（　）。
    A. 输液　　B. 输血　　C. 输氧　　D. 输维生素B　　E. 饲喂初乳

153. 新生仔畜溶血病的死亡率（　）。
    A. 很高　　B. 不高　　C. 没有　　D. 较低　　E. 以上都不是

154. 睾丸产生雄激素的细胞是（　）。
    A. 淋巴细胞　　B. 间质细胞　　C. 生精细胞　　D. 营养细胞　　E. 血管内皮细胞

155. 对于睾丸发育不全家畜的症状描述**有误**的是（　）。
    A. 睾丸较小，质地软，缺乏弹性
    B. 精液呈水样
    C. 精子不耐冷冻和贮存
    D. 出生后生长发育正常
    E. 体温升高，可视黏膜黄染

156. 引起附睾炎的主要病原菌有（　）。
    A. 布氏杆菌　　B. 链球菌　　C. 葡萄球菌　　D. 大肠杆菌　　E. 其他微生物

157. 下列动物精囊腺最为发达的是（　）。
    A. 猪　　B. 牛　　C. 羊　　D. 马　　E. 狗

158. 患精囊腺炎综合征的动物精液呈（　）。
    A. 清亮　　B. 透明　　C. 脓汁凝块　　D. 黑色　　E. 红色

159. 对阴茎和包皮损伤出现的症状描述**有误**的是（　）。
    A. 不可见的创口和肿胀　　B. 流出血液或炎性分泌物　　C. 血肿或水肿　　D. 排尿障碍　　E. 体况消瘦

160. 精囊腺炎综合征发病率较高的牛年龄一般在（　）。
    A. 5月龄以下　　B. 18月龄以下　　C. 2岁以下　　D. 3岁以下　　E. 4岁以下

161. 公畜的先天性不育一般是由于（　）。
    A. 染色体异常或发育不全　　B. 母亲染色体异常　　C. 父亲染色体异常　　D. 父母染色体都异常　　E. 以上都不是

162. 公畜的先天性不育疾病**不包括**（　）。
    A. 克莱因费尔综合征　　B. 睾丸发育不全　　C. 两性畸形　　D. 沃尔夫氏管道系统分节不全　　E. 阴茎畸形

163. 北京犬，发病1周，包皮肿胀，包皮口污秽不洁，流出脓样腥臭液体，翻开包皮囊见红肿、溃疡病变。该病是（　）。
    A. 包皮囊炎　　B. 前列腺炎　　C. 阴茎肿瘤　　D. 前列腺囊肿　　E. 前列腺增生

164. 马，雄性，配种后第2天，一侧阴囊肿大，皮肤紧张发亮，出现浮肿，不愿走动，运步时两后肢开张，步态紧张，直肠检查腹股沟内环有肠管脱入。最可能的疾病是（　）。
    A. 睾丸炎　　B. 附睾炎　　C. 阴囊积水　　D. 睾丸肿瘤　　E. 腹股沟阴囊疝

165. 公牛精囊腺炎综合征的常用诊断方法是（　）。
    A. 激素分析　　B. 直肠检查　　C. 血常规检查　　D. 尿常规检查　　E. 腹壁B超检查

166. 奶牛隐性乳腺炎的特点是（　）。
    A. 乳房肿胀，乳汁稀薄　　B. 乳房有触痛，乳汁稀薄　　C. 乳房无异常，乳汁含絮状物　　D. 乳房无异常，乳汁含凝乳块　　E. 乳房和乳汁无肉眼可见异常

167. 母牛，最初乳房肿大、坚实，触之硬痛。随疾病演变恶化，患部皮肤由粉红逐渐变为深红色、紫色甚至蓝色。最后全区完全失去感觉，皮肤湿冷。有时并发气肿，捏之有捻发音，叩之呈鼓音。根据症状可初步诊断为（　）
    A. 血乳　　B. 乳房浮肿　　C. 乳房创伤　　D. 坏疽性乳腺炎　　E. 乳池和乳头管狭窄及闭锁

168. 奶牛，患病乳房有不同程度的充血、增大、发硬、温热和疼痛，泌乳减少或停止，对该奶牛宜采取的治疗措施是（　）。
    A. 注射氯前列烯醇　　B. 乳头内注射抗生素　　C. 减少精料和多汁饲料　　D. 在乳房基部注射抗生素　　E. 乳房皮下穿刺放液消肿

169. 牛临产前需要助产的情况之一是（　）。

A. 如果母牛进入宫颈开张期后已超过2h仍无进展

B. 如果母牛在胎儿排出期已达2h仍进展非常缓慢

C. 如果母牛在胎儿排出期已达1h仍毫无进展

D. 如果胎囊已悬挂或露出于阴门，在1h内胎儿仍难以娩出

E. 有关人员应随时观察有无难产的症状，观察预产牛的时间不应少于2h，以准确确定胎儿排出期的长短

170. 防治雌性动物不育的综合措施**不包括**（　　）。
   A. 重视繁殖母畜的日常管理及定期检查
   B. 建立完善的繁殖记录
   C. 完善管理措施和严格执行卫生措施
   D. 减少人员外出流动，重视环境消毒与防疫
   E. 重视青年后备母畜的饲养

171. 外来引进母畜生殖器官正常，只是不表现发情，或者发情现象轻微；有时虽然有发情的外表征象，但不排卵，可初步怀疑为（　　）。
   A. 营养性不育　　B. 管理利用性不育
   C. 繁殖技术性不育　　D. 环境气候性不育　　E. 衰老性不育

172. 仔猪于生后2天发病，全身出现水肿，尤以后肢、颈下及胸腹下较为明显。之后卧地不起，四肢绵软无力，并伴有神经症状，四肢作游泳状划动，头后仰或扭向一侧。口微张，口角流出少量白沫。对外界事物毫无反应，多因昏迷而死亡。引起这种现象的疾病最有可能是（　　）。
   A. 新生仔猪溶血病　　B. 新生仔畜低血糖症　　C. 仔猪震颤病　　D. 猪伪狂犬病　　E. 仔猪贫血-衰竭综合征

173. 对奶牛启动分娩起决定作用的是（　　）。
   A. 胎儿的丘脑下部—垂体—肾上轴系
   B. 母体的丘脑下部—垂体—肾上腺轴系
   C. 胎盘产生的雌激素　　D. 胎盘产生的孕激素　　E. 神经垂体释放的催产素

174. 睾丸炎的治疗措施通常**不包括**（　　）。
   A. 热敷　　B. 冷敷　　C. 封闭
   D. 消炎　　E. 消肿

175. 影响分娩过程的因素**不包括**（　　）。
   A. 阵缩与努责　　B. 软产道　　C. 硬产道　　D. 胎儿与产道的关系　　E. 母体促卵泡激素的水平

176. 因子宫颈捻转导致的奶牛难产属于（　　）。
   A. 产道性难产　　B. 产力性难产
   C. 胎位性难产　　D. 胎向性难产
   E. 胎势性难产

177. 母牛处于发情期的卵巢特征是（　　）。
   A. 卵巢较小，表面平坦，有较小卵泡
   B. 卵巢较大，表面凸起，有较大卵泡
   C. 卵巢较大，表面凸起，有较小卵泡
   D. 卵巢大小中等，表面凹陷，有较小卵泡　　E. 卵巢大小中等，表面凸起，无卵泡

178. 早期妊娠诊断的临床检查方法**不包括**（　　）。
   A. 外部检查　　B. 直肠检查　　C. 阴道检查　　D. 妊娠脉搏触诊　　E. 乳房检查

179. 引起子宫痉挛的原因多见于（　　）。
   A. 母畜肥胖　　B. 孕期缺乏运动
   C. 分娩前受到惊吓　　D. 不正确助产
   E. 胎儿死亡

180. 产后脓毒血症的热型是（　　）。
   A. 双向热　　B. 稽留热　　C. 间歇热
   D. 弛张热　　E. 回归热

181. 治疗新生仔畜低血糖症时，补充糖类药物的给药途径**不选择**（　　）。
   A. 静脉注射　　B. 腹腔注射　　C. 皮内注射　　D. 口服　　E. 灌肠

（182、183题共用下列备选答案）
   A. 纵向、倒生、上位　　B. 横向、正生、侧位　　C. 横向、倒生、上位
   D. 纵向、正生、侧位　　E. 纵向、倒生、下位

182. 小尾寒羊，5岁，难产。产道检查见胎儿两后肢进入产道且伸直，胎儿的背部靠近母体的下腹部。分娩时胎儿的肚向、胎位是（　　）。

183. 母马分娩，努责强烈，未见胎儿产出。产道检查见两前肢已进入产道且伸直，胎儿的背部靠近母体的侧腹壁。分娩时胎儿的肚向、胎位是（　　）。

184. 高产奶牛产后7天，突然出现间歇性痉挛、狂躁，产奶量减少，乳、尿有烂苹果气味，血液生化可见（　　）。

A. 血糖和血酮升高　B. 血糖和游离脂肪酸升高　C. 血酮和游离脂肪酸升高　D. 血钙降低和血糖升高　E. 血钙升高和血糖降低

185. 马，5岁，妊娠321天，体温不高，精神沉郁，饮、食欲废绝，粪球干黑，尿浓色黄，可视黏膜潮红。血液检查见血浆混浊，呈暗黄色奶油状。该病最可能是（　　）。
　　A. 马巴贝斯虫病　B. 溶血性贫血　C. 营养性贫血　D. 酮病　E. 妊娠毒血症

186. 山羊，7岁，产后6小时，出现拱背、努责，随努责流出少量红色液体和组织碎片，治疗该病适宜的药物是（　　）。
　　A. 雌二醇、土霉素　B. 雌二醇、催产素　C. 孕酮、土霉素　D. 孕酮、雌二醇　E. 前列腺素、孕酮

187. 牛，5岁，产后2个月发情漏配，此后一直未见发情，阴道检查无异常。要进一步诊断应采用的检查方法是（　　）。
　　A. 直肠检查　B. 孕酮测定　C. 全身检查　D. 血液生化检查　E. 血常规

(188~190题共用以下题干)
奶牛，四个乳区乳汁均现红色，连续2天不见好转；乳房无明显红肿，无全身症状。乳汁于试管静置后，红色部分下沉，上层乳汁无异常变化。

188. 该病最可能的诊断是（　　）。
　　A. 慢性乳腺炎　B. 血乳　C. 乳房坏疽　D. 漏乳　E. 亚临床型乳腺炎

189. 适宜的处置方法是（　　）。
　　A. 注射抗生素　B. 增加挤乳次数　C. 乳房按摩、热敷　D. 注射维生素K　E. 补充多汁饲料

190. 如红色乳汁仅见于一个乳区，且该乳区表面有刺伤，可见乳汁通过创口外渗。该牛可能发生的是（　　）。
　　A. 血乳　B. 出血性乳腺炎　C. 乳房轻度创伤　D. 乳房深部创伤　E. 漏乳

(191~193题共用以下题干)
母猪，3.5岁，体格偏瘦。怀孕114天时分娩，产出8个胎儿后努责微弱，40分钟后仍不见胎儿产出。B超检查见子宫后部有多头活胎。

191. 该猪难产最可能的原因是（　　）。
　　A. 继发性子宫弛缓　B. 原发性子宫弛缓　C. 子宫痉挛　D. 胎儿过大　E. 阴道狭窄

192. 首选的助产药物是（　　）。
　　A. 前列腺素　B. 雌激素　C. 催产素　D. 麦角新碱　E. 葡萄糖酸钙

193. 首选的手术助产方法是（　　）。
　　A. 牵引术　B. 矫正术　C. 截胎术　D. 剖宫产术　E. 子宫颈扩张

(194~196题共用下列备选答案)
某后备母猪，适配月龄时未见发情；体重显著超过同龄母猪，腰粗壮，臀部发达，检查生殖系统发育未见异常。

194. 导致该母猪不孕最可能的原因是（　　）。
　　A. 先天因素　B. 营养因素　C. 配种技术因素　D. 环境气候因素　E. 疾病感染因素

195. 治疗该病最适宜的措施是（　　）。
　　A. 注射马绒毛膜促性腺激素　B. 注射氯前列醇　C. 控料、加强运动　D. 给予优质可消化全价饲料　E. 补加精料，增加营养

196. 该猪卵巢最可能呈现的变化是（　　）。
　　A. 既有卵泡又有黄体　B. 有多个黄体　C. 有多个卵泡　D. 脂肪浸润　E. 萎缩、结缔组织化

(197~199题共用以下题干)
金毛犬，雌性，3岁。1岁时开始发情，每半年一次。但每次发情时出血时间可长达20多天，外阴潮红，肿胀明显，阴户外翻。自出血一周后公犬接近，愿接受公犬爬跨，直至15天后阴户肿胀逐渐消退，出血量减少。B超检查，两侧卵巢上有多个直径1cm以上的液性暗区。

197. 该病最有可能的诊断是（　　）。
　　A. 卵泡囊肿　B. 卵巢机能减退　C. 持久黄体　D. 排卵迟缓　E. 黄体囊肿

198. 治疗该病最常用的药物是（　　）。
　　A. 前列腺素　B. 马绒毛膜促性腺激素　C. 促黄体素　D. 促卵泡素　E. 雌二醇

199. 如在发情出血的第9天进行B超检查，两侧卵巢上出现多个黄豆大小的液性暗区时，为提高受胎率，防治该病的发生，可在配种时配合应用（　　）。

A. 促性腺激素释放激素　B. 前列腺素　C. 雌二醇　D. 马绒毛膜促性腺激素　E. 丙酸睾酮

200. 妊娠绵羊，跛行，怀孕 3 个月后流产。取病料涂片，革兰氏染色和柯兹洛夫斯基染色镜检均见红色球杆菌。该病最可能的病原是（　）。
A. 大肠杆菌　B. 沙门氏菌　C. 布鲁氏菌　D. 李氏杆菌　E. 炭疽杆菌

201. 与 LH 配合刺激卵泡发育的激素是（　）。
A. FSH　B. P4　C. ACTH　D. hCG　E. OT

202. 通过孕酮检测进行奶牛早期妊娠诊断的时间是在配种后的（　）。
A. 5～10 天　B. 21～25 天　C. 31～40 天　D. 41～50 天　E. 51～60 天

203. 通过产道矫正子宫捻转时，奶牛的保定方法是（　）。
A. 站立，呈前低后高位　B. 右侧卧，呈前低后高位　C. 左侧卧，呈前低后高位　D. 站立，呈前高后低位　E. 右侧卧，呈前高后低位

204. 处置奶牛乳房坏疽**不宜**采取的措施是（　）。
A. 乳区注射抗生素　B. 0.1% 高锰酸钾冲洗乳房　C. 3% 过氧化氢冲洗乳房　D. 乳房热敷、按摩　E. 肌内注射抗生素

（205～207 题共用下列备选答案）
A. 剖腹产术　B. 卵巢子宫摘除术　C. 阴门上联合切开术　D. 输卵管结扎术　E. 卵巢摘除术

205. 流浪犬，雌性，1 岁，对其进行绝育术，手术应选择（　）。

206. 京巴犬，1.5 岁，妊娠 61 天，已持续努责 2 小时，阴道检查胎儿未进入子宫颈，宫颈口可伸入 3 个手指，B 超检查胎儿较大，有胎动，手术治疗应选择（　）。

207. 京巴犬，8 岁，不食，体温 39.4℃，腹围增大，阴门有红褐色分泌物流出。腹部超声探查，可见多个大面积液性暗区，加大增益可见暗区内有点状低回声。手术治疗应选择（　）。

（208～210 题共用下列备选答案）
A. 马　B. 牛　C. 山羊　D. 猫　E. 猪

208. 春季多次发情、自发性排卵的动物是（　）。

209. 秋冬季多次发情、自发性排卵的动物是（　）。

210. 春秋季多次发情、诱导性卵的动物是（　）。

211. 奶牛，妊娠已 265 天，食欲减退，频频努责，可见一近排球大小的囊状物垂于阴门之外，表面呈暗红色、水肿严重，针对该病，整复脱出物前的处置方法是（　）。
A. 酒精消毒　B. 温热生理盐水冲洗　C. 3% 明矾水冷敷、压迫　D. 0.1% 高锰酸钾热敷　E. 3% 过氧化氢冲洗

212. 公羊，不愿交配，叉腿行走，阴囊内容物紧张、肿大，精子活力降低，精液分离出布鲁氏菌。该羊最可能发生的疾病是（　）。
A. 附睾炎　B. 精囊腺炎　C. 阴囊损伤　D. 前列腺炎　E. 阴囊炎

（213～215 题共用以下题干）
某猪场，经产母猪发情正常，连续 2 个发情周期配种未孕，最近呈现发情表现，阴户肿胀潮红，从阴道分泌出少量黏稠浑浊的黏液。

213. 该母猪最可能的疾病是（　）。
A. 排卵延迟　B. 隐性子宫内膜炎　C. 慢性卡他性子宫内膜炎　D. 慢性卡他性脓性子宫内膜炎　E. 慢性脓性子宫内膜炎

214. 该病的原因是（　）。
A. LH 分泌不足　B. 雌激素分泌过多　C. GnRH 分泌不足　D. 病原微生物感染　E. 缺乏维生素 A 和维生素 E

215. 有助于该病治疗的激素是（　）。
A. 促性腺激素释放激素　B. 人绒毛膜促性腺激素　C. 马绒毛膜促性腺激素　D. 黄体酮　E. 催产素

（216～218 题共用以下题干）
母猪难产，注射催产素后产出仔猪软弱无力、可视黏膜发绀或苍白、呼吸极度微弱。

216. 对仔猪采取的首要措施是（　）。
A. 擦干体表胎水，诱发呼吸反射
B. 擦干体表胎水，保温
C. 擦净鼻孔、口腔内的胎水，诱发呼吸反射
D. 立即进行人工呼吸

E. 腹腔注射葡萄糖溶液
217. 与该病无关的因素是（　　）。
A. 阵缩与努责异常　B. 胎盘类型
C. 胎儿数目　D. 胎儿过大　E. 胎儿产出时间过长
218. 除猪外，常见发生该病的动物是（　　）。
A. 牛　B. 羊　C. 马　D. 犬
E. 猫

（219~221题共用以下题干）
某窝新生仔猪，出生正常，采食母乳后出现了反应迟钝、畏寒喜卧、心音亢进、呼吸困难、可视黏膜黄染的症状。
219. 该病可初步诊断为（　　）。
A. 新生仔畜窒息　B. 新生仔畜低血糖症　C. 新生仔畜溶血病　D. 新生仔畜肝炎　E. 新生仔畜缺铁性贫血
220. 确诊该病的方法是（　　）。
A. 仔猪血常规检查　B. 仔猪血糖检查　C. 仔猪肺部X光检查　D. 仔猪血清肝炎病毒抗体检测　E. 仔猪红细胞与母乳的凝集反应
221. 采用输血疗法时，可以选择的是（　　）。
A. 母体血浆　B. 母体血清　C. 母体全血　D. 母体红细胞生理盐水　E. 代血浆

（222~224题共用以下题干）
某奶牛群，4~5岁，发情期无明显异常，流产多发生于妊娠6~8个月，母牛胎衣不下，胎盘呈黄色胶冻样浸润；流产胎儿皮下有出血性浆液性浸润，胃肠和膀胱浆膜下出血。
222. 该病可能是（　　）。
A. 布鲁氏菌病　B. 牛病毒性腹泻/黏膜病　C. 钩端螺旋体病　D. 牛传染性鼻气管炎　E. 沙门氏菌病
223. 该病检疫的常用方法是（　　）。
A. 血清凝集试验　B. 动物接种试验　C. 变态反应试验　D. 血液病原体检查　E. 胎衣病原体检查
224. 牛场根除该病的措施是（　　）。
A. 淘汰检疫阳性牛　B. 及时治疗发病牛　C. 阳性牛与阴性牛分栏饲养　D. 紧急预防接种　E. 大批引进健康牛

（225~227题共用以下题干）
母马，分娩过程持续1小时仍未见胎儿排出，应用大量催产素，出现强烈努责，数小时后突然安静，努责停止，但未见胎儿排出。
225. 该马最可能发生的是（　　）。
A. 胎儿死亡　B. 子宫破裂　C. 子宫痉挛　D. 子宫迟缓　E. 疼痛休克
226. 确诊该病，最直接的检查方法是（　　）。
A. 产道检查　B. 胎儿活力检查　C. B超检查　D. 血常规检查　E. 直肠检查
227. 由于抢救不及时，该母马发生死亡。引起马死亡最可能的原因是（　　）。
A. 疼痛休克　B. 失血性休克　C. 感染性休克　D. 药物过敏　E. 产程过长

参 考 答 案

1	2	3	4	5	6	7	8	9	10	11	12	13	14	15
D	A	E	D	A	B	D	A	E	C	E	C	D	A	D
16	17	18	19	20	21	22	23	24	25	26	27	28	29	30
D	C	A	E	B	C	D	A	C	E	C	B	B	A	C
31	32	33	34	35	36	37	38	39	40	41	42	43	44	45
B	E	A	A	B	B	B	D	A	B	B	B	C	C	D
46	47	48	49	50	51	52	53	54	55	56	57	58	59	60
E	E	D	B	D	A	B	E	D	A	B	A	D	C	E

续表

61	62	63	64	65	66	67	68	69	70	71	72	73	74	75
D	D	E	B	D	E	B	C	C	B	D	B	D	D	C
76	77	78	79	80	81	82	83	84	85	86	87	88	89	90
A	A	A	A	E	D	D	A	C	E	E	A	A	A	B
91	92	93	94	95	96	97	98	99	100	101	102	103	104	105
A	A	D	D	C	D	B	D	C	A	E	C	C	E	A
106	107	108	109	110	111	112	113	114	115	116	117	118	119	120
B	E	D	A	D	D	E	B	E	B	C	C	E	C	E
121	122	123	124	125	126	127	128	129	130	131	132	133	134	135
B	D	A	B	A	B	A	A	E	D	A	D	C	D	B
136	137	138	139	140	141	142	143	144	145	146	147	148	149	150
B	A	E	B	B	D	B	C	C	D	B	D	E	D	C
151	152	153	154	155	156	157	158	159	160	161	162	163	164	165
A	B	A	B	E	A	A	C	E	B	A	E	A	E	B
166	167	168	169	170	171	172	173	174	175	176	177	178	179	180
E	D	D	C	D	D	B	A	C	E	A	B	E	C	B
181	182	183	184	185	186	187	188	189	190	191	192	193	194	195
C	E	D	C	E	B	A	B	D	D	A	C	A	B	C
196	197	198	199	200	201	202	203	204	205	206	207	208	209	210
D	D	C	A	C	A	B	A	D	B	A	B	A	C	D
211	212	213	214	215	216	217	218	219	220	221	222	223	224	225
C	A	D	D	E	C	B	D	C	E	D	A	C	A	B
226	227													
A	B													

(余树民、曹随忠、周金伟、沈留红)

第五篇　中兽医学

第一章　基础理论

考纲考点：(1) 阴阳学说、五行学说的基本内容及应用；(2) 五脏、六腑的生理功能，气血的生理功能与病理；(3) 经络系统的组成、十二经脉的命名及循行路线、经络的主要作用；(4) 六淫致病的共同特点；六淫的性质、致病特性及常见病证；内伤致病因素种类、致病特性及常见病证。

一、阴阳五行学说

（一）基本内容

阴阳五行	相互关系
阴阳	阴阳对立（对立制约）、阴阳互根（互根互用）、阴阳消长（消长平衡）、阴阳转化（相互转化）
五行	相生、相克、相乘、相侮

（二）应用

应用	阴阳学说	五行学说
生理	动物体的组织结构、生理	分别脏腑器官的属性、说明脏腑器官之间相互滋生和制约联系
病理	疾病的病理变化、发展、转归	母病及子、子病犯母、相乘为病、相侮为病
诊断	分析症状的阴阳属性、辨别证候的阴阳属性	察色应症
治疗	确定治疗原则、分析药物性能的阴阳属性（指导临床用药）	抑制过亢、扶助过衰
预防	春夏养阳、秋冬养阴	

二、脏腑学说与气血

（一）五脏的生理功能

脏器	功能	脏器	功能
心	心主血脉；心藏神；心开窍于舌；心主汗	肺	肺主气，司呼吸；肺主宣发和肃降；肺通调水道；肺主一身之表，外合皮毛；肺开窍于鼻；肺在液为涕
肝	肝藏血；肝主疏泄；肝主筋；开窍于目；肝在液为泪	肾	肾藏精；肾主命门之火；肾主水；肾主纳气；肾主骨、生髓，通于脑；肾开窍于耳，司二阴；肾在液为唾
脾	脾主运化；脾主统血；脾主肌肉四肢；脾开窍于口；脾在液为涎		

（二）六腑的生理功能

脏器	功能	脏器	功能
胆	贮藏和排泄胆汁，以帮助脾胃的运化	三焦	三焦是上、中、下焦的总称。总的功能是总司机体的气化，疏通水道，是水谷出入的通路。上焦：司呼吸，主血脉，将水谷精气敷布全身，以温养肌肤、筋骨，并通调腠理。中焦：腐熟水谷，并将营养物质通过肺脉化生营血。下焦：分别清浊，并将糟粕以及代谢后的水液排泄于外
胃	受纳和腐熟水谷，称为"胃气"		
小肠	受盛化物和分别清浊（小肠接受由胃传来的水谷，进行消化吸收以分别清浊）		
大肠	传化糟粕：即大肠接受小肠下传的水谷残渣或浊物，经过吸收其中的多余水液，最后燥化成粪便，由肛门排出体外		
膀胱	贮存和排泄尿液		

（三）气血的生理功能

生理功能	气	推动作用；温煦作用；防御作用；固摄作用；气化作用；营养作用
	血	营养和滋润全身；血藏神
常见病证	气	气虚、气陷、气滞、气逆等
	血	血虚、血瘀、血热、出血等

三、经络

（一）经络系统的组成

经脉	由十二经脉（前肢三阳经和三阴经，后肢三阳经和三阴经）、十二经别和奇经八脉构成	内属脏腑部分	十二经脉各与其本身脏腑直接相连，称之为"属"；同时也各与其相表里的脏腑相连，称之为"络"。阳经皆属腑而络脏，阴经皆属脏而络腑
络脉	包括十五大络、络脉、孙络、浮络和血络		
外连体表部分	有十二经筋和十二皮部		

（二）十二经脉的命名及循行路线

1. 十二经脉的命名

十二经脉的命名表

循行部位（阴经行于内侧，阳经行于外侧）		阴经（属脏络腑）	阳经（属腑络脏）
前肢	前缘	太阴肺经	阳明大肠经
	中线	厥阴心包经	少阳三焦经
	后缘	少阴心经	太阳小肠经
后肢	前缘	太阴脾经	阳明胃经
	中线	厥阴肝经	少阳胆经
	后缘	少阴肾经	太阳膀胱经

2. 脉的循行路线

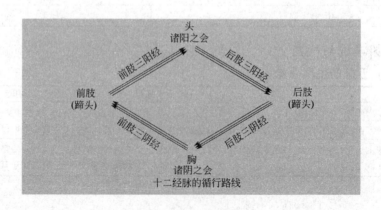

十二经脉的循行路线

(三) 经络的主要作用

生理	病理	治疗
运行气血,温养全身;协调脏腑,联系全身;保卫体表,抗御外邪	传导病邪;反映病变	传递药物的治疗作用;感受和传导针灸的刺激作用

四、病因

(一) 六淫致病的共同特点

六淫指自然界风、寒、暑、湿、燥、火(热)六种反常气候。
致病的共同特点:①外感性;②季节性;③兼挟性;④转化性。

(二) 六淫致病的性质、致病特性和常见病症

六淫	性质与致病特性	常见病证
风邪	①风为阳邪,其性轻扬开泄;②风性善行数变;③风性主动	外风(伤风、风痹、风疹);内风(血虚生风、热极生风等)
寒邪	①寒性阴冷,易伤阳气;②寒性凝滞,易致疼痛;③寒性收引	外寒;内寒
暑邪	①暑性炎热,易致发热;②暑性升散,易耗气伤;③暑多挟湿	中暑;暑热;暑湿
湿邪	①湿为阴邪,阻遏气机,易损阳气;②湿行重浊,其性趋下;③湿性黏滞,缠绵难退	外湿;内湿
燥邪	①燥性干燥,易伤津液;②燥易伤肺	外燥(温燥和凉燥);内燥
火邪	①火为热极,其性炎上;②易生风动血;③易伤津液;④易致疮痈	实火;虚火

(三) 内伤致病因素种类、致病特性及常见病证

种类	致病特性	常见病证
饥饱劳逸	可直接导致动物患病,可使机体抵抗力降低为外感致病创造条件	饥渴、饱伤、劳伤、逸伤等
痰饮(脏腑功能失调,致使体内津液凝聚变化而成;清稀如水曰饮、黏浊而稠曰痰)	病位广泛、病证复杂;阻碍经脉气血的运行,阻滞气机升降出入,影响水液代谢	咳嗽气喘、口吐黏液、瘰(luǒ)疬(百病多由痰作祟)、水肿、腹水等
七情(喜、怒、忧、思、悲、恐、惊)	直接伤及五脏;影响脏腑气机	喜伤、恐伤、惊伤等

(王成)

第二章 辨证施治

考纲考点：(1) 四诊法、察口色方法、部位以及常见口色的主证；(2) 切脉部位和方法、常见脉象的主证；(3) 八纲辨证、脏腑辨证、卫气营血辨证、六经辨证的主要内容，辨证要点；(4) 治未病、主要治则、内治八法的主要内容。

一、诊法

中兽医诊察疾病的方法主要有望、闻、问、切四种，简称"四诊"。望、闻、问、切四诊，是调查了解疾病的四种方法，各有其独特的作用，不能相互取代。在临床运用时，将它们有机地结合起来，称作"四诊合参"。

(一) 察口色

1. 察口色方法

察口色包括观察口腔各有关部位的色泽，以及舌苔、口津、舌形等变化。实际操作中，医者在用手拨开动物嘴角时，便感知了口腔温度。因此，察口色内容概括为"色、温、津、苔、形"五个方面。

马属动物检查 最常用的方法是右手拉住笼头，左手食指和中指拨开上下嘴角，即可看到唇、口角、排齿（上下齿龈）的颜色；然后，将这两指从口角伸入口腔，感觉其干湿温凉；再将二指上下一撑，口即行张开，便可看到舌色、舌苔、舌形及卧蚕；最后再将舌拉出口外，仔细观察舌苔、舌体、舌面及卧蚕等部位的细微变化。

牛检查 须先看鼻镜，然后一手提住鼻圈（或鼻孔），一手拨开嘴唇，即可看到颊部、舌底及卧蚕等的变化。若需详细观察，可用一手以食指与拇指握住鼻中隔并向上提，另一手牵出舌并下压下颌，翻转舌体，即可较全面地观察到口色的变化。

猪羊检查 用开口器或棍棒撬开口腔观察。

犬猫检查 对性情温顺者，可由助手握紧前肢，检查者右手拇指置于上唇左侧，其余四指置于上唇右侧，在掐紧上唇的同时，用力将唇部皮肤向下内方挤压；用左手拇指与其余四指分别置于下唇的左、右侧，用力向内上方挤压唇部皮肤，左、右手用力将上、下颌向相反方向拉开即可。有咬癖的犬，以绷带圈绕于上、下颌，拉开口腔并借助毛巾将舌拉出。必要时，用金属开口器打开口腔。

2. 察口色部位

主要包括唇、舌、卧蚕（舌下两个肉阜，左名金关，右名玉户）、排齿、口角（颊部黏膜）等，其中以舌为主。马属动物主要看唇、舌、卧蚕和排齿，而以舌为主；牛、羊主要看卧蚕、仰池（卧蚕周围的凹陷部）、舌底及颊部，而以颊部、舌底最为重要；猪主要看舌；犬、猫主要看颊部黏膜、齿龈、上腭和舌；骆驼主要看仰池及上唇内侧正中两旁黏膜的颜色。

3. 常见口色的主证

正常口色	有病口色（主证）
舌质淡红，舌体不胖不瘦，活动灵活自如；微有薄白舌苔，稀疏均匀；干湿得中，不滑不燥。四季口色：春如桃花夏似血，秋如莲花冬似雪。	从舌色、舌苔、舌津、舌形等进行观察。舌色：白色（虚证）、赤色（热证）、青色（寒证）、黄色（湿证）、黑色（寒极、热极）；舌苔：白苔（表证、寒证）、黄苔（里证、热证）、灰黑苔（热证、寒湿）；口津：口津黏稠或干燥（热证）、口干，舌面有皱褶（虚证）、口津多而清稀，口腔滑利（寒证）。舌形：老嫩（实证、热证、虚证、寒证）、胖瘦（虚证、湿证）

(二) 切脉

1. 切脉的部位

马、骡切**颌外动脉**（多用）或双凫脉。牛、骆驼切**尾中动脉**。猪、羊、犬等切**股内动脉**。**双凫脉**在颈基部前方，颈静脉沟下三分之一处，波动最为明显的颈总动脉上。用食指、中指、无名指切脉。

2. 脉象

项目	脉象	主证
浮脉	轻按即得，重按反觉脉减（如触水中浮木）	主表证。浮而有力为表实证，浮而无力为表虚证。内伤久病的虚证也见浮脉，属虚阳外越的表现。脉浮大而空，按之如葱管样，称为芤脉（见于大失血）
沉脉	轻取不应，重按始得（如触水中沉石）	主里证。沉而有力为里实证，沉而无力为里虚证。表邪初感而见沉脉者，为表邪外束，阻遏卫阳于里，不能外达所致
迟脉	脉来迟慢	主寒证。迟而有力为寒实证，迟而无力为虚寒证；浮迟是表寒，沉迟为里寒。此外，热邪结聚，阻滞血脉流行，也可见迟脉证
数脉	脉来急促	主热证。数而有力为实热证，数而无力为虚热证；浮数是表热，沉数为里热。虚阳外越，可见数脉，但必数大而无力，按之豁然而空
虚脉	浮、中、沉取均感无力，按之空虚	主虚证。多为气血两虚及脏腑虚证
实脉	浮、中、沉取均感有力，按之实满	主实证

二、辨证

(一) 八纲辨证

八纲，即表、里、寒、热、虚、实、阴、阳。八纲辨证。

1. 表里

项目	主证	治则
表证	舌苔薄白，脉浮，恶风寒（被毛逆立、寒战）。常有鼻流清涕、咳嗽、气喘等症状（肺合皮毛）	宜采用汗法（解表法）。根据寒热轻重的不同，或辛温解表，或辛凉解表
里证	相对表证而言，里证病位在脏腑，病变较深	分别采用温、清、补、消、泻诸法

2. 寒热

项目	主证	治则
寒证	"阴胜其阳"的证候（或为阴盛，或为阳虚，或阴盛阳虚同时存在）。一般症状是口色淡白或淡清，口津滑利，舌苔白，脉迟，尿清长，粪稀，鼻寒耳冷，四肢发凉等	宜采用温法（"寒者热之"）。根据病情，或辛温解表，或温中散寒，或温肾壮阳
热证	"阳胜其阴"的证候（或阳盛，或阴虚，或阳盛阴虚同时存在）。一般症状表现是口色红，口津减少或干躁，舌苔黄，脉数，尿短赤，粪干或泻痢腥臭，呼出气热，身热。或目赤、气促喘粗、贪饮、恶热等症状	宜用清法（"热者寒之"）。根据病情或辛凉解表，或清热泻火，或壮水滋阴

3. 虚实

项目	主证	治则
虚证	口色淡白，舌质如绵，无舌苔，脉虚无力，头低耳耷，体瘦毛焦，四肢无力。或表现出虚汗、虚喘、粪稀或完谷不化等症状	宜采用补法（"虚则补之"），或补气，或补血，或气血双补；或滋阴，或助阳，或阴阳并济
实证	高热，烦躁，喘息气粗，腹胀疼痛，拒按，大便秘结，小便短少或淋漓不通，舌红苔厚，脉实有力等	宜采用泻法（"实则泻之"），除攻里泻下之外，还包括活血化瘀、软坚散结、涤痰逐饮、平喘降逆、理气消导等法

4. 阴阳

项目	原因	主证
阴证	是阳虚阴盛,机能衰退,脏腑功能下降的表现。多见于里证的虚寒证	体瘦毛焦,倦怠肯卧,体寒肉颤,怕冷喜暖,口流清涎,肠鸣腹泻,尿液清长,舌淡苔白,脉沉迟无力。在外科疮痈方面,凡不红、不热、不痛,脓液稀薄而少臭味者,均系阴证的表现
阳证	是邪气盛而正气未衰,正邪斗争亢奋的表现	精神兴奋,狂躁不安,口渴贪饮,耳鼻肢热,口舌生疮,尿液短赤,舌红苔黄,脉象洪数有力,腹痛起卧,气急喘粗,粪便秘结

(二) 脏腑辨证

脏腑辨证,是根据脏腑的生理功能,病理变化,对疾病证候进行分析归纳,借以推究病因病机,判断病位、病性和正邪盛衰等状况的一种辨证方法。

1. 心与小肠病证

项目	原因	主症	治则	方例
心气虚	久病体虚,暴病伤正,误治、失治,老龄脏气亏虚等	心悸,气短乏力,自汗(运动后尤甚),舌淡苔白,脉虚	养心益气,安神定悸	养心汤(《证治准绳》)加减
心阳虚	多在心气虚的基础上发展而来	心气虚症外,兼有形寒肢冷,耳鼻四肢不温,舌淡或紫暗,脉细弱或结代	温心阳,安心神	保元汤(《博爱心鉴》)加减
心血虚	久病体虚,血液生化不足;或失血过多,劳伤过度,损伤心血	心悸,躁动,易惊,口色淡白,脉细弱	补血养心,镇惊安神	归脾汤加减(见补虚方)
心阴虚	除心血虚病因外,热证伤阴津,腹泻日久	心血虚症外,兼有午后潮热,低热不退,盗汗,舌红少津,脉细数	养心阴,安心神	补心丹(《世医得效方》)加减
心热内盛	感受暑热之邪或其他淫邪内郁化热,或过服温补药	高热,大汗,精神郁郁,气促喘粗,粪干尿少,口渴,舌红,脉象洪数	清心泻火,养阴安神	香薷散或白虎汤加减(见清热方)
痰火扰心	气郁化火,炼液为痰,痰火内盛,上扰心神	发热,气粗,眼急惊狂,蹬槽越桩,狂躁奔走,咬物伤人及其他兴奋型的表现,苔黄腻,脉滑数	清心祛痰,镇惊安神	镇心散或朱砂散(安神与开窍方)
心火上炎	由六淫内郁化火而	舌尖红,舌体糜烂或溃疡,躁动不安,口渴喜饮,苔黄,脉数	清心泻火	洗心散(见清热方)或泻心汤(《金匮要略》)加减
小肠中寒	因外感寒邪或内伤阴冷所致	腹痛起卧,肠鸣,粪便稀薄,口内湿滑,口流清涎,口色青白,脉象沉迟	温阳散寒,行气止痛	橘皮散加减(见理气方)

2. 肝与胆病证

项目	原因	主症	治则	方例
肝火上炎	外感风热或肝气郁结而化火所致	两目红肿,羞明流泪,睛生翳障,视力障碍,或有鼻衄,粪便干燥,尿浓赤黄,口色鲜红,脉象弦数	清肝泻火,明目退翳	决明散(见平肝方)或龙胆泻肝汤(见有关方剂)
肝血虚	脾肾亏虚(生化之源不足)或慢性病耗伤肝血,或失血过多所致	眼干,视力减退→夜盲,内障,或倦怠肯卧,蹄壳干裂,或眩晕,站立不稳,或肢体麻木,震颤,四肢抽搐,口色淡白,脉象弦细	滋阴养血,平肝明目	四物汤加减(见补虚方)
热极生风	邪热内盛,热极生风,横窜经脉所致	高热,四肢痉挛抽搐,项强,甚则角弓反张,神志不清,撞壁冲墙,圆圈运动,舌质红绛,脉弦数	清热,熄风,镇痉	羚羊钩藤汤(《通俗伤寒论》)加减
肝阳化风	肝肾之阴久亏,肝阳失潜而致	神昏似醉,站立不稳,时欲倒地或头向左或向右盘旋不停,偏头直颈,歪唇斜眼,肢体麻木,拘急抽搐,舌质红,脉弦数有力	平肝熄风	镇肝熄风汤加减(见祛风方)
阴虚生风	外感热病后期阴液耗损,或内伤久病,阴液亏虚	形体消瘦,四肢蠕动,午后潮热,口咽干燥,舌红少津,脉弦细数	滋阴定风	大定风珠(《温病条辨》)加减

续表

项目	原因	主症	治则	方例
血虚生风	急慢性出血过多,或久病血虚所致	除血虚所致的眩晕站立不稳,时欲倒地,蹄壳干枯龟裂,口色苍白,脉细之外,尚有肢体麻木,震颤、四肢抽搐	养血熄风	加减复脉汤(《温病条辨》)
肝胆湿热	感受湿热之邪,或脾胃运化失常,湿邪内生,郁而化热所致	黄疸鲜明如橘色,尿液短赤或黄而浑浊。母畜带下黄臭,外阴瘙痒,公畜睾丸肿胀热痛,阴囊湿疹,舌苔黄腻,脉弦数	清利肝胆湿热	茵陈蒿汤加减(见清热方)

3. 脾与胃病证

项目	原因	主症	治则	方例
脾虚不运	饮食失调,劳役过度,或其他疾患耗伤脾气	草料迟细,体瘦毛焦,倦怠肯卧,肚腹虚胀,肢体浮肿,尿短,粪稀,口色淡黄,舌苔白,脉缓弱	益气健脾	参苓白术散(见补虚方)或香砂六君子汤(见四君子汤)
脾气下陷	脾不健运发展而来	久泻不止,脱肛或子宫脱或阴道脱,尿淋漓,并伴体瘦毛焦,倦怠多卧,草料迟细,口色淡白,苔白,脉虚等	益气升阳	补中益气汤(见补虚方)加减
脾不统血	久病体虚,脾气衰虚,不能统摄血液所致	慢性出血(便血、尿血、皮下出血等),伴体瘦毛焦,倦怠肯卧,口色淡白,脉细弱	益气摄血,引血归经	归脾汤加减(见补虚方)
脾阳虚	脾气虚发展而来,或因过食冰冻草料,暴饮冷水,损伤脾阳所致	脾不健运症状,同时出现形寒怕冷,耳鼻四肢不温,肠鸣腹痛,泄泻,口色青白,口腔滑利,脉象沉迟	温中散寒	理中汤加减(见温里方)
寒湿困脾	长期过食冰冻草料,暴饮冷水(寒湿停于中焦);或久卧湿地,或阴雨苦淋,导致寒湿困脾	耳耷头低,四肢沉重肯卧,草料迟细,粪便稀薄,小便不利,或见浮肿,口粘不渴,舌白腻,脉象迟缓而濡	温中化湿	胃苓散加减(见五苓散)
胃阴虚	高热伤阴,津液亏耗所致	体瘦毛焦,皮肤松弛,弹性减退,食欲减退,口干舌燥,粪球干小,尿少色浓,口色红,苔少或无苔,脉细数	滋养胃阴	养胃汤(《临证指南》)加减
胃寒	外感风寒,或饮喂失调	形寒怕冷,耳鼻发凉,食欲减退,粪便稀软,尿液清长,口腔湿滑或口流清涎,口色淡或青白,苔白而滑,脉象沉迟	温胃散寒	桂心散加减(见温里方)
胃热	胃阳素强,或外感邪热犯胃,或外邪传内化热,或急性高热病中热邪波及胃脘所致	耳鼻温热,草料迟细,粪球干小而尿少,口干舌燥,口渴贪饮,口腔腐臭,齿龈肿痛,口色鲜红,舌有黄苔,脉象洪数	清热泻火,生津止渴	清胃解热散(《中兽医治疗学》)加减
胃食滞	暴饮暴食,伤及脾胃,胃滞不化,或草料不易消化,停滞于胃所致	不食,肚腹胀满,嗳气酸臭,腹痛起卧,粪干或泄泻,矢气酸臭,口色深红而燥,苔厚腻,脉滑实	消食导滞 轻者:曲蘖散(见消导方) 重者:调气攻坚散(《中兽医治疗学》)加减	

4. 肺与大肠病证

项目	原因	主症	治则	方例
肺气虚	久病咳喘伤及肺气,或其他疾病伤肺→肺气虚弱而成	久咳气喘,咳喘无力,动则喘甚,鼻流清涕,畏寒喜暖,易感冒,易出汗,日渐消瘦,皮燥毛焦,倦怠肯卧,口色淡白,脉象细弱	补肺益气,止咳定喘	补肺散(党参、黄芪、紫苑、五味子、熟地、桑白皮)(《永类钤方》)加减
肺阴虚	久病体弱,或邪热久恋于肺→损伤肺阴所致。或发汗太过而伤及肺阴所致	干咳连声,昼轻夜重,气喘,鼻液黏稠,低热不退,或午后潮热,盗汗,口干舌燥,粪干小,尿少色浓,口色红,舌无苔,脉细数	滋阴润肺	百合固金汤(见补虚方)加减
痰饮阻肺	脾失健运,湿聚为痰饮,上贮于肺,使肺气不得宣降	咳嗽,气喘,鼻液量多,色白而黏稠,苔白腻,脉滑	燥湿化痰	二陈汤(见化痰止咳平喘方)加减
风寒束肺	风寒之邪侵袭肺脏,肺气闭郁而不得宣降所致	以咳嗽,气喘为主,兼有发热轻而恶寒重,鼻流清涕,口色青白,舌苔薄白,脉浮紧	宣肺散寒,祛痰止咳	麻黄汤或荆防败毒散(均见解表方)加减
风热犯肺	外感风热之邪,以致肺气宣降失常所致	特点:咳嗽和风热表证共见。咳嗽,鼻流黄涕,咽喉肿痛,耳鼻温热,身热,口干贪饮,口色偏红,舌苔薄白或黄白,脉浮数	疏风散热,宣通肺气	表热重:银翘散(见解表方)加减;咳嗽重:桑菊饮(《温病条辨》)加减
肺热咳喘	外感风热或风寒之邪入里郁而化热,以致肺气宣降失常	咳声洪亮,气促喘粗,鼻翼扇动,鼻涕黄而黏稠,咽喉肿痛,粪便干燥,尿液短赤,口渴贪饮,口色赤红,舌黄燥,脉洪数	清肺化痰,止咳平喘	麻杏石甘汤(见化痰止咳平喘方)或清肺散(见清热方)加减
大肠液亏	内有燥热→大肠津液亏损,或胃阴不足,不能下滋大肠	粪球干小而硬,或粪便秘结干燥,弩责难以排下,舌红少津,苔黄,脉燥,脉细	润肠通便	当归苁蓉汤(见泻下方)加减
食积大肠	过饥暴食,或草料突换,或久渴失饮,或劳逸失度,或老龄咀嚼不全	粪便不通,肚腹胀满,回头观腹,不时起卧,饮食欲废绝,口腔酸臭,尿少色浓,口色赤红,舌苔黄厚,脉象沉而有力	通便攻下,行气止痛	大承气汤(见泻下方)加减
大肠湿热	外感暑湿,或感染、或霉败、有毒草料,以致湿热或疫毒蕴结,损伤气血	发热,腹痛起卧,泻痢腥臭,甚则脓血混杂,口干舌燥,口渴贪饮,尿液短赤,口色红黄,舌苔黄腻或黄干,脉象滑数	清热利湿,调气和血	白头翁汤或郁金散(均见清热方)
大肠冷泻	外感风寒或内伤阴冷(如喂冰冻草料,暴饮冷水)而发病	耳鼻寒凉,肠鸣如雷,泻粪如水,或腹痛,尿少而清,口色青白,舌白滑,脉象沉迟	温中散寒,渗湿利水	桂心散(见温里方)或橘皮散(见理气方)加减

5. 肾与膀胱病证

项目	原因	主症	治则	方例
肾阳虚衰	素体阳虚,或久病伤肾,或劳损过度,或年老体弱,下元亏损所致	形寒肢冷,末梢不温,腰痿,腰腿不灵,难起难卧,四肢下部浮肿,粪便稀软或泄泻,小便减少。公畜性欲减退,阳痿不举,垂缕不收,母畜宫寒不孕。口色淡,舌苔白,脉沉迟无力	温补肾阳	肾气散(见补虚方之六味地黄汤)加减

续表

项目	原因	主症	治则	方例
肾气不固	肾阳素亏,劳损过度,或久病失养,肾气亏耗,失其封藏固摄之权	小便频数而清,或尿后余沥不尽,甚至遗尿或小便失禁,腰腿不灵,难起难卧,公畜滑精早泄,母畜带下清稀,胎动不安,舌淡苔白,脉沉弱	固摄肾气	缩泉丸(《妇人良方》)或固精散(见收涩方)加减
肾不纳气	由于劳役过度,伤及肾气,或久病咳喘,肺虚及肾所引起	咳嗽,气喘,呼多吸少,动则喘甚,重则咳而遗尿,形寒肢冷,汗出,口色淡白,脉虚浮	温肾纳气	人参蛤蚧散(《卫生宝鉴》)加减
肾虚水泛	素体虚弱,或久病失调,损伤肾阳,不能温化水液,致水邪泛滥而上逆,或外溢肌肤所致	体虚无力,腰脊板硬,末梢不温,尿量减少,四肢腹下浮肿(尤两后肢浮肿),严重者宿水停脐,或阴囊水肿,或心悸,喘咳痰鸣,舌质淡胖,苔白,脉沉细	温阳利水	济生肾气丸加减
肾阴虚	因伤精、失血、耗液而成;或急性热病耗伤肾阴,或其他脏腑阴虚而伤及于肾,或因过服温燥劫阴之药所致	形体瘦弱,腰胯无力,低热不退或午后潮热,盗汗,粪便干燥,公畜举阳滑精或精少不育,母畜不孕,视力减退,口干、色红、少苔、脉细数	滋阴补肾	六味地黄汤(见补虚方)加减
膀胱湿热	由湿热下注膀胱,气化功能受阻所致	尿频而急,排尿困难,常作排尿姿势,痛苦不安,或尿淋漓,尿色浑浊,或有脓血,或有砂石,口色红,苔黄腻,脉濡数	清利湿热	八正散(见祛湿方)加减

附:有关方剂

方名	组成	方名	组成
保元汤	党参、黄芪、桂枝、甘草	调气攻坚散	醋香附、三棱、莪术、木香、藿香、沉香、枳壳、莱菔子、槟榔、青皮、郁李仁、麻油、醋
羚羊钩藤汤	羚羊片、霜桑叶、川贝母、鲜生地、钩藤、菊花、茯神、生白芍、生甘草、竹茹	补肺散	党参、黄芪、紫苑、五味子、熟地、桑白皮
大定风珠	生白芍、阿胶、生龟板、干地黄、麻仁、五味子、牡蛎、麦冬、炙甘草、鸡子黄、鳖甲	桑菊饮	桑叶、菊花、杏仁、甘草、薄荷、连翘、芦根、桔梗
		缩泉丸	乌药、益智仁、山药
加减复脉汤	炙甘草、生地黄、生白芍、麦冬、阿胶、麻仁	人参蛤蚧散	人参、蛤蚧、杏仁、甘草、茯苓、贝母、桑白皮、知母
养胃汤	沙参、玉竹、麦冬、生扁豆、桑叶、甘草	济生肾气丸	熟地、山药、山茱萸、茯苓、泽泻、牡丹皮、官桂、炮附子、牛膝、车前子
清胃解热散	知母、石膏、玄参、黄芩、大黄、枳壳、陈皮、六曲、连翘、地骨皮、甘草	龙胆泻肝汤	龙胆草、黄芩、栀子、泽泻、木通、车前子、当归、柴胡、甘草、生地

(三)六经辨证

六经辨证是结合伤寒病证的特点而创立的一种辨证方法,主要用于外感病的辨证。六经是太阳、阳明、少阳、太阴、少阴、厥阴的总称。

1. 太阳病证

项目	主证	治则	方例
太阳伤寒	恶寒,发热,关节肿痛,跛行,无汗,咳嗽,气喘,脉浮紧	发汗解表,宣肺平喘	麻黄汤(见解表方)加减
太阳中风	恶风,发热,汗自出,脉浮缓	解肌祛风,调和营卫	桂枝汤(见解表方)加减

2. 阳明病证

项目	主证	治则	方例
阳明经证	身热,汗出,呼吸粗喘,口渴欲饮,苔黄燥,脉洪大	清热生津	白虎汤(见清热方)加减
阳明腑证	身热,呈日晡热,汗出,粪便燥结,粪球干小,甚至闭结不通,尿短赤,脉沉而有力	清热泻下	大承气汤(见泻下方)加减;阴亏严重者,用增液承气汤(见泻下方之大承气汤)加减

3. 少阳病证、太阴病证

项目	主证	治则	方例
少阳病证	微热不退,寒热往来(精神时好时坏,寒战时有时无,皮温时高时低,耳鼻发凉转温交替),不欲饮食,脉现弦象	和解少阳	小柴胡汤(见和解方)加减
太阴病证	腹痛,腹胀,粪便清稀,苔白,脉细缓	温中散寒,健脾燥湿	理中汤(见温里方)加减

4. 少阴病证

项目	主证	治则	方例
少阴寒化证	恶寒,嗜睡,立少喜卧,耳鼻发凉,四肢厥冷,体温偏低,脉沉细	回阳救逆	四逆汤(见温里方)加减
少阴热化证	口燥,咽痛,烦躁不安,舌红绛,脉细数	滋阴泻火	黄连阿胶汤(黄连、黄芩、芍药、鸡子黄、阿胶,《伤寒论》)加减

(四)卫气营血辨证

卫气营血辨证,是用于辨外感温热病的一种辨证方法。它是在六经辨证的基础上发展起来的,又弥补了六经辨证的不足。

1. 卫分病证

项目	主证	治则	方例
卫分	发热重,恶寒轻,咳嗽,咽喉肿痛,口干微红,舌苔薄黄,脉浮数	辛凉解表	银翘散(见解表方)加减

2. 气分病证

项目	主证	治则	方例
温热在肺	发热,呼吸喘粗,咳嗽,口色鲜红,舌苔黄燥,脉洪数	清热宣肺,止咳平喘	麻杏石甘汤(见化痰止咳平喘方)加减
热入阳明	身热,大汗,口渴喜饮,口津干燥,口色鲜红,舌黄燥,脉洪大	清热生津	白虎汤(见清热方)加减
热结肠道	发热,肠燥便干,粪结不通或稀粪旁流,腹痛,尿短赤,口津干燥,口色深红,舌黄厚,脉沉实有力	滋阴,清热,通便	增液承气汤(见泻下方之大承气汤)加减

3. 营分病证

项目	主证	治则	方例
热伤营阴	高热不退,夜甚,躁动不安,呼吸喘促,舌质红绛,斑疹隐隐,脉细数	清营解毒,透热养阴	清营汤(见清热方)加减
热入心包	高热、神昏、四肢厥冷或抽搐,舌绛,脉数	清心开窍	清宫汤(《温病条辨》)加减

4. 血分病证

项目	主证	治则	方例
血热妄行	身热,神昏,黏膜、皮肤发斑,尿血,便血,口色深绛,脉数	清热解毒,凉血散瘀	犀角地黄汤(见清热方)加减
气血两燔	身大热,口渴喜饮,口燥苔焦,舌质红绛,发斑,衄血,便血,脉数	清气分热,解血分毒	清瘟败毒饮《疫疹一得》加减
肝热动风	高热,项背强直,阵阵抽搐,口色深绛,脉弦数	清热平肝熄风	羚羊钩藤汤《通俗伤寒论》加减
血热伤阴	低热不退,精神倦怠,口干舌燥,舌红无苔,尿赤,粪干,脉细数无力	清热养阴	青蒿鳖甲汤(见清热方)加减

三、防治法则

(一)预防

"治未病":①未病先防;②既病防变。

（二）治则

治则	内容	治则		内容
扶正与祛邪	①祛邪兼扶正；②扶正兼祛邪；③先扶正后祛邪；④先祛邪后扶正	治病求本	治标与治本	①急则治其标；②缓则治其本；③标本兼治
同治与异治	①异病同治；②同病异治		正治与反治	①正治又称逆治，即"热者寒之""寒者热之""虚者补之""实者泻之"等
三因制宜	①因时制宜；②因地制宜；③因畜制宜			
治疗与护养	"三分治疗，七分护理"			②反治又称从治，有"热因热用""寒因寒用""塞因塞用""通因通用"等

（三）内治八法

八法指八种药物治疗的基本方法，即汗、吐、下、和、温、清、补、消。临床上常采用**八法并用**，即①攻补并用；②温清并用；③消补并用；④汗下清并用。

（樊平）

第三章 中药性能及方剂组成

考纲考点：（1）中药采集与产地、中药炮制的目的、方法；（2）中药四气五味、升降浮沉与归经、毒性；（3）七情、十八反、十九畏及妊娠禁忌的内容；（4）方剂组成原则及加减化裁。

一、中药采集、产地与炮制

1. 采集

中药的采集是指对植物、动物和矿物的药用部分进行采摘、挖掘和收集。其中采收季节、时间和方法，与药材品质的优劣密切相关，尤其是季节、时间，有"三月陈五月蒿，六月七月当柴烧"之说。

无论植物药、动物药及矿物药，采收方法各不相同。正如《本草蒙筌》（明·陈嘉谟）所谓："茎叶花实，四季随宜，采未老枝茎，汁充溢，摘将开花蕊，气尚包藏，实收已熟，味纯，叶采新生，力倍。入药诚妙，治病方灵。其诸玉石禽兽虫鱼，或取无时，或收按节，亦有深义，非为虚文，并各遵依，勿恣孟浪。"足见药材不同，采收方法各异，但还是有一定规律可循的。

2. 产地

中药药效与产地密切有关，常说"地道药材"或"道地药材"就是这个意思。同时，也讲究中药产地加工，常用方法：除杂（拣、洗、刷、淘、刮、擦、剪、削、簸、筛、风扬、去心等）、修切定形（切开、压制、卷曲、理直、扎捆等）、干燥（晒干、阴干、烘干、石灰干燥）等。

3. 炮制

中药炮制，古代称之为炮炙、修治、修事等。

中药炮制目的

清除杂质及非药用部分，保证药物的纯净清洁	便于制剂、服用和储藏
减少或消除药物的毒性、烈性和副作用	改变药物作用的趋向，引经入药
增强药物的疗效或转变药物的性能和作用	矫味、矫臭

中药炮制方法

修治	①纯净；②粉碎；③切制	水火共制	①煮；②蒸；③燀；④淬
水制	①洗；②淋；③泡；④润；⑤漂；⑥水飞	其他方法	①制霜；②发酵；③发芽
火制	①炒；②炙；③煅；④煨；⑤烘焙		

二、中药性能

中药性能，简称药性，是指其与疗效有关的性味和效能，研究中药物性能及其运用规律的理论，称为药性理论。药性理论是中药理论的核心，主要包括四气五味、归经、升降沉浮、毒性等。

四气	四性：寒、凉、温、热四种不同药性
五味	辛、甘、酸、苦、咸五种不同药味　"辛能散行、甘能缓补、酸能收涩、苦能燥泻、咸能软下"
升降浮沉	升——上升，降——下降，浮——上行发散，沉——下行泄利。常以"升浮""沉降"合称
归经	中药作用部位。归——作用的归属，经——脏腑及其经络的概称

续表

| 毒性 | "毒性":对动物危害性较大,甚至可危及生命。"副作用":对机体危害不大,停药后能消失。毒性分类：①无毒；②有毒：小毒、大毒、剧毒 |

三、配伍禁忌

七情	单行、相须、相使、相畏、相杀、相恶、相反	
反畏忌	①十八反：甘草反甘遂、大戟、海藻、芫花；乌头反贝母、瓜蒌、半夏、白蔹、白及；藜芦反人参、沙参、丹参、玄参、细辛、芍药	③妊娠禁忌：巴豆、牵牛、大戟、斑蝥、商陆、三棱、莪术、水蛭、虻虫、麝香等
	②十九畏：硫黄畏朴硝,水银畏砒霜,狼毒畏密陀僧,巴豆畏牵牛,丁香畏郁金,川乌、草乌畏犀角,牙硝畏三棱,官桂畏石脂,人参畏五灵脂	④慎用药物：包括通经去瘀、行气破滞,以及辛热等药物(如桃仁、红花、附子、干姜、肉桂、大黄、枳实等)

四、方剂

1. 组成原则

一个完整的方剂包括主、臣、佐、使四个部分。

2. 加减化裁

药味增减、药量增减、数方合并、剂型变化。

(董世起)

第四章 解表药方

考纲考点：（1）麻黄、桂枝、荆芥、防风、紫苏、细辛、白芷、生姜、薄荷、柴胡、升麻、葛根、桑叶、菊花、蝉蜕的主要功效及主治；（2）麻黄汤、桂枝汤、荆防败毒散、银翘散、小柴胡汤的组成、功效及主治。

解表药

类别	药名	性味	归经	功能	主治
辛温解表药	麻黄	辛、微苦,温	肺、膀胱	发汗散寒,宣肺平喘,利水消肿	恶寒战栗、发热无汗、肺经实喘、水肿实而兼表证
	桂枝	辛、甘,温	心、肺、膀胱	发汗解肌,温通经脉,助阳化气	风寒感冒、发热恶寒,湿性痹痛、痰饮
	荆芥	辛、微温	肺、肝	祛风解表,止血	风热、风寒表证、多种出血
	防风	辛、甘、微温	膀胱、肝、脾	祛风发表,胜湿解痉	风寒感冒、风寒湿痹和破伤风
	紫苏	辛,温	肺、脾	发表散寒,行气和胃	风寒感冒兼咳嗽、肚腹胀满、外伤止血
	细辛	辛,温	心、肺、肾	发表散寒,祛风止痛,温肺化痰	风寒感冒、风湿痹痛、肺寒咳嗽
	白芷	辛,温	胃、大肠、肺	散风祛湿,消肿排脓,通窍止痛	发散风寒,祛风止痛,散结消肿、排脓止痛
	生姜	辛,微温	脾、肺、胃	解表散寒,温中止呕,化痰止咳	外感风寒、寒痰咳嗽,温胃和中、降逆止呕
辛凉解表药	薄荷	辛,凉	肺、肝	疏散风热,清利头目	风热感冒、目赤、咽痛
	柴胡	苦、微寒	肝、胆、心包、三焦	和解退热,疏肝理气,升举阳气	和解少阳、肝气郁结、久泻脱肛、子宫脱垂
	升麻	甘、辛、微寒	肺、脾、胃、大肠	发表透疹,清热解毒,升阳举陷	痘疹透发不畅、口舌生疮、咽喉肿痛、久泻脱肛
	葛根	甘、辛,凉	脾、胃	发表解肌,生津止渴,升阳止泻	温病发热、热病伤津、脾虚泄泻、透发斑疹
	桑叶	苦、甘,寒	肺、肝	疏风散热,清肺润燥,清肝明目	风热感冒、肺热燥咳、目赤流泪、凉血止血
	菊花	甘、苦、微寒	肺、肝	散风清热,清肝明目	风热感冒、目赤肿痛、翳膜遮睛
	蝉蜕	甘、寒	肺、肝	散风热,退云翳,解痉	外感风热、皮肤瘙痒、目赤翳障

解表方

类别	方名	组成	功能	主治
辛温解表方	麻黄汤	麻黄(去节)45g,桂枝45g,杏仁60g,炙甘草20g	发汗解表,宣肺平喘	外感风寒表实证。证见恶寒发热,无汗咳喘,苔薄白,脉浮紧
	桂枝汤	桂枝45g,白芍45g,炙甘草45g,生姜60g,大枣60g	解肌发表,调和营卫	外感风寒表虚证。证见恶风发热,汗出,鼻流清涕,舌苔薄白,脉浮缓
	荆防败毒散	荆芥30g,防风30g,羌活25g,独活25g,柴胡25g,前胡25g,桔梗30g,枳壳25g,茯苓45g,甘草15g,川芎20g	发汗解表,散寒除湿	外感挟湿的表寒证。证见发热无汗,恶寒颤抖,皮紧肉硬,肢体疼痛,咳嗽,舌苔白腻,脉浮
辛凉解表方	银翘散	银花60g,连翘45g,淡豆豉30g,桔梗25g,荆芥30g,淡竹叶20g,薄荷30g,牛蒡子45g,芦根30g,甘草20g	辛凉解表,清热解毒	外感风热或温病初起。证见发热无汗或微汗,微恶风寒,口渴咽痛,咳嗽,舌苔薄白或薄黄,脉浮数

【附】

和解方

类别	方名	组成	功能	主治
和解少阳方	小柴胡汤	柴胡45g,黄芩45g,党参30g,制半夏30g,炙甘草15g,生姜20g,大枣60g	和解少阳,扶正祛邪,解热	少阳病。证见寒热往来,饥不饮食,口津少,反胃呕吐,脉弦

(董海龙)

第五章 清热药方

考纲考点：（1）石膏、知母、栀子、芦根、夏枯草、生地、玄参、牡丹皮、地骨皮、白头翁、水牛角、黄连、黄芩、黄柏、秦皮、苦参、龙胆、金银花、连翘、紫花地丁、蒲公英、板蓝根、大青叶、穿心莲、马齿苋、香薷、荷叶、青蒿的主要功效及主治；（2）白虎汤、苇茎汤、犀角地黄汤、清营汤、白头翁汤、茵陈蒿汤、郁金散、黄连解毒汤、五味消毒饮、香薷散的组成、功效及主治。

清热药

类别	药名	性味	归经	功能	主治
清热泻火药	石膏	辛、甘、大寒	肺、胃	清热泻火，外用收敛生肌	肺热喘促、口渴贪饮、湿疹、烫伤和疮疡
	知母	苦，寒	肺、胃、肾	清热，滋阴，润肺，生津	肺胃实热、肺热咳嗽、阴虚内热、肠燥便秘
	栀子	苦，寒	心、肝、肺、胃	清热泻火，凉血解毒	目赤肿痛、热毒疮黄、湿热黄疸、热淋、尿血、衄血
	芦根	甘，寒	肺、胃	清热生津	肺热咳嗽、胃热呕逆、热病伤津、尿液短赤
	夏枯草	苦、辛，寒	肝、胆	清肝火，散郁结	肝热传眼、目赤肿痛、乳痈、疮肿瘰疬
清热凉血药	生地	甘、苦，寒	心、肝、肾	清热凉血，养阴生津	血分实热、津亏便秘、阴虚内热、鼻衄、尿血
	玄参	甘、苦、咸，寒	肺、胃、肾	清热养阴，润燥解毒	热毒实火、阴虚内热、咽喉肿痛
	牡丹皮	苦、辛，微寒	心、肝、肾	清热凉血，活血散瘀	热毒发斑、鼻衄、便血、斑疹、瘀血阻滞
	地骨皮	甘，寒	肺、肾、肝	清热凉血，退虚热	血热妄行所致各种出血、阴虚发热、肺热咳喘
	白头翁	苦，寒	大肠、胃	清热解毒，凉血止痢	热毒血痢、肠黄作泻、里急后重
	水牛角	苦，寒	心、肝	清热定惊，凉血止血，解毒	高热不退、神昏抽搐、衄(nǜ)血便血、斑疹出血
清热燥湿药	黄连	苦，寒	心、肝、胃、大肠	清热燥湿，泻火解毒	肠胃湿热壅滞之证最宜。湿热泻痢、肠黄作泻、心火亢盛、火毒疮痈、目赤肿痛
	黄芩	苦，寒	肺、胆、大肠	清热燥湿，泻火解毒，安胎	长于清热燥湿。湿热泻痢、黄疸、热淋、肺热咳喘、高热贪饮、清热解毒、安胎
	黄柏	苦，寒	肾、膀胱、大肠	清湿热，泻火毒，退虚热	以除下焦湿热为佳。湿热泻痢、黄疸、热淋、疮疡肿毒、湿疹瘙痒、阴虚盗汗
	秦皮	苦、涩，寒	肝、胆、大肠	清热燥湿，清肝明目	湿热泻痢、目赤肿痛、睛生云翳
	苦参	苦，寒	心、肝、胃、大肠、膀胱	清热燥湿，祛风杀虫，利尿	湿热所致黄疸、泻痢；疥癣所致皮肤瘙痒；肺风毛燥、湿热内蕴
	龙胆	苦，寒	肝、胆	泻肝胆实火，除下焦湿热	湿热黄疸、尿短赤、湿疹瘙痒、肝经风热、目赤肿痛、肝经热盛、抽搐痉挛
清热解毒药	金银花	甘，寒	肺、胃、胃	清热解毒，宣散风热	痈肿疮毒、乳房肿痛、温病发热、风热感冒、热毒血痢
	连翘	苦，微寒	心、肺、胆	清热解毒，消肿散结	各种热毒、外感风热或温病发热、疮黄肿毒
	紫花地丁	苦、辛，寒	心、肝	清热解毒，凉血消肿	疮黄疔毒、目赤肿痛、肠痈乳痈、解蛇毒
	蒲公英	苦、甘，寒	肝、胃	清热解毒，散结消肿	痈肿疮毒、湿热黄疸
	板蓝根	苦，寒	心、肺	清热解毒，凉血，利咽	外感风温时疫、咽喉肿痛、热毒斑疹、丹毒血痢
	大青叶	苦，寒	心、胃	清热解毒，凉血消斑	热病发斑、咽喉肿痛、口色生疮、血热毒盛、痈肿丹毒
	穿心莲	苦，寒	心、肺、胃、大肠、膀胱	清热解毒，消肿止痛	肺热咳喘、咽喉肿痛、湿热下痢、痈肿疮毒
	马齿苋	酸，寒	肝、大肠	清热解毒，凉血止痢	热毒下痢、便血、疮黄肿毒、大肠湿热

续表

类别	药名	性味	归经	功能	主治
清热解暑药	香薷	辛,微温	肺、胃	发汗解表,和中利湿	外感风邪暑湿、发热无汗兼脾胃不和(伤暑、暑湿泄泻),水肿、尿不利
	荷叶	苦,平	肝、脾、胃	解暑升阳,止泻,凉血止血	暑湿泄泻、脾虚泄泻、鼻衄、便血尿血
	青蒿	苦,辛,寒	肝、胆	清热解暑,退虚热	外感暑热和温热、阴虚发热

清热方

类别	方名	组成	功能	主治
清热泻火方	白虎汤	石膏(打碎先煎)250g,知母45g,甘草25g,粳米45g	清热生津	阳明经证及气分热盛。证见高热大汗,口干舌燥,大渴贪饮,脉洪大有力
	苇茎汤	苇茎150g,冬瓜仁120g,薏苡仁150g,桃仁45g	清肺化痰,祛瘀排脓	肺痈
清热凉血方	犀角地黄汤	犀角(锉细末冲服,用10倍量水牛角代替)10g,生地150g,白芍60g,丹皮45g	清热解毒,凉血散瘀	温热病之血分证或热入血分证,有热甚动血,热扰心营见证者
	清营汤	犀角10g(10倍水牛角代替),生地黄60g,元参45g,淡竹叶15g,麦冬45g,丹参30g,黄连25g,银花45g,连翘30g	清营解毒,透热养阴	热入营分证
清热燥湿方	白头翁汤	白头翁60g,黄柏30g,黄连45g,秦皮60g	清热解毒,凉血止痢	热毒血痢。证见里急后重,泻痢频繁,或大便脓血,发热,渴欲饮水,舌红苔黄,脉弦数
	茵陈蒿汤	茵陈蒿250g,栀子60g,大黄45g	清热,利湿,退黄	湿热黄疸。证见结膜、口色皆黄,鲜明如橘,舌苔黄腻,脉滑数等
	郁金散	郁金30g,诃子15g,黄芩30g,大黄60g,黄连30g,栀子30g,白芍15g,黄柏30g	清热解毒,涩肠止泻	肠黄。证见泄泻腹痛,荡泻如水,泻粪腥臭,舌红苔黄,渴欲饮水,脉数
清热解毒方	黄连解毒汤	黄连30g,黄芩60g,黄柏60g,栀子45g	泻火解毒	三焦热盛或疮疡肿毒。证见身大热烦躁,甚则发狂,或见发斑以及外科疮疡肿毒等
	五味消毒饮	金银花60g,野菊花60g,蒲公英60g,紫花地丁60g,紫背天葵子30g	清热解毒,消疮散痈	各种疮痈肿毒
清热解暑方	香薷散	香薷60g,黄芩45g,黄连30g,甘草15g,柴胡25g,当归30g,连翘30g,天花粉60g,栀子30g	清热解暑,养血生津	伤暑

(董世起)

第六章 泻下药方

考纲考点：（1）大黄、芒硝、番泻叶、火麻仁、郁李仁、蜂蜜、食用油的主要功效及主治；（2）大承气汤（小承气汤、调胃承气汤、增液承气汤见附注）、当归苁蓉汤的组成、功效及主治。

泻下药

类别	药名	性味	归经	功能	主治
攻下药	大黄	苦,寒	脾、胃、大肠、肝、心包	攻积导滞,泻火凉血,活血祛瘀	苦寒攻下之要药。热结便秘、腹痛起卧、热毒疮肿、瘀血阻滞、烧伤烫伤
	芒硝	苦、咸、大寒	胃、大肠	软坚泻下,清热泻火	治里热燥结实证之要药。实热积滞、粪便燥结、目赤肿痛、口腔溃烂、乳痈肿痛
	番泻叶	甘、苦,寒	大肠	泻热导滞	热结便秘、腹痛起卧、消化不良、食物积滞
润下药	火麻仁	甘,平	脾、胃、大肠	润肠通便,滋养益津	邪热伤阴,津枯肠燥所致粪便燥结、病后津亏、产后血虚所致肠燥便秘
	郁李仁	辛、甘,平	大肠、小肠	润肠通便,利水消肿	老弱病残之肠燥便秘、四肢浮肿、尿不利
	蜂蜜	甘,平	肺、脾、大肠	润肺、滑肠、解毒、补中	体虚不宜用攻下药的肠燥便秘、肺燥咳嗽、肺虚久咳、解毒
	食用油	甘,寒	大肠	润燥滑肠	肠津枯燥、粪便秘结

泻下方

类别	方名	组成	功能	主治
攻下方	大承气汤	大黄60g(后下),芒硝180g,厚朴30g,枳实30g	攻下热结,破结通肠	结症、便秘。证见粪便秘结,腹部胀满,二便不通,口干、舌燥,苔厚,脉沉实
润下方	当归苁蓉汤	当归180g,肉苁蓉90g,番泻叶45g,广木香12g,厚朴45g,炒枳壳30g,醋香附45g,瞿麦15g,通草12g,六曲60g。水煎候温加麻油250～500g	润燥滑肠,理气通便	老弱、久病、体虚患畜之便秘

【附注】大承气汤适用于阳明腑实证，患畜主要表现为实热便秘，以"痞、满、燥、实"为本证特点。"痞、满"指腹部胀满，"燥、实"指燥粪结于肠道，腹痛拒按。临床应用时，可根据病情在本方基础上加减化裁。本方去芒硝，名小承气汤（《伤寒论》），主治证候为头"痞、满、实"三证而无"燥"证者；去枳实、厚朴，加炙甘草，名调胃承气汤（《伤寒论》），主治燥热内结之证，配甘草乃取其和中调胃，下不伤正；若病程较长，导致热结阴亏，可用原方去枳实、厚朴，加地黄、玄参、麦冬，名增液承气汤（《温病条辨》）。

(樊平)

第七章 消导药方

考纲考点：（1）神曲、山楂、麦芽、鸡内金、莱菔子的主要功效及主治；（2）曲蘖散、保和丸的组成、功效及主治。

消导药

类别	药名	性味	归经	功能	主治
消导药	神曲	甘、辛，温	脾、胃	消食化积，健胃和中	草料积滞、消化不良、食欲不振、肚腹胀满、脾虚泄泻
	山楂	酸、甘，微温	脾、胃、肝	消食健胃，活血化瘀	伤食腹胀、食积不消、产后恶露不尽
	麦芽	甘，平	脾、胃	消食和中，回乳	草料停滞、肚腹胀满、脾胃虚弱、食欲不振、乳房肿痛、断乳
	鸡内金	甘，平	脾、胃、小肠、膀胱	健胃健脾，化石通淋	草料停滞而兼脾虚证、砂淋、石淋
	莱菔子	辛、甘，平	肺、脾	消食导滞，降气化痰	气滞食积所致肚腹胀满、腹痛腹泻、嗳气酸臭；痰涎壅盛、气喘咳嗽

消导方

类别	方名	组成	功能	主治
消导方	曲蘖散	六曲60g，麦芽30g，山楂30g，厚朴25g，枳壳25g，陈皮25g，青皮25g，苍术25g，甘草15g	消积化谷，破气宽肠	料伤。证见精神倦怠，眼闭头抵，拘行束步，四足如攒，口色鲜红，脉洪大
	保和丸	山楂60g，六曲60g，半夏30g，茯苓30g，陈皮30g，连翘30g，莱菔子30g	和胃消食，清热利湿	食积停滞。证见肚腹胀满，食欲不振，嗳气酸臭，或大便失常，舌苔厚腻，脉滑等

（董海龙）

第八章 止咳化痰平喘药方

考纲考点：(1) 半夏、天南星、旋覆花、白前、贝母、瓜蒌、天花粉、桔梗、前胡、杏仁、紫菀、款冬花、百部、枇杷叶、白果、紫苏子的主要功效及主治；(2) 二陈汤、麻杏石甘汤、清肺散、百合散、止嗽散、苏子降气汤的组成、功效及主治。

止咳化痰平喘药

类别	药名	性味	归经	功能	主治
温化寒痰药	半夏	辛、温，有毒	脾、胃、肺	降逆止呕，燥湿祛痰，宽中消痞，下气散结	反胃吐食、腹胀呕吐、咳嗽气逆、痰涎壅滞、肚腹胀满，外用治痈肿
	天南星	苦、辛、温，有毒	肺、肝、脾	燥湿祛痰，祛风解痉，消肿毒	风痰咳嗽、口眼歪斜、四肢抽搐、破伤风，外敷治痈肿
	旋覆花	苦、辛、咸，微温	肺、大肠	降气平喘，消痰行水	咳嗽气喘、气逆不降、痰饮蓄积所致咳嗽痰多
	白前	辛、甘，微温	肺	祛痰，降气止咳	肺气壅滞，痰多咳嗽
清化热痰药	贝母	川贝：苦、甘，微寒 浙贝：苦，寒	心、肺	止咳化痰，清热散结	川贝：肺热咳嗽咳、阴虚劳咳；浙贝：风热咳嗽、痰热咳嗽、疮痈肿毒
	瓜蒌	甘，寒，微苦	肺、胃、大肠	清热化痰，宽中散结	肺热咳嗽、痰液黏稠、胸膈疼痛、乳痈初起、粪便干燥
	天花粉	苦、酸，寒	肺、胃	清肺化痰，养胃生津	肺热燥咳、肺虚咳嗽、胃肠燥热、疮毒痈肿、伤津口渴
	桔梗	苦、辛，平	肺	宣肺祛痰，排脓消肿	外感风寒或风热所致咳嗽痰多、咽喉肿痛、肺痈、疮疡不溃
	前胡	苦、辛，微寒	肺	降气祛痰，宣散风热	肺气不降的痰稠喘满、风热郁肺的咳嗽、发热咳嗽
止咳平喘药	杏仁	苦、温，有小毒	肺、大肠	止咳平喘，润肠通便	咳逆、喘促、咳嗽气喘、老弱病残的肠燥便秘
	紫菀	辛、苦，温	肺	化痰止咳，下气	为止咳之要药。咳嗽、痰多喘急
	款冬花	辛、微苦，温	肺	润肺下气，止咳化痰	为治疗咳嗽之要药。寒热虚实之咳嗽
	百部	甘、苦，微温，有小毒	肺	润肺止咳，杀虫灭虱	新久咳嗽、体虱、疥癣
	枇杷叶	苦，平	肺、胃	化痰止咳，和胃降逆	肺热咳嗽、肺燥咳嗽、胃热呕吐
	白果	甘、苦、涩，平，有小毒	肺	敛肺定喘，收涩除湿	久病或肺虚引起的咳喘。湿热尿浊
	紫苏子	辛，温	肺	降气化痰，止咳平喘，润肠通便	痰壅咳喘，肠燥便秘

化痰止咳平喘方

类别	方名	组成	功能	主治
温化寒痰方	二陈汤	制半夏45g,陈皮50g,茯苓30g,炙甘草15g	燥湿化痰,理气和中	湿痰咳嗽,呕吐,腹胀。证见咳嗽痰多、色白,舌苔白润
清热化痰方	麻杏甘石汤	麻黄30g,杏仁30g,炙甘草30g,石膏(打碎先煎)150g	辛凉泄热,宣肺平喘	肺热气喘。证见咳嗽喘急,发热有汗或无汗,口干渴,舌红,苔薄白或黄,脉浮滑而数
清热化痰方	清肺散	板蓝根90g,葶苈子60g,甘草25g,浙贝母30g,桔梗30g	清肺平喘、化痰止咳	肺热咳喘、咽喉肿胀
清热化痰方	百合散	百合45g,贝母30g,大黄30g,甘草20g,天花粉45g	滋阴清热、润肺化痰	肺壅鼻脓
止嗽平喘方	止嗽散	荆芥30g,桔梗30g,紫菀30g,百部30g,白前30g,陈皮10g,甘草6g	止咳化痰,疏风解表	外感咳嗽。证见咳嗽痰多,日久不愈,舌苔白,脉浮缓
止嗽平喘方	苏子降气汤	苏子60g,制半夏30g,前胡45g,厚朴30g,陈皮45g,肉桂15g,当归45g,生姜10g,炙甘草15g	降气平喘,温肾纳气	上实下虚的喘咳证。证见痰涎壅盛、咳喘气短、色苔白滑等

(董海龙)

第九章 温里药方

考纲考点：（1）附子、干姜、肉桂、吴茱萸、小茴香、艾叶、花椒的主要功效及主治；（2）理中汤、茴香散、桂心散、四逆汤的组成、功效及主治。

温里药

类别	药名	性味	归经	功能	主治
温里药	附子	大辛,大热,有毒	心、脾、肾	温中散寒,回阳救逆,除湿止痛	阴寒内盛之伤水冷痛、胃寒草少、四肢厥冷、大汗亡阳、伤水冷痛、下元虚冷、风寒湿痹
	干姜	辛,温	心、脾、胃、肾、肺、大肠	温中逐寒,回阳通脉	脾胃虚寒、伤水起卧、四肢厥冷、胃冷吐涎、虚寒作泻
	肉桂	辛、甘,大热	脾、肾、肝	暖肾壮阳,温中祛寒,活血止痛	肾阳不足、名门火衰引起的阳痿、宫冷、脾胃虚寒、伤水冷痛、冷肠泄泻
	吴茱萸	辛、苦,温,有小毒	肝、肾、脾、胃	温中止痛,理气止呕	脾虚慢草、伤水冷痛、胃寒不食、胃冷吐涎
	小茴香	辛,温	肝、肾、脾、胃	祛寒止痛,理气和胃,暖腰肾	宫寒不孕、冷肠泄泻、寒伤腰胯、胃寒草少
	艾叶	苦、辛,温	脾、肝、肾	理气血,逐寒湿,安胎	寒性出血和腹痛
	花椒	辛,温	脾、胃、肾	温中止痛,杀虫止痒	脾胃虚寒、伤水冷痛、虫积腹痛、湿疹瘙痒

温里方

类别	方名	组成	功能	主治
温中散寒方	理中汤	党参60g、干姜60g、炙甘草60g、白术60g	补气健脾、温中散寒	脾胃虚寒证。证见慢草不食,腹痛泄泻,完谷不化、口不渴、口色淡白、脉象沉细或沉迟
	茴香散	茴香30g、肉桂20g、槟榔10g、白术25g、巴戟天25g、当归30g、牵牛子10g、藁本25g、白附子15g、川楝子25g、肉豆蔻15g、荜澄茄20g、木通20g	温肾散寒、祛湿止痛	风寒湿邪引起的腰胯疼痛
	桂心散	桂心20g、青皮15g、益智仁20g、白术30g、厚朴20g、干姜25g、当归20g、陈皮30g、砂仁15g、五味子15g、肉豆蔻15g、炙甘草15g	温中散寒、健脾理气	脾胃阴寒所致的吐涎不食、腹痛、肠鸣泄泻等证
回阳救逆方	四逆汤	熟附子45g、干姜45g、炙甘草30g	回阳救逆	少阴病或太阳病误汗亡阳。证见四肢厥冷,恶寒倦卧、神疲力乏、呕吐不渴、腹痛泄泻、舌淡苔白、脉沉微细

（樊平）

第十章　祛湿药方

考纲考点：（1）羌活、独活、威灵仙、木瓜、秦艽、五加皮、防己、桑寄生、乌梢蛇、茯苓、猪苓、茵陈、泽泻、车前子、金钱草、滑石、薏苡仁、石韦、藿香、佩兰、苍术、白豆蔻、草豆蔻的主要功效及主治；（2）独活散、独活寄生汤、平胃散、藿香正气散、五皮饮、五苓散、八正散的功效及主治。

祛湿药

类别	药名	性味	归经	功能	主治
祛风湿药	羌活	辛,温	膀胱、肾	发汗解表,祛风止痛	外感风寒、颈项强硬、四肢拘挛、腰脊僵拘、风湿痹痛
	独活	辛,温	肝、肾	祛风胜湿,止痛	风寒湿痹、腰肢痹痛、外感风寒挟湿、四肢关节疼痛
	威灵仙	辛、咸,温	膀胱	祛风湿,通经络,消肿止痛	风湿所致的四肢拘挛、屈伸不利、肢体疼痛、跌打损伤
	木瓜	酸,温	肝、脾、胃	舒筋活络,和胃化湿	风湿痹痛、腰膝无力、湿困脾胃、后肢痹痛
	秦艽	苦、辛,平	肝、胆、胃、大肠	祛风湿,退虚热	多用于风湿性肢节疼痛、湿热黄疸、尿血、虚劳发热
	五加皮	辛、苦,温	肝、肾	祛风湿,强筋骨	风寒湿痹、筋骨不健、水肿、尿不利
	防己	苦、辛,寒	膀胱、肺	利水消肿,祛风止痛	水湿停留所致的水肿、尿不利；风湿痹痛、关节肿痛
	桑寄生	苦,平	肝、肾	祛风湿,补肝肾,强筋骨,安胎	风湿痹痛、筋骨无力、胎动不安
	乌梢蛇	甘,平	肝	祛风,通络,止痉	风寒湿痹、风湿麻痹、惊痫抽搐、破伤风
利湿药	茯苓	甘、淡,平	脾、胃、心、肺、肾	渗湿利水,健脾补中,宁心安神	脾虚泄泻、慢草不食品、痰湿水肿、躁动不安
	猪苓	甘、淡,平	肾、膀胱	利水通淋,除湿退肿	水湿停滞、尿不利、水肿胀满、肠鸣作泻、湿热淋浊
	泽泻	甘、淡,寒	肾、膀胱	利水渗湿,泻肾火	水湿停滞的尿不利、水肿胀满、湿热淋浊、泻痢不止
	茵陈	苦,微寒	脾、胃、肝、胆	清湿热,利黄疸	湿热黄疸、湿热泄泻
	车前子	甘、淡,寒	肝、肾、小肠	利水通淋,清肝明目	热淋、水湿泄泻、暑湿泻痢、目赤肿痛、睛生翳障
	金钱草	微咸,平	肝、胆、肾、膀胱	利水通淋,清热消肿	湿热黄疸、尿道结石、恶疮肿毒
	滑石	甘,寒	膀胱、肺、胃	利尿通淋、清热解暑,外用祛湿敛疮	热淋、石淋、水肿、暑湿烦渴、湿热水泻、湿疹、湿疮
	薏苡仁	甘、淡,凉	脾、胃、肺	健脾渗湿,除痹止泻,清热排脓	脾虚泄泻、水肿、沙石热淋、湿痹拘挛,肺痈、肠痈
	石韦	甘、苦,微寒	肺、膀胱	利尿通淋,清热止血	热淋、石淋、血淋、吐血、衄血、尿血

续表

类别	药名	性味	归经	功能	主治
化湿药	藿香	辛,微温	脾、胃、肺	芳香化湿,和中止痛,解表邪,除湿滞	湿浊内阻、脾为湿困、运化失调的肚腹胀满、少食神疲、粪便溏泄、口腔滑利、色苔白腻
	佩兰	辛,平	脾	醒脾化湿,解暑生津	湿热浊邪郁于中焦所致的肚腹胀满、舌苔白腻和暑湿表证;暑热内蕴
	苍术	辛、苦,温	脾、胃	燥湿健脾,发汗解表,祛风湿	湿困脾胃、运化失司、食欲不振、消化不良、胃寒草少、腹痛泄泻、关节疼痛、风寒湿痹
	白豆蔻	辛,温。芳香	肺、脾、胃	芳香化湿,行气和中,化痰消滞	胃寒草少、腹痛下痢、脾胃气滞、肚腹胀满、食积不消、胃寒呕吐
	草豆蔻	辛,温,芳香	脾、胃	温中燥湿,健脾和胃	脾胃虚寒所致的食滞肚胀、冷肠泄泻;寒湿淤滞中焦、气逆作呕

祛湿方

类别	方名	组成	功能	主治
祛风胜湿方	独活散	独活30g,羌活30g,防风30g,肉桂30g,泽泻30g,酒黄柏30g,大黄30g,当归15g,桃仁10g,连翘15g,汉防己15g,炙甘草15g	疏风祛湿,活血止痛	风湿痹痛。证见腰胯疼痛,项背僵直,四肢关节疼痛,肌肉震颤等
	独活寄生汤	独活30g,桑寄生45g,秦艽30g,防风25g,细辛6g,当归30g,白芍25g,川芎15g,熟地45g,杜仲30g,牛膝30g,党参30g,茯苓30g,桂心15g,甘草20g	益肝肾,补气血,祛风湿,止痹痛	风寒湿痹,肝肾两亏,气血不足诸证。证见腰胯疼痛,四肢关节屈伸不利、疼痛,筋脉拘挛,脉沉细弱等
芳香化湿方	平胃散	苍术60g,厚朴45g,陈皮45g,甘草20g,生姜20g,大枣90g	健脾燥湿,行气和胃,消胀散满	胃寒草少、寒湿困脾。证见食欲减退、肚腹胀满、大便溏泻、嗳气呕吐、舌苔白腻而厚、脉缓
	藿香正气散	藿香90g,紫苏30g,白芷30g,大腹皮30g,茯苓30g,白术60g,半夏曲60g,厚朴(姜汁炙)60g,桔梗60g,炙甘草75g	解表化湿,理气和中	外感风寒,内伤湿滞,中暑。证见发热恶寒、肚腹胀满、疼痛、呕吐、肠鸣泄泻、舌苔白腻、脉象滑
	五皮饮	生姜皮50g,桑白皮50g,陈橘皮50g,大腹皮50g,茯苓皮50g	健脾化湿,利水消肿	水肿
利水渗湿方	五苓散	猪苓30g,茯苓30g,泽泻45g,白术30g,桂枝25g	渗湿利水,温阳化气,和胃止呕	外有表证,内停水湿。证见发热恶寒,口渴贪饮,小便不利,舌苔白,脉浮。亦可治水湿内停之水肿、泄泻、小便不利或痰饮、吐涎等证
	八正散	木通30g,瞿麦30g,车前子45g,萹蓄30g,滑石10g,甘草梢25g,栀子25g,大黄25g	清热泻火,利水通淋	湿热下注引起的热淋、石淋。证见尿频、尿痛或闭而不通,或小便浑赤,淋漓不畅,口干舌红,苔黄腻,脉象滑数

(董海龙)

第十一章 理气药方

考纲考点：（1）陈皮、青皮、香附、木香、厚朴、砂仁、枳实、草果、槟榔、枳壳的主要功效及主治；（2）橘皮散、越鞠丸的组成、功效及主治。

理气药

类别	药名	性味	归经	功能	主治
理气药	陈皮	辛、苦，温	脾、肺	理气健脾，燥湿化痰	中气不和而引起的肚腹胀满、食欲不振、呕吐腹泻、痰湿喘咳
	青皮	苦、辛，温	肝、胆	疏肝止痛，破气消积	肝气郁结所致的肚胀腹痛；食积胀痛、气滞血瘀
	香附	辛、微苦，平	肝、胆、脾	理气解郁，散结止痛	肝气郁结所致的肚腹胀满疼痛，食积不消、寒凝气滞所致的胃肠疼痛；乳痈初起、产后腹痛
	木香	辛、微苦，温	脾、胃、大肠、胆	行气止痛，和胃止泻	消化不良、食欲减退、腹满胀痛
	厚朴	苦、辛，温	脾、胃、大肠	行气燥湿，降逆平喘	湿阻中焦、气滞不利所致的肚腹胀满、腹痛逆呕；外感风寒而致咳喘、痰湿内阻之咳喘
	砂仁	辛，温	胃、脾、肾	行气和中，温脾止泻，安胎	脾胃气滞或气虚诸证。
	枳实	苦，微寒	脾、胃	破气消积，通便利膈	脾胃气滞、痰湿水饮所致的肚腹胀满、草料不消、热结便秘、肚腹疼痛
	草果	苦，温	脾、胃	温中燥湿，除痰祛寒	痰浊内阻、苔白厚腻；寒湿阻滞中焦、脾胃不运所致的肚腹胀满、疼痛、食少
	槟榔	苦、辛，温	胃、大肠	杀虫消积，行气利水	驱除绦虫、姜片吸虫；食积气滞、腹胀便秘
	枳壳	苦、辛、酸，温	脾、胃	理气宽中，行滞消胀	宿食不消、肚胀、痰饮内停、子宫脱垂、脱肛

理气方

类别	方名	组成	功能	主治
理气方	橘皮散	青皮25g，陈皮30g，厚朴30g，桂心15g，细辛5g，茴香30g，当归25g，白芷15g，槟榔15g	理气散寒、和血止痛	马伤水起卧。证见腹痛起卧、肠鸣如雷、口色淡青、脉象沉迟
	越鞠丸	香附30g，苍术30g，川芎30g，六曲30g，栀子30g	行气解郁，疏肝理脾	因气、火、血、痰、湿、食诸郁所致的肚腹胀满、嗳气呕吐、水谷不消等实证

（董世起）

第十二章 理血药方

考纲考点：(1) 川芎、丹参、桃仁、红花、赤芍、乳香、没药、益母草、王不留行、牛膝、白及、三七、小蓟、地榆、槐花、茜草的主要功效及主治；(2) 桃红四物汤、红花散、生化汤、通乳散、槐花散、秦艽散的组成、功效及主治。

理血药

类别	药名	性味	归经	功能	主治
活血祛瘀药	川芎	辛,温	肝、胆、心包	活血行气,祛风止痛	气血瘀滞所致的难产、胎衣不下；跌打损伤、风寒痹痛、外感风寒
	丹参	苦,微寒	心、心包、肝	活血祛瘀,凉血消痈,养血安神	产后恶露不尽,瘀滞腹痛,疮痈疔毒；温病热入营血,躁动不安
	桃仁	苦、甘,平	肝、肺、大肠	破血祛瘀,润燥滑肠	产后瘀血疼痛、跌打损伤、瘀血肿痛、肠燥便秘
	红花	辛,温	心、肝	活血通经,祛瘀止痛	为活血之要药。产后瘀血疼痛、胎衣不下、恶露不尽；跌打损伤、瘀血作痛
	赤芍	苦,凉	肝	凉血活血,消肿止痛	温病热入营血、发热、舌绛、斑疹、血热妄行、衄血；跌打损伤、疮疹痈肿
	乳香	苦、辛,温	心、肝、脾	活血止痛,生肌	气血郁滞所致的腹痛、痈疽疼痛,外用生肌
	没药	苦,平	肝	活血祛瘀,止痛生肌	气血凝滞、郁滞疼痛、痈疽疼痛、瘀阻疼痛
	益母草	辛、苦,微寒	肝、心、膀胱	活血祛瘀,利水消肿	为胎产病证之要药。产后血瘀腹痛、胎衣不下、恶露不尽；消除水肿
	王不留行	苦,平	肝、胃	活血通络,下乳消肿	产后瘀滞疼痛,产后乳汁不通,乳痈
	牛膝	苦、酸,平	肝、肾	逐瘀通经,补肝肾,强筋骨,利尿通淋,引血下行	腰膝疼痛、热淋涩痛、产后瘀血、衄血
止血药	白及	苦、甘、涩,微寒	肺、胃、肝	收敛止血,消肿生肌	肺胃出血、外伤出血、痈肿疮毒
	三七	甘、微苦,温	肝、胃	散瘀止血,消肿止痛	(止血不留瘀)便血、衄血、吐血、外伤出血、跌打损伤
	小蓟	甘,凉	心、肝	凉血止血,散痈消肿	尿血、衄血、外伤出血、痈肿疮毒
	地榆	苦、酸,微寒	肝、胃、大肠	凉血止血,收敛解毒	下焦血热的便血、血痢、子宫出血；烧伤烫伤、疮黄疔毒、湿疹
	槐花	苦,微寒	肝、大肠	凉血止血,清肝明目	衄血、便血、尿血、子宫出血；风热目赤
	茜草	苦,寒	肝	凉血止血,活血祛瘀	血热妄行所致衄血、便血、尿血、子宫出血；跌打损伤、瘀滞肿痛、痹证
	蒲黄	甘,平	肝、脾、心	止血,化瘀	各种出血证
	仙鹤草	苦、涩,平	心、肝	收敛、止血、止痢、解毒	各种出血证

理血方

类别	方名	组成	功能	主治
活血祛瘀方	桃红四物汤	桃仁 45g,当归 45g,赤芍 45g,红花 30g,川芎 20g,生地 60g	活血祛瘀,补血止痛	血瘀所致的四肢疼痛、血虚有瘀、产后血瘀腹痛及瘀血所致的不孕症等
	红花散	红花 20g,没药 20g,桔梗 20g,六曲 30g,枳壳 20g,当归 30g,山楂 30g,厚朴 20g,陈皮 20g,甘草 15g,白药子 20g,黄药子 20g,麦芽 30g	活血理气,清热散瘀,消食化积	料伤五攒痛,即西兽医所说的蹄叶炎。证见站立时腰曲头低,四肢攒于腹下,食欲大减,吃草不吃料,粪稀带水,口色红,呼吸迫促,脉洪大等
	生化汤	当归 120g,川芎 45g,桃仁 45g,炮姜 10g,炙甘草 10g	活血化瘀,温经止痛	产后血虚受寒,恶露不行,肚腹疼痛
	通乳散	黄芪 60g,党参 40g,通草 30g,川芎 30g,白术 30g,川续断 30g,山甲珠 30g,当归 60g,王不留行 60g,木通 20g,杜仲 20g,甘草 20g,阿胶 60g	补益气血,通经下乳	气血不足、经络不通所致的缺乳证
止血方	槐花散	炒槐花 100g,炒侧柏叶 50g,荆芥炭 30g,炒枳壳 30g	清肠止血,疏风理气	肠风下血,血色鲜红,或粪中带血
	秦艽散	秦艽 30g,炒蒲黄 30g,瞿麦 30g,车前子 30g,天花粉 30g,黄芩 20g,大黄 20g,红花 20g,当归 20g,白芍 20g,栀子 20g,甘草 10g,淡竹叶 15g	清热通淋,祛瘀止血	热积膀胱、弩伤尿血。证见尿血,弩气弓腰,头低耳耷,草细毛焦,舌质如绵,脉滑

(董世起)

第十三章 收涩药方

考纲考点：（1）诃子、乌梅、肉豆蔻、石榴皮、五倍子、五味子、牡蛎、浮小麦、金樱子、桑螵蛸的主要功效及主治；（2）乌梅散、牡蛎散、玉屏风散的功效及主治。

收涩药

类别	药名	性味	归经	功能	主治
涩肠止泻药	乌梅	酸、涩，平	肝、脾、肺、大肠	敛肺涩肠，生津止渴，驱虫	肺虚久咳，久泻久痢，幼畜奶泻，虚热所致口渴贪饮，虫积引起的腹痛、呕吐
	诃子	苦、酸、涩，温	肺、大肠	涩肠止泻，敛肺止咳	久泻久痢，肺虚咳喘，肺热咳喘
	肉豆蔻	辛，温	脾、胃、大肠	收敛止泻，温中行气	久泻不止或脾肾虚寒引起的久泻，脾胃虚寒引起的肚腹胀痛、食欲不振
	石榴皮	酸、涩，温	大肠	收敛止泻，杀虫	虚寒所致的久泻久痢，蛔虫、蛲虫
	五倍子	酸、涩，寒	肺、肾、大肠	涩肠止泻，止咳，止血，杀虫解毒	久泻久痢，便血日久，肺虚久咳，疮癣肿毒，皮肤湿烂
敛汗涩精药	五味子	酸，温	肺、心、肾	敛肺，滋肾，敛汗涩精，止泻	肺虚或肾虚不能纳气所致的久咳虚喘、津少口渴、体虚多汗、脾肾阳虚久泻、滑精、尿频数
	牡蛎	咸，微寒	肝、肾	平肝潜阳，软坚散结，敛汗涩精	阴虚阳亢引起的躁动不安，自汗、盗汗、滑精
	浮小麦	甘，凉	心	止汗	自汗、虚汗
	金樱子	酸、涩，平	肾、膀胱、大肠	固肾涩精，涩肠止泻	滑精、早泄、尿频、脾虚泄泻
	桑螵蛸	甘、咸，平	肝、肾	益肾助阳，固精缩尿，止淋浊	遗精滑精，遗尿尿频，小便白浊

收涩方

类别	方名	组成	功能	主治
涩肠止泻方	乌梅散	乌梅(去核)15g，干柿25g，诃子肉6g，黄连6g，郁金6g	涩肠止泻，清热燥湿	幼驹奶泻及其他幼畜的湿热下痢
敛汗涩精方	玉屏风散	黄芪90g，白术60g，防风30g	益气固表止汗	表虚自汗及体虚易感风邪者。证见自汗、恶风，苔白，舌淡，脉浮缓
	牡蛎散	麻黄根45g，生黄芪45g，煅牡蛎60g，浮小麦60g	固表敛汗	体虚自汗。证见身常汗出，夜晚尤甚，脉虚等

（董世起）

第十四章 补虚药方

考纲考点：(1) 人参、党参、黄芪、山药、白术、甘草、当归、白芍、熟地、阿胶、何首乌、巴戟天、淫羊藿、补骨脂、肉苁蓉、杜仲、续断、沙参、麦冬、天冬、百合、石斛、女贞子、枸杞子、山茱萸的主要功效及主治；(2) 四君子汤、补中益气汤、生脉散、四物汤、归芪益母汤、肾气丸、巴戟散、六味地黄汤、百合固金汤的组成、功效及主治。

补虚药

类别	药名	性味	归经	功能	主治
补气药	人参	甘、微苦,平	心、肺、脾、肾	大补元气,复脉固脱,补脾益肺,生津安神	体虚欲脱、气短喘促、食少吐泻、气虚作喘或久咳、津亏口渴、尿频、一切气血津液不足之证
	党参	甘,平	脾、肺	补中益气,健脾生津	久病气虚、倦怠乏力、肺虚喘促、脾虚泄泻、气虚垂脱、津伤口渴、肺虚气短
	黄芪	甘,微温	脾、肺	补气升阳,固表止汗,托毒生肌,利水消肿	脾肺气虚、食少倦怠、气短、泄泻,气虚下陷引起的脱肛、子宫脱垂,表虚自汗、表虚风寒,气虚脾弱、尿不利、水湿停滞而成的水肿,气血不足、疮痈难溃、久溃不敛
	山药	甘,平	脾、肺、肾	健脾胃,益肺肾	平补脾胃之要药。脾阳虚、胃阴亏、肺虚久咳、肾虚滑精、尿频数
	白术	甘、苦,温	脾、胃	补脾益气,燥湿利水,固表止汗	补脾益气之要药。食少胀满、倦怠乏力,脾胃虚寒、肚腹冷痛,水湿内停或水湿外溢之水肿,表虚自汗,胎动不安
	甘草	甘,平	十二经	补中益气,清热解毒,润肺止咳,缓和药性	脾胃虚弱、倦怠无力,咳喘,疮疡肿痛,咽喉肿痛
补血药	当归	甘、辛、苦,温	肝、脾、心	补血养血,活血止痛,润肠通便	体弱血虚证,跌打损伤、产后瘀血疼痛、痈肿疮疡、风湿痹痛,阴虚或血虚的肠燥便秘
	白芍	苦、酸,微寒	肝、脾	平抑肝阳,柔肝止痛,敛阴养血	肝阴不足、肝阳上亢、躁动不安,肝旺乘脾所致的泻痢腹痛,血虚或阴虚内热,盗汗
	熟地	甘,微温	新、肝、肾	补血滋阴	补血之要药。血虚体弱、血虚精亏,肝肾阴虚所致的潮热、出汗、滑精
	阿胶	甘,平	肺、肾、肝	补血止血,滋阴润肺,安胎	治血虚之要药。血虚体弱、多种出血证、妊娠胎动、下血
	何首乌	苦、甘、涩,温	肝、肾、心	生:润肠通便,解毒;制:补益肝肾、强筋骨	肠燥便秘、瘰疬疮痈、皮肤瘙痒、腰肢痿弱
助阳药	巴戟天	辛、甘,微温	肝、肾	补肾阳,强筋骨,祛风湿	肾虚阳痿、滑精早泄、腰胯无力、腰膝疼痛、风湿痹痛
	淫羊藿	辛、甘,温	肾	补肾壮阳,强筋骨,祛风湿	肾阳不足所致的阳痿、滑精;风湿痹痛、筋骨痿弱
	补骨脂	辛、苦,大温	脾、肾	温肾壮阳,止泻	肾阳不振所致的阳痿、滑精、尿频数及腰胯寒痛;脾肾阳虚引起的泄泻
	肉苁蓉	甘、咸,温	肾、大肠	补肾壮阳,润肠通便	肾虚阳痿、滑精早泄、腰膝疼痛、老弱血虚及病后津液不足、肠燥便秘
	杜仲	甘、微辛,温	肝、肾	补肝肾,强筋骨,安胎	腰胯无力、阳痿、尿频数,孕畜体虚、肝肾亏损所致的胎动不安
	续断	苦、辛,微温	肝、肾	补肝肾,强筋骨,续折伤,安胎	腰肢痿软、风湿痹痛、跌打损伤、胎动不安

续表

类别	药名	性味	归经	功能	主治
滋阴药	沙参	甘,凉	肺、胃	润肺止咳,养胃生津	久咳肺虚、热伤肺阴、干咳少痰;热病后或久病伤津所致的口干舌燥、便秘、舌红脉数
	麦冬	甘,微苦,凉	心、肺、胃	清心润肺,养胃生津	阴虚内热、干咳少痰、热病伤津、口渴贪饮、肠燥便秘
	天冬	甘,微苦,寒	肺、肾	养阴清热,润肺滋肾	干咳少痰、口干痰稠、肺肾阴虚、津少口渴、肠燥便秘
	百合	甘,微苦,微寒	心、肺	润肺止咳,清心安神	肺燥咳、肺虚久咳,热病后余热未清、气阴不足而致的躁动不安、心神不宁
	石斛	甘,微寒	肺、胃、肾	滋阴生津,清热养胃	热病伤阴、津少口渴、阴虚久热不退
	女贞子	甘,微苦,平	肝、肾	滋阴补肾,养肝明目	肝肾阴虚所致的腰胯无力、眼目不明、滑精
	枸杞子	甘,平	肝、肾	养阴补血,益精明目	肝肾亏虚、腰胯无力;肝肾不足所致视力减退、眼目昏暗
	山茱萸	酸,涩,微温	肝、肾	补益肝肾,涩精敛汗	腰肢无力、阳痿滑精、遗尿尿频、大汗虚脱

补虚方

类别	方名	组成	功能	主治
补气方	四君子汤	党参60g,炒白术60g,茯苓60g,炙甘草30g	益气健脾	脾胃气虚。证见体瘦毛焦,精神倦怠,四肢无力,食少便溏,舌淡苔白,脉象细弱等
	补中益气汤	炙黄芪90g,党参60g,白术60g,当归60g,陈皮60g,炙甘草45g,升麻30g,柴胡30g	补中益气,升阳举陷	脾胃气虚及气虚下陷诸证。证见精神倦怠,草料减少,发热,汗自出,口渴喜饮,粪便稀溏,舌质淡,苔薄白或久泻脱肛、子宫脱垂等
	生脉散	党参90g,麦门冬60g,五味子30g	补气生津,敛阴止汗	暑热伤气,气津两伤之证。证见精神倦怠,汗多气短,口渴舌干,或久咳肺虚,干咳少痰,气短自汗,舌红无津,脉象虚弱
补血方	四物汤	熟地黄45g,白芍45g,当归45g,川芎30g	补血调血	血虚、血瘀诸证。证见舌淡、脉细,或血虚夹有瘀滞
	归芪益母汤	炙黄芪150g,益母草60g,当归30g	补气生血,活血祛瘀	过力劳伤所致气血俱虚及产后血虚、瘀血诸证
助阳方	肾气丸	肉桂30g,炮附子30g,熟地60g,山茱萸40g,山药40g,泽泻30g,茯苓30g,丹皮30g	温补肾阳	主治肾阳虚衰,证见尿清粪溏,后肢水肿,四肢发凉;动则气喘,公畜阳痿滑精
	巴戟散	巴戟天45g,肉苁蓉45g,补骨脂45g,葫芦巴45g,小茴香30g,肉豆蔻30g,陈皮30g,青皮30g,肉桂20g,木通20g,川楝子20g,槟榔15g	温补肾阳,通经止痛,散寒除湿	肾阳虚衰所致的腰胯疼痛,后腿难移,腰脊僵硬等证
滋阴方	六味地黄汤	熟地黄80g,山萸肉40g,山药40g,泽泻30g,茯苓30g,丹皮30g	滋阴补肾	肝肾阴虚、虚火上炎所致的潮热盗汗,腰膝痿软无力,耳鼻四肢温热,舌燥喉痛,滑精早泄,粪干尿少,舌红苔少,脉象细数
	百合固金汤	百合45g,麦冬45g,生地60g,熟地60g,川贝母30g,当归30g,白芍30g,生甘草30g,玄参20g,桔梗20g	养阴清热,润肺化痰	肺肾阴虚、虚火上炎所致燥咳气喘,痰中带血,咽喉疼痛,舌红少苔,脉象细数

(樊平)

第十五章 平肝祛风药方

考纲考点：（1）石决明、决明子、木贼、天麻、钩藤、全蝎、蜈蚣、僵蚕的主要功效及主治；（2）决明散、牵正散、镇肝熄风汤的功效及主治。

平肝药

类别	药名	性味	归经	功能	主治
平肝明目药	石决明	咸,平	肝	平肝潜阳,清肝明目	目赤肿痛、羞明流泪、目赤翳障
	决明子	甘、苦,微寒	肝、大肠	清肝明目,润肠通便	目赤肿痛、羞明流泪、粪便燥结
	木贼	甘、苦,平	肝、肺	疏风热,退翳膜	风热目赤肿痛、羞明流泪、睛生翳膜
平肝息风药	天麻	甘,微温	肝	平肝息风,解痉止痛	抽搐拘挛、破伤风、偏瘫麻木、风湿痹痛
	钩藤	甘,微寒	肝	息风止痉,平肝清热	痉挛抽搐、目赤肿痛、外感风热
	全蝎	辛、甘,平,有毒	肝	息风止痉,解毒散结,通络止痛	治惊痫及破伤风、中风口眼歪斜、恶疮肿毒、风湿痹痛
	蜈蚣	辛、温,有毒	肝	息风止痉,解毒散结,通络止痛	痉挛抽搐、疮疡肿毒、风湿痹痛
	僵蚕	辛、咸,平	肝、肺	息风止痉,祛风止痛,化痰散结	癫痫、中风、目赤肿痛、咽喉肿痛

祛风方

类别	方名	组成	功能	主治
平肝明目方	决明散	煅石决明45g,决明子45g,栀子30g,大黄30g,白药子30g,黄药子30g,黄芪30g,黄芩20g,黄连20g,没药20g,郁金20g	清肝明目,退翳消瘀	肝经积热,外传于眼所致的目赤肿痛、云翳遮睛等
平肝息风方	牵正散	白附子20g,白僵蚕20g,全蝎20g	祛风化痰,通络止痉	歪嘴风。证见口眼歪斜,或一侧耳下垂,或口唇麻痹下垂等
	镇肝熄风汤	怀牛膝90g,生赭石90g,生龙骨45g,生牡蛎45g,生龟板45g,生杭芍45g,玄参45g,天冬45g,川楝子15g,生麦芽15g,茵陈15g,甘草15g	镇肝熄风,滋阴潜阳	阴虚阳亢、肝风内动所致的口眼歪斜、转圈运动或四肢活动不利、痉挛抽搐、脉象弦长有力

（董世起）

第十六章　安神开窍药方

考纲考点：(1) 朱砂、酸枣仁、柏子仁、远志、石菖蒲的主要功效及主治；(2) 朱砂散的功效及主治。

安神开窍药

类别	药名	性味	归经	功能	主治
安神开窍药	朱砂	甘，微寒。有毒	心	镇心安神、定惊解毒	躁动不安、癫痫发狂、口疮喉痹、疮疡肿毒
	酸枣仁	甘、酸，平	心、肝	养心安神、益阴敛汗	躁动不安、虚汗、津伤口渴
	柏子仁	甘，平	心、肾、大肠	养心安神、润肠通便	躁动不安、阴虚盗汗、肠燥便秘
	远志	苦、辛，温	心、肾、肺	安神、益智、解郁	躁动不安、咳嗽多痰、痈疽疮肿
	石菖蒲	辛、苦，微温	心、胃、肝	宣窍豁痰、化湿和中	热病神昏、癫狂、湿困脾胃

安神开窍方

类别	方名	组成	功能	主治
安神开窍方	朱砂散	朱砂(另研)5g，党参60g，茯苓45g，黄连45g	清心安神，扶正祛邪	心热风邪(脑黄)

（董世起）

第十七章 驱虫药方

考纲考点：（1）川楝子、南瓜子、蛇床子、贯众、鹤草芽的主要功效及主治；（2）贯众散的功效及主治。

驱虫药

类别	药名	性味	归经	功能	主治
驱虫药	川楝子	苦,寒。有小毒	肝、小肠、膀胱	舒肝行气、止痛驱虫	蛔虫、蛲虫
	南瓜子	甘,温	胃、大肠	杀虫	绦虫、蛔虫
	蛇床子	辛,苦,温	肾	温肾壮阳、祛风燥湿、杀虫止痒	湿疹瘙痒、肾虚阳痿、蛔虫
	贯众	苦,寒。有小毒	肝、胃	杀虫	绦虫、蛲虫、钩虫
	鹤草芽	苦,涩,凉	肝、小肠、大肠	驱虫	绦虫

驱虫方

类别	方名	组成	功能	主治
驱虫方	贯众散	贯众 60g,使君子 30g,鹤虱 30g,芜荑 30g,大黄 40g,苦楝子 15g,槟榔 30g	驱虫杀虫	胃肠道寄生虫

（董世起）

第十八章 外用药方

考纲考点：（1）硼砂、冰片、硫黄、雄黄、石灰、白矾、木鳖子、斑蝥的主要功效及主治；（2）桃花散、冰硼散、青黛散的功效及主治。

外用药

类别	药名	性味	归经	功能	主治
外用药	硼砂	甘、咸，凉	肺、胃	解毒防腐，清热化痰	口舌生疮、咽喉肿痛、目赤肿痛、肺热痰咳、痰液黏稠
	冰片	辛、苦，微寒	心、肝、脾、肺	宣窍除痰，消肿止痛	神昏、惊厥、心热舌疮、咽喉肿痛、目赤翳障、疮疡肿毒
	硫黄	酸、温。有毒	肾、脾、大肠	补火助阳，解毒杀虫	皮肤湿烂、疥癣阴疽、肾不纳气的喘逆
	雄黄	辛、温。有毒	肝、胃	杀虫解毒	恶疮疥癣、蛇虫咬伤
	石灰	辛，温。有毒	肝、脾	生肌、杀虫、止血、消胀	敷治疮疡、烫伤、疥癣、刀伤止血、内治气胀
	白矾	涩、酸，寒	脾	杀虫、止痒、燥湿祛痰、止血止泻	痈肿疮毒、湿疹疥癣、口舌生疮、风痰壅盛或癫痫痰盛。久泻不止，便血
	木鳖子	苦、微，凉。有毒	归脾经、胃经、肝经	散结消肿，攻毒疗疮	乳痈、疮疡、瘰疬、痔结
	斑蝥	辛、热，有大毒	肝、胃、肾	破血消癥，攻毒蚀疮、引赤发泡	癥瘕痞块、瘰疬、痈疽不溃、积年顽癣

外用方

类别	方名	组成	功能	主治
外用方	桃花散	陈石灰250g，大黄45g	防腐收敛止血	创伤出血
	冰硼散	冰片50g，朱砂60g，硼砂500g，玄明粉500g	清热解毒，消肿止痛，敛疮生肌	舌疮
	青黛散	青黛、黄连、黄柏、薄荷、桔梗、儿茶，各等份	清热解毒，消肿止痛	口舌生疮，咽喉肿痛

（樊平）

第十九章 针 灸

考纲考点：(1) 白针、血针、火针、艾灸的特点、用法；(2) 针灸的穴位分类、取穴方法及选穴原则；(3) 白针、血针、火针、水针、电针、艾灸、按摩疗法的术前准备、操作方法；(4) 马、牛、犬常用穴位；(5) 马、牛、犬常见病针灸处方。

一、针灸基础知识

（一）针灸用具

白针	①圆利针：针体较粗，针尖呈三棱状，较锋利。②毫针：针体细长，针尖圆锐。用于白针穴位
血针	①三棱针：针身呈三棱状，针体圆柱状。②宽针：状如矛尖，针刃锋利，针体较粗，呈圆柱状用于血针穴位
火针	较圆利针粗大，针头圆锐，针柄为电木或用金属丝缠绕以便操作。用于火针穴位
艾灸	艾绒、艾卷（草纸卷艾绒）和艾柱。用于艾灸穴位

（二）针灸穴位

穴位分类	①按针法分类：白针穴位、血针穴位、火针穴位、巧治穴位；②按解剖区域分类：头部穴位、躯干穴位、前肢穴位、后肢穴位；③按经脉络属关系分类：经穴、经外奇穴、阿是穴
取穴方法	①解剖标志定位法：静态标志以器官、骨骼、肌沟作标志分成三种定位法，动态标志分摇动肢体、改变体位两种定位法；②体躯连线比例定位法；③指量定位法；④同身寸定位法；⑤骨都分寸定位法
选穴原则	①主穴：局部选穴、邻近取穴、循经取穴、随症选穴；②配位：单、双侧配穴，远近、前后配穴，背腹、上下配穴，表里、内外配穴

（三）针灸操作

患畜妥善保定，根据施针穴位采取不同的保定体位。根据病情选好施针穴位，然后根据针刺穴位选取适当长度的针具，检查并消毒针具。针刺穴位剪毛消毒。

种类	操作方法
白针疗法	(1)圆利针术。进针有缓刺法、急刺法两种。缓刺法：术者的刺手以拇指、食指夹持针柄，中指、无名指抵住针体。押手，根据穴位采取不同的方法。一般先将针刺至皮下，然后调整好针刺角度，捻转进达所需深度，并施以补泻方法使之出现针感。急刺法：术者用执笔式或全握式持针，瞄准穴位按穴位要求的针刺角度迅速刺入或以飞针法刺入穴位至所需深度 退针：用左手拇指、食指夹持针体，同时按压穴位皮肤，右手捻转或抽拔针柄出针
	(2)毫针术。与圆利针缓刺法相似，与其他白针术的不同点是由于针体细，对组织损伤小、不易感染，故同一穴位可反复多施针；进针较深，同一穴位，入针均深于圆利针、宽针、火针等，且可一针透数穴；行针可运用插、捻、搓、弹、刮、摇等补泻手法
	(3)小宽针术。因针有锐利的针尖和针刃，易于快速进针，故又有"箭针法"之称。常左手按穴，右手持针，以拇指、食指固定入针深度，速刺速拔，不留针，不行针，出针后严格消毒针孔，防止感染。适用于肌肉丰满的穴位
血针疗法	(1)宽针术。首先根据不同的穴位，选取规格不同的针具，血管较粗，需出血量大，可用大、中宽针；血管细，需出血量小，可用小宽针或眉刀针。宽针持针法多用全握式、手代针锤式或用针锤、针杖持针法。一般多用垂直刺入约1cm，以出血为准
	(2)三棱针术。多用于体表浅刺或口腔内穴位。根据不同穴位的针刺要求和持针方法，确定针刺深度，一般以刺破穴位血管出血为度

种类	操作方法
火针疗法	(1)缠裹烧针法。先根据穴位选择适当长度的火针,检查针体并擦拭干净,用棉花将针尖及针身的一部分缠成枣核形,外紧内松,然后浸透植物油(一般用普通食油)点燃,针尖先向下、然后向上倾斜,始终保持针尖在火焰中,并不断转动,使其受热均匀。待油尽将熄时,甩掉或用镊子刮脱棉花,迅速刺入穴位中。留针5min左右,轻轻地左右捻转一下针体,将针拔出。针孔用5%碘酊消毒,封盖橡皮膏或涂抗生素软膏
	(2)直接烧针法。用植物油灯或酒精灯的火焰,直接烧热针尖及部分针体,而后立即刺入穴位
水针疗法	对患畜作适当保定,选好穴点,并剪毛消毒,将注射器抽吸好药液,接上针头,然后用注射针头刺入穴位至预定深度,施提插手法获得针感后,注入药液
电针疗法	先将圆利针或毫针刺入穴位,行针使之出现针感。将电针机的正负极导线分别夹在导电的针柄上,各种旋钮调至"0"位再接通电源,调节电针机的参数。各种参数调整妥当后,通电治疗15~30min。治疗完毕,先将各档旋钮调至"0"位,再关闭电源开关,除去导线夹,起针消毒。每天或隔天施针1次,5~7天为一个疗程,每个疗程间隔3~5天
TDP疗法	将TDP治疗器接上220V电源,打开电源开关预热5~10 min,然后把照射头对准需要照射的穴区(或患处局部)。照射距离15~40cm,照射时间每次30~60min,每天或隔天1~2次,7天为一疗程,休息2~3天后可进行第二个疗程
激光针灸疗法	(1)激光针术。或激光穴位照射,简称光针疗法
	(2)激光灸术。又分激光灸灼、激光灸熨、激光烧烙三种
灸术	(1)艾灸。艾灸有艾卷灸(温和灸、回旋灸和雀啄灸三种)、艾炷灸(直接灸和间接灸两种)和温针灸(又称烧柄灸法)三种
	(2)温熨。可分为醋酒灸(俗称火烧战船)、醋麸灸、软烧法三种
按摩(推拿)疗法	(1)按法、(2)摩法、(3)推法、(4)拿法、(5)捋法、(6)拨法、(7)揉法、(8)搓法、(9)捏法、(10)掐法、(11)捶法、(12)拍法、(13)分法、(14)合法、(15)滚法
埋植疗法	(1)埋线疗法 有封闭针埋线、注射针埋线、缝合针埋线三种
	(2)埋药疗法 有埋白胡椒、蟾酥两种
拔火罐疗法	用镊子夹一团酒精棉球,点燃后伸入罐内烧一下再迅速抽出,而后立即将罐扣在术部;火罐吸附在皮肤上以后,一般应留10~20min再起罐。起罐时,术者一手扶住罐体,使罐底稍倾斜,另一手下按罐口边缘的皮肤,令空气缓缓进入罐内,即可将罐起出

二、动物常用穴位

(一) 马

1. 头部

序号	穴名	定位	针法	主治
1	分水	上唇外面旋毛正中点,一穴	小宽针或三棱针刺入1~2cm,出血	中暑,冷痛,歪嘴风
2	唇内(内唇阴)	上唇内正中线两侧约2cm的上唇静脉上,左右各一穴	外翻上唇,以三棱针刺入1cm,出血;也可在上唇黏膜肿胀处散刺	唇肿,口疮,慢草
3	玉堂	口内上腭第三腭褶正中旁开1.5cm处,左右各一穴	将舌拉出,以拇指顶住上腭,用玉堂钩钩破穴点;或用三棱针或小宽针向前上方斜刺0.5~1cm,出血,以盐擦之	胃热,舌疮,上腭肿胀、中暑
4	通关	舌体腹侧面,舌系带两旁的下静脉上,左右各一穴	将舌拉出,向上翻转,三棱针或小宽针刺入0.5~1cm,出血	木舌、舌疮、胃热、慢草、黑汗风
5	锁口	口角后上方约2cm的口轮匝肌外缘处,左右各一穴	圆利针或毫针向后上方平刺3cm,或透刺开关穴;火针3cm,或间接烧烙	破伤风,歪嘴风,锁口黄
6	开关	口角向后延长线与咬肌前缘相交处,即第四上下白齿间的颊肌内,左右各一穴	圆利针或火针向后上方平刺2~3cm,毫针9cm,或向前下方透刺锁口穴,或灸烙	破伤风,歪嘴风,面颊肿胀
7	抽筋	两鼻孔内下缘连线中点稍上方,一穴	拉紧上唇,用大宽针切开皮肤,用抽筋钩钩出上唇提肌腱,用力牵引数次或切断	肺把低头难(颈肌风湿)
8	鼻前(降温)	两鼻孔下缘连线上,鼻内翼内侧1cm处,左右各一穴	小宽针或圆利针直刺1~3cm,毫针2~3cm,捻针后可适当留针	发热,中暑,感冒,过劳

续表

序号	穴名	定位	针法	主治
9	姜牙	鼻孔外侧缘下方,鼻翼软骨(姜牙骨)顶端处,左右各一穴	将上唇向另一侧拉紧,使姜牙骨充分显露,以大宽针切开皮肤,挑破或割去软骨端;或用姜牙钩钩拉软骨尖	冷痛及其他腹痛
10	鼻俞	鼻孔上缘3cm处的鼻颌切迹内,左右各一穴	以三棱针横刺穿透鼻中隔,出血(如出血不止可高吊马头,用冷水、冰块冷敷或采取其他止血措施)	肺热,感冒,中暑,鼻肿痛
11	三江	内眼角下方约3cm处的眼角静脉分叉处,左右各一穴	低拴马头,使血管怒张,用三棱针或小宽针顺血管刺入1cm,出血	冷痛,肚胀,目盲,肝热传眼
12	睛明	下眼眶上缘,两眼角内、中1/3交界处,左右各一穴	上推眼球,毫针沿眼球与泪骨之间向内下方刺入3cm,或在下眼睑黏膜上点刺出血	肝经风热,肝热传眼,睛生翳膜
13	睛俞	眶上突下缘正中,左右眼各一穴	下压眼球,毫针沿眼球与额骨之间向内后上方刺3cm,或在上眼睑黏膜上点刺出血	肝经风热,肝热传眼,睛生翳膜
14	开天	黑睛下缘、白睛上缘(眼球角膜与巩膜交界处)的中心点上,一穴	将头牢固保定,冷水冲眼或滴表面麻醉剂使眼球不动,待虫体游至眼前房时,用三弯针轻手急刺0.3cm,虫随眼房水流出;也可用注射器吸取虫体或注入3%精制敌百虫杀死虫体	浑睛虫病
15	太阳	外眼角后方约3cm处的面横静脉上,左右侧各一穴	低拴马头,使血管怒张,用小宽针或三棱针顺血管刺入1cm,出血;或用毫针避开血管直刺5~7cm	肝热传眼,肝经风热,中暑,脑黄
16	上关	下颌关节后上方的凹陷中,左右各一穴	圆利针或火针向内下方刺入3cm,毫针4.5cm	歪嘴风,破伤风,下颌脱臼
17	下关	下颌关节下方,外眼角后上方的凹陷中,左右侧各一穴	圆利针或火针向内上方刺入2cm,毫针2~3cm	歪嘴风,破伤风
18	大风门	头顶部,门鬃下顶骨矢状嵴分叉处为主穴,沿顶骨外嵴向两侧各旁开3cm为二副穴,共三穴	毫针、圆利针或火针沿皮下由主穴向副穴或由副穴向主穴平刺3cm,艾灸或烧烙	破伤风,脑黄,脾虚湿邪,心热风邪
19	耳尖	耳背侧尖端的耳静脉上,左右耳各一穴	捏紧耳尖,使血管怒张,小宽针或三棱针刺入1cm,出血	冷痛,感冒,中暑
20	天门	两耳根连线正中,即枕寰关节背侧的凹陷中,一穴	圆利针或火针向后下方刺入3cm,毫针3~4.5cm	脑黄,黑汗风,破伤风,感冒

2. 躯干部

序号	穴名	定位	针法	主治
21	风门	耳后3cm,距鬐下缘6cm,寰椎翼前缘的凹陷处,左右侧各一穴	毫针向内下方刺入6cm,火针刺入2~3cm,或灸、烧烙	破伤风,颈风湿,风邪证
22	伏兔	耳后6cm,寰椎翼后缘的凹陷处,左右侧各一穴	毫针向内下方刺入6cm,火针2~3cm,或灸	破伤风,颈风湿,风邪证
23	九委	颈侧菱形肌下缘弧形肌沟内上上委、上中委、上下委、中上委、中中委、中下委、下上委、下中委、下下委。上上委在伏兔穴后方3cm,距鬐下缘约3.5cm处;下下委在髆尖穴前方4.5cm,距鬐下缘约5cm处。两穴之间八等分,分点处为其余七穴,左右侧各九穴	毫针直刺4.5~6cm,火针2~3cm	颈风湿症,破伤风
24	颈脉(鹘脉)	颈静脉沟上、中1/3交界处的颈静脉上,左右侧各一穴	高拴马头,颈基部拴一细绳,打活结,用大宽针对准穴位急刺1cm,出血。术后松开绳扣,即可止住出血	脑黄,中暑,中毒,遍身黄,肺热
25	大椎	第七颈椎与第一胸椎棘突间的凹陷中,一穴	毫针或圆利针稍向前下方刺入6~9cm	感冒,咳嗽,发热,癫痫,腰背风湿
26	鬐甲	鬐甲最高点前方,第三、第四胸椎棘突顶端的凹陷中,一穴	毫针向前下方刺入6~9cm,火针刺入3~4cm;治鬐甲肿胀时用宽针散刺	咳嗽,气喘,肚痛,腰背风湿,鬐甲痛肿

续表

序号	穴名	定位	针法	主治
27	断血	最后胸椎与第一腰椎棘突间的凹陷中为主穴;向前、后各移一脊椎为副穴,共三穴	毫针、圆利针或火针直刺2.5~3cm	阉割后出血,便血,尿血等各种出血证
28	命门	第二、三腰椎棘突间的凹陷中,一穴	毫针、圆利针或火针直刺3cm	闪伤腰胯,寒伤腰胯,破伤风
29	百会	腰荐十字部,即最后腰椎与第一荐椎棘突间的凹陷中,一穴	火针或圆利针直刺3~4.5cm,毫针6~7.5cm	腰胯闪伤,风湿,破伤风,便秘,肚胀,泄泻,疝痛,不孕症
30	肺俞	倒数第九肋间,距背中线12cm的髂肋肌沟中,左右侧各一穴	圆利针或火针直刺2~3cm,毫针向上或向下斜刺4~5cm	肺热咳嗽,肺把胸膊痛,劳伤气喘
31	肝俞	倒数第五肋间,距背中线12cm的髂肋肌沟中,左右侧各一穴	圆利针或火针直刺2~3cm,毫针向上或向下斜刺3~5cm	黄疸,肝经风热,肝热传眼
32	脾俞	倒数第三肋间,距背中线12cm的髂肋肌沟中,左右侧各一穴	圆利针或火针直刺2~3cm,毫针向上或向下斜刺3~5cm	胃冷吐涎,肚胀,结症,泄泻,冷痛
33	大肠俞	倒数第一肋间,距背中线12cm的髂肋肌沟中,左右侧各一穴	圆利针或火针直刺2~3cm,毫针3~5cm	结症,肚胀,肠黄,冷肠泄泻,腰脊疼痛
34	关元俞	最后肋骨后缘,距背中线12cm的髂肋肌沟中,左右侧各一穴	圆利针或火针直刺2~3cm,毫针6~8cm,可达肾脂肪囊内	结症,肚胀,泄泻,冷痛,腰脊疼痛
35	小肠俞	第一、二腰椎横突间,距背中线12cm的髂肋肌沟中,左右侧各一穴	圆利针或火针直刺2~3cm,毫针3~6cm	泌尿道病,结症,肚胀,肠黄,腰痛
36	腰前	第一、二腰椎棘突之间旁开6cm处,左右侧各一穴	圆利针或火针直刺3~4.5cm,毫针5~6cm,亦可透刺腰中、腰后穴	腰胯风湿、闪伤,腰痿
37	腰中	第二、三腰椎棘突之间旁开6cm处,左右侧各一穴	圆利针或火针直刺3~4.5cm,毫针4.5~6cm,亦可透刺腰前、腰后穴	腰胯风湿、闪伤,腰痿
38	腰后	第三、四腰椎棘突之间旁开6cm处,左右侧各一穴	圆利针或火针直刺3~4.5cm,毫针4.5~6cm,亦可透刺腰中、肾俞穴	腰胯风湿、闪伤,腰痿
39	肾棚	肾俞穴前方6cm,距背中线6cm处,左右侧各一穴	火针或圆利针直刺3~4.5cm,毫针6cm,亦可透刺腰后、肾俞穴	腰痿,腰胯风湿、闪伤
40	肾俞	百会穴旁开6cm处,左右侧各一穴	火针或圆利针直刺3~4.5cm,毫针6cm,亦可透刺肾棚、肾角穴	腰痿,腰胯风湿、闪伤
41	肾角	肾俞穴后方6cm,距背中线6cm处,左右侧各一穴	火针或圆利针直刺3~4.5cm,毫针6cm,亦可透刺肾俞穴	腰痿,腰胯风湿、闪伤
42	八窌(上、次、中、下窌)	各荐椎棘突间,正中线旁开4.5cm,左右各四穴	火针或圆利针向椎间孔方向斜刺2.5~3cm,毫针3~6cm;或同侧四穴相互透刺	腰胯风湿,腰挫伤,腰痿,垂缕不收
43	雁翅	髋结节到背中线所作垂线的中、外1/3交界处,左右侧各一穴	圆利针或火针直刺3~4.5cm,毫针4~8cm	腰胯痛,腰胯风湿,不孕症
44	丹田	髋结节前下方4.5cm处凹陷中,左右侧各一穴	圆利针或火针直刺2~3cm,毫针刺入3~4cm	腰胯痛,雁翅痛,不孕症
45	穿黄	胸前正中线旁开2cm,左右侧各一穴	拉起皮肤,用穿黄针穿上马尾通两穴,马尾两端拴上适当重物,引流黄水;或用宽针局部散刺	胸黄,胸部浮肿
46	胸堂	胸骨两旁,胸外侧沟下部的臂头静脉上,左右侧各一穴	高拴马头,用中宽针沿血管急刺1cm,出血(泻血量500~1000mL)	心肺积热,胸膊痛,五攒痛,前肢闪伤

续表

序号	穴名	定位	针法	主治
47	带脉	肘后 6cm 的胸外静脉上，左右侧各一穴	大、中宽针顺血管刺入 1cm，出血	肠黄，中暑，冷痛
48	黄水	胸骨后，包皮前，两侧带脉下方的胸腹下肿胀处	避开大血管和腹白线，用大宽针在局部散刺 1cm 深	肚底黄，胸腹部浮肿
49	云门	脐前 9cm，腹中线旁开 2cm，左右均可，任取一穴	以大宽针刺破皮肤及腹黄筋膜，插入宿水管放出腹水	宿水停脐（腹水）
50	巴山	百会穴与股骨大转子连线的中点处，左右侧各一穴	圆利针或火针直刺 3～4.5cm，毫针 10～12cm	腰胯风湿，闪伤，后肢风湿、麻木
51	路股	百会穴与股骨大转子连线的中、下 1/3 交界处，左右侧各一穴	圆利针或火针直刺 3～4.5cm，毫针 8～10cm	腰胯风湿、闪伤，后肢麻木
52	后海	肛门上，尾根下的凹陷中，一穴	火针或圆利针向前上方刺入 6～10cm，毫针 12～18cm	结症，泄泻，直肠麻痹，不孕症
53	阴俞	肛门与阴门(♀)或阴囊(♂)中点的中心缝上，一穴	火针或圆利针直刺 2～3cm，毫针 4～6cm；或艾卷灸	阴道脱，子宫脱，带下(♀)；阴肾黄，垂缕不收(♂)
54	尾根	尾背侧，第一、第二尾椎棘突间，一穴	火针或圆利针直刺 1～2cm，毫针 3cm	腰胯闪伤、风湿，破伤风
55	尾本	尾腹面正中，距尾基部 6cm 处的尾静脉上	中宽针向上顺血管刺入 1cm，出血	腰胯闪伤、风湿，肠黄，尿闭
56	尾尖	尾尖顶端	中宽针直刺 1～2cm，或将尾尖十字劈开，出血	冷痛，感冒，中暑，过劳

3. 前肢

序号	穴名	定位	针法	主治
57	膊尖	肩胛骨与肩胛软骨前角结合处，左右肢各一穴	圆利针或火针沿肩胛骨内侧向后下方刺入 3～6cm，毫针 12cm	前肢风湿，肩膊闪伤、肿痛
58	膊栏	肩胛骨后角与肩胛软骨结合处，左右肢各一穴	圆利针或火针沿肩胛骨内侧向前下方刺入 3～5cm，毫针入 10～12cm	前肢风湿，肩膊闪伤、肿痛
59	肺门	肩胛骨前缘，膊尖穴前下方 12cm 处，左右肢各一穴	圆利针或火针沿肩胛骨内侧向后下方刺入 3～5cm，毫针 8～10cm	肺气把膊，寒伤肩膊痛，肩膊麻木
60	肺攀	肩胛骨后缘，膊栏穴前下方 12cm 处，左右肢各一穴	圆利针或火针沿肩胛骨内侧向前下方刺入 3～5cm，毫针 8～10cm	肺气痛，咳嗽肩膊风湿
61	弓子	肩胛骨后方，肩胛软骨上缘正中点的直下方约 10cm 处，左右肢各一穴	用大宽针刺破皮肤，两手提拉切口周围皮肤，让空气进入，或以 16 号注射针头刺入穴位皮下，用注射器注入滤过的空气，然后用手向周围推压，使空气扩散到所需范围	肩膊麻木，肩膊部肌肉萎缩
62	膊中	肩胛骨前缘，肺门穴前下方 6cm 处，左右肢各一穴	圆利针或火针沿肩胛骨内侧向后下方刺入 3～5cm，毫针 8～10cm	肺气把膊，寒伤肩膊痛，肩膊麻木，肺气痛
63	肩井	肩端，臂骨大结节外上缘的凹陷中，左右肢各一穴	火针或圆利针向后下方刺入 3～4.5cm，毫针 6～8cm	抢风痛，前肢风湿，肩臂麻木
64	肩俞	肩端臂骨大结节下缘的凹陷处，左右肢各一穴	火针或圆利针向内上方刺入 2.5cm，毫针 3～4cm	肩膊痛，抢风痛，前肢风湿
65	肩外俞	臂骨大结节后缘的凹陷中，左右肢各一穴	火针或圆利针向内下方刺入 cm，毫针 8～10cm	肩膊痛，抢风痛，前肢风湿
66	抢风	肩关节后下方，三角肌后缘与臂三头肌长头、外头形成的凹陷中，左右肢各一穴	圆利针或火针直刺 3～4cm，毫针 8～10cm	闪伤夹气，前肢风湿，前肢麻木

续表

序号	穴名	定位	针法	主治
67	冲天	肩胛骨后缘中部,抢风穴后上方6cm处的凹陷中,左右肢各一穴	圆利针或火针直刺3~4.5cm,毫针8~10cm	前肢风湿,前肢麻木,肺气把胸
68	肩贞	抢风穴前上方6cm处,与冲天穴在同一水平线上,左右肢各一穴	火针或圆利针直刺3~4cm,毫针6cm	肩胛闪伤,抢风痛,肩胛风湿,肩胛麻木
69	天宗	抢风穴正上方约10cm处,与抢风、冲天、肩贞呈菱形排列,左右肢各一穴	火针或圆利针直刺3~4cm,毫针6cm	闪伤夹气痛,前肢风湿,前肢麻木
70	夹气	腋窝正中,左右肢各一穴	先用大宽针刺破皮肤,然后以涂油的夹气针向同侧抢风穴方向刺入20~25cm,达肩胛下肌与胸下锯肌之间的疏松结缔组织内,出针消毒后前后摇动患肢数次	闪伤里夹气
71	肘俞	臂骨外上髁与肘突之间的凹陷中,左右肢各一穴	火针或圆利针直刺3~4cm,毫针6cm	肘部肿胀、风湿、麻痹
72	掩肘	肘突后上方3cm,前臂筋膜张肌后缘的凹陷中,左右侧各一穴	火针或圆利针向前下方刺入3cm,毫针3~5cm	肘头肿胀,肘部风湿,肩肘麻木
73	乘镫	肘突内侧稍下方,掩肘穴后下方6cm的胸后浅肌的肌间隙内,左右肢各一穴	火针或圆利针向前上方刺入3cm,毫针3~5cm	肘部风湿,肘头肿胀,扭伤
74	乘重	桡骨近端外侧韧带结节下部,指总伸肌与指外侧伸肌起始部的肌沟中,左右肢各一穴	火针或圆利针稍斜向前刺入2~3cm,毫针4.5~6cm	乘重肿痛,前臂麻木
75	前三里	前臂外侧上部,桡骨上、中1/3交界处,腕桡侧伸肌与指总伸肌之间的肌沟中,左右肢各一穴	火针或圆利针向后上方刺入3cm,毫针4.5cm	脾胃虚弱,前肢风湿
76	膝眼	腕关节背侧面正中,腕前黏液囊肿胀最低处,左右肢各一穴	提起患肢,中宽针直刺1cm,放出水肿液	腕前黏液囊肿
77	膝脉	腕关节内侧下方约6cm处的掌心浅内侧静脉上,左右肢各一穴	小宽针沿血管刺入1cm,出血	腕关节肿痛,屈腱炎
78	缠腕	四肢球节上方两侧,掌(跖)内、外侧沟末端的指(趾)内、外侧静脉上,每体内外各一穴 前肢称前缠腕,后肢称后缠腕	小宽针沿血管刺入1cm,出血	球节肿痛,屈腱炎
79	蹄头	蹄背面,蹄缘(毛边)上1cm处,前蹄在正中线外侧旁开2cm处,后蹄在正中线上,每蹄一穴 前蹄称前蹄头,后蹄称后蹄头	中宽针向蹄内直刺1cm,出血	五攒痛,球节痛,蹄头痛,冷痛,结症
80	滚蹄	前、后肢系部,掌/跖侧正中凹陷中,每肢各一穴	大宽针针刃平行于系骨刺入,轻症劈开屈肌腱,重症横转针刃,推动"磨杆"至蹄伸直,被动切断部分屈肌腱	滚蹄(屈肌腱挛缩)

4. 后肢

序号	穴名	定位	针法	主治
81	居髎	髋结节后下方的凹陷中,左右肢各一穴	圆利针或火针直刺3~4.5cm,毫针6~8cm	雁翅痛,后肢风湿、麻木
82	环跳	髋关节前缘,股骨大转子前方约6cm的凹陷中,左右肢各一穴	圆利针或火针直刺3~4.5cm,毫针6~8cm	雁翅肿痛,后肢风湿、麻木
83	大胯	髋关节前下缘,股骨大转子前下方约6cm的凹陷中,左右肢各一穴	圆利针或火针沿股骨前缘向后下方斜刺3~4.5cm,毫针6~8cm	后肢风湿,闪伤腰胯

续表

序号	穴名	定位	针法	主治
84	小胯	股骨第三转子后下方的凹陷中,左右肢各一穴	圆利针或火针直刺3~4.5cm,毫针6~8cm	后肢风湿,闪伤腰胯
85	后伏兔	小胯穴正前方,股骨前缘的凹陷中,左右肢各一穴	圆利针或火针直刺3~4.5cm,毫针6~8cm	掠草痛,后肢风湿、麻木
86	邪气	尾根切迹平位与股二头肌沟相交处,左右肢各一穴	圆利针或火针直刺4.5cm,毫针6~8cm	后肢风湿、麻木,股胯闪伤
87	汗沟	邪气穴下6cm处的同一肌沟中,左右肢各一穴	圆利针或火针直刺4.5cm,毫针6~8cm	后肢风湿、麻木,股胯闪伤
88	仰瓦	汗沟穴下6cm处的同一肌沟中,左右肢各一穴	圆利针或火针直刺4.5cm,毫针6~8cm	后肢风湿、麻木,股胯闪伤
89	牵肾	仰瓦穴下6cm处的同一肌沟中,左右肢各一穴	圆利针或火针直刺4.5cm,毫针6~8cm	后肢风湿、麻木,股胯闪伤
90	肾堂	股内侧距大腿根约12cm的隐静脉上,左右肢各一穴	将对侧后肢提举保定,以中宽针沿血管刺入1cm,出血	外肾黄,五攒痛,闪伤腰胯,后肢风湿
91	阴市	膝盖骨外上缘的凹陷处,左右肢各一穴	圆利针或火针向后上方刺入3cm,毫针4.5cm	掠草痛,后肢风湿
92	掠草	膝盖骨下缘,膝中、外直韧带间的凹陷中,左右肢各一穴	圆利针或火针向后上方斜刺3~4.5cm,毫针6cm	掠草痛,后肢风湿
93	阳陵	膝关节后方,胫骨外踝上缘的凹陷处,左右肢各一穴	圆利针或火针直刺3cm,毫针8~10cm	掠草痛,后肢风湿,消化不良
94	丰隆	后三里穴上方6cm,胫骨外踝后下缘的肌沟中,左右肢各一穴	圆利针或火针直刺3cm,毫针8~10cm	掠草痛,后肢风湿,消化不良
95	后三里	掠草穴后下方约10cm,腓骨小头下方,趾长伸肌与趾外侧伸肌之间的肌沟中,左右肢各一穴	圆利针或火针直刺2~4cm,毫针4~6cm	脾胃虚弱,后肢风湿,体质虚弱
96	曲池	跗关节背侧稍偏内的距背内侧静脉上,左右肢各一穴	小宽针直刺1cm,出血	胃热不食,跗关节肿痛

(二) 牛

1. 头部

序号	穴名	取穴部位	针法	主治
1	山根	主穴在鼻唇镜背侧正中有毛无毛交界处,两副穴在左右鼻孔背角处,共三穴	小宽针向后下方斜刺1cm,出血	中暑,感冒,腹痛,癫痫
2	鼻中	两鼻孔下缘连线中点,一穴	小宽针或三棱针直刺1cm,出血	慢草,热病,唇肿,衄血、黄疸
3	唇内(内唇阴)	上唇内面,正中线两侧约2cm的上唇静脉上,左右侧各一穴	外翻上唇,以三棱针直刺1cm,出血;也可在上唇黏膜肿胀处散刺	唇肿,口疮,慢草,热证
4	顺气(嚼眼)	口内硬腭前端切齿乳头两侧的鼻腭管开口处,左右侧各一穴	将去皮、节的鲜细柳(榆)枝端部削成钝圆形,徐徐插入20~30cm,剪去外露部分,留置二三小时或不取出	肚胀,感冒,睛生翳膜
5	通关(知甘)	舌体腹侧面,舌系带两旁的舌下静脉上,左右侧各一穴	将舌拉出,向上翻转,小宽针或三棱针刺入1cm,出血	慢草,木舌,中暑,春、秋季开针洗口有防病作用
6	承浆	下唇下缘正中有毛无毛交界处,一穴	中、小宽针向后下方刺入1cm,出血	下颌肿痛,五脏积热,慢草
7	锁口	口角后上方约2cm口轮匝肌外缘处,左右侧各一穴	小宽针或火针向后上方平刺3cm,毫针4~6cm,或透刺开关穴	破伤风牙关紧闭,歪嘴风
8	开关	颊部咬肌前缘,最后一对臼齿稍后方,左右侧各一穴	中宽针、圆利针或火针向后上方刺入2~3cm,毫针4~6cm,或透刺锁口	破伤风,歪嘴风,腮黄

续表

序号	穴名	取穴部位	针法	主治
9	鼻俞(过梁)	鼻梁两侧,鼻孔上方4.5cm处,左右侧各一穴	三棱针或小宽针直刺1.5cm,或透刺到对侧,出血	肺热,感冒,中暑,鼻肿
10	三江	内眼角下方约4.5cm处的眼静脉分叉处,左右侧各一穴	低拴牛头,使血管怒张,用三棱针或小宽针刺入1cm,出血	疝痛,肚胀,肝热传眼
11	睛明(睛灵)	下眼眶上缘,两眼角内、中1/3交界处,左右眼各一穴	上推眼球,毫针沿眼球与泪骨之间向内下方刺入3cm;或三棱针在下眼睑黏膜上散刺,出血	肝热传眼,睛生翳膜
12	睛俞(眉神、鱼腰)	上眼眶下缘正中的凹陷中,左右眼各一穴	下压眼球,毫针沿眶上突下缘向内上方刺入2~3cm;或三棱针在上眼睑黏膜上散刺,出血	肝经风热,肝热传眼,眩晕
13	太阳	外眼角后方约3cm处的颞窝中,左右侧各一穴	小宽针刺入1~2cm,出血;或避开血管,毫针刺入3~6cm;或施水针	中暑,感冒,癫痫,肝热传眼,睛生翳膜
14	通天	两内眼角连线正中上方6~8cm处,一穴	火针沿皮下向上平刺2~3cm,或火烙;治脑包虫可施开颅术	感冒,脑黄,癫痫,破伤风,脑包虫
15	耳尖(血印)	耳背侧距尖端3cm的耳静脉内、中、外三支上,左右耳各三穴	捏紧耳根,使血管怒张,用中宽针或大三棱针刺破血管,出血	中暑,感冒,中毒,腹痛,热性病
16	天门	两角根连线正中后方,即枕寰关节背侧的凹陷中,一穴	火针、小宽针或圆利针向后下方斜刺3cm,毫针3~6cm,或火烙	感冒,脑黄,癫痫,眩晕,破伤风

2. 躯干部

序号	穴名	定位	针法	主治
17	颈脉(鹘脉)	颈静脉沟上、中1/3交界处的颈静脉上,左右侧各一穴	高拴牛头,徒手按压或扣颈绳,大宽针刺入1cm,出血	中暑,中毒,脑黄,肺风毛燥
18	丹田	第一、第二胸椎棘突间的凹陷中,一穴	小宽针、圆利针或火针向后下方刺入3cm,毫针6cm	中暑,过劳,前肢风湿,肩痛
19	鬐甲(三台)	第三、第四胸椎棘突顶端的凹陷中,一穴	小宽针或火针向前下方刺入2~3cm,毫针4~5cm	前肢风湿,肺热咳嗽,脱膊,肩肿
20	苏气	第八、第九胸椎棘突顶端的凹陷中,一穴	小宽针、圆利针或火针向前下方刺入1.5~2.5cm,毫针3~4.5cm	肺热,咳嗽,气喘
21	安福	第十、第十一胸椎棘突顶端的凹陷中,一穴	小宽针、圆利针或火针直刺1.5~2.5cm,毫针3~4.5cm	腹泻,肺热,风湿
22	天平	最后胸椎与第一腰椎棘突间的凹陷中,一穴	小宽针、圆利针或火针直刺2cm,毫针3~4cm	尿闭,肠黄,尿血,便血,阉割后出血
23	后丹田	第一、第二腰椎棘突间的凹陷中,一穴	小宽针、圆利针或火针直刺3cm,毫针4.5cm	慢草,腰胯痛,尿闭
24	命门	第二、第三腰椎棘突间的凹陷中,一穴	小宽针、圆利针或火针直刺3cm,毫针3~5cm	腰痛,尿闭,血尿,胎衣不下,慢草
25	安肾	第三、第四腰椎棘突间的凹陷中,一穴	小宽针、圆利针或火针直刺3cm,毫针3~5cm	腰胯痛,肾痛,尿闭,胎衣不下,慢草
26	百会	腰荐十字部,即最后腰椎与第一荐椎棘突间的凹陷中,一穴	小宽针、圆利针或火针直刺3~4.5cm,毫针刺入6~9cm	腰胯风湿,闪伤,二便不利,后躯瘫痪
27	通窍	倒数第四、第五、第六、第七肋间,髂骨翼上角水平线处的髂肋肌沟中,左右侧各一穴	小宽针、圆利针或火针向内下方刺入3cm,毫针6cm	肺痛,咳嗽,过劳,风湿
28	肺俞	倒数第五、第六、第七、第八任一肋间与肩、髋关节连线的交点处,左右侧各一穴	小宽针、圆利针或火针向内下方刺入3~4.5cm,毫针6cm	肺热咳嗽,感冒,劳伤,气喘
29	六脉	倒数第一、第二、第三肋间,髂骨翼上角水平线处的髂肋肌沟中,左右侧各三穴	小宽针、圆利针或火针向内下方刺入3cm,毫针6cm	便秘,肚胀,积食,泄泻,慢草

续表

序号	穴名	定位	针法	主治
30	脾俞（六脉第一穴）	倒数第三肋间，髂骨翼上角水平线处的髂肋肌沟中，左右侧各一穴	小宽针、圆利针或火针向内下方刺入3cm，毫针6cm	消化不良，肚胀，积食，泄泻
31	食胀	左侧倒数第二肋间与髋结下角水平线相交处，一穴	小宽针、圆利针或火针向内下方刺入9cm，达到瘤胃腹囊内	宿草不转，肚胀，消化不良
32	关元俞	最后肋骨与第一腰椎横突顶端之间的髂肋肌沟中，左右侧各一穴	小宽针、圆利针或火针向内下方刺入3cm，毫针4.5cm；亦可向脊椎方向刺入6～9cm	慢草，便结，肚胀，积食，泄泻
33	胘俞	左侧胘窝部，即肋骨后、腰椎下与髂骨翼前形成的三角区内	套管针或大号采血针向内下方刺入6～9cm，徐徐放出气体	急性瘤胃臌气
34	肾俞	百会穴旁开6cm处，左右侧各一穴	小宽针、圆利针或火针直刺3cm，毫针3～4.5cm	腰胯风湿、闪伤
35	穿黄（吊黄）	胸前，腹正中线旁开1.5cm处，一穴	拉起皮肤，用带马尾的穿黄针左右对穿皮肤，马尾留置穴内，两端拴上适当重物，引流黄水	胸黄
36	胸堂	胸骨两旁，胸外侧沟下部的臂头静脉上，左右侧各一穴	高拴马头，用中宽针刺血管急刺1cm，出血（泻血量500～1000mL）	心肺积热，胸膊痛，五攒痛，前肢闪伤
37	带脉	肘后10cm的胸外静脉上，左右侧各一穴	中宽针顺血管刺入1cm，出血	肠黄，腹痛，中暑，感冒
38	滴明	脐前约15cm，腹中线旁开约12cm处的腹壁皮下静脉上，左右侧各一穴	中宽针顺血管刺入2cm，出血	奶黄，尿闭
39	云门	脐旁开3cm，左右侧各一穴	治肚底黄用大宽针在肿胀处散刺；治腹水先用大宽针破皮，再插入宿水管	肚底黄，腹水
40	阳明	乳头基部外侧，每个乳头一穴	小宽针向内上方刺入1～2cm，或激光照射	奶黄，尿闭
41	阴俞（会阴）	肛门与阴门（♀）或阴囊（♂）中间的中心缝上，一穴	毫针、圆利针或火针直刺1～2cm	阴道脱、子宫脱（♀）；阴囊肿胀（♂）
42	后海	肛门上、尾根下的凹陷处正中，一穴	小宽针、圆利针或火针向前上方刺入3～4.5cm，毫针6～10cm	久痢，泄泻，胃肠热结，脱肛，不孕症
43	尾根	尾背侧正中，荐尾结合部棘突间的凹陷中，以手摇尾动与不动前的凹陷处，一穴	小宽针、圆利针或火针直刺1～2cm，毫针3cm	便秘，热泻，脱肛，热性病
44	尾本	尾腹面正中，距尾基部6cm处尾静脉上，一穴	中宽针刺入1cm，出血	腰风湿，尾神经麻痹，便秘
45	尾尖	尾尖末端，一穴	中宽针直刺1cm或将尾尖十字劈开，出血	中暑，中毒，感冒，过劳，热性病

3. 前肢

序号	穴名	定位	针法	主治
46	轩堂	鬐甲两侧，肩胛软骨上缘正中，左右肢各一穴	中宽针、圆利针或火针沿肩胛骨内侧向内下方刺入9cm，毫针10～15cm	脱膊，夹气痛
47	膊尖（云头）	肩胛骨与肩胛软骨前角结合处，左右肢各一穴	小宽针、圆利针或火针沿肩胛骨内侧向后下方斜刺3～6cm，毫针9cm	脱膊，前肢风湿
48	膊栏（爬壁）	肩胛骨与肩胛软骨后角结合处，左右肢各一穴	小宽针、圆利针或火针沿肩胛骨内侧向前下方斜刺3cm，毫针6～9cm	脱膊，前肢风湿
49	肩井	肩关节前上缘，臂骨大结节外上缘的凹陷中，冈上肌与冈下肌的肌间隙内，左右肢各一穴	小宽针、圆利针或火针向内下方斜刺3～4.5cm，毫针6～9cm	脱膊，前肢风湿肩甲上神经麻痹

续表

序号	穴名	定位	针法	主治
50	抢风	肩关节后下方,三角肌后缘与臂三头肌长头、外头形成的凹陷中,左右肢各一穴	小宽针、圆利针或火针直刺3～4.5cm,毫针6cm	脱膊、前肢风湿、肿痛、神经麻痹
51	肘俞	臂骨外上髁与肘突之间的凹陷中,左右肢各一穴	小宽针、圆利针或火针向内下方斜刺3cm,毫针4.5cm	肘部肿胀、前肢风湿、闪伤、麻痹
52	夹气	前肢与躯干相接处的腋窝正中,左右侧各一穴	先用大宽针刺破皮肤,然后以涂油的夹气针向同侧抢风穴方向刺入10～15cm,达肩胛下肌与胸下锯肌之间的疏松结缔组织内,出针消毒后摇动患肢数次	肩胛痛,内夹气
53	腕后（追风,曲尺）	腕关节后面正中,副腕骨与指浅屈肌腱之间的凹陷中,左右肢各一穴	中、小宽针直刺1.5～2.5cm	腕部肿痛,前肢风湿
54	膝眼（跪膝）	腕关节背外侧下缘,腕桡侧伸肌腱与指总伸肌腱之间的陷沟中,左右肢各一穴	中、小宽针向后上方刺入1cm,放出黄水	腕部肿痛,膝黄
55	膝脉	前肢内侧,副腕骨下方6cm处的掌心浅内侧静脉上,左右肢各一穴	中、小宽针沿血管刺入1cm,出血	腕关节肿痛,攒筋肿痛
56	缠腕（前肢称前缠腕,后肢称后缠腕）	四肢球节上方两侧,掌/跖内、外侧沟末端的指/趾内、外侧静脉上,每肢左右侧各一穴	中、小宽针沿血管刺入1.5cm,出血	蹄黄,球节肿痛,扭伤
57	涌泉（后蹄称滴水）	蹄叉前缘正中稍上方,第三、第四指(趾)的第一指(趾)节骨中部背侧面,每肢各一穴	中、小宽针直刺1～1.5cm,出血	蹄肿,扭伤,风湿,中暑
58	蹄头（八字,前蹄称前蹄头,后蹄称后蹄头）	第三、第四指(趾)的蹄匣上缘正中,有毛与无毛交界处,每蹄内外侧各一穴,四肢共八穴	中宽针直刺1cm,出血	蹄黄,扭伤,便结,腹痛,中暑,感冒

4. 后肢

序号	穴名	定位	针法	主治
59	居髎	髋结节后下方,臀肌下缘的凹陷中,左右肢各一穴	圆利针或火针直刺3～4.5cm,毫针6cm	腰胯风湿,后肢麻木,不孕症
60	环跳	髋关节前上缘,股骨大转子前方,臀肌下缘的凹陷中,左右肢各一穴	小宽针、圆利针或火针直刺3～4.5cm,毫针6cm	腰胯痛,后肢风湿、麻木
61	大转	髋关节前下缘,股骨大转子正前方约6cm处的凹陷中,左右肢各一穴	小宽针、圆利针或火针直刺3～4.5cm,毫针6cm	后肢风湿、麻木,腰胯闪伤
62	大胯	髋关节上缘,股骨大转子正上方9～12cm处的凹陷中,左右肢各一穴	小宽针、圆利针或火针直刺3～4.5cm,毫针6cm	后肢风湿、麻木,腰胯闪伤
63	小胯	髋关节下缘,股骨大转子正下方约6cm处的凹陷中,左右肢各一穴	小宽针、圆利针或火针直刺3～4.5cm,毫针6cm	后肢风湿、麻木,腰胯闪伤
64	邪气（黄金）	股骨大转子和坐骨结节连线与股二头肌沟相交处,左右肢各一穴	小宽针、圆利针或火针直刺3～4.5cm,毫针6cm	后肢风湿、闪伤、麻痹,胯部肿痛
65	仰瓦	汗沟穴下12cm处的同一肌沟中,左右肢各一穴	小宽针、圆利针或火针直刺3～4.5cm,毫针6cm	后肢风湿、闪伤、麻痹,胯部肿痛
66	肾堂	股内侧上部皮下隐静脉上,左右肢各一穴	提举保定对侧后肢,以中宽针顺血管刺入1cm,出血	外肾黄,五攒痛后肢风湿
67	掠草	膝盖骨下缘稍偏外,膝中、外直韧带之间的凹陷中,左右肢各一穴	圆利针或火针向后上方斜刺3～4.5cm	掠草痛,后肢风湿

续表

序号	穴名	定位	针法	主治
68	阳陵（后通膊）	膝关节后方约12cm，胫骨外踝后上缘的凹陷处，左右侧各一穴	圆利针或火针直刺3cm，毫针4.5~6cm	掠草痛，后肢风湿、麻木
69	后三里	掠草穴斜外下方约9cm，腓骨小头下部，腓骨伸肌与趾外侧伸肌之间的肌沟中，左右肢各一穴	毫针向内后下方刺入6~7.5cm	脾胃虚弱，后肢风湿、麻木
70	曲池（承山）	跗关节背侧稍偏外，中横韧带下方，趾长伸肌外侧的跗外侧静脉上，左右肢各一穴	中宽针刺入1cm，出血	跗骨肿痛，后肢风湿

（三）犬

1. 头部

序号	穴名	定位	针法	主治
1	人中	上唇唇沟上、中1/3交界处，一穴	毫针或三棱针直刺0.5cm	中风，中暑，支气管炎
2	山根	鼻背正中有毛无毛交界处，一穴	三棱针点刺0.2~0.5cm，出血	中暑，中暑，感冒，发热
3	三江	内眼角下的眼角静脉上，左右侧各一穴	三棱针点刺0.2~0.5cm，出血	便秘，腹痛，目赤肿痛
4	承泣	下眼眶上缘中部，左右侧各一穴	上推眼球，毫针沿眼球与眼眶之间刺入2~3cm	目赤肿痛，睛生云翳，白内障
5	睛明	内眼角上、下眼睑交界处，左右眼各一穴	外推眼球，毫针直刺0.2~0.3cm	目赤肿痛，眵泪，云翳
6	上关	下颌关节后上方，下颌关节突与颧弓之间的凹陷中，左右侧各一穴	毫针直刺3cm	歪嘴风，耳聋
7	下关	下颌关节前下方，颧弓与下颌骨角之间的凹陷中，左右侧各一穴	毫针直刺3cm	歪嘴风，耳聋
8	翳风	耳基部下颌关节后下方，乳突与下颌骨之间的凹陷中，左右侧各一穴	毫针直刺3cm	歪嘴风，耳聋
9	耳尖	耳郭尖端背面的静脉上，左右耳各一穴	三棱针或小宽针点刺，出血	中暑，感冒，腹痛
10	天门	枕寰关节背侧正中点的凹陷中，一穴	毫针直刺1~3cm，或艾灸	发热，脑炎，抽风，惊厥

2. 躯干部

序号	穴名	定位	针法	主治
11	大椎	第七颈椎与第一胸椎棘突间的凹陷中，一穴	毫针直刺2.4cm，或艾灸	发热，咳嗽，风湿症，癫痫
12	身柱	第三、第四胸椎棘突间的凹陷中，一穴	毫针向前下方刺入2~4cm，或艾灸	肺热，咳嗽，肩扭伤
13	灵台	第六、第七胸椎棘突间的凹陷中，一穴	毫针稍向前下方刺入1~3cm，或艾灸	胃痛，肝胆湿热，肺热咳嗽
14	中枢	第十、第十一胸椎棘突间的凹陷中，一穴	毫针直刺1~2cm，或艾灸	食欲不振，胃炎
15	悬枢	最后（第十三）胸椎与第一腰椎棘突间的凹陷中，一穴	毫针斜向后下方刺入1~2cm，或艾灸	风湿症，腰部扭伤，消化不良，腹泻
16	命门	第二、第三腰椎棘突间的凹陷中，一穴	毫针斜向后下方刺入1~2cm，或艾灸	风湿症，泄泻，腰痿，水肿，中风
17	阳关	第四、第五腰椎棘突间的凹陷中，一穴	毫针斜向后下方刺入1~2cm，或艾灸	性机能减退，子宫内膜炎，风湿症，腰部扭伤
18	百会	腰荐十字部，即最后（第七）腰椎与第一荐椎棘突间的凹陷中，一穴	毫针直刺1~2cm，或艾灸	腰胯疼痛，瘫痪，泄泻，脱肛
19	肺俞	倒数第十肋间背中线约6cm的髂肋肌沟中，左右侧各一穴	毫针沿肋间向下斜刺1~2cm，或艾灸	咳喘，气喘

续表

序号	穴名	定位	针法	主治
20	心俞	倒数第八肋间距背中线 6cm 的髂肋肌沟中,左右侧各一穴	毫针沿肋间向下斜刺 1～2cm,或艾灸	心脏疾患,癫痫
21	肝俞	倒数第四肋间距背中线 6cm 的髂肋肌沟中,左右侧各一穴	毫针沿肋间向下斜刺 1～2cm,或艾灸	肝炎,黄疸,眼病
22	脾俞	倒数第二肋间距背中线 6cm 的髂肋肌沟中,左右侧各一穴	毫针沿肋间向下斜刺 1～2cm,或艾灸	脾胃虚弱,呕吐,泄泻
23	三焦俞	第一腰椎横突末端相对的髂肋肌沟中,左右侧各一穴	毫针直刺 1～3cm,或艾灸	食欲不振,消化不良,呕吐,贫血
24	肾俞	第二腰椎横突末端相对的髂肋肌沟中,左右侧各一穴	毫针直刺 1～3cm,或艾灸	肾炎,多尿症,不孕症,腰部风湿,扭伤
25	大肠俞	第四腰椎横突末端相对的髂肋肌沟中,左右侧各一穴	毫针直刺 1～3cm,或艾灸	消化不良,肠炎,便秘
26	关元俞	第五腰椎横突末端相对的髂肋肌沟中,左右侧各一穴	毫针直刺 1～3cm,或艾灸	消化不良,便秘,泄泻
27	二眼	第一、二背荐孔处,每侧各二穴	毫针直刺 1～1.5cm,或艾灸	腰胯疼痛,瘫痪,子宫疾病
28	胸堂	胸前,胸外侧沟中的臂头静脉上,左右侧各一穴	头高位,小宽针或三棱针顺血管直刺 1cm,出血	中暑,肩肘扭伤,风湿症
29	中脘	胸骨后缘与肚脐的连线中点,一穴	毫针向前斜刺 0.5～1cm,或艾灸	消化不良,呕吐,泄泻,胃痛
30	天枢	肚脐旁开 3cm,左右侧各一穴	毫针直刺 0.5cm,或艾灸	腹痛,泄泻,便秘,带症
31	后海	尾根与肛门间的凹陷中,一穴	毫针稍向前上方刺入 3～5cm	泄泻,便秘,脱肛,阳痿
32	尾根	最后荐椎与第一尾椎棘突间的凹陷中,一穴	毫针直刺 0.5～1cm	瘫痪,尾麻痹,脱肛,便秘,腹泻
33	尾本	尾部腹侧正中,距尾根部 1cm 处的尾静脉上,一穴	三棱针直刺 0.5～1cm,出血	腹痛,尾麻痹,腰风湿
34	尾尖	尾末端,一穴	毫针或三棱针从末端刺入 0.5～0.8cm	中风,中暑,泄泻

3. 前肢

序号	穴名	定位	针法	主治
35	肩井	肩关节前上缘,肩峰前下方的凹陷中,左右肢各一穴	毫针直刺 1～3cm	肩部神经麻痹,扭伤
36	肩外俞	肩关节后缘、肩峰后下方的凹陷中,左右肢各一穴	毫针直刺 2～4cm,或艾灸	肩部神经麻痹,扭伤
37	抢风	肩关节后方,三角肌后缘、臂三头肌长头和外头形成的凹陷中,左右肢各一穴	毫针直刺 2～4cm,或艾灸	前肢神经麻痹,扭伤,风湿症
38	䏝上	肩外俞与肘俞连线的下 1/4 处,左右肢各一穴	毫针直刺 2～4cm,或艾灸	前肢神经麻痹,扭伤,风湿症
39	肘俞	臂骨外上髁与肘突之间的凹陷中,左右肢各一穴	毫针直刺 1～3cm,或艾灸	前肢及肘部疼痛,神经麻痹
40	曲池	肘关节前外侧,肘横纹外端凹陷中,左右肢各一穴	毫针直刺 3cm,或艾灸	前肢及肘部疼痛,神经麻痹
41	前三里	前臂上 1/4 处,腕外侧屈肌与第五指伸肌之间的肌沟中,左右肢各一穴	毫针直刺 2～4cm,或艾灸	桡、尺神经麻痹,前肢神经痛,风湿症
42	外关	前臂外侧下 1/4 处,桡、尺骨间隙处,左右肢各一穴	毫针直刺 1～3cm,或艾灸	桡、尺神经麻痹,前肢风湿,便秘,缺乳
43	内关	前臂内侧下 1/4 处,桡、尺骨间隙处,左右肢各一穴	毫针直刺 1～2cm,或艾灸	桡、尺神经麻痹,肚痛,中风
44	阳池	腕关节背侧,腕骨与掌骨远端之间的凹陷中,左右肢各一穴	毫针直刺 1cm,或艾灸	腕、指扭伤,前肢神经麻痹,感冒
45	膝脉	腕关节内侧下方,第一、二掌骨间的掌心浅内侧静脉上,左右肢各一穴	三棱针或小宽针顺血管直刺 0.5～1cm,出血	腕关节肿痛,屈腱炎,指扭伤,风湿症,中暑,感冒,腹痛

续表

序号	穴名	定位	针法	主治
46	涌滴 前肢称涌泉,后肢称滴水	第三、第四掌(跖)骨间的掌(跖)背侧静脉上,每肢各一穴	三棱针直刺1cm,出血	风湿症,感冒
47	指(趾)间 (六缝)	足背指(趾)间,掌(跖)、指(趾)关节水平线上,每足三穴	毫针斜刺1～2cm,或三棱针点刺	指(趾)扭伤或麻痹

4. 后肢

序号	穴名	定位	针法	主治
48	环跳	股骨大转子前方,髋关节前缘凹陷中,左右侧各一穴	毫针直刺2～4cm,或艾灸	后肢风湿,腰胯疼痛
49	肾堂	股内侧上部皮下隐静脉上,左右肢各一穴	三棱针或小宽针顺血管刺入0.5～1cm,出血	腰胯闪伤、疼痛
50	膝上	髌骨上缘外侧0.5cm处,左右肢各一穴	毫针直刺0.5～1cm	膝关节炎
51	膝下 (掠草)	膝关节前外侧,膝中、外直韧带之间的凹陷中,左右肢各一穴	毫针直刺1～2cm,或艾灸	膝关节炎,扭伤神经痛
52	后三里	小腿外侧上1/4处的胫、腓骨间隙内,左右肢各一穴	毫针直刺1～2cm,或艾灸	消化不良,腹痛,泄泻,胃肠炎,后肢疼痛、麻痹
53	阳辅	小腿外侧下1/4处的胫骨前缘,左右肢各一穴	毫针直刺1cm,或艾灸	后肢疼痛、麻痹,发热,消化不良
54	解溪	跗关节前横纹中点,胫、跗骨间,左右肢各一穴	毫针直刺1cm,或艾灸	扭伤,后肢麻痹
55	后跟	跟骨与腓骨远端之间的凹陷中,左右肢各一穴	毫针直刺1cm,或艾灸	扭伤,后肢麻痹

三、常见疾病针灸处方

(一) 马

病名	顺序		针 灸 处 方
黑汗风 (中暑)	1	治则	应立即将马移到阴凉处,冷水浇头。治疗以血针为主,配合中药清热解暑,安神开窍
	2	血针	颈脉为主穴,放血1000～2000mL,分水、尾尖、蹄头、太阳、三江、带脉、通关等为配穴
肺热咳嗽 (肺炎)	1	治则	以血针为主,配合中药清热解毒,宣肺平喘
	2	血针	轻者以血堂为主穴,玉堂或胸堂为配穴;重者为颈脉为主穴,放血500～1000mL
	3	白针	大椎为主穴,肺俞、鼻前为配穴
脾虚慢草	1	治则	用白针、电针,配合中药益气健脾
	2	白针	脾俞、后三里
	3	电针	脾俞、胃俞,每次15～20min,隔日1次
肚胀	1	治则	以火针为主,配合中药破气消胀
	2	火针	脾俞为主穴,后海、百会、关元俞为配穴
	3	血针	三江为主穴,蹄头为配穴
	4	电针	两侧关元俞,弱刺激20min
	5	白针	肷俞为主穴,脾俞为配穴
	6	巧治	肷俞穴,急症放气
冷痛 (痉挛疝)	1	治则	以血针为主,配合中药温中散寒,理气止痛
	2	血针	三江为主穴,分水、耳尖、尾尖、蹄头为配穴
	3	火针	脾俞为主穴,百会、后海为配穴
	4	电针	两侧关元俞、脾俞、后海、百会等穴
	5	巧治	姜牙穴
结症 (便秘疝)	1	治则	以电针为主,配合中药泻热攻下,消积通肠,必要时施掏结术
	2	电针	两侧关元俞,或迷交感穴,每次30min
	3	水针	两侧耳穴(耳根后方凹陷处),各注入生理盐水50～100mL;或迷交感、后海,各注入10%氯化钾溶液10mL
	4	血针	三江为主穴,蹄头为配穴
	5	巧治	掏结术

续表

病名	顺序		针 灸 处 方
脾虚泄泻	1	治则	治疗以白针为主，配合中药健脾利湿
	2	白针	脾俞主穴，百会、胃俞、后海、后三里为配穴
	3	电针	脾俞或百会为主穴，胃俞或大肠俞，或后三里、后海为配穴
	4	水针	脾俞，每穴注射10%～20%的安钠咖注射液5mL，每日1次，连续注射2～3次
	5	埋线	后海穴
脱肛	1	治则	以巧治为主，配合中药补中益气，升阳举陷
	2	巧治	莲花穴。先用肥皂水灌肠，排出直肠积粪，然后用温水、0.1%高锰酸钾溶液洗净脱出的直肠，除去坏死的瘀膜，挤出瘀血毒水，涂以明矾末和植物油后，轻轻还纳复位，再配以电针或水针固定
	3	电针	后海、肛脱穴组，首次治疗通电2～4h，以后每次1h，每日1次，7天为一疗程
	4	水针	两侧肛脱穴，各注入95%酒精10mL
云翳遮眼	1	治则	以血针、水针为主，配合中药清肝泻火，明目退翳
	2	血针	太阳穴为主穴，三江、睛俞、睛明（点刺出血）为配穴
	3	水针	上、下眼睑皮下，注入青霉素40万U（用1%普鲁卡因2mL稀释，混入自家血20mL），隔日1次
	4	巧治	用胡黄连水，或青霉素生理盐水，经鼻管穴冲洗患眼
肚底黄	1	治则	以血针为主，配合中药清热解毒，消肿散瘀
	2	血针	宽针在肿处散刺，或配以蹄头、带脉、姜牙、分水、颈脉穴
	3	温敷	水5000mL烧开，加小麦面100～150g，食碱少许，煮沸，候温趁热涂刷患处
歪嘴风（面部神经麻痹）	1	治则	以电针为主，配合中药祛风活络
	2	电针	锁口、开关、抱腮、承浆等穴，每次选取两组（4个）穴位，通电刺激20～30min。每日1次，5～7天为一个疗程
	3	白针	开关为主穴，锁口、抱腮为配穴
	4	火针	开关、抱腮为主穴，锁口、上关、下关、风门为配穴
	5	水针	开关为主穴，锁口、抱腮为配穴，每穴注入10%葡萄糖注射液10～20mL，或维生素B_1注射液5mL，或硝酸士的宁注射液
	6	温熨	患侧腮颊部间接烧烙，烙至耳根微汗为度
	7	埋线	在面神经径路上选一点，剪毛消毒后，用羊肠线穿过神经干打结（不可过紧，以免过度压迫神经）
寒伤腰胯	1	治则	以火针为主，配合中药暖腰肾、祛风湿
	2	火针	百会为主穴，其他腰胯部穴位为配穴，轮流交替施针
	3	白针	百会为主穴，其他腰胯部穴位为配穴
	4	电针	
	5	温熨	醋酒灸或酒糟灸腰胯部
四肢风湿	1	治则	用血针、火针、电针等，配合中药祛风散寒、除湿通络
	2	血针	前肢，胸堂穴；后肢，肾堂穴
	3	火针	前肢，抢风为主穴，其他肩臂部穴位为配穴。后肢，巴山为主穴，其他臀、股部穴位为配穴患部穴位或肌肉起止点注入复方氨基比林注射液或安乃近注射液10～20mL
	4	电针	
	5	白针	
	6	水针	
五攒痛	1	治则	以血针为主，配合中药活血理气、消食化积（料伤型）、清热利湿（走伤型）
	2	血针	蹄头为主穴，料伤型配以玉堂、通关穴；前肢病重配胸堂，后肢病重配肾堂
滚蹄（屈腱萎缩）	1	治则	以巧治为主，结合修蹄并装矫形蹄铁
	2	巧治	滚蹄穴。侧卧保定，患肢"推磨式保定法"固定，局部剪毛消毒，中宽针针锋与屈肌腱平行刺入穴位1cm。病轻者顺腱纤维方向摆动针锋，劈开病腱；病重者扭转针锋，左右摆动，切断部分筋腱，同时用力推动木棍，使患蹄恢复正常位置。出针后，再用力推动几下木棍，针孔消毒

(二) 牛

病名	顺序		针 灸 处 方
肺热咳喘	1	治则	以血针为主，配合中药清肺止咳
	2	血针	鼻俞为主穴，颈脉、耳尖、通关为配穴
	3	水针	丹田为主穴，苏气、肺俞为配穴，每穴注入青霉素80万U或柴胡注射液5mL，每日1次，连用3~4次
	4	白针	肺俞为主穴，百会、苏气为配穴
	5	拔火罐	肺俞穴，白针后施术
脾虚慢草 (消化不良)	1	治则	以白针、电针为主，配合中药补气健脾
	2	白针	脾俞为主穴，六脉、关元俞、食胀、后三里为配穴
	3	电针	百会为主穴，关元俞、脾俞为配穴；或两侧关元俞穴。每次2穴，通电30min，每日1次
	4	水针	健胃为主穴，脾俞、后三里为配穴，每穴注入10%葡萄糖注射液10mL，或0.2%硝酸士的宁注射液10mL，或新斯的明注射液8mg
	5	血针	通关为主穴，山根、蹄头为配穴
	6	巧治	顺气穴插枝
肚胀 (瘤胃臌气)	1	治则	以巧治为主，配合中药行气消胀
	2	巧治	肷俞穴，套管针穿刺放气；顺气穴用新嫩树枝缓缓插入
	3	电针	关元俞为主穴，食胀、后海为配穴，或两侧反刍穴
	4	白针	脾俞、关元俞为主穴，百会、后海、苏气为配穴
宿草不转 (瘤胃积食)	1	治则	以电针为主，配合中药消积导滞
	2	电针	关元俞为主穴，食胀为配穴
	3	水针	健胃为主穴，关元俞为配穴。注入25%葡萄糖液20mL，或新斯的明注射液8mg
	4	白针	
	5	火针	脾俞为主穴，关元俞、食胀、百会、后海为配穴
	6	血针	通关为主穴，蹄头、滴明、耳尖、尾尖、山根为配穴
	7	巧治	肷俞穴，伴发瘤胃臌气时，用套管针穿刺放气
便秘	1	治则	以白针、电针为主，配合中药泻下通便
	2	白针	脾俞、后海为主穴，后三里、尾根为配穴
	3	电针	关元俞、脾俞穴，或两侧关元俞穴
	4	水针	关元俞为主穴，后三里为配穴，注射10%葡萄糖液20mL，或新斯的明注射液8mg
	5	血针	蹄头、三江为主穴，通关、耳尖、尾尖、尾本、山根为配穴
	6	巧治	谷道入手，隔肠轻捏粪结处，使其变形软化后逐渐排出。如粪结在直肠，缓缓掏出
泄泻	1	治则	用白针、水针，配合中药健脾止泻
	2	白针	后海为主穴，脾俞、关元俞、后三里为配穴
	3	水针	后海穴，注入10%葡萄糖注射液20mL
	4	血针	带脉为主穴，蹄头、三江、通关为配穴
	5	火针	脾俞为主穴，百会、肾俞为配穴
	6	激光针	照射后海、脾俞、六脉穴
宿水停脐 (腹水)	1	治则	以巧治为主，配合中药健脾利湿
	2	巧治	云门穴，插入宿水管或套管针缓缓放出腹水。如宿水太多，分几次放完
	3	火针	脾俞为主穴，百会、六脉为配穴
	4	白针	
砂石淋 (尿结石)	1	治则	以巧治为主，配合中药化石通淋
	2	巧治	结石在阴茎S弯曲之下者用挑石术。站立保定，术者右手抓住阴茎头用力拉出阴茎，左手于包皮口用力抓住阴茎并反转固定，见阴茎下缘有瘀黑的凸起处即为结石部位，去消毒好的手术刀，刀口向外，在砂石上缘刺入1.5cm，摆动刀尖挑出砂石
	3	血针	肾堂为主穴，尾本、尾尖、耳尖为配穴
	4	水针	百会为主穴，肾俞为配穴，注射青霉素80万U，链霉素100万U
	5	电针	百会为主穴，气门为配穴

续表

病名	顺序		针 灸 处 方
不孕症	1	治则	以电针为主,配合中药催情促孕
	2	电针	百会为主穴,后海、雁翅、关元俞为配穴;或两侧雁翅穴。每次通电30min,每日1次,7次为1疗程
	3	激光针	阴蒂为主穴,后海为配穴,氦-氖激光照射,每次30min,1次/日,7次为1疗程
	4	白针	后海为主穴,百会、雁翅为配穴
	5	TDP	阴门区照射,每次60min,每日1～2次,7次为1疗程
	6	水针	百会为主穴,雁翅为配穴,注射前列腺素(PGF$_{2a}$)30mg
阴道脱和子宫脱	1	治则	以巧治术整复固定为主,配合中药补中益气
	2	巧治	动物前低、后高保定,用消毒液清洗阴门周围及脱出物,除去污物及坏死组织,水肿用三棱针散刺放出血水;然后涂抹明矾细末,缓缓纳入骨盆腔,舒展子宫皱襞。配合以下针法固定
	3	水针	两侧阴脱穴,各注射95%酒精10mL
	4	电针	阴脱、后海为主穴,每日1次,每次2～4h
	5	白针	百会为主穴,命门、尾根为配穴
乳痈(乳腺炎)	1	治则	急性病例用血针、水针为主,配合中药清热消肿;慢性病例以灸熨、TDP为主,配合中药清热散结
	2	血针	两侧滴明穴,或配颈脉、滴水穴
	3	水针	阳明、百会穴或乳池内注入青霉素80万～160万U
	4	灸熨	患区,每次30～60min
	5	TDP	患区照射,每次60min,每日1～2次
	6	激光针	阳明穴,照射10～15min
风湿症	1	治则	以火针为主,配合中药祛风湿
	2	火针	腰部风湿,百会为主穴,肾俞为配穴;前肢风湿,抢风为主穴,其他肩臂部穴位为配穴;后肢风湿,气门为主穴,大胯、邪气、仰瓦为配穴
	3	电针	同火针穴位
	4	血针	缠腕、蹄头、涌泉、滴水穴,重者配肾堂、尾本穴
	5	水针	患部醋酒灸或醋麸灸,软烧,艾灸
	6	TDP	患区照射,每次40～60min
破伤风	1	治则	先开放清理伤口,治疗以水针为主,配合药物熄风解痉
	2	水针	百会穴,注射破伤风类毒素100万U
	3	火针	百会为主穴,锁口、开关为配穴
	4	血针	颈脉为主穴,山根、蹄头、耳尖为配穴。初期适用
	5	醋麸灸	背腰部
中暑	1	治则	将病牛迅速移至阴凉通风处,用冷水浇头。治疗以血针为主,配合中药清热解暑
	2	血针	颈脉为主穴,太阳、耳尖、尾尖、通关、山根为配穴
	3	白针	百会为主穴,丹田、尾根为配穴
	4	水针	百会、丹田为主穴,注射复方氯丙嗪注射液或安钠咖注射液10mL

(三) 犬

病名	顺序		针 灸 处 方
中暑	1	治则	首先将病犬移至阴凉通风处,冷敷。治疗以血针、白针为主,配合强心补液
	2	血针	尾尖、耳尖为主穴,山根、胸堂、涌泉、滴水为配穴
	3	白针	水沟、大椎为主穴,天门、指间、趾间为配穴
休克	1	治则	以白针、血针为主,同时配合药物急救
	2	白针	水沟为主穴,内关、后三里、指间、趾间为配穴
	3	血针	山根、耳尖为主穴,尾尖、胸堂为配穴
	4	艾灸	天枢穴
肺炎	1	治则	以白针、血针为主,配合药物清热化痰止咳
	2	白针	肺俞、大椎为主穴,身柱、灵台、水沟为配穴
	3	血针	耳尖、尾尖为主穴,涌泉、滴水等配穴
	4	水针	喉俞穴,注射氨苄西林0.15g(用2%普鲁卡因稀释)
肚胀	1	治则	用白针或电针,配合药物消食、消胀
	2	白针	后海、后三里为主穴,百会、大肠俞、外关、内关为配穴
	3	电针	同白针穴位
	4	艾灸	中脘、天枢、后海、后三里穴

续表

病名	顺序		针 灸 处 方
便秘	1	治则	以电针、白针为主，配合药物泻下通肠
	2	电针	双侧关元俞穴
	3	白针	关元俞、大肠俞、脾俞为主穴，后三里、后海、百会、外关为配穴
	4	血针	三江为主穴，尾尖、耳尖为配穴
腹泻	1	治则	以白针为主，配合药物燥湿止泻
	2	白针	脾俞，后海、后三里为主穴，百会、胃俞、大肠俞、悬枢为配穴
	3	艾灸	天枢、中脘、脾俞、后三里穴
	4	水针	关元俞、后三里、后海、百会穴，注射抗生素或止泻药物
	5	血针	尾尖为主穴，涌泉、滴水为配穴
风湿症	1	治则	用白针或电针
	2	白针	颈部风湿，选大椎、身柱、灵台穴；腰背部风湿，选悬枢、命门、百会、肾俞、尾根、后海穴；前肢风湿，选肩井、肩外髃、抢风、肘俞、郄上、前三里、外关、内关、指间穴；后肢风湿，选百会、环跳、膝下、后三里、阳辅、解溪、后跟、趾间穴
	3	电针	
椎间盘突出	1	治则	以白针、电针为主，配合药物局部封闭
	2	白针	胸腰椎发病，在邻近病变部位的背中线及其两侧的髂肋肌沟中取穴；颈椎发病，取天门、身柱穴
	3	电针	
	4	水针	大椎、悬枢、百会穴，注射当归注射液或维生素 B_1
	5	TDP	患部照射
桡神经麻痹	1	治则	以白针、电针为主
	2	白针	抢风、前三里、郄上、外关为主穴，肩井、肩外髃、肘俞、内关、曲池、阳池、指间等为配穴
	3	电针	以抢风为主穴，阳池、外关、指间为配穴
	4	水针	抢风、前三里穴，注射维生素 B_1 或当归注射液
犬瘟热后遗症抽搐	1	治则	用白针或电针
	2	白针	口唇抽搐，选山根、上关、下关、翳风穴；头顶部肌肉及双耳抽搐，选翳风、天门、上关、下关穴；前肢抽搐，选抢风、肩井、郄上、前三里、外关、指间穴；后肢抽搐者，选百会、环跳、后三里、阳辅、解溪、后跟、趾间穴
	3	电针	

（王成）

第二十章 病证防治

考纲考点：发热、咳嗽、喘证、腹痛、泄泻、黄疸、淋证、血虚、不孕、疮黄疔毒 10 种常见病症的病因病理、辨证施治。

一、发热

证型		主症	治法	方例
表里发热	外感风寒表实	以无汗、身痛、咳喘及脉浮紧为特征	开启汗门，祛寒外出	麻黄汤加减
	外感风寒表虚	以恶风、汗出、一般无身痛、无兼证、无喘和脉浮缓为特征	扶阳和阴，调和营卫	桂枝汤加减
	外感风热	发热重、恶寒轻、口干渴、尿短赤，并有口鼻咽干、咳嗽等症状	辛凉宣散	银翘散加减
	外感暑湿	多见恶寒高热、汗出身热不解、口渴、肢体沉重、运步不灵、尿黄赤、舌红苔黄腻、脉滑数	涤暑化湿透表	新加香薷散
半表半里发热	半表半里发热	以寒热往来、脉弦等为特征	和解少阳	小柴胡汤加减
外感发热 里证发热	热在气分邪热入肺	高热、呼吸喘粗、咳嗽、鼻液黄稠、口色鲜红、舌苔黄燥、脉洪数有力	清肺化痰，下气平喘	麻杏石甘汤
	热在气分热入阳明	身热、大汗、口渴喜饮、口津干燥、口色鲜红、色苔黄燥、脉洪大	清气泄热，生津止渴	白虎汤
	热在气分热结肠道	发热，肠燥便干，粪结不通或稀粪旁流，腹痛，尿短赤，口津干燥，口色红绛，色苔黄厚，脉沉实有力	攻下通便，滋阴清热	增液承气汤
	热入营分热伤营阴	高热不退，夜甚，躁动不安，呼吸喘促，色质红绛，斑疹隐隐，脉细数	清营解毒，透热养阴	清营汤
	热入营分热入心包	高热、神昏、四肢厥冷或抽搐、色绛、脉数	清心开窍	清宫汤
	热入血分血热妄行	身热、神昏、黏膜、皮肤发斑、尿血、便血、口色深绛、脉数	清热解毒，凉血散瘀	犀角地黄汤加减
	热入血分气血两燔	身大热、口渴喜饮、口燥苔焦、色质红绛、发斑、便血、脉数	清气分热，解血分毒	清瘟败毒饮加减。
	热入血分热动肝风	高热、项背强直、阵阵抽搐、口舌深绛、脉弦数	清热平肝息风	羚羊钩藤汤加减
	热入血分血热伤阴	低热不退、精神倦怠、口干舌燥、舌红无苔、尿赤、粪干、脉细数无力	清热养阴	青蒿鳖甲汤加减
	湿热蕴结大肠湿热	发热，泻痢腥臭甚至脓血混浊，口腔干燥，口渴贪饮，尿短赤，有时腹痛不安，后头顾腹，口色红黄，苔厚腻，脉滑数	清热解毒，燥湿止泻	郁金散
	湿热蕴结膀胱湿热	频作排尿姿势，但尿液排出困难，痛苦不安；或排尿带痛，余沥不尽，尿色浑浊，带脓血，或为血尿，或带砂石。口色红，苔黄腻，脉滑数	清热利湿	八正散

续表

证型		主症	治法	方例
外感发热	里证发热 湿热蕴结 肝胆湿热	发热,食欲大减,可视黏膜黄染,色泽鲜明如橘色,粪便松散恶臭,尿浓色黄,母畜带下色黄腥臭,外阴瘙痒,揩墙擦桩,公畜睾丸肿痛灼热。口色红黄,苔黄厚而腻,脉滑数	清热燥湿,疏肝利胆	茵陈蒿汤或龙胆泻肝汤
内伤发热	阴虚发热 阴虚发热	低热不退,午后热甚,身热,耳鼻及四肢末梢微热,易惊或烦躁不安,皮肤弹力减退;唇干口燥,粪球干小,尿少色黄,口色红或淡红,少苔或无苔,脉细数	滋阴清热	青蒿鳖甲汤
	气虚发热 气虚发热	劳役后发热,耳鼻及四肢末梢热,神疲乏力;易出汗,食欲减少,有时泄泻,舌质淡红,脉细弱	健脾益气	补中益气汤
	血瘀发热 血瘀发热	外伤引起瘀血肿胀,局部疼痛,体表发热,有时体温升高;产后瘀血未尽者,除发热之外,常有腹痛及恶露不尽等表现;口色红而带紫,脉弦数	活血化瘀	桃红四物汤加减。产后血瘀者用生化汤加减

二、咳嗽

证型		主症	治法	方例
外感咳嗽	风寒咳嗽	患病动物畏寒,被毛逆立,耳鼻俱凉,鼻流清涕,无汗,湿咳声低,不爱饮水,小便清长,口淡而润,舌苔薄白,脉象浮紧	疏风散寒,宣肺止咳	荆防败毒散或止嗽散加减
	风热咳嗽	发热重,恶寒轻,咳嗽不爽,鼻流粘涕,呼出气热,口渴喜饮,舌苔薄黄,口红六津,脉象浮数	疏风清热,化痰止咳	银翘散或桑菊饮加减
	肺火咳嗽	精神倦怠,饮食欲减少,口渴喜饮,大便干燥,小便短赤,干咳痛苦,鼻流黏涕,有时气喘,口色红燥,脉象洪数	清肺降火,化痰止咳	清肺散加减
内伤咳嗽	肺气虚咳嗽	食欲减退,精神倦怠,毛焦欠吊,日渐消瘦,久咳不已,咳声低微,动则咳甚并有汗出,鼻流粘涕,口色淡白,舌质绵软,脉象迟细	益气补肺,化痰止咳	四君子汤合止嗽散加减
	肺阴虚咳嗽	频频干咳,昼轻夜重,痰少津干,低烧不退,口红少苔,脉细数	滋阴生津,润肺止咳	清燥救肺汤或百合固金汤加减

三、喘证

证型		主症	治法	方例
实喘	热喘	发病急,呼吸喘促,呼出气热,肷肋扇动,精神沉郁,耳奄头低,食欲减少或废绝,口渴喜饮,大便干燥,小便短赤,体温升高,间或咳嗽或流黄黏鼻液,出汗。口色红黄,舌苔薄黄,脉象洪数	宣泄肺热止咳平喘	麻杏石甘汤加减
	寒喘	喘息气粗,伴有咳嗽,畏寒怕冷,被毛逆立,耳鼻俱凉,甚或发抖,鼻流清涕,口腔湿润,口色淡白,舌苔薄白,脉象浮紧	疏风散寒宣肺平喘	麻黄桂枝白芍汤加减
虚喘	肺虚喘	病势缓慢,病程较长,多有久咳病史。被毛焦燥,形寒肢冷,易自汗,易疲劳,动则喘重。咳声低微,痰涎清稀,鼻流清涕。口色淡,苔白滑,脉无力	补益肺气降逆平喘	补肺汤
	肾虚喘	倦息,乏力,食少毛焦,易出汗,久喘不已,喘息无力,呼多吸少(二段式呼吸),肷肋扇动,息劳沟明显,甚或张口呼吸,全身震动,肛门随呼吸伸缩;或有痰鸣,出气如拉锯,静则喘轻,动则喘重;咳嗽连声,声音低微,日轻夜重;口色淡白,脉象沉细无力	补肾纳气下气定喘	蛤蚧散

四、腹痛

证型	主症	治法	方例	针灸
阴寒痛(冷痛)	鼻寒耳冷,口唇发凉,甚或肌肉寒战;阵发性腹痛,起卧不安,或刨地蹴腹,回头观腹,或卧地滚转;肠鸣如雷,连绵不断,粪便稀软带水	温中散寒,和血顺气	桂心散加减	针姜芽、分水、三江、蹄头、脾俞等穴

续表

证型	主症	治法	方例	针灸
湿热痛	体温升高1~2℃,耳鼻发热,精神不振,食欲减退,粪便稀溏,或荡泄无度,粪色深,粪味臭,混有黏液,口渴喜饮,腹痛不安,回头顾腹,胸前出汗,尿浓短黄。口色红黄,苔黄腻,脉滑数	清热利湿,活血止痛	郁金散加减	针交巢(后海)、后三里、尾根、大椎、带脉、尾本等穴
血瘀痛	产后腹痛者,肚腹疼痛,蹲腰踏地,回头顾腹,不时起卧,食欲减少;有时从阴道流出带紫黑色血块的恶露;口色发青,脉象沉紧或沉涩。血瘀性腹痛者,常于使役中突然发生	产后腹痛宜补血活血、化瘀止痛;血瘀性腹痛,宜活血祛瘀,行气止痛	产后腹痛——生化汤加减。血瘀性腹痛——血府逐瘀汤	
食滞痛	食后1~2h突然发病。腹痛剧烈,时起时卧、前肢刨地,顾腹打尾,卧地滚转;腹围不大而气促喘粗;有时两鼻孔流出水样或稀粥样食物;常发嗳气,带有酸臭味;初期尚排粪,但数量少而次数多,后期则排粪停止。口色赤红,脉象沉数,口腔干燥,舌苔黄厚,口内酸臭	消积导滞,宽中理气。一般应先用胃管导胃,然后再选用方药治	根据情况可选用醋香附汤、油当归方等	针三江、姜芽、分水、蹄头、关元俞等穴
粪结痛	食欲大减或废绝,精神不安,腹痛起卧,回头顾腹,后肢蹴腹;排粪减少或粪便不通,粪球干小,肠音不整,继则肠音沉衰或废绝;口内干燥,舌苔黄厚,脉象沉实。由于结粪的部位不同,具体临床症状也有差异	破结通下—捶结、按压、药物及针刺等疗法	可选用大承气汤或当归苁蓉汤加减	针三江、姜牙、分水、蹄头、后海等穴,或电针双侧关元俞
尿结痛	蹲腰努责,常作排尿姿势,但欲尿不尿或点滴而下,肚腹疼痛,踏地蹲腰,卷尾刨蹄,欲卧不卧。心肺热盛者,耳鼻俱热,口干欲饮,呼吸喘促,口色红燥,脉数;膀胱结热者,小便短赤或不通,大便不畅,舌红苔黄;肾阳不足者,小便点滴,排出无力,耳鼻和四肢末梢发凉,喜温恶寒,神疲力乏;肾阴不足者,小便量少或不通,身瘦毛焦,口干舌红;脾气虚弱者,除排尿困难外,兼见神怠身倦,食欲不振,舌淡,脉缓而弱	清热利湿	滑石散加减	
气胀痛	多突然发生,腹围显著增大,呼吸急促,肚腹疼痛是其主症	对肠内气胀严重者,先行穿肠放气(肷俞穴);然后投服破气消胀、理气宽肠之剂	消胀汤或丁香散加减	

五、泄泻

证型	主症	治法	方例	针灸
寒泄(冷肠唧泄)	发病较急,泻粪稀薄如水,甚至呈喷射状排出,遇寒泻剧,遇暖泻缓,肠鸣如雷,食欲减少或不食,精神倦怠,头低耳耷,耳寒鼻冷,间有寒战,尿清长,口色青白或青黄,苔薄白,口津滑利,脉象沉迟。严重者,肛门失禁	温中散寒,利湿止泻	猪苓散加减	交巢(后海)、后三里、脾俞、百会
热泄	发热,精神沉郁,食欲减少或废绝,口渴多饮,有时轻微腹痛,蜷腰卧地,泻粪稀薄,粘腻腥臭,尿赤短,口色赤红,舌苔黄腻,口臭,脉象沉数	清肠泄热解毒,利湿止泻	郁金散加减	带脉、尾本、后三里、大肠俞
伤食泄	症见肚腹胀满,隐隐作痛,粪稀黏稠,粪中夹有未消化的谷料,粪酸臭或恶臭,嗳气吐酸,不时放臭屁,或尿粪同泄,痛则即泄,泄后痛减,食欲废绝,常伴有呕吐,吐后也痛减。口色红,苔厚腻,脉滑数	消积导滞,调和脾胃	保和丸	蹄头、脾俞、后三里、关元俞
脾虚泻	发病缓慢,病程较长,身形羸瘦,毛焦欤吊,病初食欲减少,饮水增多,鼻寒耳冷,腹内鸣鸣,不时作泄。粪中带水,粪渣粗大,或完谷不化,舌色淡白,舌面无苔,脉象弛缓。后期,水湿下注,四肢浮肿	补脾益气,健脾运湿	参苓白术散或补中益气汤加减	针百会、脾俞、后三里、后海、关元俞

续表

证型	主症	治法	方例	针灸
肾虚泄	精神沉郁,头低耳耷,毛焦欣吊,腰胯无力,卧多少立,四肢厥逆,久泄不愈,夜间泄重。治愈后,如遇气候突变,即可复发,严重时肛门失禁,粪水外溢,腹下或后肢浮肿,口色如绵,脉象徐缓	补肾壮阳,健脾固涩	四神丸合四君子汤加减	后海、后三里、尾根、百会、脾俞

六、黄疸

证型	主症	治法	方例	针灸
阳黄	阳黄又有热重于湿与湿重于热的区别。发病较急,眼、口、鼻及母畜阴户黏膜等处均发黄,黄色鲜明如橘;患病动物精神沉郁,食欲减少,粪干或泄泻,常有发热;口色红黄,舌苔黄腻,脉象弦数	清热利湿	热重于湿,方用加味茵陈蒿汤;湿重于热,方用加减五苓散	猪可针尾针、耳尖、太阳穴;马可针眼脉、玉堂穴
阴黄	眼、口、鼻等可视黏膜发黄,黄色晦暗;动物精神沉郁,四肢无力,食欲减少,耳、口、鼻、四肢末梢发凉;舌苔白腻,脉沉细无力	健脾益气,温中化湿	茵陈术附汤	针肝俞、脾俞、肾俞

七、淋证

证型	主症	治法	方例
热淋	排尿时拱腰努责,淋漓不畅,疼痛,频频排尿,但尿量少,尿色赤黄;口色红,苔黄腻,脉滑数	清热降火,利尿通淋	八正散加减
血淋	排尿困难,疼痛不安,尿中带血,尿色鲜红。舌色红,苔黄,脉数。兼血瘀者,血色暗紫有血块	清热利湿,凉血止血	小蓟饮子
砂淋	常作排尿姿势,尿液混浊,常带砂粉状东西	清热利湿,消石通淋	八正散加减
膏淋	身热,排尿涩痛,频数,尿液混浊不清,色如米泔,稠如膏糊。口色红,苔黄腻,脉滑数	清热利湿,分清化浊	草薢分清饮

八、血虚

证型	主症	治法	方例
心血虚	心悸、躁动、易惊,口色淡白或苍白,脉细弱	补心血	归脾汤
肝血虚	眼干,视力减退,甚至夜盲、内障或倦怠嗜卧,蹄甲干枯,站立不稳,时欲倒地。口色淡白,脉弦细	滋肾益肝,明目退翳	八珍汤
血虚生风	站立不稳,时欲倒地,蹄甲干枯,口色淡白,或苍白,脉细弱。肢体麻木,肌肉震颤,四肢拘挛抽搐	滋阴养血,平肝息风	天麻散加减
外伤血虚	出血。如出血量多,可见口色淡白,脉细弱	止血补血	桃花散或松矾散

九、不孕

证型	主症	治法	方例	针灸
虚弱不孕	发情不正常,或发情表现不明显,屡配不孕;精神倦怠,形体消瘦,口色淡白,脉沉细无力,或见阴门松弛等症	益气补血,健脾湿肾	催情散加减或复方仙阳汤	雁翅、百会、后海、肾俞、阴俞、关元俞等穴
宫寒不孕	形寒肢冷,小便清长,大便溏泄,腹中隐隐作痛,带下清稀,口色清白,脉象沉沲,情期延长,配而不孕	暖宫散寒,温肾壮阳	艾附暖宫丸	
肥胖不孕	动物体肥膘满,动则易喘,不耐劳役,口色淡白,带下黏稠量多,脉滑	燥湿化痰	苍术散加减或启宫丸加减	
血瘀不孕	发情周期反常或长期不发情,或过多爬跨,有"慕雄狂"之状	活血化瘀	调经散加减或促孕灌注液	

十、疮黄疔毒

证型			主症	治法	方例
疮			疮口溃破流脓,味带恶臭,疮面呈赤红色,有时创面被痂皮覆盖。	祛除毒邪,疏通气血	采用不同内治方和外治方
黄		锁口黄;鼻黄;颊黄;耳黄;腮黄;背黄;胸黄;肚底黄;肘黄;腕黄	初起患部肿硬,间有疼痛或局部发热,继则面积扩大而变软,有的出现波动,刺之流出黄水。因黄的部位和名称不同,具体主证有所不同	清热解毒,消肿散瘀	消黄散
疔		黑疔,筋疔,气疔,水疔,血疔	根据鞍伤感染后发展的阶段不同,所受损害的程度不同,可分为黑疔、血疔、筋疔、气疔、水疔五种。若经久不愈,则可能形成瘘管	外治	采用不同内治方和外治方
毒	阴毒		多在前胸、腹底或四肢内侧发生瘰疬结核,累累相连,肿硬如石,不发热,不易化脓,难溃,难敛,或敛后复溃	消肿解毒,软坚散结	土茯苓散内服
	阳毒		两前膊、梁头、脊背及四肢外侧发生肿块,大小不等,发热疼痛,脓成易溃,溃后易敛	清热解毒,软坚散结,溃后排脓生肌	内服昆海汤,外敷雄黄散

(董世起)

《中兽医学》模拟试题及参考答案

每道考题由一个题干和 A、B、C、D、E 五个备选答案组成，请从中选择一个最佳答案。

1. 中兽医学基本特点为（　　）。
   A. 阴阳学说　　　　B. 五行学说
   C. 整体观念、辨证论治　　D. 脏腑学说
   E. 经络学说

2. 阴阳双方存在着相互排斥、相互斗争、相互制约的关系为（　　）。
   A. 阴阳互根　B. 阴阳消长　C. 阴阳对立　D. 阴阳转化　E. 阴阳关联

3. "动极者镇之以静"是用来说明阴阳的（　　）关系。
   A. 对立　B. 互根　C. 消长
   D. 转化　E. 无限可分

4. 事物有生有克，克中有生，生中有克，才能维持相对的平衡，这种生克的配合，称为（　　）。
   A. 气化　B. 气机　C. 制化　D. 运化　E. 生化

5. 具有生化、承载、受纳等作用的事物属（　　）。
   A. 木　B. 火　C. 土　D. 金
   E. 水

6. 具有清洁、收敛、肃降等作用的事物属（　　）。
   A. 木　B. 火　C. 土　D. 金
   E. 水

7. 按照五行生克乘侮的疾病传变规律，肝病传肺叫作（　　）。
   A. 木侮金　B. 木乘土　C. 火克金
   D. 水乘火　E. 金生火

8. 肝病传脾，病理传变规律是（　　）。
   A. 母病及子　B. 子病犯母　C. 土侮木　D. 木乘土　E. 表里同病

9. 脾在五行中属（　　）。
   A. 金　B. 木　C. 水　D. 火
   E. 土

10. 具有运化营养物质和水湿，为气血生化之源、后天之本的脏腑是（　　）。
    A. 心　B. 肝　C. 脾　D. 肺
    E. 肾

11. 脾的下列功能中，正确的是（　　）。
    A. 脾主宣降，通调水道　B. 脾主一身之表，外合皮毛　C. 脾主肌肉及四肢
    D. 脾主气，司呼吸　E. 脾开窍于耳

12. 五脏之中，开窍于耳的是（　　）。
    A. 心　B. 肝　C. 脾　D. 肺
    E. 肾

13. 主筋的脏腑是（　　）。
    A. 心　B. 肝　C. 脾　D. 肺
    E. 肾

14. 主宰水液代谢全过程是（　　）。
    A. 心　B. 肝　C. 脾　D. 肺
    E. 肾

15. "君主之官"是（　　）。
    A. 心　B. 肝　C. 脾　D. 肺
    E. 肾

16. 主运化水谷的脏腑是（　　）。
    A. 心　B. 肝　C. 脾　D. 肺
    E. 肾

17. 下列脏腑中，与肺相表里的是（　　）。
    A. 心　B. 大肠　C. 小肠　D. 胆
    E. 胃

18. 既属六腑，又属奇恒之腑的脏腑是（　　）。
    A. 心　B. 肝　C. 胆　D. 小肠
    E. 肾

19. 下列气中，机体生命活动原动力的是（　　）。
    A. 宗气　B. 元气　C. 营气
    D. 卫气　E. 中气

20. 经络运行规律中，正确的是（　　）。
    A. 头为诸阴之会　B. 胸为诸阳之会
    C. 腹为诸阴之会　D. 头为诸阳之会
    E. 背为诸阴之会

21. 根据湿邪的致病特点，下列正确的是（　　）。
    A. 湿性轻扬开泄，升发向上　　B. 湿性善行数变　　C. 湿性主动，动摇不定
    D. 湿性凝滞，易至疼痛　　E. 湿为阳邪
22. "伤于（　　）者，上先受之"。
    A. 风　　B. 寒　　C. 暑　　D. 湿　　E. 燥
23. "伤于（　　）者，下先受之"。
    A. 风　　B. 寒　　C. 暑　　D. 湿　　E. 燥
24. 六淫邪气中其性趋下的是（　　）。
    A. 暑邪　　B. 燥邪　　C. 湿邪　　D. 热邪　　E. 寒邪
25. 六淫邪气中具有"善行数变"特点的是（　　）。
    A. 风　　B. 湿　　C. 寒　　D. 燥　　E. 火
26. 六淫邪气中具有"收引"特性的是（　　）。
    A. 燥　　B. 寒　　C. 湿　　D. 风　　E. 火
27. 六淫邪气中易耗气伤津的为（　　）。
    A. 湿　　B. 寒　　C. 暑　　D. 风　　E. 燥
28. 六淫邪气中易于生风的是（　　）。
    A. 湿　　B. 寒　　C. 风　　D. 燥　　E. 火
29. 六淫邪气中易于引起出血的是（　　）。
    A. 风　　B. 燥　　C. 湿　　D. 暑　　E. 火
30. 常见动物口色中，以黄色为例，主（　　）。
    A. 热　　B. 湿　　C. 虚　　D. 痛　　E. 寒
31. 常见动物口色中，白色主（　　）证。
    A. 寒　　B. 热　　C. 湿　　D. 实　　E. 虚
32. 舌色为赤色的主证是（　　）。
    A. 热证　　B. 寒证　　C. 湿证　　D. 表证　　E. 寒湿证
33. "热者寒之""寒者热之""虚者补之""实者泻之"的治疗法则，是属于（　　）。
    A. 正治　　B. 顺治　　C. 反治　　D. 从治　　E. 反佐
34. 治疗血虚病证（　　）。
    A. 补阴是重要的　　B. 补阳是重要的　　C. 补铁是重要的　　D. 补气是重要的　　E. 补水是重要的
35. 久泻不止，脱肛或子宫阴道脱出的证候见于（　　）。
    A. 脾虚不运　　B. 脾不统血　　C. 脾胃虚寒　　D. 脾气下陷　　E. 寒湿困脾
36. 浮脉在临床表现为（　　）。
    A. 轻按即得，重按反觉脉减，如触水中浮木　　B. 轻取不应，重按始得，如触水中沉石　　C. 浮、中、沉取均感无力，按之空虚　　D. 浮、中、沉取均感有力，按之实满　　E. 脉来迟缓，猪一息七、八至
37. 传染病（温病）的临床辨证方法常用（　　）。
    A. 八纲辨证　　B. 脏腑辨证　　C. 六经辨证　　D. 卫气营血辨证　　E. 三焦辨证
38. 情绪过激的个体，容易出现（　　）。
    A. 心病　　B. 肝病　　C. 脾病　　D. 肺病　　E. 肾病
39. 咳嗽喘气的发病机理主要是（　　）。
    A. 阴阳失调　　B. 正邪盛衰　　C. 升降失常　　D. 五脏虚弱　　E. 六腑不通
40. "实则阳明，虚则太阴"，这里的太阴是指（　　）。
    A. 六经辩证的太阴病　　B. 卫气营血辩证的卫分病　　C. 前肢（手）太阴肺经　　D. 后肢（足）太阴脾经　　E. 以上都不是
41. 用于治疗中气下陷所致的久泻脱肛、子宫脱垂等证，常与柴胡相须为用的药物是（　　）。
    A. 薄荷　　B. 桂枝　　C. 升麻　　D. 防风　　E. 甘草
42. 郁金散减诃子，加金银花和连翘的变化，属于（　　）。
    A. 药量增减　　B. 药味增减　　C. 剂型变化　　D. 数方合并　　E. 药物替代
43. 将药材直接或间接用火加热处理的火制法有（　　）。
    A. 发芽、发酵、制霜、法制　　B. 煅法、炒法、炙法、烘法　　C. 纯净、粉碎、切制、镑法　　D. 淋法、洗法、泡法、漂法　　E. 蒸法、淬法、水烫法、煮法
44. 性味苦寒，功能清热燥湿、泻火解毒，长

于清心火的药物是（　　）。
A. 黄芩　B. 黄连　C. 黄柏
D. 大黄　E. 牡丹皮

45. 黄连解毒汤的组成为（　　）。
A. 黄连、黄柏、黄芩、栀子　B. 黄连、黄柏、黄芩、连翘　C. 黄连、板蓝根、黄芩、栀子　D. 黄连、金银花、连翘、栀子　E. 黄连、秦皮、苦参、蒲公英

46. 具有润下作用的药物是（　　）。
A. 大黄　B. 芒硝　C. 砂仁
D. 枳实　E. 火麻仁

47. 化痰止咳药中兼有润肠通便作用的药物是（　　）。
A. 杏仁　B. 贝母　C. 百部
D. 款冬花　E. 旋覆花

48. 化湿药中有燥湿健脾、发汗解表、祛风湿作用的药物是（　　）。
A. 藿香　B. 茯苓　C. 猪苓
D. 茵陈　E. 苍术

49. 治疗马伤水起卧（冷痛、肠痉挛）应选用（　　）。
A. 银翘散　B. 曲蘖散　C. 平胃散
D. 橘皮散　E. 槐花散

50. 乌梅散的功效是（　　）。
A. 涩肠止泻，行气消胀　B. 涩肠止泻，清热通淋　C. 涩肠止泻，益气固表　D. 涩肠止泻，清热燥湿　E. 固表止汗，清热燥湿

51. 根据止咳化痰平喘的治则，临床上干咳无痰，昼轻夜重宜（　　）。
A. 清化热痰　B. 温化寒痰　C. 止咳平喘　D. 镇痉祛痰　E. 滋阴润肺

52. 根据止咳化痰平喘的治则，临床上痰多稀薄，宜（　　）。
A. 清化热痰　B. 温化寒痰　C. 止咳平喘　D. 镇痉祛痰　E. 滋阴润肺

53. 五味指的是药物的（　　）。
A. 口尝味道　B. 酸、苦、甘、辛、咸五种味道　C. 全部味道　D. 五类作用　E. 不同的滋味

54. 五味子的性味属于（　　）。
A. 甘温　B. 苦寒　C. 酸温
D. 辛凉　E. 咸温

55. 黄连的性味属于（　　）。
A. 甘温　B. 苦寒　C. 苦温
D. 甘热　E. 咸温

56. 药性属于升浮的药物的"性味"可为（　　）。
A. 辛苦寒　B. 酸苦温　C. 甘苦寒
D. 辛甘温　E. 辛甘寒

57. 性能功效相类似的药物配合应用，可增强原有疗效的配伍关系属"七情"中的（　　）。
A. 相须　B. 相杀　C. 相畏
D. 相使　E. 相恶

58. 功效有某种共性的药物配合应用，辅药能增强主药的疗效，该配伍关系为（　　）。
A. 相畏　B. 相恶　C. 相杀
D. 相反　E. 相使

59. 两药合用，一种药物能使另一种药物原有的功效降低或丧失，该配伍关系为（　　）。
A. 相杀　B. 相畏　C. 相反
D. 相恶　E. 相使

60. 两种药物合用，能产生或增强毒性，该配伍关系为（　　）。
A. 相恶　B. 相畏　C. 相杀
D. 相反　E. 相使

61. 配伍时，与人参相反的药物有（　　）。
A. 白芍　B. 乌头　C. 藜芦
D. 甘草　E. 细辛

62. 下列配伍中，属"十九畏"的药物是（　　）。
A. 乌头与瓜蒌　B. 贝母与乌头
C. 大戟与甘草　D. 官桂与赤石脂
E. 芍药与藜芦

63. 下列药物中，属于妊娠禁忌药的是（　　）。
A. 旋覆花　B. 菊花　C. 金银花
D. 芫花　E. 款冬花

64. 桂枝汤的组成药味有（　　）。
A. 桂枝、生姜、大枣、甘草、杏仁
B. 桂枝、芍药、生姜、大枣、人参
C. 桂枝、芍药、生姜、大枣、大黄
D. 桂枝、麻黄、杏仁、甘草、生姜
E. 桂枝、芍药、生姜、大枣、甘草

65. 麻黄汤证与桂枝汤证的主要区别在于（　　）。
A. 脉浮紧与浮缓　B. 喘逆与鼻鸣干呕
C. 无汗与有汗　D. 恶寒与恶风
E. 风寒表实与风寒表虚证

66. 银翘散的组成药物除银花、连翘、荆芥穗、淡豆豉、牛蒡子外，还有（　　）。

A. 薄荷、杏仁、桔梗、甘草　B. 苏叶、桔梗、芦根、甘草　C. 竹叶、杏仁、桔梗、甘草　D. 薄荷、竹叶、桔梗、甘草　E. 薄荷、杏仁、竹叶、甘草

67. 壮热烦渴，口干舌燥，大汗，脉洪大有力。治疗当首选的是（　　）。
A. 白虎汤　B. 白虎加人参汤　C. 凉膈散　D. 竹叶石膏　E. 清暑益气汤

68. 下列药物中，属于清热凉血药的是（　　）。
A. 党参　B. 太子参　C. 丹参　D. 玄参　E. 沙参

69. 枸杞的根皮为（　　）。
A. 大腹皮　B. 丹皮　C. 地骨皮　D. 秦皮　E. 都不是

70. 犀角地黄汤的功用为（　　）。
A. 清热解毒，凉血散瘀　B. 清营解毒，透热养阴　C. 清热解毒，凉血止痢　D. 清热解毒，消肿溃坚，活血止痛　E. 清热解毒，凉血泻火

71. 泻肺火宜用（　　）。
A. 黄连　B. 黄芩　C. 黄柏　D. 黄芪　E. 黄精

72. 白头翁汤的功用为（　　）。
A. 清热泻火，凉血止血　B. 清热凉血，消肿止痛　C. 清热解毒，凉血散瘀　D. 清热解毒，凉血止痢　E. 清热化湿，涩肠止痢

73. 保和丸的功用为（　　）。
A. 消痞除满，健脾和胃　B. 健脾消痞　C. 健脾和胃，消食止泻　D. 消食和胃，清热利湿　E. 分消酒食，理气健脾

74. 根据止血药的分类，田七属于（　　）。
A. 活血止血药　B. 凉血止血药　C. 收敛止血药　D. 温经止血药　E. 化瘀止血药

75. 云南白药的主要成分为（　　）。
A. 珍珠　B. 硫黄　C. 牛黄　D. 朱砂　E. 田七

76. 活血兼行气，又能祛风止痛的药物是（　　）。
A. 丹参　B. 桃仁　C. 益母草　D. 川芎　E. 红花

77. 玉屏风散与牡蛎散共有的功用是（　　）。
A. 固表　B. 固冲　C. 止遗　D. 涩肠　E. 补肾

78. 下列不属于补中益气汤的组成药味的是（　　）。
A. 砂仁、茯苓　B. 人参、白术　C. 当归、陈皮　D. 黄芪、炙甘草　E. 升麻、柴胡

79. 四物汤的组成药味有（　　）。
A. 熟地、赤芍、当归、川芎　B. 熟地、白芍、当归、川芎　C. 生地、熟地、白芍、当归　D. 生地、赤芍、当归、川芎　E. 熟地、阿胶、当归、川芎

80. 百合固金汤所治阴虚证的主要脏腑是（　　）。
A. 肺、肾　B. 肝、胃　C. 心、肝　D. 脾、胃　E. 肺、胃

81. 二陈汤主治之咳嗽属于（　　）。
A. 湿痰　B. 寒痰　C. 热痰　D. 风痰　E. 燥痰

82. 生化汤的功用是（　　）。
A. 温经散寒，祛瘀养血　B. 活血化瘀，温经止痛　C. 化瘀生新，行气止痛　D. 活血化瘀，疏肝通络　E. 活血化瘀，缓消症块

83. 增液承气汤的功用是（　　）。
A. 清热生津　B. 辛凉解表，止咳平喘　C. 滋阴、清热、通便　D. 清营解毒，透热养阴　E. 清热解毒

84. 根据气血的相互关系，临床上治疗血虚时除用补血药外，常配（　　）。
A. 滋阴药　B. 助阳药　C. 补气药　D. 行气药　E. 活血药

85. 表现游走性疼痛，治疗需用（　　）。
A. 祛风药　B. 除湿药　C. 散寒药　D. 温里药　E. 清热药

86. 舌体红肿糜烂，处方主药宜选用（　　）。
A. 黄芩　B. 黄连　C. 黄柏　D. 栀子　E. 石膏

87. 食积不化宜选用下方加减治疗（　　）。
A. 曲蘖散　B. 平胃散　C. 银翘散　D. 犀角地黄汤　E. 猪苓散

88. 产后预防子宫内膜炎，常选用（　　）。
A. 黄连解毒汤　B. 生化汤　C. 银翘散　D. 当归补血汤　E. 十全大补汤

89. 中药鸡内金在鸡哪个器官（　　）。
A. 食管　B. 嗉囊　C. 腺胃　D. 肌胃　E. 胆囊

90. 治疗小叶性肺炎，常选用（

A. 银翘散　B. 犀角地黄汤　C. 白虎汤　D. 麻杏石甘汤　E. 大承气汤

91. 治疗久泻，除用止泻药外，还常用（　　）。
    A. 消食药　B. 升提药　C. 健胃药　D. 清热药　E. 温里药

每道考题是由一个叙述性的主题（小案例）作为题干和 A、B、C、D、E 五个备选答案组成，请从中选择一个最佳答案。

92. 牛，4岁，排尿时弓腰努责，淋漓不畅，疼痛，尿频而量少，尿色赤黄，口干舌红，苔黄腻，脉滑数。治疗宜选用的方剂是（　　）。
    A. 平胃散　B. 八正散　C. 独活散　D. 独活寄生汤　E. 藿香正气散

93. 水牛，使役后出现尿血，头低耳耷，精神短少，口色淡白，舌体绵软无力。治疗可选择的方剂是（　　）。
    A. 槐花散　B. 秦艽散　C. 红花散　D. 独活散　E. 桃红四物汤

94. 动物壮热，可视黏膜红，汗出恶热，烦渴引饮脉洪大有力。治疗应首选（　　）。
    A. 黄连解毒汤　B. 犀角地黄汤　C. 白虎汤　D. 麻杏石甘汤　E. 大承气汤

95. 哺乳期仔猪，被毛粗乱，困倦乏力，不思乳食，食则饱胀，呕吐酸馊，大便溏薄酸臭。其治法是（　　）。
    A. 消乳消食，和中导滞　B. 健脾和胃，消食导滞　C. 和脾助运，降逆止呕　D. 补土抑木，消食导滞　E. 健脾助运，消补兼施

96. 犬中暑采用的针灸穴位为（　　）。
    A. 耳尖、尾尖、水沟、大椎　B. 耳尖、尾尖、肺俞、大椎　C. 后海、后三里、尾根、百会、脾俞　D. 后海、后三里、百会、大椎　E. 带脉、尾本、后三里、大肠俞

97. 犬瘟热后遗症出现口唇抽搐者，可针灸哪组穴位（　　）。
    A. 锁口、开关、上关、下关、翳风穴
    B. 抢风、肩井、前三里、外关、指间穴
    C. 百会、环跳、后三里、阳辅、解溪、后跟、趾间穴
    D. 翳风、天门、上关、下关穴
    E. 抢风、前三里、大椎、裹枢

98. 一牛大热，眼结膜发红，口渴多饮，粪便干燥，脉洪数有力。治疗应首选（　　）。
    A. 银翘散　B. 犀角地黄汤　C. 白虎汤　D. 麻杏石甘汤　E. 大承气汤

以下提供若干案例，每个案例下设若干道考题。请根据案例所提供的信息在每一考题下面的 A、B、C、D、E 五个备选答案中选择一个最佳答案。

（99～101题共用以下题干）
养殖场6岁公犬，原性欲旺盛，配种繁殖率高，近来日见形体瘦弱，腰胯无力，低热，口干，性欲下降，粪干尿少，舌红苔少，脉细数。

99. 治疗该病证常选用哪一类药物（　　）。
    A. 补气药　B. 补血药　C. 滋阴药　D. 助阳药　E. 清热药

100. 治疗该病可选用的方剂是（　　）。
    A. 银翘散　B. 巴戟散　C. 牡蛎散　D. 四君子汤　E. 六味地黄汤

101. 如该犬进而表现四肢发凉，尿清粪搪，腰腿不灵，动则气喘，舌淡苔白，方中可增加的药物是（　　）。
    A. 沙参、杜仲　B. 生地、沙参　C. 肉桂、附子　D. 肉桂、百合　E. 附子、枸杞子

（102～104题共用以下题干）
牛出现恶寒、发热、无汗、头低，项脊四肢强拘或跛行、关节肿痛而屈伸不利，咳嗽，气喘，脉浮紧的症状。

102. 中兽医辨证论治后确定的症候是（　　）。
    A. 风寒表实证　B. 风热表实证　C. 风寒表虚证　D. 风热表虚证　E. 里寒实证

103. 可采用的治疗方法有（　　）。
    A. 辛凉解表，护阴津　B. 解肌祛风，调和营卫　C. 发汗解表，宣肺平喘　D. 清热泻火，荡涤内热　E. 和解少阳

104. 针对上述症状，以下方剂可用于治疗本病的是（　　）。
    A. 麻黄汤　B. 桂枝汤　C. 银翘散　D. 香薷饮　E. 大承气汤

（105～107题共用以下题干）
患病动物体表发热，咳声不爽，声音宏大，鼻流粘涕，呼出气热，口渴喜饮，舌苔薄黄，口色短津，脉象浮数。

105. 按照中兽医理论，上述症状属于以下哪种疾病（　　）。
    A. 风寒咳嗽　B. 风热咳嗽　C. 肺火咳嗽　D. 肺阴虚咳嗽　E. 肺阳

虚咳嗽
106. 根据中兽医辨证论治，以上症状可采用以下哪种治疗方法进行治疗（　　）。
   A. 祛风散寒，止咳平喘　B. 疏风散热，止咳平喘　C. 清肺止咳　D. 润肺止咳　E. 健脾化痰止咳
107. 可采用以下哪种方药和针灸治疗（　　）。
   A. 银翘散或针刺玉堂、通关、苏气、山根、尾尖、大椎、耳尖等穴位　B. 荆防败毒散或针刺风池、肺俞、苏气、山根、耳尖、尾尖、大椎等穴位　C. 清肺散或针刺胸堂、颈脉、苏气、百会等穴位　D. 止嗽散或针刺肺俞、脾俞等穴位　E. 清燥救肺散或针肺俞、脾俞、百会等穴位

（108～110题共用以下题干）
牛出现体温升高、拉稀、粪便带黏膜、恶臭。
108. 中兽医辨证确定的证候是（　　）。
   A. 寒湿泄泻　B. 湿热泄泻　C. 伤食泄泻　D. 脾虚泄泻　E. 肾虚泄泻
109. 可采用的治法有（　　）。
   A. 散寒除湿止泻　B. 清热燥湿止泻　C. 消食导滞　D. 健脾止泻　E. 温肾止泻
110. 针对上述症状，以下方剂可用于治疗本病的是（　　）。
   A. 郁金散　B. 平胃散　C. 银翘散　D. 香薷饮　E. 止痢散

（111～113题共用以下题干）
动物发热，口渴不多饮，食欲不振，困重，呕吐、便溏。
111. 中兽医辨证确定的证候属于（　　）。
   A. 风寒感冒　B. 风热感冒　C. 外感暑湿　D. 脾虚食少　E. 胃热呕吐
112. 可采用的治法有（　　）。
   A. 祛风散寒　B. 疏风散热　C. 健脾消食　D. 清暑化湿　E. 清热止吐
113. 针对上述症状，以下方剂可用于治疗本病的是（　　）。
   A. 荆防败毒散　B. 藿香正气散　C. 银翘散　D. 平胃散　E. 白虎汤

（114～116题共用以下题干）
一牛出现排粪次数增多，粪便稀薄，甚至出现拉稀，泻粪如水。
114. 若牛泻粪如水，气味酸臭。遇寒则剧，遇暖则缓，食欲减少，头低耳耷，精神倦怠，耳寒鼻冷。口色淡白或青黄，苔薄白，舌津多而滑利，脉象沉迟。按照中兽医理论，辨证论治为以下哪种证候（　　）。
   A. 热泻　B. 寒泻　C. 虚泻　D. 伤食泻　E. 肾虚泻
115. 若此牛饮水增多，腹内肠鸣，不时作泻，粪渣粗大，或完谷不化，舌色淡白，舌面无苔，脉象迟缓，后期出现水湿下注、四肢浮肿。可采用以下哪个方剂治疗（　　）。
   A. 补中益气汤　B. 保和丸　C. 猪苓散　D. 郁金散　E. 槟榔散
116. 若牛出现腰胯无力，卧多立少，久泻不愈，夜间泻重，严重者肛门失禁，粪水外溢，腹下或后肢浮肿，口色如绵，脉象徐缓。可采用以下哪组针灸穴位进行治疗（　　）。
   A. 百会、脾俞、关元俞　B. 蹄头、脾俞、后三里、关元俞　C. 后海、后三里、尾根、百会、脾俞　D. 后海、后三里、百会、大椎　E. 带脉、尾本、后三里、大肠俞

以下提供若干案例，每个案例下设若干道考题。请根据案例所提供的信息在每一考题下面的A、B、C、D、E五个备选答案中选择一个最佳答案。

（117～119题共用以下题干）
4月28日，气温18～28.5℃，动物医院接诊一京巴（犬名贝贝），1岁，雄性，体况中等，体温39.3℃。主诉：最近发现该犬小便次数增加，颜色发黄，吃食渐少。临诊发现该犬精神委顿，不停弓腰举尾，但仅排出少量黄色尿液，滴水状，浑浊；腹胀，触诊腹壁较紧张，神态不安、呻吟；口色红，舌苔黄腻，脉象濡数。
117. 该犬的证候可能是（　　）。
   A. 寒湿困脾　B. 膀胱湿热　C. 肝胆湿热　D. 脾虚泄泻　E. 肾阳虚衰
118. 如采用中药治疗，目前该犬最恰当中药方剂是（　　）。
   A. 八正散　B. 补中益气汤　C. 六味地黄汤　D. 理中汤　E. 肾气丸
119. 如果该犬消瘦，结膜黄染，大便发暗黑色，小便呈深咖啡色，尿淋漓。主诉常带其到周围树林散步。如采用中药治疗，你认为还应考虑主要应用下列哪类药物（　　）。
   A. 消导药　B. 驱虫药　C. 解表药

D. 泻下药　　E. 温里药

（120～123题共用以下题干）

6月28日，气温24～35.5℃，动物医院接诊一京巴（犬名贝贝），1岁，雄性，体况中等，体温39.6℃。主诉：近日较忙，昨天中午给犬的食物较多，没吃完，放在盘中尚未清理，晚上就在里面加了一些汤继续饲喂，结果犬将其全部吃光。今晨发现厕所有较多稀糊糊样大便。早上喂蛋糕也不吃，没精神，喜欢饮水，到现在已经喝了大半瓶矿泉水。临诊发现该犬鼻镜干，精神委顿，不停起卧，口色红黄，舌苔黄腻，脉象滑数。接触诊腹壁较紧张，显出不安神态、呻吟；肛温表上黏附粪便腥臭，稀糊状，颜色正常。

120. 该犬的证候可能是（　　）。
A. 寒湿困脾　　B. 大肠湿热　　C. 肝胆湿热　　D. 脾虚泄泻　　E. 肾阳虚衰

121. 如果该犬还在呕吐，大便腥臭暗红色。免疫学检查结果显示呈细小病毒病阳性。如采用中药治疗，你认为应采用下列哪种治则为主组方（　　）。
A. 清热燥湿、解毒凉血　　B. 清热解毒、涩肠止泻　　C. 消积导滞、解毒凉血　　D. 温补脾胃、涩肠止泻　　E. 温中散寒、利水止泻

122. 如采用中药治疗，目前该犬最恰当中药方剂是（　　）。
A. 郁金散或白头翁汤　　B. 补中益气汤或四君子汤　　C. 六味地黄汤　　D. 理中汤　　E. 白虎汤

123. 如采用水针治疗，可选用下列哪组穴位为主最好（　　）。
A. 抢风和带脉　　B. 天门和身柱　　C. 后海和后三里　　D. 蹄头和百会　　E. 肝俞和肾俞

以下提供若干组考题，每组考题共用在考题前列出的A、B、C、D、E五个备选答案。请从中选择一个与问题关系最密切的答案。某个备选答案可能被选择一次、多次或不被选择。

（124、125题共用下列备选答案）
A. 外感咳嗽　B. 肺虚咳嗽　C. 劳伤咳嗽　　D. 风热咳嗽　E. 上实下虚的咳喘证

124. 止嗽散主治的病证是（　　）。

125. 苏子降气汤主治的病证是（　　）。

（126、127题共用下列备选答案）
A. 翳风穴　　B. 大椎穴　　C. 百会穴　　D. 抢风穴　　E. 环跳穴

126. 位于犬最后颈椎与第一胸椎棘突之间的穴位是（　　）。

127. 某犬，肩臂部受到冲撞后发病。证见站立时肘关节外侧外展，运步时前脚着地，触诊前臂前外侧面反应迟钝。针刺治疗可选用的穴位是（　　）。

（128、129题共用下列备选答案）
A. 渗湿　　B. 泻下　　C. 升阳　　D. 滋阴　　E. 疏肝

128. 猪苓散的功用有（　　）。

129. 大承气汤的功用是（　　）。

（130、131题共用下列备选答案）
A. 白色　　B. 赤色　　C. 青色　　D. 黄色　　E. 黑色

130. 寒证、痛证及风证的舌色为（　　）。

131. 湿证的舌色为（　　）。

（132、133题共用下列备选答案）
A. 恶寒重发热轻　　B. 发热重恶寒轻　　C. 寒热往来　　D. 但寒不热　　E. 但热不寒

132. 外感风热表证的寒热特点是（　　）。

133. 里热证寒热特点是（　　）。

（134、135题共用下列备选答案）
A. 浮而无力　　B. 迟而有力　　C. 浮而有力　　D. 三部脉举之有力，按之实满　　E. 三部脉举之无力，按之空虚

134. 寒实证的脉象特征是（　　）。

135. 虚证的脉象特征是（　　）。

（136～140题共用下列备选答案）
A. 黄连解毒汤　　B. 白虎汤　　C. 麻黄汤　　D. 犀角地黄汤　　E. 茵陈蒿汤

136. 风寒表证选（　　）。

137. 阳明经证或气分实热选（　　）。

138. 热入血分选（　　）。

139. 三焦热盛选（　　）。

140. 湿热黄疸选（　　）。

参　考　答　案

1	2	3	4	5	6	7	8	9	10	11	12	13	14	15
C	C	A	C	C	D	A	D	E	C	C	E	B	E	A

续表

16	17	18	19	20	21	22	23	24	25	26	27	28	29	30
C	C	C	B	D	D	A	D	C	A	B	C	E	E	B
31	32	33	34	35	36	37	38	39	40	41	42	43	44	45
E	A	A	D	A	D	B	C	D	C	B	B	B	B	A
46	47	48	49	50	51	52	53	54	55	56	57	58	59	60
E	A	E	D	D	E	B	B	C	B	D	A	E	D	D
61	62	63	64	65	66	67	68	69	70	71	72	73	74	75
C	D	D	E	E	D	A	D	C	A	B	D	D	E	E
76	77	78	79	80	81	82	83	84	85	86	87	88	89	90
E	A	A	B	A	A	B	C	C	A	B	A	B	D	D
91	92	93	94	95	96	97	98	99	100	101	102	103	104	105
B	B	B	C	C	A	A	E	C	E	C	A	C	A	B
106	107	108	109	110	111	112	113	114	115	116	117	118	119	120
B	A	B	B	A	C	D	B	B	A	A	A	E	B	D
121	122	123	124	125	126	127	128	129	130	131	132	133	134	135
A	B	C	D	E	B	A	B	B	C	D	C	B	B	E
136	137	138	139	140										
C	B	D	A	E										

(樊平)